Springer - Collana Unitext

a cura di

Franco Brezzi
Ciro Ciliberto
Bruno Codenotti
Mario Pulvirenti
Alfio Quarteroni

Volumi pubblicati

A. Bernasconi, B. Codenotti
Introduzione alla complessità computazionale
1998, X+260 pp, ISBN 88-470-0020-3

A. Bernasconi, B. Codenotti, G. Resta
Metodi matematici in complessità computazionale
1999, X+364 pp, ISBN 88-470-0060-2

A. Quarteroni, R. Sacco, F. Saleri
Matematica numerica (2a Ed.)
2000, XIV+448 pp, ISBN 88-470-0077-7

A. Quarteroni, F. Saleri
Introduzione al calcolo scientifico
2002, X+232 pp, ISBN 88-470-0149-8

E. Salinelli, F. Tomarelli
Modelli dinamici discreti
2002, XII+354 pp, ISBN 88-470-0187-0

A. Quarteroni
Modellistica numerica per problemi differenziali (2a Ed.)
2003, XII+334 pp, ISBN 88-470-0203-6

S. Bosch
Algebra
2003, VIII+346 pp, ISBN 88-470-0221-4

S. Bosch

Algebra

 Springer

PROF. DR. SIEGFRIED BOSCH
Universität Münster
Mathematisches Institut
Einsteinstraße 62
48149 Münster, Germania
e-mail: bosch@math.uni-muenster.de

Traduzione a cura di: Alessandra Bertapelle
Dipartimento di Matematica, Università degli studi di Padova, Padova

Traduzione dall'edizione originale inglese: *Algebra* di Siegfried Bosch
Copyright © Springer-Verlag Berlin Heidelberg 1992, 1994, 1999, 2001, 2003
Springer-Verlag è una società del gruppo BertelsmannSpringer Science+Business
Media GmbH Tutti i diritti riservati

La traduzione dell'opera è stata realizzata grazie al contributo del SEPS

SEGRETARIATO EUROPEO PER LE PUBBLICAZIONI SCIENTIFICHE

Via Val d'Aposa 7 - 40123 Bologna - tel 051 271992 - fax 051 265983
seps@alma.unibo.it - www.seps.it

Springer-Verlag Italia
una società del gruppo BertelsmannSpringer Science+Business Media GmbH

http://www.springer.it

© Springer-Verlag Italia, Milano 2003

ISBN 88-470-0221-4

Riprodotto da copia camera-ready fornita dal traduttore
Progetto grafico della copertina: Simona Colombo, Milano
Stampato in Italia: Signum Srl, Bollate (Milano)

SPIN: 10943007

Prefazione

La teoria delle estensioni di campi e in particolare la teoria di Galois occupano un posto centrale negli attuali corsi di Algebra. Ho cercato di illustrare questi argomenti e i prerequisiti necessari nel modo più semplice e chiaro possibile, senza tuttavia ricorrere a semplificazioni. Ho ritenuto importante presentare i vari temi nel modo rigoroso in cui essi devono essere visti oggi (sia in base al giudizio comune che all'esperienza derivante dalla ricerca attuale), senza perdere di vista lo sviluppo storico della teoria.

Accanto a sezioni in cui vengono presentati argomenti classici, il libro contiene anche una serie di sezioni contrassegnate da un asterisco (*). In queste sezioni vengono affrontati argomenti più avanzati, raramente trattati nei corsi, la cui conoscenza è però di grande interesse per uno studio più approfondito dell'Algebra, in particolare in vista di applicazioni in Geometria Algebrica. Per motivi di spazio non è possibile procedere come fatto nel resto del libro e la trattazione risulterà un po' più concisa. Ciascuna sezione sviluppa un tema ben circoscritto e contiene le dimostrazioni complete dei più importanti risultati connessi. Vengono definiti in modo preciso tutti gli strumenti necessari, permettendo così al lettore interessato di affrontarne lo studio anche da solo.

Il libro è scritto per gli studenti che seguono il corso di Algebra. Ritengo che uno studente che desidera apprendere l'Algebra abbia idealmente bisogno di due testi, uno che lo introduca alle problematiche e l'altro che presenti in modo sistematico la teoria. Ho cercato di combinare questi due aspetti, illustrando all'inizio di ciascun capitolo l'evoluzione storica degli argomenti che verranno sviluppati in modo preciso e ordinato nelle sezioni seguenti. Il testo si presta quindi a essere utilizzato per ogni corso di Algebra.

Ciascuna sezione termina con una lista di esercizi. In appendice sono inoltre riportati suggerimenti per risolvere gli esercizi scritti in *corsivo*. Questi esercizi non sono posti nella forma convenzionale del tipo "si dimostri che $x = y$", ma coinvolgono domande più generali e vogliono indurre a ulteriori riflessioni su alcuni aspetti della teoria. Le soluzioni non devono per forza coincidere nella forma e nel contenuto con i suggerimenti dati in appendice, soprattutto perché questi ultimi contengono ulteriori commenti esplicativi. Si dovrebbe però sempre consultare l'appendice dopo aver svolto un esercizio scritto in *corsivo*.

Münster, maggio 1993   Siegfried Bosch

Prefazione alla quinta edizione

Questa nuova edizione del libro presenta solo alcuni cambiamenti e delle integrazioni. Essa contiene il programma per un corso tradizionale di Algebra e offre nelle sezioni facoltative, contrassegnate da un asterisco (*), alcuni temi più avanzati. Questi sono adatti soprattutto per seminari di approfondimento e spaziano da alcuni aspetti dell'Algebra Lineare (teoria dei divisori elementari) ai fondamenti dell'Algebra Commutativa (polinomi simmetrici, discriminante, risultante, estensioni intere di anelli, prodotti tensoriali) fino a problemi rilevanti della Geometria Algebrica e della Teoria dei Numeri (primi elementi di Geometria Algebrica, discesa galoisiana, estensioni separabili, primarie e regolari, calcolo differenziale, gruppi di Galois profiniti, teoria di Kummer e vettori di Witt). Vi è inoltre una sezione in cui vengono discusse le formule risolutive delle equazioni algebriche di terzo e quarto grado.

Münster, maggio 2003   Siegfried Bosch

Indice

Introduzione

La risoluzione di equazioni algebriche

Il termine *algebra* ha origini arabe (IX secolo d.C.) e significa "fare calcoli con le equazioni", per esempio raccogliendo i termini dell'equazione oppure modificandoli attraverso trasformazioni simili su entrambi i membri. Un'equazione mette in relazione grandezze note, i cosiddetti coefficienti, con grandezze ignote, le variabili, il valore delle quali deve essere determinato con l'aiuto dell'equazione stessa. In Algebra ci si interessa per lo più di equazioni polinomiali, del tipo

$$2x^3 + 3x^2 + 7x - 10 = 0,$$

dove x indica la variabile. Una tale equazione viene detta equazione *algebrica* in x. Il suo *grado* è dato dal massimo tra gli esponenti delle potenze di x che compaiono nell'equazione. Le equazioni algebriche di primo grado, cioè di grado 1, sono dette *lineari*. Lo studio delle equazioni lineari, o più in generale di sistemi di equazioni lineari in un numero finito di variabili, è un problema centrale dell'*Algebra Lineare*.

In questo libro intenderemo con *Algebra* quell'ambito della matematica che si occupa dello studio delle equazioni algebriche in una variabile, ossia, in termini moderni, dello studio delle estensioni di campi con tutto il bagaglio di nozioni astratte, anche di teoria dei gruppi, che per la prima volta hanno permesso uno studio agevole e preciso di tali equazioni. Di fatto l'Algebra moderna usa ampiamente, già a livello "elementare", metodi e nozioni astratte molto più di quanto accada in Analisi; per spiegarne il motivo, è necessario ricordare come il problema della risolubilità delle equazioni algebriche sia stato affrontato nel tempo.

Gli inizi dell'Algebra hanno natura molto concreta e si concentrano sostanzialmente sul risolvere "esercizi" di natura numerica. Un famoso esercizio risalente agli antichi greci (ca. 600 a.C – 200 d.C) è il problema della duplicazione del cubo: dato un cubo avente lato di lunghezza 1, si trovi la lunghezza del lato del cubo che ha volume doppio. Si deve dunque risolvere l'equazione algebrica $x^3 = 2$ che ha grado 3. Oggi scriveremmo la soluzione come $x = \sqrt[3]{2}$. Ma cosa significa $\sqrt[3]{2}$ se si conoscono solo i numeri razionali? Poiché non esiste alcun numero razionale che elevato al cubo dà 2, ci si accontentò nel passato di soluzioni approssimate, cioè si cercò di approssimare con sufficiente precisione $\sqrt[3]{2}$ tramite numeri razionali. D'altra parte, il problema della duplicazione del cubo ha natura geometrica ed è ovvio cercare una soluzione geometrica. Presso gli antichi greci, per esempio con Euclide, troviamo spesso costruzioni con riga e compasso; oggi sappiamo che non è possibile costruire $\sqrt[3]{2}$ con questa tecnica (vedi sezione 6.4). Poiché le costruzioni con riga e compasso non fornivano i risultati cercati, i greci svilupparono anche costruzioni geometriche che facevano uso di curve complicate.

Una volta accettato il fatto che per risolvere equazioni algebriche, per esempio a coefficienti razionali, è necessario avere a disposizione "l'estrazione di radici" oltre alle note operazioni "razionali" di addizione, sottrazione, moltiplicazione e divisione, ci si può chiedere se, applicando ripetutamente queste operazioni, sia sempre possibile trovare le soluzioni a partire dai coefficienti. Questo è il ben noto problema della *risolubilità per radicali delle equazioni algebriche*. Per esempio, le equazioni algebriche di primo e secondo grado sono risolubili per radicali:

$$x^1 + a = 0 \quad \Longleftrightarrow \quad x = -a,$$

$$x^2 + ax^1 + b = 0 \quad \Longleftrightarrow \quad x = -\frac{a}{2} \pm \sqrt{\frac{a^2}{4} - b}.$$

Già i babilonesi (ca. alla fine del III secolo a.C.) sapevano come risolvere le equazioni di secondo grado tramite metodi di geometria elementare, anche se nei calcoli concreti che ci sono giunti vengono estratte per lo più radici quadrate di numeri quadrati. Dopo la fine del periodo babilonese e di quello greco, a partire circa dal IX secolo d.C., la risoluzione di equazioni quadratiche fu perfezionata dai matematici arabi. Questi lavorarono anche sul problema della risolubilità per radicali delle equazioni cubiche e di grado maggiore, ma non produssero alcun risultato rilevante.

La scoperta sensazionale che le equazioni cubiche sono risolubili per radicali riuscì attorno al 1515 all'italiano S. del Ferro. Egli considerò un'equazione della forma $x^3 + ax = b$ con $a, b > 0$ e trovò questa soluzione:

$$x = \sqrt[3]{\frac{b}{2} + \sqrt{\left(\frac{b}{2}\right)^2 + \left(\frac{a}{3}\right)^3}} + \sqrt[3]{\frac{b}{2} - \sqrt{\left(\frac{b}{2}\right)^2 + \left(\frac{a}{3}\right)^3}}.$$

Pur sapendo che generazioni di matematici prima di lui avevano fallito in questo, del Ferro mantenne segreta la sua scoperta. Sappiamo oggi delle sue ricerche grazie all'*Ars Magna*, un testo di matematica che G. Cardano pubblicò nel 1545. Cardano venne indirettamente a conoscenza della formula risolutiva di del Ferro e la derivò per conto suo. Osservò inoltre che le equazioni di terzo grado avevano di norma tre soluzioni, e qui bisogna sottolineare che Cardano ebbe molte meno remore rispetto ai suoi contemporanei nell'usare i numeri negativi. Con lui troviamo anche i primi accenni ai numeri complessi. Il suo studente L. Ferrari riuscì dopo il 1545 a risolvere le equazioni algebriche di quarto grado (per le formule si veda la sezione 6.1).

Nei due secoli successivi i progressi relativi alla risoluzione di equazioni algebriche furono piuttosto scarsi. F. Viète trovò la relazione, che da lui prende il nome, tra i coefficienti di un'equazione e le sue soluzioni; oggi questo è un risultato banale, se si usa la fattorizzazione dei polinomi in fattori lineari. Cominciava a delinearsi anche la nozione di molteplicità di una soluzione e si riteneva che un'equazione algebrica di n-esimo grado avesse sempre n soluzioni, contate con le loro molteplicità, come mostravano gli esempi nei casi ideali. Tuttavia, deve essere chiaro che questa era solo una vaga idea e infatti non veniva precisato se queste soluzioni fossero reali, complesse o ipercomplesse (ossia nessuna delle due precedenti). In questo periodo fallirono anche molti tentativi, per esempio da parte di G. W. Leibniz, di risolvere per radicali equazioni di quinto grado e di grado maggiore.

Un certo consolidamento della situazione arrivò con il *teorema fondamentale dell'Algebra*. Troviamo i primi accenni di dimostrazione con J. d'Alembert nel 1746; seguirono altre dimostrazioni più o meno rigorose nel 1749 con L. Eulero, nel 1772 con J. L. Lagrange e più tardi con la tesi di C. F. Gauss (1799). Questo teorema afferma che ogni polinomio complesso non costante di grado n ha esattamente n radici complesse, contate con le loro molteplicità; in altri termini, tale polinomio può essere scritto come prodotto di fattori lineari. Anche se il teorema fondamentale dell'Algebra non forniva alcun contributo alla risoluzione esplicita delle equazioni algebriche, esso tuttavia rispondeva alla domanda di dove bisognasse cercare le soluzioni di equazioni algebriche a coefficienti razionali, reali o complessi. A partire da questo risultato si fecero ulteriori progressi, soprattutto con Lagrange. Nel 1771 egli sottopose a una radicale revisione la risoluzione delle equazioni algebriche di terzo e quarto grado e osservò che le radici cubiche nella formula di del Ferro dovevano essere scelte in modo da soddisfare l'ulteriore condizione

$$\sqrt[3]{\frac{b}{2}+\sqrt{\left(\frac{b}{2}\right)^2+\left(\frac{a}{3}\right)^3}} \cdot \sqrt[3]{\frac{b}{2}-\sqrt{\left(\frac{b}{2}\right)^2+\left(\frac{a}{3}\right)^3}} = -\frac{a}{3};$$

in questo modo non si ottenevano più 9 valori, ma soltanto tre valori x_1, x_2, x_3 che sono le vere soluzioni dell'equazione $x^3 + ax = b$. Ancora più importante fu però la scoperta che, a seconda della scelta di una non banale radice cubica dell'unità ζ, ossia di un numero complesso $\zeta \neq 1$ tale che $\zeta^3 = 1$, l'espressione

$$(x_1 + \zeta x_2 + \zeta^2 x_3)^3$$

assumeva solo *due* valori distinti quando si permutavano gli x_i e di conseguenza essa soddisfaceva un'equazione quadratica (a coefficienti in un insieme di numeri, per esempio i numeri razionali). Dunque le somme $x_{\pi(1)}+\zeta x_{\pi(2)}+\zeta^2 x_{\pi(3)}$ al variare delle permutazioni π potevano essere ottenute risolvendo un'equazione quadratica e poi estraendo una radice cubica. D'altra parte, gli x_1, x_2, x_3 potevano essere ottenuti tramite operazioni elementari a partire da queste somme e quindi si vedeva che la soluzione dell'equazione $x^3 + ax = b$ è descrivibile in termini di radicali. In modo simile Lagrange caratterizzò la soluzione di equazioni algebriche di quarto grado e anche in questo caso le permutazioni sull'insieme delle soluzioni giocavano un ruolo importante. Lagrange introdusse per la prima volta argomentazioni di teoria dei gruppi, un approccio che permise poi a Galois di dare risposta al problema della risolubilità delle equazioni algebriche.

Seguendo lo stile di Lagrange e basandosi su precedenti lavori di A. T. Vandermonde, Gauss dimostrò nel 1796 la risolubilità dell'equazione $x^p - 1 = 0$ dove

$p > 2$ è un numero primo; si osservi che in questo caso le permutazioni delle soluzioni formano un "gruppo ciclico". I metodi di Gauss fornirono in particolare nuove conoscenze circa il problema geometrico di quali siano i poligoni regolari con n lati costruibili con riga e compasso. Sempre in questi anni le ricerche di P. Ruffini, rese più precise nel 1820 da N. H. Abel, affermarono la non risolubilità per radicali "dell'equazione generale" di n-esimo grado quando $n \geq 5$.

Dopo tali singoli successi, sostanzialmente prodotti da un utilizzo sistematico di argomenti di teoria dei gruppi, i tempi erano maturi per un completo chiarimento del problema della risolubilità delle equazioni algebriche. Il coronamento di ciò avvenne negli anni 1830 – 1832 grazie alle brillanti intuizioni di E. Galois. Questi aveva in misura ancor più forte di Abel un'idea ben precisa degli insiemi di numeri che si ottengono aggiungendo ai numeri razionali soluzioni di equazioni algebriche; dal punto di vista attuale si tratta di uno stadio preliminare del concetto di campo e della tecnica di aggiunzione di elementi algebrici. Egli introdusse la nozione di irriducibilità di un'equazione algebrica e mostrò il teorema dell'elemento primitivo per il campo di spezzamento L di un'equazione algebrica $f(x) = 0$ avente soluzioni semplici, ossia per il campo generato da tutte le soluzioni $x_1, \ldots, x_r$ di una tale equazione. Questo teorema afferma che esiste un'equazione algebrica irriducibile $g(y) = 0$ tale che L da un lato contiene tutte le soluzioni $y_1, \ldots, y_s$ di questa equazione, dall'altro si ottiene dal campo in cui vivono i coefficienti per aggiunzione di un qualsiasi elemento y_j. L'idea di Galois fu di scrivere le x_i come funzioni in y_1, per esempio $x_i = h_i(y_1)$, e poi di sostituire y_1 con un qualsiasi elemento y_j. Egli dimostrò che gli elementi $h_i(y_j)$, $i = 1, \ldots, r$, rappresentavano ancora tutte le soluzioni di $f(x) = 0$, dunque che la sostituzione di y_1 con y_j dava origine a una permutazione π_j degli x_i, e che i π_j formavano un gruppo, precisamente quello che in suo onore oggi è detto "gruppo di Galois" dell'equazione $f(x) = 0$.

Basandosi su questo, Galois arrivò alla visione fondamentale che i sottocampi del campo di spezzamento L corrispondono in un qualche modo ai sottogruppi del gruppo di Galois G, fatto che, in forma perfezionata, viene oggi detto "teorema fondamentale della teoria di Galois". Grazie a questa conoscenza Galois mostrò che l'equazione $f(x) = 0$ è risolubile per radicali se e solo se G possiede una catena di sottogruppi $G = G_0 \supset \ldots \supset G_n = \{1\}$ dove ciascun G_{i+1} è normale in G_i e i gruppi quoziente G_i/G_{i+1} sono ciclici. Evitiamo di addentrarci oltre nella descrizione e rimandiamo invece alle sezioni 4.1, 4.3, 4.8 e 6.1, dove illustreremo nel dettaglio questi aspetti della teoria di Galois.

Il problema della risolubilità delle equazioni algebriche fu dunque completamente chiarito grazie alle geniali idee di Galois. Bisogna capire però per quale ragione questo problema abbia resistito per così tanti secoli agli attacchi dei matematici. La soluzione non consiste semplicemente di una condizione sui coefficienti dell'equazione descrivibile tramite una formula; essa richiede, già per essere enunciata, un nuovo linguaggio, ossia l'introduzione di nuove nozioni e modi di pensare che furono trovati soltanto dopo un lungo percorso di tentativi e di studio degli esempi. Bisogna poi tenere presente che la vera utilità delle ricerche di Galois non sta tanto nel contributo dato alla risoluzione per radicali delle equazioni algebriche, ma molto di più nell'aver fissato un legame tra un'equazione algebrica e il suo "gruppo di Galois". Grazie al teorema fondamentale della teoria di Galois si poterono caratterizzare le soluzioni di una qualsiasi equazione algebrica tramite la teoria dei gruppi e il problema della risolubilità per radicali perse la sua originaria importanza.

Come fu accolto il contributo di Galois dai suoi contemporanei? Per darne un'impressione, vogliamo ricordare brevemente la sua vita (si veda a riguardo anche [10], sezione 7). Evariste Galois nacque nel 1811 nei pressi di Parigi e morì ventenne nel 1832. Già durante gli anni di scuola si occupò degli scritti di Lagrange e produsse un primo breve lavoro sulle frazioni continue. Tentò per due volte di entrare nella prestigiosa *Ecole Polytechnique* di Parigi, ma non superò la prova di ammissione e si accontentò infine della *Ecole Normale* dove iniziò i suoi studi nel 1829 all'età di 18 anni. Nello stesso anno sottomise all'*Académie des Sciences* un primo *Mémoire* sulla risoluzione di equazioni algebriche. Il manoscritto però non fu preso in considerazione e andò perso, come pure un secondo che egli sottopose la settimana seguente. Dopo che nel 1830 un altro *Mémoire* ebbe subito la stessa sorte, agli inizi del 1831 Galois fece un ultimo tentativo e mandò il suo articolo sulla risoluzione per radicali di un'equazione algebrica, considerato oggi il suo lavoro più famoso. Questa volta l'articolo fu sottoposto a referaggio ma rifiutato perché poco approfondito e incomprensibile. Deluso dal non aver ottenuto riconoscimento nell'ambito della matematica, Galois si volse alla politica. Per le sue attività fu più volte arrestato e infine condannato a una pena detentiva. Nel maggio 1832 si lasciò provocare a un duello dove trovò la morte. Per lasciare il suo lavoro ai posteri, nella notte precedente il duello scrisse una lettera a un amico nella quale raccolse in modo programmatico le sue conoscenze pionieristiche. Anche se questo programma fu pubblicato già nel 1832, la portata degli studi di Galois non fu subito riconosciuta. Dovendo riflettere sui motivi di ciò, due elementi rivestono sicuramente importanza. Da un lato Galois era un giovane matematico sconosciuto, dall'altro la sua caratterizzazione della risolubilità delle equazioni algebriche diede a quel tempo l'impressione di essere così complicata che gli ambienti vicini a Galois non la riconobbero come una seria soluzione del problema. Si pensi poi che Lagrange, dei cui fondamentali lavori abbiamo parlato prima, era morto nel 1813.

Non vogliamo descrivere nel dettaglio per quali vie le idee di Galois ottennero infine riconoscimento e apprezzamento. Ricordiamo però che il merito fu essenzialmente di J. Liouville il quale, circa 10 anni dopo la morte di Galois, si imbatté nei suoi lavori e li pubblicò in parte nel 1846. Nella seconda metà del XIX secolo iniziò così una fase di studio e perfezionamento delle idee di Galois. Si imparò velocemente a guardare in modo realistico al problema della risolubilità per radicali delle equazioni algebriche. Esso era di enorme importanza perché aveva dato uno stimolo decisivo a occuparsi dell'ancora più ampio problema della classificazione dei numeri irrazionali. Cominciò a esserci anche un più deciso interesse verso il problema della trascendenza. Nel 1844 Liouville provò in modo costruttivo l'esistenza di numeri trascendenti, un risultato che nel 1874 G. Cantor ottenne in una forma più diretta tramite argomentazioni sulla cardinalità. Fanno sempre parte di queste ricerche le dimostrazioni della trascendenza di e nel 1873 con Ch. Hermite [7] e di quella di π nel 1882 grazie a F. Lindemann [12]. Alcuni aspetti basilari del fenomeno della trascendenza furono infine chiariti nel 1910 da E. Steinitz [14].

I lavori di Galois mostrarono tra l'altro come fosse poco pratico concentrarsi su una sola equazione algebrica. Bisognava essere elastici e, in un certo senso, considerare contemporaneamente più equazioni, eventualmente con coefficienti in diversi domini numerici. Questa idea spinse a studiare le cosiddette estensioni algebriche di campi al posto delle singole equazioni. R. Dedekind fu il primo a presentare la teoria di Galois coerentemente a questa visione nelle lezioni tenute a Gottinga negli anni 1855 – 1858. In particolare egli interpretò i gruppi di Galois come gruppi di automorfismi di campi e non più solo come gruppi che permutavano le soluzioni di un'equazione algebrica. Un altro decisivo progresso arrivò nel 1887 con L. Kronecker e la costruzione di estensioni algebriche di campi che da lui prende il nome. Come conseguenza diventava ora possibile costruire la teoria di Galois senza usare il teorema fondamentale dell'Algebra e quindi essa si svincolava dal campo dei numeri complessi, potendo per esempio essere estesa ai campi finiti.

Con questi sviluppi siamo già piuttosto vicini alle conoscenze attuali sulle estensioni di campi. Nel XX secolo ci sono stati ulteriori completamenti, semplificazioni e miglioramenti della teoria, la maggior parte dei quali presentata in libri di testo. Si devono ricordare — in ordine cronologico — le pubblicazioni di H. Weber [16], B. L. van der Waerden [15], E. Artin [1], [2], e, come ulteriori testi guida, N. Bourbaki [4] e S. Lang [11]. Anche se ora la teoria può sembrare "ultimata" e in una forma "ottimale", invito tuttavia il lettore a ricordarsi dello sviluppo storico del problema della risolubilità delle equazioni algebriche. Solo una volta conscio delle enormi difficoltà che si dovettero superare egli potrà comprendere e apprezzare le affascinanti soluzioni che nel corso dei secoli i matematici hanno trovato con grande sforzo.

Lo studio delle equazioni algebriche non può dirsi tuttavia concluso; infatti esso trova naturale continuazione nello studio dei sistemi di equazioni algebriche in più variabili in Geometria Algebrica e nella ricerca di soluzioni intere di equazioni in Teoria dei Numeri. Citiamo come esempio la famosa *congettura di Fermat* (o *ultimo teorema di Fermat*): essa afferma che l'equazione $x^n + y^n = z^n$ per $n \geq 3$ non ammette soluzioni nell'insieme dei numeri interi non nulli. Si narra che attorno al 1637 Fermat avesse annotato questa congettura sul margine di una pagina della sua copia dell'*Arithmetica* di Diofanto (ca. 250 d.C.) e avesse poi aggiunto di aver trovato una meravigliosa dimostrazione ma che il margine era troppo piccolo per accoglierla. Nonostante questo problema sia di facile formulazione esso ha resistito per lungo tempo agli attacchi dei matematici ed è stato risolto soltanto negli anni 1993/94 da A. Wiles con l'aiuto di R. Taylor.

1. Teoria elementare dei gruppi

La nozione di gruppo è importante in questo libro per due aspetti. Da un lato essa racchiude una struttura matematica di base che si incontra soprattutto in anelli, campi, spazi vettoriali e moduli, qualora si consideri come legge di composizione l'addizione in essi definita. Gruppi di questo tipo sono sempre commutativi, altrimenti detti abeliani in onore del matematico N. H. Abel. Accanto a questi rivestono però particolare importanza anche i gruppi di Galois, risalenti a E. Galois, in quanto essi sono di fondamentale aiuto nello studio delle equazioni algebriche. I gruppi di Galois sono semplici esempi di gruppi di permutazioni, ossia gruppi i cui elementi possono essere pensati come applicazioni biiettive di un dato insieme finito, per esempio $\{1, \ldots, n\}$, in sé.

Caratteristica essenziale di un gruppo G è l'essere dotato di una legge di composizione che associa a ogni coppia di elementi $g, h \in G$ un terzo elemento $g \circ h \in G$ indicato come prodotto di g e h o, nel caso commutativo, anche come somma. Queste operazioni venivano usate in passato per calcoli numerici senza che si vedesse la necessità di precisarne le proprietà. Esse erano considerate, per così dire, evidenti. È comprensibile dunque che fino agli inizi del XVII secolo molti matematici considerassero con sospetto il comparire di numeri negativi nel risultato di un calcolo, come può accadere con la differenza, in quanto i numeri negativi non sembravano avere alcun reale significato. Tuttavia, con l'inizio del XIX secolo, la nozione di gruppo iniziò a prendere forma propria, precisamente nella misura in cui si introdusse una legge di composizione anche in insiemi di natura non propriamente numerica. Per esempio, i gruppi di permutazioni giocarono un ruolo importante nello studio delle soluzioni di equazioni algebriche. Poiché si tratta qui di gruppi finiti, dunque di gruppi con un numero finito di elementi, si poterono formulare gli assiomi della teoria dei gruppi senza nominare esplicitamente "elementi inversi", cosa che non è più possibile con i gruppi infiniti (si confronti a riguardo l'esercizio 3 della sezione 1.1). Una richiesta esplicita di "elemento inverso", e dunque una caratterizzazione assiomatica dei gruppi nel senso moderno del termine, comparve per la prima volta alla fine del XIX secolo con S. Lie e H. Weber. In precedenza Lie aveva tentato inutilmente di dedurre dagli altri assiomi l'esistenza di elementi inversi nei "gruppi di trasformazioni" da lui studiati.

Questo capitolo raccoglie alcuni elementari, e tuttavia fondamentali, risultati sui gruppi. Accanto alla definizione di gruppo saranno introdotti i sottogruppi normali, i corrispondenti gruppi quoziente e si discuterà dei gruppi ciclici. Già qui si sente il profondo influsso esercitato dallo studio delle equazioni algebriche e in special modo dalla teoria di Galois. Per esempio, la nozione di sottogruppo normale apparve in connessione al teorema fondamentale della teoria di Galois 4.1/6. Questo teorema afferma tra l'altro che un campo intermedio E di un'estensione di Galois finita L/K è normale su K, nel senso di 3.5/5, se e solo se il sottogruppo del gruppo di Galois $\mathrm{Gal}(L/K)$ che corrisponde a E è normale. Anche l'aver indicato 1.2/3 come teorema di Lagrange è dovuto agli argomenti di teoria dei gruppi che Lagrange sviluppò nello studio delle soluzioni di equazioni algebriche.

Introdurremo solo nel capitolo 5 risultati più avanzati sui gruppi e soprattutto sui gruppi di permutazioni. Inoltre il teorema di struttura dei gruppi abeliani finitamente generati, dal quale si deduce una classificazione di questi gruppi, verrà dimostrato in 2.9/9 nel contesto della teoria dei divisori elementari.

1.1 Gruppi

Sia M un insieme e sia $M \times M$ il suo prodotto cartesiano. Con il termine *operazione* o *legge di composizione* (*interna*) in M si intende un'applicazione $M \times M \longrightarrow M$. L'immagine di una coppia $(a, b) \in M \times M$ si indica per lo più come "prodotto" $a \cdot b$ o ab, cosicché si può caratterizzare l'operazione sugli elementi di M tramite $(a, b) \longmapsto a \cdot b$. L'operazione si dice

associativa se $(ab)c = a(bc)$ per ogni scelta di $a, b, c \in M$;
commutativa se $ab = ba$ per ogni scelta di $a, b \in M$.

Un elemento $e \in M$ si dice *identità* o *elemento neutro* per l'operazione definita in M se $ea = a = ae$ per ogni elemento $a \in M$. Un tale elemento neutro e è univocamente determinato da questa proprietà; scriveremo spesso anche 1 al posto di e. Un insieme M dotato di un'operazione $\sigma \colon M \times M \longrightarrow M$ si dice *monoide* se σ è associativa e M possiede un elemento neutro per σ.

Se M è un monoide, dati elementi $a_1, \ldots, a_n \in M$, si può definire il prodotto

$$\prod_{i=1}^{n} a_i := a_1 \cdot \ldots \cdot a_n.$$

Poiché l'operazione è associativa, è superfluo l'uso di parentesi a destra. (Lo si può dimostrare con un opportuno argomento induttivo.) Conveniamo inoltre che sia

$$\prod_{i=1}^{0} a_i := e = \text{ elemento neutro.}$$

Al solito, dati un elemento $a \in M$ e un esponente $n \in \mathbb{N}$, si costruisce la potenza n-esima a^n e si ha $a^0 = e$ per la precedente convenzione[1]. Un elemento $b \in M$ si

---

[1] $\mathbb{N}$ indica i numeri naturali *compreso* lo 0.

dice *inverso* di un dato elemento $a \in M$ se vale $ab = e = ba$. Tale b è determinato in modo unico da a perché se un elemento b' soddisfa $ab' = e = b'a$, risulta

$$b = eb = b'ab = b'e = b'.$$

L'inverso di a, se esiste, viene di solito indicato con a^{-1}.

Definizione 1. *Un* gruppo *è un monoide G in cui ciascun elemento ammette un inverso. Più precisamente questo significa che è dato un insieme G con un'operazione $G \times G \longrightarrow G$, $(a, b) \longmapsto ab$ che soddisfa le seguenti proprietà:*
    (i) *L'operazione è* associativa, *ossia si ha $(ab)c = a(bc)$ per ogni scelta di $a, b, c \in G$.*
    (ii) *Esiste un* elemento neutro, *ossia un elemento $e \in G$ tale che $ea = a = ae$ per ogni $a \in G$.*
    (iii) *Ogni $a \in G$ ammette un* inverso, *ossia un $b \in G$ tale che $ab = e = ba$.*
    Il gruppo si dice commutativo *o* abeliano *se l'operazione è commutativa, ossia se*
    (iv) $ab = ba$ *per ogni scelta di $a, b \in G$.*

Osservazione 2. *Nella definizione 1 è sufficiente richiedere al posto di* (ii) *e* (iii) *le seguenti, più deboli, condizioni:*
    (ii') *Esiste un* elemento neutro sinistro, *ossia un $e \in G$ tale che $ea = a$ per ogni $a \in G$.*
    (iii') *Ogni $a \in G$ ammette un* inverso sinistro, *ossia un $b \in G$ tale che $ba = e$.*

Per dimostrare che le precedenti condizioni (ii') e (iii') unitamente a (i) sono sufficienti a definire un gruppo, rimandiamo all'esercizio 1 e alla sua soluzione in appendice.

L'operazione di un gruppo abeliano viene spesso scritta in forma additiva, ossia si scrive $a + b$ invece di $a \cdot b$, $\sum a_i$ invece di $\prod a_i$ e $n \cdot a$ al posto della potenza n-esima a^n. Analogamente si usa la notazione $-a$ invece di a^{-1} per l'inverso di a e 0 (*elemento nullo*) al posto di e o 1 per l'elemento neutro. Presentiamo ora alcuni esempi di monoidi e di gruppi:

    (1) $\mathbb{Z}$, $\mathbb{Q}$, $\mathbb{R}$, $\mathbb{C}$ sono gruppi abeliani rispetto all'addizione usuale.

    (2) $\mathbb{Q}^*$, $\mathbb{R}^*$, $\mathbb{C}^*$, con l'usuale moltiplicazione, sono gruppi abeliani; analogamente per $\mathbb{Q}_{>0} = \{x \in \mathbb{Q}\,;\, x > 0\}$ e $\mathbb{R}_{>0} = \{x \in \mathbb{R}\,;\, x > 0\}$. Si possono considerare più in generale i gruppi di matrici Sl_n o Gl_n a coefficienti in $\mathbb{Q}, \mathbb{R}$ o $\mathbb{C}$ già noti dall'Algebra Lineare. Se $n > 1$, questi gruppi non sono commutativi.

    (3) $\mathbb{N}$ rispetto all'addizione, $\mathbb{N}$ e $\mathbb{Z}$ rispetto alla moltiplicazione, sono monoidi commutativi, ma non sono gruppi.

    (4) Sia X un insieme e sia $S(X)$ l'insieme delle applicazioni biiettive $X \longrightarrow X$. Allora $S(X)$ è un gruppo rispetto all'operazione di composizione delle applicazioni; questo gruppo non è però abeliano se X ha almeno 3 elementi. Per $X = \{1, \ldots, n\}$ si pone $\mathfrak{S}_n := S(X)$ e lo si chiama *gruppo simmetrico* oppure *gruppo delle permutazioni* dei numeri $1, \ldots, n$. Gli elementi $\pi \in \mathfrak{S}_n$ vengono spesso descritti indicando

esplicitamente le immagini $\pi(1), \ldots, \pi(n)$ nel modo seguente:

$$\begin{pmatrix} 1 & \ldots & n \\ \pi(1) & \ldots & \pi(n) \end{pmatrix}.$$

Se si contano le possibili disposizioni dei numeri $1, \ldots, n$, si vede che $\mathfrak{S}_n$ contiene $n!$ elementi.

(5) Sia X un insieme e sia G un gruppo. Allora l'insieme $G^X := \mathrm{Appl}(X, G)$ delle applicazioni $X \longrightarrow G$ è in modo naturale un gruppo. Infatti, date applicazioni $f, g \in G^X$, si definisce il prodotto $f \cdot g$ tramite $(f \cdot g)(x) := f(x) \cdot g(x)$, ossia tramite la moltiplicazione dei "valori dell'applicazione" secondo l'operazione di G. Il gruppo G^X si dice anche *gruppo delle funzioni di X in G*. Allo stesso modo possiamo costruire il gruppo $G^{(X)}$ delle applicazioni $f : X \longrightarrow G$ che soddisfano $f(x) = 1$ per quasi tutti gli $x \in X$ (ossia per tutti gli $x \in X$ tranne al più un numero finito di eccezioni). Se G è commutativo, i gruppi G^X e $G^{(X)}$ sono commutativi. Se X è finito, G^X e $G^{(X)}$ coincidono.

(6) Sia X un insieme di indici e sia $(G_x)_{x \in X}$ una famiglia di gruppi. Allora l'insieme prodotto $\prod_{x \in X} G_x$ diventa un gruppo se definiamo la composizione di due elementi $(g_x)_{x \in X}, (h_x)_{x \in X} \in \prod_{x \in X} G_x$ componente per componente nel modo seguente:

$$(g_x)_{x \in X} \cdot (h_x)_{x \in X} := (g_x \cdot h_x)_{x \in X}.$$

Si dice che $\prod_{x \in X} G_x$ è il *prodotto* dei gruppi G_x, $x \in X$. Se $X = \{1, \ldots, n\}$, lo si indica di solito con $G_1 \times \ldots \times G_n$. Se i gruppi G_x sono copie dello stesso gruppo G, con le notazioni dell'esempio precedente si ha $\prod_{x \in X} G_x = G^X$. Se inoltre l'insieme X è finito, per esempio $X = \{1, \ldots, n\}$, si scrive anche G^n al posto di G^X o di $G^{(X)}$.

Definizione 3. *Sia G un monoide. Un sottoinsieme $H \subset G$ si dice* sottomonoide *se:*
  (i) $e \in H$.
  (ii) $a, b \in H \Longrightarrow ab \in H$.
Se G è un gruppo, H è detto un sottogruppo *di G se vale inoltre:*
  (iii) $a \in H \Longrightarrow a^{-1} \in H$.
Un sottogruppo di un gruppo G è dunque un sottomonoide chiuso rispetto agli inversi.

Nella definizione di sottogruppo $H \subset G$ si può sostituire la (i) con la più debole condizione $H \neq \emptyset$ in quanto da (ii) e (iii) segue subito $e \in H$. Naturalmente non è possibile fare lo stesso per i monoidi. Ogni gruppo G ha $\{e\}$ e G come *sottogruppi banali*. Dato un $m \in \mathbb{Z}$, l'insieme $m\mathbb{Z}$ dei multipli interi di m è un sottogruppo del gruppo additivo $\mathbb{Z}$. Vedremo in 1.3/4 che tutti i sottogruppi di $\mathbb{Z}$ sono di questo tipo. Più in generale si può considerare il *sottogruppo ciclico* di un gruppo G generato da un elemento a. Questo consiste di tutte le potenze a^n, $n \in \mathbb{Z}$, dove si pone $a^n = (a^{-1})^{-n}$ se $n < 0$ (si veda a riguardo la sezione 1.3).

Definizione 4. *Siano G, G' monoidi e siano e, e' i rispettivi elementi neutri. Un omomorfismo di monoidi $\varphi\colon G \longrightarrow G'$ è un'applicazione φ di G in G' tale che:*
  (i) $\varphi(e) = e'$.
  (ii) $\varphi(ab) = \varphi(a)\varphi(b)$ per ogni scelta di $a, b \in G$.
Se G e G' sono gruppi, allora φ è detto anche omomorfismo di gruppi.

Osservazione 5. *Un'applicazione $\varphi\colon G \longrightarrow G'$ tra gruppi è un omomorfismo di gruppi se e solo se $\varphi(ab) = \varphi(a)\varphi(b)$ per ogni scelta di $a, b \in G$.*

Dimostrazione. Da $\varphi(e) = \varphi(ee) = \varphi(e)\varphi(e)$ segue che $\varphi(e) = e'$. $\square$

Osservazione 6. *Se $\varphi\colon G \longrightarrow G'$ è un omomorfismo di gruppi, risulta allora $\varphi(a^{-1}) = (\varphi(a))^{-1}$ per ogni $a \in G$.*

Dimostrazione. $e' = \varphi(e) = \varphi(aa^{-1}) = \varphi(a)\varphi(a^{-1})$. $\square$

Un omomorfismo di gruppi $\varphi\colon G \longrightarrow G'$ è detto un *isomorfismo* se ammette un inverso, ossia se esiste un omomorfismo di gruppi $\psi\colon G' \longrightarrow G$ tale che $\psi \circ \varphi = \mathrm{id}_G$ e $\varphi \circ \psi = \mathrm{id}_{G'}$. È equivalente a questo che l'omomorfismo φ sia biiettivo. Omomorfismi iniettivi (risp. suriettivi) di gruppi $G \longrightarrow G'$ sono anche detti *monomorfismi* (risp. *epimorfismi*). Un *endomorfismo* di G è un omomorfismo $G \longrightarrow G$; un *automorfismo* di G è un isomorfismo $G \longrightarrow G$.

Siano $\varphi\colon G \longrightarrow G'$ e $\psi\colon G' \longrightarrow G''$ omomorfismi di gruppi. Allora anche la composizione $\psi \circ \varphi\colon G \longrightarrow G''$ è un omomorfismo di gruppi. A partire da $\varphi\colon G \longrightarrow G'$ si possono inoltre costruire i sottogruppi

$$\ker\varphi = \{g \in G \,;\, \varphi(g) = 1\} \subset G \qquad (\textit{nucleo di } \varphi)$$

e

$$\mathrm{im}\,\varphi = \varphi(G) \subset G' \qquad (\textit{immagine di } \varphi).$$

L'iniettività di φ è equivalente a $\ker\varphi = \{1\}$. Diamo ora alcuni esempi di omomorfismi.

(1) Sia G un monoide. Fissato $x \in G$ e considerando $\mathbb{N}$ come monoide rispetto all'addizione, si vede che

$$\varphi\colon \mathbb{N} \longrightarrow G, \qquad n \longmapsto x^n,$$

definisce un omomorfismo di monoidi. Se G è un gruppo, si ottiene allo stesso modo un omomorfismo di gruppi

$$\varphi\colon \mathbb{Z} \longrightarrow G, \qquad n \longmapsto x^n,$$

ponendo $x^n := (x^{-1})^{-n}$ per $n < 0$. Viceversa, ogni omomorfismo di monoidi $\varphi\colon \mathbb{N} \longrightarrow G$, risp. ogni omomorfismo di gruppi $\varphi\colon \mathbb{Z} \longrightarrow G$, è di questo tipo: basta prendere $x = \varphi(1)$.

(2) Sia G un gruppo e sia $S(G)$ il gruppo delle applicazioni biiettive di G in sé. Dato un $a \in G$, indichiamo con $\tau_a \in S(G)$ la *moltiplicazione* (o *traslazione* se il gruppo è scritto con notazione additiva) *a sinistra* per a su G, ossia

$$\tau_a : G \longrightarrow G, \qquad g \longmapsto ag.$$

Allora

$$G \longrightarrow S(G), \qquad a \longmapsto \tau_a,$$

è un omomorfismo iniettivo di gruppi. Pertanto è possibile identificare G con la sua immagine in $S(G)$ cosicché G individua un sottogruppo di $S(G)$. In particolare, un gruppo formato da n elementi può essere sempre pensato come un sottogruppo del gruppo simmetrico $\mathfrak{S}_n$. Questo risultato è noto come teorema di Cayley.

Analogamente alle moltiplicazioni (risp. traslazioni) a sinistra si possono definire le *moltiplicazioni* (risp. *traslazioni*) *a destra* su G. Anche queste permettono di costruire un omomorfismo iniettivo di gruppi $G \longrightarrow S(G)$ (vedi esercizio 4).

(3) Sia G un gruppo abeliano. Per ogni $n \in \mathbb{N}$ l'applicazione

$$G \longrightarrow G, \qquad g \longmapsto g^n,$$

è un omomorfismo di gruppi.

(4) Sia G un gruppo e sia $a \in G$ un elemento. Allora

$$\varphi_a : G \longrightarrow G, \qquad g \longmapsto aga^{-1},$$

è un cosiddetto *automorfismo interno* di G. L'insieme $\mathrm{Aut}(G)$ degli automorfismi di G è un gruppo rispetto alla composizione e l'applicazione $G \longrightarrow \mathrm{Aut}(G)$, $a \longmapsto \varphi_a$ è un omomorfismo di gruppi.

(5) La funzione esponenziale reale definisce un isomorfismo di gruppi $\mathbb{R} \xrightarrow{\sim} \mathbb{R}_{>0}$. Per verificarlo dobbiamo utilizzare alcune proprietà della funzione esponenziale che ci sono note dall'Analisi, in particolare l'uguaglianza $\exp(x + y) = \exp(x) \cdot \exp(y)$.

Esercizi

1. *Si dimostri l'osservazione 2.*

2. *La funzione esponenziale definisce un isomorfismo tra il gruppo additivo $\mathbb{R}$ e il gruppo moltiplicativo $\mathbb{R}_{>0}$. Riflettere sulla possibile esistenza di un isomorfismo tra il gruppo additivo $\mathbb{Q}$ e il gruppo moltiplicativo $\mathbb{Q}_{>0}$.*

3. Sia G un monoide e si considerino le seguenti condizioni:
   (i) G è un gruppo.
   (ii) Dati comunque $a, x, y \in G$, se $ax = ay$ oppure $xa = ya$, allora $x = y$.
   Si ha sempre (i) $\Longrightarrow$ (ii). Si dimostri che l'implicazione opposta è vera per monoidi G finiti, ma non per monoidi G arbitrari.

4. Sia G un gruppo. In analogia con le notazioni usate per le moltiplicazioni a sinistra su G, si definiscano le moltiplicazioni a destra e si costruisca tramite queste un omomorfismo iniettivo di gruppi $G \longrightarrow S(G)$.

5. Sia X un insieme e sia $Y \subset X$ un sottoinsieme. Dimostrare che il gruppo $S(Y)$ può essere considerato, in modo canonico, un sottogruppo di $S(X)$.

6. Sia G un gruppo abeliano finito. Allora $\prod_{g \in G} g^2 = 1$.

7. Sia G un gruppo e sia $a^2 = 1$ per ogni $a \in G$. Si dimostri che G è abeliano.

8. Sia G un gruppo e siano $H_1, H_2 \subset G$ sottogruppi. Si dimostri che $H_1 \cup H_2$ è un sottogruppo di G se e solo se $H_1 \subset H_2$ oppure $H_2 \subset H_1$.

1.2 Classi laterali, sottogruppi normali, gruppi quoziente

Sia G un gruppo e sia $H \subset G$ un sottogruppo. Una *classe laterale sinistra* di H in G è un sottoinsieme di G della forma

$$aH := \{ah \, ; \, h \in H\}$$

con $a \in G$.

Proposizione 1. *Due qualsiasi classi laterali sinistre di H in G sono equipotenti[2]; distinte classi laterali sinistre di H in G sono disgiunte. In particolare G è unione disgiunta delle classi laterali sinistre di H.*

Dimostrazione. Se $a \in G$, la moltiplicazione a sinistra $H \longrightarrow aH$, $h \longmapsto ah$ è biiettiva. Di conseguenza tutte le classi laterali sinistre sono equipotenti. La seconda asserzione si deduce dal lemma seguente:

Lemma 2. *Siano aH e bH classi laterali sinistre di H in G. Sono equivalenti:*
  (i) $aH = bH$.
  (ii) $aH \cap bH \neq \emptyset$.
  (iii) $a \in bH$.
  (iv) $b^{-1}a \in H$.

Dimostrazione. (ii) segue banalmente da (i) in quanto $H \neq \emptyset$. Data (ii), esiste un elemento $c \in aH \cap bH$ tale che $c = ah_1 = bh_2$ per opportuni $h_1, h_2 \in H$. Di conseguenza $a = bh_2h_1^{-1} \in bH$ e dunque (iii) è soddisfatta come pure la condizione equivalente (iv). Sia data (iv); allora $a \in bH$ e dunque $aH \subset bH$. Ora, se $b^{-1}a \in H$, anche il suo inverso $a^{-1}b$ appartiene a H; di conseguenza abbiamo anche $bH \subset aH$ e quindi $aH = bH$. $\square$

Gli elementi di una classe laterale sinistra aH vengono detti anche *rappresentanti* della classe. In particolare a è un rappresentante della classe laterale aH. Segue dal lemma che $a'H = aH$ per ogni rappresentante $a' \in aH$. L'insieme delle classi laterali sinistre di H in G viene indicato con G/H. Si definisce in modo analogo l'insieme $H \backslash G$ delle *classi laterali destre* di H in G, ossia dei sottoinsiemi

---

[2] Due insiemi X, Y si dicono *equipotenti* se esiste un'applicazione biiettiva $X \longrightarrow Y$.

della forma

$$Ha = \{ha \, ; \, h \in H\}$$

dove $a \in G$. Si dimostra facilmente che l'applicazione biiettiva

$$G \longrightarrow G, \qquad g \longmapsto g^{-1},$$

manda una classe laterale sinistra aH nella classe laterale destra Ha^{-1} e dunque induce una biiezione

$$G/H \longrightarrow H\backslash G, \qquad aH \longmapsto Ha^{-1}.$$

In particolare, la proposizione 1 e il lemma 2 (con ovvie modifiche nel lemma 2) restano valide anche per le classi laterali destre. Il numero di elementi di G/H, o di $H\backslash G$, è detto *indice* di H in G e viene denotato con $(G : H)$. Indichiamo inoltre con $\operatorname{ord} G$ l'*ordine* di G, ossia il numero di elementi del gruppo G. Segue allora dalla proposizione 1:

Corollario 3 (Teorema di Lagrange). *Sia G un gruppo finito e sia H un sottogruppo di G. Allora*

$$\operatorname{ord} G = \operatorname{ord} H \cdot (G : H).$$

Definizione 4. *Un sottogruppo $H \subset G$ si dice* sottogruppo normale *di G se $aH = Ha$ per ogni $a \in G$, ossia se per ogni $a \in G$ la classe laterale sinistra e la classe laterale destra di H in G coincidono.*[3]

Si può riscrivere la condizione $aH = Ha$ nella forma $aHa^{-1} = H$. Affinché un sottogruppo $H \subset G$ sia normale, è tuttavia sufficiente che risulti $aHa^{-1} \subset H$ per ogni $a \in G$ (in alternativa: $H \subset aHa^{-1}$ per ogni $a \in G$). Infatti $aHa^{-1} \subset H$ è equivalente a $aH \subset Ha$, come pure $a^{-1}Ha \subset H$ a $Ha \subset aH$. Inoltre ogni sottogruppo di un gruppo commutativo è normale.

Osservazione 5. *Il nucleo di un omomorfismo di gruppi $\varphi \colon G \longrightarrow G'$ è sempre un sottogruppo normale di G.*

Dimostrazione. $\ker \varphi$ è un sottogruppo di G e inoltre, grazie a 1.1/6, si ha $a \cdot (\ker \varphi) \cdot a^{-1} \subset \ker \varphi$ per ogni $a \in G$. □

Consideriamo ora il problema opposto e mostriamo che per ogni sottogruppo normale $N \subset G$ esiste un omomorfismo di gruppi $\varphi \colon G \longrightarrow G'$ tale che $\ker \varphi = N$. L'idea è di definire una opportuna struttura di gruppo su G/N e prendere come φ la proiezione canonica $\pi \colon G \longrightarrow G/N$ che manda un elemento $a \in G$ nella classe laterale aN. Sia dunque $N \subset G$ normale. Se si definisce il prodotto di due

---

[3]In tal caso la classe laterale aH (o la classe laterale Ha) viene talvolta detta *classe resto* di a modulo H; per esempio, se $G = \mathbb{Z}$.

sottoinsiemi $X, Y \subset G$ come

$$X \cdot Y := \{x \cdot y \in G \, ; \, x \in X, y \in Y\},$$

allora, dati $a, b \in G$ e sfruttando il fatto che N è un sottogruppo normale, possiamo scrivere:

$$(aN) \cdot (bN) = \{a\} \cdot (Nb) \cdot N = \{a\} \cdot (bN) \cdot N = \{ab\} \cdot (NN) = (ab)N.$$

Dunque il prodotto di due classi laterali di rispettivi rappresentanti a e b è ancora una classe laterale e ab è un suo rappresentante. Possiamo quindi prendere questo prodotto come operazione "$\cdot$" in G/N e segue subito dalle proprietà di gruppo di G che G/N è un gruppo rispetto a questa operazione; $N = 1N$ è l'elemento neutro in G/N e $a^{-1}N$ è l'inverso di $aN \in G/N$. È inoltre evidente che la proiezione canonica

$$\pi \colon G \longrightarrow G/N, \qquad a \longmapsto aN,$$

è un omomorfismo suriettivo di gruppi con $\ker \pi = N$. Diremo G/N il *gruppo quoziente* di G modulo N.

Per molte applicazioni è importante sapere che $\pi \colon G \longrightarrow G/N$ soddisfa una cosiddetta proprietà universale e che questa caratterizza G/N a meno di isomorfismi canonici.

Proposizione 6 (Teorema di omomorfismo). *Sia $\varphi \colon G \longrightarrow G'$ un omomorfismo di gruppi e sia $N \subset G$ un sottogruppo normale con $N \subset \ker \varphi$. Esiste allora un unico omomorfismo di gruppi $\overline{\varphi} \colon G/N \longrightarrow G'$ tale che $\varphi = \overline{\varphi} \circ \pi$, ossia tale il diagramma*

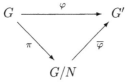

risulta commutativo. Inoltre,

$$\operatorname{im} \overline{\varphi} = \operatorname{im} \varphi, \qquad \ker \overline{\varphi} = \pi(\ker \varphi), \qquad \ker \varphi = \pi^{-1}(\ker \overline{\varphi}).$$

In particolare $\overline{\varphi}$ è iniettiva se e solo se $N = \ker \varphi$.

Dimostrazione. Se $\overline{\varphi}$ esiste, per ogni $a \in G$ si ha

$$\overline{\varphi}(aN) = \overline{\varphi}(\pi(a)) = \varphi(a)$$

e dunque $\overline{\varphi}$ è unica. Viceversa, possiamo definire $\overline{\varphi}$ tramite $\overline{\varphi}(aN) = \varphi(a)$ se dimostriamo che $\varphi(a)$ non dipende dalla scelta del rappresentante $a \in aN$. Supponiamo dunque che siano dati due elementi $a, b \in G$ tali che $aN = bN$. Allora $b^{-1}a \in N \subset \ker \varphi$ da cui $\varphi(b^{-1}a) = 1$ e quindi $\varphi(a) = \varphi(b)$. Il fatto che $\overline{\varphi}$ sia un omomorfismo di gruppi segue dalla definizione della struttura di gruppo in G/N

o, in altri termini, dal fatto che π è un epimorfismo. Con questo sono state chiarite l'esistenza e l'unicità di $\overline{\varphi}$.

L'uguaglianza $\ker\varphi = \pi^{-1}(\ker\overline{\varphi})$ segue dal fatto che φ è ottenuta componendo $\overline{\varphi}$ con π. Inoltre $\operatorname{im}\overline{\varphi} = \operatorname{im}\varphi$ e $\ker\overline{\varphi} = \pi(\ker\varphi)$ seguono dalla suriettività della proiezione π.   □

Corollario 7. *Se $\varphi\colon G \longrightarrow G'$ è un omomorfismo suriettivo di gruppi, allora G' è canonicamente isomorfo a $G/\ker\varphi$.*

Dimostriamo ora, come conseguenza della proposizione 6, il cosiddetto teorema di isomorfismo per i gruppi.

Proposizione 8 (Primo teorema di isomorfismo). *Sia G un gruppo e siano $H \subset G$ e $N \subset G$ rispettivamente un sottogruppo e un sottogruppo normale. Allora HN è un sottogruppo di G con sottogruppo normale N e $H \cap N$ è un sottogruppo normale di H. L'omomorfismo canonico*

$$H/H \cap N \longrightarrow HN/N$$

è un isomorfismo.

Dimostrazione. Usando il fatto che N è normale in G si vede facilmente che HN è un sottogruppo di G avente N come sottogruppo normale. Si consideri allora l'omomorfismo

$$H \hookrightarrow HN \xrightarrow{\ \pi\ } HN/N,$$

dove π è la proiezione canonica: è suriettivo e il suo nucleo è $H \cap N$. Dunque $H \cap N$ è normale in H e l'omomorfismo indotto

$$H/H \cap N \longrightarrow HN/N$$

è un isomorfismo per la proposizione 6 o il corollario 7.   □

Proposizione 9 (Secondo teorema di isomorfismo). *Sia G un gruppo e siano N, H sottogruppi normali di G tali che $N \subset H \subset G$. Allora N è un sottogruppo normale di H e si può pensare H/N come un sottogruppo normale di G/N. L'omomorfismo canonico*

$$(G/N)/(H/N) \longrightarrow G/H$$

è un isomorfismo.

Dimostrazione. In primo luogo spieghiamo in che modo H/N possa essere interpretato come un sottogruppo di G/N. Partiamo dall'omomorfismo di gruppi

$$H \hookrightarrow G \xrightarrow{\ \pi\ } G/N,$$

con π la proiezione canonica. Questo omomorfismo ha nucleo N e quindi, per la proposizione 6, esso induce un monomorfismo $H/N \hookrightarrow G/N$. Pertanto possiamo identificare H/N con la sua immagine in G/N.

Si osservi ora che il nucleo H della proiezione canonica $G \longrightarrow G/H$ contiene il sottogruppo normale N. Per la proposizione 6 allora questo epimorfismo induce un epimorfismo $G/N \longrightarrow G/H$ il cui nucleo è un sottogruppo normale e coincide con l'immagine di H tramite la proiezione $G \longrightarrow G/N$. Abbiamo appena identificato tale immagine con H/N. Applicando nuovamente la proposizione 6, o il corollario 7, segue che $G/N \longrightarrow G/H$ induce un isomorfismo

$$(G/N)/(H/N) \overset{\sim}{\longrightarrow} G/H.$$

$\square$

Esercizi

1. *Sia G un gruppo e sia $H \subset G$ un sottogruppo di indice 2. Si dimostri che H è normale in G. Vale lo stesso asserto anche nel caso in cui H sia di indice 3?*

2. *Sia G un gruppo e sia $N \subset G$ un sottogruppo normale. Si dia una costruzione alternativa del gruppo quoziente G/N considerando l'insieme $X = G/N$ delle classi laterali sinistre di N in G e dimostrando l'esistenza di un omomorfismo di gruppi $\varphi \colon G \longrightarrow S(X)$ con $\ker \varphi = N$.*

3. Siano dati un insieme X, un sottoinsieme $Y \subset X$, un gruppo G e sia G^X il gruppo delle funzioni di X in G. Sia $N := \{f \in G^X \; ; \; f(y) = 1 \text{ per ogni } y \in Y\}$. Si dimostri che N è un sottogruppo normale di G^X e che $G^X/N \simeq G^Y$.

4. Sia $\varphi \colon G \longrightarrow G'$ un omomorfismo di gruppi. Si dimostri quanto segue:

   (i) Se $H \subset G$ è un sottogruppo, allora $\varphi(H)$ è un sottogruppo di G'. L'asserto analogo per sottogruppi normali è vero in generale solo se φ è suriettivo.

   (ii) Se $H' \subset G'$ è un sottogruppo (risp. un sottogruppo normale) di G', allora l'analogo è vero per $\varphi^{-1}(H') \subset G$.

5. Sia G un gruppo finito e siano $H_1, H_2 \subset G$ sottogruppi tali che $H_1 \subset H_2$. Si dimostri l'uguaglianza: $(G : H_1) = (G : H_2) \cdot (H_2 : H_1)$.

6. Supponiamo che un gruppo G contenga un sottogruppo normale N il quale soddisfi la seguente proprietà di massimalità: se $H \subset G$ è un sottogruppo e $H \supset N$, allora $H = G$ oppure $H = N$. Si dimostri che due sottogruppi $H_1, H_2 \subset G$ tali che $H_1 \neq \{1\} \neq H_2$ e $H_1 \cap N = H_2 \cap N = \{1\}$ sono sempre isomorfi tra loro.

1.3 Gruppi ciclici

Sia G un gruppo e sia $X \subset G$ un sottoinsieme. Se H è l'intersezione di tutti i sottogruppi di G che contengono X, allora H è un sottogruppo di G, e anzi è il più piccolo sottogruppo di G che contiene X. Si dice che H è generato da X e, nel caso in cui H coincida con G, che G è generato da X. Il sottogruppo H generato da un sottoinsieme X di G può essere descritto esplicitamente. Esso consiste di tutti gli elementi della forma

$$x_1^{\varepsilon_1} \cdot \ldots \cdot x_n^{\varepsilon_n}$$

con $x_1, \ldots, x_n \in X$ e $\varepsilon_1, \ldots, \varepsilon_n \in \{1, -1\}$ e dove n varia in $\mathbb{N}$. (Ovviamente gli elementi così descritti costituiscono il più piccolo sottogruppo di G che contiene X e questo è per definizione il gruppo H.)

Ci interesseremo nel seguito solo del caso in cui X consiste di un solo elemento x. La descrizione del sottogruppo generato da un elemento $x \in G$, che indicheremo con $\langle x \rangle$, diventa allora più semplice:

Osservazione 1. *Sia x un elemento di un gruppo G. Allora il sottogruppo generato da x, $\langle x \rangle \subset G$, consiste di tutte le potenze x^n, $n \in \mathbb{Z}$. In altri termini, $\langle x \rangle$ coincide con l'immagine dell'omomorfismo di gruppi*

$$\mathbb{Z} \longrightarrow G, \qquad n \longmapsto x^n,$$

dove $\mathbb{Z}$ indica il gruppo additivo dei numeri interi. In particolare il gruppo $\langle x \rangle$ è commutativo.

Definizione 2. *Un gruppo G si dice* ciclico *se è generato da un elemento o, equivalentemente, se esiste un omomorfismo suriettivo $\mathbb{Z} \longrightarrow G$.*

Si osservi che per un gruppo commutativo G scritto con notazione additiva l'applicazione $\mathbb{Z} \longrightarrow G$ dell'osservazione 1 è data da $n \longmapsto n \cdot x$ dove con $n \cdot x$ si intende il multiplo n-esimo di x se $n \geq 0$ e il multiplo $(-n)$-esimo di $-x$ se $n < 0$. In particolare il gruppo additivo $\mathbb{Z}$ è generato dall'elemento $1 \in \mathbb{Z}$ ed è dunque ciclico. $\mathbb{Z}$ viene detto il *gruppo ciclico libero*; l'ordine di questo gruppo è infinito. Dato un $m \in \mathbb{Z}$, anche il sottogruppo $m\mathbb{Z}$ formato da tutti i multipli interi di m è ciclico e così pure il gruppo quoziente $\mathbb{Z}/m\mathbb{Z}$. Se $m \neq 0$, per esempio $m > 0$, allora $\mathbb{Z}/m\mathbb{Z}$ è detto *gruppo ciclico di ordine m* e infatti esso consiste esattamente di m elementi, precisamente delle classi resto $0 + m\mathbb{Z}, \ldots, (m-1) + m\mathbb{Z}$. Mostreremo che $\mathbb{Z}$ e i gruppi del tipo $\mathbb{Z}/m\mathbb{Z}$ sono, a meno di isomorfismi, gli unici gruppi ciclici. Con l'aiuto del teorema di isomorfismo (nella versione 1.2/7) si vede che un gruppo G è ciclico se e solo se esiste un isomorfismo $\mathbb{Z}/H \overset{\sim}{\longrightarrow} G$ con H un sottogruppo (normale) di $\mathbb{Z}$. Per determinare tutti i gruppi ciclici basta quindi determinare tutti i sottogruppi di $\mathbb{Z}$.

Proposizione 3. *Sia G un gruppo ciclico. Allora*

$$G \simeq \begin{cases} \mathbb{Z} & \text{se } \operatorname{ord} G = \infty, \\ \mathbb{Z}/m\mathbb{Z} & \text{se } \operatorname{ord} G = m < \infty. \end{cases}$$

I gruppi $\mathbb{Z}$ e $\mathbb{Z}/m\mathbb{Z}$ sono, a meno di isomorfismi, gli unici gruppi ciclici.

Come abbiamo visto, per dimostrare la proposizione è sufficiente avere il lemma seguente:

Lemma 4. *Sia $H \subset \mathbb{Z}$ un sottogruppo. Esiste allora un $m \in \mathbb{Z}$ tale che $H = m\mathbb{Z}$. In particolare ogni sottogruppo di $\mathbb{Z}$ è ciclico.*

Dimostrazione. Possiamo assumere $H \neq 0$, dove 0 indica il sottogruppo di $\mathbb{Z}$ che consiste del solo elemento nullo. Esiste allora almeno un elemento positivo contenuto in H; sia m il più piccolo tra gli elementi positivi in H. Affermiamo che $H = m\mathbb{Z}$. Ovviamente $m\mathbb{Z} \subset H$. Per dimostrare l'inclusione opposta, consideriamo un $a \in H$ qualsiasi. Dividendo a per m otteniamo $q, r \in \mathbb{Z}$, $0 \leq r < m$, tali che $a = qm + r$. Dunque $r = a - qm$ è un elemento di H e, poiché tutti gli elementi positivi di H sono maggiori o uguali a m, si ha necessariamente $r = 0$. Allora $a = qm \in m\mathbb{Z}$ e di conseguenza si ha pure $H \subset m\mathbb{Z}$. Pertanto $H = m\mathbb{Z}$. □

Proposizione 5. (i) *Se G è un gruppo ciclico, allora ogni suo sottogruppo $H \subset G$ è ciclico.*

(ii) *Se $\varphi \colon G \longrightarrow G'$ è un omomorfismo di gruppi e G è ciclico, allora anche* $\ker \varphi$ *e* $\operatorname{im} \varphi$ *sono ciclici.*

Dimostrazione. Segue subito dalla definizione di gruppo ciclico che l'immagine di un gruppo ciclico rispetto a un omomorfismo di gruppi $\varphi \colon G \longrightarrow G'$ è un gruppo ciclico. Poiché $\ker \varphi$ è un sottogruppo di G, rimane solo da verificare l'asserto (i). Sia allora G ciclico e sia $H \subset G$ un sottogruppo. Sia inoltre $\pi \colon \mathbb{Z} \longrightarrow G$ un epimorfismo. Allora $\pi^{-1}(H)$ è un sottogruppo di $\mathbb{Z}$, ciclico per il lemma 4. Ne segue che H, in quanto immagine di $\pi^{-1}(H)$ rispetto a π, è pure ciclico, ossia l'asserto (i) è dimostrato. □

Sia G un gruppo. L'*ordine* $\operatorname{ord} a$ di un elemento $a \in G$ si definisce come l'ordine del sottogruppo ciclico di G generato da a. Sappiamo già che $\varphi \colon \mathbb{Z} \longrightarrow G$, $n \longmapsto a^n$ definisce un epimorfismo di $\mathbb{Z}$ sul sottogruppo ciclico $H \subset G$ generato da a. Se $\ker \varphi = m\mathbb{Z}$ e il gruppo G è finito, allora necessariamente $m \neq 0$, sia $m > 0$, e H è isomorfo a $\mathbb{Z}/m\mathbb{Z}$. Pertanto m è il più piccolo numero positivo per cui $a^m = 1$ e si vede che H consiste esattamente degli elementi $1 = a^0, a^1, \ldots, a^{m-1}$ (a due a due distinti). In particolare si ha $\operatorname{ord} a = m$.

Proposizione 6 (Piccolo teorema di Fermat). *Se G è un gruppo finito e $a \in G$, allora $\operatorname{ord} a$ divide $\operatorname{ord} G$ e risulta $a^{\operatorname{ord} G} = 1$.*

Per la *dimostrazione* si applica il teorema di Lagrange 1.2/3 al sottogruppo ciclico di G generato da a.

Corollario 7. *Sia G un gruppo con $p := \operatorname{ord} G$ numero primo. Allora G è ciclico, $G \simeq \mathbb{Z}/p\mathbb{Z}$, e risulta $\operatorname{ord} a = p$ per ogni $a \in G$, $a \neq 1$. In particolare ogni elemento a come sopra genera il gruppo ciclico G.*

Dimostrazione. Sia $a \in G$, $a \neq 1$ e sia $H \subset G$ il sottogruppo ciclico generato da a. Poiché $\operatorname{ord} a = \operatorname{ord} H$ è maggiore di 1 e però, per la proposizione 6, esso deve dividere $p = \operatorname{ord} G$, si ha necessariamente $\operatorname{ord} a = \operatorname{ord} H = p$. Dunque $H = G$, ossia G è generato da a ed è dunque ciclico. Segue allora dalla proposizione 3 che G è isomorfo a $\mathbb{Z}/p\mathbb{Z}$. □

Esercizi

1. *Dato un $m \in \mathbb{N}-\{0\}$, sia $G_m := \{0, 1, \ldots, m-1\}$. Tramite*

$$a \circ b := \text{ resto della divisione di } a+b \text{ per } m$$

   viene definita una operazione in G_m. Si dimostri che G_m è un gruppo rispetto all'operazione "$\circ$", isomorfo al gruppo $\mathbb{Z}/m\mathbb{Z}$.

2. *Dato un $m \in \mathbb{N}-\{0\}$, trovare tutti i sottogruppi di $\mathbb{Z}/m\mathbb{Z}$.*

3. Si consideri $\mathbb{Z}$ come sottogruppo additivo di $\mathbb{Q}$ e si dimostri quanto segue:
   (i) Ogni elemento di $\mathbb{Q}/\mathbb{Z}$ ha ordine finito.
   (ii) Sia $n \in \mathbb{N} - \{0\}$. Esiste un unico sottogruppo di ordine n in $\mathbb{Q}/\mathbb{Z}$ e tale sottogruppo è ciclico.

4. Siano $m, n \in \mathbb{N}-\{0\}$. Dimostrare che i gruppi $\mathbb{Z}/mn\mathbb{Z}$ e $\mathbb{Z}/m\mathbb{Z} \times \mathbb{Z}/n\mathbb{Z}$ sono isomorfi se e solo se m e n sono coprimi. In particolare il prodotto di due gruppi ciclici di ordini primi tra loro è di nuovo un gruppo ciclico.

5. Sia $\mathbb{Z}^n$, per $n \in \mathbb{N}$, il prodotto del gruppo additivo $\mathbb{Z}$ per se stesso n volte e sia $\varphi \colon \mathbb{Z}^n \longrightarrow \mathbb{Z}^n$ un endomorfismo. Si dimostri che φ è iniettivo se e solo se $\mathbb{Z}^n / \operatorname{im} \varphi$ è un gruppo finito. (Suggerimento: si consideri l'omomorfismo di $\mathbb{Q}$-spazi vettoriali $\varphi_{\mathbb{Q}} \colon \mathbb{Q}^n \longrightarrow \mathbb{Q}^n$ associato a φ.)

2. Anelli e polinomi

Un *anello* è un gruppo abeliano R, scritto con notazione additiva, in cui è definita pure una moltiplicazione, come accade, per esempio, nell'anello $\mathbb{Z}$ dei numeri interi. Si richiede inoltre che R sia un monoide rispetto alla moltiplicazione e che l'addizione e la moltiplicazione siano compatibili tra loro nel modo richiesto dalle proprietà distributive. Nel seguito assumeremo sempre che la moltiplicazione su un anello sia *commutativa*, tranne che in alcune considerazioni nella sezione 2.1. Se gli elementi non nulli di un anello costituiscono un gruppo (abeliano) rispetto alla moltiplicazione, si parlerà allora di *campo*. La definizione di anello risale a R. Dedekind e l'introduzione di questa nozione fu motivata dallo studio di equazioni algebriche a coefficienti *interi*. Nel seguito tuttavia accenneremo soltanto agli anelli di interi algebrici. Infatti rivestiranno per noi maggiore importanza i campi, in quanto luogo dei coefficienti di equazioni algebriche, e gli anelli di polinomi su campi. Guardiamo ora più da vicino alla nozione di polinomio che si rivela di fondamentale importanza nello studio delle equazioni algebriche e soprattutto delle estensioni algebriche di campi.

Quando si desidera risolvere un'equazione

$$(*) \qquad\qquad x^n + a_1 x^{n-1} + \ldots + a_n = 0$$

avente coefficienti $a_1, \ldots, a_n$ in un campo K, risulta naturale trattare l'indeterminata x come "variabile". Si considera allora la corrispondente funzione $f(x) = x^n + a_1 x^{n-1} + \ldots + a_n$ che associa a un elemento x il valore $f(x)$ e si cercano gli zeri di f. Naturalmente bisogna aver fissato prima il dominio nel quale far variare la x, per esempio K stesso o, se $K = \mathbb{Q}$, anche i numeri reali o i numeri complessi. Si dice che $f(x)$ è una *funzione polinomiale* in x o, in modo non del tutto corretto, che è un *polinomio* in x.

Trovare un dominio sufficientemente grande da contenere tutti gli zeri di f è un problema cruciale. Dal punto di vista storico il teorema fondamentale dell'Algebra fu di decisiva importanza a tal riguardo affermando che, se $K \subset \mathbb{C}$, tutte le soluzioni di $(*)$ sono numeri complessi. In questo caso conviene dunque considerare $f(x)$ come una funzione polinomiale su $\mathbb{C}$. Problemi diversi si presentano studiando equazioni algebriche a coefficienti in un campo finito $\mathbb{F}$ (vedi 2.3/6 o la sezione 3.8 per la definizione di tali campi). Se $\mathbb{F}$ consiste degli elementi $x_1, \ldots, x_q$, allora

$$g(x) = \prod_{j=1}^{q}(x - x_j) = x^q + \ldots + (-1)^q x_1 \ldots x_q$$

è una funzione polinomiale che si annulla su tutto $\mathbb{F}$ anche se i suoi "coefficienti" non sono tutti nulli. Ne segue che, a seconda del dominio di definizione di una funzione polinomiale $f(x)$ associata a un'equazione algebrica $(*)$, risulta più o meno difficile affermare qualcosa sui coefficienti della $(*)$.

Per eliminare tali difficoltà si rinuncia all'ipotesi che un polinomio sia una *funzione* con un determinato dominio. Tuttavia, da un lato si desidera che i polinomi siano caratterizzati in modo unico dai loro "coefficienti", dall'altro si vuole mantenerne il carattere di funzioni, precisamente nel senso che sia possibile sostituire alla variabile elementi di campi (o anelli) che estendono il dominio dei coefficienti. Si ottiene questo dicendo che un polinomio a coefficienti $a_0, \ldots, a_n$ è una somma formale $f = \sum_{j=0}^{n} a_j X^j$, il che significa che si deve intendere f come una sequenza di coefficienti $a_0, \ldots, a_n$. Se si suppone che il dominio K dei possibili coefficienti sia un campo (o anche un anello), allora si possono sommare e moltiplicare i polinomi, applicando formalmente le regole usuali. In questo modo i polinomi a coefficienti in K formano un anello $K[X]$. Inoltre, un elemento x di una qualsiasi estensione di campi (o di anelli) $K' \supset K$ può essere inserito nel polinomio $f \in K[X]$: si sostituisce di volta in volta la variabile X con x e si considera l'espressione $f(x)$ così ottenuta come un elemento di K'. Possiamo in particolare parlare di zeri (o radici) di f in K'. Studieremo meglio questo formalismo per polinomi in una variabile in 2.1 e per polinomi in più variabili in 2.5.

Il problema di risolvere equazioni algebriche a coefficienti in un campo K si trasforma allora nel problema di trovare in opportune estensioni K' di K le radici di polinomi monici a coefficienti in K, ossia di polinomi del tipo $f = X^n + a_1 X^{n-1} + \ldots + a_n \in K[X]$. Prima di iniziare col lavoro vero e proprio c'è un'ulteriore banale osservazione da fare: se il polinomio f può essere scritto come prodotto di due polinomi $g, h \in K[X]$, ossia $f = gh$, per determinare le radici di f basta determinare separatamente le radici di g e di h. Infatti è facile verificare che, dato un $x \in K'$, risulta $f(x) = (gh)(x) = g(x)h(x)$ in K'. Poiché quest'ultimo è un campo, f si annulla in x se e solo se g oppure h si annullano in x. Per semplificare il problema è meglio ridurre l'equazione algebrica $f(x) = 0$ in equazioni di grado minore scrivendo f come prodotto di fattori monici di grado minore in $K[X]$. Se ciò non è possibile, si dice che f (risp. l'equazione algebrica $f(x) = 0$) è *irriducibile*.

Queste osservazioni mostrano in particolare la necessità di studiare la fattorizzazione dei polinomi. Lo faremo in 2.4. Come conseguenza dell'esistenza della divisione con resto per i polinomi mostreremo che vale il teorema della fattorizzazione unica in $K[X]$, così come accade per l'anello $\mathbb{Z}$ dei numeri interi. Dunque ogni polinomio monico può essere scritto in modo unico come prodotto di polinomi monici irriducibili. Ci occuperemo infine in 2.7 e 2.8 di criteri di irriducibilità, ossia della questione di stabilire se un dato polinomio $f \in K[X]$ è o meno irriducibile.

Lo studio delle fattorizzazioni nell'anello dei polinomi $K[X]$ è di grande interesse anche per un altro motivo. Per spiegarlo meglio ricordiamo la nozione di *ideale* di un anello che verrà studiata in 2.2. Un ideale $\mathfrak{a}$ di un anello R è un sotto-gruppo additivo di R tale che da $r \in R$ e $a \in \mathfrak{a}$ segue sempre $ra \in \mathfrak{a}$. Gli ideali si comportano per molti versi come i sottogruppi normali nei gruppi. In particolare si può costruire l'anello quoziente $R/\mathfrak{a}$ di un anello R modulo un ideale $\mathfrak{a} \subset R$, dimo-strare il teorema di omomorfismo ecc. (vedi 2.3). L'introduzione degli ideali risale alla fine del XIX secolo ed è legata ai tentativi di dimostrare il teorema di fattoriz-zazione unica in elementi primi negli anelli di interi algebrici. Una volta constatato che questo teorema non è sempre valido in tali anelli, per un certo tempo si cercò aiuto in scomposizioni nei cosiddetti *numeri ideali*. Finché Dedekind osservò che non si dovevano fattorizzare singoli elementi, ma certi sottoinsiemi degli anelli che chiamò ideali. Così nel 1894 Dedekind dimostrò il teorema di fattorizzazione unica in ideali primi per gli ideali di un anello di interi algebrici. I domini d'integrità nei quali tale risultato è valido vengono oggi detti *domini di Dedekind*.

Un importante risultato è il fatto che l'anello dei polinomi $K[X]$ su un campo K è un *dominio principale*. Questo implica che ogni ideale $\mathfrak{a} \subset K[X]$ è del tipo (f), ossia generato da un elemento $f \in K[X]$. Dimostreremo questo risultato in 2.4/3 e proveremo che in ogni dominio principale vale il teorema di fattorizzazione unica in elementi primi. Studi di questo tipo rimandano direttamente alla costruzione di Kronecker che noi discuteremo più in dettaglio in 3.4/1. Tale metodo permette di costruire facilmente, a partire da un'equazione algebrica irriducibile $f(x) = 0$ a coefficienti in un campo K, un'estensione K' che contiene una soluzione di questa equazione. Si pone precisamente $K' = K[X]/(f)$ e la classe $\overline{X}$ di $X \in K[X]$ è la soluzione cercata. Anche se questa costruzione non fornisce alcuna spiegazione sulla struttura del campo K', per esempio circa una risoluzione per radicali, tuttavia essa dà un contributo importante al problema dell'esistenza di soluzioni.

Per illustrare il tipo di calcoli che coinvolgono domini principali introdurremo in 2.9 la cosiddetta teoria dei divisori elementari, un tema che in linea di princi-pio appartiene all'Algebra Lineare. Come generalizzazione degli spazi vettoriali su campi studieremo in tale sezione i *moduli* su domini principali.

2.1 Anelli, anelli di polinomi in una variabile

Definizione 1. *Un* anello *(con* identità*) è un insieme R in cui sono definite due operazioni, indicate una come addizione "+" e l'altra come moltiplicazione "·", che soddisfa le seguenti condizioni:*

(i) *R è un gruppo commutativo rispetto all'addizione.*

(ii) *R è un monoide rispetto alla moltiplicazione, ossia la moltiplicazione è associativa ed esiste in R un elemento neutro per la moltiplicazione.*

(iii) *Valgono le proprietà distributive, ossia*

$$(a + b) \cdot c = a \cdot c + b \cdot c, \qquad c \cdot (a + b) = c \cdot a + c \cdot b, \qquad \text{per } a, b, c \in R.$$

R si dice commutativo *se la moltiplicazione è commutativa.*[1]

---

[1] Anche se presenteremo in questa sezione alcune notazioni ed esempi per anelli non commutativi, se non altrimenti detto, col termine anello si intenderà sempre un anello *commutativo*.

Nello scrivere le leggi distributive (iii) abbiamo rinunciato all'uso delle parentesi a destra di ciascun segno d'uguaglianza. Infatti, come già avviene nei calcoli con i numeri usuali, si conviene che il segno di moltiplicazione leghi più fortemente del segno di addizione.

L'elemento nullo per l'addizione di un anello viene sempre indicato con 0, l'elemento neutro per la moltiplicazione con 1. Può anche essere $1 = 0$, ma solo nel caso dell'anello nullo ossia dell'anello che consiste del solo elemento nullo 0. Spesso si indica anche l'anello nullo con 0, ma non si deve naturalmente confondere l'elemento 0 con l'anello 0. Per i calcoli in un anello valgono regole simili a quelle dei calcoli con i numeri usuali, per esempio:

$$0 \cdot a = 0 = a \cdot 0, \quad (-a) \cdot b = -(ab) = a \cdot (-b), \quad \text{per ogni scelta di } a, b \in R.$$

Si osservi però che da $ab = ac$, risp. da $a \cdot (b - c) = 0$, (dove $a \neq 0$) non segue automaticamente $b = c$. In generale, si può dedurre l'ultima uguaglianza solo in domini d'integrità (vedi oltre) o se c'è un inverso (moltiplicativo) di a. Bisogna dunque essere cauti nell'applicare regole di cancellazione negli anelli.

Dati un anello R e un suo sottoinsieme $S \subset R$, si dice che S è un *sottoanello* di R se S è un sottogruppo di R rispetto all'addizione e un sottomonoide rispetto alla moltiplicazione. In particolare S, con la legge di composizione indotta da R, è esso stesso un anello. Si dice anche che la coppia $S \subset R$ è un'*estensione di anelli*.

Dato un anello R si indica con

$$R^* = \{a \in R \,; \text{ esiste } b \in R \text{ tale che } ab = ba = 1\}$$

l'insieme delle *unità*[2] di R, ossia l'insieme degli elementi aventi inverso moltiplicativo. Si dimostra facilmente che R^* è un gruppo rispetto alla moltiplicazione. Si dice poi che R è un *corpo* se $R \neq 0$ e $R^* = R - \{0\}$, ossia quando $1 \neq 0$ e ogni elemento di R diverso da 0 è un'unità. Se inoltre la moltiplicazione di R è commutativa, si dice che R è un *campo*. Un elemento a di un anello R è detto *divisore dello zero* se esiste un $b \in R - \{0\}$ tale che $ab = 0$ oppure $ba = 0$. Nei campi e nei corpi non esiste alcun divisore dello zero oltre a 0. Diremo che un anello commutativo R è un *dominio d'integrità* (o che è *privo di divisori dello zero*) se $R \neq 0$ e R ha solo 0 come divisore dello zero. Daremo qui di seguito alcuni esempi di anelli.

(1) $\mathbb{Z}$ è un dominio d'integrità il cui gruppo delle unità consiste degli elementi 1 e -1.

(2) $\mathbb{Q}, \mathbb{R}, \mathbb{C}$ sono campi; i quaternioni di Hamilton $\mathbb{H}$ formano un corpo. Per completezza, richiamiamo la definizione di $\mathbb{H}$. Si parte da un $\mathbb{R}$-spazio vettoriale V di dimensione 4 e da una base e, i, j, k. Si pone:

$$e^2 = e, \quad ei = ie = i, \quad ej = je = j, \quad ek = ke = k,$$
$$i^2 = j^2 = k^2 = -e,$$
$$ij = -ji = k, \quad jk = -kj = i, \quad ki = -ik = j,$$

---

[2]N.d.T.: Il termine unità è spesso usato per indicare anche l'identità 1 di un anello. Per evitare confusione riserveremo il termine unità agli elementi moltiplicativamente invertibili dell'anello tranne che nel caso della locuzione "radici dell'unità".

e si definisce il prodotto per gli altri elementi di V estendendolo per $\mathbb{R}$-linearità. Con questa moltiplicazione e con l'addizione di spazio vettoriale, V diventa un anello (non commutativo) $\mathbb{H}$ e addirittura un corpo con elemento neutro e. Identificando il campo dei numeri reali con $\mathbb{R}e$, si può interpretare $\mathbb{R}$ come un sottocampo di $\mathbb{H}$, ossia come un sottoanello che è pure un campo. In modo analogo anche $\mathbb{C}$ può essere considerato un sottocampo di $\mathbb{H}$.

(3) Sia K un campo. Allora l'insieme $R = K^{n \times n}$ delle matrici $n \times n$ a coefficienti in K è, rispetto all'addizione e alla moltiplicazione usuale di matrici, un anello con gruppo delle unità

$$R^* = \{A \in K^{n \times n} \, ; \, \det A \neq 0\}.$$

Se $n \geq 2$, R non è commutativo e ha divisori dello zero diversi dalla matrice nulla. Più in generale, gli endomorfismi di uno spazio vettoriale V (o anche di un gruppo abeliano G) formano un anello. La somma di endomorfismi è definita usando l'addizione di V (risp. di G) e la moltiplicazione come composizione di endomorfismi.

(4) Sia X un insieme e sia R un anello. Allora l'insieme R^X delle funzioni di X in R diventa un anello se si pone per $f, g \in R^X$:

$$f + g \colon X \longrightarrow R, \qquad x \longmapsto f(x) + g(x),$$
$$f \cdot g \colon X \longrightarrow R, \qquad x \longmapsto f(x) \cdot g(x).$$

Nel caso speciale $X = \{1, \ldots, n\} \subset \mathbb{N}$, si identifica R^X con $R^n = R \times \ldots \times R$, dove la struttura di anello di R^n è descritta dalle formule:

$(*)$
$$(x_1, \ldots, x_n) + (y_1, \ldots, y_n) = (x_1 + y_1, \ldots, x_n + y_n),$$
$$(x_1, \ldots, x_n) \cdot (y_1, \ldots, y_n) = (x_1 \cdot y_1, \ldots, x_n \cdot y_n).$$

L'elemento nullo è l'elemento $0 = (0, \ldots, 0)$ e l'identità è $1 = (1, \ldots, 1)$. L'uguaglianza $(1, 0, \ldots, 0) \cdot (0, 1, \ldots, 1) = 0$ mostra che nel caso $n \geq 2$ l'anello R^n ha in generale divisori dello zero non banali anche se R è un dominio d'integrità. R^n è detto l'*anello prodotto* di R per se stesso n volte. Più in generale si può costruire l'anello prodotto di una famiglia di anelli $(R_x)_{x \in X}$

$$P = \prod_{x \in X} R_x.$$

L'addizione e la moltiplicazione vengono definite componente per componente in modo analogo alle formule $(*)$. Se gli R_x sono copie dello stesso anello R, allora gli anelli $\prod_{x \in X} R_x$ e R^X coincidono in modo naturale.

D'ora in poi, se non altrimenti detto, con *anello* intenderemo sempre un *anello commutativo*. Sia nel seguito R un tale anello. Come esempio importante di estensione di anelli tratteremo l'*anello dei polinomi* $R[X]$ formato da tutti i polinomi in una variabile X a coefficienti in R. Poniamo $R[X] := R^{(\mathbb{N})}$, e, per il momento, si deve intendere questa uguaglianza solo a livello di insiemi; $R^{(\mathbb{N})}$ indica, come al solito, l'insieme di tutte le applicazioni $f : \mathbb{N} \longrightarrow R$ tali che $f(i) = 0$ per quasi tutti gli $i \in \mathbb{N}$. Identificando un'applicazione $f : \mathbb{N} \longrightarrow R$ con la corrispondente sequenza delle immagini in R, $(f(i))_{i \in \mathbb{N}}$, possiamo scrivere

$$R^{(\mathbb{N})} = \{(a_i)_{i \in \mathbb{N}} \; ; \; a_i \in R, \; a_i = 0 \text{ per quasi tutti gli } i \in \mathbb{N}\}.$$

Per rendere $R^{(\mathbb{N})}$ un anello, definiamo l'addizione componente per componente tramite l'addizione di R come fatto per le applicazioni nell'esempio (4), ossia poniamo

$$(a_i) + (b_i) := (a_i + b_i).$$

La moltiplicazione invece non viene definita componente per componente, ma si utilizza una costruzione che caratterizza la moltiplicazione delle funzioni polinomiali:

$$(a_i) \cdot (b_i) := (c_i),$$

dove

$$c_i := \sum_{\mu + \nu = i} a_\mu b_\nu.$$

Si può controllare che $R^{(\mathbb{N})}$ è un anello rispetto alle operazioni descritte; l'elemento nullo è dato dalla sequenza $(0, 0, 0, \ldots)$, l'identità dalla sequenza $(1, 0, 0, \ldots)$. L'anello così ottenuto si indica con $R[X]$ e viene detto *anello dei polinomi in una variabile X su R*. Questa definizione sembrerà più plausibile se si utilizza la solita notazione polinomiale per gli elementi di $R[X]$, cioè se si scrivono gli elementi $(a_i) \in R[X]$ nella forma

$$\sum_{i \in \mathbb{N}} a_i X^i \qquad \text{o} \qquad \sum_{i=0}^{n} a_i X^i,$$

dove n è scelto sufficientemente grande cosicché sia $a_i = 0$ per $i > n$. La "variabile" X, il cui significato sarà meglio chiarito a breve, deve essere interpretata come la sequenza $(0, 1, 0, 0, \ldots)$. Nella scrittura polinomiale l'addizione e la moltiplicazione in $R[X]$ vengono date dalle formule

$$\sum_i a_i X^i + \sum_i b_i X^i = \sum_i (a_i + b_i) X^i,$$

$$\sum_i a_i X^i \cdot \sum_i b_i X^i = \sum_i \left(\sum_{\mu + \nu = i} a_\mu \cdot b_\nu \right) X^i.$$

Per considerare R come sottoanello di $R[X]$, si è soliti interpretare gli elementi di R come polinomi costanti in $R[X]$, ossia si identifica R con la sua immagine rispetto all'applicazione $R \hookrightarrow R[X]$, $a \longmapsto aX^0$. Questo è possibile poiché tale applicazione è iniettiva, rispetta le strutture di anello di R e $R[X]$ e dunque, come diremo più avanti, è un omomorfismo di anelli.

Supponiamo ora che $R \subset R'$ sia un'estensione di anelli e $f = \sum a_i X^i$ sia un polinomio in $R[X]$; si possono allora sostituire a piacere elementi $x \in R'$ al posto della "variabile" X e calcolare così il valore $f(x) = \sum a_i x^i$ di f in x. Dunque f

individua una ben definita applicazione $R' \longrightarrow R'$, $x \longmapsto f(x)$ e, dati due polinomi $f, g \in R[X]$, valgono sempre le uguaglianze

$$(f + g)(x) = f(x) + g(x), \qquad (f \cdot g)(x) = f(x) \cdot g(x).$$

Si osservi che per scrivere la seconda uguaglianza si usa la commutatività della moltiplicazione in R', o meglio, la relazione $ax = xa$ per $a \in R$, $x \in R'$. La "variabile" X dell'anello dei polinomi $R[X]$ deve essere pensata come una quantità universale che può variare in modo tale che le uguaglianze in $R[X]$ si trasformino in nuove uguaglianze qualora si sostituisca un valore alla X nel modo spiegato prima.

Dato un polinomio $f = \sum a_i X^i \in R[X]$, l' i-esimo coefficiente a_i viene detto il *coefficiente di grado i* di f. Si definisce inoltre il *grado* di f come

$$\mathrm{grad}\, f := \max\{i \,;\, a_i \neq 0\};$$

al polinomio nullo 0 viene attribuito il grado $-\infty$. Se $\mathrm{grad}\, f = n \geq 0$, a_n viene detto il coefficiente direttore di f. Se questo è 1, si dice che f è *monico*. Ogni polinomio $f \in R[X] - \{0\}$ il cui coefficiente direttore a_n sia un'unità può essere normalizzato (ossia trasformato in uno monico) moltiplicandolo per a_n^{-1}.

Osservazione 2. *Sia $R[X]$ l'anello dei polinomi in una variabile X su un anello R e siano $f, g \in R[X]$. Allora*

$$\mathrm{grad}(f + g) \leq \max(\mathrm{grad}\, f, \mathrm{grad}\, g),$$
$$\mathrm{grad}(f \cdot g) \leq \mathrm{grad}\, f + \mathrm{grad}\, g$$

e se R è un dominio d'integrità, si ha $\mathrm{grad}(f \cdot g) = \mathrm{grad}\, f + \mathrm{grad}\, g$.

Dimostrazione. La verifica è immediata se f o g sono il polinomio nullo. Supponiamo allora $m = \mathrm{grad}\, f \geq 0$, $n = \mathrm{grad}\, g \geq 0$ e $f = \sum a_i X^i$, $g = \sum b_i X^i$. Allora $a_i + b_i = 0$ per $i > \max(m, n)$ e dunque $\mathrm{grad}(f + g) \leq \max(m, n)$. In modo simile si ottiene $\sum_{\mu+\nu=i} a_\mu b_\nu = 0$ per $i > m + n$ e dunque $\mathrm{grad}(f \cdot g) \leq m + n$. Se però R è un dominio d'integrità, da $\mathrm{grad}\, f = m$, $\mathrm{grad}\, g = n$ si deduce che i coefficienti a_m, b_n non sono nulli e dunque che $\sum_{\mu+\nu=m+n} a_\mu b_\nu = a_m b_n$, coefficiente di grado $m + n$ in $f \cdot g$, non si annulla. Di conseguenza risulta $\mathrm{grad}(f \cdot g) = m + n$. $\qquad\square$

Vi è tutta una serie di proprietà che l'anello dei polinomi $R[X]$ eredita da R. Come facile esempio consideriamo la proprietà di essere privo di divisori dello zero non banali.

Osservazione 3. *Sia R un dominio d'integrità. Allora anche l'anello dei polinomi $R[X]$ è un dominio d'integrità. Inoltre $(R[X])^* = R^*$.*

Dimostrazione. Si applichi la formula $\mathrm{grad}(f \cdot g) = \mathrm{grad}\, f + \mathrm{grad}\, g$ introdotta nell'osservazione 2. $\qquad\square$

Concludiamo mostrando che negli anelli di polinomi esiste una *divisione con resto* (o *euclidea*), come accade nell'anello $\mathbb{Z}$ dei numeri interi. Questo strumento verrà usato in 2.4 per mostrare che negli anelli di polinomi su un campo vale il teorema di fattorizzazione unica.

Proposizione 4. *Sia R un anello e sia $g = \sum_{i=0}^{d} a_i X^i \in R[X]$ un polinomio avente come coefficiente direttore a_d un'unità di R. Per ogni $f \in R[X]$ esistono (e sono unici) polinomi $q, r \in R[X]$ tali che*

$$f = qg + r, \qquad \operatorname{grad} r < d.$$

Dimostrazione. Osserviamo innanzitutto che dato un $q \in R[X]$ si ha sempre $\operatorname{grad}(qg) = \operatorname{grad} q + \operatorname{grad} g$ anche quando R non è un dominio d'integrità. Il coefficiente direttore a_d di g è infatti un'unità. Se dunque q ha grado $n \geq 0$ e coefficiente direttore c_n, risulta $c_n a_d \neq 0$. Questo è però il coefficiente direttore di qg e di conseguenza $\operatorname{grad}(qg) = n + d$.

Veniamo ora all'unicità della divisione con resto. Se f ha due rappresentazioni del tipo cercato, $f = qg + r = q'g + r'$, ne segue che $0 = (q - q')g + (r - r')$ e risulta

$$\operatorname{grad}(q - q') + \operatorname{grad} g = \operatorname{grad}(r - r')$$

per quanto visto sopra. Poiché r e r' hanno grado $< d$, lo stesso vale per $r - r'$ e si ottiene $\operatorname{grad}(q - q') + \operatorname{grad} g < d$. Questo però può verificarsi solo se $q = q'$ in quanto $\operatorname{grad} g = d$. Di conseguenza $r = r'$ e dunque abbiamo l'unicità della divisione con resto.

Per dimostrare l'esistenza della divisione con resto, ragioniamo per induzione su $n = \operatorname{grad} f$. Se $\operatorname{grad} f < d$, si pone $q = 0$ e $r = f$. Se al contrario si ha $f = \sum_{i=0}^{n} c_i X^i$ con $c_n \neq 0$ e $n \geq d$, allora

$$f_1 = f - c_n a_d^{-1} X^{n-d} g$$

è un polinomio tale che $\operatorname{grad} f_1 < n$. Per ipotesi induttiva esso ammette una decomposizione $f_1 = q_1 g + r_1$ con $q_1, r_1 \in R[X]$ e $\operatorname{grad} r_1 < d$. Allora

$$f = (q_1 + c_n a_d^{-1} X^{n-d}) g + r_1$$

è la decomposizione di f cercata.   □

La dimostrazione appena illustrata si presta a essere utilizzata come algoritmo per eseguire la divisione con resto nell'anello dei polinomi $R[X]$, in modo simile a quanto accade nell'anello $\mathbb{Z}$ dei numeri interi. Se consideriamo come esempio il caso dei polinomi

$$f = X^5 + 3X^4 + X^3 - 6X^2 - X + 1, \qquad g = X^3 + 2X^2 + X - 1$$

in $\mathbb{Z}[X]$, otteniamo

$$
\begin{array}{l}
(X^5 \; +3X^4 \; +X^3 \; -6X^2 \; -X \; +1) \; : \; (X^3 + 2X^2 + X - 1) \; = \; X^2 + X - 2 \\
\underline{X^5 \; +2X^4 \; +X^3 \; -X^2} \\
 X^4 -5X^2 \; -X \\
 \underline{X^4 \; +2X^3 \; +X^2 \; -X} \\
 -2X^3 \; -6X^2 \; +1 \\
 \underline{-2X^3 \; -4X^2 \; -2X \; +2} \\
 -2X^2 \; +2X \; -1
\end{array}
$$

dove nel primo passo sottraiamo X^2g da f, nel secondo Xg da $f - X^2g$ e nel terzo $-2g$ da $f - X^2g - Xg$. Rimane come resto $-2X^2 + 2X - 1$ e quindi risulta

$$
f = (X^2 + X - 2)g + (-2X^2 + 2X - 1).
$$

Si osservi infine che la costruzione dell'anello dei polinomi $R[X]$ può essere generalizzata in diversi modi. In 2.5 definiremo anelli di polinomi in più variabili. Si può però anche sostituire all'inizio della costruzione l'insieme $R^{(\mathbb{N})}$ con $R^{\mathbb{N}}$, ossia con l'insieme di *tutte* le applicazioni di $\mathbb{N}$ in R. Procedendo poi come fatto per la costruzione dell'anello dei polinomi $R[X]$, si ottiene l'anello $R[\![X]\!]$ delle *serie di potenze formali* nella variabile X a coefficienti in R. I suoi elementi si rappresentano come serie *infinite* $\sum_{i=0}^{\infty} a_i X^i$.

Esercizi

1. *Si verifichi che, dati elementi a, b di un anello R, valgono sempre le uguaglianze* $0 \cdot a = 0$ *e* $(-a) \cdot b = -(a \cdot b)$.

2. *Abbiamo definito l'anello di polinomi $R[X]$ solo nel caso in cui R sia un anello commutativo. Ha senso considerare anelli di polinomi anche nel caso di anelli non necessariamente commutativi?*

3. Si esegua esplicitamente la divisione con resto nell'anello dei polinomi $\mathbb{Z}[X]$, come spiegata nella proposizione 4, nei seguenti casi:
   (i) $f = 3X^5 + 2X^4 - X^3 + 3X^2 - 4X + 7$, $\quad g = X^2 - 2X + 1$.
   (ii) $f = X^5 + X^4 - 5X^3 + 2X^2 + 2X - 1$, $\quad g = X^2 - 1$.

4. Sia K un campo e sia $g \in K[X]$ un polinomio in una variabile di grado $d > 0$. Si dimostri l'esistenza del cosiddetto *sviluppo g-adico*: dato un $f \in K[X]$, esistono e sono unici polinomi $a_0, a_1, \ldots \in K[X]$ di grado $< d$ con $a_i = 0$ per quasi tutti gli i e $f = \sum_i a_i g^i$.

5. Sia R un anello che contiene un elemento *nilpotente* $a \neq 0$ (nilpotente significa che esiste un $n \in \mathbb{N}$ tale che $a^n = 0$). Si dimostri che il gruppo delle unità R^* è un sottogruppo proprio del gruppo delle unità $(R[X])^*$.

6. Si determini il più piccolo sottoanello di $\mathbb{R}$ che contiene $\mathbb{Q}$ e $\sqrt{2}$ e si dimostri che è un campo.

7. Sia R un anello. Si dimostri che una serie di potenze formali $\sum a_i X^i \in R[\![X]\!]$ è un'unità se e solo se a_0 è un'unità di R.

8. Si dimostri che i quaternioni $\mathbb{H}$ dell'esempio (2) formano un corpo.

2.2 Ideali

Gli ideali rivestono per gli anelli un'importanza paragonabile a quella dei sotto-gruppi normali per i gruppi con la differenza però che un sottogruppo normale di un gruppo è sempre un sottogruppo mentre un ideale di un anello non è in generale un sottoanello: infatti un ideale non deve necessariamente contenere l'identità.

Definizione 1. *Sia R un anello. Un sottoinsieme $\mathfrak{a} \subset R$ si dice* ideale *di R se:*
  (i) $\mathfrak{a}$ *è un sottogruppo additivo di R.*
  (ii) $r \in R, a \in \mathfrak{a} \Longrightarrow ra \in \mathfrak{a}$.

Ogni anello R contiene sempre i cosiddetti ideali *banali* cioè l'*ideale nullo* $\{0\}$, indicato anche con 0, e l'ideale *unità* R. Se R è un campo, questi sono gli unici ideali di R. A partire da ideali $\mathfrak{a}, \mathfrak{b} \subset R$ qualsiasi, si possono costruire i seguenti ideali:

$$\mathfrak{a} + \mathfrak{b} := \{a + b \,;\, a \in \mathfrak{a}, \, b \in \mathfrak{b}\},$$

$$\mathfrak{a} \cdot \mathfrak{b} := \{\sum_{i=1}^{<\infty} a_i b_i \,;\, a_i \in \mathfrak{a}, \, b_i \in \mathfrak{b}\},$$

$$\mathfrak{a} \cap \mathfrak{b} := \{x \,;\, x \in \mathfrak{a} \text{ e } x \in \mathfrak{b}\}.$$

Si ha sempre $\mathfrak{a} \cdot \mathfrak{b} \subset \mathfrak{a} \cap \mathfrak{b}$. In modo analogo si può costruire il prodotto di un numero finito di ideali, così come la somma e l'intersezione di un numero arbitrario di ideali. Precisamente, la somma $\sum \mathfrak{a}_i$ di una famiglia di ideali $(\mathfrak{a}_i)_{i \in I}$ consiste di tutti gli elementi della forma $\sum a_i$ con $a_i \in \mathfrak{a}_i$ e dove $a_i = 0$ per quasi tutti gli $i \in I$. Dato un elemento $a \in R$, $Ra := \{ra \,;\, r \in R\}$ viene detto l'*ideale principale generato da a*. Più in generale, dati $a_1, \ldots, a_n \in R$, si definisce l'*ideale generato* da questi elementi in R come

$$(a_1, \ldots, a_n) := Ra_1 + \ldots + Ra_n = \{r_1 a_1 + \ldots + r_n a_n \,;\, r_1, \ldots, r_n \in R\}.$$

Questo è il più piccolo ideale di R che contiene gli elementi $a_1, \ldots, a_n$, nel senso che ogni altro ideale di R che contiene gli elementi $a_1, \ldots, a_n$ contiene anche l'ideale $(a_1, \ldots, a_n)$. In modo analogo, si può considerare l'ideale di R generato da una famiglia arbitraria $(a_i)_{i \in I}$ di elementi di R, ossia l'ideale $\sum_{i \in I} Ra_i$.

Definizione 2. *Sia $\mathfrak{a}$ un ideale di un anello R. Una famiglia $(a_i)_{i \in I}$ di elementi di $\mathfrak{a}$ si dice un* sistema di generatori *di $\mathfrak{a}$ se $\mathfrak{a} = \sum_{i \in I} Ra_i$, ossia se $\mathfrak{a}$ coincide con l'ideale generato dalla famiglia $(a_i)_{i \in I}$. Si dice che $\mathfrak{a}$ è* finitamente generato *se $\mathfrak{a}$ possiede un sistema di generatori finito. Inoltre $\mathfrak{a}$ si dice un* ideale principale *se $\mathfrak{a}$ è generato da un solo elemento, ossia se esiste un $a \in \mathfrak{a}$ tale che $\mathfrak{a} = (a)$. Se R è un* dominio d'integrità *e se ogni ideale di R è principale, allora R viene detto un* dominio a ideali principali *o* dominio principale.

Gli ideali banali di un anello sono sempre ideali principali. I sottogruppi del tipo $m\mathbb{Z} \subset \mathbb{Z}$ sono ideali principali del dominio d'integrità $\mathbb{Z}$ e non ve ne sono altri perché questi sono gli unici sottogruppi di $\mathbb{Z}$ (vedi 1.3/4). Possiamo quindi concludere che:

Proposizione 3. $\mathbb{Z}$ *è un dominio principale.*

I generatori di ideali principali non sono determinati in modo unico, ma per esempio possono essere alterati con delle unità. Tuttavia nei domini d'integrità tutti i possibili generatori di un ideale principale si ottengono in questo modo.

Osservazione 4. *In un dominio d'integrità R due ideali principali $\mathfrak{a} = (a)$, $\mathfrak{b} = (b)$ coincidono se e solo se esiste un'unità $c \in R^*$ tale che $b = ca$.*

Dimostrazione. Supponiamo $\mathfrak{a} = \mathfrak{b}$ e non è limitativo assumere $\mathfrak{a} = \mathfrak{b} \neq 0$. Allora $b \in \mathfrak{a}$ e dunque esiste un $c \in R$ tale che $b = ca$. Analogamente da $a \in \mathfrak{b}$ segue l'esistenza di un $c' \in R$ tale che $a = c'b$. Dunque $b = ca = cc'b$ e

$$(1 - cc')b = 0.$$

Poiché ora R è un dominio d'integrità e b non è l'elemento nullo in quanto $\mathfrak{b} \neq 0$, si ha $cc' = 1$, ossia c è un'unità. L'implicazione opposta è banale. $\qquad\square$

Diremo che due elementi a, b di un anello R sono *associati* se esiste un'unità $c \in R^*$ tale che $b = ca$. Con questo possiamo affermare che in un dominio d'integrità due elementi generano lo stesso ideale se e solo se essi sono associati. Questa affermazione non è vera in anelli più generali. Si veda a riguardo l'esercizio 7 della sezione 2.3.

Vogliamo infine considerare l'esempio dell'anello dei polinomi $\mathbb{Z}[X]$. Si può descrivere l'ideale principale generato da X come

$$(X) = \{\textstyle\sum a_i X^i \in \mathbb{Z}[X] \,;\, a_0 = 0\}$$

e l'ideale principale generato da 2 come

$$(2) = \{\textstyle\sum a_i X^i \in \mathbb{Z}[X] \,;\, a_i \text{ è pari per ogni } i\}.$$

Poiché in $\mathbb{Z}[X]$ non vi sono elementi, escluse le unità, che hanno sia 2 che X come multipli, si può facilmente vedere che

$$(2, X) = \{\textstyle\sum a_i X^i \in \mathbb{Z}[X] \,;\, a_0 \text{ è pari}\}$$

rappresenta un ideale di $\mathbb{Z}[X]$ che non è principale. In particolare, $\mathbb{Z}[X]$ non è un dominio principale.

Esercizi

1. *Siano $\mathfrak{a} = (a_1, \dots, a_m)$ e $\mathfrak{b} = (b_1, \dots, b_n)$ ideali di un anello R. Si trovino sistemi di generatori degli ideali $\mathfrak{a} + \mathfrak{b}$ e $\mathfrak{a} \cdot \mathfrak{b}$ e si discuta anche il caso dell'ideale $\mathfrak{a} \cap \mathfrak{b}$.*

2. *Sotto quali condizioni l'unione di una famiglia di ideali di un anello R è ancora un ideale?*

3. *Sia K un campo. Si consideri $K^2 = K \times K$ sia come anello prodotto che come K-spazio vettoriale. Si confrontino tra loro le nozioni di sottoanello, ideale e sottospazio vettoriale in questo caso particolare.*

4. Si trovi un generatore di ciascuno dei seguenti ideali di $\mathbb{Z}$:

$$(2) + (3), \qquad (4) + (6), \qquad (2) \cap (3), \qquad (4) \cap (6).$$

5. Sia R un anello e siano X un insieme e $Y \subset X$ un sottoinsieme. Determinare quali dei seguenti sottoinsiemi dell'anello R^X (formato dalle applicazioni $X \longrightarrow R$) sono un sottoanello o un ideale:

$$M_1 = \{f \in R^X \; ; \; f \text{ è costante su } Y\},$$
$$M_2 = \{f \in R^X \; ; \; f(Y) = 0\},$$
$$M_3 = \{f \in R^X \; ; \; f(y) \neq 0 \text{ per ogni } y \in Y\},$$
$$M_4 = \{f \in R^X \; ; \; f(y) = 0 \text{ per quasi tutti gli } y \in Y\}.$$

In quali casi, con opportune ipotesi su Y, si ottiene un ideale principale?

6. Sia R un anello. Si dimostri che l'insieme

$$\{a \in R \, ; \text{ esiste un } n \in \mathbb{N} \text{ tale che } a^n = 0\}$$

definisce un ideale di R (il cosiddetto *nilradicale*).

7. Sia K un campo. Si trovino tutti gli ideali dell'anello delle serie di potenze formali $K[\![X]\!]$. (Si applichi l'esercizio 7 della sezione 2.1.)

2.3 Omomorfismi di anelli, anelli quoziente

Si può introdurre in modo naturale una nozione di omomorfismo anche per gli anelli.

Definizione 1. *Siano R e R' anelli. Un'applicazione $\varphi \colon R \longrightarrow R'$ si dice omomorfismo di anelli se:*

(i) *$\varphi(a+b) = \varphi(a) + \varphi(b)$ per ogni scelta di $a, b \in R$, ossia φ è un omomorfismo di gruppi rispetto all'addizione.*

(ii) *$\varphi(a \cdot b) = \varphi(a) \cdot \varphi(b)$ per ogni scelta di $a, b \in R$ e $\varphi(1) = 1$, ossia φ è un omomorfismo di monoidi rispetto alla moltiplicazione.*

Si verifica senza difficoltà che la composizione di due omomorfismi di anelli è ancora un omomorfismo di anelli.

Osservazione 2. *Sia $\varphi \colon R \longrightarrow R'$ un omomorfismo di anelli. Allora:*

(i) *$\ker \varphi = \{a \in R \, ; \; \varphi(a) = 0\}$ è un ideale di R.*

(ii) *$\operatorname{im} \varphi = \varphi(R)$ è un sottoanello di R'.*

(iii) *φ induce un omomorfismo $R^* \longrightarrow R'^*$ tra i gruppi delle unità di R e R'.*

Queste affermazioni sono di immediata dimostrazione. Si osservi che l'immagine di un omomorfismo di anelli $\varphi\colon R \longrightarrow R'$ non è, in generale, un ideale di R'. Inoltre, se R e R' sono campi, φ si dirà *omomorfismo di campi*.

Osservazione 3. *Sia K un campo e sia R un anello, $R \neq 0$. Allora ogni omomorfismo $\varphi\colon K \longrightarrow R$ è iniettivo. In particolare, ogni omomorfismo di campi è iniettivo.*

Dimostrazione. $\ker \varphi$ è un ideale di K e anzi un ideale proprio poiché $\varphi(1) = 1 \neq 0$. Da questo segue $\ker \varphi = 0$ in quanto un campo non possiede alcun ideale proprio a parte l'ideale nullo. $\qquad\square$

Per ogni anello R esiste uno e un solo omomorfismo di anelli $\mathbb{Z} \longrightarrow R$, ossia l'applicazione definita da $n \longmapsto n \cdot 1$ dove $n \cdot 1$ indica il multiplo n-esimo dell'identità $1 \in R$ se $n \geq 0$ e il multiplo $(-n)$-esimo di -1 se $n < 0$. Data un'estensione di anelli $R \subset R'$, l'inclusione $R \hookrightarrow R'$ è un esempio (banale) di omomorfismo di anelli. In questa situazione esiste inoltre, per ogni elemento $x \in R'$, un *omomorfismo di valutazione*

$$R[X] \longrightarrow R', \qquad f = \sum a_i X^i \longmapsto f(x) = \sum a_i x^i,$$

che è un omomorfismo di anelli. Abbiamo già discusso in 2.1 la sostituzione di elementi $x \in R'$ in polinomi $f, g \in R[X]$ come pure le uguaglianze $(f + g)(x) = f(x) + g(x)$ e $(f \cdot g)(x) = f(x) \cdot g(x)$ richieste per ottenere un omomorfismo di anelli.

Sia nel seguito R un anello e sia $\mathfrak{a}$ un suo ideale. Vogliamo trasferire la costruzione del gruppo quoziente G/N di un gruppo G rispetto a un sottogruppo normale N al contesto degli anelli e costruire un cosiddetto *anello quoziente $R/\mathfrak{a}$* insieme a un omomorfismo suriettivo di anelli $\pi\colon R \longrightarrow R/\mathfrak{a}$ che soddisfi $\ker \pi = \mathfrak{a}$. Possiamo dapprima costruire $R/\mathfrak{a}$ come gruppo abeliano considerando $\mathfrak{a}$ come sottogruppo (normale) del gruppo additivo di R. Allora $R/\mathfrak{a}$ consiste di tutte le classi laterali della forma $x + \mathfrak{a}$, per un $x \in R$, e l'addizione in $R/\mathfrak{a}$ è descritta dalla formula

$$(x + \mathfrak{a}) + (y + \mathfrak{a}) = (x + y) + \mathfrak{a}.$$

Abbiamo mostrato in 1.2 che questa operazione è ben definita e rende $R/\mathfrak{a}$ un gruppo abeliano. In modo analogo introduciamo una moltiplicazione in $R/\mathfrak{a}$, definendo il prodotto di due classi laterali $x + \mathfrak{a}$, $y + \mathfrak{a}$ di $R/\mathfrak{a}$ nel modo seguente:

$$(x + \mathfrak{a}) \cdot (y + \mathfrak{a}) := (x \cdot y) + \mathfrak{a}.$$

Per provare che questa legge di composizione è ben definita dobbiamo mostrare che la classe laterale $(x \cdot y) + \mathfrak{a}$ non dipende dalla scelta dei rappresentanti x, y delle classi $x + \mathfrak{a}$ e $y + \mathfrak{a}$. Se $x' + \mathfrak{a} = x + \mathfrak{a}$ e $y' + \mathfrak{a} = y + \mathfrak{a}$, ossia se $x' = x + a$ per un $a \in \mathfrak{a}$ e $y' = y + b$ per un $b \in \mathfrak{a}$, si ottiene che $x'y' = xy + ay' + xb \in (xy) + \mathfrak{a}$, da cui

$$(xy) + \mathfrak{a} = (x'y') + \mathfrak{a}.$$

Di conseguenza la moltiplicazione in $R/\mathfrak{a}$ è ben definita ed è evidente che le proprietà di anello si trasferiscono da R a $R/\mathfrak{a}$. Inoltre la proiezione canonica

$$\pi \colon R \longrightarrow R/\mathfrak{a}, \qquad x \longmapsto x + \mathfrak{a},$$

è un omomorfismo di anelli con nucleo $\ker \pi = \mathfrak{a}$ e soddisfa una proprietà universale simile a quella in 1.2/6.

Proposizione 4. (Teorema di omomorfismo). *Sia $\varphi \colon R \longrightarrow R'$ un omomorfismo di anelli e sia $\mathfrak{a} \subset R$ un ideale tale che $\mathfrak{a} \subset \ker \varphi$. Esiste allora un unico omomorfismo di anelli $\overline{\varphi} \colon R/\mathfrak{a} \longrightarrow R'$ che rende commutativo il seguente diagramma:*

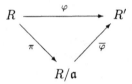

Inoltre:

$$\operatorname{im} \overline{\varphi} = \operatorname{im} \varphi, \qquad \ker \overline{\varphi} = \pi(\ker \varphi), \qquad \ker \varphi = \pi^{-1}(\ker \overline{\varphi}).$$

In particolare $\overline{\varphi}$ è iniettivo se e solo se $\mathfrak{a} = \ker \varphi$.

Corollario 5. *Se $\varphi \colon R \longrightarrow R'$ è un omomorfismo suriettivo di anelli, allora R' è canonicamente isomorfo a $R/\ker \varphi$.*

Per la *dimostrazione della proposizione 4* si applica 1.2/6 a R (come gruppo additivo). Rimane solo da vedere che l'omomorfismo di gruppi $\overline{\varphi} \colon R/\mathfrak{a} \longrightarrow R'$, la cui esistenza è assicurata da 1.2/6, è pure un omomorfismo di anelli. Poiché $\overline{\varphi}$ è caratterizzato dall'uguaglianza

$$\overline{\varphi}(x + \mathfrak{a}) = \varphi(x), \qquad x \in R,$$

ciò è evidente. □

Anche i teoremi di isomorfismo 1.2/8 e 1.2/9, dedotti nella sezione 1.2 dal teorema di omomorfismo 1.2/6, si estendono senza difficoltà dal contesto dei gruppi a quello degli anelli, tramite il teorema di omomorfismo appena dimostrato: basta sostituire di volta in volta il termine sottogruppo normale con il termine ideale.

Esempi naturali di anelli quoziente sono gli anelli $\mathbb{Z}/m\mathbb{Z}$ che avevamo considerato solo come gruppi abeliani in 1.3. Se $m > 0$, allora $\mathbb{Z}/m\mathbb{Z}$ è un anello con m elementi.

Proposizione 6. *Dato un elemento $m \in \mathbb{Z}$, $m > 0$, sono equivalenti:*
(i) *m è un numero primo.*
(ii) *$\mathbb{Z}/m\mathbb{Z}$ è un dominio d'integrità.*
(iii) *$\mathbb{Z}/m\mathbb{Z}$ è un campo.*

Dimostrazione. Indichiamo con $\overline{x} \in \mathbb{Z}/m\mathbb{Z}$ la classe resto modulo $m\mathbb{Z}$ associata a un elemento $x \in \mathbb{Z}$. Partiamo dalla condizione (i) e sia m un numero primo. Allora $m > 1$ e dunque $\mathbb{Z}/m\mathbb{Z}$ non è l'anello nullo. Se, dati due numeri $a, b \in \mathbb{Z}$, si ha $\overline{a} \cdot \overline{b} = 0$, risulta $ab \in m\mathbb{Z}$ e si vede, utilizzando la fattorizzazione in numeri primi per a, b e ab, che m divide a oppure b. Dunque $a \in m\mathbb{Z}$ oppure $b \in m\mathbb{Z}$, ossia $\overline{a} = 0$ oppure $\overline{b} = 0$. Pertanto $\mathbb{Z}/m\mathbb{Z}$ è un dominio d'integrità come richiesto in (ii).

Segue inoltre da (ii) che per ogni $\overline{a} \in \mathbb{Z}/m\mathbb{Z} - \{0\}$ l'applicazione

$$\mathbb{Z}/m\mathbb{Z} \longrightarrow \mathbb{Z}/m\mathbb{Z}, \qquad \overline{x} \longmapsto \overline{a} \cdot \overline{x},$$

è iniettiva e dunque biiettiva perché $\mathbb{Z}/m\mathbb{Z}$ è finito. In particolare, l'identità di $\mathbb{Z}/m\mathbb{Z}$ è contenuta nell'immagine di questa applicazione cosicché $\overline{a}$ ammette un elemento inverso per la moltiplicazione. Questo significa però che $\mathbb{Z}/m\mathbb{Z}$ è un campo, come richiesto in (iii).

Sia infine $\mathbb{Z}/m\mathbb{Z}$ un campo come in (iii) o, più in generale, un dominio d'integrità. Segue allora che $\mathbb{Z}/m\mathbb{Z} \neq 0$ e dunque $m > 1$. Per mostrare che m è un numero primo, si consideri un divisore $d \in \mathbb{N}$ di m e una fattorizzazione $m = da$. Risulta $\overline{d} \cdot \overline{a} = 0$ e il fatto che $\mathbb{Z}/m\mathbb{Z}$ è un dominio d'integrità implica $\overline{d} = 0$ oppure $\overline{a} = 0$. Nel primo caso m è un divisore di d e quindi $d = m$ mentre nel secondo caso m è un divisore di a e di conseguenza $a = m$ e $d = 1$. Pertanto m ha al più se stesso e 1 come divisori ed è quindi un numero primo. $\square$

Dato un numero primo p, allora $\mathbb{Z}/p\mathbb{Z}$ è un campo con p elementi e lo si indica con $\mathbb{F}_p$. Più in generale, dato un numero intero $m > 1$, il gruppo delle unità $(\mathbb{Z}/m\mathbb{Z})^*$ consiste di tutte le classi resto $\overline{a}$ al variare di $a \in \mathbb{Z}$ tra gli elementi primi con m. Vogliamo ora generalizzare la proposizione 6.

Definizione 7. *Sia R un anello.*

(i) *Un ideale $\mathfrak{p} \subset R$ si dice* primo *se $\mathfrak{p}$ è diverso da R e, dati $a, b \in R$, da $ab \in \mathfrak{p}$ segue $a \in \mathfrak{p}$ oppure $b \in \mathfrak{p}$.*

(ii) *Un ideale $\mathfrak{m} \subset R$ si dice* massimale *se $\mathfrak{m}$ è diverso da R e vale la seguente proprietà: se $\mathfrak{a} \subset R$ è un ideale e $\mathfrak{m} \subset \mathfrak{a} \subset R$, allora $\mathfrak{a} = \mathfrak{m}$ oppure $\mathfrak{a} = R$.*

Per esempio, l'ideale nullo di un anello è un ideale primo se e solo se R è un dominio d'integrità.

Proposizione 8. *Sia R un anello.*

(i) *Un ideale $\mathfrak{p} \subset R$ è primo se e solo se $R/\mathfrak{p}$ è un dominio d'integrità.*

(ii) *Un ideale $\mathfrak{m} \subset R$ è massimale se e solo se $R/\mathfrak{m}$ è un campo.*

In particolare, ogni ideale massimale è primo.

Dimostrazione. Si osservi innanzitutto che $\mathfrak{p}$ è un ideale proprio di R se e solo se l'anello quoziente $R/\mathfrak{p}$ non è l'anello nullo; analogamente per $\mathfrak{m}$. È dunque facile verificare l'asserto (i). Se $\overline{a}, \overline{b} \in R/\mathfrak{p}$ indicano le classi laterali rappresentate rispettivamente da elementi $a, b \in R$, allora

$$a \cdot b \in \mathfrak{p} \quad \Longrightarrow \quad a \in \mathfrak{p} \text{ o } b \in \mathfrak{p}$$

è chiaramente equivalente a

$$\overline{a} \cdot \overline{b} = 0 \quad \Longrightarrow \quad \overline{a} = 0 \text{ o } \overline{b} = 0.$$

L'asserto (ii) è invece conseguenza dei due lemmi seguenti:

Lemma 9. *Un ideale* $\mathfrak{m} \subset R$ *è massimale se e solo se l'ideale nullo* $0 \subset R/\mathfrak{m}$ *è massimale.*

Lemma 10. *L'ideale nullo* $0 \subset R$ *di un anello* R *è massimale se e solo se* R *è un campo.*

Dimostrazione del lemma 9. Sia $\pi \colon R \longrightarrow R/\mathfrak{m}$ la proiezione canonica. Si dimostra facilmente che le corrispondenze

$$R \supset \quad \mathfrak{a} \quad \longmapsto \pi(\mathfrak{a}) \subset R/\mathfrak{m},$$
$$R \supset \pi^{-1}(\mathfrak{b}) \longleftarrow \quad \mathfrak{b} \quad \subset R/\mathfrak{m},$$

definiscono una biiezione tra gli ideali $\mathfrak{a}$ di R tali che $\mathfrak{m} \subset \mathfrak{a} \subset R$ e gli ideali $\mathfrak{b} \subset R/\mathfrak{m}$. Da questo risulta evidente l'equivalenza cercata.

In alternativa si può verificare direttamente l'asserto. Si ricordi innanzitutto che $\mathfrak{m}$ è un ideale proprio di R se e solo se l'anello quoziente $R/\mathfrak{m}$ non è l'anello nullo. Sia ora $\mathfrak{m}$ un ideale proprio di R. Allora $\mathfrak{m}$ è massimale se e solo se, dato $a \in R - \mathfrak{m}$, risulta sempre $\mathfrak{m} + Ra = R$, ossia se e solo se per ogni elemento $a \in R - \mathfrak{m}$ esistono elementi $r \in R$ e $m \in \mathfrak{m}$ tali che $ra + m = 1$. Utilizzando la proiezione $\pi \colon R \longrightarrow R/\mathfrak{m}$ si vede che questa condizione è soddisfatta se e solo se dato $\overline{a} \in R/\mathfrak{m} - \{0\}$ esiste sempre un elemento $\overline{r} \in R/\mathfrak{m}$ tale che $\overline{r} \cdot \overline{a} = 1$, ossia se e solo se l'ideale nullo di $R/\mathfrak{m}$ è massimale. $\square$

Dimostrazione del lemma 10. Sia $0 \subset R$ massimale e sia $a \in R$ diverso da 0. Allora $aR = R$ ed esiste un $b \in R$ tale che $ab = 1$. Da questo si deduce $R^* = R - \{0\}$, ossia R è un campo. Viceversa, è evidente che l'ideale nullo di un campo è massimale. $\square$

Le proposizioni 6 e 8 forniscono un panorama completo degli ideali primi e massimali di $\mathbb{Z}$:

Corollario 11. *Un ideale di* $\mathbb{Z}$ *è primo se e solo se esso è della forma* $p\mathbb{Z}$ *con* p *un numero primo oppure* $p = 0$. *Un ideale di* $\mathbb{Z}$ *è massimale se e solo se è primo e diverso dall'ideale nullo.*

Basta ricordare che $\mathbb{Z}$ è un dominio principale (vedi 2.2/3) e che l'ideale nullo è sempre primo in un dominio d'integrità. Per concludere questa sezione dimostriamo il cosiddetto *teorema cinese del resto*.

Proposizione 12. *Sia R un anello e siano $\mathfrak{a}_1, \ldots, \mathfrak{a}_n \subset R$ ideali a due a due coprimi , ossia tali che $\mathfrak{a}_i + \mathfrak{a}_j = R$ per $i \neq j$. Se $\pi_i \colon R \longrightarrow R/\mathfrak{a}_i$ sono le rispettive proiezioni, allora l'omomorfismo*

$$\varphi \colon R \longrightarrow R/\mathfrak{a}_1 \times \ldots \times R/\mathfrak{a}_n, \qquad x \longmapsto (\pi_1(x), \ldots, \pi_n(x)),$$

è suriettivo, $\ker \varphi = \mathfrak{a}_1 \cap \ldots \cap \mathfrak{a}_n$ e dunque φ induce un isomorfismo

$$R / \bigcap_{i=1}^{n} \mathfrak{a}_i \overset{\sim}{\longrightarrow} \prod_{i=1}^{n} R/\mathfrak{a}_i.$$

Qui $\prod_{i=1}^{n} R/\mathfrak{a}_i = R/\mathfrak{a}_1 \times \ldots \times R/\mathfrak{a}_n$ indica l'anello prodotto degli anelli quoziente $R/\mathfrak{a}_i$.

Dimostrazione. Iniziamo mostrando che per un qualsiasi indice $j = 1, \ldots, n$ gli ideali $\mathfrak{a}_j$ e $\bigcap_{i \neq j} \mathfrak{a}_i$ sono coprimi, ossia la loro somma è uguale a R. Fissiamo allora un tale indice j. Poiché, per ipotesi, $\mathfrak{a}_j$ è coprimo con i rimanenti $\mathfrak{a}_i$, $i \neq j$, esistono elementi $a_i \in \mathfrak{a}_j$, $a_i' \in \mathfrak{a}_i$ tali che $a_i + a_i' = 1$. Ne segue che

$$1 = \prod_{i \neq j}(a_i + a_i') \in \mathfrak{a}_j + \prod_{i \neq j} \mathfrak{a}_i \subset \mathfrak{a}_j + \bigcap_{i \neq j} \mathfrak{a}_i,$$

ossia $\mathfrak{a}_j + \bigcap_{i \neq j} \mathfrak{a}_i = R$, come affermato.

Dato comunque un indice $j = 1, \ldots, n$, esistono allora relazioni $d_j + e_j = 1$ con $d_j \in \mathfrak{a}_j$ e $e_j \in \bigcap_{i \neq j} \mathfrak{a}_i$. Di conseguenza

$$\pi_i(e_j) = \begin{cases} 1 & \text{se} \quad i = j, \\ 0 & \text{se} \quad i \neq j. \end{cases}$$

Da questo risulta evidente che l'omomorfismo φ è suriettivo. Infatti, dato un elemento $y = (y_1, \ldots, y_n) \in R/\mathfrak{a}_1 \times \ldots \times R/\mathfrak{a}_n$ e scelto un $x_i \in R$ nell'antimmagine di y_i rispetto a π_i, si ottiene che

$$\varphi\Big(\sum_{i=1}^{n} x_i e_i\Big) = y.$$

L'asserto relativo al nucleo di φ è banale. L'isomorfismo cercato segue ora dal teorema di omomorfismo. $\qquad\square$

Sia $\mathfrak{a}$ un ideale di un anello R; si dice che due elementi $x, y \in R$ sono *congruenti modulo* $\mathfrak{a}$, in simboli $x \equiv y \mod \mathfrak{a}$, se x e y definiscono la stessa classe laterale in $R/\mathfrak{a}$, ossia se $x - y \in \mathfrak{a}$. Se $\mathfrak{a}$ è un ideale principale Ra, si scrive spesso "mod a" al posto di "mod $\mathfrak{a}$". Con tale terminologia possiamo riformulare la suriettività dell'applicazione φ della proposizione 12 nel modo seguente: dati comunque $x_1, \ldots, x_n \in R$, esiste sempre un $x \in R$ tale che $x \equiv x_i \mod \mathfrak{a}_i$ per $i = 1, \ldots, n$. Se R è l'anello $\mathbb{Z}$ dei numeri interi, il teorema cinese del resto può essere enunciato nella forma seguente:

Corollario 13. *Siano $a_1, \ldots, a_n \in \mathbb{Z}$ a due a due coprimi. Il sistema di congruenze $x \equiv x_i \mod a_i$, $i = 1, \ldots, n$, ammette soluzione qualunque siano i numeri $x_1, \ldots, x_n \in \mathbb{Z}$. Se x è una soluzione, essa è univocamente determinata modulo $a_1 \cdot \ldots \cdot a_n$. Le soluzioni formano quindi una classe resto del tipo $x + a_1 \cdot \ldots \cdot a_n \mathbb{Z}$.*

Basta osservare che se $a, a' \in \mathbb{Z}$ sono due numeri coprimi, si hanno

$$(a, a') = (1) \quad \text{e} \quad (a \cdot a') = (a) \cap (a');$$

(si faccia il confronto con 2.4/13). La dimostrazione del teorema cinese del resto fornisce inoltre un algoritmo per risolvere sistemi di congruenze. In un primo passo si costruiscono numeri $d_j \in (a_j)$, $e_j \in (\prod_{i \neq j} a_i)$ tali che $d_j + e_j = 1$, $j = 1, \ldots, n$, (ad esempio con l'*algoritmo di Euclide*, 2.4/15). Risulta che $x = \sum_{i=1}^{n} x_i e_i$ è una soluzione del sistema di congruenze $x \equiv x_i \mod a_i$, $i = 1, \ldots, n$, e che ogni altra soluzione si ottiene sommando a questa un multiplo di $\prod_{i=1}^{n} a_i$.

Esercizi

1. *Sia $\varphi \colon R \longrightarrow R'$ un omomorfismo di anelli. Cosa si può dire circa l'immagine di un ideali $\mathfrak{a} \subset R$? E dell'antimmagine di un ideale $\mathfrak{a}' \subset R'$? Si studi in particolare il caso di ideali primi e di ideali massimali.*

2. *Sia R un anello. Dato un elemento $x \in R$ si consideri l'omomorfismo di valutazione*

$$\varphi_x \colon R[X] \longrightarrow R, \qquad \sum a_i X^i \longmapsto \sum a_i x^i.$$

   Si descriva il nucleo di φ_x e si studi quando questo è un ideale primo (risp. massimale) in $R[X]$.

3. Si generalizzino i teoremi di isomorfismo 1.2/8 e 1.2/9 al contesto degli anelli, considerando anelli al posto di gruppi e ideali al posto di sottogruppi normali.

4. Sia $\varphi \colon R \longrightarrow R'$ un omomorfismo di anelli e sia $x \in R'$. Si dimostri che esiste un unico omomorfismo di anelli $\Phi \colon R[X] \longrightarrow R'$ tale che $\Phi|_R = \varphi$ e $\Phi(X) = x$. Di conseguenza gli omomorfismi di anelli $\Phi \colon R[X] \longrightarrow R'$ tali che $\Phi|_R = \varphi$ corrispondono biiettivamente agli elementi di R'.

5. Sia R un dominio d'integrità e sia $\Phi \colon R[X] \longrightarrow R[X]$ un omomorfismo di anelli tale che $\Phi|_R = \mathrm{id}_R$. Si dimostri che Φ è un automorfismo se e solo se esistono $a \in R^*$ e $b \in R$ tali che $\Phi(X) = aX + b$.

6. Sia $\mathfrak{p}$ un ideale primo di un anello R. Si dimostri che anche l'ideale $\mathfrak{p}R[X]$, generato da $\mathfrak{p}$ in $R[X]$, è un ideale primo.

7. Sia K un campo e sia $K[X, Y] = K[X][Y]$ l'anello dei polinomi su K nelle due variabili X e Y. Si indichi con $\overline{X}$ (risp. con $\overline{Y}$) la classe laterale dell'anello quoziente $R = K[X, Y]/(XY^2)$ che contiene X (risp. Y). Si dimostri che gli elementi $\overline{X}$ e $\overline{X} + \overline{X} \cdot \overline{Y}$ di R non sono associati e tuttavia generano lo stesso ideale di R. (Suggerimento: si consideri l'ideale formato da tutti gli elementi $\overline{f} \in R$ tali che $\overline{f} \cdot \overline{X} = 0$ o anche l'ideale formato da tutti gli elementi $f \in K[X, Y]$ tali che $fX \in (XY^2)$.)

8. Sia R un anello. Si dimostri che $\{\sum a_i X^i \in R[X] \, ; \, a_1 = 0\}$ è un sottoanello di $R[X]$ isomorfo a $R[X][Y]/(X^2 - Y^3)$.

2.4 Fattorizzazione unica

Proprietà fondamentali dell'anello $\mathbb{Z}$ dei numeri interi e dell'anello $K[X]$ dei polinomi su un campo K si basano sul fatto che in questi anelli esiste una divisione con resto. Vogliamo considerare domini d'integrità nei quali è possibile dividere (con resto) e provare che essi sono domini principali. Dimostreremo inoltre l'esistenza della fattorizzazione unica in elementi primi nei domini principali.

Definizione 1. *Un dominio d'integrità R con un'applicazione $\delta\colon R-\{0\} \longrightarrow \mathbb{N}$ viene detto* dominio euclideo *se dati comunque elementi $f, g \in R$, $g \neq 0$, esistono sempre elementi $q, r \in R$ tali che*

$$f = qg + r, \quad con \ \delta(r) < \delta(g) \ oppure \ r = 0.$$

La δ è detta funzione grado *o* funzione norma *del dominio euclideo R.*

Ogni campo è banalmente un dominio euclideo. Elenchiamo ora qualche esempio più interessante.

(1) $\mathbb{Z}$ è un dominio euclideo rispetto all'usuale divisione; $\delta\colon \mathbb{Z}-\{0\} \longrightarrow \mathbb{N}$ è l'applicazione $a \longmapsto |a|$.

(2) Se K è un campo, allora l'anello dei polinomi $K[X]$ è un dominio euclideo rispetto all'usuale divisione euclidea; la funzione grado $\delta\colon K[X]-\{0\} \longrightarrow \mathbb{N}$ è proprio l'applicazione $f \longmapsto \operatorname{grad} f$. Lo si confronti con 2.1/4.

(3) $\mathbb{Z}[i] := \{x + iy \, ; \, x, y \in \mathbb{Z}\} \subset \mathbb{C}$ è un dominio euclideo con funzione norma

$$\delta\colon \mathbb{Z}[i]-\{0\} \longrightarrow \mathbb{N}, \qquad x + iy \longmapsto x^2 + y^2 = |x + iy|^2.$$

$\mathbb{Z}[i]$ viene detto *anello degli interi di Gauss*. Per caratterizzare la divisione con resto in $\mathbb{Z}[i]$ si osservi che la distanza di punti vicini in $\mathbb{Z}[i]$ è al più $\sqrt{2}$. Allora, dati $f, g \in \mathbb{Z}[i]$, $g \neq 0$, esistono $x, y \in \mathbb{Z}$ tali che $|fg^{-1} - (x + iy)| \leq \frac{1}{2} \cdot \sqrt{2} < 1$. Se poniamo $q := (x + iy)$, $r := f - qg$, risulta $|r| < |g|$ e dunque

$$f = qg + r \quad con \ \delta(r) < \delta(g) \text{ oppure } r = 0.$$

(4) Sia $d \neq 0, 1$ un numero intero e sia d libero da quadrati, nel senso che d non ammette come divisore il quadrato di alcun numero naturale > 1. Si consideri il seguente sottoanello di $\mathbb{C}$:

$$R_d = \begin{cases} \mathbb{Z} + \sqrt{d} \cdot \mathbb{Z}, & \text{se } d \equiv 2, 3 \mod 4 \\ \mathbb{Z} + \frac{1}{2}(1 + \sqrt{d}) \cdot \mathbb{Z} & \text{se } d \equiv 1 \mod 4 \end{cases}$$

Per $d = -1$ si ottiene l'anello degli interi di Gauss discusso prima. Gli anelli R_d rivestono particolare importanza in Teoria dei Numeri. Interessa sapere se R_d sia fattoriale ossia se valga anche in R_d il teorema di fattorizzazione unica. Poiché un dominio euclideo è un dominio principale e un dominio principale è fattoriale (vedi la proposizione 2 e il corollario 11), si studia in prima approssimazione per quali valori di d l'anello R_d sia un dominio euclideo. Il ruolo di funzione grado $\delta \colon R_d - \{0\} \longrightarrow \mathbb{N}$ è giocato dalla cosiddetta "norma" $\delta(a + b\sqrt{d}) = |a^2 - b^2 d|$ (per una definizione più generale di norma si veda la sezione 4.7). Si può dimostrare che R_d è un dominio euclideo rispetto a δ esattamente per i seguenti valori di d:

$$d = -1, -2, -3, -7, -11,$$
$$d = 2, 3, 5, 6, 7, 11, 13, 17, 19, 21, 29, 33, 37, 41, 57, 73.$$

Gli altri $d < 0$ per cui R_d è fattoriale sono esattamente i seguenti:

$$d = -19, -43, -67, -163.$$

Se $d > 0$, ci sono invece molti casi nei quali R_d è fattoriale. Per maggiori dettagli si veda per esempio H. Hasse [6], §16.6.

Proposizione 2. *Ogni dominio euclideo è un dominio principale.*

Dimostrazione. Procediamo come in 1.3/4. Sia R un dominio euclideo e sia $\mathfrak{a} \subset R$ un ideale; possiamo supporre, senza perdita di generalità, $\mathfrak{a} \neq 0$. Si scelga un elemento a di $\mathfrak{a} - \{0\}$ con la proprietà che $\delta(a)$ sia minimo rispetto alla funzione norma δ di R. Risulta allora $\mathfrak{a} = (a)$. Infatti, se $f \in \mathfrak{a}$, da $f = qa + r$ con $\delta(r) < \delta(a)$ oppure $r = 0$, segue $r = f - qa \in \mathfrak{a}$. Per la minimalità di $\delta(a)$ deve essere $r = 0$ e dunque $f = qa \in (a)$. Questo fornisce l'inclusione $\mathfrak{a} \subset (a)$. L'inclusione opposta è banale e pertanto $\mathfrak{a} = (a)$ è un ideale principale. □

Corollario 3. *Gli anelli $\mathbb{Z}$, $\mathbb{Z}[i]$ e l'anello $K[X]$ dei polinomi su un campo K, essendo domini euclidei, sono domini principali.*

Studiamo ora la fattorizzazione nei domini principali. Sia R un dominio d'integrità; diremo che un elemento $x \in R$ *divide* un elemento $y \in R$, in simboli $x \mid y$, se esiste un $c \in R$ tale che $cx = y$ o, equivalentemente, se $y \in (x)$. Se x non divide y, scriveremo $x \nmid y$.

Definizione 4. *Sia R un dominio d'integrità e sia $p \in R$ un elemento diverso da 0 e non invertibile.*

(i) *p si dice* irriducibile *se per ogni fattorizzazione $p = xy$ con $x, y \in R$ si ha $x \in R^*$ oppure $y \in R^*$. Si dice che p è* riducibile *se p non è irriducibile.*

(ii) *p si dice* primo *se da $p \mid xy$, dove $x, y \in R$, segue sempre $p \mid x$ oppure $p \mid y$, ossia se l'ideale principale (p) è primo.*

Nell'anello $\mathbb{Z}$ dei numeri interi gli elementi irriducibili corrispondono, a meno del segno, ai numeri primi (nel senso usuale). Nell'anello $K[X]$ dei polinomi in una variabile su un campo K i polinomi lineari $X - a$, $a \in K$, sono irriducibili e vedremo più avanti grazie al teorema fondamentale dell'Algebra che, se $K = \mathbb{C}$, ogni polinomio irriducibile è un polinomio di questo tipo a meno del prodotto per un'unità. In generale però esistono polinomi di grado > 1 e irriducibili su K, per esempio il polinomio $X^2 + 1$ in $\mathbb{R}[X]$. Nella proposizione 6 vedremo che le nozioni di elemento irriducibile e di elemento primo coincidono nei domini principali, in particolare questo accade in $\mathbb{Z}$ e in $K[X]$.

Osservazione 5. *Sia R un dominio d'integrità e sia $p \in R$ un elemento diverso da 0 e non invertibile.*

(i) *Se (p) è un ideale massimale di R, allora p è un elemento primo.*

(ii) *Se p è un elemento primo, allora p è irriducibile.*

Dimostrazione. Se (p) è un ideale massimale di R, allora (p) è anche un ideale primo (vedi 2.3/8) e dunque p è un elemento primo. Questo dimostra l'asserto (i). Per la mostrare (ii), supponiamo che p sia un elemento primo. Se $p = xy$ con $x, y \in R$, allora $p \mid x$ oppure $p \mid y$ perché p è primo. Assumiamo che $p \mid x$. Esiste quindi un $c \in R$ tale che $pc = x$ e dunque $p = xy = pcy$. Poiché R è un dominio d'integrità, si ha $cy = 1$ e dunque $y \in R^*$. Di conseguenza p è irriducibile. $\qquad\square$

Nei domini principali vale un risultato ancora più forte (si veda anche 2.3/6):

Proposizione 6. *Sia R un dominio principale e sia $p \in R$ un elemento diverso da 0 e non invertibile. Sono allora equivalenti:*

(i) *p è irriducibile.*

(ii) *p è primo.*

(iii) *(p) è un ideale massimale di R.*

Dimostrazione. Utilizzando l'osservazione 5 rimane solo da mostrare l'implicazione da (i) a (iii). Sia dunque p un elemento irriducibile e sia $\mathfrak{a} = (a)$ un ideale di R con $(p) \subset (a) \subset R$. Esiste allora un $c \in R$ tale che $p = ac$. Poiché p è irriducibile, risulta $a \in R^*$ oppure $c \in R^*$. Nel primo caso si ha $(a) = R$ e nel secondo $(a) = (p)$. Dunque (p) è massimale. $\qquad\square$

Come conseguenza di quanto visto finora possiamo dimostrare facilmente la fattorizzazione unica in elementi primi nei domini principali. Basta fornire una fattorizzazione in elementi irriducibili.

Proposizione 7. *Sia R un dominio principale. Allora ogni $a \in R - (R^* \cup \{0\})$ può essere scritto come prodotto di elementi primi.*[3]

Dimostrazione. Si fissi un elemento $a \in R - (R^* \cup \{0\})$. Se a è irriducibile (e dunque primo) allora non c'è nulla da mostrare. Altrimenti si spezzi a nel prodotto bc di due elementi non invertibili in R. Si può ripetere questa costruzione per b e per c e così via. Per dimostrare la proposizione basta controllare che il processo si ferma dopo un numero finito di passi. Per gli anelli che maggiormente ci interessano, $\mathbb{Z}$ e $K[X]$ con K un campo, questo è evidente. In $\mathbb{Z}$, data una qualsiasi fattorizzazione di a tramite b, c non invertibili, si ha $|b|, |c| < |a|$. Analogamente si

---

[3] Con prodotto di elementi di un anello intendiamo naturalmente sempre un prodotto *finito*.

ha $\operatorname{grad} b, \operatorname{grad} c < \operatorname{grad} a$ in $K[X]$ (vedi 2.1/2). Nella decomposizione descritta di a il valore assoluto (risp. il grado) dei fattori diminuisce a ogni passo cosicché il processo si deve interrompere dopo un numero finito di passi.

Mostriamo ora che in un dominio principale R ogni elemento a di si fattorizza nel prodotto (finito) di elementi irriducibili. Avremo bisogno del seguente risultato:

Lemma 8. *Ogni dominio principale R è noetheriano, ossia ogni catena ascendente di ideali $\mathfrak{a}_1 \subset \mathfrak{a}_2 \subset \ldots \subset R$ è stazionaria, nel senso che esiste un $n \in \mathbb{N}$ tale che $\mathfrak{a}_i = \mathfrak{a}_n$ per ogni $i \geq n$.*

L'asserto è di facile verifica. Poiché l'unione di una catena ascendente di ideali è ancora un ideale, si può costruire l'ideale $\mathfrak{a} = \bigcup_{i \geq 1} \mathfrak{a}_i$; questo è un ideale principale; sia $\mathfrak{a} = (a)$. Poiché $a \in \mathfrak{a}$ esiste un $n \in \mathbb{N}$ tale che $a \in \mathfrak{a}_n$ e dunque $(a) \subset \mathfrak{a}_n \subset \mathfrak{a} = (a)$. La catena di ideali $\mathfrak{a}_1 \subset \mathfrak{a}_2 \subset \ldots$ è dunque stazionaria in $\mathfrak{a}_n$.

Vogliamo ora dimostrare il caso generale della proposizione 7. Si denoti con S l'insieme di tutti gli ideali principali di R che sono generati da elementi $a \in R - (R^* \cup \{0\})$ che non ammettono alcuna fattorizzazione finita in elementi irriducibili. Dobbiamo mostrare che $S = \emptyset$. Se, per assurdo, $S \neq \emptyset$, per il lemma 8 deve esistere un elemento massimale in S, ossia un elemento $\mathfrak{a} \in S$ con la proprietà che da una inclusione propria $\mathfrak{a} \subsetneq \mathfrak{b}$ di ideali in R segue necessariamente che $\mathfrak{b}$ non appartiene a S. Sia dunque $\mathfrak{a} = (a)$ un tale elemento massimale. Allora il suo generatore a è riducibile, per esempio $a = a_1 a_2$ con $a_1, a_2 \in R$ non invertibili. Di conseguenza abbiamo inclusioni proprie

$$(a) \subsetneq (a_1), \qquad (a) \subsetneq (a_2),$$

e quindi gli ideali (a_1) e (a_2) non possono appartenere a S. Dunque a_1 e a_2 ammettono fattorizzazioni in elementi irriducibili e quindi lo stesso vale per il prodotto $a = a_1 a_2$ in contraddizione con $(a) \in S$. Da questo segue $S = \emptyset$ e la proposizione 7 è dimostrata. $\qquad\qquad\square$

Le fattorizzazioni in elementi primi, la cui esistenza è garantita dalla proposizione 7, soddisfano la seguente una proprietà di unicità:

Lemma 9. *Sia R un dominio d'integrità. Supponiamo che un elemento $a \in R$ ammetta fattorizzazioni*

$$a = p_1 \ldots p_r = q_1 \ldots q_s,$$

dove i p_i sono elementi primi e i q_j elementi irriducibili. Allora $r = s$, e, eventualmente riordinando gli indici dei q_j, risulta che per ogni indice $i = 1, \ldots, r$ gli elementi p_i e q_i sono associati.

Dimostrazione. Poiché p_1 è un elemento primo, da $p_1 \,|\, q_1 \ldots q_s$ segue l'esistenza di un j tale che $p_1 \,|\, q_j$. Riordinando i q_j possiamo assumere $j = 1$. Esiste dunque una uguaglianza $q_1 = \varepsilon_1 p_1$, dove ε_1 è necessariamente un'unità perché q_1 è irriducibile. Da questo segue che

$$p_2 \ldots p_r = \varepsilon_1 q_2 \ldots q_s$$

e, procedendo per induzione, si ottiene l'asserto.   □

Proposizione e Definizione 10. *Sia R un dominio d'integrità. Sono allora equivalenti:*

(i) *Ogni $a \in R - (R^* \cup \{0\})$ può essere scritto come prodotto di elementi irriducibili e tale decomposizione è unica a meno dell'ordine e di associati degli elementi irriducibili.*

(ii) *Ogni $a \in R - (R^* \cup \{0\})$ può essere scritto come prodotto di elementi primi.*

Un dominio d'integrità R che soddisfi le precedenti condizioni è detto dominio fattoriale *o* dominio a fattorizzazione unica.

In un dominio fattoriale un elemento a è irriducibile se e solo se è primo.

Dimostrazione. Supponiamo (i). Vogliamo mostrare che ogni elemento irriducibile di R è anche primo. Sia dunque $a \in R$ irriducibile e siano $x, y \in R$ tali che $a \mid xy$. Dobbiamo mostrare che $a \mid x$ oppure $a \mid y$. Per farlo possiamo assumere che x e y non siano unità. Siano dunque $x = x_1 \ldots x_r$, $y = y_1 \ldots y_s$ fattorizzazioni in elementi irriducibili come in (i). Allora $a \mid (x_1 \ldots x_r y_1 \ldots y_s)$ e l'unicità della fattorizzazione assicurata da (i) implica che a, in quanto elemento irriducibile, è associato a un x_i oppure a un y_j. Quindi $a \mid x$ oppure $a \mid y$ e dunque a è un elemento primo. Da questa osservazione risulta evidente l'implicazione da (i) a (ii). Per l'osservazione 5 una fattorizzazione in elementi primi è in particolare una fattorizzazione in elementi irriducibili e dunque l'implicazione da (ii) a (i) segue dal lemma 9.

Abbiamo appena visto che se vale la condizione (i) ogni elemento irriducibile è anche primo e dunque elementi irriducibili in domini fattoriali sono primi. Il viceversa segue ancora dall'osservazione 5.   □

Possiamo ora riformulare la proposizione 7:

Corollario 11. *Ogni dominio principale è fattoriale.*

I campi sono banalmente domini fattoriali. Però anche gli anelli $\mathbb{Z}$, $\mathbb{Z}[i]$ così come l'anello dei polinomi $K[X]$ su un campo K sono, in quanto domini euclidei, domini principali e dunque fattoriali. Mostreremo in 2.7/1 che l'anello dei polinomi $R[X]$ su un dominio fattoriale R è esso stesso fattoriale. Grazie a questo si vede per esempio che l'anello $\mathbb{Z}[X]$ è un dominio fattoriale pur non essendo un dominio principale. Lo stesso si dica per l'anello dei polinomi $K[X,Y] := K[X][Y]$ in due variabili X e Y su K.

Nelle fattorizzazioni in elementi primi in domini fattoriali R si raccolgono di solito a potenza gli elementi primi associati e si scrive

$$a = \varepsilon p_1^{\nu_1} \ldots p_r^{\nu_r}$$

con ε un'unità. Formalmente ogni $a \in R - \{0\}$ possiede una tale fattorizzazione (con esponente $\nu_i = 0$ quando a è un'unità). Per rendere più standard queste fattorizzazioni si può scegliere un sistema di rappresentanti P degli elementi primi di R, ossia un insieme P formato da elementi primi e contenente uno e un solo elemento primo per ogni classe di elementi primi associati. Allora la fattorizzazione in elementi primi in R può essere scritta nella forma

$$a = \varepsilon \prod_{p \in P} p^{\nu_p(a)},$$

dove sia $\varepsilon \in R^*$ che gli esponenti $\nu_p(a) \in \mathbb{N}$ sono univocamente determinati; naturalmente $\nu_p(a) = 0$ per quasi tutti i $p \in P$, cosicché il prodotto è in realtà finito. In $\mathbb{Z}$ si sceglie di solito quale P l'insieme dei numeri primi (positivi); in $K[X]$ si prende come P l'insieme di tutti i polinomi monici irriducibili (ossia di tutti i polinomi irriducibili con coefficiente direttore 1).

Vogliamo tornare ora sulle nozioni di massimo comun divisore e di minimo comune multiplo. Sia R un dominio d'integrità e siano $x_1, \ldots, x_n \in R$. Un elemento $d \in R$ si dice *massimo comun divisore* di $x_1, \ldots, x_n$ se:

(i) $d \mid x_i$ per ogni $i = 1, \ldots, n$, ossia d è un divisore comune a tutti gli x_i.

(ii) Se $a \in R$ è un divisore comune agli x_i, ossia se $a \mid x_i$ per ogni $i = 1, \ldots, n$, allora $a \mid d$.

Risulta che d è unico a meno del prodotto per unità e si usa la notazione $d = \text{MCD}(x_1, \ldots, x_n)$. Nel caso in cui $d = 1$ si dice che $x_1, \ldots, x_n$ sono *primi tra loro* o *coprimi*.

Un elemento $v \in R$ si dice *minimo comune multiplo* di $x_1, \ldots, x_n$ se:

(i) $x_i \mid v$ per ogni $i = 1, \ldots, n$, ossia v è un multiplo comune a tutti gli x_i.

(ii) Se $a \in R$ è un multiplo comune a tutti gli x_i, ossia se $x_i \mid a$ per ogni $i = 1, \ldots, n$, allora $v \mid a$.

Anche in questo caso v è univocamente determinato a meno di associati e si scrive $v = \text{mcm}(x_1, \ldots, x_n)$. Si dimostra quanto segue:

Proposizione 12. *Sia R un dominio fattoriale. Se P è un sistema di rappresentanti degli elementi primi di R e se*

$$x_i = \varepsilon_i \prod_{p \in P} p^{\nu_p(x_i)}, \qquad i = 1, \ldots, n,$$

sono le fattorizzazioni in elementi primi di elementi $x_1, \ldots, x_n \in R - \{0\}$, allora il $\text{MCD}(x_1, \ldots, x_n)$ e il $\text{mcm}(x_1, \ldots, x_n)$ esistono e (a meno del prodotto per unità) si possono scrivere come

$$\text{MCD}(x_1, \ldots, x_n) = \prod_{p \in P} p^{\min(\nu_p(x_1), \ldots, \nu_p(x_n))},$$

$$\text{mcm}(x_1, \ldots, x_n) = \prod_{p \in P} p^{\max(\nu_p(x_1), \ldots, \nu_p(x_n))}.$$

Nei domini principali il massimo comun divisore e il minimo comune multiplo possono essere caratterizzati in termini di ideali.

Proposizione 13. *Siano $x_1 \ldots, x_n$ elementi di un dominio d'integrità R.*

(i) *Se l'ideale $(x_1 \ldots, x_n)$ generato dagli x_i in R è un ideale principale generato da un elemento $d \in R$, allora risulta $d = \text{MCD}(x_1 \ldots, x_n)$.*

(ii) *Se l'ideale $(x_1) \cap \ldots \cap (x_n)$ è un ideale principale generato da un elemento $v \in R$, allora $v = \text{mcm}(x_1 \ldots, x_n)$.*

Dimostrazione. (i) Supponiamo che sia $(x_1 \ldots, x_n) = (d)$. Allora $x_i \in (d)$ e quindi $d \mid x_i$ per ogni i. Inoltre $d \in (x_1 \ldots, x_n)$ e dunque esiste un'uguaglianza $d = \sum_{i=1}^{n} a_i x_i$ per opportuni elementi $a_i \in R$. Da questo segue che ogni divisore comune agli x_i è anche un divisore di d, ossia $d = \text{MCD}(x_1 \ldots, x_n)$.

(ii) Supponiamo che sia $\bigcap_{i=1}^{n}(x_i) = (v)$. Allora v è contenuto in tutti gli ideali (x_i) e dunque è multiplo comune a tutti gli x_i. Sia ora a un altro multiplo comune agli x_i. Allora $a \in (x_i)$ per ogni i, dunque $a \in \bigcap_{i=1}^{n}(x_i) = (v)$ e quindi $v \mid a$, ossia $v = \text{mcm}(x_1 \ldots, x_n)$. □

Applichiamo questa interpretazione del massimo comun divisore e del minimo comune multiplo in termini di ideali per dare una versione speciale del teorema cinese del resto 2.3/12.

Corollario 14. *Sia R un dominio principale e sia $a = \varepsilon p_1^{\nu_1} \ldots p_r^{\nu_r}$ una fattorizzazione in R con ε un'unità e p_i elementi primi a due a due non associati. Allora gli ideali $(p_1^{\nu_1}), \ldots, (p_r^{\nu_r})$ di R sono a due a due coprimi in R e risulta che $a = \text{mcm}(p_1^{\nu_1}, \ldots, p_r^{\nu_r})$ e $(a) = \bigcap_{i=1}^{r}(p_i^{\nu_i})$. In particolare, grazie a 2.3/12 esiste un isomorfismo canonico*

$$R/(a) \xrightarrow{\sim} R/(p_1^{\nu_1}) \times \ldots \times R/(p_n^{\nu_n}).$$

L'*algoritmo di Euclide* fornisce un metodo costruttivo per determinare il massimo comun divisore di due elementi x, y in domini euclidei R. Applicando ripetutamente relazioni del tipo $\text{MCD}(x, y, z) = \text{MCD}(\text{MCD}(x, y), z)$, questo algoritmo si presta anche alla determinazione del massimo comun divisore di più di due elementi.

Proposizione 15. (Algoritmo di Euclide). *Sia R un dominio euclideo. Dati due elementi $x, y \in R - \{0\}$, si consideri la successione $z_0, z_1, \ldots \in R$ definita per induzione come:*

$$z_0 = x,$$
$$z_1 = y,$$
$$z_{i+1} = \begin{cases} \text{il resto della divisione di } z_{i-1} \text{ per } z_i \text{ se } z_i \neq 0, \\ 0 \text{ altrimenti.} \end{cases}$$

Esiste allora un minimo indice $n \in \mathbb{N}$ tale che $z_{n+1} = 0$ e per tale indice n risulta $z_n = \text{MCD}(x, y)$.

Dimostrazione. Sia $\delta\colon R-\{0\}\longrightarrow \mathbb{N}$ la funzione norma di R. Per definizione della successione $z_0, z_1, \ldots$, se $z_i \neq 0$, $i > 0$, si ha un'uguaglianza del tipo

$$z_{i-1} = q_i z_i + z_{i+1},$$

con $\delta(z_{i+1}) < \delta(z_i)$ oppure $z_{i+1} = 0$. La successione dei $\delta(z_i)$, $i > 0$, è dunque strettamente decrescente almeno fintantoché $z_i \neq 0$ e $\delta(z_i)$ è definita. Di conseguenza può essere $z_i \neq 0$ solo per un numero finito di indici $i \in \mathbb{N}$ ed esiste un minimo indice $n \in \mathbb{N}$ tale che $z_{n+1} = 0$. Poiché $z_0 \neq 0 \neq z_1$ deve essere $n > 0$. Si considerino ora le uguaglianze

$$(\mathrm{E}_0) \qquad\qquad\qquad z_0 = q_1 z_1 + z_2,$$

$$\vdots \qquad\qquad\qquad\qquad \vdots$$

$$(\mathrm{E}_{n-2}) \qquad\qquad\qquad z_{n-2} = q_{n-1} z_{n-1} + z_n,$$

$$(\mathrm{E}_{n-1}) \qquad\qquad\qquad z_{n-1} = q_n z_n.$$

Da (E_{n-1}) segue $z_n \mid z_{n-1}$, quindi da (E_{n-2}) segue $z_n \mid z_{n-2}$ e così via finché si ottiene $z_n \mid z_1$ e $z_n \mid z_0$. Dunque z_n è un divisore comune di x e y. Se $a \in R$ è un altro divisore comune di x e y, da (E_0) segue che $a \mid z_2$, poi da (E_1) segue che $a \mid z_3$ e così via finché si arriva a $a \mid z_n$. Dunque z_n è, come affermato, il massimo comun divisore di x e y. $\qquad\qquad\square$

L'algoritmo di Euclide non solo permette di calcolare il massimo comun divisore d di due elementi x, y di un dominio euclideo R, ma fornisce anche una rappresentazione esplicita di questo divisore nella forma $d = ax + by$. Nella dimostrazione precedente, infatti, da (E_{n-2}) si ottiene una rappresentazione di $d = z_n$ come combinazione lineare di z_{n-2}, z_{n-1}, poi da (E_{n-3}) come combinazione lineare di z_{n-3}, z_{n-2} e così via finché, utilizzando (E_0), si rappresenta d come combinazione lineare di $x = z_0$ e $y = z_1$. La costruzione di una tale rappresentazione è necessaria per esempio per determinare la soluzione di sistemi di congruenze in 2.3/13; l'esistenza della rappresentazione è d'altra parte già nota in domini principali, come abbiamo visto nella proposizione 13.

Per finire segnaliamo alcune applicazioni dei risultati raggiunti in questa sezione. Come conseguenza di 2.3/8 e della proposizione 6 ritroviamo che dato un numero intero positivo p, l'anello quoziente $\mathbb{Z}/p\mathbb{Z}$ è un campo se e solo se p è un numero primo. Analogamente, per un campo K, l'anello quoziente $L = K[X]/(f)$ rispetto all'ideale principale generato da un polinomio $f \in K[X]$ è un campo se e solo se f è irriducibile. Si verifica facilmente (vedi dimostrazione di 3.4/1), che la classe laterale di L che contiene X è uno zero di f. Si consideri inoltre K come sottocampo di L grazie all'omomorfismo canonico $K \longrightarrow L$ (che è iniettivo per 2.3/3) e f come polinomio a coefficienti in L. Dato un polinomio $f \in K[X] - K$ privo di zeri in K, utilizzeremo questa costruzione risalente a L. Kronecker per ottenere un'estensione L che contenga una radice di f. Si vede subito, per esempio grazie ai teoremi di omomorfismo, che, considerando l'omomorfismo di valutazione

$$\mathbb{R}[X] \longrightarrow \mathbb{C}, \qquad \sum a_n X^n \longmapsto \sum a_n i^n,$$

che manda X nel numero complesso i, si ottiene

$$\mathbb{R}[X]/(X^2 + 1) \simeq \mathbb{C}.$$

In modo analogo si dimostra che

$$\mathbb{R}[X]/(X - a) \simeq \mathbb{R}$$

per un qualsiasi $a \in \mathbb{R}$.

Esercizi

1. *Per quali anelli R l'anello dei polinomi $R[X]$ è un dominio principale?*

2. *Discende dalla proposizione 13 che in un dominio principale il massimo comun divisore e il minimo comune multiplo di due elementi possono sempre essere caratterizzati in termini di ideali. Si indaghi se questo fatto è vero anche per un anello fattoriale.*

3. Si dimostri che il sottoanello $R = \mathbb{Z} + \sqrt{-5} \cdot \mathbb{Z} \subset \mathbb{C}$ non è un dominio fattoriale, considerando le fattorizzazioni $6 = 2 \cdot 3 = (1 + \sqrt{-5}) \cdot (1 - \sqrt{-5})$ e mostrando che gli elementi $2, 3, (1 + \sqrt{-5}), (1 - \sqrt{-5})$ sono irriducibili e a due a due non associati. Sono questi elementi primi?

4. Sia K un campo e sia $R = K[X][Y]/(X^2 - Y^3)$ il dominio d'integrità dell'esercizio 8 in 2.3. Si dimostri che le classi laterali $\overline{X}$ e $\overline{Y}$ contenenti rispettivamente $X, Y \in K[X][Y]$ sono elementi irriducibili in R, ma non sono primi.

5. Sia G un gruppo ciclico di ordine finito e siano $a, b \in G$. Allora il sottogruppo generato da a e b in G ha ordine mcm(ord a, ord b).

6. Si dimostri che $2 = (1 + i)(1 - i)$ è la fattorizzazione in elementi primi di 2 in $\mathbb{Z}[i]$.

7. Si calcoli, con l'aiuto dell'algoritmo di Euclide, il massimo comun divisore dei seguenti polinomi di $\mathbb{Q}[X]$:

$$f = X^3 + X^2 + X - 3, \qquad g = X^6 - X^5 + 6X^2 - 13X + 7.$$

8. Si trovino tutti i polinomi irriducibili di grado ≤ 3 nell'anello dei polinomi $\mathbb{F}_2[X]$.

9. Dato un numero primo $p \in \mathbb{N}$, si consideri il seguente sottoinsieme del campo $\mathbb{Q}$ dei numeri razionali:

$$\mathbb{Z}_p := \{0\} \cup \left\{ \frac{x}{y} \in \mathbb{Q} \,;\, x, y \in \mathbb{Z} - \{0\} \text{ tali che } \nu_p(x) - \nu_p(y) \geq 0 \right\}.$$

Si dimostri che $\mathbb{Z}_p$ è un sottoanello di $\mathbb{Q}$, un dominio principale, ma non un campo. Si descrivano tutte le unità di $\mathbb{Z}_p$ così come i suoi elementi primi.

10. Si dimostri che un anello R è noetheriano, nel senso che ogni catena ascendente di ideali $\mathfrak{a}_1 \subset \mathfrak{a}_2 \subset \ldots \subset R$ è stazionaria, se e solo se ogni ideale di R ammette un sistema finito di generatori.

2.5 Anelli di polinomi in più variabili

Abbiamo definito in 2.1 l'anello dei polinomi $R[X]$ (in una variabile X su un anello R). Iterando la costruzione si ottiene l'anello dei polinomi in n variabili $X_1, \ldots, X_n$ su R:

$$R[X_1, \ldots, X_n] := (\ldots((R[X_1])[X_2])\ldots)[X_n].$$

D'altra parte è possibile generalizzare direttamente la definizione in 2.1 al caso di più variabili. Precisamente, dato un monoide commutativo M definiremo un "anello di polinomi" $R[M]$ in modo da interpretare M come il monoide (moltiplicativo) dei "monomi" di $R[M]$. Otterremo in questo modo per $M = \mathbb{N}$ l'anello dei polinomi in una variabile $R[X]$, per $M = \mathbb{N}^n$ l'anello dei polinomi in n variabili $R[X_1, \ldots, X_n]$ e per $M = \mathbb{N}^{(I)}$, con I un insieme arbitrario, l'anello $R[\mathfrak{X}]$ dei polinomi in un sistema di variabili $\mathfrak{X} = (X_i)_{i \in I}$. L'operazione di monoide considerata in ciascun $\mathbb{N}$, $\mathbb{N}^n$, $\mathbb{N}^{(I)}$ è l'addizione (componente per componente).

Sia d'ora in poi M un monoide commutativo scritto in notazione *additiva*. Si definisce allora $R[M]$ come

$$R[M] = R^{(M)} = \{(a_\mu)_{\mu \in M} \, ; \, a_\mu \in R, a_\mu = 0 \text{ per quasi tutti i } \mu\}$$

dotato delle operazioni

$$(a_\mu)_{\mu \in M} + (b_\mu)_{\mu \in M} := (a_\mu + b_\mu)_{\mu \in M}, \qquad (a_\mu)_{\mu \in M} \cdot (b_\mu)_{\mu \in M} := (c_\mu)_{\mu \in M},$$

dove

$$c_\mu = \sum_{\lambda + \nu = \mu} a_\lambda \cdot b_\nu.$$

Si dimostra senza difficoltà che $R[M]$ è un anello rispetto a queste operazioni. Se M è il monoide dei numeri naturali $\mathbb{N}$ si ottiene così l'anello dei polinomi in una variabile $R[X]$ già costruito in 2.1. Tuttavia anche negli altri casi è possibile introdurre una notazione di tipo polinomiale in $R[M]$: per $\mu \in M$ si considera $X^\mu := (\delta_{\mu,\lambda})_{\lambda \in M}$ come elemento di $R[M]$, dove $\delta_{\mu,\lambda}$ è il simbolo di Kronecker, ossia $\delta_{\mu,\lambda} = 1$ per $\mu = \lambda$ e $\delta_{\mu,\lambda} = 0$ per $\mu \neq \lambda$. Si dice anche che X^μ è il *monomio* in $R[M]$ relativo a μ. Gli elementi di $R[M]$ si scrivono allora in modo unico nella forma $\sum_{\mu \in M} a_\mu X^\mu$ con coefficienti $a_\mu \in R$ nulli per quasi tutti i $\mu \in M$. In analogia con $R[X]$ si hanno le ben note formule per l'addizione e la moltiplicazione:

$$\sum_{\mu \in M} a_\mu X^\mu + \sum_{\mu \in M} b_\mu X^\mu = \sum_{\mu \in M} (a_\mu + b_\mu) X^\mu,$$

$$\sum_{\mu \in M} a_\mu X^\mu \cdot \sum_{\mu \in M} b_\mu X^\mu = \sum_{\mu \in M} \Big(\sum_{\lambda + \nu = \mu} a_\lambda \cdot b_\nu \Big) X^\mu.$$

Al solito il polinomio nullo $0 = \sum_{\mu \in M} 0 \cdot X^\mu$ è l'elemento nullo e X^0 (dove $0 \in M$ è l'elemento neutro del monoide M) è l'identità di $R[M]$. Si può inoltre considerare

R come sottoanello di $R[M]$ identificando ciascun elemento $a \in R$ con il rispettivo "polinomio costante" aX^0. L'anello dei polinomi $R[M]$ soddisfa la seguente proprietà universale:

Proposizione 1. *Sia $\varphi\colon R \longrightarrow R'$ un omomorfismo di anelli e sia $\sigma\colon M \longrightarrow R'$ un omomorfismo di monoidi dove stiamo considerando R' come monoide rispetto alla moltiplicazione di anello. Esiste allora un unico omomorfismo di anelli $\Phi\colon R[M] \longrightarrow R'$ tale che $\Phi|_R = \varphi$ e $\Phi(X^\mu) = \sigma(\mu)$ per ogni $\mu \in M$.*

Dimostrazione. Per dimostrare l'unicità si consideri un $\sum_{\mu \in M} a_\mu X^\mu \in R[M]$. Se esiste un omomorfismo Φ con le proprietà richieste, si ha necessariamente

$$\Phi(\sum a_\mu X^\mu) = \sum \Phi(a_\mu X^\mu) = \sum \Phi(a_\mu)\Phi(X^\mu) = \sum \varphi(a_\mu)\sigma(\mu).$$

Per quanto riguarda l'esistenza, è possibile definire Φ tramite questa uguaglianza. Le proprietà di omomorfismo di anelli si provano senza difficoltà, sapendo che φ è un omomorfismo di anelli e che σ è un omomorfismo di monoidi. $\square$

La proprietà dimostrata nella proposizione 1 viene detta *universale* perché essa caratterizza in modo unico, a meno di isomorfismi canonici, l'anello dei polinomi $R[M]$. Questo significa quanto segue: se è data un'estensione di anelli $R \subset S$ insieme a un omomorfismo di monoidi $\iota\colon M \longrightarrow S$, con S monoide rispetto alla moltiplicazione, e se vale la proprietà descritta nella proposizione 1, ossia per ogni omomorfismo di anelli $\psi\colon R \longrightarrow R'$ e per ogni omomorfismo di monoidi $\tau\colon M \longrightarrow R'$, con R' monoide rispetto alla moltiplicazione, esiste un unico omomorfismo di anelli $\Psi\colon S \longrightarrow R'$ tale che $\Psi|_R = \psi$ e $\Psi \circ \iota = \tau$, allora le estensioni $R \subset R[M]$ e $R \subset S$ sono canonicamente isomorfe.

Vogliamo giustificare questo fatto brevemente con argomentazioni applicabili anche ad altre proprietà universali. Per la proprietà universale di $R[M]$, a $R \hookrightarrow S$ e $\iota\colon M \longrightarrow S$ corrisponde un omomorfismo di anelli $\Phi\colon R[M] \longrightarrow S$ che prolunga l'applicazione identica su R e che soddisfa $\Phi(X^\mu) = \iota(\mu)$, $\mu \in M$. Viceversa, dalla proprietà universale di S e dall'omomorfismo di monoidi $M \longrightarrow R[M]$, $\mu \longmapsto X^\mu$, si ottiene un omomorfismo di anelli $\Psi\colon S \longrightarrow R[M]$ che prolunga l'applicazione identica su R e soddisfa $\Psi(\iota(\mu)) = X^\mu$ per $\mu \in M$. Allora $\Phi \circ \Psi$ e l'applicazione identica sono due omomorfismi di anelli $S \longrightarrow S$ che prolungano l'applicazione identica di R in sé e lasciano fissi $\iota(\mu)$ per $\mu \in M$. Dall'unicità del prolungamento a S degli omomorfismi segue $\Phi \circ \Psi = $ id e, analogamente, dall'unicità del prolungamento a $R[M]$ si ha $\Psi \circ \Phi = $ id.

Poniamo ora $M = \mathbb{N}^n$ o $M = \mathbb{N}^{(I)}$ e dunque consideriamo anelli di polinomi in senso stretto. Nel caso $M = \mathbb{N}^n$ definiamo per $1 \leq i \leq n$ la "variabile" i-esima X_i come $X^{(0,\dots,0,1,0\dots0)}$ dove l'1 nell'esponente sta proprio al posto i-esimo. Dato un $\mu = (\mu_1, \dots, \mu_n) \in \mathbb{N}^n$, si ha allora $X^\mu = X_1^{\mu_1} \dots X_n^{\mu_n}$ e gli elementi di $R[\mathbb{N}^n]$ si scrivono nella forma

$$\sum_{(\mu_1,\dots,\mu_n) \in \mathbb{N}^n} a_{\mu_1 \dots \mu_n} X_1^{\mu_1} \dots X_n^{\mu_n}$$

con coefficienti $a_{\mu_1 \ldots \mu_n} \in R$ univocamente determinati e quasi tutti nulli. Scriveremo $R[X_1, \ldots, X_n]$ oppure $R[X]$ al posto di $R[\mathbb{N}^n]$ dove $X = (X_1, \ldots, X_n)$ indica un sistema di variabili. Tratteremo in modo analogo il caso $M = \mathbb{N}^{(I)}$ con I un insieme di indici qualsiasi. Sia ε_i, $i \in I$, l'elemento di $\mathbb{N}^{(I)}$ le cui componenti sono tutte nulle tranne la i-esima che è 1. Se si pone $X_i = X^{\varepsilon_i}$, allora, dato $\mu = (\mu_i)_{i \in I} \in \mathbb{N}^{(I)}$, vale sempre $X^\mu = \prod_{i \in I} X_i^{\mu_i}$. Si osservi che quasi tutti i fattori di questo prodotto sono uguali a 1 e dunque il prodotto è in realtà finito. Pertanto gli elementi di $R[\mathbb{N}^{(I)}]$ possono essere scritti nella forma

$$\sum_{\mu \in \mathbb{N}^{(I)}} a_\mu \prod_{i \in I} X_i^{\mu_i}$$

con coefficienti $a_\mu \in R$ univocamente determinati e quasi tutti nulli. Useremo al posto di $R[\mathbb{N}^{(I)}]$ anche la notazione $R[X_i \,;\, i \in I]$ o $R[\mathfrak{X}]$ per $\mathfrak{X} = (X_i)_{i \in I}$. Ciascun elemento di $R[\mathfrak{X}]$ è un polinomio in un numero *finito* di variabili $X_{i_1}, \ldots, X_{i_n}$ e possiamo considerare $R[\mathfrak{X}]$ come unione di tutti i sottoanelli del tipo $R[X_{i_1}, \ldots, X_{i_n}]$ al variare di $\{i_1, \ldots, i_n\}$ tra tutti i sottoinsiemi finiti di I. In particolare, tutti i calcoli che coinvolgono solo un numero finito di elementi di $R[\mathfrak{X}]$ possono essere svolti in un anello di polinomi in un numero finito di variabili.

Utilizzeremo anelli di polinomi in infinite variabili solo nella sezione 3.4 per la costruzione di campi algebricamente chiusi. Per semplicità vogliamo ora considerare solo anelli di polinomi del tipo $R[X_1, \ldots, X_n]$ anche se i risultati che dimostreremo qui di seguito rimangono validi, in una forma analoga, anche per polinomi in un numero arbitrario di variabili. Controlliamo dapprima, direttamente o utilizzando la proposizione 1 (vedi anche l'esercizio 3), che se $n > 0$, esiste sempre un isomorfismo canonico

$$R[X_1, \ldots, X_n] \simeq (R[X_1, \ldots, X_{n-1}])[X_n],$$

dove, se $n = 1$, si deve leggere $R[X_1, \ldots, X_{n-1}]$ come R. Questo isomorfismo permette talvolta, applicando il principio di induzione, di ricondurre problemi relativi a polinomi in più variabili al caso di polinomi in una variabile.

Proposizione 2. *Se R è un dominio d'integrità, allora anche l'anello dei polinomi $R[X_1 \ldots, X_n]$ è un dominio d'integrità.*

Dimostrazione. Abbiamo già visto in 2.1/3 che l'asserto è vero nel caso di una variabile. Utilizzando l'isomorfismo

$$R[X_1, \ldots, X_n] \simeq (R[X_1, \ldots, X_{n-1}])[X_n]$$

e ragionando per induzione sul numero delle variabili, si ottiene il caso generale.

Si può tuttavia mostrare anche direttamente che se R è un dominio d'integrità allora il prodotto di due polinomi non nulli

$$f = \sum a_\mu X^\mu, \quad g = \sum b_\nu X^\nu \quad \in R[X_1, \ldots, X_n]$$

è non nullo. A tal fine ordiniamo lessicograficamente l'insieme degli indici $\mathbb{N}^n$, ossia, se

$$\mu = (\mu_1, \ldots, \mu_n), \quad \mu' = (\mu'_1, \ldots, \mu'_n) \quad \in \mathbb{N}^n,$$

sono due n-uple, scriviamo $\mu < \mu'$ se esiste un indice i, $1 \leq i \leq n$, per cui

$$\mu_1 = \mu'_1, \ldots, \quad \mu_{i-1} = \mu'_{i-1}, \quad \mu_i < \mu'_i.$$

Se $\overline{\mu} \in \mathbb{N}$ è il massimo (per l'ordinamento lessicografico) tra tutti i μ tali che $a_\mu \neq 0$ e analogamente $\overline{\nu}$ è il massimo per cui $b_\nu \neq 0$, allora il coefficiente del monomio $X^{\overline{\mu}+\overline{\nu}}$ in fg è proprio $a_{\overline{\mu}} b_{\overline{\nu}}$. Se R è un dominio d'integrità, risulta $a_{\overline{\mu}} b_{\overline{\nu}} \neq 0$ e dunque $fg \neq 0$. □

Dato un $\mu = (\mu_1, \ldots, \mu_n) \in \mathbb{N}^n$, definiamo il "valore" $|\mu| := \mu_1 + \ldots + \mu_n$. Se $f = \sum a_\mu X^\mu$ è un polinomio di $R[X_1, \ldots, X_n]$ e se $i \in \mathbb{N}$, indicheremo con $f_i := \sum_{|\mu|=i} a_\mu X^\mu$ la *componente omogenea di grado i di f*. Allora f è somma delle sue componenti omogenee, ossia $f = \sum_{i=0}^\infty f_i$. Si dice che f è *omogeneo* se f coincide con una delle sue componenti omogenee e più precisamente *omogeneo di grado i* se $f = f_i$. Un polinomio omogeneo $f \neq 0$ è sempre omogeneo di grado un $i \geq 0$ univocamente determinato, mentre il polinomio nullo è omogeneo di *ogni* grado $i \geq 0$. Si definisce il *grado complessivo* di un polinomio f come

$$\operatorname{grad} f = \max\{i \in \mathbb{N} \,;\, f_i \neq 0\} = \max\{|\mu| \,;\, a_\mu \neq 0\}$$

e si pone $\operatorname{grad} f := -\infty$ se $f = 0$. Nel caso di un polinomio in una variabile il grado complessivo coincide con il grado come definito in 2.1. In analogia con 2.1/2 si ha:

Proposizione 3. *Siano $f, g \in R[X_1, \ldots, X_n]$. Allora:*

$$\operatorname{grad}(f + g) \leq \max(\operatorname{grad} f, \operatorname{grad} g),$$
$$\operatorname{grad}(f \cdot g) \leq \operatorname{grad} f + \operatorname{grad} g,$$

e anzi $\operatorname{grad}(f \cdot g) = \operatorname{grad} f + \operatorname{grad} g$ se R è un dominio d'integrità.

Dimostrazione. La limitazione superiore per $\operatorname{grad}(f + g)$ è evidente non appena si scrivono i polinomi di $R[X_1, \ldots, X_n]$ come somma delle loro componenti omogenee. Inoltre se $\operatorname{grad} f = r \geq 0$, $\operatorname{grad} g = s \geq 0$ e se $f = \sum_{i=0}^r f_i$, $g = \sum_{i=0}^s g_i$ sono le decomposizioni in componenti omogenee, si ottiene

$$f \cdot g = f_r \cdot g_s + (\text{componenti omogenee di grado } < r + s),$$

dove $f_r \cdot g_s$ è la componente omogenea di grado $r + s$ di $f \cdot g$. Da questo si ricava $\operatorname{grad}(f \cdot g) \leq \operatorname{grad} f + \operatorname{grad} g$. Se R è un dominio d'integrità, da $f_r, g_s \neq 0$ si deduce allora, grazie alla proposizione 2, che anche $f_r g_s$ è non nullo e pertanto il grado di fg è $r + s$. □

Corollario 4. *Se R è un dominio d'integrità, allora*

$$(R[X_1, \ldots, X_n])^* = R^*.$$

Generalizziamo ora all'anello $R[X_1, \ldots, X_n]$ la proprietà universale, descritta nella proposizione 1, che caratterizza gli anelli di polinomi a meno di isomorfismi. Poiché un omomorfismo di monoidi $\sigma \colon \mathbb{N}^n \longrightarrow R'$ è univocamente determinato dalle immagini dei generatori canonici di $\mathbb{N}^n$, ossia dalle immagini degli elementi del tipo $(0, \ldots, 0, 1, 0, \ldots, 0)$, si ottiene la seguente versione della proposizione 1:

Proposizione 5. *Sia $\varphi \colon R \longrightarrow R'$ un'estensione di anelli e siano $x_1, \ldots, x_n \in R'$. Esiste allora un unico omomorfismo di anelli $\Phi \colon R[X_1, \ldots, X_n] \longrightarrow R'$ tale che $\Phi|_R = \varphi$ e $\Phi(X_i) = x_i$ per $i = 1, \ldots, n$.*

Ponendo $x = (x_1, \ldots, x_n)$ e $x^\mu = x_1^{\mu_1} \ldots x_n^{\mu_n}$ per $\mu \in \mathbb{N}^n$, si può descrivere Φ tramite

$$\Phi \colon R[X_1, \ldots, X_n] \longrightarrow R', \qquad \sum a_\mu X^\mu \longmapsto \sum \varphi(a_\mu) x^\mu$$

come nel caso di una variabile. Si dice che Φ è un *omomorfismo di valutazione* o *di sostituzione* in quanto si sostituisce la n-upla x a X. Nel caso speciale in cui R sia un sottoanello di R' con $\varphi \colon R \hookrightarrow R'$ l'inclusione canonica, l'immagine di $f = \sum a_\mu X^\mu \in R[X_1, \ldots, X_n]$ tramite Φ viene anche indicata con $f(x) = \sum a_\mu x^\mu$. Se $f(x) = 0$, si dice che x è uno *zero* di f. Per l'immagine di $R[X_1, \ldots, X_n]$ tramite Φ si usa la notazione

$$R[x] := \Phi(R[X_1, \ldots, X_n]) = \{ \sum a_\mu x^\mu \; ; \; a_\mu \in R, a_\mu = 0 \text{ per quasi ogni } \mu \}.$$

Risulta che $R[x]$, o con notazione più precisa $R[x_1, \ldots, x_n]$, è il più piccolo sottoanello di R' che contiene sia R che tutte le componenti $x_1, \ldots, x_n$ di x. Si parla anche di $R[x]$ come dell'anello dei polinomi in x (o, meglio, di tutte le espressioni polinomiali in x) a coefficienti in R.

Gli omomorfismi di valutazione avranno più avanti un ruolo importante e, per darne un esempio, introduciamo già a questo punto la nozione di *trascendenza*.

Definizione 6. *Sia $R \subset R'$ un'estensione di anelli e sia $x = (x_1, \ldots, x_n)$ un sistema di elementi di R'. Il sistema x si dice* algebricamente indipendente *o* trascendente su R *se, per ogni sistema di variabili $X = (X_1, \ldots, X_n)$, l'omomorfismo di anelli $R[X] \longrightarrow R'$, $f \longmapsto f(x)$, è iniettivo e dunque induce un isomorfismo $R[X] \overset{\sim}{\longrightarrow} R[x]$. Se questo non è il caso, x si dice* algebricamente dipendente.

Un sistema $x = (x_1, \ldots, x_n)$ trascendente su R ha quindi le proprietà di un sistema di variabili. Abbiamo già detto nell'introduzione che, per esempio, i numeri e e $\pi \in \mathbb{R}$, noti dall'Analisi, sono entrambi trascendenti su $\mathbb{Q}$; le dimostrazioni di ciò risalgono a Ch. Hermite [7] e F. Lindemann [12].

Per concludere, accenniamo al processo di *riduzione dei coefficienti* di un polinomio. Si tratta di un omomorfismo che formalmente ricade tra gli omomorfismi di valutazione. Se $\mathfrak{a} \subset R$ è un ideale e $\varphi \colon R \longrightarrow R/\mathfrak{a}$ è l'omomorfismo canonico, grazie alla proposizione 5 si può considerare l'omomorfismo $\Phi \colon R[X] \longrightarrow (R/\mathfrak{a})[X]$ che prolunga φ e manda X in X. Si dice che Φ riduce i coefficienti dei polinomi di $R[X]$ modulo l'ideale $\mathfrak{a}$. Così, per esempio, dato un numero primo p, l'omomorfismo $\mathbb{Z}[X] \longrightarrow \mathbb{Z}/(p)[X]$ manda polinomi a coefficienti interi in polinomi a coefficienti nel campo $\mathbb{F}_p = \mathbb{Z}/(p)$.

Esercizi

1. *Dato un monoide commutativo M, abbiamo definito l'anello dei polinomi $R[M]$ su un anello R. A cosa bisogna prestare attenzione se si vuole definire $R[M]$ anche per monoidi M non necessariamente commutativi?*

2. *Si indaghi in che misura i risultati dimostrati in questa sezione per anelli di polinomi della forma $R[X_1, \ldots, X_n]$ possano essere generalizzati a polinomi in un numero arbitrario di variabili $R[\mathfrak{X}]$.*

3. *Dati due monoidi M, M', si consideri il prodotto $M \times M'$ come monoide rispetto alla legge di composizione componente per componente. Si dimostri che esiste un omomorfismo canonico di anelli $R[M][M'] \xrightarrow{\sim} R[M \times M']$.*

4. Sia R un anello. Si considerino sia $\mathbb{Z}$ che $\mathbb{Z}/m\mathbb{Z}$, per $m > 0$, come monoidi rispetto all'addizione e si dimostri che esistono i seguenti isomorfismi:

$$R[\mathbb{Z}] \simeq R[X, Y]/(1 - XY), \qquad R[\mathbb{Z}/m\mathbb{Z}] \simeq R[X]/(X^m - 1).$$

5. Sia K un campo e sia $f \in K[X_1, \ldots, X_n]$ un polinomio omogeneo di grado complessivo $d > 0$. Si dimostri che, se $f = p_1 \ldots p_r$ è una fattorizzazione in polinomi irriducibili, i fattori p_i sono omogenei.

6. Si consideri l'anello dei polinomi $R[X_1, \ldots, X_n]$ in n variabili su un anello $R \neq 0$ e si dimostri che il numero dei monomi di $R[X_1, \ldots, X_n]$ di grado complessivo $d \in \mathbb{N}$ è

$$\binom{n + d - 1}{n - 1}.$$

7. Sia K un campo e sia $\varphi \colon K[X_1, \ldots, X_m] \longrightarrow K[X_1, \ldots, X_n]$ un isomorfismo di anelli tale che $\varphi|_K = \mathrm{id}_K$. Si dimostri che risulta $m = n$.

2.6 Radici di polinomi

Sia K un campo e sia $f \in K[X]$ un polinomio non nullo in una variabile X. Se $\alpha \in K$ è una radice di f, allora il polinomio $X - \alpha$ divide f. Infatti dividendo (con resto) f per $X - \alpha$ si ottiene

$$f = q \cdot (X - \alpha) + r$$

dove $\mathrm{grad}\, r < 1$, ossia $r \in K$, e, sostituendo α alla variabile X, si vede che necessariamente risulta $r = 0$. Si dice che α è una *radice di molteplicità* r quando $X - \alpha$ compare esattamente con esponente r nella fattorizzazione di f in polinomi irriducibili. Segue così da argomentazioni sul grado che:

Proposizione 1. *Sia K un campo e sia $f \in K[X]$ un polinomio di grado $n \geq 0$. Il numero delle radici di f in K, ciascuna contata con la propria molteplicità, è al più n e tale numero è n se e solo se f si spezza completamente in fattori lineari in $K[X]$.*

In particolare un polinomio che ha più radici di quanto permetta il suo grado è necessariamente il polinomio nullo. Se dunque K è un campo infinito, un polinomio $f \in K[X]$ è il polinomio nullo se e solo se $f(\alpha) = 0$ per ogni $\alpha \in K$ (risp. per ogni α in un sottoinsieme infinito di K). Al contrario, se $\mathbb{F}$ è un campo finito, il polinomio

$$f = \prod_{a \in \mathbb{F}} (X - a) \in \mathbb{F}[X]$$

è un polinomio non nullo e risulta $f(\alpha) = 0$ per ogni $\alpha \in \mathbb{F}$.

Diamo ora un criterio per l'esistenza di radici multiple. Si consideri l'applicazione

$$D \colon K[X] \longrightarrow K[X], \qquad \sum_{i=0}^{n} c_i X^i \longmapsto \sum_{i=1}^{n} i c_i X^{i-1},$$

che è definita come la derivazione usuale (si interpreti ic_i come il solito multiplo i-esimo di c_i). Ora, D non è un omomorfismo di anelli, ma una cosiddetta *derivazione*, ossia per $a, b \in K$, $f, g \in K[X]$ si hanno:

$$D(af + bg) = aD(f) + bD(g), \qquad D(fg) = fD(g) + gD(f).$$

Al posto di Df si scrive spesso f' e lo si chiama la *derivata* prima di f.

Proposizione 2. *Sia $f \in K[X]$, $f \neq 0$, un polinomio a coefficienti in un campo K. Una radice α di f è una radice multipla (ossia una radice di molteplicità ≥ 2) se e solo se $(f')(\alpha) = 0$.*

Dimostrazione. Se r è la molteplicità della radice α, esiste una fattorizzazione del tipo $f = (X - \alpha)^r g$ con $g \in K[X]$ e $g(\alpha) \neq 0$. Poiché

$$f' = (X - \alpha)^r g' + r(X - \alpha)^{r-1} g,$$

risulta che $(f')(\alpha) = 0$ è equivalente a $r \geq 2$. $\qquad\qquad \square$

Corollario 3. *Un elemento $\alpha \in K$ è una radice multipla di un polinomio $f \in K[X] - \{0\}$ se e solo se α è una radice di $\mathrm{MCD}(f, f')$.*

Per esempio, se p è un numero primo, il polinomio $f = X^p - X \in \mathbb{F}_p[X]$ non ha radici multiple. Infatti, il multiplo p-esimo dell'identità $1 \in \mathbb{F}_p = \mathbb{Z}/p\mathbb{Z}$, $p \cdot 1$, è nullo e di conseguenza $f' = -1$.

Esercizi

1. *Sia K un campo infinito e sia $f \in K[X_1, \dots, X_n]$ un polinomio che si annulla su tutto K^n. Si dimostri che $f = 0$, ossia che f è il polinomio nullo.*

2. Sia K un campo e sia $n \in \mathbb{N}$, $n > 1$. Si dimostri che esistono nel gruppo moltiplicativo K^* al più $n - 1$ elementi di ordine n.

3. Sia K un campo. Si dimostri che esistono infiniti polinomi monici nell'anello dei polinomi $K[X]$. Si dimostri inoltre che, se ogni polinomio non costante di $K[X]$ ammette almeno una radice in K, allora K contiene infiniti elementi.

4. Sia K un campo e sia $f = X^3 + aX + b \in K[X]$ un polinomio che si spezza totalmente in fattori lineari in $K[X]$. Si dimostri che, se il "discriminante" $\Delta = -4a^3 - 27b^2$ non è nullo, allora le radici di f sono a due a due distinte.

2.7 Un teorema di Gauss

Scopo di questa sezione è la dimostrazione del seguente *teorema di Gauss*:

Proposizione 1. *Sia R un dominio fattoriale. Allora anche l'anello dei polinomi in una variabile $R[X]$ è un dominio fattoriale.*

Sono conseguenze immediate del teorema di Gauss:

Corollario 2. *Se R è un dominio fattoriale, allora anche l'anello dei polinomi $R[X_1, \dots, X_n]$ è un dominio fattoriale.*

Corollario 3. *Se K è un campo, allora l'anello dei polinomi $K[X_1, \dots, X_n]$ è un dominio fattoriale.*

Esistono quindi domini fattoriali che non sono domini principali; si consideri per esempio l'anello di polinomi $K[X, Y]$ in due variabili X, Y su un campo K oppure l'anello dei polinomi in una variabile $\mathbb{Z}[X]$. Per dimostrare il teorema di Gauss sono necessari alcuni preparativi. Iniziamo costruendo il *campo delle frazioni* $Q(R)$ di un dominio d'integrità R, ispirandoci alla costruzione dei numeri razionali come frazioni di numeri interi. Si consideri l'insieme

$$M = \{(a, b)\,;\ a \in R, b \in R - \{0\}\}.$$

Definiamo una relazione di equivalenza "$\sim$" in M ponendo

$$(a, b) \sim (a', b') \iff ab' = a'b.$$

Si vede facilmente che essa soddisfa le proprietà di una relazione di equivalenza:

proprietà riflessiva: $(a, b) \sim (a, b)$ per ogni $(a, b) \in M$,

proprietà simmetrica: $(a, b) \sim (a', b') \implies (a', b') \sim (a, b)$,

proprietà transitiva: $(a, b) \sim (a', b')$, $(a', b') \sim (a'', b'') \implies (a, b) \sim (a'', b'')$.

Per dimostrare la transitività si procede nel modo seguente:

$$ab' = a'b \quad \Longrightarrow \quad ab'b'' = a'bb'',$$
$$a'b'' = a''b' \quad \Longrightarrow \quad a'bb'' = a''bb',$$

e quindi

$$ab' = a'b, \ a'b'' = a''b' \quad \Longrightarrow \quad ab'b'' = a''bb'.$$

Poiché R è un dominio d'integrità, si ottiene dall'ultima uguaglianza $ab'' = a''b$ e dunque $(a, b) \sim (a'', b'')$.

La relazione di equivalenza "$\sim$" definisce una partizione su M; sia

$$Q(R) = M/ \sim$$

l'insieme delle classi di equivalenza. Dato un $(a, b) \in M$, indichiamo con $\frac{a}{b} \in Q(R)$ la classe di equivalenza corrispondente cosicché si ha

$$\frac{a}{b} = \frac{a'}{b'} \quad \Longleftrightarrow \quad ab' = a'b.$$

Si vede subito che $Q(R)$ è un campo rispetto all'usuale addizione e moltiplicazione di frazioni

$$\frac{a}{b} + \frac{a'}{b'} = \frac{ab' + a'b}{bb'}, \qquad \frac{a}{b} \cdot \frac{a'}{b'} = \frac{aa'}{bb'}$$

e si dimostra che tali operazioni sono ben definite. $Q(R)$ viene detto *campo delle frazioni* (o *campo dei quozienti*) di R. L'applicazione

$$R \longrightarrow Q(R), \qquad a \longmapsto \frac{a}{1},$$

è un omomorfismo iniettivo di anelli e dunque si può considerare R come un sottoanello di $Q(R)$. Se $R = \mathbb{Z}$, ritroviamo come $Q(\mathbb{Z})$ il campo dei numeri razionali $\mathbb{Q}$. Se K è un campo e X è una variabile, il campo delle frazioni $Q(K[X])$ viene detto *campo delle funzioni razionali* in una variabile X a coefficienti in K e si scrive $Q(K[X]) = K(X)$. Analogamente si può considerare il campo delle funzioni razionali $K(X_1, \ldots, X_n) = Q(K[X_1, \ldots, X_n])$ in un numero finito di variabili $X_1, \ldots, X_n$ così come il più generale campo di funzioni $K(\mathfrak{X}) = Q(K[\mathfrak{X}])$ in un sistema di variabili $\mathfrak{X} = (X_i)_{i \in I}$.

La costruzione appena descritta del campo delle frazioni di un dominio d'integrità può essere generalizzata. Si parte da un anello R (non necessariamente un dominio d'integrità) e da un sistema moltiplicativo $S \subset R$, ossia da un sottomonoide moltiplicativo di R. Si può costruire allora, in modo simile a quanto fatto sopra, un *anello delle frazioni* (in generale non è un campo)

$$S^{-1}R = \{\frac{a}{s} \,; \, a \in R, s \in S\};$$

a causa della possibile presenza di divisori dello zero si lavora qui con la seguente relazione di equivalenza:

$$\frac{a}{s} = \frac{a'}{s'} \quad \Longleftrightarrow \quad \text{esiste } s'' \in S \text{ tale che } as's'' = a'ss''.$$

Al posto di $S^{-1}R$ si scrive anche R_S e viene detto *localizzazione* di R in S. Si noti che l'applicazione canonica $R \longrightarrow S^{-1}R$ ha in generale un nucleo non banale. Questo consiste degli elementi $a \in R$ per i quali esiste un $s \in S$ tale che $as = 0$. Nel caso in cui R sia un dominio d'integrità (questa è la situazione che tratteremo principalmente nel seguito) e se $S := R - \{0\}$, si ottiene $Q(R) = S^{-1}R$.

Osservazione 4. *Sia R un dominio fattoriale e sia P un sistema di rappresentanti degli elementi primi di R. Allora ogni $\frac{a}{b} \in Q(R)^*$ può essere scritto in modo unico nella forma*

$$\frac{a}{b} = \varepsilon \prod_{p \in P} p^{\nu_p},$$

dove $\varepsilon \in R^*$ e $\nu_p \in \mathbb{Z}$, con $\nu_p = 0$ per quasi tutti i p. In particolare, $\frac{a}{b} \in R$ se e solo se $\nu_p \geq 0$ per ogni p.

Dimostrazione. Utilizzando la fattorizzazione in elementi primi per a e b, si deduce l'esistenza della rappresentazione richiesta. Se si considerano solo decomposizioni con $\nu_p \geq 0$ per ogni p, l'unicità segue dall'unicità della fattorizzazione in elementi primi in R. Comunque, moltiplicando opportunamente le frazioni che si stanno considerando, ci si può sempre ridurre a questo caso. □

Nella situazione dell'osservazione 4, se $x = \frac{a}{b}$ scriveremo più precisamente $\nu_p(x)$ al posto di ν_p. Poniamo formalmente $\nu_p(0) := \infty$ e per polinomi in una variabile $f = \sum a_i X^i \in Q(R)[X]$ definiamo

$$\nu_p(f) := \min_i \nu_p(a_i).$$

Allora $f = 0$ è equivalente a $\nu_p(f) = \infty$. Inoltre, f appartiene a $R[X]$ se e solo se $\nu_p(f) \geq 0$ per ogni $p \in P$. Nel dimostrare la fattorialità di $R[X]$ giocherà un ruolo cruciale la seguente proprietà della funzione $\nu_p(\cdot)$:

Lemma 5 (Gauss). *Sia R un dominio fattoriale e sia $p \in R$ un elemento primo. Se $f, g \in Q(R)[X]$, allora*

$$\nu_p(fg) = \nu_p(f) + \nu_p(g).$$

Dimostrazione. Dall'unicità delle fattorizzazioni in elementi primi in R, segue subito che l'uguaglianza è soddisfatta per polinomi costanti e quindi anche per $f, g \in Q(R)$ oppure per $f \in Q(R)$ e $g \in Q(R)[X]$.

Per dimostrare il caso generale si può supporre $f, g \neq 0$. Grazie alle osservazioni precedenti, possiamo poi moltiplicare f e g per costanti in $Q(R)^*$ senza perdita di generalità. Pensiamo allora i coefficienti di f come frazioni e moltiplichiamo f

per il minimo comune multiplo di tutti i loro denominatori. Lo stesso per g. In questo modo possiamo assumere che f e g siano polinomi a coefficienti in R. Se si divide ora per il massimo comun divisore dei coefficienti di f (risp. di g), si giunge alla situazione seguente:

$$f, g \in R[X], \qquad \nu_p(f) = 0 = \nu_p(g),$$

e si deve mostrare che $\nu_p(fg) = 0$. A tal fine consideriamo l'omomorfismo

$$\Phi \colon R[X] \longrightarrow (R/pR)[X]$$

che riduce in coefficienti modulo pR. Il nucleo $\ker \Phi$ consiste dei polinomi in $R[X]$ i cui coefficienti sono tutti divisibili per p e dunque

$$\ker \Phi = \{f \in R[X] \,;\, \nu_p(f) > 0\}.$$

Da $\nu_p(f) = 0 = \nu_p(g)$ segue allora $\Phi(f), \Phi(g) \neq 0$. Inoltre R/pR è un dominio d'integrità e, in base a 2.1/3, lo stesso è vero per $(R/pR)[X]$. Pertanto

$$\Phi(fg) = \Phi(f) \cdot \Phi(g) \neq 0,$$

da cui segue $\nu_p(fg) = 0$. $\qquad\square$

Corollario 6. *Sia R un dominio fattoriale e sia $h \in R[X]$ un polinomio monico. Se $h = f \cdot g$ è una fattorizzazione di h in polinomi monici f, g di $Q(R)[X]$, allora $f, g \in R[X]$.*

Dimostrazione. Per ogni elemento primo $p \in R$ risulta $\nu_p(h) = 0$ e dal fatto che f e g sono monici si ha $\nu_p(f), \nu_p(g) \leq 0$. Dal lemma di Gauss si ottiene poi

$$\nu_p(f) + \nu_p(g) = \nu_p(h) = 0$$

e quindi $\nu_p(f) = \nu_p(g) = 0$ per ogni p. Pertanto $f, g \in R[X]$. $\qquad\square$

Diremo che un polinomio $f \in R[X]$ a coefficienti in un dominio fattoriale R è *primitivo* se il massimo comun divisore di tutti i coefficienti di f è uguale a 1, ossia se $\nu_p(f) = 0$ per ogni elemento primo $p \in R$. Ad esempio, i polinomi monici di $R[X]$ sono primitivi. Faremo spesso uso nel seguito della possibilità di scrivere ogni polinomio $f \in Q(R)[X]$, diverso da 0, nella forma $f = a\tilde{f}$ con $a \in Q(R)^*$ una costante e $\tilde{f} \in R[X]$ un polinomio primitivo. Si pone infatti

$$a = \prod_{p \in P} p^{\nu_p(f)}, \qquad \tilde{f} = a^{-1}f,$$

dove P è un sistema di rappresentanti degli elementi primi di R.

Dopo questi preparativi siamo ora in grado non solo di dimostrare il *teorema di Gauss* enunciato all'inizio della sezione, ma anche di caratterizzare gli elementi primi in $R[X]$.

Proposizione 7. *Sia R un dominio fattoriale. Allora anche $R[X]$ è un dominio fattoriale. Un polinomio $q \in R[X]$ è un elemento primo di $R[X]$ se e solo se:*
(i) *q è un elemento primo di R oppure*
(ii) *q è un polinomio primitivo in $R[X]$ e un elemento primo di $Q(R)[X]$.*
In particolare, un polinomio primitivo $q \in R[X]$ è un elemento primo di $R[X]$ se e solo se è primo in $Q(R)[X]$.

Dimostrazione. Cominciamo col caso in cui q sia un elemento primo di R. Allora R/qR è un dominio d'integrità e dunque anche $R[X]/qR[X] \simeq (R/qR)[X]$ lo è; da questo segue che q è un un elemento primo di $R[X]$.

Si consideri ora un polinomio primitivo $q \in R[X]$ con la proprietà che q sia anche un elemento primo di $Q(R)[X]$. Per dimostrare che q è un elemento primo di $R[X]$, supponiamo dati $f, g \in R[X]$ tali che $q \mid fg$ in $R[X]$. Allora $q \mid fg$ in $Q(R)[X]$. Essendo q un elemento primo di $Q(R)[X]$, esso divide uno dei due fattori, ad esempio $q \mid f$ e $f = qh$ per un $h \in Q(R)[X]$. Applichiamo il lemma di Gauss all'ultima uguaglianza. Poiché q è primitivo, per ogni elemento primo $p \in R$ risulta

$$0 \leq \nu_p(f) = \nu_p(q) + \nu_p(h) = \nu_p(h)$$

e dunque $h \in R[X]$, da cui $q \mid f$ in $R[X]$. In particolare, q è un elemento primo di $R[X]$.

Rimane da dimostrare che $R[X]$ è fattoriale e che ogni elemento primo di $R[X]$ è del tipo (i) o (ii). Basta dimostrare che ogni $f \in R[X]$ che non sia un'unità o zero si fattorizza nel prodotto di elementi primi della forma che stiamo discutendo. Per vedere ciò, scriviamo f nella forma $f = a\tilde{f}$, dove $a \in R$ è il massimo comun divisore di tutti i coefficienti di f e $\tilde{f}$ è di conseguenza primitivo. Poiché a è prodotto di elementi primi di R, è sufficiente dimostrare che il polinomio primitivo $\tilde{f}$ è prodotto di polinomi primitivi di $R[X]$ che sono primi in $Q(R)[X]$. Sia allora $\tilde{f} = c\tilde{f}_1 \ldots \tilde{f}_r$ una fattorizzazione in elementi primi di $Q(R)[X]$ con $c \in Q(R)^*$ una costante. Scegliendo opportunamente c possiamo assumere che ogni $\tilde{f}_i$ sia primitivo in $R[X]$. Allora per il lemma di Gauss risulta

$$\nu_p(\tilde{f}) = \nu_p(c) + \nu_p(\tilde{f}_1) + \ldots + \nu_p(\tilde{f}_r)$$

per ogni elemento primo $p \in R$ e da

$$\nu_p(\tilde{f}) = \nu_p(\tilde{f}_1) = \ldots = \nu_p(\tilde{f}_r) = 0$$

si deduce che $\nu_p(c) = 0$, ossia c è un'unità di R. Se si sostituisce $\tilde{f}_1$ con $c\tilde{f}_1$, si nota che $\tilde{f}$ è prodotto di elementi primi della forma desiderata. $\qquad\square$

Esercizi

1. *Sia R un dominio fattoriale e sia $\Phi\colon R[X] \longrightarrow R[X]$ un automorfismo di anelli che si restringe a un automorfismo $\varphi\colon R \longrightarrow R$. Dati un polinomio $f \in R[X]$ e un elemento primo $p \in R$, si confronti $\nu_p(f)$ con $\nu_{\varphi(p)}(\Phi(f))$ e si veda se $\Phi(f)$ è primitivo quando f lo è. Si dimostri che, dato un $a \in R$, un polinomio f è primitivo se e solo se $f(X + a)$ è primitivo.*

2. *Sia R un dominio fattoriale con campo delle frazioni K e sia P un sistema di rappresentanti degli elementi primi. Dato un $f \in K[X] - \{0\}$, si indichi con $a_f := \prod_{p \in P} p^{\nu_p(f)}$ il "contenuto" di f. Si enunci il lemma di Gauss (lemma 5) in una forma equivalente che utilizzi i contenuti.*

3. Si consideri il campo $K(X)$ delle funzioni razionali in una variabile X su un campo K come pure l'anello dei polinomi $K(X)[Y]$ in una variabile Y. Siano inoltre $f(Y), g(Y) \in K[Y]$ coprimi e $\operatorname{grad} f(Y) \cdot g(Y) \geq 1$. Si dimostri che $f(Y) - g(Y)X$ è irriducibile in $K(X)[Y]$.

4. Sia R un dominio fattoriale. Si dimostri quanto segue:

   (i) Se $S \subset R$ è un sistema moltiplicativo, allora anche l'anello delle frazioni $S^{-1}R$ è un dominio fattoriale. Che relazione intercorre tra gli elementi primi di R e quelli di $S^{-1}R$?

   (ii) Dato un elemento primo $p \in R$, si ponga $R_p := S_p^{-1}R$ con $S_p = R - (p)$. Allora, un polinomio $f \in R[X]$ è primitivo se e solo se il polinomio indotto $f_p \in R_p[X]$ è primitivo per ogni elemento primo $p \in R$.

5. Proprietà universale dell'anello delle frazioni: sia R un anello e sia $S \subset R$ un sistema moltiplicativo. Si mostri che per ogni omomorfismo di anelli $\varphi \colon R \longrightarrow R'$ tale che $\varphi(S) \subset R'^*$ esiste un unico omomorfismo di anelli $\overline{\varphi} \colon S^{-1}R \longrightarrow R'$ tale che $\varphi = \overline{\varphi} \circ \tau$ (qui $\tau \colon R \longrightarrow S^{-1}R$ indica l'omomorfismo canonico dato da $a \longmapsto \frac{a}{1}$).

6. Decomposizione in frazioni parziali: siano $f, g \in K[X]$ polinomi a coefficienti in un campo K con g monico e avente una fattorizzazione $g = g_1^{\nu_1} \ldots g_n^{\nu_n}$ in elementi primi $g_1, \ldots, g_n$ a due a due non associati. Si dimostri che nel campo delle frazioni $K(X) = Q(K[X])$ esiste un'unica rappresentazione

$$\frac{f}{g} = f_0 + \sum_{i=1}^{n} \sum_{j=1}^{\nu_i} \frac{c_{ij}}{g_i^j}$$

con polinomi $f_0, c_{ij} \in K[X]$ tali che $\operatorname{grad} c_{ij} < \operatorname{grad} g_i$. Se, in particolare, i fattori primi g_i sono lineari, allora i c_{ij} hanno grado 0 e dunque sono costanti. (Si dimostri dapprima l'esistenza di una rappresentazione $fg^{-1} = f_0 + \sum_{i=1}^{n} f_i g_i^{-\nu_i}$ tale che $g_i \nmid f_i$ e $\operatorname{grad} f_i < \operatorname{grad} g_i^{\nu_i}$ e si applichi poi a f_i lo sviluppo g_i-adico visto nell'esercizio 4 della sezione 2.1.)

2.8 Criteri di irriducibilità

Sia R un dominio fattoriale con campo delle frazioni $K = Q(R)$. Vogliamo indagare sotto quali ipotesi un polinomio $f \in K[X] - \{0\}$ sia irriducibile (o, equivalentemente, primo, visto che lavoriamo in domini fattoriali). Si può sempre associare a f un $c \in K^*$ in modo che $\tilde{f} = cf$ sia un polinomio primitivo in $R[X]$ e segue allora dal teorema di Gauss 2.7/7 che f e $\tilde{f}$ sono irriducibili in $K[X]$ se e solo se $\tilde{f}$ è irriducibile in $R[X]$. Grazie a questo è possibile ricondurre l'irriducibilità di polinomi in $K[X]$ all'irriducibilità di polinomi in $R[X]$.

Proposizione 1 (Criterio di Eisenstein). *Sia R un dominio fattoriale e sia* $f = a_n X^n + \ldots + a_0 \in R[X]$ *un polinomio primitivo di grado* > 0. *Sia inoltre* $p \in R$ *un elemento primitivo tale che*

$$p \nmid a_n, \qquad p \mid a_i \text{ se } i < n, \qquad p^2 \nmid a_0.$$

Allora f è irriducibile in $R[X]$ *e dunque anche in* $Q(R)[X]$.

Dimostrazione. Assumiamo, per assurdo, che f sia riducibile in $R[X]$. Esiste allora una fattorizzazione

$$f = gh \quad \text{con} \quad g = \sum_{i=0}^{r} b_i X^i, \; h = \sum_{i=0}^{s} c_i X^i,$$

dove $r + s = n$, $r > 0$ e $s > 0$. Ne segue che

$$a_n = b_r c_s \neq 0, \qquad p \nmid b_r, \qquad p \nmid c_s,$$
$$a_0 = b_0 c_0, \qquad p \mid b_0 c_0, \qquad p^2 \nmid b_0 c_0$$

e possiamo assumere che $p \mid b_0$ e $p \nmid c_0$. Sia ora $t < r$ il massimo indice tale che $p \mid b_\tau$ per ogni $0 \leq \tau \leq t$. Posto $b_i = 0$ per $i > r$ e $c_i = 0$ per $i > s$, risulta allora

$$a_{t+1} = b_0 c_{t+1} + \ldots + b_{t+1} c_0$$

e a_{t+1} non è divisibile per p poiché $b_0 c_{t+1}, \ldots, b_t c_1$ sono divisibili per p, ma $b_{t+1} c_0$ non lo è. Dalle ipotesi su f segue necessariamente che $t + 1 = n$. Pertanto $r = n$ e $s = 0$, in contraddizione con $s > 0$. □

Dimostriamo ora il cosiddetto *criterio di riduzione*.

Proposizione 2. *Siano R un dominio fattoriale,* $p \in R$ *un elemento primo e* $f \in R[X]$, $f \neq 0$, *un polinomio con coefficiente direttore non divisibile per* p. *Indichiamo con* $\Phi: R[X] \longrightarrow R/(p)[X]$ *l'omomorfismo canonico di riduzione dei coefficienti.*

Se $\Phi(f)$ *è irriducibile in* $R/(p)[X]$, *allora f è irriducibile in* $Q(R)[X]$. *Se inoltre f è primitivo, allora f è irriducibile in* $R[X]$.

Dimostrazione. Assumiamo dapprima che $f \in R[X]$ sia primitivo. Se f è riducibile, esiste una fattorizzazione $f = gh$ in $R[X]$ con $\operatorname{grad} g > 0$ e $\operatorname{grad} h > 0$. Inoltre, p non può dividere il coefficiente direttore di g (risp. di h) in quanto p non divide il coefficiente direttore di f. Risulta quindi

$$\Phi(f) = \Phi(g)\Phi(h)$$

con $\Phi(g)$ e $\Phi(h)$ polinomi non costanti, ossia $\Phi(f)$ è riducibile. Pertanto l'irriducibilità di $\Phi(f)$ implica quella di f in $R[X]$.

Per il caso generale, scriviamo $f = c \cdot \tilde{f}$ con $c \in R$ e $\tilde{f} \in R[X]$ polinomio primitivo, dove p non può dividere né c né il coefficiente direttore di $\tilde{f}$. Se $\Phi(f)$

è irriducibile allora anche $\Phi(\tilde{f})$ lo è, e dunque, come abbiamo appena visto, $\tilde{f}$ è irriducibile in $R[X]$. Da questo si deduce grazie al teorema di Gauss 2.7/7 che $\tilde{f}$ è irriducibile in $Q(R)[X]$; quindi anche f lo è.   □

Si può peraltro dimostrare il criterio di Eisenstein tramite il criterio di riduzione. Infatti, se siamo nelle ipotesi della proposizione 1 ed esiste una fattorizzazione $f = gh$ con $g, h \in R[X]$ polinomi di grado $< n$, possiamo applicare l'omomorfismo di riduzione $\Phi \colon R[X] \longrightarrow R/(p)[X]$ ottenendo così le uguaglianze $\bar{a}_n X^n = \Phi(f) = \Phi(g)\Phi(h)$. Ne segue che $\Phi(g)$ e $\Phi(h)$ sono entrambi, a meno di fattori costanti in $R/(p)$, una potenza non banale di X. Infatti, se indichiamo con k il campo delle frazioni di $R/(p)$, si può leggere la precedente fattorizzazione nell'anello dei polinomi $k[X]$ che è un dominio fattoriale. Dunque i termini costanti di g e h sono entrambi divisibili per p e quindi anche il termine costante di f è divisibile per p^2, in contraddizione con le ipotesi su f.

Diamo ancora alcuni esempi di applicazione dei criteri di irriducibilità.

(1) Sia k un campo e sia $K := k(t)$ il campo delle funzioni razionali in una variabile t su k. Allora il polinomio $X^n - t \in K[X]$ è irriducibile per ogni $n \geq 1$. Infatti $R := k[t]$ è un dominio fattoriale, $t \in R$ è primo e $X^n - t$ è un polinomio primitivo di $R[X]$. Dunque si può applicare il criterio di Eisenstein con $p := t$.

(2) Sia $p \in \mathbb{N}$ un numero primo. Allora $f(X) = X^{p-1} + \ldots + 1$ è irriducibile in $\mathbb{Q}[X]$. Per dimostrarlo possiamo applicare il criterio di Eisenstein al polinomio $f(X + 1)$ ricordando che $f(X + 1)$ è irriducibile se e solo se lo è $f(X)$. Si ha:

$$f(X) = \frac{X^p - 1}{X - 1},$$

$$f(X + 1) = \frac{(X + 1)^p - 1}{X} = X^{p-1} + \binom{p}{1} X^{p-2} + \ldots + \binom{p}{p-1}.$$

Le ipotesi del criterio di Eisenstein sono soddisfatte in quanto $\binom{p}{p-1} = p$ e $p \mid \binom{p}{\nu}$ per $\nu = 1, \ldots, p-1$; infatti, se $\nu = 1, \ldots, p-1$,

$$\binom{p}{\nu} = \frac{p(p-1)\ldots(p - \nu + 1)}{1 \ldots \nu}$$

ha un fattore primo p a numeratore ma non a denominatore e dunque è divisibile per p.

(3) $f = X^3 + 3X^2 - 4X - 1$ è irriducibile in $\mathbb{Q}[X]$. Si consideri f come polinomio primitivo in $\mathbb{Z}[X]$ e si riducano i coefficienti modulo 3. Rimane da dimostrare che il polinomio

$$X^3 - X - 1 \in \mathbb{F}_3[X]$$

è irriducibile e lo si può provare in modo elementare. Più in generale si può mostrare (vedi esercizio 2) che il polinomio $X^p - X - 1$ è irriducibile in $\mathbb{F}_p[X]$ qualunque sia il numero primo p scelto.

Esercizi

1. Si dimostri che i seguenti polinomi sono irriducibili:
   (i) $X^4 + 3X^3 + X^2 - 2X + 1 \in \mathbb{Q}[X]$.
   (ii) $2X^4 + 200X^3 + 2000X^2 + 20000X + 20 \in \mathbb{Q}[X]$.
   (iii) $X^2Y + XY^2 - X - Y + 1 \in \mathbb{Q}[X,Y]$.

2. Sia $p \in \mathbb{N}$ un numero primo. Si mostri che il polinomio $g = X^p - X - 1$ è irriducibile in $\mathbb{F}_p[X]$. (Suggerimento: g è invariante per l'automorfismo $\tau \colon \mathbb{F}_p[X] \longrightarrow \mathbb{F}_p[X]$, $f(X) \longmapsto f(X+1)$; si faccia agire τ sulla fattorizzazione di g in polinomi irriducibili.)

2.9 Teoria dei divisori elementari*

Studieremo in questa sezione moduli su anelli, in particolare su domini principali, generalizzando la nozione di spazio vettoriale su un campo. Vedremo subito che i gruppi abeliani sono esempi di $\mathbb{Z}$-moduli, ossia di moduli sull'anello $\mathbb{Z}$, e proprio lo studio dei gruppi abeliani, in particolare il problema della classificazione dei gruppi abeliani finitamente generati, è una chiara motivazione per la teoria che andiamo a presentare. Il teorema di struttura dei moduli finitamente generati su un dominio principale che fornisce questa classificazione ha però anche altre interessanti applicazioni. Per esempio esso contiene, come caso speciale, la teoria delle forme canoniche per endomorfismi di spazi vettoriali di dimensione finita (vedi esercizio 3). Il risultato principale di questa sezione è il cosiddetto teorema dei divisori elementari. Esso chiarisce la struttura dei sottomoduli di rango finito di un modulo libero a coefficienti in un dominio principale e ha come corollario il teorema di struttura citato prima.

Sia A d'ora in poi un anello (più avanti supporremo che A sia un dominio principale). Un A-*modulo* è un gruppo abeliano M insieme a una moltiplicazione

$$A \times M \longrightarrow M, \qquad (a,x) \longmapsto a \cdot x,$$

che soddisfa i soliti "assiomi di spazio vettoriale":

$$a \cdot (x + y) = a \cdot x + a \cdot y,$$
$$(a + b) \cdot x = a \cdot x + b \cdot x,$$
$$a \cdot (b \cdot x) = (ab) \cdot x,$$
$$1 \cdot x = x,$$

per ogni scelta di $a, b \in A$ e $x, y \in M$. *Omomorfismi* tra A-moduli, detti anche A-*omomorfismi*, sono definiti come per gli spazi vettoriali, analogamente per i *sottomoduli* di un A-modulo M così come per il *modulo quoziente* M/N di un A-modulo M rispetto a un sottomodulo N. Il teorema di omomorfismo 1.2/6 si estende in modo ovvio. Se si considera A come modulo su se stesso, allora gli ideali di A sono proprio i sottomoduli di A. Inoltre, dato un ideale $\mathfrak{a} \subset A$, si può considerare l'anello quoziente $A/\mathfrak{a}$ come un A-modulo.

Come già anticipato, ogni gruppo abeliano G può essere interpretato come uno $\mathbb{Z}$-modulo. Si definisce infatti il prodotto $\mathbb{Z} \times G \longrightarrow G$, $(a,x) \longmapsto ax$ tramite

$ax = \sum_{i=1}^{a} x$ per $a \geq 0$ e $ax = -(-a)x$ per $a < 0$. Viceversa, da ogni $\mathbb{Z}$-modulo M si ottiene un gruppo abeliano G dimenticando la $\mathbb{Z}$-moltiplicazione su M. È facile vedere che in questo modo i gruppi abeliani e gli $\mathbb{Z}$-moduli si corrispondono biiettivamente e che questa corrispondenza si estende a omomorfismi, sottogruppi e sottomoduli così come a gruppi quoziente e moduli quoziente. Quale ulteriore esempio si consideri uno spazio vettoriale V su un campo K e sia $\varphi \colon V \longrightarrow V$ un K-endomorfismo. Allora V diventa un modulo sull'anello di polinomi in una variabile $K[X]$ se si definisce la moltiplicazione tramite

$$K[X] \times V \longrightarrow V, \qquad (\sum a_i X^i, v) \longmapsto \sum a_i \varphi^i(v).$$

Viceversa, ogni $K[X]$-modulo V è, in particolare, un K-spazio vettoriale e la moltiplicazione per X può essere interpretata come un K-endomorfismo $\varphi \colon V \longrightarrow V$. In questo modo le coppie del tipo (V, φ), dove V è un K-spazio vettoriale e $\varphi \colon V \longrightarrow V$ è un K-endomorfismo, corrispondono biiettivamente ai $K[X]$-moduli.

Data una famiglia di sottomoduli $M_i \subset M$, $i \in I$, la loro *somma* è definita come il seguente sottomodulo di M:

$$M' = \sum_{i \in I} M_i = \{ \sum_{i \in I} x_i \; ; \; x_i \in M_i, x_i = 0 \text{ per quasi tutti gli } i \in I \}.$$

M' è detto *somma diretta* degli M_i, in simboli $M' = \bigoplus_{i \in I} M_i$, se ogni $x \in M'$ possiede una rappresentazione del tipo $x = \sum_{i \in I} x_i$ con elementi $x_i \in M_i$ univocamente determinati. Per esempio, la somma $M_1 + M_2$ di due sottomoduli di M è diretta se e solo se $M_1 \cap M_2 = 0$. Data una famiglia $(M_i)_{i \in I}$ di A-moduli si può costruire in modo naturale un A-modulo che sia la somma diretta degli M_i. Si pone infatti

$$M = \{ (x_i)_{i \in I} \in \prod_{i \in I} M_i \; ; \; x_i = 0 \text{ per quasi tutti gli } i \}$$

e si identifica ciascun M_i col sottomodulo di M che consiste di tutte le famiglie $(x_{i'})_{i' \in I}$ con $x_{i'} = 0$ se $i' \neq i$.

Una famiglia $(x_i)_{i \in I}$ di elementi di un A-modulo M si dice un *sistema di generatori* di M se $M = \sum_{i \in I} A x_i$. Se M ammette un sistema finito di generatori, si dice che M è un modulo *finitamente generato* o semplicemente un modulo *finito*.[4] Il sistema $(x_i)_{i \in I}$ si dice inoltre *libero* o *linearmente indipendente* se da $\sum_{i \in I} a_i x_i = 0$, con coefficienti $a_i \in A$, segue che $a_i = 0$ per ogni $i \in I$. Un sistema libero di generatori viene anche detto *base*; se questa esiste, allora ogni $x \in M$ può essere scritto come combinazione lineare del tipo $x = \sum_{i \in I} a_i x_i$ con coefficienti $a_i \in A$ univocamente determinati e si dice che M è un A-modulo *libero*. Per esempio A^n è, per $n \in \mathbb{N}$, un A-modulo libero e lo stesso è $A^{(I)}$ per un insieme di indici I qualsiasi.

Se l'anello dei coefficienti A è un campo K, allora la teoria degli A-moduli si trasforma nella teoria degli spazi vettoriali su K. In generale in un A-modulo

---

[4] Si stia attenti alla terminologia: contrariamente a un gruppo finito, un anello finito o un campo finito, *non* si richiede che un A-modulo finito consista solo di un numero finito di elementi.

M si può continuare a lavorare come se si fosse in uno spazio vettoriale su un campo, con un'eccezione cui bisogna fare attenzione: da una uguaglianza $ax = 0$ con elementi $a \in A$, $x \in M$ non si può in genere concludere che a o x siano nulli in quanto in A non esiste in generale un inverso a^{-1} di $a \neq 0$. Di conseguenza gli A-moduli, anche quelli finitamente generati, non ammettono necessariamente una base. Dato un ideale $\mathfrak{a} \subset A$, l'anello quoziente $A/\mathfrak{a}$ è un esempio di A-modulo che non è libero.

Sia ora A un *dominio d'integrità*. Un elemento x di un A-modulo M è detto *elemento di torsione* se esiste un $a \in A - \{0\}$ tale che $ax = 0$. Poiché abbiamo supposto che A sia un dominio d'integrità, gli elementi di torsione formano un sottomodulo $T \subset M$, il cosiddetto *sottomodulo di torsione*. Si dice che M è *privo di torsione* se $T = 0$ e che M è un *modulo di torsione* se $T = M$. Per esempio, ogni modulo libero è privo di torsione e ogni gruppo abeliano finito, considerato come $\mathbb{Z}$-modulo, è un modulo di torsione. Si definisce inoltre il *rango* rg M di un A-modulo M come l'estremo superiore di tutti gli n per cui esiste un sistema di elementi linearmente indipendenti $x_1, \ldots, x_n$ in M. Il rango di un modulo è dunque definito in modo simile alla dimensione di uno spazio vettoriale. Un modulo M è di torsione se e solo se il suo rango è 0.

Se indichiamo con S il sistema di tutti gli elementi non nulli di A e con $K = S^{-1}A$ il campo delle frazioni di A, procedendo come fatto nella sezione 2.7 per la costruzione degli anelli di frazioni, possiamo sempre ottenere, a partire da un A-modulo M, il K-spazio vettoriale $S^{-1}M$. Si considerano infatti tutte le frazioni della forma $\frac{x}{s}$ con $x \in M$ e $s \in S$, dove $\frac{x}{s}$ e $\frac{x'}{s'}$ vengono identificate se esiste un $s'' \in S$ tale che $s''(s'x - sx') = 0$. Applicando le solite regole del calcolo con frazioni, $S^{-1}M$ diventa uno spazio vettoriale su K e si verifica senza difficoltà che il rango di M coincide con la dimensione di $S^{-1}M$. Il nucleo dell'applicazione canonica $M \longrightarrow S^{-1}M$, $x \longmapsto \frac{x}{1}$, è proprio il sottomodulo di torsione $T \subset M$.

D'ora in poi assumeremo sempre che A sia un *dominio principale*. Per motivi tecnici avremo bisogno della nozione di *lunghezza* di un A-modulo M, in particolare di un A-modulo di torsione. Per lunghezza si intende l'estremo superiore $l_A(M)$ di tutte le lunghezze ℓ delle catene di sottomoduli del tipo

$$0 \subsetneq M_1 \subsetneq M_2 \subsetneq \ldots \subsetneq M_\ell = M.$$

Ad esempio, il modulo nullo ha lunghezza 0 e lo $\mathbb{Z}$-modulo libero $\mathbb{Z}$ ha lunghezza ∞. Dato uno spazio vettoriale V su un campo K, la lunghezza $l_K(V)$ coincide con la dimensione di spazio vettoriale $\dim_K V$.

Lemma 1. (i) *Sia A un dominio principale e sia $a \in A$ un elemento con $a = p_1 \ldots p_r$ una sua fattorizzazione in elementi primi. Allora $l_A(A/aA) = r$.*

(ii) *Se l'A-modulo M è somma diretta di due sottomoduli M' e M'', allora $l_A(M) = l_A(M') + l_A(M'')$.*

Dimostrazione. Iniziamo con (ii). Se esistono due catene di sottomoduli

$$0 \subsetneq M_1' \subsetneq M_2' \subsetneq \ldots \subsetneq M_r' = M',$$
$$0 \subsetneq M_1'' \subsetneq M_2'' \subsetneq \ldots \subsetneq M_s'' = M'',$$

allora

$$0 \subsetneq M_1' \oplus 0 \subsetneq M_2' \oplus 0 \subsetneq \ldots \subsetneq M_r' \oplus 0$$
$$\subsetneq M_r' \oplus M_1'' \subsetneq M_r' \oplus M_2'' \subsetneq \ldots \subsetneq M_r' \oplus M_s'' = M$$

è una catena di lunghezza $r + s$ in M. Dunque $l_A(M) \geq l_A(M') + l_A(M'')$. Per dimostrare la limitazione opposta si consideri una catena di sottomoduli

$$0 = M_0 \subsetneq M_1 \subsetneq M_2 \subsetneq \ldots \subsetneq M_\ell = M.$$

Sia $\pi'' \colon M' \oplus M'' \longrightarrow M''$ la proiezione sul secondo addendo di modo che $\ker \pi'' = M'$. Per ciascun $0 \leq \lambda < \ell$ risulta $M_\lambda \cap M' \subsetneq M_{\lambda+1} \cap M'$ oppure $\pi''(M_\lambda) \subsetneq \pi''(M_{\lambda+1})$. Pertanto $\ell \leq l_A(M') + l_A(M'')$ e dunque abbiamo dimostrato (ii).

A questo punto è facile verificare l'asserto (i). Eventualmente riordinando i p_i, possiamo assumere che la fattorizzazione data sia del tipo $a = \varepsilon p_1^{\nu_1} \ldots p_s^{\nu_s}$ con ε una unità, $p_1, \ldots, p_s$ elementi primi a due a due non associati e $r = \nu_1 + \ldots + \nu_s$. Per il teorema cinese del resto nella versione 2.4/14 risulta che l'anello A/aA è isomorfo all'anello prodotto $\prod_{i=1}^{s} A/p_i^{\nu_i} A$ e, in termini di A-moduli, si scrive questa decomposizione in forma additiva come

$$A/aA \simeq A/p_1^{\nu_1} A \oplus \ldots \oplus A/p_s^{\nu_s} A.$$

Avendo già dimostrato (ii), basta considerare il caso $a = p^\nu$ con $p \in A$ un elemento primo. I sottomoduli di $A/p^\nu A$ corrispondono biiettivamente agli ideali $\mathfrak{a} \subset A$ tali che $p^\nu \in \mathfrak{a}$ e dunque, essendo A un dominio principale, ai divisori $p^0, p^1, \ldots, p^\nu$ di p^ν. Poiché ciascun $p^{i+1}A$ è contenuto propriamente in $p^i A$, si ottiene $l_A(A/p^\nu) = \nu$, ossia quanto dovevamo dimostrare.   □

Ci occuperemo ora del cosiddetto *teorema dei divisori elementari* che si rivelerà un risultato chiave nello studio dei moduli finitamente generati su domini principali e dei gruppi abeliani finitamente generati.

Teorema 2. *Sia F un modulo libero finitamente generato su un dominio principale A e sia $M \subset F$ un sottomodulo di rango n. Esistono allora elementi $x_1, \ldots, x_n \in F$, che sono parte di una base di F, come pure $\alpha_1, \ldots, \alpha_n \in A - \{0\}$ tali che:*

(i) *$\alpha_1 x_1, \ldots, \alpha_n x_n$ formano una base di M.*
(ii) *$\alpha_i | \alpha_{i+1}$ per $1 \leq i < n$.*

Gli elementi $\alpha_1, \ldots, \alpha_n$ sono univocamente determinati da M a meno di associati e non dipendono dalla scelta degli $x_1, \ldots, x_n$. Gli $\alpha_1, \ldots, \alpha_n$ vengono detti divisori elementari[5] di $M \subset F$.

---

[5]N.d.T.: Questa è la definizione data in [15], Part II, §106. In altri testi gli α_i sono detti *fattori invarianti*, mentre le potenze prime che si incontrano nelle fattorizzazioni degli α_i sono dette *divisori elementari*.

Osservazione 3. *Nelle ipotesi precedenti, il sottomodulo $\bigoplus_{i=1}^{n} Ax_i \subset F$ è univocamente determinato da M come* saturazione M_{sat} *di M in F; tale saturazione M_{sat} consiste degli elementi $y \in F$ per cui esiste un $a \neq 0$ in A tale che $ay \in M$. Risulta inoltre*

$$M_{\text{sat}}/M \simeq \bigoplus_{i=1}^{n} A/\alpha_i A.$$

Mostriamo per prima cosa come l'osservazione discenda dall'asserto di esistenza del teorema. Da un lato si ha $\alpha_n \cdot (\bigoplus_{i=1}^{n} Ax_i) \subset M$ e dunque $\bigoplus_{i=1}^{n} Ax_i \subset M_{\text{sat}}$. Viceversa, sia $y \in M_{\text{sat}}$ e quindi $ay \in M$ per un $a \in A - \{0\}$. Completiamo allora $x_1, \ldots, x_n$ in una base di F con elementi $x_{n+1}, \ldots, x_r$ (ciò è possibile per quanto affermato nel teorema 2) e rappresentiamo y come combinazione lineare degli elementi di base: $y = \sum_{j=1}^{r} a_j x_j$. Da $ay \in M$ si ottiene $aa_j = 0$ e quindi $a_j = 0$ per $j = n+1, \ldots, r$. Di conseguenza $y \in \bigoplus_{i=1}^{n} Ax_i$ e di conseguenza $M_{\text{sat}} \subset \bigoplus_{i=1}^{n} Ax_i$. Abbiamo allora in totale $\bigoplus_{i=1}^{n} Ax_i = M_{\text{sat}}$. Per controllare anche la seconda affermazione nell'osservazione 3, fissato un indice i consideriamo l'A-isomorfismo $A \xrightarrow{\sim} Ax_i$, $a \longmapsto ax_i$. Questo fa corrispondere l'ideale $\alpha_i A \subset A$ al sottomodulo $A\alpha_i x_i \subset Ax_i$ cosicché $Ax_i/A\alpha_i x_i$ risulta isomorfo a $A/\alpha_i A$. Da questa considerazione si ottiene facilmente l'isomorfismo tra $(\bigoplus_{i=1}^{n} Ax_i)/M$ e $\bigoplus_{i=1}^{n} A/\alpha_i A$. $\square$

Per dimostrare il teorema 2 abbiamo bisogno di introdurre il concetto di *contenuto* cont(x) di un elemento $x \in F$. Per definirlo, sia $y_1, \ldots, y_r$ una base di F; scriviamo x come combinazione lineare degli y_j a coefficienti in A, sia $x = \sum_{j=1}^{r} c_j y_j$, e poniamo cont$(x) = \text{MCD}(c_1, \ldots, c_r)$. Dunque cont$(x)$ non indica un elemento di A in senso stretto ma una classe di elementi associati e si ha cont$(0) = 0$ anche nel caso $F = 0$. Per vedere che cont(x) non dipende dalla scelta della base $y_1, \ldots, y_r$ di F, consideriamo l'A-modulo F^* formato da tutti gli A-omomorfismi $F \longrightarrow A$ (ossia da tutte le forme lineari su F). Al variare di $\varphi \in F^*$ gli elementi $\varphi(x)$ formano un ideale di A, dunque un ideale principale (c), e affermiamo che $c = \text{cont}(x)$. Per verificarlo scriviamo cont$(x) = \sum_{j=1}^{r} a_j c_j$ come combinazione lineare a coefficienti $a_j \in A$ (vedi 2.4/13). Sia ora $\varphi_1, \ldots, \varphi_r$ la base duale di $y_1, \ldots, y_r$ definita tramite $\varphi_i(y_j) = 0$ per $j \neq i$ e $\varphi_i(y_i) = 1$. Posto allora $\varphi = \sum_{j=1}^{r} a_j \varphi_j$ si ottiene $\varphi(x) = \text{cont}(x)$. D'altra parte, per qualunque $\psi \in F^*$, si vede che cont$(x) = \text{MCD}(c_1, \ldots, c_r)$ è sempre un divisore di $\psi(x)$ e dunque risulta che $c = \text{cont}(x)$.

Elenchiamo ora alcune proprietà del contenuto che useremo nel seguito.

Lemma 4. *Nelle ipotesi del teorema 2 valgono i seguenti risultati:*
  (i) *Dato un $x \in F$, esiste sempre un $\varphi \in F^*$ tale che $\varphi(x) = \text{cont}(x)$.*
  (ii) *Dati $x \in F$ e $\psi \in F^*$, si ha cont$(x) | \psi(x)$.*
  (iii) *Esiste un $x \in M$ tale che cont$(x) | \text{cont}(y)$ per ogni $y \in M$.*

Dimostrazione. Solo l'asserto (iii) non è stato già dimostrato. Si consideri allora l'insieme di tutti gli ideali del tipo cont$(y) \cdot A$ al variare di y in M. Tra tutti questi ideali c'è un elemento massimale, dunque uno che non è contenuto propriamente in alcun ideale del tipo $\text{cont}(y) \cdot A$, $y \in M$. In caso contrario si potrebbe costruire una successione infinita di y_i in M tale che

$$\text{cont}(y_1) \cdot A \subsetneqq \text{cont}(y_2) \cdot A \subsetneqq \ldots,$$

in contraddizione col fatto che A è noetheriano (vedi 2.4/8). Esiste dunque un $x \in M$ con la proprietà che $\text{cont}(x) \cdot A$ sia massimale nel senso appena spiegato. Si scelga poi un $\varphi \in F^*$ tale che $\varphi(x) = \text{cont}(x)$. Mostriamo intanto che

(∗) $$\varphi(x) \,|\, \varphi(y) \quad \text{per ogni } y \in M.$$

Sia dunque $y \in M$ e poniamo $d = \text{MCD}(\varphi(x), \varphi(y))$. Esistono allora elementi $a, b \in A$ tali che $a\varphi(x) + b\varphi(y) = d$, dunque $\varphi(ax + by) = d$. Da (ii) segue che $\text{cont}(ax + by) \,|\, d$ e poiché $d \,|\, \varphi(x)$ vale pure $\text{cont}(ax + by) \,|\, \text{cont}(x)$. La proprietà di massimalità di x implica però anche $\text{cont}(ax + by) = \text{cont}(x)$. Dunque $\text{cont}(x)$ è un divisore di d e poiché $d \,|\, \varphi(y)$ esso è pure un divisore di $\varphi(y)$. Questo verifica (∗).

In base a (i), per ottenere che $\text{cont}(x) \,|\, \text{cont}(y)$ basta mostrare che $\varphi(x) \,|\, \psi(y)$ per ogni $\psi \in F^*$. Per (ii) si ha $\varphi(x) \,|\, \psi(x)$ e per (∗) si ha $\varphi(x) \,|\, \varphi(y)$; dunque possiamo sostituire y con $y - \frac{\varphi(y)}{\varphi(x)} x$ e supporre $\varphi(y) = 0$. Utilizzando nuovamente queste relazioni di divisibilità possiamo poi sostituire ψ con $\psi - \frac{\psi(x)}{\varphi(x)} \varphi$ e dunque assumere $\psi(x) = 0$. Con queste ipotesi sia $d = \text{MCD}(\varphi(x), \psi(y))$, per esempio $d = a\varphi(x) + b\psi(y)$ con $a, b \in A$. Allora

$$(\varphi + \psi)(ax + by) = a\varphi(x) + b\psi(y) = d,$$

ossia $\text{cont}(ax + by) \,|\, d$. Poiché, per definizione, d è un divisore di $\varphi(x)$, si ha $\text{cont}(ax + by) \,|\, \varphi(x)$ e dunque vale $\text{cont}(ax + by) = \varphi(x)$ per la proprietà di massimalità di x. Da questo segue $\varphi(x) \,|\, d$ e, poiché $d \,|\, \psi(y)$, si ottiene $\varphi(x) \,|\, \psi(y)$, come voluto.   □

Veniamo ora alla *dimostrazione del teorema* 2 in cui, per dedurre l'asserto di esistenza, applicheremo due volte il principio di induzione su $n = \text{rg}\, M$. Mostreremo dapprima che ogni sottomodulo $M \subset F$ è libero e useremo questo fatto nella seconda dimostrazione per induzione per ottenere l'asserto di esistenza. Nel caso $n = 0$ si ha $M = 0$, perché M è privo di torsione, e non c'è nulla da dimostrare. Sia allora $n > 0$. Grazie al lemma 4 (iii) esiste un $x \in M$ tale che $\text{cont}(x) \,|\, \text{cont}(y)$ per ogni $y \in M$. Esiste poi un $\varphi \in F^*$ tale che $\varphi(x) = \text{cont}(x)$ (vedi lemma 4 (i)) così come un (unico) elemento $x_1 \in F$ tale che $x = \varphi(x)x_1$. Se poniamo $F' = \ker \varphi$ e $M' = M \cap F'$, risultano

(∗) $$F = Ax_1 \oplus F', \qquad M = Ax \oplus M'.$$

Per ottenere la seconda formula, si sceglie un $y \in M$ e lo si scrive nella forma

$$y = \frac{\varphi(y)}{\varphi(x)} x + \left(y - \frac{\varphi(y)}{\varphi(x)} x \right).$$

Il primo termine appartiene a Ax perché $\varphi(x) \,|\, \varphi(y)$ (vedi lemma 4 (ii) e (iii)) mentre il secondo termine sta in M' poiché appartiene sia a M che a $\ker \varphi$. In particolare $M = Ax + M'$. Inoltre, $\varphi(x) \neq 0$ perché $M \neq 0$ e quindi $Ax \cap M' = 0$. Dunque M è somma diretta dei sottomoduli Ax e M'. In modo simile si dimostra la formula $F = Ax_1 \oplus F'$: si sostituisce di volta in volta nell'argomentazione precedente x con x_1 e si usa $\varphi(x_1) = 1$.

Essendo $x \neq 0$, si deduce dalla decomposizione $M = Ax \oplus M'$ che $\text{rg}\, M' < n$. Ne risulta, per ipotesi induttiva, che M' è libero, necessariamente di rango $n-1$, e quindi anche M è libero. Con questo termina la prima dimostrazione per induzione.

Procediamo allo stesso modo per la seconda dimostrazione per induzione fino ad arrivare alle decomposizioni $(*)$. Dalla prima dimostrazione per induzione sappiamo che F' è un sottomodulo libero di F. Per ipotesi induttiva l'asserto del teorema 2 è vero per i sottomoduli $M' \subset F'$. Esistono quindi elementi $x_2, \ldots, x_n \in F'$ che si lasciano completare in una base di F' e pure elementi $\alpha_2, \ldots, \alpha_n \in A - \{0\}$ tali che $\alpha_i \mid \alpha_{i+1}$ per $2 \leq i < n$ e con la proprietà che $\alpha_2 x_2, \ldots, \alpha_n x_n$ formano una base di M'. In totale $x_1, \ldots, x_n$ sono parte di una base di $F = Ax_1 \oplus F'$ e gli $\alpha_1 x_1, \ldots, \alpha_n x_n$, con $\alpha_1 := \varphi(x)$, formano una base di $M = Ax \oplus M'$. Per l'asserto di esistenza del teorema 2 rimane dunque da mostrare solamente che $\alpha_1 \mid \alpha_2$. A tal fine si consideri un forma lineare $\varphi_2 \in F^*$ che soddisfa $\varphi_2(x_2) = 1$. Per il lemma 4 (ii) e (iii) si ha che $\varphi(x) \mid \varphi_2(\alpha_2 x_2)$ e quindi $\alpha_1 \mid \alpha_2$. Con ciò è dimostrato l'asserto di esistenza nel teorema 2.

Rimane ancora da provare l'unicità degli α_i; in vista di future applicazioni, enunciamo questo risultato in una forma più generale.

Lemma 5. *Sia A un dominio principale e sia $Q \simeq \bigoplus_{i=1}^{n} A/\alpha_i A$ un A-modulo, dove gli $\alpha_1, \ldots, \alpha_n \in A - \{0\}$ non sono unità e $\alpha_i \mid \alpha_{i+1}$ per $1 \leq i < n$. Allora gli $\alpha_1, \ldots, \alpha_n$ sono univocamente determinati da Q a meno di associati, ossia a meno del prodotto per delle unità.*

Dimostrazione. Per motivi tecnici invertiamo la numerazione degli α_i e consideriamo due decomposizioni

$$Q \simeq \bigoplus_{i=1}^{n} A/\alpha_i A \simeq \bigoplus_{j=1}^{m} A/\beta_j A$$

tali che $\alpha_{i+1} \mid \alpha_i$ per $1 \leq i < n$ e $\beta_{j+1} \mid \beta_j$ per $1 \leq j < m$. Se esiste un indice $k \leq \min\{m, n\}$ per cui $\alpha_k A \neq \beta_k A$, si scelga k come il minimo indice con questa proprietà. Poiché $\alpha_i A = \beta_i A$ per $1 \leq i < k$ e tutti gli $\alpha_{k+1}, \ldots, \alpha_n$ dividono α_k, allora $\alpha_k Q$ si spezza in

$$\alpha_k Q \simeq \bigoplus_{i=1}^{k-1} \alpha_k \cdot (A/\alpha_i A) \simeq \bigoplus_{i=1}^{k-1} \alpha_k \cdot (A/\alpha_i A) \oplus \alpha_k \cdot (A/\beta_k A) \oplus \ldots.$$

Utilizziamo ora il lemma 1. Da $l_A(Q) < \infty$, confrontando le due somme dirette, si ottiene $l_A(\alpha_k \cdot (A/\beta_k A)) = 0$. Questo significa però che $\alpha_k \cdot (A/\beta_k A) = 0$ e quindi $\alpha_k A \subset \beta_k A$. Analogamente si dimostra che $\beta_k A \subset \alpha_k A$ e dunque $\alpha_k A = \beta_k A$, in contraddizione con la nostra ipotesi. Pertanto risulta $\alpha_i A = \beta_i A$ per ogni indice i con $1 \leq i \leq \min\{m, n\}$. Se poi $m \leq n$, applicando di nuovo il lemma 1, si vede che $\bigoplus_{i=m+1}^{n} A/\alpha_i A$ ha lunghezza 0, dunque è nullo e risulta $m = n$. $\square$

Per concludere mostriamo come dedurre l'asserto di unicità del teorema 2 dal lemma precedente. Supponiamo di essere nelle ipotesi del teorema e di avere divisori elementari $\alpha_1, \ldots, \alpha_n$ tali che $\alpha_i \mid \alpha_{i+1}$ e $\beta_1, \ldots, \beta_n$ tali che $\beta_i \mid \beta_{i+1}$, $1 \leq i < n$. Grazie all'osservazione 3, nel dimostrare la quale abbiamo usato solo l'asserto di esistenza del teorema 2, risulta

$$\bigoplus_{i=1}^{n} A/\alpha_i A \simeq \bigoplus_{i=1}^{n} A/\beta_i A.$$

Se $a \in A$ è un'unità, A/aA si annulla, e dunque, per il lemma 5, gli elementi non invertibili tra gli $\alpha_1, \alpha_2, \ldots$ coincidono con gli elementi non invertibili tra i $\beta_1, \beta_2, \ldots$, a meno del prodotto per delle unità. I rimanenti α_i e β_i sono dunque delle unità. Pertanto $\alpha_i A = \beta_i A$ per $1 \leq i \leq n$ e abbiamo terminato la dimostrazione del teorema 2. $\qquad\qquad\qquad\qquad\qquad\qquad\qquad\qquad\qquad\qquad\qquad\square$

Diamo ora una descrizione costruttiva dei divisori elementari che si rivelerà importante per i calcoli espliciti.

Proposizione 6. *Sia A un dominio principale e sia F un A-modulo libero e finito con base $x_1, \ldots, x_r$. Sia inoltre $M \subset F$ un sottomodulo di rango n con divisori elementari $\alpha_1, \ldots, \alpha_n$ e siano $z_1, \ldots, z_m \in M$ elementi che formano un sistema di generatori (non necessariamente libero) di M. Supponiamo che sia $z_j = \sum_{i=1}^{r} a_{ij} x_i, j = 1, \ldots, m$ con $a_{ij} \in A$. Se al variare di $t = 1, \ldots, n$ indichiamo con μ_t il massimo comun divisore di tutti i t-minori[6] della matrice dei coefficienti $D = (a_{ij})$, risulta allora $\mu_t = \alpha_1 \ldots \alpha_t$. In particolare $\alpha_1 = \mu_1$ e $\alpha_t \mu_{t-1} = \mu_t$ per $t = 2, \ldots, n$.*

Gli elementi $\alpha_1, \ldots, \alpha_n$ vengono anche detti divisori elementari[7] *della matrice D.*

Dimostrazione. Verifichiamo dapprima la tesi nel caso $t = 1$. Ora, $(\alpha_1) \subset A$ è l'ideale generato da tutti gli elementi del tipo $\varphi(z)$ con $z \in M$ e $\varphi \in F^*$: questo segue immediatamente dal testo (o dalla dimostrazione) del teorema 2. Applicando le forme lineari in F^* che costituiscono la base duale di $x_1, \ldots, x_r$ agli elementi z_j, si vede che l'ideale (α_1) è generato anche da tutti i coefficienti a_{ij}. Questo significa però che α_1 è il massimo comun divisore di tutti gli 1-minori di D.

Per ottenere l'asserto per un t qualsiasi, conviene considerare il *prodotto esterno t-esimo* $\bigwedge^t F$. Per i nostri scopi è sufficiente fissare la base $x_1, \ldots, x_r$ di F e definire $\bigwedge^t F$ come l'A-modulo libero avente come base i simboli $x_{i_1} \wedge \ldots \wedge x_{i_t}$ con $1 \leq i_1 < \ldots < i_t \leq r$. Data una permutazione $\pi \in \mathfrak{S}_t$, ossia un'applicazione biiettiva di $\{1, \ldots, t\}$ in sé, si definisce

$$x_{i_{\pi(1)}} \wedge \ldots \wedge x_{i_{\pi(t)}} = (\operatorname{sgn} \pi) \cdot x_{i_1} \wedge \ldots \wedge x_{i_t},$$

dove $\operatorname{sgn} \pi$ è il segno della permutazione π (vedi 5.3). Se si pone $x_{i_1} \wedge \ldots \wedge x_{i_t} = 0$ nel caso in cui gli indici i_j non siano a due a due distinti, risulta definito il co-

---

[6]I t-minori di D sono i determinanti delle sottomatrici $t \times t$ di D. Poiché D, considerata come matrice $r \times m$ a coefficienti nel campo delle frazioni $Q(A)$, ha rango n, risulta che $n \leq \min(r, m)$.

[7]N.d.T.: Si veda la nota al teorema 2.

siddetto "prodotto esterno" t-esimo $x_{i_1} \wedge \ldots \wedge x_{i_t}$ per qualunque scelta di indici $i_1, \ldots, i_t \in \{1, \ldots, r\}$ e dunque per t elementi qualsiasi della base $x_1, \ldots, x_r$. Il prodotto esterno $z_1 \wedge \ldots \wedge z_t$ di elementi $z_1, \ldots, z_t \in F$ arbitrari si ottiene poi per A-linearità. Per costruzione questo prodotto è multilineare e alternante nei fattori. Dati elementi del tipo $z_j = \sum_{i=1}^{r} a_{ij} x_i$ si ottiene per esempio

$$z_1 \wedge \ldots \wedge z_t = \left(\sum_{i=1}^{r} a_{i1} x_i \right) \wedge \ldots \wedge \left(\sum_{i=1}^{r} a_{it} x_i \right)$$

$$= \sum_{i_1, \ldots, i_t = 1}^{r} a_{i_1 1} \ldots a_{i_t t} \, x_{i_1} \wedge \ldots \wedge x_{i_t}$$

$$= \sum_{1 \leq i_1 < \ldots < i_t \leq r} \left(\sum_{\pi \in \mathfrak{S}_t} (\operatorname{sgn} \pi) \cdot a_{i_{\pi(1)} 1} \ldots a_{i_{\pi(t)} t} \right) x_{i_1} \wedge \ldots \wedge x_{i_t},$$

dove i coefficienti $\sum_{\pi \in \mathfrak{S}_t} (\operatorname{sgn} \pi) \cdot a_{i_{\pi(1)} 1} \ldots a_{i_{\pi(t)} t}$ sono proprio i t-minori della matrice dei coefficienti di $z_1, \ldots, z_t$ rispetto alla base $x_1, \ldots, x_r$. Si può utilizzare questo calcolo anche per controllare che la definizione appena data di $\bigwedge^t F$ e quella di prodotto esterno t-esimo di elementi di F sono indipendenti dalla scelta della base $x_1, \ldots, x_r$.

Torniamo agli elementi $z_1, \ldots, z_m$ di M fissati all'inizio e assumiamo dapprima che questi formino una base di M e anzi sia $z_i = \alpha_i x_i$ per $i = 1, \ldots, m$ con $\alpha_i \in A - \{0\}$ tali che $\alpha_i \mid \alpha_{i+1}$. Essendo $m = n$, attraverso una scelta opportuna degli $x_1, \ldots, x_r$ e degli $z_1, \ldots, z_m$, si può sempre realizzare una tale situazione (vedi il teorema dei divisori elementari). Il prodotto esterno t-esimo $\bigwedge^t M$ è allora in modo naturale un sottomodulo di $\bigwedge^t F$: infatti, al variare di $1 \leq i_1 < \ldots i_t \leq r$, gli elementi $x_{i_1} \wedge \ldots \wedge x_{i_t}$ formano una base di $\bigwedge^t F$ come pure gli elementi $\alpha_{i_1} \ldots \alpha_{i_t} x_{i_1} \wedge \ldots \wedge x_{i_t}$, con $1 \leq i_1 < \ldots i_t \leq m$, costituiscono una base di $\bigwedge^t M$. In particolare, da quanto osservato nel caso $t = 1$, si riconosce che il prodotto $\alpha_1 \ldots \alpha_t$ è il primo divisore elementare di $\bigwedge^t M \subset \bigwedge^t F$.

Nelle ipotesi della proposizione gli elementi $z_1, \ldots, z_m$ formano un sistema, non necessariamente libero, di generatori di M. Ne segue che i prodotti esterni t-esimi del tipo $z_{i_1} \wedge \ldots \wedge z_{i_t}$, $1 \leq i_1 < \ldots < i_t \leq m$, generano l'$A$-modulo $\bigwedge^t M$; per verificarlo si procede con calcoli simili a quelli svolti sopra. Per quanto visto nel caso $t = 1$, il primo divisore elementare di $\bigwedge^t M \subset \bigwedge^t F$ risulta essere il massimo comun divisore di tutti i coefficienti di A che servono per scrivere gli elementi $z_{i_1} \wedge \ldots \wedge z_{i_t}$ come combinazione lineare degli elementi di base $x_{i_1} \wedge \ldots \wedge x_{i_t}$, $1 \leq i_1 < \ldots i_t \leq r$. Abbiamo visto prima, però, che questi coefficienti sono i t-minori della matrice D, ossia μ_t è il primo divisore elementare di $\bigwedge^t M \subset \bigwedge^t F$. D'altra parte abbiamo già riconosciuto che questo divisore elementare è $\alpha_1 \ldots \alpha_t$ e dunque $\mu_t = \alpha_1 \ldots \alpha_t$. $\qquad \square$

Presentiamo un ulteriore metodo per determinare, nella situazione della proposizione 6, i divisori elementari della matrice $D = (a_{ij})$, o di $M \subset F$, nel caso in cui A sia un *dominio euclideo*. Consideriamo dunque A^m come A-modulo libero con base canonica $e_1, \ldots, e_m$ e l'A-omomorfismo

$$A^m \longrightarrow F, \qquad e_j \longmapsto z_j,$$

descritto dalla matrice D rispetto alle basi $e_1, \ldots, e_m$ di A^m e $x_1, \ldots, x_r$ di F. Mostreremo che tramite operazioni elementari sulle righe e sulle colonne — con questo intendiamo scambi di righe (risp. colonne) come pure sommare il multiplo di una riga (risp. colonna) a un'altra riga (risp. colonna) — si può ridurre la matrice D alla forma

$$
\begin{pmatrix}
\alpha_1 & 0 & \ldots & 0 & 0 & \ldots & 0 \\
0 & \alpha_2 & \ldots & 0 & 0 & \ldots & 0 \\
\cdot & \cdot & \ldots & \cdot & \cdot & \ldots & \cdot \\
0 & 0 & \ldots & \alpha_n & 0 & \ldots & 0 \\
0 & 0 & \ldots & 0 & 0 & \ldots & 0 \\
\cdot & \cdot & \ldots & \cdot & \cdot & \ldots & \cdot \\
0 & 0 & \ldots & 0 & 0 & \ldots & 0
\end{pmatrix}
$$

dove $\alpha_i \mid \alpha_{i+1}$ per $1 \leq i < n$. Si possono interpretare queste operazioni come moltiplicazione a sinistra (risp. a destra) per una matrice invertibile $S \in A^{(r \times r)}$ (risp. $T \in A^{(m \times m)}$). La matrice SDT così ottenuta descrive ancora l'applicazione f, tuttavia rispetto ad altre basi $e'_1, \ldots, e'_m$ di A^m e $x'_1, \ldots, x'_r$ di F. Segue, in particolare, che M è generato da $\alpha_1 x'_1, \ldots, \alpha_n x'_n$ ossia che $\alpha_1, \ldots, \alpha_n$ sono i divisori elementari di D (e di $M \subset F$).

Ora, per ridurre $D = (a_{ij})$ alla forma desiderata attraverso operazioni elementari su righe e colonne, utilizziamo la funzione norma $\delta \colon A - \{0\} \longrightarrow \mathbb{N}$ del dominio euclideo A. Per $D = 0$ non c'è nulla da mostrare. Sia dunque $D \neq 0$. La nostra strategia è di modificare D tramite operazioni elementari in modo tale che

$$
d = \min\{\delta(a) \, ; \, a \text{ è coefficiente } \neq 0 \text{ di } D\}
$$

diminuisca a ogni passo. Poiché δ assume valori in $\mathbb{N}$, questo processo deve terminare dopo un numero finito di passi. Se allora $a \neq 0$ è un coefficiente della matrice trasformata su cui la funzione norma assume valore minimo $\delta(a)$, mostreremo, applicando la divisione (con resto), che a divide tutti i coefficienti della matrice; a è dunque il primo divisore elementare di D.

In dettaglio procediamo come segue. Eventualmente ricorrendo a scambi di righe e a scambi di colonne di D, possiamo assumere che $d = \delta(a_{11})$, ossia che $\delta(a_{11})$ sia il minimo tra tutti i $\delta(a_{ij})$ con $a_{ij} \neq 0$. Se un elemento della prima colonna, ad esempio a_{i1}, non è divisibile per a_{11}, si divide a_{i1} per a_{11} ottenendo $a_{i1} = q a_{11} + b$ con $\delta(b) < \delta(a_{11})$, e si sottrae q volte la prima riga dalla i-esima riga. Come risultato si ottiene l'elemento b in posizione $(i, 1)$. Il minimo valore d assunto dalla funzione norma sui coefficienti non nulli della matrice è ora diminuito e si ripete il procedimento. Possiamo lavorare in modo analogo sulla prima riga. Poiché d assume valori in $\mathbb{N}$ e dunque non può diminuire a piacere, dopo un numero finito di passi ogni elemento della prima colonna o della prima riga sarà un multiplo di a_{11} e, sommando multipli della prima riga alle rimanenti righe della matrice, possiamo assumere che valga $a_{i1} = 0$ per $i > 1$. Possiamo procedere allo stesso modo con la prima riga e ottenere così $a_{i1} = a_{1j} = 0$ per $i, j > 1$. Inoltre possiamo assumere che il minimo d coincida con $\delta(a_{11})$, altrimenti ripetiamo il procedimento. Se esistono $i, j > 1$ tali che $a_{11} \nmid a_{ij}$, si divide (con resto) a_{ij} per a_{11}; sia $a_{ij} = q a_{11} + b$ con $b \neq 0$ e $\delta(b) < \delta(a_{11})$. Si somma poi la prima riga alla i-esima riga e si sottrae quindi q volte la prima colonna dalla j-esima colonna. Come conseguenza, a_{ij} viene rimpiazzato da b e ora vale $\delta(b) < \delta(a_{11}) = d$. Si ricomincia quindi il processo e, dopo un numero finito di passi, si ottiene una matrice (a_{ij}) con $a_{i1} = a_{1j} = 0$ per $i, j > 1$ e avente la proprietà che a_{11} divide ogni altro elemento a_{ij} con $i, j > 1$. Si procede allo stesso modo con la sottomatrice $(a_{ij})_{i,j>1}$ qualora questa non sia già nulla. Continuando questo processo si arriva, dopo un numero finito di passi, a una matrice sulla cui diagonale principale stanno i divisori elementari cercati e con gli altri coefficienti tutti nulli.

Vogliamo ora dedurre dal teorema dei divisori elementari il *teorema di struttura dei moduli finitamente generati su un dominio principale*; per farlo dividiamo il risultato in due parti. Nel seguito A sarà sempre un *dominio principale*.

Corollario 7. *Sia M un A-modulo finitamente generato e sia $T \subset M$ il rispettivo sottomodulo di torsione. Allora T è finitamente generato ed esiste un sottomodulo libero $F \subset M$ tale che $M = T \oplus F$ con $\operatorname{rg} M = \operatorname{rg} F$. In particolare, M è libero se è privo di torsione.*

Corollario 8. *Sia M un modulo di torsione finitamente generato su A e sia $P \subset A$ un sistema di rappresentanti degli elementi primi di A. Dato un $p \in P$, indichiamo con*

$$M_p = \{ x \in M \; ; \; p^n x = 0 \text{ per un opportuno } n \in \mathbb{N} \}$$

il cosiddetto sottomodulo di p-torsione di M. Allora

$$M = \bigoplus_{p \in P} M_p$$

e M_p è nullo per quasi tutti i $p \in P$. Per ogni $p \in P$ esistono numeri naturali $1 \leq \nu(p, 1) \leq \dots \leq \nu(p, r_p)$ tali che

$$M_p \simeq \bigoplus_{j_p=1}^{r_p} A / p^{\nu(p, j_p)} A.$$

I numeri $r_p, \nu(p, j_p)$ sono univocamente determinati dall'isomorfismo

$$M \simeq \bigoplus_{p \in P} \bigoplus_{j_p=1}^{r_p} A / p^{\nu(p, j_p)} A$$

e $r_p = 0$ per quasi tutti i p.

La combinazione dei due risultati precedenti ci dice che ogni A-modulo finitamente generato M è isomorfo a una somma diretta del tipo

$$A^d \oplus \bigoplus_{p \in P} \bigoplus_{j_p=1}^{r_p} A / p^{\nu(p, j_p)} A$$

con numeri d, r_p e $\nu(p, j_p)$ come sopra, univocamente determinati da M. Questo è propriamente l'enunciato del teorema di struttura dei moduli finitamente generati su domini principali. Prima di dimostrarlo, vogliamo formulare questo teorema nel caso speciale degli $\mathbb{Z}$-moduli, ottenendo così il *teorema di struttura dei gruppi abeliani finitamente generati*.

Corollario 9. *Sia G un gruppo finitamente generato e sia P l'insieme dei numeri primi. Allora G ammette una decomposizione in sottogruppi*

$$G = F \oplus \bigoplus_{p \in P} \bigoplus_{j_p=1}^{r_p} G_{p,j_p},$$

dove F è libero, $F \simeq \mathbb{Z}^d$, e ciascun G_{p,j_p} è ciclico di ordine una potenza di p, del tipo $G_{p,j_p} \simeq \mathbb{Z}/p^{\nu(p,j_p)}\mathbb{Z}$ con $1 \leq \nu(p,1) \leq \ldots \leq \nu(p,r_p)$. I numeri $d, r_p, \nu(p,j_p)$ sono univocamente determinati da G, così pure i sottogruppi $G_p = \bigoplus_{j_p=1}^{r_p} G_{p,j_p}$ e si ha $r_p = 0$ per quasi tutti i $p \in P$.

Se G è un gruppo di torsione finitamente generato, dunque un modulo di torsione finitamente generato su $\mathbb{Z}$, allora G non possiede alcuna parte libera e quindi consiste solo di un numero finito di elementi, come ben si vede dal corollario 9. Viceversa, ogni gruppo abeliano finito è naturalmente un gruppo di torsione finitamente generato.

Veniamo ora alla *dimostrazione del corollario 7*. Se $z_1, \ldots, z_r$ sono generatori dell'A-modulo M, definiamo un A-omomorfismo $f \colon A^r \longrightarrow M$, mandando la base canonica di A^r in $z_1, \ldots, z_r$. Allora f è suriettiva e per il teorema di omomorfismo risulta che $M \simeq A^r/\ker f$. Possiamo ora applicare il teorema dei divisori elementari al sottomodulo $\ker f \subset A^r$. Esistono dunque elementi $x_1, \ldots, x_r$ che formano una base di A^r ed elementi $\alpha_1, \ldots, \alpha_n \in A$, con $n = \mathrm{rg}(\ker f)$, tali che $\alpha_1 x_1, \ldots, \alpha_n x_n$ formano una base di $\ker f$. Da questo si ottiene

$$M \simeq A^{r-n} \oplus \bigoplus_{i=1}^{n} A/\alpha_i A.$$

Tramite questo isomorfismo $\bigoplus_{i=1}^{n} A/\alpha_i A$ corrisponde al sottomodulo di torsione $T \subset M$, A^{r-n} corrisponde a un sottomodulo libero $F \subset M$ e risulta $M = T \oplus F$. Inoltre $T \simeq \bigoplus_{i=1}^{n} A/\alpha_i A$ è finitamente generato cosicché il corollario 7 è dimostrato. $\square$

Per la *dimostrazione del corollario 8* assumiamo che M sia un modulo di torsione e quindi isomorfo alla somma diretta $\bigoplus_{i=1}^{n} A/\alpha_i A$, come appena visto nella dimostrazione del corollario 7. Fattorizziamo gli α_i in elementi primi, per esempio $\alpha_i = \varepsilon_i \prod_{p \in P} p^{\nu(p,i)}$ con ε_i unità e gli esponenti $\nu(p,i)$ quasi tutti nulli. Segue dal teorema cinese del resto 2.4/14 che

$$A/\alpha_i A \simeq \bigoplus_{p \in P} A/p^{\nu(p,i)} A$$

e dunque

$$M \simeq \bigoplus_{p \in P} \bigoplus_{i=1}^{n} A/p^{\nu(p,i)} A.$$

In questa decomposizione $\bigoplus_{i=1}^{n} A/p^{\nu(p,i)} A$ corrisponde chiaramente al sottomodulo di p-torsione $M_p \subset M$ ed è dunque univocamente determinato: infatti la classe laterale che contiene p in un anello quoziente della forma $A/p'^{r} A$, con $p' \in P - \{p\}$, è un'unità. Dalla decomposizione precedente segue in particolare $M = \bigoplus_{p \in P} M_p$. Se nella decomposizione

$$M_p \simeq \bigoplus_{i=1}^{n} A/p^{\nu(p,i)} A$$

si rinuncia poi ai termini $A/p^{\nu(p,i)} A$ con $\nu(p,i) = 0$, che sono in ogni caso banali, e se, per un p fissato, si mettono in ordine crescente gli esponenti $\nu(p,i)$, per esempio scrivendo

$$M_p \simeq \bigoplus_{j_p=1}^{r_p} A/p^{\nu(p,j_p)} A$$

con $1 \leq \nu(p,1) \leq \ldots \leq \nu(p,r_p)$, allora, utilizzando l'asserto di unicità nel lemma 5, si ottiene globalmente la tesi del corollario 8. $\qquad\square$

I metodi e i risultati trattati in questa sezione si basano fondamentalmente sulla caratterizzazione 2.4/13 del massimo comun divisore in termini di ideali, dunque su una caratterizzazione che è valida nei domini principali ma non in domini fattoriali più generali (vedi sezione 2.4, esercizio 2). Per questo motivo non è possibile estendere la teoria dei divisori elementari ai moduli finitamente generati su domini fattoriali.

Esercizi

Sia A d'ora in poi un dominio principale.

1. *Si consideri la decomposizione $M = T \oplus F$ di un A-modulo finitamente generato M in un modulo di torsione T e un modulo libero F e si discuta l'unicità di una tale decomposizione. Si studi lo stesso problema per una decomposizione del tipo $M = M' \oplus M''$ con $M' \simeq A/p^r A$ e $M'' \simeq A/p^s A$ con $p \in A$ primo.*

2. *Un A-modulo privo di torsione e finitamente generato è libero. È vero che un A-modulo privo di torsione è sempre libero?*

3. *Si deduca la teoria delle forme canoniche per endomorfismi di spazi vettoriali di dimensione finita dal corollario 8.*

4. Si trovino i divisori elementari della seguente matrice:

$$\begin{pmatrix} 2 & 6 & 8 \\ 3 & 1 & 2 \\ 9 & 5 & 4 \end{pmatrix} \in \mathbb{Z}^{(3 \times 3)}$$

5. Siano $a_{11}, \ldots, a_{1n} \in A$ elementi tali che $\mathrm{MCD}(a_{11}, \ldots, a_{1n}) = 1$. Si dimostri che esistono elementi $a_{ij} \in A$, $i = 2, \ldots, n$, $j = 1, \ldots, n$, tali che la matrice $(a_{ij})_{i,j=1,\ldots,n}$ è invertibile in $A^{(n \times n)}$.

6. Sia $f: L \longrightarrow M$ un A-omomorfismo tra A-moduli liberi finitamente generati. Si dimostri quanto segue:

   (i) Esiste un sottomodulo libero $F \subset L$ tale che $L = \ker f \oplus F$.

   (ii) Esistono basi $x_1, \ldots, x_m$ di L, $y_1, \ldots, y_n$ di M, ed elementi non nulli $\alpha_1, \ldots, \alpha_r$ di A, $r \le \min\{m, n\}$, tali che $f(x_i) = \alpha_i y_i$ se $i = 1, \ldots, r$ e $f(x_i) = 0$ se $i > r$. È inoltre possibile richiedere che $\alpha_i \mid \alpha_{i+1}$ per ogni $1 \le i < r$.

7. Si fornisca una semplice argomentazione in base alla quale sia possibile generalizzare il teorema 2 a sottomoduli M di rango finito di un A-modulo libero F (non necessariamente di rango finito).

3. Estensioni algebriche di campi

Desideriamo iniziare chiarendo in quale modo le equazioni algebriche sono legate alle estensioni algebriche di campi. Cominciamo col caso facile di un'equazione algebrica a coefficienti razionali $f(x) = 0$ con $f \in \mathbb{Q}[X]$ un polinomio monico di grado ≥ 1. Trascuriamo in prima istanza il problema di cosa si debba intendere per soluzioni di una tale equazione e come le si calcoli, assumendo noto il teorema fondamentale dell'Algebra. Usiamo dunque il fatto che in $\mathbb{C}$ esiste una radice α di f cosicché $f(\alpha) = 0$ può essere interpretata come un'identità in $\mathbb{C}$. Per meglio descrivere la "natura" di α ci si premura di costruire un ambiente numerico, possibilmente piccolo, dove leggere $f(\alpha) = 0$. Un tale ambiente è dato per esempio dal più piccolo sottoanello di $\mathbb{C}$ che contiene sia $\mathbb{Q}$ che α, dunque da

$$\mathbb{Q}[\alpha] = \{g(\alpha) \, ; \, g \in \mathbb{Q}[X]\}.$$

Utilizzando l'epimorfismo $\varphi \colon \mathbb{Q}[X] \longrightarrow \mathbb{Q}[\alpha]$, $g \longmapsto g(\alpha)$, si vede facilmente che $\mathbb{Q}[\alpha]$ è un *campo*. Infatti, essendo $\mathbb{Q}[X]$ un dominio principale, l'ideale $\ker \varphi$ è generato da un polinomio q non nullo (perché $f \in \ker \varphi$) che possiamo assumere monico. Allora, per il teorema di omomorfismo 2.3/5, φ induce un isomorfismo $\mathbb{Q}[X]/(q) \overset{\sim}{\longrightarrow} \mathbb{Q}[\alpha]$ e tramite 2.3/8 si vede che q è un elemento primo, il cosiddetto *polinomio minimo* di α. Se f è irriducibile, grazie alla teoria della divisibilità si deduce che $f = q$. Per 2.4/6 l'ideale (q) è massimale in $\mathbb{Q}[X]$ e quindi $\mathbb{Q}[\alpha] \simeq \mathbb{Q}[X]/(q)$ è di fatto un campo. Si dice che $\mathbb{Q}[\alpha]$ si ottiene da $\mathbb{Q}$ per *aggiunzione* della radice α. In modo simile si possono aggiungere a $\mathbb{Q}[\alpha]$ ulteriori radici di f (o di altri polinomi a coefficienti in $\mathbb{Q}[\alpha]$).

Da queste considerazioni discendono alcune importanti conseguenze. In primo luogo si riconosce che $\mathbb{Q}[\alpha]$ è un $\mathbb{Q}$-spazio vettoriale di dimensione finita e dunque che $\mathbb{Q} \subset \mathbb{Q}[\alpha]$ è un'estensione *finita* di campi (vedi 3.2/6). Con una semplice argomentazione sulle dimensioni si deduce poi che *ogni* elemento di $\mathbb{Q}[\alpha]$ è soluzione di un'equazione algebrica a coefficienti in $\mathbb{Q}$ e dunque $\mathbb{Q} \subset \mathbb{Q}[\alpha]$ è, come diremo, un'estensione *algebrica* (vedi 3.2/7). È chiaro quindi che tramite l'estensione $\mathbb{Q} \subset \mathbb{Q}[\alpha]$ stiamo, per così dire, prendendo in considerazione tutta una classe di equazioni algebriche legate tra loro.

Supponiamo nel seguito $f \in \mathbb{Q}[X]$ *irriducibile* e siano $\alpha_1, \ldots, \alpha_n \in \mathbb{C}$ le radici del polinomio f. Come visto prima possiamo costruire isomorfismi

$\mathbb{Q}[\alpha_i] \simeq \mathbb{Q}[X]/(f)$, $i = 1, \ldots, n$ dove α_i corrisponde alla classe laterale che contiene X. In particolare, per ogni coppia di indici i, j esiste un isomorfismo $\sigma_{ij} \colon \mathbb{Q}[\alpha_i] \overset{\sim}{\longrightarrow} \mathbb{Q}[\alpha_j]$ tale che $\sigma_{ij}(\alpha_i) = \alpha_j$. Si vede dunque che tutte le radici di f sono in un certo modo "simili". Gli isomorfismi cui si accennava permettono già un primo sguardo alla teoria di Galois dell'equazione $f(x) = 0$. Nel caso speciale in cui il sottocampo $L = \mathbb{Q}[\alpha_i] \subset \mathbb{C}$ non dipenda da i i σ_{ij} (non necessariamente a due a due distinti) sono automorfismi di L e questi sono proprio gli elementi del gruppo di Galois dell'equazione $f(x) = 0$. Nel caso generale si considera, al posto di $\mathbb{Q}[\alpha_i]$, il cosiddetto *campo di spezzamento* $L = \mathbb{Q}[\alpha_1, \ldots, \alpha_n]$ di f che si ottiene a partire da $\mathbb{Q}$ per aggiunzione di tutte le radici di f. Grazie al teorema dell'elemento primitivo 3.6/12 si vede che esiste un polinomio irriducibile $g \in \mathbb{Q}[X]$, avente radici $\beta_1, \ldots, \beta_r \in \mathbb{C}$, tale che $L = \mathbb{Q}[\beta_j]$ per ogni $j = 1, \ldots, r$. Siamo quindi nella situazione speciale considerata prima e si può definire il gruppo di Galois dell'equazione $f(x) = 0$ come il gruppo di Galois dell'equazione $g(x) = 0$.

Ci siamo finora limitati alle sole estensioni di $\mathbb{Q}$. Come si procede se si desidera sostituire $\mathbb{Q}$ con un qualsiasi campo K? Come vedremo in questo capitolo, in linea di principio non sono necessari cambiamenti. Serve solo un qualche sostituto del teorema fondamentale dell'Algebra. In 3.2 caratterizzeremo le estensioni finite e quelle algebriche, svincolandoci da equazioni algebriche concrete; in 3.3 generalizzeremo questa teoria agli anelli. Ci occuperemo poi in 3.4 del problema di associare a un'equazione algebrica irriducibile $f(x) = 0$, con $f \in K[X]$, un'estensione L di K che contenga una radice α di f. Se L è una tale estensione, allora si può considerare come prima il campo $K[\alpha]$ e questo è isomorfo a $K[X]/(f)$ poiché f è irriducibile. Viceversa, si può definire L anche tramite $K[X]/(f)$ e la classe laterale che contiene X diventa una radice di f: questa è la *costruzione di Kronecker* (vedi 3.4/1). Il metodo di Kronecker permette di aggiungere in modo graduale radici di polinomi a K. Se si aggiunge una radice α_1 di f a K, allora c'è una fattorizzazione del tipo $f = (X - \alpha_1)f_1$ in $K[\alpha_1][X]$ e si può aggiungere nel passo successivo una radice α_2 di f_1 a $K[\alpha_1]$ e così via. In questo modo, dopo un numero finito di passi, si arriva a un campo di spezzamento L di f, ossia a un'estensione di K su cui f si spezza completamente in fattori lineari: questa è ottenuta aggiungendo a K tutte le radici di f.

Anche se la costruzione di Kronecker è sufficiente per controllare le equazioni algebriche, è per vari motivi auspicabile avere un "vero" sostituto del teorema fondamentale dell'Algebra. Costruiremo dunque in 3.4 la cosiddetta *chiusura algebrica* $\overline{K}$ di K aggiungendo in un colpo solo a K, con un metodo che risale a E. Artin, *tutte* le radici dei polinomi in $K[X]$. Il campo $\overline{K}$ è algebrico su K e ha la proprietà che ogni polinomio non costante in $\overline{K}[X]$ si spezza completamente in fattori lineari. Questa costruzione permette in un certo senso di parlare "delle" radici di f. Così in 3.5 non sarà più un problema costruire campi di spezzamento di una famiglia di polinomi e introdurremo la nozione di *estensioni normali*, tra le quali ricadono anche le estensioni di Galois.

Rimane ancora da segnalare il fenomeno dell'*inseparabilità* che si incontra lavorando con campi di caratteristica positiva. La caratteristica di un campo K è il minimo numero naturale $p > 0$ tale che $p \cdot 1 = 0$ e si pone $p = 0$ se tale numero non esiste (vedi 3.1). Un polinomio $f \in K[X]$ si dice *separabile* se ha solo radici semplici (in una chiusura algebrica di K) e *puramente inseparabile* se ha esattamente una radice, la quale ha allora necessariamente molteplicità grad f. I polinomi irriducibili su campi di caratteristica 0 sono sempre separabili, ma in genere non lo sono i polinomi irriducibili su campi di caratteristica positiva. Ci occuperemo di estensioni algebriche separabili in 3.6 e di estensioni puramente inseparabili in 3.7. Sono di particolare interesse i risultati 3.7/4 e 3.7/5 che permettono di spezzare le estensioni algebriche in una parte separabile e in una puramente inseparabile. In 3.8 studieremo poi speciali campi di caratteristica positiva, ossia i campi finiti.

Il capitolo si chiude in 3.9 con un'introduzione alla Geometria Algebrica, ossia alla teoria delle equazioni algebriche in più variabili.

3.1 La caratteristica di un campo

Se K è un anello, esiste un unico omomorfismo di anelli

$$\varphi\colon \mathbb{Z} \longrightarrow K$$

descritto da $n \longmapsto n \cdot 1$. Grazie al teorema di omomorfismo per gli anelli 2.3/4 φ induce un monomorfismo $\mathbb{Z}/\ker\varphi \hookrightarrow K$, dove $\ker\varphi$ è un ideale principale (vedi 2.4/3). Se K è un dominio d'integrità, ad esempio un campo, allora anche $\mathbb{Z}/\ker\varphi$ è un dominio d'integrità e quindi $\ker\varphi$ è un ideale primo. Pertanto $\ker\varphi$ è l'ideale nullo oppure un ideale generato da un numero primo p (vedi 2.3/11) e la *caratteristica* del dominio d'integrità (o del campo) K sarà 0 nel primo caso e p nel secondo.

Definizione 1. *Sia K un campo (o più in generale un dominio d'integrità) e sia $\varphi\colon \mathbb{Z} \longrightarrow K$ l'omomorfismo di anelli canonico. Se $p \in \mathbb{N}$ è un generatore dell'ideale principale $\ker\varphi$, allora p si dice la* caratteristica di K, *in simboli $p = \operatorname{char} K$.*

I campi $\mathbb{Q}$, $\mathbb{R}$, $\mathbb{C}$ hanno tutti caratteristica 0, mentre, dato un numero primo p, il campo con p elementi $\mathbb{F}_p = \mathbb{Z}/p\mathbb{Z}$ ha caratteristica p. Diremo che un sottoanello T di un campo K è un *sottocampo* (o anche che K è un *sovracampo* di T) se T stesso è un campo. Naturalmente si ha $\operatorname{char} K = \operatorname{char} T$. Poiché l'intersezione di sottocampi di un campo K è ancora un sottocampo, K contiene un sottocampo minimo P univocamente determinato come intersezione di tutti sottocampi contenuti in K. Tale P viene detto il *campo primo* di K.

Proposizione 2. *Sia K un campo e sia $P \subset K$ il campo primo di K. Allora:*
  (i) $\operatorname{char} K = p > 0 \Longleftrightarrow P \simeq \mathbb{F}_p$ *con p un numero primo.*
  (ii) $\operatorname{char} K = 0 \Longleftrightarrow P \simeq \mathbb{Q}$.
Dunque, a meno di isomorfismi, gli unici campi primi sono $\mathbb{Q}$ e i campi $\mathbb{F}_p$.

Dimostrazione. Si vede che $\operatorname{char} \mathbb{F}_p = p$ e $\operatorname{char} \mathbb{Q} = 0$. Poiché $\operatorname{char} P = \operatorname{char} K$, allora $P \simeq \mathbb{F}_p$ implica $\operatorname{char} K = p$ e $P \simeq \mathbb{Q}$ implica $\operatorname{char} K = 0$. Questo giustifica l'implicazione "$\Longleftarrow$" in (i) e in (ii).

Per dimostrare l'implicazione opposta, si consideri l'omomorfismo canonico di anelli $\varphi\colon \mathbb{Z} \longrightarrow K$: esso si fattorizza attraverso il campo primo $P \subset K$, ossia vale $\operatorname{im}\varphi \subset P$. Se $\operatorname{char} K$ è un numero primo p, allora $\ker \varphi = (p)$ e l'immagine $\operatorname{im}\varphi \simeq \mathbb{Z}/(p)$ è un campo (vedi 2.3/6 o 2.4/6). Poiché P è il più piccolo sottocampo di K, si ha $\operatorname{im}\varphi = P$ e dunque $P \simeq \mathbb{F}_p$. Se invece $\operatorname{char} K = 0$, allora $\operatorname{im}\varphi$ è isomorfo a $\mathbb{Z}$. Il campo delle frazioni $Q(\operatorname{im}\varphi)$ è dunque un sottocampo di P isomorfo a $\mathbb{Q}$ e pertanto risulta $P = Q(\operatorname{im}\varphi) \simeq \mathbb{Q}$. $\qquad\square$

Vogliamo far notare che in un campo K di caratteristica positiva p la formula del binomio di Newton per potenze p-esime assume una forma particolarmente semplice.

Osservazione 3. *Sia p un numero primo e sia R un dominio d'integrità di caratteristica p (o più in generale un anello in cui $p \cdot 1 = 0$). Se $a, b \in R$ e $r \in \mathbb{N}$, allora*

$$(a+b)^{p^r} = a^{p^r} + b^{p^r}, \qquad (a-b)^{p^r} = a^{p^r} - b^{p^r}.$$

Dimostrazione. Applicando il principio di induzione, ci si riduce facilmente al caso $r = 1$. Abbiamo già mostrato nella sezione 2.8 le seguenti relazioni di divisibilità:

$$p \mid \binom{p}{\nu}, \qquad \nu = 1, \dots, p-1.$$

Dunque questi coefficienti binomiali si annullano in R e si ottengono facilmente le formule cercate per $r = 1$ ricordando che nel caso $p = 2$ si ha $1 = -1$ in R. $\qquad\square$

Se K è un campo di caratteristica $p > 0$, l'osservazione 3 mostra che l'applicazione

$$\sigma\colon K \longrightarrow K, \qquad a \longmapsto a^p,$$

è compatibile con l'addizione in K. Essa definisce un omomorfismo di campi, il cosiddetto *omomorfismo di Frobenius* di K.

Esercizi

1. *Esistono omomorfismi tra campi di caratteristica diversa? Si consideri lo stesso problema per domini d'integrità.*

2. Esiste un campo con 6 elementi? Esiste un dominio d'integrità con 6 elementi?

3. Sia K un campo finito e sia K^* il suo gruppo moltiplicativo. Si dimostri che $H = \{a^2 \ ; \ a \in K^*\}$ è un sottogruppo di K^* tale che

$$H = \begin{cases} K^* & \text{se } \operatorname{char} K = 2, \\ \text{sottogruppo di } K^* \text{ di indice 2 se } \operatorname{char} K > 2. \end{cases}$$

4. Sia K un campo di caratteristica positiva. Si dimostri che se K è finito allora l'omomorfismo di Frobenius $\sigma\colon K \longrightarrow K$ è un automorfismo. È vero questo anche senza l'ipotesi di finitezza su K?

5. Si descriva esplicitamente l'omomorfismo di Frobenius di $\mathbb{F}_p$.

3.2 Estensioni finite ed estensioni algebriche

Per *estensione di campi* si intende una coppia di campi $K \subset L$ dove K è un sottocampo di L. In questa situazione diremo, in modo un po' meno preciso, che il campo L è una "estensione" di K. Poiché è possibile restringere la moltiplicazione di L a una moltiplicazione $K \times L \longrightarrow L$, si può considerare L come un K-spazio vettoriale. Le estensioni di campi $K \subset L$ vengono di solito scritte nella forma L/K se non c'è rischio di di confusione con gruppi quoziente o anelli quoziente. Con *campo intermedio* di un'estensione L/K si intende poi un campo E tale che $K \subset E \subset L$.

Definizione 1. *Sia $K \subset L$ un'estensione di campi. Allora la dimensione di spazio vettoriale $[L : K] := \dim_K L$ si dice* grado *di L su K. L'estensione si dice* finita *o* infinita *a seconda che il grado $[L : K]$ sia finito o infinito.*

Chiaramente $L = K$ è equivalente a $[L : K] = 1$.

Proposizione 2 (Formula dei gradi). *Siano $K \subset L \subset M$ estensioni di campi. Allora*

$$[M : K] = [M : L] \cdot [L : K].$$

Dimostrazione. L'uguaglianza ha valore simbolico se uno dei gradi è infinito. Il caso interessante è quello in cui $[M : L]$ e $[L : K]$ sono entrambi finiti. Scelte una base $x_1, \ldots, x_m$ di L come spazio vettoriale su K e una base $y_1, \ldots, y_n$ di M su L, per dimostrare che $[M : K] = [M : L] \cdot [L : K] = mn$ verifichiamo che gli elementi $x_i y_j$, $i = 1, \ldots m$, $j = 1, \ldots, n$, formano una base di M su K. Mostriamo per prima cosa che dall'indipendenza lineare degli x_i su K e degli y_j su L segue l'indipendenza lineare degli $x_i y_j$ su K. Siano dati dunque $c_{ij} \in K$ in modo tale che $\sum_{ij} c_{ij} x_i y_j = 0$. Scrivendo l'espressione a sinistra come combinazione lineare degli y_j a coefficienti in L, otteniamo

$$\sum_{j=1}^{n} \left(\sum_{i=1}^{m} c_{ij} x_i \right) y_j = 0.$$

Poiché gli elementi y_j sono linearmente indipendenti su L, si ha $\sum_i c_{ij} x_i = 0$ per ogni j. Da questo si deduce che $c_{ij} = 0$ per ogni scelta di i e j in quanto gli x_i sono linearmente indipendenti su K. Dunque gli elementi $x_i y_j$ sono linearmente indipendenti su K.

In modo altrettanto semplice si vede che gli $x_i y_j$ generano M come K-spazio vettoriale. Infatti ogni $z \in M$ ammette una rappresentazione $z = \sum_{j=1}^{n} c_j y_j$ a coefficienti $c_j \in L$ poiché gli y_j formano un sistema di generatori di M su L. Inoltre per ogni j c'è una rappresentazione $c_j = \sum_{i=1}^{m} c_{ij} x_i$ a coefficienti $c_{ij} \in K$ in quanto gli x_i formano un sistema di generatori di L su K. Di conseguenza

$$z = \sum_{j=1}^{n} \sum_{i=1}^{m} c_{ij} x_i y_j$$

e si vede che gli $x_i y_j$ formano un sistema di generatori di M su K e dunque, essendo linearmente indipendenti, una base.

Rimane ancora da considerare il caso in cui le estensioni M/L e L/K non siano entrambe finite. Nel primo passo della dimostrazione abbiamo mostrato che, fissati elementi $x_1, \ldots, x_m \in L$ linearmente indipendenti su K ed elementi $y_1, \ldots, y_n \in M$ linearmente indipendenti su L, i prodotti $x_i y_j$ sono linearmente indipendenti su K. In altre parole, da $[L : K] \geq m$ e $[M : L] \geq n$ segue che $[M : K] \geq mn$. Dunque $[M : K]$ è infinito se uno dei gradi $[M : L]$ o $[L : K]$ è infinito. $\square$

Corollario 3. *Se $K \subset L \subset M$ sono estensioni di campi e $p = [M : K]$ è primo, allora $L = K$ oppure $L = M$.*

Esempi di estensioni di campi di grado 2 sono $\mathbb{R} \subset \mathbb{C}$ e $\mathbb{Q} \subset \mathbb{Q}[\sqrt{2}]$, dove $\mathbb{Q}[\sqrt{2}]$ viene pensato come sottoanello di $\mathbb{R}$. L'estensione $\mathbb{Q} \subset \mathbb{R}$ è infinita come pure $K \subset K(X) = Q(K[X])$, con K campo arbitrario.

Definizione 4. *Sia $K \subset L$ un'estensione di campi e sia $\alpha \in L$ un elemento. Si dice che α è algebrico su K se α soddisfa un'equazione algebrica*

$$\alpha^n + c_1 \alpha^{n-1} + \ldots + c_n = 0$$

a coefficienti $c_1, \ldots, c_n \in K$, ossia se il nucleo dell'omomorfismo di valutazione

$$\varphi \colon K[X] \longrightarrow L, \qquad g \longmapsto g(\alpha),$$

non è nullo. In caso contrario α è detto trascendente *su K. Infine si dice che l'estensione L/K è algebrica (o che il campo L è algebrico su K) se ogni $\alpha \in L$ è algebrico su K.*

Ad esempio, se $q \in \mathbb{Q}$, con $q \geq 0$, e $n \in \mathbb{N}-\{0\}$, la radice n-esima $\sqrt[n]{q} \in \mathbb{R}$ è algebrica su $\mathbb{Q}$ in quanto $\sqrt[n]{q}$ è radice del polinomio $X^n - q$. Analogamente, il numero complesso $e^{2\pi i/n}$ è algebrico su $\mathbb{Q}$ in quanto "radice n-esima di uno". In generale tuttavia non è facile decidere se un dato numero complesso z sia algebrico su $\mathbb{Q}$ o meno, in particolare se z viene costruito con metodi analitici: si veda, per esempio, il problema della trascendenza dei numeri e e π cui abbiamo già accennato nell'introduzione.

Osservazione 5. *Se $K \subset L$ è un'estensione di campi e $\alpha \in L$ è algebrico su K, allora esiste un unico polinomio monico di grado minimo $f \in K[X]$ tale che $f(\alpha) = 0$. Il nucleo dell'omomorfismo di valutazione*

$$\varphi \colon K[X] \longrightarrow L, \qquad g \longmapsto g(\alpha)$$

è $\ker \varphi = (f)$. In particolare, f è primo e dunque irriducibile. f si dice polinomio minimo *di α su K.*

Dimostrazione. $K[X]$ è un dominio principale (vedi 2.4/3), pertanto $\ker \varphi$ è generato da un polinomio $f \in K[X]$ e si ha $f \neq 0$ per l'algebricità di α. In quanto generatore di $\ker \varphi$, f è unico a meno di una costante moltiplicativa in K^*. Se rendiamo f monico, allora f è univocamente determinato: f è il polinomio monico di grado minimo in $K[X]$ tale che $f(\alpha) = 0$. In quanto sottoanello di L l'immagine $\operatorname{im} \varphi$ è un dominio d'integrità e inoltre, per il teorema di omomorfismo 2.3/5, essa è isomorfa a $K[X]/(f)$. Si riconosce quindi che f è primo e dunque irriducibile (vedi 2.3/8 e 2.4/6). $\qquad\square$

Proposizione 6. *Sia $K \subset L$ un'estensione di campi e sia $\alpha \in L$ un elemento algebrico su K con $f \in K[X]$ il suo polinomio minimo. Se $K[\alpha]$ indica il sottoanello di L generato da α e K, ossia l'immagine dell'omomorfismo $\varphi\colon K[X] \longrightarrow L$, $g \longmapsto g(\alpha)$, allora φ induce un isomorfismo $K[X]/(f) \xrightarrow{\sim} K[\alpha]$.*

In particolare $K[\alpha]$ è un campo e anzi un'estensione finita di K di grado $[K[\alpha] : K] = \operatorname{grad} f$.

Dimostrazione. Per il teorema di omomorfismo si ha $K[\alpha] = \operatorname{im} \varphi \simeq K[X]/(f)$. Poiché $\ker \varphi = (f)$ è un ideale primo non nullo di $K[X]$, si deduce da 2.4/6 che questo ideale è massimale. Dunque $K[X]/(f)$ e $K[\alpha]$ sono campi.

Rimane ancora da verificare che

$$\dim_K K[X]/(f) = \operatorname{grad} f.$$

Sia $f = X^n + c_1 X^{n-1} + \ldots + c_n$ e dunque $\operatorname{grad} f = n$. La divisione con resto per f in $K[X]$ è unica nel senso che per ogni $g \in K[X]$ esistono polinomi $q, r \in K[X]$, univocamente determinati, tali che

$$g = qf + r, \qquad \operatorname{grad} r < n$$

(vedi 2.1/4). Se $\overline{X} \in K[X]/(f)$ è la classe laterale che contiene $X \in K[X]$, quanto visto sopra mostra che ogni elemento di $K[X]/(f)$, pensato come K-spazio vettoriale, è rappresentabile in modo unico come combinazione lineare di $\overline{X}^0, \ldots, \overline{X}^{n-1}$ a coefficienti in K. Ma questo ci dice che gli elementi $\overline{X}^0, \ldots, \overline{X}^{n-1}$ formano una K-base di $K[X]/(f)$ o, se utilizziamo l'isomorfismo $K[\alpha] \simeq K[X]/(f)$, che $\alpha^0, \ldots, \alpha^{n-1}$ formano una K-base di $K[\alpha]$. Ne segue che $\dim_K K[X]/(f) = \dim_K K[\alpha] = n$. $\qquad\square$

Vogliamo considerare ora un facile esempio. Sia p un numero primo e sia $n \in \mathbb{N} - \{0\}$. Allora $\sqrt[n]{p} \in \mathbb{R}$ è algebrico su $\mathbb{Q}$, ossia $\mathbb{Q}[\sqrt[n]{p}]$ è un'estensione finita di $\mathbb{Q}$. Il polinomio $f = X^n - p \in \mathbb{Q}[X]$ è irriducibile per il criterio di Eisenstein 2.8/1 e ammette $\sqrt[n]{p}$ come radice. Dunque f, in quanto polinomio monico, deve essere il polinomio minimo di $\sqrt[n]{p}$. Di conseguenza si ha

$$[\mathbb{Q}[\sqrt[n]{p}] : \mathbb{Q}] = \operatorname{grad} f = n.$$

In particolare, l'estensione $\mathbb{R}/\mathbb{Q}$ non può essere finita.

Proposizione 7. *Ogni estensione finita di campi $K \subset L$ è algebrica.*

Dimostrazione. Sia $[L : K] = n$ e sia $\alpha \in L$ un elemento. Allora gli $n + 1$ elementi $\alpha^0, \ldots, \alpha^n$ sono linearmente dipendenti su K e risulta

$$c_0 \alpha^0 + \ldots + c_n \alpha^n = 0$$

per opportuni coefficienti $c_i \in K$ non tutti nulli. Dividendo la combinazione lineare a sinistra per il coefficiente avente indice massimo tra quelli non nulli si ottiene un'equazione algebrica per α. $\square$

Come vedremo più avanti, l'implicazione opposta non è vera, ossia esistono estensioni algebriche che non sono finite.

Se $K \subset L$ è un'estensione di campi e $\mathfrak{A} = (\alpha_i)_{i \in I}$ è un sistema di elementi di L (o un sottoinsieme di L), si può considerare il sottocampo $K(\mathfrak{A}) \subset L$ generato da $\mathfrak{A}$ su K. Questo è il più piccolo sottocampo di L che contiene sia K che tutti gli elementi α_i, ossia $K(\mathfrak{A})$ è l'intersezione di tutti sottocampi di L che contengono sia K che ogni α_i. Data un'estensione di campi $K \subset L$, esiste sempre un sistema $\mathfrak{A}$ di elementi di L per cui $L = K(\mathfrak{A})$: per esempio, si prenda come $\mathfrak{A}$ il sistema formato da tutti gli elementi di L. Vogliamo ora descrivere esplicitamente il sottocampo $K(\alpha_1, \ldots, \alpha_n) \subset L$ generato da un numero finito di elementi $\alpha_1, \ldots, \alpha_n \in L$. Esso contiene necessariamente l'anello $K[\alpha_1, \ldots, \alpha_n]$ formato da tutte le espressioni polinomiali $f(\alpha_1, \ldots, \alpha_n)$ con $f \in K[X_1, \ldots, X_n]$ e dunque contiene anche il suo campo delle frazioni, cosicché risulta

$$K(\alpha_1, \ldots, \alpha_n) = Q(K[\alpha_1, \ldots, \alpha_n]).$$

Pertanto $K(\alpha_1, \ldots, \alpha_n)$ consiste di tutte le frazioni della forma

$$\frac{f(\alpha_1, \ldots, \alpha_n)}{g(\alpha_1, \ldots, \alpha_n)}$$

con $f, g \in K[X_1, \ldots, X_n]$, $g(\alpha_1, \ldots, \alpha_n) \neq 0$. Allo stesso modo, dato un qualsiasi sistema $\mathfrak{A} = (\alpha_i)_{i \in I}$ di elementi di L, il campo $K(\mathfrak{A})$ può essere descritto utilizzando i polinomi di $K[\mathfrak{X}]$ con $\mathfrak{X} = (X_i)_{i \in I}$ un sistema di variabili. In alternativa si può pensare $K(\mathfrak{A})$ come l'unione di tutti i sottocampi del tipo $K(\alpha_{i_1}, \ldots, \alpha_{i_s})$ con $i_1, \ldots, i_s \in I$.

Definizione 8. *Un'estensione di campi $K \subset L$ si dice* semplice *se esiste un elemento $\alpha \in L$ tale che $L = K(\alpha)$. Il grado $[K(\alpha) : K]$ viene anche indicato come il* grado di α su K.

Un'estensione di campi L/K si dice finitamente generata *se esiste un numero finito di elementi $\alpha_1, \ldots, \alpha_n \in L$ tali che $L = K(\alpha_1, \ldots, \alpha_n)$.*

Proposizione 9. *Sia $L = K(\alpha_1, \ldots, \alpha_n)$ un'estensione finitamente generata di un campo K. Se gli elementi $\alpha_1, \ldots, \alpha_n$ sono algebrici su K, allora:*
  (i) *$L = K(\alpha_1, \ldots, \alpha_n) = K[\alpha_1, \ldots, \alpha_n]$.*
  (ii) *L è un'estensione finita di K e quindi, in particolare, un'estensione algebrica.*

Dimostrazione. Applichiamo il principio di induzione su n. Il caso $n = 1$ è già stato considerato nella proposizione 6. Sia dunque $n > 1$. Per ipotesi induttiva possiamo assumere che $K[\alpha_1, \ldots, \alpha_{n-1}]$ sia un'estensione finita del campo K. Segue dalla proposizione 6 che $K[\alpha_1, \ldots, \alpha_n]$ è un'estensione finita di $K[\alpha_1, \ldots, \alpha_{n-1}]$. Per la proposizione 2 il campo $K[\alpha_1, \ldots, \alpha_n]$ è allora finito su K e quindi algebrico su K grazie alla proposizione 7. Poiché $K[\alpha_1, \ldots, \alpha_n]$ è già un campo, $K(\alpha_1, \ldots, \alpha_n)$ coincide con $K[\alpha_1, \ldots, \alpha_n]$. $\square$

La proposizione racchiude il non banale asserto che ogni estensione semplice generata da un elemento algebrico è essa stessa algebrica, il che significa che *ogni* elemento di L è algebrico su K. Utilizzando questo fatto, si verifica facilmente che per $n \in \mathbb{N}-\{0\}$, il numero reale $\cos \frac{\pi}{n}$ è algebrico su $\mathbb{Q}$. Infatti $\cos \frac{\pi}{n}$ è contenuto in $\mathbb{Q}(e^{\pi i/n})$ e l'elemento $e^{\pi i/n}$ è algebrico su $\mathbb{Q}$ in quanto radice $2n$-esima di 1. Poiché un'estensione finita di campi L/K è sempre finitamente generata, per esempio da una K-base di L, unendo i risultati delle proposizioni 7 e 9, si ottiene:

Corollario 10. *Sia $K \subset L$ un'estensione di campi. Sono allora equivalenti:*
  (i) *L/K è finita.*
  (ii) *L è generata su K da un numero finito di elementi algebrici.*
  (iii) *L è un'estensione algebrica finitamente generata di K.*

Se $\mathfrak{A} = (\alpha_i)_{i \in I}$ è un sistema di generatori di un'estensione di campi L/K, allora L è unione di tutti i sottocampi del tipo $K(\alpha_{i_1}, \ldots, \alpha_{i_s})$, dove $i_1, \ldots, i_s \in I$. Segue in particolare dal corollario 10 che L/K è algebrica se tutti gli α_i sono algebrici su K. Da questo si ottiene la seguente caratterizzazione delle estensioni algebriche (non necessariamente finitamente generate):

Corollario 11. *Sia $K \subset L$ un'estensione di campi. Sono allora equivalenti:*
  (i) *L/K è algebrica.*
  (ii) *L è generata su K da elementi algebrici.*

Mostriamo ora come la nozione di estensione algebrica sia naturalmente transitiva.

Proposizione 12. *Siano $K \subset L \subset M$ estensioni di campi. Se $\alpha \in M$ è un elemento algebrico su L e se L/K è algebrica, allora α è algebrico su K. In particolare, l'estensione M/K è algebrica se e solo se M/L e L/K sono algebriche.*

Dimostrazione. Sia $f = X^n + c_1 X^{n-1} + \ldots + c_n \in L[X]$ il polinomio minimo di α su L. Allora α è algebrico sul sottocampo $K(c_1, \ldots, c_n)$ di L, il che significa, grazie alla proposizione 6, che

$$[K(c_1, \ldots, c_n, \alpha) : K(c_1, \ldots, c_n)] < \infty.$$

Poiché per la proposizione 9 si ha pure

$$[K(c_1, \ldots, c_n) : K] < \infty,$$

segue dalla proposizione 2 che

$$[K(c_1, \ldots, c_n, \alpha) : K] < \infty.$$

Per la proposizione 7, $K(c_1, \ldots, c_n, \alpha)$ è allora algebrico su K e in particolare α è algebrico su K.

Le argomentazioni fornite mostrano che l'estensione M/K è algebrica se M/L e L/K sono algebriche. Il viceversa è banale. □

Per concludere diamo un esempio di estensione algebrica che non è finita e che quindi non è finitamente generata. Poniamo

$$L = \{\alpha \in \mathbb{C} \, ; \, \alpha \text{ è algebrico su } \mathbb{Q}\}.$$

L è un'estensione del campo $\mathbb{Q}$ perché se $\alpha, \beta \in L$, allora $\mathbb{Q}(\alpha, \beta) \subset L$. Per definizione $L/\mathbb{Q}$ è algebrica. Si ha inoltre $[L : \mathbb{Q}] = \infty$ perché L contiene come sottocampo $\mathbb{Q}(\sqrt[n]{p})$ per ogni $n \in \mathbb{N} - \{0\}$ e ogni numero primo p e, come abbiamo visto, $\mathbb{Q}(\sqrt[n]{p})$ ha grado n su $\mathbb{Q}$. Si scrive $L = \overline{\mathbb{Q}}$ e $\overline{\mathbb{Q}}$ viene detta *chiusura algebrica* di $\mathbb{Q}$ in $\mathbb{C}$.

Esercizi

1. *Sia L/K un'estensione di campi. Si dimostri nel dettaglio che, dati $a, b \in L$ algebrici su K, anche la loro somma $a + b$ è algebrica su K.*

2. *Si caratterizzino le estensioni algebriche in termini di estensioni finite.*

3. *Si spieghi perché ogni elemento in $\mathbb{C} - \overline{\mathbb{Q}}$ è trascendente su $\overline{\mathbb{Q}}$.*

4. Sia L/K un'estensione finita di campi con $p = [L : K]$ primo. Si dimostri che esiste un $\alpha \in L$ tale che $L = K(\alpha)$.

5. Sia L/K estensione finita di campi di grado $[L : K] = 2^k$. Sia inoltre $f \in K[X]$ un polinomio di grado 3 avente una radice in L. Si dimostri che f ha una radice in K.

6. Si dimostri che un'estensione di campi L/K è algebrica se e solo se ogni sottoanello R con $K \subset R \subset L$ è un campo.

7. Sia L/K un'estensione finita di campi. Si dimostri quanto segue:
   (i) Dato un $a \in L$, il polinomio minimo di a su K è il polinomio minimo dell'endomorfismo di K-spazi vettoriali $\varphi_a : L \longrightarrow L$, $x \longmapsto ax$.
   (ii) Se $L = K(a)$, allora il polinomio minimo di a su K coincide col polinomio caratteristico di φ_a.
   (iii) Dato $a \in L$, il polinomio caratteristico di φ_a viene anche detto *polinomio di campo* di a relativo all'estensione L/K. Questo è sempre una potenza del polinomio minimo di a su K.

8. Sia $\alpha \in \mathbb{C}$ tale che $\alpha^3 + 2\alpha - 1 = 0$. Allora α è algebrico su $\mathbb{Q}$. Si determini il polinomio minimo di α su $\mathbb{Q}$ e lo stesso per $\alpha^2 + \alpha$.

9. Sia K un campo e sia x un elemento di un'estensione di K. Si dimostri che se x è trascendente su K anche x^n, dove $n \in \mathbb{N} - \{0\}$, è trascendente su K e risulta $[K(x) : K(x^n)] = n$.

10. Sia L/K un'estensione di campi e sia $\alpha \in L$ un elemento algebrico su K. Si dimostri che, dato $n \in \mathbb{N} - \{0\}$, risulta $[K(\alpha^n) : K] \geq \frac{1}{n}[K(\alpha) : K]$.

11. Sia K un campo e sia $K(X)$ il campo delle funzioni in una variabile su K. Sia inoltre $q = f/g \in K(X) - K$ con $f, g \in K[X]$ polinomi coprimi. Si dimostri che q è trascendente su K e che vale

$$[K(X) : K(q)] = \max(\mathrm{grad}\, f, \mathrm{grad}\, g).$$

Si determini il polinomio minimo di X su $K(q)$. (Suggerimento: si usi l'esercizio 3 della sezione 2.7.)

12. Sia L/K un'estensione di campi. Si dimostri che due elementi $\alpha, \beta \in L$ sono algebrici su K se e solo se $\alpha + \beta$ e $\alpha \cdot \beta$ sono algebrici su K.

13. Siano $\alpha, \beta \in \mathbb{C}$ e $m, n \in \mathbb{N}$ tali che $\mathrm{MCD}(m, n) = 1$ e $\alpha^m = 2$, $\beta^n = 3$. Si mostri che $\mathbb{Q}(\alpha, \beta) = \mathbb{Q}(\alpha \cdot \beta)$ e si trovi il polinomio minimo di $\alpha \cdot \beta$ su $\mathbb{Q}$.

3.3 Estensioni intere di anelli*

Mostreremo qui di seguito come la teoria delle estensioni finite (risp. algebriche) di campi studiata nella sezione 3.2 si debba considerare per molti aspetti come un caso speciale della teoria delle estensioni intere di anelli sviluppata in questa sezione. Vedremo poi, ad esempio nel corollario 8, che la cornice generale della teoria degli anelli produce nuove conoscenze circa le estensioni di campi. In 3.2 avevamo usato gli spazi vettoriali su un campo come aiuto tecnico; analogamente nel trattare estensioni di anelli lavoreremo con i moduli. Rimandiamo alla sezione 2.9 per la definizione di modulo su un anello.

Data un'estensione di anelli $R \subset R'$, si può sempre interpretare l'inclusione $R \hookrightarrow R'$ come un omomorfismo di anelli. Ci occuperemo quindi, al posto di estensioni di anelli, più in generale, di omomorfismi di anelli. Dato un omomorfismo di anelli $\varphi \colon A \longrightarrow B$, è possibile interpretare in modo naturale B come un A-modulo: si moltiplicano elementi $a \in A$ con elementi $b \in B$, costruendo il prodotto $\varphi(a)b$ in B. Si dice che φ è *finito* se B è un A-modulo finito rispetto a φ; diremo anche che B è finito su A o, se φ è una inclusione, che l'estensione $A \hookrightarrow B$ è finita. Inoltre si dice che B è *di tipo finito su A* (risp. che φ o l'estensione $A \hookrightarrow B$ sono *di tipo finito*) se esiste un epimorfismo $\Phi \colon A[X_1, \ldots, X_n] \longrightarrow B$ (di un anello di polinomi in un numero finito di variabili su A in B) il quale prolunga φ. Ogni omomorfismo finito di anelli è in particolare di tipo finito. Possiamo caratterizzare il fatto che un omomorfismo $\varphi \colon A \longrightarrow B$ sia di tipo finito con l'esistenza di elementi $x_1, \ldots, x_n \in B$ tali che $B = \varphi(A)[x_1, \ldots, x_n]$ dove, come spiegato in 2.5, $\varphi(A)[x_1, \ldots, x_n] \subset B$ è il sottoanello formato da tutte le espressioni polinomiali $f(x_1, \ldots, x_n)$ al variare di $f \in \varphi(A)[X_1, \ldots, X_n]$. Per comodità indicheremo questo anello anche con $A[x_1, \ldots, x_n]$. Nella situazione precedente si lavora spesso in termini di algebre. Un'*algebra B* su un anello A non è altro che un omomorfismo di anelli $A \longrightarrow B$. In particolare si può parlare di A-algebre finite (ossia finite come A-moduli) e di A-algebre di tipo finito. Ricordiamo che per omomorfismo tra due A-algebre B e C non si intende semplicemente un omomorfismo di anelli $B \longrightarrow C$, ma un omomorfismo che sia compatibile con gli omomorfismi di definizione $A \longrightarrow B$ e $A \longrightarrow C$

cosicché il diagramma

risulti commutativo. È evidente che un'estensione di campi $K \subset L$ è finita se e solo se è finita come estensione di anelli. Si osservi, tuttavia, che non vale un'analoga affermazione per estensioni finitamente generate di campi e estensioni di tipo finito di anelli. Precisamente, $K \subset L$ è finitamente generata come estensione di campi se $K \subset L$ è di tipo finito come estensione di anelli. Vedremo però alla fine di questa sezione che il viceversa non è vero in generale. Vogliamo dapprima trasferire la nozione di "estensione algebrica" di campi al contesto degli anelli.

Lemma 1. *Si consideri un omomorfismo di anelli* $\varphi \colon A \longrightarrow B$ *e sia* $b \in B$. *Sono allora equivalenti:*

(i) *Esiste un'equazione intera di* b *su* A, *ossia un'equazione della forma* $f(b) = 0$ *con* $f \in A[X]$ *polinomio monico.*

(ii) *Il sottoanello* $A[b] \subset B$ *è un* A-*modulo finitamente generato.*

(iii) *Esiste un* A-*sottomodulo* $M = \sum_{i=1}^{n} Am_i$ *di* B, *finitamente generato come* A-*modulo, tale che* $1 \in M$ *e* $bM \subset M$.

Dimostrazione. Cominciamo con l'implicazione (i) $\Longrightarrow$ (ii). Esiste, per ipotesi, un'equazione $f(b) = 0$ con $f \in A[X]$ polinomio monico; sia

$$b^n + a_1 b^{n-1} + \ldots + a_n = 0.$$

Allora b^n è un elemento dell'A-modulo $M = \sum_{i=0}^{n-1} Ab^i$ e si dimostra per induzione che $b^i \in M$ per ogni $i \in \mathbb{N}$; pertanto $A[b] \subset M$ e dunque $A[b] = M$. Allora $A[b]$ è un A-modulo finitamente generato, come richiesto in (ii).

L'implicazione (ii) $\Longrightarrow$ (iii) è banale. Rimane quindi da verificare solo l'implicazione (iii) $\Longrightarrow$ (i). Sia $M = \sum_{i=1}^{n} Am_i \subset B$ un A-sottomodulo di B, finitamente generato, tale che $1 \in M$ e $bM \subset M$. Dall'ultima inclusione si deduce che esiste un sistema di equazioni

$$bm_1 = a_{11}m_1 + \ldots + a_{1n}m_n,$$
$$\ldots$$
$$\ldots$$
$$\ldots$$
$$bm_n = a_{n1}m_1 + \ldots + a_{nn}m_n,$$

con coefficienti $a_{ij} \in A$; lo si può scrivere in forma matriciale come

$$\Delta \cdot \begin{pmatrix} m_1 \\ \vdots \\ m_n \end{pmatrix} = 0,$$

con la matrice $\Delta = (b\delta_{ij} - a_{ij})_{i,j=1,\ldots,n} \in B^{n \times n}$, dove δ_{ij} indica il simbolo di Kronecker definito come $\delta_{ij} = 1$ se $i = j$ e $\delta_{ij} = 0$ se $i \neq j$. Applichiamo ora la "regola di Cramer" (vedi per esempio [3], Satz 4.4/3), ossia la relazione

$$(*) \qquad\qquad \Delta^* \cdot \Delta = (\det \Delta) \cdot E.$$

Qui $\Delta^* \in B^{n \times n}$ è la matrice aggiunta di Δ mentre $E \in B^{n \times n}$ è la matrice identica. Questa uguaglianza viene dimostrata in Algebra Lineare per matrici a coefficienti in un campo, ma vale anche su un anello B qualunque. Infatti, guardando ai coefficienti delle matrici che compaiono a destra e a sinistra, la $(*)$ rappresenta un sistema di identità polinomiali tra i coefficienti di Δ. Considerando i coefficienti c_{ij} di Δ come variabili, è possibile formulare queste uguaglianze nell'anello $\mathbb{Z}[c_{ij}]$ e derivarle dal caso trattato in Algebra Lineare, semplicemente passando al campo delle frazioni $\mathbb{Q}(c_{ij})$.

Utilizzando $(*)$ si ottiene

$$(\det \Delta) \cdot \begin{pmatrix} m_1 \\ \vdots \\ m_n \end{pmatrix} = \Delta^* \cdot \Delta \cdot \begin{pmatrix} m_1 \\ \vdots \\ m_n \end{pmatrix} = 0,$$

ossia $(\det \Delta) \cdot m_i = 0$ per ogni $i = 1, \dots, n$. Poiché si può scrivere l'elemento neutro (per la moltiplicazione) $1 \in B$ come combinazione lineare degli m_i a coefficienti in A, si ottiene $\det \Delta = (\det \Delta) \cdot 1 = 0$. Pertanto

$$\det(\delta_{ij} X - a_{ij}) \in A[X]$$

è un polinomio monico che si annulla in b, come voluto. $\qquad\qquad \square$

Definizione 2. *Sia $\varphi \colon A \longrightarrow B$ un omomorfismo di anelli. Si dice che un elemento $b \in B$ è intero su A (relativamente a φ) se b e φ soddisfano le condizioni equivalenti nel lemma 1. Si dice inoltre che B è intero su A (o che φ è intero) se ogni $b \in B$ è intero su A nel senso appena definito.*

È evidente che il concetto di "intero" corrisponde nel caso di un'estensione di campi al concetto di "algebrico". Nel dimostrare le equivalenze elencate nel lemma 1 abbiamo già chiarito i legami essenziali tra le estensioni intere e le estensioni finite di anelli. Vogliamo esplicitare alcune conseguenze e precisamente generalizzare i risultati 3.2/7, 3.2/9 e 3.2/12.

Corollario 3. *Ogni omomorfismo finito di anelli $A \longrightarrow B$ è intero.*

Dimostrazione. Si utilizzi la condizione (iii) del lemma 1 con $M = B$ per caratterizzare il fatto che $A \longrightarrow B$ sia intero. $\qquad\qquad \square$

Corollario 4. *Sia $\varphi \colon A \longrightarrow B$ un omomorfismo di tipo finito di anelli, per esempio $B = A[b_1, \dots, b_r]$. Se gli elementi $b_1, \dots, b_r \in B$ sono interi su A, allora $A \longrightarrow B$ è finito e in particolare intero.*

Dimostrazione. Si consideri la seguente catena di estensioni di anelli:

$$\varphi(A) \subset \varphi(A)[b_1] \subset \ldots \subset \varphi(A)[b_1, \ldots, b_r] = B.$$

Ogni sottoestensione è finita (vedi lemma 1) e si deduce facilmente per induzione che anche B è finito su A. Per il passo induttivo si moltiplicano gli elementi di un sistema di generatori di B come modulo su $\varphi(A)[b_1, \ldots, b_{r-1}]$ per gli elementi di un sistema di generatori dell'A-modulo $\varphi(A)[b_1, \ldots, b_{r-1}]$. In totale si ottiene un sistema di generatori di B su A (si confronti questa dimostrazione con quella di 3.2/2). $\qquad\square$

Corollario 5. *Se $A \longrightarrow B$, $B \longrightarrow C$ sono due omomorfismi finiti (risp. interi) di anelli, allora anche la loro composizione $A \longrightarrow C$ è finita (risp. intera).*

Dimostrazione. Il caso "finito" si ottiene con le stesse argomentazioni usate nella dimostrazione del corollario 4. Siano ora $A \longrightarrow B$, $B \longrightarrow C$ interi e sia $c \in C$. Allora c soddisfa un'equazione intera su B:

$$c^n + b_1 c^{n-1} + \ldots + b_n = 0, \qquad b_1, \ldots, b_n \in B.$$

Da questo segue che $c \in C$ è intero su $A[b_1, \ldots, b_n]$. Per il corollario 4 l'estensione $A[b_1, \ldots, b_n] \longrightarrow A[b_1, \ldots, b_n, c]$ è dunque finita. Sempre per il corollario 4 anche l'estensione $A \longrightarrow A[b_1, \ldots, b_n]$ è finita e di conseguenza $A \longrightarrow A[b_1, \ldots, b_n, c]$ risulta finita. Pertanto questo omomorfismo è intero (vedi corollario 3) e, in particolare, c è intero su A. Facendo variare c in C, si vede che $A \longrightarrow C$ è intero. $\qquad\square$

Vogliamo dimostrare ora un teorema di fondamentale importanza per lo studio di algebre di tipo finito su campi. Tratteremo solo in 7.1 un risultato analogo per le estensioni di campi, precisamente la decomposizione di una qualsiasi estensione di campi in una parte puramente trascendente e una algebrica.

Teorema 6 (Lemma di normalizzazione di Noether). *Sia K un campo e sia $K \hookrightarrow B$ una K-algebra di tipo finito, non banale. Esiste allora un sistema di elementi $x_1, \ldots, x_r \in B$ algebricamente indipendente su K (vedi 2.5/6) tale che B è finito sul sottoanello $K[x_1, \ldots, x_r] \subset B$.*

In altri termini, esiste un omomorfismo $K[X_1, \ldots, X_r] \hookrightarrow B$ iniettivo e finito dove $K[X_1, \ldots, X_r]$ è l'anello dei polinomi in un numero finito di variabili su K.

Dimostrazione. Sia $B = K[b_1, \ldots, b_n]$ per opportuni elementi $b_1, \ldots, b_n \in B$. Se $b_1, \ldots, b_n$ sono algebricamente indipendenti su K, non c'è nulla da dimostrare. Siano dunque $b_1, \ldots, b_n$ algebricamente dipendenti su K. Esiste allora una relazione non banale della forma

$$(*) \qquad\qquad \sum_{(\nu_1 \ldots \nu_n) \in I} a_{\nu_1 \ldots \nu_n} b_1^{\nu_1} \ldots b_n^{\nu_n} = 0$$

con coefficienti $a_{\nu_1 \dots \nu_n} \in K^*$, dove la somma coinvolge un insieme finito I di n-uple $(\nu_1, \dots, \nu_n) \in \mathbb{N}^n$. Si considerino ora nuovi elementi $x_1, \dots, x_{n-1} \in B$ e precisamente

$$x_1 = b_1 - b_n^{s_1}, \quad \dots, \quad x_{n-1} = b_{n-1} - b_n^{s_{n-1}},$$

per opportuni esponenti $s_1, \dots, s_{n-1} \in \mathbb{N} - \{0\}$, che preciseremo in seguito. Si ha allora

$$B = K[b_1, \dots, b_n] = K[x_1, \dots, x_{n-1}, b_n].$$

Sostituendo $b_i = x_i + b_n^{s_i}$, $i = 1, \dots, n-1$ nella relazione $(*)$ e sviluppando le potenze $b_i^{\nu_i} = (x_i + b_n^{s_i})^{\nu_i}$ in $b_n^{s_i \nu_i}$ più termini in b_n di grado inferiore, si ottiene una nuova relazione della forma

$$(**) \qquad \sum_{(\nu_1 \dots \nu_n) \in I} a_{\nu_1 \dots \nu_n} b_n^{s_1 \nu_1 + \dots + s_{n-1} \nu_{n-1} + \nu_n} + f(x_1, \dots, x_{n-1}, b_n) = 0.$$

Qui $f(x_1, \dots, x_{n-1}, b_n)$ è un'espressione polinomiale in b_n a coefficienti nell'anello $K[x_1, \dots, x_{n-1}]$ il cui grado in b_n è strettamente minore del massimo tra tutti i numeri $s_1 \nu_1 + \dots + s_{n-1} \nu_{n-1} + \nu_n$ al variare di $(\nu_1, \dots, \nu_n) \in I$. Come si vede facilmente, i numeri $s_1, \dots, s_{n-1} \in \mathbb{N}$ possono essere scelti in modo che gli esponenti $s_1 \nu_1 + \dots + s_{n-1} \nu_{n-1} + \nu_n$ relativi alle n-uple di indici $(\nu_1, \dots, \nu_n) \in I$ che compaiono in $(**)$ siano tutti distinti: basta prendere $t \in \mathbb{N}$ maggiore del massimo tra tutti i $\nu_1, \dots, \nu_n$ con $(\nu_1, \dots, \nu_n) \in I$ e porre

$$s_1 = t^{n-1}, \dots, s_{n-1} = t^1.$$

Considerando ora la somma in $(**)$ come un polinomio in b_n a coefficienti in $K[x_1, \dots, x_{n-1}]$, uno dei termini della forma $a b_n^N$ con coefficiente $a \in K^*$ ha grado maggiore degli altri. Si ottiene dunque, moltiplicando $(**)$ per a^{-1}, un'equazione intera di b_n su $K[x_1, \dots, x_{n-1}]$ e segue dal corollario 4 che l'estensione $K[x_1, \dots, x_{n-1}] \hookrightarrow B$ è finita. Se ora gli $x_1, \dots, x_{n-1}$ sono algebricamente indipendenti su K, abbiamo finito, altrimenti si ripete la costruzione appena descritta con l'anello $K[x_1, \dots, x_{n-1}]$ al posto di B. Si procede in questo modo finché non si giunge a un sistema $x_1, \dots, x_r$ algebricamente indipendente su K. □

Si può dimostrare che il numero r che compare nel lemma di normalizzazione di Noether è univocamente determinato: r è la cosiddetta *dimensione* dell'anello B. Nel caso in cui B sia un dominio d'integrità, si può facilmente ricondurre l'unicità di r a un'analoga affermazione di unicità per il grado di trascendenza di estensioni di campi (vedi 7.1/5). Vogliamo spiegarlo qui brevemente, anticipando quanto vedremo nella sezione 7.1. Se l'estensione $K[x_1, \dots, x_r] \hookrightarrow B$ è finita e $x_1, \dots, x_r \in B$ sono elementi algebricamente indipendenti su K, allora il campo delle frazioni $Q(B)$ è algebrico sull'estensione puramente trascendente $K(x_1, \dots, x_r)$ di K. Pertanto gli elementi $x_1, \dots, x_r$ formano una base di trascendenza di $Q(B)/K$ (vedi 7.1/2) e risulta $\operatorname{trgrad}_K Q(B) = r$.

Mostriamo come applicazione del lemma di normalizzazione di Noether che, come già accennato all'inizio, un'estensione finitamente generata di campi non è necessariamente un'estensione di tipo finito di anelli. Cominciamo dimostrando un risultato preliminare.

Lemma 7. *Sia $A \hookrightarrow B$ un'estensione intera di domini d'integrità. Se uno tra A e B è un campo, allora anche l'altro lo è.*

Dimostrazione. Sia A un campo e sia $b \neq 0$ un elemento di B. Allora b soddisfa un'equazione intera su A, per esempio

$$b^n + a_1 b^{n-1} + \ldots + a_n = 0, \qquad a_1, \ldots, a_n \in A.$$

Moltiplicando nel campo delle frazioni di B per una opportuna potenza di b^{-1}, possiamo assumere $a_n \neq 0$. Da $a_n^{-1} \in A$ segue allora

$$b^{-1} = -a_n^{-1}(b^{n-1} + a_1 b^{n-2} + \ldots + a_{n-1}) \in B,$$

e dunque B è un campo.

Se viceversa B è un campo, si consideri un elemento $a \in A$, $a \neq 0$. Allora $a^{-1} \in B$ soddisfa un'equazione intera su A, del tipo

$$a^{-n} + a_1 a^{-n+1} + \ldots + a_n = 0, \qquad a_1, \ldots, a_n \in A,$$

e si ottiene

$$a^{-1} = -a_1 - a_2 a - \ldots - a_n a^{n-1} \in A,$$

ossia A è un campo. $\qquad\qquad\qquad\qquad\qquad\qquad\qquad\qquad\qquad\qquad\quad$ $\square$

Corollario 8. *Sia $K \subset L$ un'estensione di campi e supponiamo che esistano elementi $x_1, \ldots, x_n \in L$ tali che $L = K[x_1, \ldots, x_n]$, ossia che $K \subset L$ sia un'estensione di tipo finito di anelli. Allora l'estensione $K \subset L$ è finita.*

Dimostrazione. Per il lemma di normalizzazione di Noether esistono elementi $y_1, \ldots, y_r$ in L, algebricamente indipendenti su K tali che l'estensione di anelli $K[y_1, \ldots, y_r] \hookrightarrow L$ è finita. Essendo L un campo, anche $K[y_1, \ldots, y_r]$ lo è per il lemma 7. Un anello di polinomi in r variabili su K non può però essere un campo se $r > 0$. Perciò necessariamente si ha $r = 0$ e l'estensione $K \hookrightarrow L$ è finita. $\qquad$ $\square$

Si può facilmente realizzare una situazione del tipo descritto nel corollario 8, considerando anelli di polinomi modulo ideali massimali.

Corollario 9. *Sia $K[X_1, \ldots, X_n]$ l'anello dei polinomi in n variabili su un campo K e sia $\mathfrak{m} \subset K[X_1, \ldots, X_n]$ un ideale massimale. Allora l'applicazione canonica $K \longrightarrow K[X_1, \ldots, X_n]/\mathfrak{m} = L$ è finita e di conseguenza L/K è un'estensione finita di campi.*

Dimostrazione. Risulta $L = K[x_1, \ldots, x_n]$, dove $x_i \in L$ indica la classe laterale che contiene la variabile X_i. $\qquad\qquad\qquad\qquad\qquad\qquad\qquad\qquad\qquad\qquad$ $\square$

Dato un campo K, consideriamo il campo $K(X)$ delle funzioni in una variabile X su K; l'estensione $K(X)/K$ è sì finitamente generata, precisamente dalla variabile X, ma per il corollario 8 non può essere un'estensione di tipo finito di anelli in quanto il grado $[K(X) : K]$ è infinito. Questo mostra che, come osservato all'inizio, le proprietà "finitamente generato" e "di tipo finito" per estensioni di campi non sono in generale equivalenti.

Esercizi

1. *Sia $A \subset B$ un'estensione intera di anelli. Si discuta se sia possibile definire "il" polinomio minimo di un elemento $b \in B$ su A. Si consideri come esempio l'estensione $A = \{\sum c_i X^i \in K[X] \, ; \, c_1 = 0\} \subset K[X] = B$, dove $K[X]$ è l'anello dei polinomi in una variabile su un campo K.*

2. Dato un omomorfismo di anelli $A \longrightarrow B$, si indichi con $\overline{A}$ l'insieme degli elementi di B che sono interi su A. Si dimostri che $\overline{A}$ è un sottoanello di B con la proprietà che $A \longrightarrow B$ si restringe a un omomorfismo intero $A \longrightarrow \overline{A}$. L'anello $\overline{A}$ è detto la *chiusura integrale* di A in B.

3. Sia A un dominio fattoriale. Si dimostri che A è integralmente chiuso nel suo campo delle frazioni, ossia che la chiusura integrale di A in $Q(A)$, nel senso dell'esercizio 2, coincide con A.

4. Sia $\varphi \colon A \hookrightarrow A'$ un'estensione intera di anelli. Si dimostri che per ogni ideale massimale $\mathfrak{m}' \subset A'$ anche l'ideale $\varphi^{-1}(\mathfrak{m}') \subset A$ è massimale e che, viceversa, per ogni ideale massimale $\mathfrak{m} \subset A$ esiste un ideale massimale $\mathfrak{m}' \subset A'$ tale che $\varphi^{-1}(\mathfrak{m}') = \mathfrak{m}$. (Suggerimento: si può usare il fatto che ogni anello non nullo ammette un ideale massimale, come dimostrato in 3.4/6.)

3.4 Chiusura algebrica di un campo

Scopo di questa sezione è costruire una chiusura algebrica di un campo K, ossia un'estensione minimale $\overline{K}/K$ in modo tale che ogni polinomio non costante di $\overline{K}[X]$ ammetta una radice in $\overline{K}$. Partiamo dalla *costruzione di Kronecker* già più volte nominata: essa permette di costruire, dato un polinomio non costante $f \in K[X]$, un'estensione di campi L/K in modo tale che f abbia una radice in L.

Proposizione 1. *Sia K un campo e sia $f \in K[X]$ un polinomio di grado ≥ 1. Esiste allora un'estensione algebrica di campi $K \subset L$ tale che f ha una radice in L. Se f è irriducibile, si può porre $L := K[X]/(f)$.*

Dimostrazione. Possiamo supporre f irriducibile, altrimenti si sostituisce f con uno dei suoi fattori irriducibili. Per 2.4/6, (f) è allora un ideale massimale in $K[X]$ e dunque $L := K[X]/(f)$ è un campo. Si consideri ora la composizione

$$K \hookrightarrow K[X] \xrightarrow{\ \pi\ } K[X]/(f) = L,$$

dove π è l'epimorfismo canonico. L'omomorfismo $K \longrightarrow L$ che ne risulta è iniettivo in quanto omomorfismo di campi e, identificando K con la sua immagine tramite $K \longrightarrow L$, permette di considerare L come un'estensione di K. Si ponga ora $x := \pi(X)$. Se $f = \sum_{i=0}^{n} c_i X^i$, si ha

$$f(x) = \sum_{i=0}^{n} c_i x^i = \sum_{i=0}^{n} c_i \pi(X)^i = \pi(\sum_{i=0}^{n} c_i X^i) = \pi(f) = 0,$$

ossia x è una radice di f.   □

Nella costruzione di Kronecker si dice che L è ottenuto a partire da K per *aggiunzione di una radice x* di f. Lo zero x di f è per così dire "ottenuto con la forza", costruendo a partire da $K[X]$ l'anello quoziente $L = K[X]/(f)$. Si può poi staccare da f un fattore lineare su L e ripetere il processo. Dopo un numero finito di passi si arriva così a un'estensione di campi K' di K su cui f si spezza completamente in fattori lineari. Per costruire una chiusura algebrica di K si dovrebbe in principio applicare questo processo contemporaneamente a tutti i polinomi non costanti di $K[X]$.

Definizione 2. *Un campo K si dice* algebricamente chiuso *se ogni polinomio non costante f in $K[X]$ ha una radice in K o, in altri termini, se f si spezza completamente in fattori lineari in $K[X]$. Quest'ultimo fatto significa che f ammette una rappresentazione $f = c \prod_i (X - \alpha_i)$ dove $c \in K^*$ è una costante e $\alpha_i \in K$ sono le radici di f.*

Osservazione 3. *Un campo K è algebricamente chiuso se e solo se non ammette alcuna estensione algebrica propria L/K.*

Dimostrazione. Sia K algebricamente chiuso e sia $K \subset L$ un'estensione algebrica. Se $\alpha \in L$ ha polinomio minimo $f \in K[X]$, allora f si fattorizza su K in polinomi lineari ed è dunque lineare in quanto irriducibile. Questo implica che $\alpha \in K$ e pertanto $L = K$. Viceversa, sia noto che K non ammette alcuna estensione algebrica propria. Si consideri allora un polinomio $f \in K[X]$ con $\mathrm{grad}\, f \geq 1$. La costruzione di Kronecker fornisce un'estensione algebrica L/K dove L contiene una radice in f. Per ipotesi si ha allora $L = K$ cosicché f ha già una radice in K. Ne deriva che K è algebricamente chiuso.   □

Teorema 4. *Ogni campo K ammette un'estensione algebricamente chiusa L.*

Per dimostrare questo risultato avremo bisogno dell'esistenza di ideali massimali in anelli $R \neq 0$. Vogliamo dedurla dal lemma di Zorn che spiegheremo qui di seguito.

Sia M un insieme. Un *ordinamento (parziale)* su M è una relazione $\leq$[1] che soddisfa la proprietà riflessiva, la proprietà simmetrica e la proprietà transitiva,

---

[1] Una relazione su M è un sottoinsieme $R \subset M \times M$ e scriveremo qui $x \leq y$ al posto di $(x, y) \in R$.

ossia:

$$x \leq x \text{ per ogni } x \in M \qquad \text{(proprietà riflessiva)}$$
$$x \leq y, \, y \leq z \implies x \leq z \qquad \text{(proprietà transitiva)}$$
$$x \leq y, \, y \leq x \implies x = y \qquad \text{(proprietà antisimmetrica)}.$$

Un ordinamento si dice *totale* se, presi comunque elementi $x, y \in M$, si ha sempre $x \leq y$ oppure $y \leq x$, ossia se tutti gli elementi di M sono confrontabili tra loro.

L'usuale relazione $\leq$ tra i numeri reali rappresenta un ordinamento totale su $\mathbb{R}$. Si può anche partire da un insieme X e definire M come l'insieme delle parti di X. Allora l'inclusione di sottoinsiemi è un ordinamento parziale su M. Questo ordinamento non è in generale totale poiché dati $U, U' \subset X$ non si ha necessariamente $U \subset U'$ né $U' \subset U$. In modo simile si può considerare l'insieme M di tutti gli ideali propri $\mathfrak{a} \subsetneq R$ di un anello R con l'inclusione quale ordinamento. Allora $\mathfrak{a}$ è un ideale massimale di R se e solo se $\mathfrak{a}$ è un elemento massimale di M. Vogliamo precisare questa terminologia, dando le seguenti definizioni per un insieme M con ordinamento parziale $\leq$ e per un elemento $a \in M$:

a si dice *massimo* di M se $x \leq a$ per ogni $x \in M$;

a si dice elemento *massimale* di M se da $a \leq x$, con $x \in M$, segue sempre $a = x$;

a si dice *maggiorante* di un sottoinsieme $N \subset M$ se $x \leq a$ per ogni $x \in N$.

Se c'è un massimo a in M, allora a è l'unico elemento massimale di M e quindi il massimo a è univocamente determinato. Tuttavia, in un insieme parzialmente ordinato M ci sono in generale vari elementi massimali e dunque nessun massimo.

Lemma 5 (Zorn). *Sia $M \neq \emptyset$ un insieme parzialmente ordinato. Supponiamo che ogni sottoinsieme di M totalmente ordinato (rispetto all'ordinamento indotto) abbia un maggiorante in M. Allora M possiede un elemento massimale.*

Per una elementare deduzione dell'asserto si veda [11], Appendix 2, §2. Bisogna tuttavia aggiungere che il lemma di Zorn ha carattere assiomatico. Esso è infatti equivalente al cosiddetto assioma della scelta il quale afferma che il prodotto di una famiglia non vuota di insiemi non vuoti è non vuoto. Vogliamo mostrarne un'applicazione:

Proposizione 6. *Sia R un anello e sia $\mathfrak{a} \subsetneq R$ un ideale proprio. Allora R possiede un ideale massimale $\mathfrak{m}$ tale che $\mathfrak{a} \subset \mathfrak{m}$. In particolare, ogni anello $R \neq 0$ possiede un ideale massimale.*

Dimostrazione. Sia M l'insieme degli ideali propri $\mathfrak{b} \subsetneq R$ che contengono $\mathfrak{a}$. Allora M è parzialmente ordinato rispetto all'inclusione di ideali. L'ideale $\mathfrak{a}$ appartiene a M, dunque $M \neq \emptyset$. Inoltre ogni sottoinsieme totalmente ordinato $N \subset M$ ha un maggiorante in M. Sia infatti N un tale sottoinsieme, che possiamo assumere non vuoto. Allora $\mathfrak{c} = \bigcup_{\mathfrak{b} \in N} \mathfrak{b}$ è un ideale proprio di R che contiene $\mathfrak{a}$, come si può facilmente verificare utilizzando l'ordinamento totale su N; $\mathfrak{c}$ è un elemento di M ed è un maggiorante di N. Per il lemma di Zorn allora M ha un elemento massimale e pertanto R possiede un ideale massimale $\mathfrak{m}$ tale che $\mathfrak{a} \subset \mathfrak{m}$.   □

Dimostrazione del teorema 4. Siamo ora in grado di provare che ogni campo K ammette un sovracampo algebricamente chiuso L. Il metodo che useremo utilizza l'anello dei polinomi in infinite variabili su K e risale a E. Artin. Iniziamo costruendo un'estensione L_1 di K in modo che ogni polinomio $f \in K[X]$ con grad $f \geq 1$ abbia una radice in L_1. A tal fine consideriamo un sistema $\mathfrak{X} = (X_f)_{f \in I}$ di variabili, dove gli indici variano nell'insieme

$$I = \{f \in K[X] \, ; \, \mathrm{grad}\, f \geq 1\},$$

e l'anello di polinomi $K[\mathfrak{X}]$. In $K[\mathfrak{X}]$ c'è l'ideale

$$\mathfrak{a} = (f(X_f) \, ; \, f \in I)$$

generato dalla famiglia di polinomi $f(X_f)$ ottenuti sostituendo la variabile X in f con la X_f. Affermiamo che $\mathfrak{a}$ è un ideale proprio di $K[\mathfrak{X}]$. Se questo non fosse il caso, allora $1 \in \mathfrak{a}$ e si potrebbe scrivere

$$\sum_{i=1}^{n} g_i f_i(X_{f_i}) = 1$$

per opportuni $f_1, \ldots, f_n \in I$ e $g_1, \ldots, g_n \in K[\mathfrak{X}]$. Applicando poi la costruzione di Kronecker ai polinomi f_i si otterrebbe un'estensione K' di K tale che ogni f_i avrebbe una radice α_i in K'. Potremmo allora sostituire α_i al posto di X_{f_i} nell'uguaglianza precedente ottenendo 0 a sinistra in contraddizione con l'1 a destra. Dunque, come affermato, $\mathfrak{a}$ è un ideale proprio di $K[\mathfrak{X}]$.

Per la proposizione 6 esiste un ideale massimale $\mathfrak{m} \subset K[\mathfrak{X}]$ che contiene l'ideale $\mathfrak{a}$. Allora $L_1 = K[\mathfrak{X}]/\mathfrak{m}$ è un campo. Se si considera L_1 come estensione di K rispetto all'applicazione canonica

$$K \hookrightarrow K[\mathfrak{X}] \longrightarrow K[\mathfrak{X}]/\mathfrak{m} = L_1,$$

si vede come nella costruzione di Kronecker che, dato $f \in I$, la classe $\overline{X}_f$ in $K[\mathfrak{X}]/\mathfrak{m}$ di $X_f \in K[\mathfrak{X}]$ è una radice di $f \in K[X]$. Le radici sono costruite formalmente passando agli anelli quoziente modulo $\mathfrak{a}$, o $\mathfrak{m}$.

Per concludere la dimostrazione del teorema 4 procediamo nel modo seguente. Iterando la costruzione appena descritta si ottiene una catena di campi

$$K = L_0 \subset L_1 \subset L_2 \subset \ldots$$

con la proprietà che ogni polinomio $f \in L_n[X]$ con grad $f \geq 1$ ammette una radice in L_{n+1}. Allora

$$L = \bigcup_{n=0}^{\infty} L_n$$

è un campo in quanto unione di una catena ascendente di campi e inoltre L è algebricamente chiuso. Sia infatti $f \in L[X]$ con grad $f \geq 1$. Poiché f ha solo un numero finito di coefficienti diversi da 0, esiste un $n \in \mathbb{N}$ tale che $f \in L_n[X]$. Ne segue che f ha una radice in L_{n+1} e dunque in L. Con ciò è chiaro che L è algebricamente chiuso e pertanto abbiamo dimostrato il teorema 4. $\square$

Nella situazione della dimostrazione precedente si ha in realtà $L = L_1$ (vedi l'esercizio 11 della sezione 3.7), ma per verificarlo sono indispensabili alcuni strumenti che al momento non abbiamo a disposizione.

Corollario 7. *Sia K un campo. Esiste allora un sovracampo algebricamente chiuso $\overline{K}$ di K con $\overline{K}$ algebrico su K; $\overline{K}$ si dice una* chiusura algebrica di K.

Dimostrazione. Riguardando la costruzione appena fatta di un'estensione algebricamente chiusa L di K, ci si può facilmente convincere che L è algebrico su K e dunque L ha le proprietà di una chiusura algebrica. Infatti ciascuna estensione L_n/L_{n-1} è generata, per costruzione, da una famiglia di elementi algebrici cosicché L_n/L_{n-1} è algebrica grazie a 3.2/11. Segue allora per induzione da 3.2/12 che tutte le estensioni L_n sono algebriche su K. Di conseguenza anche il campo L è algebrico su K in quanto unione degli L_n.

Data una qualsiasi estensione algebricamente chiusa L di K, si può però procedere anche nel modo seguente. Si pone

$$\overline{K} = \{\alpha \in L \,;\; \alpha \text{ è algebrico su } K\}.$$

Allora $\overline{K}$ è un campo e anzi un'estensione algebrica di K in quanto da $\alpha, \beta \in \overline{K}$ segue $K(\alpha, \beta) \subset \overline{K}$. Inoltre $\overline{K}$ è algebricamente chiuso perché se $f \in \overline{K}[X]$ con $\mathrm{grad}\, f \geq 1$ allora f ha una radice γ in L. Quest'ultima è algebrica su $\overline{K}$, dunque algebrica su K per 3.2/12 cosicché risulta che $\gamma \in \overline{K}$. $\square$

Quale esempio possiamo citare qui il fatto (non ancora dimostrato) che $\mathbb{C}$ è una chiusura algebrica di $\mathbb{R}$. Possiamo inoltre descrivere una chiusura algebrica $\overline{\mathbb{Q}}$ di $\mathbb{Q}$ come

$$\overline{\mathbb{Q}} = \{\alpha \in \mathbb{C} \,;\; \alpha \text{ è algebrico su } \mathbb{Q}\}.$$

Allora $\overline{\mathbb{Q}} \neq \mathbb{C}$ perché $\mathbb{C}$ contiene elementi come e o π che sono trascendenti e, dunque, che non sono algebrici su $\mathbb{Q}$. Si può motivare la disuguaglianza $\overline{\mathbb{Q}} \neq \mathbb{C}$ anche con argomentazioni sulla cardinalità se si usa il fatto che la chiusura algebrica di un campo è unica a meno di isomorfismi, non canonici (vedi corollario 10). Infatti $\mathbb{C}$ non è numerabile mentre la costruzione esplicita di una chiusura algebrica di $\mathbb{Q}$, fatta nella dimostrazione del teorema 4, mostra che $\overline{\mathbb{Q}}$ è numerabile.

Per concludere verifichiamo che due qualsiasi chiusure algebriche di un campo K sono isomorfe (e in generale ci sono vari isomorfismi). A tal fine ci occuperemo del problema della prolungabilità di omomorfismi di campi $K \longrightarrow L$ a estensioni algebriche K'/K. Desideriamo però far osservare già qui che i risultati dimostrati nel lemma 8 e nella proposizione 9 non solo sono fondamentali per il problema dell'unicità della chiusura algebrica, ma giocheranno un ruolo cruciale nella caratterizzazione delle estensioni separabili in 3.6 come pure nella teoria di Galois in 4.1.

Introduciamo una notazione che ci servirà nel lavorare con omomorfismi tra anelli di polinomi. Se $\sigma\colon K \longrightarrow L$ è un omomorfismo di campi e se $K[X] \longrightarrow L[X]$ è l'omomorfismo indotto tra gli anelli di polinomi, dato un $f \in K[X]$ indicheremo con f^σ il polinomio "trasportato", ossia l'immagine di f in $L[X]$. Ne segue subito che per ogni radice $\alpha \in K$ di f la sua immagine $\sigma(\alpha)$ è una radice di f^σ.

Lemma 8. *Sia K un campo e sia $K' = K(\alpha)$ un'estensione algebrica semplice di K. Sia inoltre $\sigma\colon K \longrightarrow L$ un omomorfismo di campi e sia $f \in K[X]$ il polinomio minimo di α.*

(i) Se $\sigma'\colon K' \longrightarrow L$ è un omomorfismo di campi che prolunga σ, allora $\sigma'(\alpha)$ è una radice di f^σ.

(ii) Viceversa, per ogni radice $\beta \in L$ di $f^\sigma \in L[X]$ esiste un unico prolungamento $\sigma'\colon K' \longrightarrow L$ di σ tale che $\sigma'(\alpha) = \beta$.

In particolare, il numero dei diversi prolungamenti σ' di σ uguaglia il numero delle radici distinte di f^σ in L e dunque esso è minore o uguale a grad f.

Dimostrazione. Per ogni prolungamento $\sigma'\colon K' \longrightarrow L$ di σ, $f(\alpha) = 0$ implica che $f^\sigma(\sigma'(\alpha)) = \sigma'(f(\alpha)) = 0$. Inoltre, poiché $K' = K[\alpha]$ (vedi 3.2/9), un prolungamento $\sigma'\colon K' \longrightarrow L$ di σ è univocamente determinato dall'immagine $\sigma'(\alpha)$.

Resta da vedere che, data una radice $\beta \in L$ di f^σ, esiste un prolungamento $\sigma'\colon K' \longrightarrow L$ di σ tale che $\sigma'(\alpha) = \beta$. Consideriamo quindi gli omomorfismi di valutazione

$$\varphi\colon K[X] \longrightarrow K[\alpha], \qquad g \longmapsto g(\alpha),$$
$$\psi\colon K[X] \longrightarrow L, \qquad g \longmapsto g^\sigma(\beta).$$

Per 3.2/5 risulta $(f) = \ker\varphi$ e da $f^\sigma(\beta) = 0$ segue che $(f) \subset \ker\psi$. Indicando con $\pi\colon K[X] \longrightarrow K[X]/(f)$ la proiezione canonica, si ottiene grazie al teorema di isomorfismo 2.3/4 un diagramma commutativo

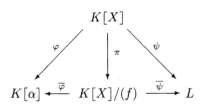

dove gli omomorfismi $\overline{\varphi}$ e $\overline{\psi}$ sono univocamente determinati. Poiché $\overline{\varphi}$ è un isomorfismo, si riconosce che $\sigma' := \overline{\psi} \circ \overline{\varphi}^{-1}$ è un prolungamento di σ tale che $\sigma'(\alpha) = \beta$. $\square$

Proposizione 9. *Sia $K \subset K'$ un'estensione algebrica di campi. Sia inoltre $\sigma\colon K \longrightarrow L$ un omomorfismo di campi con L un campo algebricamente chiuso. Allora σ ammette un prolungamento $\sigma'\colon K' \longrightarrow L$. Se inoltre K' è algebricamente chiuso e L è algebrico su $\sigma(K)$, allora ogni prolungamento σ' di σ è un isomorfismo.*

Dimostrazione. Il lavoro sostanziale è già stato fatto nel lemma 8 e qui dobbiamo solo applicare il lemma di Zorn. Sia M l'insieme di tutte le coppie (F, τ) formate da un campo intermedio F, $K \subset F \subset K'$, e da un prolungamento $\tau \colon F \longrightarrow L$ di σ. Allora M è parzialmente ordinato rispetto alla relazione d'ordine $\leq$ definita ponendo $(F, \tau) \leq (F', \tau')$ se $F \subset F'$ e $\tau'|_F = \tau$. Poiché (K, σ) appartiene a M, l'insieme M non è vuoto. Inoltre, con le solite argomentazioni sull'unione, si vede che ogni sottoinsieme totalmente ordinato di M ammette un maggiorante. Sono dunque soddisfatte le ipotesi del lemma di Zorn e quindi M contiene un elemento massimale (F, τ). Inoltre si ha necessariamente $F = K'$ altrimenti si potrebbe scegliere un elemento $\alpha \in K' - F$ e, grazie al lemma 8, prolungare τ a un $\tau' \colon F(\alpha) \longrightarrow L$, in contraddizione con la massimalità di (F, τ). Con questo è dimostrata l'esistenza del prolungamento $\sigma' \colon K' \longrightarrow L$ di σ cercato.

Se K' è algebricamente chiuso, allora anche $\sigma'(K')$ è algebricamente chiuso. Se inoltre L è algebrico su $\sigma(K)$, lo è in particolare su $\sigma'(K')$ e segue dall'osservazione 3 che $\sigma'(K') = L$. Poiché omomorfismi di campi sono sempre iniettivi, risulta che σ' è un isomorfismo. $\qquad\square$

Corollario 10. *Siano $\overline{K}_1$ e $\overline{K}_2$ chiusure algebriche di un campo K. Allora esiste un isomorfismo (in generale non canonico) $\overline{K}_1 \overset{\sim}{\longrightarrow} \overline{K}_2$ che prolunga l'identità $K \longrightarrow K$.*

Esercizi

1. *Sia $f \in \mathbb{Q}[X]$ un polinomio di grado > 1. Perché è più facile costruire uno zero di f in "senso algebrico" che non in "senso analitico"?*

2. *Si spieghi perché l'esistenza di una chiusura algebrica $\overline{K}$ per un campo K non può essere motivata nel modo seguente: si considerino tutte le estensioni algebriche di K. Poiché, data una famiglia $(K_i)_{i \in I}$ di estensioni algebriche di K, totalmente ordinata rispetto all'inclusione, anche la loro unione $\bigcup_{i \in I} K_i$ è un'estensione algebrica di K, il lemma di Zorn assicura l'esistenza di un'estensione algebrica massimale, dunque di una chiusura algebrica di K.*

3. *Perché distinguere le diverse chiusure algebriche di un campo e non parlare invece "della" chiusura algebrica di K?*

4. Sia K un campo e sia $f \in K[X]$ un polinomio di grado > 0. Si dimostri quanto segue: se $\mathfrak{m} \subset K[X]$ è un ideale massimale e $f \in \mathfrak{m}$, allora si può considerare $L = K[X]/\mathfrak{m}$ come un'estensione algebrica di K che contiene una radice di f. L coincide con l'estensione che si otterrebbe applicando la costruzione di Kronecker a un opportuno fattore irriducibile di f.

5. Sia $\overline{K}$ una chiusura algebrica di un campo K. Si dimostri che se K è numerabile, allora lo è pure $\overline{K}$.

6. Si dimostri che ogni campo algebricamente chiuso possiede infiniti elementi.

7. Sia L/K un'estensione finita di campi di grado $[L : K] = n$. Supponiamo che, dato un elemento $\alpha \in L$, esistano automorfismi $\sigma_i \colon L \longrightarrow L$, $i = 1, \ldots, n$, tali che $\sigma_i|_K = \mathrm{id}_K$ e $\sigma_i(\alpha) \neq \sigma_j(\alpha)$ se $i \neq j$. Si dimostri che $L = K(\alpha)$.

8. Indichiamo con $\overline{\mathbb{Q}}$ una chiusura algebrica di $\mathbb{Q}$. Si trovino tutti gli omomorfismi $\mathbb{Q}(\sqrt[4]{2}, i) \longrightarrow \overline{\mathbb{Q}}$ e le loro immagini.

3.5 Campi di spezzamento

Con questa sezione iniziamo a prepararci alla teoria di Galois. Useremo come utili strumenti i campi algebricamente chiusi, la cui esistenza è stata dimostrata nella precedente sezione, come pure i risultati 3.4/8 e 3.4/9 sul prolungamento degli omomorfismi di campi. Date due estensioni L/K e L'/K diremo che un omomorfismo $\sigma\colon L \longrightarrow L'$ è un K-*omomorfismo* se σ è un prolungamento dell'identità $K \longrightarrow K$.

Definizione 1. *Sia* $\mathfrak{F} = (f_i)_{i \in I}$, $f_i \in K[X]$, *una famiglia di polinomi non costanti a coefficienti in un campo* K. *Un'estensione* L *di* K *si dice* campo di spezzamento (*su* K) *della famiglia* $\mathfrak{F}$, *se sono soddisfatte le seguenti condizioni:*
  (i) *Ogni* f_i *si spezza completamente in fattori lineari su* L.
  (ii) *L'estensione* L/K *è generata dalle radici degli* f_i.

Nel caso più facile $\mathfrak{F}$ consiste di un solo polinomio $f \in K[X]$. Se $\overline{K}$ è una chiusura algebrica di K e se $a_1, \dots, a_n$ sono le radici di f in $\overline{K}$, allora $L = K(a_1, \dots, a_n)$ è un campo di spezzamento di f su K. Allo stesso modo si dimostra che esistono campi di spezzamento per famiglie arbitrarie $\mathfrak{F}$ di polinomi non costanti $f_i \in K[X]$: si sceglie una chiusura algebrica $\overline{K}$ di K e si definisce L come quel sottocampo di $\overline{K}$ generato su K da tutte le radici dei polinomi f_i. Se la famiglia $\mathfrak{F}$ consiste soltanto di un numero finito di polinomi $f_1, \dots, f_n$, allora ogni campo di spezzamento del prodotto $f_1 \cdot \ldots \cdot f_n$ è anche campo di spezzamento di $\mathfrak{F}$ e viceversa.

Proposizione 2. *Siano* L_1, L_2 *due campi di spezzamento di una famiglia* $\mathfrak{F}$ *di polinomi non costanti* $f_i \in K[X]$ *a coefficienti in un campo* K. *Allora ogni* K-*omomorfismo* $\overline{\sigma}\colon L_1 \longrightarrow \overline{L}_2$, *con* $\overline{L}_2$ *una chiusura algebrica di* L_2, *si restringe a un isomorfismo* $\sigma\colon L_1 \overset{\sim}{\longrightarrow} L_2$.

Dal fatto che, grazie a 3.4/9, è possibile prolungare l'inclusione $K \hookrightarrow \overline{L}_2$ a un K-omomorfismo $\overline{\sigma}\colon L_1 \longrightarrow \overline{L}_2$, segue in particolare che L_1 e L_2 sono K-isomorfi. Si ha dunque come diretta conseguenza:

Corollario 3. *Due qualsiasi campi di spezzamento di una famiglia di polinomi non costanti di* $K[X]$ *sono isomorfi su* K (*in generale non canonicamente*).

Dimostrazione della proposizione 2. Supponiamo dapprima che $\mathfrak{F}$ consista di un solo polinomio f che possiamo assumere monico. Se $a_1, \dots, a_n$ sono le radici di f in L_1 e $b_1, \dots, b_n$ le radici di f in $L_2 \subset \overline{L}_2$, risulta

$$f^{\overline{\sigma}} = \prod (X - \overline{\sigma}(a_i)) = \prod (X - b_i).$$

Dunque $\overline{\sigma}$ manda biiettivamente l'insieme degli a_i sull'insieme dei b_i e si ha

$$L_2 = K(b_1, \dots, b_n) = K(\overline{\sigma}(a_1), \dots, \overline{\sigma}(a_n)) = \overline{\sigma}(L_1),$$

ossia $\bar{\sigma}$ si restringe, come affermato, a un K-isomorfismo $\sigma\colon L_1 \longrightarrow L_2$.

L'asserto della proposizione per famiglie finite $\mathfrak{F}$ segue dal caso speciale appena dimostrato, considerando L_1 e L_2 come campi di spezzamento del prodotto dei polinomi di $\mathfrak{F}$. Il caso generale si ottiene poi subito dal fatto che L_1 e L_2 possono essere pensati come unione di campi di spezzamento di sottofamiglie finite di $\mathfrak{F}$.

$\square$

Vogliamo ora caratterizzare il fatto che un campo sia campo di spezzamento di una famiglia di polinomi di $K[X]$ tramite condizioni equivalenti e infine introdurre la nozione di estensioni normali.

Teorema 4. *Sia K un campo e sia L un'estensione algebrica di K. Sono allora equivalenti:*

(i) *Ogni K-omomorfismo $L \longrightarrow \overline{L}$, con $\overline{L}$ una chiusura algebrica di L, si restringe a un automorfismo di L.*

(ii) *L è campo di spezzamento di una famiglia di polinomi $K[X]$.*

(iii) *Ogni polinomio irriducibile di $K[X]$ avente una radice in L si spezza completamente in fattori lineari in $L[X]$.*

Definizione 5. *Un'estensione algebrica $K \subset L$ si dice estensione normale se sono soddisfatte le condizioni equivalenti del teorema 4.*

Dimostrazione del teorema 4. Cominciamo col mostrare che (i) implica (iii). Sia dunque $f \in K[X]$ irriducibile e sia $a \in L$ una radice di f. Se $b \in \overline{L}$ è un'altra radice di f, utilizzando 3.4/8, otteniamo un K-omomorfismo $\sigma\colon K(a) \longrightarrow \overline{L}$ tale che $\sigma(a) = b$. Grazie a 3.4/9 si può allora prolungare σ a un K-omomorfismo $\sigma'\colon L \longrightarrow \overline{L}$. Se ora è data la condizione (i), risulta $\sigma'(L) = L$ e dunque si ha che $b = \sigma'(a) \in L$. Di conseguenza tutte le radici di f sono già contenute in L e f si spezza su L in fattori lineari.

Mostriamo ora che (iii) implica (ii). Sia $(a_i)_{i \in I}$ una famiglia di elementi di L che generano l'estensione L/K. Sia f_i il polinomio minimo di a_i su K. Poiché per (iii) ciascun f_i si spezza completamente su L in fattori lineari, L è un campo di spezzamento della famiglia $\mathfrak{F} = (f_i)_{i \in I}$.

Sia data infine la condizione (ii); dunque sia L campo di spezzamento di una famiglia $\mathfrak{F}$ di polinomi in $K[X]$ e sia $\sigma\colon L \longrightarrow \overline{L}$ un K-omomorfismo. Allora anche $\sigma(L)$ è campo di spezzamento di $\mathfrak{F}$ e segue che $\sigma(L) = L$ in quanto entrambi sono sottocampi di $\overline{L}$ (vedi anche la posizione 2). $\square$

Ogni polinomio di secondo grado su un campo dato si spezza in fattori lineari non appena ammette una radice in tale campo. Si vede dunque tramite la condizione (ii) o (iii) del teorema 4 che estensioni di campi di secondo grado sono sempre normali. Da questa condizione segue inoltre:

Osservazione 6. *Sia $K \subset L \subset M$ una catena di estensioni algebriche. Se M/K è normale, anche M/L lo è.*

La nozione di estensione normale *non* ha un comportamento transitivo. Sebbene $\mathbb{Q}(\sqrt{2})/\mathbb{Q}$ e $\mathbb{Q}(\sqrt[4]{2})/\mathbb{Q}(\sqrt{2})$ siano normali, in quanto di grado 2, l'estensione $\mathbb{Q}(\sqrt[4]{2})/\mathbb{Q}$ non è normale. Infatti il polinomio $X^4 - 2$ è irriducibile su $\mathbb{Q}$ e ha $\sqrt[4]{2}$ come zero in $\mathbb{Q}(\sqrt[4]{2})$, ma non è prodotto di fattori lineari in $\mathbb{Q}(\sqrt[4]{2})[X]$ in quanto lo zero complesso $i \cdot \sqrt[4]{2}$ non appartiene a $\mathbb{Q}(\sqrt[4]{2}) \subset \mathbb{R}$.

Per le applicazioni è spesso utile sapere che si può costruire una *chiusura normale* di un'estensione algebrica L/K. Con questo si intende un'estensione L' di L, con L'/L algebrica e L'/K normale con la proprietà che nessun sottocampo proprio di L' soddisfa queste condizioni. Dunque L' è un'estensione di L "minimale" tra quelle per cui L'/K è normale.

Proposizione 7. *Sia L/K un'estensione algebrica.*

(i) *Esiste una chiusura normale L'/K di L/K. Inoltre L' è univocamente determinata a meno di isomorfismi (in generale non canonici) di L.*

(ii) *L'/K è finita se L/K è finita.*

(iii) *Se M/L è un'estensione algebrica con M/K normale, allora si può scegliere L' in modo che $L \subset L' \subset M$. Inoltre L' è univocamente determinato come sottocampo di M. Se $(\sigma_i)_{i \in I}$ è il sistema di tutti i K-omomorfismi di L in M, risulta $L' = K(\sigma_i(L); i \in I)$. Si dice anche che L' è la* chiusura normale *di L in M.*

Dimostrazione. Supponiamo che sia $L = K(\mathfrak{A})$ con $\mathfrak{A} = (a_j)_{j \in J}$ una famiglia di elementi di L. Indichiamo con f_j il polinomio minimo di a_j su K. Se M è un'estensione algebrica di L con M/K normale (si può scegliere come M una chiusura algebrica di L), allora per il teorema 4 (iii) tutti i polinomi f_j si spezzano completamente in fattori lineari in $M[X]$. Sia L' il sottocampo di M generato su K dalle radici degli f_j, cioè sia L' un campo di spezzamento degli f_j. Risulta allora $L \subset L' \subset M$ e L'/K è chiaramente una chiusura normale di L/K. Per costruzione L'/K è finita nel caso in cui L/K sia finita. Viceversa, si vede che, data una chiusura normale L'/K di L/K, il campo L' contiene necessariamente un campo di spezzamento di f_j e dunque, per la minimalità richiesta, è esso stesso un campo di spezzamento di f_j su K.

Per dimostrare l'unicità si considerino ora due chiusure normali L'_1/K e L'_2/K di L/K. Allora L'_1 e L'_2 sono campi di spezzamento degli f_j su K per cui $L \subset L'_i$, dunque essi sono pure campi di spezzamento degli f_j su L. Dal corollario 3 segue l'esistenza di un L-isomorfismo $L'_1 \longrightarrow L'_2$. Questo implica l'asserto di unicità in (i) e per il teorema 4 (i) anche l'asserto di unicità in (iii).

Per verificare infine che L' è del tipo descritto in (iii), si consideri un K-omomorfismo $\sigma\colon L \longrightarrow M$. Questo manda radici di f_j in radici di f_j (vedi 3.4/8). Poiché L' è generato su K da queste radici, si ha che $K(\sigma_i(L); i \in I) \subset L'$. Viceversa, sempre grazie a 3.4/8, possiamo definire per ogni radice $a \in L'$ di un polinomio f_j un K-omomorfismo $K(a_j) \longrightarrow L'$ tramite $a_j \longmapsto a$, prolungarlo, grazie a 3.4/9, a un K-automorfismo di una chiusura algebrica di L' e infine restringerlo a un K-omomorfismo $\sigma\colon L \longrightarrow L'$, usando il fatto che L'/K è normale. Pertanto si ha $a \in K(\sigma_i(L); i \in I)$ e in conclusione risulta $L' = K(\sigma_i(L); i \in I)$, come desiderato. $\qquad\square$

Esercizi

1. *Si dia precisa motivazione del fatto che le estensioni di grado* 2 *sono sempre normali.*

2. *Sia* L *un'estensione di un campo* K *con* L *campo di spezzamento di un polinomio non costante* $f \in K[X]$. *Si spieghi perché ogni polinomio irriducibile in* $K[X]$ *che ammette una radice in* L *si spezza in fattori lineari in* $L[X]$.

3. *Sia* K *un campo e sia* L *un campo di spezzamento della famiglia di tutti i polinomi non costanti di* $K[X]$. *Si verifichi che* L *è una chiusura algebrica di* K.

4. Data un'estensione finita L/K, si dimostri che la condizione (i) del teorema 4 è equivalente alla seguente condizione:

   (i') Ogni K-omomorfismo $L \longrightarrow L'$, con L' estensione finita di L, si restringe a un automorfismo di L.

   Si sostituisca nel teorema 4 la condizione (i) con (i') e si tracci, nel caso di estensioni finite L/K, una dimostrazione di questo teorema che non usi l'esistenza di una chiusura algebrica di K.

5. Si consideri $L = \mathbb{Q}(\sqrt[4]{2}, i)$ come estensione di $\mathbb{Q}$.

   (i) Si dimostri che L è un campo di spezzamento del polinomio $X^4 - 2 \in \mathbb{Q}[X]$.

   (ii) Si determini il grado di L su $\mathbb{Q}$ così come tutti i $\mathbb{Q}$-automorfismi di L.

   (iii) Si dimostri che $L = \mathbb{Q}(\sqrt[4]{2} + i)$, utilizzando l'esercizio 7 della sezione 3.4.

6. Si determini un campo di spezzamento L del polinomio $X^4 + 2X^2 - 2$ su $\mathbb{Q}$ come pure il grado $[L : \mathbb{Q}]$.

7. L'estensione $\mathbb{Q}\left(\sqrt{2 + \sqrt{2}}\right)/\mathbb{Q}$ è normale?

8. Sia K un campo e sia $f \in K[X]$ un polinomio di grado $n > 0$. Sia inoltre L un campo di spezzamento di f su K. Si dimostri quanto segue:

   (i) $[L : K]$ divide $n!$.

   (ii) Se $[L : K] = n!$, allora f è irriducibile.

9. Si trovi un campo di spezzamento L della famiglia $\{X^4 + 1, X^5 + 2\}$ (su $\mathbb{Q}$) e si determini il grado $[L : \mathbb{Q}]$.

10. Si consideri il polinomio $f = X^6 - 7X^4 + 3X^2 + 3$ in $\mathbb{Q}[X]$ (risp. in $\mathbb{F}_{13}[X]$). Si scriva f come prodotto di polinomi irriducibili e si determini un campo di spezzamento di f su $\mathbb{Q}$ (risp. su $\mathbb{F}_{13}$).

11. Siano $K(\alpha)/K$ e $K(\beta)/K$ estensioni algebriche semplici e siano f e g, rispettivamente, i polinomi minimi di α e β su K. Si dimostri che f è irriducibile su $K(\beta)$ se e solo se g è irriducibile su $K(\alpha)$. L'irriducibilità si presenta se grad f e grad g sono coprimi.

12. Sia L/K un'estensione algebrica normale e sia $f \in K[X]$ un polinomio monico irriducibile. Sia $f = f_1 \ldots f_r$ la fattorizzazione in polinomi monici irriducibili in $L[X]$. Si dimostri che per ogni coppia di fattori f_i, f_j, $i \neq j$, di questa decomposizione esiste un K-automorfismo $\sigma \colon L \longrightarrow L$ tale che $f_j = f_i^\sigma$.

13. Siano L/K e L'/K estensioni normali e sia L'' un campo che contiene L e L' come sottocampi.

   (i) Si dimostri che $(L \cap L')/K$ è un'estensione normale.

   (ii) Si utilizzi (i) per dare una dimostrazione alternativa della proposizione 7.

3.6 Estensioni separabili

Quando K è un campo, è utile considerare le radici di un polinomio $f \in K[X]$ in una chiusura algebrica $\overline{K}$ di K. Poiché $\overline{K}$ è unica a meno di K-isomorfismi, possiamo formulare molti risultati sulle radici di un polinomio f indipendentemente dalla scelta di $\overline{K}$, per esempio ha senso affermare che f ha solo radici semplici o che f ha radici multiple. Diremo *separabile* un polinomio non costante le cui radici sono tutte semplici.

Lemma 1. *Sia K un campo e sia $f \in K[X]$ un polinomio non costante.*

(i) *Le radici multiple di f (in una chiusura algebrica $\overline{K}$ di K) coincidono con le radici comuni a f e alla sua derivata f' o, equivalentemente, con le radici del MCD(f, f').*

(ii) *Se f è irriducibile, allora f ha radici multiple se e solo se la sua derivata f' è nulla.*

Dimostrazione. L'affermazione (i) è conseguenza di 2.6/3, almeno nel caso in cui K è algebricamente chiuso (nella sezione 2.6 abbiamo sempre considerato radici di polinomi $f \in K[X]$ in K e non in una chiusura algebrica di K). Per il caso generale basta osservare che un massimo comun divisore $d = \text{MCD}(f, f')$ costruito in $K[X]$ è al tempo stesso un massimo comun divisore di f e f' in $\overline{K}[X]$. Per vedere quest'ultimo fatto, si usa la caratterizzazione in termini di ideali del massimo comun divisore in un dominio principale presentata in 2.4/13. Dall'uguaglianza $d \cdot K[X] = f \cdot K[X] + f' \cdot K[X]$ segue infatti $d \cdot \overline{K}[X] = f \cdot \overline{K}[X] + f' \cdot \overline{K}[X]$, ossia $d = \text{MCD}(f, f')$ anche in $\overline{K}[X]$.

Per dimostrare (ii) si scelga f irriducibile e monico. Se $a \in \overline{K}$ è una radice di f, si riconosce che f è il polinomio minimo di a su K. Da (i) segue che a è una radice multipla di f se e solo se a è pure una radice di f'. Ma poiché $\operatorname{grad} f' < \operatorname{grad} f$ e f è il polinomio minimo di a, allora a può essere una radice di f' solo se f' è il polinomio nullo. □

Nel caso char $K = 0$, dato un polinomio non costante f, si ha sempre $f' \neq 0$. L'affermazione (ii) del lemma mostra quindi che in caratteristica 0 i polinomi irriducibili sono sempre separabili. D'altra parte esistono in caratteristica positiva polinomi irriducibili che non sono separabili. Per esempio, scelto un numero primo p, sia t una variabile e poniamo $K = \mathbb{F}_p(t) = Q(\mathbb{F}_p[t])$. Per il criterio di Eisenstein 2.8/1 il polinomio $X^p - t$ è irriducibile in $K[X]$, ma non è separabile in quanto $f' = pX^{p-1} = 0$. Vogliamo esaminare meglio soprattutto il caso di caratteristica positiva.

Proposizione 2. *Sia K un campo e sia $f \in K[X]$ irriducibile.*

(i) *Se char $K = 0$, allora f è separabile.*

(ii) *Se char $K = p > 0$, si scelga $r \in \mathbb{N}$ massimo rispetto alla proprietà che f risulti un polinomio in X^{p^r}, ossia che sia $f(X) = g(X^{p^r})$ per un $g \in K[X]$. Allora ogni zero di f ha molteplicità p^r e g è un polinomio irriducibile e separabile.*

Gli zeri di f sono proprio le radici p^r-esime degli zeri di g.

Dimostrazione. Il caso char $K = 0$ è già stato discusso. Supponiamo dunque char $K = p > 0$. Siano inoltre

$$f = \sum_{i=0}^{n} c_i X^i, \qquad f' = \sum_{i=1}^{n} i c_i X^{i-1}.$$

Allora $f' = 0$ è equivalente a $i c_i = 0$, $i = 1, \ldots, n$. Poiché $i c_i$ è nullo se e solo se $p \mid i$ oppure $c_i = 0$, il polinomio f' è nullo se e solo se esiste un $h \in K[X]$ tale che $f(X) = h(X^p)$.

Sia ora $f(X) = g(X^{p^r})$, come descritto in (ii). Applicando le riflessioni precedenti a g al posto di f, segue dalla massimalità di r che $g' \neq 0$. Inoltre, se f è irriducibile, anche g lo è, cosicché g risulta separabile per il lemma 1 (ii). Possiamo supporre f, e dunque g, monici. Sia $\overline{K}$ una chiusura algebrica di K e sia

$$g = \prod_i (X - a_i), \qquad a_i \in \overline{K}.$$

Se ora $c_i \in \overline{K}$ sono elementi che soddisfano $c_i^{p^r} = a_i$, utilizzando 3.1/3 si ha che

$$f = \prod_i (X^{p^r} - c_i^{p^r}) = \prod_i (X - c_i)^{p^r},$$

ossia tutte le radici di f hanno ordine p^r. $\square$

Definiamo ora il concetto di separabilità per estensioni algebriche.

Definizione 3. *Sia $K \subset L$ un'estensione algebrica. Un elemento $\alpha \in L$ si dice separabile su K se α è radice di un polinomio separabile di $K[X]$ o, il che è equivalente, se il polinomio minimo di α su K è separabile. L si dice separabile su K se ogni elemento $\alpha \in L$ è separabile su K nel senso appena definito.*

Un campo K si dice *perfetto* se ogni estensione algebrica di K è separabile. Possiamo dedurre quale diretta conseguenza della proposizione 2 (i):

Osservazione 4. *In caratteristica 0 ogni estensione algebrica è separabile, ossia campi di caratteristica 0 sono perfetti.*

Abbiamo già visto che, se p è un numero primo e t è una variabile, il polinomio $X^p - t \in \mathbb{F}_p(t)[X]$ è irriducibile, ma non separabile. Dunque il campo $\mathbb{F}_p(t)[X]/(X^p - t)$ non è separabile su $\mathbb{F}_p(t)$. In modo equivalente possiamo dire che le estensioni algebriche $\mathbb{F}_p(t)/\mathbb{F}_p(t^p)$ non sono separabili. Infatti $X^p - t^p$ è, in quanto polinomio irriducibile di $\mathbb{F}_p(t^p)[X]$, il polinomio minimo di t su $\mathbb{F}_p(t^p)$.

Vogliamo ora caratterizzare in modo più preciso le estensioni algebriche separabili. Mostriamo in particolare che un'estensione algebrica è separabile se è generata da elementi separabili. Per motivi tecnici è necessario introdurre il grado di separabilità di un'estensione.

Definizione 5. *Data un'estensione* $K \subset L$, *si denoti con* $\mathrm{Hom}_K(L, \overline{K})$ *l'insieme dei* K-*omomorfismi di* L *in una chiusura algebrica* $\overline{K}$ *di* K. *Si definisce allora il grado di separabilità di* L *su* K *come il numero di elementi di* $\mathrm{Hom}_K(L, \overline{K})$, *in simboli:*

$$[L : K]_s := \#\,\mathrm{Hom}_K(L, \overline{K}).$$

Segue da 3.4/10 che la definizione di grado di separabilità è indipendente dalla scelta della chiusura algebrica $\overline{K}$ di K. Calcoliamo innanzitutto il grado di separabilità di estensioni algebriche semplici.

Lemma 6. *Sia* $K \subset L = K(\alpha)$ *un'estensione algebrica semplice e sia* $f \in K[X]$ *il polinomio minimo di* α *su* K.

(i) *Il grado di separabilità* $[L : K]_s$ *è uguale al numero di radici distinte di* f *in una chiusura algebrica di* K.

(ii) α *è separabile su* K *se e solo se* $[L : K] = [L : K]_s$.

(iii) *Se* $\mathrm{char}\, K = p > 0$ *e* p^r *è la molteplicità della radice* α *di* f (*vedi proposizione 2* (ii)), *allora* $[L : K] = p^r [L : K]_s$.

Dimostrazione. L'asserto (i) è una riformulazione di 3.4/8. Per dimostrare (ii), sia $n = \mathrm{grad}\, f$. Allora α è separabile se e solo se f non ha radici multiple (ossia ha globalmente n radici distinte) o anche, per (i), se e solo se $n = [L : K]_s$. Da 3.2/6 sappiamo però che $[L : K] = \mathrm{grad}\, f = n$, cosicché α è separabile se e solo se $[L : K] = [L : K]_s$. Infine l'affermazione (iii) è una diretta conseguenza della proposizione 2 (ii). □

Per poter usare il grado di separabilità per estensioni algebriche arbitrarie abbiamo bisogno di un analogo della formula dei gradi 3.2/2.

Proposizione 7. *Siano* $K \subset L \subset M$ *estensioni algebriche. Allora:*

$$[M : K]_s = [M : L]_s \cdot [L : K]_s.$$

Dimostrazione. Si scelga una chiusura algebrica $\overline{K}$ di M: questa è al contempo anche una chiusura algebrica di K e di L con $K \subset L \subset M \subset \overline{K}$. Supponiamo inoltre che

$$\mathrm{Hom}_K(L, \overline{K}) = \{\sigma_i \,;\, i \in I\}, \qquad \mathrm{Hom}_L(M, \overline{K}) = \{\tau_j \,;\, j \in J\},$$

dove i σ_i, come pure i τ_j, sono a due a due distinti. Si prolunghino grazie a 3.4/9 i K-omomorfismi $\sigma_i \colon L \longrightarrow \overline{K}$ a K-automorfismi $\overline{\sigma}_i \colon \overline{K} \longrightarrow \overline{K}$. La formula dei gradi è allora conseguenza delle seguenti due affermazioni:

(1) Le applicazioni $\overline{\sigma}_i \circ \tau_j \colon M \longrightarrow \overline{K}$, $i \in I$, $j \in J$, sono a due a due distinte.

(2) $\mathrm{Hom}_K(M, \overline{K}) = \{\overline{\sigma}_i \circ \tau_j \,;\, i \in I, j \in J\}$.

Per verificare (1), si consideri un'uguaglianza del tipo $\overline{\sigma}_i \circ \tau_j = \overline{\sigma}_{i'} \circ \tau_{j'}$. Risulta $\sigma_i = \sigma_{i'}$, da cui $i = i'$, in quanto τ_j e $\tau_{j'}$ si restringono entrambi all'applicazione

identica su L. Da $\overline{\sigma}_i = \overline{\sigma}_{i'}$ segue poi $\tau_j = \tau_{j'}$ e dunque $j = j'$. Le applicazioni introdotte in (1) sono quindi a due a due distinte. Poiché si tratta di K-omomorfismi,
per dimostrare (2) rimane solo da verificare che ogni K-omomorfismo $\tau\colon M \longrightarrow \overline{K}$
è della forma descritta in (1). Se $\tau \in \mathrm{Hom}_K(M, \overline{K})$, allora $\tau|_L \in \mathrm{Hom}_K(L, \overline{K})$ e
dunque esiste un $i \in I$ tale che $\tau|_L = \sigma_i$. Pertanto $\overline{\sigma}_i^{-1} \circ \tau \in \mathrm{Hom}_L(M, \overline{K})$, ossia
esiste un $j \in J$ tale che $\overline{\sigma}_i^{-1} \circ \tau = \tau_j$. Quindi $\tau = \overline{\sigma}_i \circ \tau_j$ e la (2) è ora evidente. $\square$

Ricordando che estensioni algebriche di campi di caratteristica 0 sono sempre
separabili (vedi osservazione 4) e applicando ripetutamente le formule dei gradi in
3.2/2 e nella proposizione 7, possiamo dedurre dal lemma 6 i seguenti risultati:

Proposizione 8. *Sia $K \subset L$ un'estensione finita di campi.*
  (i) *Se* $\mathrm{char}\, K = 0$, *allora* $[L : K] = [L : K]_s$.
  (ii) *Se* $\mathrm{char}\, K = p > 0$, *esiste un* $r \in \mathbb{N}$ *tale che* $[L : K] = p^r [L : K]_s$.
  In particolare risulta $1 \le [L : K]_s \le [L : K]$ *e* $[L : K]_s$ *è sempre un divisore
di* $[L : K]$.

Possiamo ora caratterizzare le estensioni finite di campi con l'aiuto del grado
di separabilità.

Teorema 9. *Sia $K \subset L$ un'estensione finita di campi. Sono allora equivalenti:*
  (i) *L/K è separabile.*
  (ii) *Esistono elementi $a_1, \ldots, a_n$ separabili su K tali che $L = K(a_1, \ldots, a_n)$.*
  (iii) *$[L : K]_s = [L : K]$.*

Dimostrazione. L'implicazione da (i) a (ii) è banale. Se $a \in L$ è separabile su K
allora lo è anche su ogni campo intermedio di L/K. Dunque, con l'aiuto delle
formule dei gradi in 3.2/2 e nella proposizione 7, si può ridurre l'implicazione da
(ii) a (iii) al caso di un'estensione semplice. E però abbiamo già trattato questo
caso nel lemma 6 (ii).

Veniamo ora all'implicazione da (iii) a (i). Sia $a \in L$ e sia $f \in K[X]$ il
polinomio minimo di a su K. Per dimostrare che a è separabile su K, e dunque
che f è separabile, per quanto detto nell'osservazione 4, basta considerare il caso
$\mathrm{char}\, K = p > 0$. Dalla proposizione 2 (ii) segue l'esistenza di un $r \in \mathbb{N}$ tale che
ogni radice di f ha molteplicità p^r. Dal lemma 6 segue poi

$$[K(a) : K] = p^r \cdot [K(a) : K]_s.$$

Utilizzando le formule dei gradi in 3.2/2 e nella proposizione 7, come pure la
relazione tra il grado e il grado di separabilità data nella proposizione 8, si ottiene

$$\begin{aligned}
[L : K] &= [L : K(a)] \cdot [K(a) : K] \\
&\ge [L : K(a)]_s \cdot p^r \cdot [K(a) : K]_s = p^r \cdot [L : K]_s.
\end{aligned}$$

Se usiamo l'ipotesi $[L : K]_s = [L : K]$, si vede che $r = 0$, ossia tutte le radici di f
sono semplici e a è quindi separabile su K. Questo mostra che (iii) implica (i). $\square$

Corollario 10. *Sia $K \subset L$ un'estensione algebrica e sia $\mathfrak{A}$ una famiglia di elementi di L che generano l'estensione L/K. Sono allora equivalenti:*

(i) *L/K è separabile.*

(ii) *Ogni $a \in \mathfrak{A}$ è separabile su K.*

Se una delle due condizioni è soddisfatta, si ha $[L : K] = [L : K]_s$.

Dimostrazione. Ogni $a \in L$ è contenuto in un sottocampo della forma $K(a_1, \ldots, a_n)$ con $a_1, \ldots, a_n \in \mathfrak{A}$. Quindi l'equivalenza tra (i) e (ii) è diretta conseguenza del teorema 9. Se poi L/K è separabile e $[L : K]$ è finito, risulta $[L : K] = [L : K]_s$ ancora per il teorema 9. Sia ora L/K separabile con $[L : K] = \infty$. Allora ogni campo intermedio E di L/K è separabile su K e se $[E : K] < \infty$, si ha $[E : K] = [E : K]_s$ e, utilizzando la formula dei gradi nella proposizione 7, si ottiene $[L : K]_s \geq [E : K]$. Poiché ci sono campi intermedi E di L/K di grado arbitrariamente grande su K, risulta $[L : K]_s = \infty = [L : K]$. $\qquad\square$

Corollario 11. *Siano $K \subset L \subset M$ estensioni algebriche. M/K è separabile se e solo se M/L e L/K sono separabili.*

Dimostrazione. Si deve solamente dimostrare che la separabilità di M/K segue dalla separabilità di M/L e L/K. Sia $a \in M$ con $f \in L[X]$ il suo polinomio minimo su L. Sia L' il campo intermedio di L/K generato su K dai coefficienti di f. Poiché M/L è separabile, f è separabile. Pertanto $L'(a)/L'$ è separabile e lo stesso è L'/K in quanto L/K è separabile. Inoltre $L'(a)/L'$ e L'/K sono finite e segue dalla formula dei gradi che

$$\begin{aligned}
[L'(a) : K]_s &= [L'(a) : L']_s \cdot [L' : K]_s \\
&= [L'(a) : L'] \cdot [L' : K] = [L'(a) : K].
\end{aligned}$$

Di conseguenza $L'(a)/K$ è separabile e, in particolare, a è separabile su K. $\qquad\square$

Per concludere vogliamo dimostrare il cosiddetto *teorema dell'elemento primitivo* per le estensioni separabili finite.

Proposizione 12. *Sia L/K un'estensione separabile e finita. Esiste allora un elemento primitivo di L/K, ossia un elemento $a \in L$ tale che $L = K(a)$.*

Dimostrazione. Assumiamo dapprima che K sia finito (ossia abbia solo un numero finito di elementi). Da $[L : K] < \infty$ segue che anche L è finito. In particolare il gruppo moltiplicativo L^* è finito e dunque ciclico, come vedremo nella proposizione 14. Un elemento $a \in L$ che genera L^* come gruppo ciclico genera anche L come estensione di K. In questa argomentazione non si usa la separabilità di L/K; vedremo tuttavia in 3.8/4 che L/K è automaticamente separabile quando K è un campo finito.

Rimane da considerare solo il caso in cui K sia infinito. Per induzione ci si riduce al caso $L = K(a, b)$, ossia L è generato su K da due elementi a e b. Sia $n = [L : K]_s$ e siano $\sigma_1, \ldots, \sigma_n$ gli elementi a due a due distinti di $\operatorname{Hom}_K(L, \overline{K})$, dove $\overline{K}$ indica, come al solito, una chiusura algebrica di K. Si consideri allora il polinomio

$$P = \prod_{i \neq j} \left[(\sigma_i(a) - \sigma_j(a)) + (\sigma_i(b) - \sigma_j(b))X \right].$$

$P \in \overline{K}[X]$ non è il polinomio nullo: infatti, se $i \neq j$, necessariamente $\sigma_i(a) \neq \sigma_j(a)$ o $\sigma_i(b) \neq \sigma_j(b)$, altrimenti σ_i dovrebbe coincidere con σ_j, essendo $L = K[a, b]$. Poiché K ha infiniti elementi mentre P può avere solo un numero finito di radici, esiste un $c \in K$ tale che $P(c) \neq 0$. Quest'ultimo fatto implica che gli elementi

$$\sigma_i(a) + c\sigma_i(b) = \sigma_i(a + cb) \in \overline{K}, \qquad i = 1, \ldots, n,$$

sono a due a due distinti. Se $f \in K[X]$ è il polinomio minimo di $a + cb$ su K, allora gli elementi $\sigma_i(a + cb)$ sono radici di f; risulta $\operatorname{grad} f \geq n$ e anzi

$$[L : K]_s = n \leq \operatorname{grad} f = [K(a + cb) : K] \leq [L : K].$$

Dalla separabilità di L/K discende però $[L : K]_s = [L : K]$ e quindi si ha $[K(a + cb) : K] = [L : K]$, da cui segue $L = K(a + cb)$. Dunque L è un'estensione semplice di K. □

Più in generale, si può mostrare che un'estensione algebrica, $K(a, b)/K$ non necessariamente separabile, possiede un elemento primitivo quando almeno uno degli elementi a, b è separabile su K (vedi esercizio 6 della sezione 3.7).

Rimane ancora da verificare che il gruppo moltiplicativo di un campo finito è ciclico. Cominciamo con un lemma di teoria dei gruppi.

Lemma 13. *Siano a, b elementi di ordine finito di un gruppo abeliano G. Siano $\operatorname{ord} a = m$ e $\operatorname{ord} b = n$. Esiste allora in G un elemento di ordine $\operatorname{mcm}(m, n)$.*

Più precisamente, scelte fattorizzazioni in numeri interi $m = m_0 m'$ e $n = n_0 n'$ con $\operatorname{mcm}(m, n) = m_0 n_0$ e $\operatorname{MCD}(m_0, n_0) = 1$, risulta che $a^{m'} b^{n'}$ è un elemento di ordine $\operatorname{mcm}(m, n)$. In particolare, ab ha ordine mn se m e n sono coprimi.

Dimostrazione. Supponiamo dapprima m e n coprimi e mostriamo che ab ha ordine mn. Ovviamente si ha $(ab)^{mn} = (a^m)^n (b^n)^m = 1$. D'altra parte, da $(ab)^t = 1$ si ottiene la relazione $a^{nt} = a^{nt} b^{nt} = 1$ e da $\operatorname{MCD}(m, n) = 1$ segue che $m \mid t$. Allo stesso modo si ottiene che $n \mid t$ e dunque $mn \mid t$, da cui $\operatorname{ord}(ab) = mn$.

Nel caso generale si scelgano fattorizzazioni $m = m_0 m'$, $n = n_0 n'$ con $\operatorname{mcm}(m, n) = m_0 n_0$ e $\operatorname{MCD}(m_0, n_0) = 1$. Per esempio, si consideri una decomposizione in fattori primi $p_1^{\nu_1} \cdot \ldots \cdot p_r^{\nu_r}$ di $\operatorname{mcm}(m, n)$ e si definisca m_0 come il prodotto delle potenze $p_i^{\nu_i}$ che dividono m e così pure n_0 come prodotto di tutte le potenze $p_i^{\nu_i}$ che non dividono m. Segue che $m_0 \mid m$ e $n_0 \mid n$ e le decomposizioni risultanti $m = m_0 m'$, $n = n_0 n'$ soddisfano chiaramente le condizioni $\operatorname{mcm}(m, n) = m_0 n_0$ e $\operatorname{MCD}(m_0, n_0) = 1$.

Ora, poiché $a^{m'}$ ha ordine m_0 e $b^{n'}$ ha ordine n_0, dal caso speciale considerato prima discende che l'ordine di $a^{m'} b^{n'}$ è $m_0 n_0$, come voluto. □

Proposizione 14. *Sia K un campo e sia H un sottogruppo finito del gruppo moltiplicativo K^*. Allora H è ciclico.*

Dimostrazione. Sia $a \in H$ un elemento di ordine massimo m e sia H_m il sottogruppo formato dagli elementi di H il cui ordine divide m. Tutti gli elementi di H_m sono allora radici del polinomio $X^m - 1$ cosicché H_m consiste di al più m elementi. D'altra parte H_m contiene il gruppo ciclico $\langle a \rangle$ generato da a, il cui ordine è m. Ne segue che $H_m = \langle a \rangle$ e dunque H_m è ciclico. Affermiamo che vale $H = H_m$. Infatti se esistesse un elemento $b \in H$ non appartenente a H_m, e dunque di ordine un n che non divide m, per il lemma 13 esisterebbe in H un elemento di ordine $\mathrm{mcm}(m, n) > m$, ma questo è assurdo per la scelta di a. $\qquad\square$

Esercizi

1. Ci si convinca che data un'estensione algebrica L/K e fissati due elementi $a, b \in L$ separabili su K anche la loro somma $a + b$ è separabile su K. Più precisamente si può mostrare che gli elementi di L separabili su K formano un campo intermedio di L/K. Si tratta della cosiddetta chiusura separabile di K in L.

2. Sia K un campo e sia $f \in K[X]$ un polinomio non costante. Perché il fatto che f abbia zeri multipli in una chiusura algebrica $\overline{K}$ di L non dipende dalla scelta di $\overline{K}$?

3. La dimostrazione della proposizione 12 contiene un metodo pratico per determinare gli elementi primitivi di estensioni separabili finite. Si descriva brevemente questo metodo.

4. Siano $K \subset L \subset M$ estensioni algebriche con M/K normale. Si dimostri che risulta $[L : K]_s = \# \mathrm{Hom}_K(L, M)$.

5. Dato un numero primo p, si consideri il campo $L = \mathbb{F}_p(X, Y)$ delle funzioni in due variabili su $\mathbb{F}_p$. Sia $\sigma \colon L \longrightarrow L$, $a \longmapsto a^p$ l'omomorfismo di Frobenius e indichiamo con $K = \sigma(L)$ l'immagine di σ. Si calcoli il grado $[L : K]$, come pure $[L : K]_s$, e si dimostri che l'estensione L/K non è semplice.

6. Sia L/K un'estensione di campi di caratteristica $p > 0$. Si dimostri che un elemento $\alpha \in L$ algebrico su K è separabile su K se e solo se $K(\alpha) = K(\alpha^p)$.

7. Un'estensione algebrica L/K è semplice se e solo se ammette soltanto un numero finito di campi intermedi. Si dimostri questa affermazione con i passi seguenti:
   (i) Si discuta dapprima il caso in cui K è finito, così da supporre nel seguito K infinito.
   (ii) Sia $L = K(\alpha)$ e sia $f \in K[X]$ il polinomio minimo di α su K. Si può identificare l'insieme dei campi intermedi di L/K con un sottoinsieme dei divisori di f, visto come polinomio in $L[X]$.
   (iii) Supponiamo che L/K ammetta solo un numero finito di campi intermedi. Per dimostrare che L/K è semplice, ci si riduca al caso in cui L è generato su K da due elementi α, β. Infine, se $L = K(\alpha, \beta)$, si considerino i campi $K(\alpha + c\beta)$ con $c \in K$ una costante.

8. Sia K un campo finito. Si dimostri che il prodotto di tutti gli elementi di K^* fornisce il valore -1. Come applicazione si deduca la relazione di divisibilità $p \mid ((p - 1)! + 1)$ per un qualsiasi numero primo p.

3.7 Estensioni puramente inseparabili

Abbiamo definito nella precedente sezione il grado di separabilità $[L : K]_s$ di un'estensione di campi L/K. Vale $1 \leq [L : K]_s \leq [L : K]$ (vedi 3.6/8). Se l'estensione L/K è finita, essa è separabile se e solo se $[L : K]_s = [L : K]$. In questa sezione considereremo come altra situazione limite il caso di estensioni tali che $[L : K]_s = 1$. Poiché in caratteristica 0 le estensioni sono sempre separabili, assumeremo per tutta questa sezione che K sia un *campo di caratteristica $p > 0$*.

Un polinomio $f \in K[X]$ si dice *puramente inseparabile* se ammette un'unica radice α (in una chiusura algebrica $\overline{K}$ di K). Poiché il polinomio minimo $m_\alpha \in K[X]$ di α è un divisore di f, si vede per induzione sul grado di f che, a meno di un fattore in K^*, f è una potenza di m_α e dunque potenza di un polinomio irriducibile puramente inseparabile. Se inoltre $h \in K[X]$ è un polinomio monico irriducibile e puramente inseparabile, si vede utilizzando 3.1/3 e 3.6/2 (ii) che h è del tipo $X^{p^n} - c$ con $n \in \mathbb{N}$ e $c \in K$. Viceversa, è chiaro che tutti i polinomi di questo tipo sono puramente inseparabili. I polinomi monici puramente inseparabili in $K[X]$ sono quindi proprio le potenze di polinomi del tipo $X^{p^n} - c$.

Definizione 1. *Sia $K \subset L$ un'estensione algebrica. Un elemento $\alpha \in L$ si dice* puramente inseparabile *su K se α è una radice di un polinomio puramente insepa-rabile di $K[X]$ o, equivalentemente, se il polinomio minimo di α su K è del tipo $X^{p^n} - c$ con $n \in \mathbb{N}$ e $c \in K$. Si dice che L è puramente inseparabile su K se ogni $\alpha \in L$ è puramente inseparabile su K nel senso appena definito.*

Segue immediatamente dalla definizione che le estensioni puramente insepara-bili sono sempre normali. L'estensione banale K/K è l'unica estensione che è con-temporaneamente separabile e puramente inseparabile. L'estensione $\mathbb{F}_p(t)/\mathbb{F}_p(t^p)$ vista nella sezione precedente è un esempio di estensione puramente inseparabile non banale.

Proposizione 2. *Sia $K \subset L$ un'estensione algebrica. Sono allora equivalenti:*
  (i) *L è puramente inseparabile su K.*
  (ii) *Esiste una famiglia $\mathfrak{A} = (a_i)_{i \in I}$ di elementi di L puramente inseparabili su K tale che $L = K(\mathfrak{A})$.*
  (iii) *$[L : K]_s = 1$.*
  (iv) *Per ogni $a \in L$ esiste un $n \in \mathbb{N}$ tale che $a^{p^n} \in K$.*

Dimostrazione. L'implicazione da (i) a (ii) è banale. Sia data la condizione (ii); per verificare (iii) basta dimostrare che $[K(a_i) : K]_s = 1$ per ogni $i \in I$; infatti un K-omomorfismo $L \longrightarrow \overline{K}$ in una chiusura algebrica $\overline{K}$ di K è determinato dalle immagini degli a_i. Il polinomio minimo di un tale elemento a_i è però della forma $X^{p^n} - c$, dunque ha una sola radice in $\overline{K}$ e quindi segue da 3.4/8 che $[K(a_i) : K]_s = 1$, come desiderato.

Assumiamo ora (iii) e deduciamo (iv). Sia $a \in L$. Allora

$$[L : K(a)]_s \cdot [K(a) : K]_s = [L : K]_s = 1$$

e dunque $[K(a) : K]_s = 1$. Questo significa che il polinomio minimo di a su K ammette un unico zero e dunque per 3.6/2 è della forma $X^{p^n} - c$. Quindi si ha $a^{p^n} \in K$. Viceversa, da $a^{p^n} \in K$ segue che a è radice di un polinomio puramente inseparabile della forma $X^{p^n} - c \in K[X]$ e quindi radice di un polinomio avente un unico zero. Pertanto anche il polinomio minimo di a ha un unico zero e a è puramente inseparabile su K. Questo mostra che la condizione (i) è conseguenza della (iv). $\square$

Corollario 3. *Siano $K \subset L \subset M$ estensioni algebriche. Allora M/L e L/K sono puramente inseparabili se e solo se M/K è puramente inseparabile.*

Dimostrazione. $[M : K]_s = [M : L]_s \cdot [L : K]_s$ (vedi 3.6/7). $\square$

Vogliamo ora dimostrare che è sempre possibile decomporre un'estensione algebrica in una parte separabile e in una puramente inseparabile e che nel caso di estensioni normali questo può accadere in due modi.

Proposizione 4. *Sia L/K un'estensione algebrica. Esiste allora un unico campo intermedio K_s di L/K con L/K_s puramente inseparabile e K_s/K separabile. K_s è la chiusura separabile di K in L, ossia*

$$K_s = \{a \in L \,;\, a \text{ separabile su } K\},$$

e risulta $[L : K]_s = [K_s : K]$. Se L/K è normale, allora anche K_s/K lo è.

Proposizione 5. *Sia L/K un'estensione (algebrica) normale. Esiste allora un unico campo intermedio K_i di L/K con L/K_i separabile e K_i/K puramente inseparabile.*

Dimostrazione della proposizione 4. Poniamo

$$K_s = \{a \in L \,;\, a \text{ separabile su } K\}.$$

Allora K_s è un campo in quanto, dati $a, b \in K_s$, da 3.6/9 segue che $K(a, b)$ è un'estensione separabile di K per cui $K(a, b) \subset K_s$. Dunque K_s è la massima estensione separabile di K contenuta in L. Sia ora $a \in L$ e sia $f \in K_s[X]$ il polinomio minimo di a su K_s. Per l'irriducibilità di f esistono un $r \in \mathbb{N}$ e un polinomio irriducibile separabile $g \in K_s[X]$ tali che $f(X) = g(X^{p^r})$ (vedi 3.6/2). In particolare g è il polinomio minimo di $c = a^{p^r}$, c è separabile su K_s e quindi, per 3.6/11, c è pure separabile su K. Ma allora deve essere $c \in K_s$, ossia g è lineare e dunque $f = X^{p^r} - c$. Pertanto a è puramente inseparabile su K_s e di conseguenza L/K_s è puramente inseparabile.

Dal fatto che L/K_s è puramente inseparabile e K_s/K è separabile segue l'uguaglianza cercata:

$$[L : K]_s = [L : K_s]_s \cdot [K_s : K]_s = [K_s : K].$$

Per mostrare l'unicità di K_s, si consideri un campo intermedio K' di L/K con L/K' puramente inseparabile e K'/K separabile. Per definizione di K_s risulta $K' \subset K_s$

e l'estensione K_s/K' è separabile. E però essa è anche puramente inseparabile in quanto L/K' è puramente inseparabile. Dunque $K_s = K'$, ossia K_s è univocamente determinato.

Rimane da dimostrare che se L/K è normale tale è K_s/K. Si consideri un K-omomorfismo $\sigma \colon K_s \longrightarrow \overline{L}$ con $\overline{L}$ una chiusura algebrica di L, la quale può essere pensata anche come chiusura algebrica di K. Grazie a 3.4/9 σ si prolunga a un K-omomorfismo $\sigma' \colon L \longrightarrow \overline{L}$. Se L/K è normale, σ' si restringe a un K-automorfismo di L. L'unicità di K_s mostra allora che σ si restringe a un K-automorfismo di K_s, ossia K_s/K è normale. $\square$

Dimostrazione della proposizione 5. Poiché L/K è normale, possiamo identificare i K-omomorfismi di L in una sua chiusura algebrica $\overline{L}$ con i K-automorfismi di L. I K-automorfismi di L formano un gruppo G. Sia

$$K_i = \{a \in L \, ; \, \sigma(a) = a \text{ per ogni } \sigma \in G\}$$

l'insieme degli elementi fissati da G; si verifica immediatamente che K_i è un campo. Poiché ogni K-omomorfismo $K_i \longrightarrow \overline{L}$ si prolunga per 3.4/9 a un K-omomorfismo $L \longrightarrow \overline{L}$ e, per definizione, tale prolungamento lascia fisso K_i, si ha che $\#\operatorname{Hom}_K(K_i, \overline{L}) = 1$. Considerando $\overline{L}$ come chiusura algebrica di K, si conclude che K_i/K è puramente inseparabile. Più precisamente si vede grazie all'equivalenza tra (i) e (iii) nella proposizione 2 che K_i è la massima estensione puramente inseparabile di K contenuta in L. Per controllare che L/K_i è separabile, si consideri un elemento $a \in L$ e sia $\sigma_1, \ldots, \sigma_r \in G$ un sistema massimale di elementi per cui i $\sigma_1(a), \ldots, \sigma_r(a)$ sono a due a due distinti. Un tale sistema finito esiste sempre anche quando G non è finito: infatti, dato un $\sigma \in G$, $\sigma(a)$ è radice del polinomio minimo di a su K. Si noti inoltre che necessariamente ci sarà l'elemento a tra i $\sigma_i(a)$. Ogni $\sigma \in G$ induce un'applicazione biiettiva dell'insieme $\{\sigma_1(a), \ldots, \sigma_r(a)\}$ in sé e pertanto il polinomio

$$f = \prod_{i=1}^{r} (X - \sigma_i(a))$$

ha coefficienti in K_i perché questi sono lasciati fissi da G. Dunque a è radice di un polinomio separabile di $K_i[X]$, pertanto a è separabile su K_i e quindi L/K_i è separabile. L'unicità di K_i segue, come nella proposizione 4, dal fatto che K_i è massimo campo intermedio di L/K puramente inseparabile su K. $\square$

Esercizi

1. *Sia L/K un'estensione di campi e siano $a, b \in L$ elementi puramente inseparabili su K. Si dimostri che anche $a + b$ e $a \cdot b$ sono puramente inseparabili su K.*

2. *Data un'estensione finita di campi L/K, il grado di inseparabilità viene definito come $[L : K]_i = [L : K] \cdot [L : K]_s^{-1}$. Che svantaggio si avrebbe nel formulare e dimostrare i risultati sulle estensioni puramente inseparabili di questa sezione tramite il grado di inseparabilità?*

3. *Si giustifichi in modo diretto il fatto, già noto dalla proposizione 4, che, data un'estensione semplice, esiste un campo intermedio K_s per cui L/K_s è puramente inseparabile e K_s/K è separabile.*

4. Sia K un campo di caratteristica $p > 0$. Si dimostri che l'omomorfismo di Frobenius $\sigma\colon K \longrightarrow K$, $a \longmapsto a^p$, è suriettivo se e solo se K è perfetto.

5. Sia L/K un'estensione e siano $\alpha \in L$ separabile su K e $\beta \in L$ puramente inseparabile su K. Si dimostri quanto segue:

   (i) $K(\alpha, \beta) = K(\alpha + \beta)$,

   (ii) $K(\alpha, \beta) = K(\alpha \cdot \beta)$, se $\alpha \neq 0 \neq \beta$.

6. Sia K un campo e sia $L = K(\alpha, \beta)$ un'estensione di K generata da due elementi α, β. Si dimostri che L/K è un'estensione semplice non appena uno degli elementi α, β è separabile su K. (Suggerimento: si cominci con il caso K finito. Per K infinito si consideri il caso in cui α è separabile su K e β è puramente inseparabile su $K(\alpha)$ e si mostri che $K(\alpha, \beta) = K(\alpha + c\beta)$ per un opportuno $c \in K$; si usi inoltre l'esercizio 6 della sezione 3.6. In alternativa si può modificare in modo opportuno la dimostrazione di 3.6/12.)

7. Sia K un campo di caratteristica $p > 0$. Si dimostri quanto segue:

   (i) Dato un $n \in \mathbb{N}$, esiste un'estensione $K^{p^{-n}}$ di K con le seguenti proprietà: se $a \in K^{p^{-n}}$, allora $a^{p^n} \in K$; per ogni $b \in K$ esiste un $a \in K^{p^{-n}}$ tale che $a^{p^n} = b$.

   (ii) $K^{p^{-n}}$ è unica a meno di isomorfismi canonici e si hanno immersioni canoniche
   $$K \subset K^{p^{-1}} \subset K^{p^{-2}} \subset \dots$$

   (iii) $K^{p^{-\infty}} = \bigcup_{i=0}^{\infty} K^{p^{-i}}$ è perfetto.

   $K^{p^{-\infty}}$ viene anche detta *chiusura perfetta* o *chiusura puramente inseparabile* di K.

8. Sia L/K un'estensione algebrica. Si dimostri quanto segue:

   (i) Se K è perfetto, anche L lo è.

   (ii) Se L è perfetto e L/K è finito, allora anche K è perfetto.

   Si dia un esempio che mostri come l'affermazione (ii) sia falsa in generale se si rinuncia all'ipotesi di finitezza su L/K.

9. Sia L/K un'estensione algebrica separabile. Si mostri che le seguenti affermazioni sono equivalenti:

   (i) Ogni polinomio separabile non costante di $L[X]$ si spezza completamente in fattori lineari.

   (ii) Scelte una chiusura algebrica $\overline{K}$ di K e una K-immersione $L \hookrightarrow \overline{K}$, l'estensione $\overline{K}/L$ è puramente inseparabile.

   Si dimostri che, dato un campo K, esiste sempre un'estensione $L = K_{\text{sep}}$ con le precedenti proprietà e che questa è unica a meno di isomorfismi (non canonici). K_{sep} si dice una *chiusura (algebrica) separabile* di K.

10. Sia L/K un'estensione normale di campi di caratteristica positiva. Si considerino i campi intermedi K_s e K_i delle proposizioni 4 e 5 e si dimostri che risulta $L = K_s(K_i) = K_i(K_s)$.

11. Sia L/K un'estensione algebrica avente la proprietà che ogni polinomio irriducibile di $K[X]$ ha almeno una radice in L. Si dimostri che L è una chiusura algebrica di K.

3.8 Campi finiti

Ci sono già familiari i campi finiti $\mathbb{F}_p = \mathbb{Z}/p\mathbb{Z}$ con p un numero primo. Questi sono proprio i campi primi di caratteristica positiva (vedi 3.1/2). Costruiremo nel seguito per ogni potenza non banale q di p, dunque per $q = p^n$ con $n > 0$, un campo $\mathbb{F}_q$ avente q elementi. Si osservi che, se $n > 1$, un tale campo è fondamentalmente diverso dall'anello quoziente $\mathbb{Z}/p^n\mathbb{Z}$ perché quest'ultimo ha divisori dello zero e dunque non può essere un campo.

Lemma 1. *Sia* $\mathbb{F}$ *un campo finito. Allora* $p = \operatorname{char}\mathbb{F} > 0$. *Il campo* $\mathbb{F}$ *contiene esattamente* $q = p^n$ *elementi, dove* $n = [\mathbb{F} : \mathbb{F}_p]$. *Inoltre* $\mathbb{F}$ *è campo di spezzamento del polinomio* $X^q - X$ *su* $\mathbb{F}_p$; *l'estensione* $\mathbb{F}/\mathbb{F}_p$ *è dunque normale.*

Dimostrazione. Se $\mathbb{F}$ è finito, lo è pure il rispettivo campo primo che è dunque della forma $\mathbb{F}_p$ con $p = \operatorname{char}\mathbb{F} > 0$. Inoltre, dalla finitezza di $\mathbb{F}$ segue che il grado $n = [\mathbb{F} : \mathbb{F}_p]$ è finito e si vede che $\mathbb{F}$ consiste di $q = p^n$ elementi, per esempio utilizzando un isomorfismo di $\mathbb{F}_p$-spazi vettoriali $\mathbb{F} \xrightarrow{\sim} (\mathbb{F}_p)^n$. Il gruppo moltiplicativo $\mathbb{F}^*$ ha dunque ordine $q - 1$, ogni elemento di $\mathbb{F}^*$ è radice del polinomio $X^{q-1} - 1$ e di conseguenza ogni elemento di $\mathbb{F}$ è zero del polinomio $X^q - X$. Pertanto $\mathbb{F}$ consiste di $q = p^n$ radici di $X^q - X$, cioè di tutte le radici di questo polinomio. Dunque $X^q - X$ si decompone totalmente in fattori lineari su $\mathbb{F}$ e si riconosce che $\mathbb{F}$ è campo di spezzamento del polinomio $X^q - X \in \mathbb{F}_p[X]$. □

Teorema 2. *Sia* p *un numero primo. Per ogni* $n \in \mathbb{N} - \{0\}$ *esiste un'estensione* $\mathbb{F}_q/\mathbb{F}_p$ *con* $q = p^n$ *elementi.* $\mathbb{F}_q$ *è univocamente determinato, a meno di isomorfismi, come campo di spezzamento del polinomio* $X^q - X$ *su* $\mathbb{F}_p$; $\mathbb{F}_q$ *consiste proprio delle* q *radici di* $X^q - X$.

Ogni campo finito di caratteristica p *è isomorfo a uno e un solo campo del tipo* $\mathbb{F}_q$.

Dimostrazione. Poniamo $f = X^q - X$. Il polinomio f non ha radici multiple perché $f' = -1$; dunque f ha globalmente q radici semplici in una chiusura algebrica $\overline{\mathbb{F}}_p$ di $\mathbb{F}_p$. Se allora $a, b \in \overline{\mathbb{F}}_p$ sono due radici di f, per la formula del binomio 3.1/3 risulta

$$(a \pm b)^q = a^q \pm b^q = a \pm b,$$

cosicché $a \pm b$ è pure una radice di f. Da $b \neq 0$ segue inoltre che

$$(ab^{-1})^q = a^q(b^q)^{-1} = ab^{-1},$$

ossia le q radici di f in $\overline{\mathbb{F}}_p$ formano un campo con q elementi, ossia il campo di spezzamento (costruito in $\overline{\mathbb{F}}_p$) di f su $\mathbb{F}_p$. Questo mostra l'esistenza di un campo di caratteristica p con $q = p^n$ elementi. Gli asserti di unicità seguono dal lemma 1. □

Sia d'ora in poi p un numero primo. Quando si lavora con campi di caratteristica $p > 0$ si sceglie solitamente una chiusura algebrica $\overline{\mathbb{F}}_p$ di $\mathbb{F}_p$ e si immagina che i campi $\mathbb{F}_{p^n}$, per $n \in \mathbb{N} - \{0\}$, siano immersi in $\overline{\mathbb{F}}_p$ come spiegato in 3.4/9. Allora $\mathbb{F}_{p^n}$, in quanto estensione normale di $\mathbb{F}_p$, determina un sottocampo di $\overline{\mathbb{F}}_p$ che è univocamente determinato (vedi 3.5/4 (i)).

Corollario 3. *Si immergano i campi $\mathbb{F}_q$, $q = p^n$, $n \in \mathbb{N} - \{0\}$, in una chiusura algebrica $\overline{\mathbb{F}}_p$ di $\mathbb{F}_p$. Se $q = p^n$ e $q' = p^{n'}$, allora $\mathbb{F}_q \subset \mathbb{F}_{q'}$ è equivalente a $n \mid n'$. Le estensioni del tipo $\mathbb{F}_q \subset \mathbb{F}_{q'}$ sono, a meno di isomorfismi, le uniche estensioni tra campi finiti di caratteristica p.*

Dimostrazione. Supponiamo $\mathbb{F}_q \subset \mathbb{F}_{q'}$ e $m = [\mathbb{F}_{q'} : \mathbb{F}_q]$. Si ha allora

$$p^{n'} = \#\mathbb{F}_{q'} = (\#\mathbb{F}_q)^m = p^{mn},$$

e dunque $n \mid n'$. Viceversa, se $n' = mn$, risulta $\mathbb{F}_q \subset \mathbb{F}_{q'}$ in quanto, dato un $a \in \overline{\mathbb{F}}_p$, da $a^q = a$ segue sempre che $a^{q'} = a^{q^m} = a$. Il fatto che non esistano, a meno di isomorfismi, altre estensioni tra campi finiti di caratteristica p segue dalla proposizione sui prolungamenti 3.4/9. Se, per esempio, $\mathbb{F} \subset \mathbb{F}'$ è un'estensione di campi finiti di caratteristica p, si può prolungare l'inclusione $\mathbb{F}_p \subset \overline{\mathbb{F}}_p$ a un omomorfismo $\mathbb{F} \longrightarrow \overline{\mathbb{F}}_p$ e questo poi a un omomorfismo $\mathbb{F}' \longrightarrow \overline{\mathbb{F}}_p$ cosicché ci si può restringere, a meno di isomorfismi, al caso $\mathbb{F} \subset \mathbb{F}' \subset \overline{\mathbb{F}}_p$.   □

Corollario 4. *Ogni estensione algebrica di un campo finito è normale e separabile. In particolare i campi finiti sono perfetti.*

Dimostrazione. Sia $\mathbb{F} \subset K$ un'estensione algebrica con $\mathbb{F}$ finito. Se anche K è finito, ad esempio $K = \mathbb{F}_q$ con $q = p^n$, allora K è normale e separabile su $\mathbb{F}_p$ e anzi su $\mathbb{F}$, in quanto campo di spezzamento del polinomio separabile $X^q - X$. Nel caso generale si può interpretare K come unione di estensioni finite di $\mathbb{F}$.   □

Abbiamo già visto in 3.6/14 che il gruppo moltiplicativo di un campo finito è ciclico; possiamo scrivere allora:

Proposizione 5. *Sia q una potenza di un numero primo. Allora il gruppo moltiplicativo di $\mathbb{F}_q$ è ciclico di ordine $q - 1$.*

Per concludere determiniamo il gruppo degli automorfismi $\operatorname{Aut}_{\mathbb{F}_q}(\mathbb{F}_{q'})$ di un'estensione finita $\mathbb{F}_{q'}/\mathbb{F}_q$ di grado n, cioè, come diremo nel prossimo capitolo, il suo gruppo di Galois. Siano $q = p^r$, $q' = q^n = p^{rn}$. Scelta una chiusura algebrica $\overline{\mathbb{F}}_p$ di $\mathbb{F}_q$, il fatto che $\mathbb{F}_{q'}/\mathbb{F}_q$ sia normale implica che

$$\operatorname{Aut}_{\mathbb{F}_q}(\mathbb{F}_{q'}) = \operatorname{Hom}_{\mathbb{F}_q}(\mathbb{F}_{q'}, \overline{\mathbb{F}}_p)$$

e dal fatto che $\mathbb{F}_{q'}/\mathbb{F}_q$ è separabile segue che

$$\# \operatorname{Aut}_{\mathbb{F}_q}(\mathbb{F}_{q'}) = [\mathbb{F}_{q'} : \mathbb{F}_q]_s = [\mathbb{F}_{q'} : \mathbb{F}_q] = n.$$

Si consideri ora l'*omomorfismo di Frobenius* di $\mathbb{F}_{q'}$

$$\sigma\colon \mathbb{F}_{q'} \longrightarrow \mathbb{F}_{q'}, \qquad a \longmapsto a^p,$$

definito in 3.1 (si veda 3.1/3 per la compatibilità di σ con la somma). La potenza r-esima σ^r lascia fisso $\mathbb{F}_q$ e viene detta *omomorfismo di Frobenius relativo* su $\mathbb{F}_q$. Poiché $a^{p^{rn}} = a$ per ogni $a \in \mathbb{F}_{q'}$, risulta che $\sigma^r \in \mathrm{Aut}_{\mathbb{F}_q}(\mathbb{F}_{q'})$ ha ordine $\leq n$. Se fosse $\mathrm{ord}\,\sigma^r < n$, o meglio $e := \mathrm{ord}\,\sigma < rn$, allora tutti gli $a \in \mathbb{F}_{q'}$ sarebbero già radici del polinomio $X^{p^e} - X$, contraddicendo $\#\mathbb{F}_{q'} = p^{rn} > p^e$. Abbiamo dunque dimostrato che $\mathrm{Aut}_{\mathbb{F}_q}(\mathbb{F}_{q'})$ è ciclico di ordine n ed è generato dall'omomorfismo di Frobenius relativo σ^r. Dal corollario 3 discende quindi:

Proposizione 6. *Sia $\mathbb{F}_q$ un campo finito, $q = p^r$, e sia $\mathbb{F}/\mathbb{F}_q$ un'estensione finita di grado n. Allora $\mathrm{Aut}_{\mathbb{F}_q}(\mathbb{F})$ è ciclico di ordine n ed è generato dall'omomorfismo di Frobenius relativo $\mathbb{F} \longrightarrow \mathbb{F}$, $a \longmapsto a^q$.*

Esercizi

1. *Si rifletta sul perché le estensioni $\mathbb{F}_p(t)/\mathbb{F}_p(t^p)$, dove p è un primo e t è una variabile, rappresentino gli esempi più "semplici" di estensioni inseparabili.*

2. *Siano $\mathbb{F}, \mathbb{F}'$ sottocampi di un campo L. Perché, se $\mathbb{F}$ e $\mathbb{F}'$ sono finiti e possiedono lo stesso numero di elementi si ha $\mathbb{F} = \mathbb{F}'$?*

3. Sia p un numero primo e sia $n \in \mathbb{N} - \{0\}$. Si dimostri quanto segue:
   (i) Un polinomio irriducibile $f \in \mathbb{F}_p[X]$ è un divisore di $X^{p^n} - X$ se e solo se $\mathrm{grad}\, f$ è un divisore di n.
   (ii) $X^{p^n} - X \in \mathbb{F}_p[X]$ è il prodotto di tutti i polinomi monici irriducibili $f \in \mathbb{F}_p[X]$ di grado un divisore di n.

4. Si dimostri che $\mathbb{F}_{p^\infty} = \bigcup_{n=0}^\infty \mathbb{F}_{p^{n!}}$ è una chiusura algebrica di $\mathbb{F}_p$.

5. Sia $\overline{\mathbb{F}}_p$ una chiusura algebrica di $\mathbb{F}_p$. Si dimostri che esistono altri automorfismi di $\overline{\mathbb{F}}_p$ oltre alle potenze dell'omomorfismo di Frobenius. (Suggerimento: si cerchino dapprima gli automorfismi di $\bigcup_{\nu=0}^\infty \mathbb{F}_{q_\nu}$, dove $q_\nu = p^{\ell^\nu}$ con ℓ un numero primo fissato.)

3.9 Primi elementi di Geometria Algebrica*

Finora ci siamo interessati soltanto degli zeri di polinomi in una variabile. Nel seguito studieremo gli zeri di polinomi in più variabili a coefficienti in un campo K e daremo con questo un breve sguardo all'ampio settore della Geometria Algebrica. Come già suggerisce il nome, entreranno in gioco anche argomenti geometrici accanto a quelli algebrici. Ciò è collegato al fatto che gli insiemi degli zeri di polinomi in più variabili in genere non sono finiti e hanno una struttura complicata.

Sia nel seguito $X = (X_1, \ldots, X_n)$ un sistema di variabili e sia $\overline{K}$ una chiusura algebrica del campo K considerato. Dato un sottoinsieme qualunque E dell'anello dei polinomi $K[X] = K[X_1, \ldots, X_n]$, indichiamo con

$$V(E) = \{x \in \overline{K}^n \,;\, f(x) = 0 \text{ per ogni } f \in E\}$$

l'insieme degli zeri in $\overline{K}^n$ comuni a tutti i polinomi in E; diremo $V(E)$ un *sottoinsieme algebrico* di $\overline{K}^n$ *definito su* K. Viceversa, dato un sottoinsieme $U \subset \overline{K}^n$, si può considerare l'ideale

$$I(U) = \{f \in K[X] \, ; \, f(U) = 0\}$$

formato da tutti i polinomi f che si annullano su tutto U. Si può facilmente verificare che $I(U)$ è veramente un ideale di $K[X]$. Inoltre, se $\mathfrak{a}$ indica l'ideale generato da E in $K[X]$, si ha sempre $V(E) = V(\mathfrak{a})$ in quanto $\mathfrak{a}$ consiste di tutte le somme finite della forma $\sum f_i e_i$ con $f_i \in K[X]$, $e_i \in E$. Le costruzioni $V(\cdot)$ e $I(\cdot)$ soddisfano alcune proprietà elementari:

Lemma 1. *Dati ideali* $\mathfrak{a}_1, \mathfrak{a}_2$ *(risp. una famiglia* $(\mathfrak{a}_i)_{i \in I}$ *di ideali) in* $K[X]$ *e sottoinsiemi* $U_1, U_2 \subset \overline{K}^n$ *allora:*

(i) $\mathfrak{a}_1 \subset \mathfrak{a}_2 \Longrightarrow V(\mathfrak{a}_1) \supset V(\mathfrak{a}_2)$.

(ii) $U_1 \subset U_2 \Longrightarrow I(U_1) \supset I(U_2)$.

(iii) $V(\sum_i \mathfrak{a}_i) = \bigcap_i V(\mathfrak{a}_i)$.

(iv) $V(\mathfrak{a}_1 \cdot \mathfrak{a}_2) = V(\mathfrak{a}_1 \cap \mathfrak{a}_2) = V(\mathfrak{a}_1) \cup V(\mathfrak{a}_2)$.

Dimostrazione. Le affermazioni da (i) a (iii) sono di facile verifica; mostriamo soltanto come ottenere (iv). Da

$$\mathfrak{a}_1 \cdot \mathfrak{a}_2 \subset \mathfrak{a}_1 \cap \mathfrak{a}_2 \subset \mathfrak{a}_i, \qquad i = 1, 2,$$

e (i) si conclude subito che

$$V(\mathfrak{a}_1 \cdot \mathfrak{a}_2) \supset V(\mathfrak{a}_1 \cap \mathfrak{a}_2) \supset V(\mathfrak{a}_1) \cup V(\mathfrak{a}_2).$$

D'altra parte, sia $x \in \overline{K}^n - (V(\mathfrak{a}_1) \cup V(\mathfrak{a}_2))$. Per ciascun $i = 1, 2$, esiste allora un $f_i \in \mathfrak{a}_i$ tale che $f_i(x) \neq 0$ in quanto $x \notin V(\mathfrak{a}_i)$. Poiché $f_1 f_2$ appartiene a $\mathfrak{a}_1 \cdot \mathfrak{a}_2$, ma $(f_1 f_2)(x) = f_1(x) \cdot f_2(x)$ non è nullo, si ha che $x \notin V(\mathfrak{a}_1 \cdot \mathfrak{a}_2)$ e quindi

$$V(\mathfrak{a}_1 \cdot \mathfrak{a}_2) \subset V(\mathfrak{a}_1) \cup V(\mathfrak{a}_2).$$

Pertanto risulta dimostrato (iv). $\qquad\qquad\qquad\qquad\qquad\qquad\qquad\qquad \Box$

Obiettivo principale di questa sezione è dedurre alcune proprietà fondamentali di $V(\cdot)$ e $I(\cdot)$. Cominciamo mostrando che per ogni sottoinsieme $E \subset K[X]$ esiste un numero finito di elementi $f_1, \ldots, f_r \in E$ tali che $V(E) = V(f_1, \ldots, f_r)$. Ogni sottoinsieme algebrico di $\overline{K}^n$ (definito su K) è dunque rappresentabile come luogo degli zeri di un numero *finito* di polinomi in $K[X]$. Per giustificarlo basta mostrare che l'ideale $\mathfrak{a}$, generato da E in $K[X]$, è finitamente generato. Un anello in cui ogni ideale sia finitamente generato viene detto *noetheriano*.

Proposizione 2 (Teorema della base di Hilbert). *Sia* R *un anello noetheriano. Allora anche l'anello dei polinomi* $R[Y]$ *in una variabile* Y *è noetheriano. In particolare, l'anello dei polinomi* $K[X] = K[X_1, \ldots, X_n]$ *su un campo* K *è noetheriano.*

In 2.4/8 abbiamo definito un anello R noetheriano se ogni catena ascendente di ideali $\mathfrak{a}_1 \subset \mathfrak{a}_2 \subset \ldots \subset R$ diventa stazionaria dopo un numero finito di passi. Vogliamo mostrare che questa condizione è equivalente al fatto che ogni ideale di R sia finitamente generato. Data una catena del tipo sopra, si consideri l'ideale $\mathfrak{a} = \bigcup_i \mathfrak{a}_i$. Se questo ammette un sistema finito di generatori $f_1, \ldots, f_r$, allora tutti gli f_ρ sono contenuti in uno degli ideali $\mathfrak{a}_i$ e dunque anche $\mathfrak{a}$ è contenuto in $\mathfrak{a}_i$. La catena di ideali è dunque stazionaria da questo punto in poi. Viceversa, se $\mathfrak{a} \subset R$ è un ideale che non è finitamente generato, allora, dato un numero finito di elementi $f_1, \ldots, f_r \in \mathfrak{a}$, risulta sempre $(f_1, \ldots, f_r) \neq \mathfrak{a}$, ossia si può trovare in $\mathfrak{a}$, con una costruzione induttiva, una catena infinita e strettamente ascendente di ideali.

Dimostrazione della proposizione 2. Sia R un anello noetheriano e sia $\mathfrak{a} \subset R[Y]$ un ideale. Si definisca $\mathfrak{a}_i \subset R$, per $i \in \mathbb{N}$, come l'insieme di tutti gli elementi $a \in R$ per i quali esiste un polinomio in $\mathfrak{a}$ della forma

$$aY^i + \text{ termini di grado minore in } Y.$$

Si verifica senza difficoltà che ciascun $\mathfrak{a}_i$ è un ideale di R e che si ha una catena ascendente

$$\mathfrak{a}_0 \subset \mathfrak{a}_1 \subset \ldots \subset R;$$

infatti, se $f \in \mathfrak{a}$, risulta $Yf \in \mathfrak{a}$. Poiché l'anello R è noetheriano, questa catena diventa stazionaria, per esempio in $\mathfrak{a}_{i_0}$. Per ciascun indice $i = 0, \ldots, i_0$ si scelgano ora polinomi $f_{ij} \in \mathfrak{a}$ con $\operatorname{grad} f_{ij} = i$ in modo tale che i coefficienti direttori a_{ij} degli f_{ij} generino l'ideale $\mathfrak{a}_i$. Affermiamo che i polinomi f_{ij} generano l'ideale $\mathfrak{a}$. Sia dunque $g \in \mathfrak{a}$; possiamo assumere $g \neq 0$. Sia inoltre $d = \operatorname{grad} g$ e sia $a \in R$ il coefficiente direttore di g; si ponga $i = \min\{d, i_0\}$. Allora $a \in \mathfrak{a}_i$ e di conseguenza possiamo scriverlo nella forma

$$a = \sum_j c_j a_{ij}, \qquad c_j \in R.$$

Il polinomio

$$g_1 = g - Y^{d-i} \cdot \sum_j c_j f_{ij}$$

appartiene a $\mathfrak{a}$ e però il suo grado è minore del grado d di g in quanto il coefficiente di Y^d è ora nullo. Se $g_1 \neq 0$, si può continuare il processo con g_1 al posto di g e così via. Si arriva così dopo un numero finito di passi a un polinomio g_s con $g_s = 0$. Ne segue che g è combinazione lineare degli f_{ij} a coefficienti in $R[Y]$ e quindi gli f_{ij} generano l'ideale $\mathfrak{a}$. $\qquad\square$

Dato un ideale $\mathfrak{a}$ di un anello R, si può sempre costruire il suo *radicale*

$$\operatorname{rad} \mathfrak{a} = \{a \in R; \text{ esiste un } n \in \mathbb{N} \text{ tale che } a^n \in \mathfrak{a}\}.$$

Applicando la formula del binomio si vede facilmente che anche il radicale di $\mathfrak{a}$ è un ideale di R. Ideali con la proprietà che $\mathfrak{a} = \operatorname{rad} \mathfrak{a}$ si dicono *ideali radicali*. Per ogni sottoinsieme $U \subset \overline{K}^n$ l'ideale $I(U) \subset K[X]$ è radicale: infatti un polinomio

$f \in K[X]$ si annulla in un punto $x \in \overline{K}^n$ se e solo se una qualunque sua potenza f^r, $r > 0$, vi si annulla. Vogliamo studiare più in dettaglio la corrispondenza tra ideali di $K[X]$ e insiemi algebrici in $\overline{K}^n$.

Proposizione 3. $I(\cdot)$ e $V(\cdot)$ *definiscono due biiezioni, una inversa dell'altra, che invertono il segno di inclusione*

$$\{\text{sottoinsiemi algebrici} \subset \overline{K}^n\} \; \underset{V}{\overset{I}{\rightleftarrows}} \; \{\text{ideali radicali} \subset K[X]\},$$

dove a sinistra si devono intendere i sottoinsiemi algebrici di $\overline{K}^n$ definiti su K.

Per la *dimostrazione* si devono verificare le due relazioni

$$V(I(U)) = U, \qquad I(V(\mathfrak{a})) = \mathfrak{a},$$

per insiemi algebrici $U \subset \overline{K}^n$ e ideali radicali $\mathfrak{a} \subset K[X]$. La prima uguaglianza ha natura elementare. Sia per esempio $U = V(\mathfrak{a})$ con $\mathfrak{a} \subset K[X]$ un ideale. Si deve mostrare che $V(I(V(\mathfrak{a}))) = V(\mathfrak{a})$. Poiché tutti i polinomi di $\mathfrak{a}$ si annullano su $V(\mathfrak{a})$, risulta $\mathfrak{a} \subset I(V(\mathfrak{a}))$ e dunque $V(\mathfrak{a}) \supset V(I(V(\mathfrak{a})))$. D'altra parte, tutti i polinomi di $I(V(\mathfrak{a}))$ si annullano su $V(\mathfrak{a})$ e dunque risulta $V(\mathfrak{a}) \subset V(I(V(\mathfrak{a})))$ da cui $V(I(V(\mathfrak{a}))) = V(\mathfrak{a})$. L'uguaglianza $I(V(\mathfrak{a})) = \mathfrak{a}$ è infine conseguenza del cosiddetto *teorema degli zeri (Nullstellensatz) di Hilbert*:

Teorema 4. *Sia $\mathfrak{a}$ un ideale dell'anello dei polinomi $K[X] = K[X_1, \ldots, X_n]$ e sia $V(\mathfrak{a})$ l'insieme degli zeri di $\mathfrak{a}$ in $\overline{K}^n$. Allora $I(V(\mathfrak{a})) = \operatorname{rad}\mathfrak{a}$. In altri termini, un polinomio $f \in K[X]$ si annulla su $V(\mathfrak{a})$ se e solo se una potenza f^r appartiene a $\mathfrak{a}$.*

Dimostriamo dapprima un lemma, detto anche forma debole del teorema degli zeri di Hilbert.

Lemma 5. *Sia $A = K[x_1, \ldots, x_n] \neq 0$ un anello di tipo finito su un campo K. È possibile prolungare l'inclusione $K \hookrightarrow \overline{K}$ a un K-omomorfismo $A \longrightarrow \overline{K}$.*

Dimostrazione. Si scelga un ideale massimale $\mathfrak{m} \subset A$ e si consideri l'applicazione canonica $K \longrightarrow A/\mathfrak{m}$. Poiché $A/\mathfrak{m}$ è sia un campo che un anello di tipo finito su K, grazie a 3.3/8 si vede che $A/\mathfrak{m}$ è un'estensione finita di K. Per 3.4/9 esiste allora un K-omomorfismo $A/\mathfrak{m} \longrightarrow \overline{K}$ e, componendo questa applicazione con la proiezione $A \longrightarrow A/\mathfrak{m}$, si ottiene un K-omomorfismo di A in $\overline{K}$. $\square$

Veniamo ora alla *dimostrazione* del teorema 4. Poiché tutti i polinomi di $\mathfrak{a}$ si annullano su $V(\mathfrak{a})$, risulta $\mathfrak{a} \subset I(V(\mathfrak{a}))$ e di conseguenza $\operatorname{rad}\mathfrak{a} \subset I(V(\mathfrak{a}))$ in quanto gli ideali del tipo $I(U)$ sono radicali. Supponiamo che esista un $f \in I(V(\mathfrak{a}))$ tale che $f^r \notin \mathfrak{a}$ per ogni $r \in \mathbb{N}$. Allora il sistema moltiplicativo $S = \{1, f, f^2, \ldots\}$ ha intersezione vuota con $\mathfrak{a}$. Per il lemma di Zorn 3.4/5 (o in alternativa perché $K[X]$ è noetheriano) esiste un ideale $\mathfrak{p} \subset K[X]$ che è massimale tra tutti gli ideali $\mathfrak{q} \subset K[X]$ per cui $\mathfrak{a} \subset \mathfrak{q}$ e $\mathfrak{q} \cap S = \emptyset$. L'ideale $\mathfrak{p}$ è primo. Infatti, siano $a, b \in K[X] - \mathfrak{p}$; per definizione di $\mathfrak{p}$, gli ideali $(a, \mathfrak{p})$ e $(b, \mathfrak{p})$ generati in $K[X]$ da

a e $\mathfrak{p}$, risp. da b e $\mathfrak{p}$, hanno ciascuno intersezione non vuota con S, cosicché si ha:

$$S \cap (ab, \mathfrak{p}) \supset S \cap ((a, \mathfrak{p}) \cdot (b, \mathfrak{p})) \neq \emptyset.$$

Ne segue che $ab \notin \mathfrak{p}$, ossia $\mathfrak{p}$ è un ideale primo.

Consideriamo ora l'anello $A = K[X]/\mathfrak{p}$ che è di tipo finito su K. Sia $\tilde{f} \in A$ la classe laterale che contiene f. Poiché, per come è stato scelto $\mathfrak{p}$, $f \notin \mathfrak{p}$ e, poiché A è un dominio d'integrità, possiamo definire il sottoanello $A[\tilde{f}^{-1}]$ del campo delle frazioni $Q(A)$. Per il lemma 5 esiste un K-omomorfismo $A[\tilde{f}^{-1}] \longrightarrow \overline{K}$ che tramite la composizione con applicazioni canoniche fornisce un K-omomorfismo

$$\varphi \colon K[X] \longrightarrow A \hookrightarrow A[\tilde{f}^{-1}] \longrightarrow \overline{K}.$$

Possiamo interpretare φ come l'omomorfismo che valuta i polinomi di $K[X]$ nel punto $x = (\varphi(X_1), \ldots, \varphi(X_n)) \in \overline{K}^n$. Risulta $x \in V(\mathfrak{a})$ in quanto, per costruzione, si ha $\mathfrak{a} \subset \mathfrak{p} \subset \ker \varphi$. D'altra parte, però, $f(x) = \varphi(f)$ non può annullarsi, in quanto esso è immagine di un'unità $\tilde{f} \in A[\tilde{f}^{-1}]$. Ciò è in contraddizione con $f \in I(V(\mathfrak{a}))$. Dunque è assurdo supporre che nessuna potenza di f appartenga a $\mathfrak{a}$.   □

Nel caso di un campo K algebricamente chiuso, i sottoinsiemi algebrici di K^n definiti da ideali massimali $\mathfrak{m} \subset K[X]$ hanno una forma particolarmente semplice.

Corollario 6. *Sia K un campo algebricamente chiuso. Un ideale $\mathfrak{m}$ dell'anello dei polinomi $K[X] = K[X_1, \ldots, X_n]$ è massimale se e solo se è della forma $\mathfrak{m} = (X_1 - x_1, \ldots, X_n - x_n)$ per un punto $x = (x_1, \ldots, x_n) \in K^n$. In particolare $V(\mathfrak{m}) = \{x\}$ e $I(x) = \mathfrak{m}$.*

Se K è algebricamente chiuso, gli ideali massimali di $K[X]$ corrispondono precisamente ai punti di K^n tramite le biiezioni della proposizione 3.

Dimostrazione. L'ideale $(X_1, \ldots, X_n) \subset K[X]$ è massimale in quanto l'anello quoziente $K[X]/(X_1, \ldots, X_n)$ è isomorfo a K. Con un cambiamento di variabili si riconosce che ogni ideale del tipo $(X_1 - x_1, \ldots, X_n - x_n) \subset K[X]$, con $x = (x_1, \ldots, x_n) \in K^n$, è pure massimale. Viceversa, sia $\mathfrak{m} \subset K[X]$ un ideale massimale. Per il lemma 5 esiste un K-omomorfismo $K[X]/\mathfrak{m} \longrightarrow K$ e questo è necessariamente un isomorfismo poiché $K[X]/\mathfrak{m}$ è già un sovracampo di K. Otteniamo dunque un epimorfismo $K[X] \longrightarrow K$ con nucleo $\mathfrak{m}$. Per ciascun X_i indichiamo con $x_i \in K$ la sua immagine. Allora $X_i - x_i \in \mathfrak{m}$ per ogni i e l'ideale $(X_1 - x_1, \ldots, X_n - x_n)$, essendo massimale in $K[X]$, coincide con $\mathfrak{m}$. Le altre affermazioni discendono facilmente dalla caratterizzazione appena data degli ideali massimali di $K[X]$.   □

Dato un campo K, non necessariamente algebricamente chiuso, si può mostrare che un ideale di $K[X]$ è massimale se e solo se è del tipo $I(\{x\})$ per un punto $x \in \overline{K}^n$ (vedi esercizio 2). Tuttavia $\{x\}$ non è necessariamente un'insieme algebrico in $\overline{K}^n$ definito su K. E in generale x non è nemmeno univocamente determinato dal rispettivo ideale massimale $I(\{x\}) \subset K[X]$. Per esempio, ogni K-automorfismo $\sigma \colon \overline{K} \longrightarrow \overline{K}$ manda il punto $x = (x_1, \ldots, x_n)$ in un punto

$\sigma(x) := (\sigma(x_1), \ldots, \sigma(x_n))$ per cui vale $I(\{x\}) = I(\{\sigma(x)\})$. Inoltre $V(I\{x\})$ è il più piccolo sottoinsieme algebrico di $\overline{K}^n$ definito su K che contiene x e si può mostrare che questo è l'insieme dei $\sigma(x)$ al variare di σ tra tutti i K-automorfismi di $\overline{K}$.

Se si considerano i polinomi di $K[X]$ come funzioni su $\overline{K}^n$ a valori in $\overline{K}$, una volta fissato un ideale $\mathfrak{a} \subset K[X]$, li si può restringere a funzioni sull'insieme algebrico $V(\mathfrak{a})$. Questo processo di restrizione definisce un omomorfismo di anelli $K[X] \longrightarrow \mathrm{Appl}(V(\mathfrak{a}), \overline{K})$ il cui nucleo contiene l'ideale $\mathfrak{a}$. Si possono così interpretare canonicamente gli elementi dell'anello quoziente $K[X]/\mathfrak{a}$ come "funzioni" su $V(\mathfrak{a})$; $K[X]/\mathfrak{a}$ viene anche detto l'anello (associato a $\mathfrak{a}$) delle *funzioni polinomiali* sull'insieme algebrico $V(\mathfrak{a})$. Si presti qui particolare attenzione al fatto che l'applicazione $K[X]/\mathfrak{a} \longrightarrow \mathrm{Appl}(V(\mathfrak{a}), \overline{K})$ non è in generale iniettiva. Per esempio, elementi nilpotenti di $K[X]/\mathfrak{a}$ inducono sempre la funzione nulla su $V(\mathfrak{a})$ e si deduce dal teorema degli zeri di Hilbert che questi sono gli unici elementi di $K[X]/\mathfrak{a}$ con tale proprietà. Infatti il nucleo dell'applicazione $K[X] \longrightarrow \mathrm{Appl}(V(\mathfrak{a}), \overline{K})$ è l'ideale $\mathrm{rad}\,\mathfrak{a}$, da cui il nucleo dell'applicazione indotta $K[X]/\mathfrak{a} \longrightarrow \mathrm{Appl}(V(\mathfrak{a}), \overline{K})$ risulta essere il radicale dell'ideale nullo di $K[X]/\mathfrak{a}$. Quest'ultimo consiste di tutti gli elementi nilpotenti di $K[X]/\mathfrak{a}$.

Esercizi

Negli esercizi che seguono sia K un campo con $\overline{K}$ una sua chiusura algebrica e sia $X = (X_1, \ldots, X_n)$ un sistema di variabili.

1. *Dati sottoinsiemi $E \subset K[X]$ e $U \subset K^n$ si ponga:*
$$V_K(E) = \{x \in K^n \,;\, f(x) = 0 \text{ per ogni } f \in E\},$$
$$I(U) = \{f \in K[X] \,;\, f(U) = 0\}.$$

   Quali risultati di questa sezione rimangono validi e quali no se si considerano gli zeri dei polinomi $f \in K[X]$ solo in K^n e non in $\overline{K}^n$, cioè se si usa $V_K(\cdot)$ al posto di $V(\cdot)$?

2. Dato un $x \in \overline{K}^n$, si consideri l'omomorfismo di valutazione $h_x \colon K[X] \longrightarrow \overline{K}$, $f \longmapsto f(x)$. Si mostri che gli ideali del tipo $\ker h_x$ sono proprio gli ideali massimali di $K[X]$.

3. Sia $\mathfrak{m} \subset K[X]$ un ideale massimale. Si dimostri che risulta $\mathfrak{m} = (f_1, \ldots, f_n)$ per polinomi $f_1, \ldots, f_n$ univocamente determinati, dove ciascun f_i è un polinomio monico in X_i con coefficienti in $K[X_1, \ldots, X_{i-1}]$.

4. Sia $U \subset \overline{K}^n$ un sottoinsieme algebrico definito su K. U si dice *irriducibile* su K se non esiste alcuna decomposizione $U = U_1 \cup U_2$ con $U_1, U_2 \subsetneq U$ sottoinsiemi algebrici definiti su K. Si dimostri quanto segue:

   (i) $U \subset \overline{K}^n$ è irriducibile su K se e solo se il corrispondente ideale $I(U) \subset K[X]$ è primo.

   (ii) Esiste una decomposizione $U = U_1 \cup \ldots \cup U_r$ di U in sottoinsiemi algebrici irriducibili definiti su K. Per decomposizioni non accorciabili gli $U_1, \ldots, U_r$ sono univocamente determinati da U.

5. Sia A una K-algebra di tipo finito. Si dimostri che A è un *anello di Jacobson*, ossia che ogni ideale radicale $\mathfrak{a} \subsetneq A$ è intersezione di ideali massimali.

4. Teoria di Galois

Abbiamo visto nel capitolo 3 che ogni campo K ammette una chiusura algebrica $\overline{K}$ e che questa è unica a meno di K-isomorfismi. Se $f(x) = 0$ è un'equazione algebrica con $f \in K[X]$ un polinomio non costante, f si spezza completamente su $\overline{K}$ in fattori lineari e si può dire che $\overline{K}$ contiene "tutte" le soluzioni dell'equazione $f(x) = 0$. Il sottocampo $L \subset \overline{K}$ generato su K da tutte queste soluzioni è un campo di spezzamento di f e inoltre l'estensione L/K è finita e, per 3.5/5, normale. In alternativa, si può ottenere un campo di spezzamento L di f anche tramite la costruzione di Kronecker, ossia aggiungendo successivamente a K tutte le soluzioni di $f(x) = 0$. Se si desidera capire la "natura" delle soluzioni di $f(x) = 0$, ad esempio se si vuole risolvere l'equazione per radicali, è quindi necessario chiarire la struttura dell'estensione L/K.

A questo punto entra in gioco la teoria di Galois, con tutte le sue costruzioni legate alla teoria dei gruppi, e si considera il gruppo $\mathrm{Aut}_K(L)$ formato da tutti i K-automorfismi di L. Se L/K è separabile, e dunque un'*estensione di Galois*, $\mathrm{Aut}_K(L)$ viene detto *gruppo di Galois* di L/K e lo si indica con $\mathrm{Gal}(L/K)$. Ogni K-automorfismo $L \longrightarrow L$ induce un'applicazione biiettiva dell'insieme delle radici di f in sé ed è univocamente determinato dalle immagini di queste radici. Dunque è possibile identificare gli elementi di $\mathrm{Aut}_K(L)$ con le corrispondenti permutazioni delle radici di f. Interpretando $\overline{K}$ come chiusura algebrica di L, segue da 3.5/4 che $\mathrm{Aut}_K(L)$ può essere pensato anche come l'insieme di tutti i K-omomorfismi $L \longrightarrow \overline{K}$ e questi sono concretamente descrivibili grazie a 3.4/8 e 3.4/9. Consideriamo per esempio il caso in cui f non abbia radici multiple o, più in generale, supponiamo che il campo di spezzamento L di f sia separabile su K. Per il teorema dell'elemento primitivo 3.6/12 l'estensione L/K è allora semplice, ad esempio del tipo $L = K(\alpha)$ con $\alpha \in L$, e grazie a 3.5/4 il polinomio minimo $g \in K[X]$ di α si spezza su L in fattori lineari. Per ciascuna radice $\alpha_1, \ldots, \alpha_n \in L$ di g risulta $L = K(\alpha_i)$ e per ogni indice i esiste un unico automorfismo $\sigma_i \in \mathrm{Aut}_K(L)$ tale che $\sigma_i(\alpha) = \alpha_i$ (vedi 3.4/8). Il gruppo di Galois $\mathrm{Gal}(L/K)$ consiste allora degli n elementi $\sigma_1, \ldots, \sigma_n$ dove n è sia il grado di g che il grado dell'estensione L/K. Galois stesso definì in questo modo i gruppi appena introdotti che da lui prendono nome.

Come primo importante risultato della teoria di Galois dimostreremo nella sezione 4.1 il cosiddetto *teorema fondamentale della teoria di Galois*. Esso afferma che, data un'estensione galoisiana finita L/K, i sottogruppi H del gruppo di Galois $\mathrm{Gal}(L/K)$ corrispondono biiettivamente ai campi intermedi E di L/K tramite $H \longmapsto L^H$ e $E \longmapsto \mathrm{Aut}_E(L)$; qui $L^H \subset L$ indica il sottocampo formato dagli elementi che sono invarianti per tutti gli automorfismi di H. Inoltre, il campo intermedio E di L/K è normale su K se e solo se $\mathrm{Aut}_E(L)$ è un sottogruppo normale di $\mathrm{Gal}(L/K)$. Molte informazioni sull'estensione L/K possono essere lette nel gruppo di Galois $\mathrm{Gal}(L/K)$ e in particolare il problema di determinare tutti i campi intermedi di L/K si riduce al problema, in linea di principio più semplice, di determinare tutti i sottogruppi di $\mathrm{Gal}(L/K)$.

Nella sezione 4.2 generalizzeremo il teorema fondamentale della teoria di Galois a estensioni galoisiane non necessariamente finite. Seguendo l'approccio di W. Krull interpreteremo i gruppi di Galois come gruppi topologici e studieremo in special modo i sottogruppi *chiusi*. In particolare, determineremo in questa sezione il gruppo di Galois assoluto $\mathrm{Gal}(\overline{\mathbb{F}}/\mathbb{F})$ di un campo finito $\mathbb{F}$, con $\overline{\mathbb{F}}$ una chiusura algebrica di $\mathbb{F}$. In 4.3 illustreremo tramite alcuni esempi come determinare il gruppo di Galois di un'equazione algebrica. Mostreremo poi che il gruppo di Galois dell'equazione generale di n-esimo grado è il gruppo simmetrico $\mathfrak{S}_n$. La formulazione di questo problema passa attraverso il teorema fondamentale dei polinomi simmetrici che verrà dimostrato in forma generale in 4.4. Quale applicazione presenteremo poi il discriminante di un polinomio f, il cui valore permette di stabilire se f abbia o meno radici multiple. In questo contesto introdurremo anche il risultante di due polinomi come possibile strumento per calcolare il discriminante.

Le sezioni 4.5 – 4.8 servono sostanzialmente come preparazione allo studio della risolubilità delle equazioni algebriche che tratteremo in forma completa solo nel capitolo 6. In 4.5 e 4.8 ci occuperemo delle cosiddette *estensioni radicali*, ossia delle estensioni ottenute aggiungendo soluzioni di equazioni del tipo $x^n - c = 0$. Nel caso $c = 1$ si tratta di aggiunzione di *radici n-esime dell'unità*, ossia di radici n-esime di 1, e nel caso generale, supponendo che il campo dei coefficienti K contenga le radici n-esime dell'unità, dello studio di *estensioni cicliche*, ossia di estensioni galoisiane con gruppo di Galois ciclico. Se la caratteristica del campo K divide n, si deve tuttavia tener conto di alcune modifiche. Come risultati ausiliari, dimostreremo in 4.6 una proposizione sull'*indipendenza lineare dei caratteri* e studieremo in 4.7 la *norma* e la *traccia* di estensioni finite di campi. E. Artin basò su queste tecniche derivanti dall'Algebra Lineare la sua costruzione della teoria di Galois (vedi [1] e [2]), mentre noi seguiremo nella sezione 4.1 un approccio più tradizionale.

Nelle sezioni 4.9 e 4.10 generalizzeremo la caratterizzazione delle estensioni cicliche a certe classi di estensioni abeliane. Si tratta della teoria delle *estensioni di Kummer* per un dato esponente n, così dette in onore del matematico E. Kummer. In 4.9 assumeremo che la caratteristica del campo in questione non divida n; questo è il caso più semplice. Svilupperemo poi in 4.10 la teoria di Kummer da un punto di vista assiomatico e la applicheremo in particolare allo studio delle estensioni di Kummer di esponente del tipo p^r quando $p = \mathrm{char}\, K > 0$. Come strumento fondamentale introdurremo i *vettori di Witt*, risalenti a E. Witt.

Il capitolo si chiude con un esempio di teoria della discesa in 4.11. Data un'estensione galoisiana finita L/K, si tratterà di descrivere i K-spazi vettoriali tramite gli L-spazi vettoriali e i loro "automorfismi di Galois", costruendo degli invarianti, nello stile del teorema fondamentale della teoria di Galois.

4.1 Estensioni di Galois

In 3.5 abbiamo definito normale un'estensione algebrica L/K se L è campo di spezzamento di una famiglia di polinomi di $K[X]$ o, in termini equivalenti, se ogni polinomio irriducibile di $K[X]$ avente una radice in L si spezza completamente in fattori lineari in $L[X]$ (vedi 3.5/4 (ii) e (iii)). Nel seguito avrà però un ruolo predominante la proprietà 3.5/4 (i) che caratterizza le estensioni normali: scelta una chiusura algebrica $\overline{L}$ di L, ogni K-omomorfismo $L \longrightarrow \overline{L}$ si restringe a un automorfismo di L. Interpretando $\overline{L}$ anche come chiusura algebrica $\overline{K}$ di K, possiamo identificare l'insieme $\operatorname{Hom}_K(L, \overline{K})$, formato da tutti i K-omomorfismi di L in $\overline{K}$, con il gruppo $\operatorname{Aut}_K(L)$ dei K-automorfismi di L. Ricordiamo poi che due elementi $a, b \in L$ si dicono *coniugati* (*su* K) se esiste un automorfismo $\sigma \in \operatorname{Aut}_K(L)$ tale che $\sigma(a) = b$, ma noi useremo di rado questa terminologia.

Definizione 1. *Un'estensione algebrica L/K si dice* di Galois *o* galoisiana *se è normale e separabile. Allora* $\operatorname{Gal}(L/K) := \operatorname{Aut}_K(L)$ *viene detto* gruppo di Galois *dell'estensione galoisiana L/K.*

Le estensioni normali vengono anche dette *quasi-galoisiane*. Un esempio di estensione galoisiana finita è data dal campo di spezzamento su un campo K di un polinomio separabile a coefficienti in K. Abbiamo inoltre visto in 3.8/4 che ogni estensione algebrica $\mathbb{F}/\mathbb{F}_q$ di un campo finito $\mathbb{F}_q$ è di Galois; q è qui una potenza di un numero primo. Data un'estensione *finita* $\mathbb{F}/\mathbb{F}_q$ il rispettivo gruppo di Galois $\operatorname{Gal}(\mathbb{F}/\mathbb{F}_q)$ è ciclico di ordine $n = [\mathbb{F} : \mathbb{F}_q]$ ed esso è generato dall'omomorfismo di Frobenius relativo $\mathbb{F} \longrightarrow \mathbb{F}$, $a \longmapsto a^q$ (vedi 3.8/6).

Osservazione 2. *Sia L/K un'estensione di Galois e sia E un campo intermedio di L/K. Allora:*

(i) L'estensione L/E è galoisiana e il gruppo di Galois $\operatorname{Gal}(L/E)$ è in modo naturale un sottogruppo di $\operatorname{Gal}(L/K)$.

(ii) Se anche E/K è galoisiana, allora ogni K-automorfismo di L si restringe a un K-automorfismo di E e $\operatorname{Gal}(L/K) \longrightarrow \operatorname{Gal}(E/K)$, $\sigma \longmapsto \sigma|_E$, è un omomorfismo suriettivo di gruppi.

Dimostrazione. Segue da 3.5/6 e 3.6/11 che l'estensione L/E è galoisiana. Poiché ogni E-automorfismo di L è in particolare un K-automorfismo, risulta che $\operatorname{Gal}(L/E)$ è un sottogruppo di $\operatorname{Gal}(L/K)$. Se inoltre E/K è galoisiana, allora ogni K-automorfismo di L si restringe per 3.5/4 (i) a un K-automorfismo di E; si ottiene quindi un omomorfismo di gruppi $\operatorname{Gal}(L/K) \longrightarrow \operatorname{Gal}(E/K)$. Questo è suriettivo per 3.4/9, usando l'ipotesi che L/K è normale. $\qquad\square$

Tramite le proprietà del grado di separabilità e applicando 3.6/8 e 3.6/9, si vede facilmente che:

Osservazione 3. *Sia L/K un'estensione normale e finita di campi. Allora*

$$\operatorname{ord} \operatorname{Aut}_K(L) = [L : K]_s \leq [L : K].$$

In particolare, $\operatorname{ord} \operatorname{Aut}_K(L) = [L : K]$ se e solo se L/K è separabile.

Una proprietà importante delle estensioni di Galois L/K è il fatto che K sia il campo fisso del gruppo di Galois $\operatorname{Gal}(L/K)$, ossia che K consista di tutti gli elementi di L che sono invarianti per tutti gli automorfismi di $\operatorname{Gal}(L/K)$. Per poter dimostrare questo fatto, che è parte del teorema fondamentale della teoria di Galois, studiamo intanto campi fissi costruiti tramite gruppi di automorfismi.

Proposizione 4. *Sia L un campo e sia $G \subseteq \operatorname{Aut}(L)$ un sottogruppo del gruppo degli automorfismi di L. Si definisca il* campo fisso

$$K = L^G = \{a \in L \, ; \, \sigma(a) = a \text{ per ogni } \sigma \in G\}.$$

(i) *Se G è finito, allora L è un'estensione galoisiana finita di K di grado $[L : K] = \operatorname{ord} G$ avente gruppo di Galois $\operatorname{Gal}(L/K) = G$.*

(ii) *Se G non è finito, ma L/K è un'estensione algebrica, allora L/K è un'estensione galoisiana infinita e il gruppo di Galois $\operatorname{Gal}(L/K)$ contiene G come sottogruppo.*

Dimostrazione. Si vede facilmente che $K = L^G$ è di fatto un sottocampo di L. Sia ora G finito oppure L/K algebrica. Per verificare che L/K è separabile, si considerino un $a \in L$ e un sistema massimale di elementi $\sigma_1, \ldots, \sigma_r \in G$ con la proprietà che $\sigma_1(a), \ldots, \sigma_r(a)$ siano a due a due distinti. Un tale sistema finito esiste sempre anche nel caso in cui G non è finito, purché l'estensione L/K sia algebrica: infatti in quest'ultimo caso ciascun $\sigma(a)$, con $\sigma \in G$, è radice del polinomio minimo di a su K. Si osservi inoltre che necessariamente uno dei $\sigma_i(a)$ coinciderà con a. Ora, ogni $\sigma \in G$ induce un'applicazione dell'insieme $\{\sigma_1(a), \ldots, \sigma_r(a)\}$ in sé, necessariamente biiettiva, e ne segue che il polinomio

$$f = \prod_{i=1}^{r} (X - \sigma_i(a))$$

ha coefficienti in K, in quanto essi sono lasciati fissi da G. Dunque a è radice di un polinomio separabile di $K[X]$ e quindi a è separabile su K; pertanto L/K risulta separabile. Inoltre L/K è normale in quanto L è campo di spezzamento su K di tutti i polinomi f del tipo descritto sopra. Con questo si vede che L/K è un'estensione galoisiana.

Sia ora $n = \operatorname{ord} G$, dove è ammesso anche $n = \infty$. Da quanto detto prima segue che $[K(a) : K] \leq n$ per ogni $a \in L$. Dunque, applicando il teorema dell'elemento primitivo 3.6/12 ai sottocampi di L che sono finiti su K, si ha che $[L : K] \leq n$.

Poiché G è banalmente un sottogruppo di $\text{Aut}_K(L) = \text{Gal}(L/K)$, da 3.6/10 segue che

$$n = \text{ord}\, G \leq \text{ord}\, \text{Gal}(L/K) = [L : K] \leq n$$

e dunque $\text{ord}\, G = [L : K]$. Per $n < \infty$ si ottiene inoltre $G = \text{Gal}(L/K)$. □

Corollario 5. *Sia L/K un'estensione normale e sia $G = \text{Aut}_K(L)$. Allora:*
  (i) *L/L^G è un'estensione galoisiana con gruppo di Galois G.*
  (ii) *Se L/K è separabile, dunque galoisiana, risulta $L^G = K$.*
  (iii) *Se $\text{char}\, K > 0$ e l'estensione L/K non è separabile, l'estensione L^G/K è puramente inseparabile e la catena $K \subset L^G \subset L$ coincide con la catena $K \subset K_i \subset L$ in 3.7/5.*

Dimostrazione. Per la proposizione 4 l'estensione L/L^G è galoisiana. Il suo gruppo di Galois è in questo caso G poiché $\text{Aut}_{L^G}(L) = \text{Aut}_K(L)$. Segue inoltre dalla definizione di L^G che $[L^G : K]_s = 1$. Infatti, se $\overline{K}$ è una chiusura algebrica di K che contiene L, allora ogni K-omomorfismo $L^G \longrightarrow \overline{K}$ si prolunga per 3.4/9 a un K-omomorfismo $L \longrightarrow \overline{K}$ e, per la normalità di L/K, a un K-automorfismo di L; e però tutti i K-automorfismi di L sono banali su L^G. Se L/K è separabile, tale è L^G/K e risulta $L^G = K$, in quanto $[L^G : K] = [L^G : K]_s = 1$. Se d'altra parte (nel caso $\text{char}\, K > 0$) l'estensione L/K non è separabile, si vede grazie a 3.7/2 che L^G/K è puramente inseparabile. Il fatto poi che la catena $K \subset L^G \subset L$ coincida con quella in 3.7/5 segue dalla costruzione e dall'asserto di unicità in 3.7/5. □

Teorema 6 (Teorema fondamentale della teoria di Galois). *Sia L/K un'estensione galoisiana finita con gruppo di Galois $G = \text{Gal}(L/K)$. Allora le corrispondenze*

$$\{\text{Sottogruppi di } G\} \quad \underset{\Psi}{\overset{\Phi}{\rightleftarrows}} \quad \{\text{Campi intermedi di } L/K\},$$

$$H \longmapsto L^H,$$

$$\text{Gal}(L/E) \longleftarrow\!\!\!\shortmid\ E,$$

dove la prima associa a un sottogruppo $H \subset G$ il campo fisso L^H e l'altra associa a un campo intermedio E di L/K il gruppo di Galois dell'estensione galoisiana L/E, sono biiettive e l'una inversa dell'altra.

L^H/K è normale (e quindi galoisiana) se e solo se H è un sottogruppo normale di G. Se tale condizione è soddisfatta, allora l'omomorfismo suriettivo di gruppi

$$G \longrightarrow \text{Gal}(L^H/K),$$

$$\sigma \longmapsto \sigma|_{L^H},$$

ha nucleo H e di conseguenza induce un isomorfismo

$$G/H \overset{\sim}{\longrightarrow} \text{Gal}(L^H/K).$$

Osservazione 7. *Anche se si rinuncia all'ipotesi che l'estensione di Galois L/K del teorema precedente sia finita, vale ancora $\Phi \circ \Psi = $ id; in particolare Φ è suriettiva e Ψ è iniettiva. In generale però, dato un sottogruppo $H \subset G$, l'immagine $(\Psi \circ \Phi)(H)$ è diversa da H (vedi 4.2/3 e 4.2/4).*

Nel caso di estensioni di Galois infinite, la seconda parte del teorema rimane valida se ci si restringe a considerare sottogruppi $H \subset \mathrm{Gal}(L/K)$ che soddisfano la condizione $(\Psi \circ \Phi)(H) = H$, ossia $H = \mathrm{Gal}(L/L^H)$. Questi vengono detti sottogruppi chiusi *di $\mathrm{Gal}(L/K)$ (vedi sezione 4.2).*

Dimostrazione del teorema 6 e dell'osservazione 7. Partiamo da un'estensione galoisiana non necessariamente finita L/K. Se E è un campo intermedio di L/K, allora L/E è galoisiano e il gruppo di Galois $H = \mathrm{Gal}(L/E)$ è un sottogruppo di $G = \mathrm{Gal}(L/K)$ (vedi osservazione 2). Segue allora dal corollario 5 (ii) che $E = L^H$ e dunque $\Phi \circ \Psi = $ id. Non abbiamo usato per questo risultato la finitezza di L/K. Se d'altra parte $H \subset G$ è un sottogruppo, si consideri il campo intermedio $E = L^H$ di L/K. Se G è finito, allora lo è anche H e risulta $H = \mathrm{Gal}(L/E)$ per la proposizione 4. Pertanto, nel caso in cui L/K sia finita, si ottiene pure $\Psi \circ \Phi = $ id e quindi Φ e Ψ sono biiettive e l'una inversa dell'altra.

Sia ora $H \subset G$ un sottogruppo e supponiamo che sia $H = \mathrm{Gal}(L/L^H)$ come nell'osservazione 7; abbiamo appena visto che questo è sempre il caso per un'estensione galoisiana finita. Se L^H/K è normale, allora per l'osservazione 2 esiste un omomorfismo suriettivo di gruppi

$$\varphi \colon G \longrightarrow \mathrm{Gal}(L^H/K),$$

$$\sigma \longmapsto \sigma|_{L^H}.$$

Il nucleo $\ker \varphi$ consiste di tutti i K-automorfismi di L che lasciano fisso L^H e pertanto $\ker \varphi = \mathrm{Gal}(L/L^H) = H$. In quanto nucleo di un omomorfismo di gruppi H è normale in G e, per il teorema di omomorfismo 1.2/7, φ induce un isomorfismo $G/H \xrightarrow{\sim} \mathrm{Gal}(L^H/K)$.

Viceversa, se H è un sottogruppo normale di G, si scelga una chiusura algebrica $\overline{L}$ di L; questa è al contempo una chiusura algebrica di K e di L^H. Per dimostrare che L^H/K è normale, si consideri un K-omomorfismo $\sigma \colon L^H \longrightarrow \overline{L}$. Si deve verificare che $\sigma(L^H) = L^H$. Per farlo si prolunghi σ a un K-omomorfismo $\sigma' \colon L \longrightarrow \overline{L}$ (vedi 3.4/9). Poiché L/K è normale, σ' si restringe a un automorfismo di L, ossia possiamo interpretare σ come un K-omomorfismo $L^H \longrightarrow L$. Sia ora $b \in \sigma(L^H)$, per esempio $b = \sigma(a)$ con $a \in L^H$. Per dimostrare che $b \in L^H$ bisogna verificare che tutti gli automorfismi di H lasciano fisso b. Sia dunque $\tau \in H$. Da $H\sigma = \sigma H$ (in quanto H è normale) segue l'esistenza di un elemento $\tau' \in H$ tale che $\tau \circ \sigma = \sigma \circ \tau'$ e, essendo $a \in L^H$, risulta

$$\tau(b) = \tau \circ \sigma(a) = \sigma \circ \tau'(a) = \sigma(a) = b,$$

ossia $b \in L^H$. Ne segue che $\sigma(L^H) \subset L^H$. Grazie a 3.4/9 possiamo prolungare $\sigma^{-1} \colon \sigma(L^H) \longrightarrow L^H$ a un K-omomorfismo $\rho \colon L^H \longrightarrow \overline{L}$; si ottiene $\rho(L^H) \subset L^H$ e dunque $\sigma(L^H) = L^H$. $\square$

Vogliamo ora trarre alcune conseguenze dal teorema fondamentale della teoria di Galois.

Corollario 8. *Ogni estensione finita e separabile L/K ammette un numero finito di campi intermedi.*

Dimostrazione. Passando alla chiusura normale di L/K (vedi 3.5/7), possiamo assumere che L/K sia finita e galoisiana. I campi intermedi di L/K corrispondono allora biiettivamente ai sottogruppi del gruppo finito $\operatorname{Gal}(L/K)$.   □

Per enunciare il prossimo risultato definiamo il *composto* $E \cdot E'$ di due sotto-campi E, E' di un campo L come il più piccolo sottocampo di L che contiene sia E che E'. Lo si ottiene aggiungendo a E tutti gli elementi di E' o anche aggiungendo a E' tutti gli elementi di E, ossia $E \cdot E' = E(E') = E'(E)$.

Corollario 9. *Sia L/K un'estensione galoisiana finita. Dati due campi intermedi E, E' di L/K, si considerino $H = \operatorname{Gal}(L/E)$ e $H' = \operatorname{Gal}(L/E')$ come sottogruppi di $G = \operatorname{Gal}(L/K)$. Allora:*
   (i) $E \subset E' \Longleftrightarrow H \supset H'$.
   (ii) $E \cdot E' = L^{H \cap H'}$.
   (iii) $E \cap E' = L^{H''}$, *dove H'' è il sottogruppo di G generato da H e H'.*

Dimostrazione. (i) Se $E \subset E'$, allora ogni E'-omomorfismo di L è pure un E-omomorfismo, ossia $H = \operatorname{Gal}(L/E) \supset \operatorname{Gal}(L/E') = H'$. Viceversa, dall'inclusione $H \supset H'$ segue che $E = L^H \subset L^{H'} = E'$.
   (ii) Valgono in modo naturale $E \cdot E' \subset L^{H \cap H'}$ e $\operatorname{Gal}(L/E \cdot E') \subset H \cap H'$. Dalla seconda inclusione e da (i) segue subito che $E \cdot E' \supset L^{H \cap H'}$.
   (iii) Vale $L^{H''} = L^H \cap L^{H'} = E \cap E'$.   □

Definizione 10. *Un'estensione L/K si dice* abeliana *(risp.* ciclica*) se è galoisiana e il gruppo $\operatorname{Gal}(L/K)$ è abeliano (risp. ciclico).*

È facile trovare esempi di estensioni abeliane o cicliche. Segue da 3.8/4 e 3.8/6 che ogni estensione tra campi finiti è un'estensione ciclica.

Corollario 11. *Sia L/K un'estensione finita e abeliana (risp. ciclica). Allora per ogni campo intermedio E di L/K anche E/K è un'estensione finita e abeliana (risp. ciclica).*

Dimostrazione. $\operatorname{Gal}(L/E)$ è un sottogruppo normale di $\operatorname{Gal}(L/K)$ perché i gruppi ciclici sono in particolare abeliani. Dunque E/K è galoisiana. Il gruppo di Galois $\operatorname{Gal}(E/K) = \operatorname{Gal}(L/K)/\operatorname{Gal}(L/E)$ è inoltre abeliano (risp. ciclico) se il gruppo $\operatorname{Gal}(L/K)$ ha la stessa proprietà.   □

Proposizione 12. *Sia L/K un'estensione di campi e siano E, E' campi intermedi con E/K e E'/K galoisiane finite. Allora:*

(i) $E \cdot E'$ *è un'estensione finita e galoisiana di K e l'omomorfismo*

$$\varphi \colon \mathrm{Gal}(E \cdot E'/E) \longrightarrow \mathrm{Gal}(E'/E \cap E'),$$
$$\sigma \longmapsto \sigma|_{E'},$$

è biiettivo.

(ii) *L'omomorfismo*

$$\psi \colon \mathrm{Gal}(E \cdot E'/K) \longrightarrow \mathrm{Gal}(E/K) \times \mathrm{Gal}(E'/K),$$
$$\sigma \longmapsto (\sigma|_E, \sigma|_{E'}),$$

è iniettivo. Se $E \cap E' = K$, l'omomorfismo ψ è suriettivo e dunque biiettivo.

Dimostrazione. Cominciamo con l'asserto (i). Segue da $E \cdot E' = K(E, E')$ che $E \cdot E'$ è normale, separabile e finita su K poiché E/K e E'/K hanno le stesse proprietà. Inoltre φ è iniettiva; infatti, dato $\sigma \in \mathrm{Gal}(E \cdot E'/E)$, risulta $\sigma|_E = \mathrm{id}$ e se $\sigma \in \ker \varphi$, si ha pure che $\sigma|_{E'} = \mathrm{id}$ e quindi $\sigma = \mathrm{id}$. Per mostrare la suriettività di φ consideriamo l'uguaglianza

$$(E')^{\mathrm{im}\,\varphi} = (E \cdot E')^{\mathrm{Gal}(E \cdot E'/E)} \cap E' = E \cap E';$$

questa implica che $\mathrm{im}\,\varphi = \mathrm{Gal}(E'/E \cap E')$, come voluto.

L'iniettività di ψ in (ii) è di facile verifica poiché ogni K-automorfismo σ in $\ker \psi$ è banale sia su E che su E', dunque anche su $E \cdot E'$. Per dimostrare la suriettività di ψ assumiamo $E \cap E' = K$. Sia $(\sigma, \sigma') \in \mathrm{Gal}(E/K) \times \mathrm{Gal}(E'/K)$. Per (i) si può prolungare $\sigma' \in \mathrm{Gal}(E'/K)$ a un $\tilde{\sigma}' \in \mathrm{Gal}(E \cdot E'/K)$ tale che $\tilde{\sigma}'|_E = \mathrm{id}$. Analogamente si può prolungare σ a un $\tilde{\sigma} \in \mathrm{Gal}(E \cdot E'/K)$ tale che $\tilde{\sigma}|_{E'} = \mathrm{id}$. Allora $\tilde{\sigma} \circ \tilde{\sigma}'$ sta nell'antiimmagine di (σ, σ') tramite ψ in quanto

$$(\tilde{\sigma} \circ \tilde{\sigma}')|_E = \tilde{\sigma}|_E \circ \tilde{\sigma}'|_E = \sigma$$

e

$$(\tilde{\sigma} \circ \tilde{\sigma}')|_{E'} = \tilde{\sigma}|_{E'} \circ \tilde{\sigma}'|_{E'} = \sigma'.$$

$\square$

Esercizi

1. *Quali informazioni fornisce il teorema fondamentale della teoria di Galois relativamente alle estensioni algebriche finite di campi?*

2. *Se si volesse formulare il teorema fondamentale della teoria di Galois per estensioni quasi-galoisiane, come suonerebbe?*

3. *Si dimostri che un'estensione algebrica di campi L/K è galoisiana se e solo se K è il campo fisso del gruppo degli automorfismi $\mathrm{Aut}_K(L)$.*

4. Si costruisca un campo L con un sottogruppo $G \subset \text{Aut}(L)$ in modo tale che L/L^G non sia un'estensione di Galois.

5. Sia L/K un'estensione galoisiana finita e sia $H \subset \text{Gal}(L/K)$ un sottogruppo.

   (i) Sia $\alpha \in L$ e supponiamo che per $\sigma \in \text{Gal}(L/K)$ risulti $\sigma(\alpha) = \alpha$ se e solo se $\sigma \in H$. Si dimostri che $L^H = K(\alpha)$.

   (ii) Si giustifichi perché a H resta sempre associato un $\alpha \in L$ come in (i).

6. Siano K un campo, $f \in K[X]$ un polinomio irriducibile separabile e L un campo di spezzamento di f su K; l'estensione L/K è pertanto galoisiana finita. Si dimostri quanto segue: se L/K è abeliana, allora risulta $L = K(\alpha)$ per ogni radice $\alpha \in L$ di f.

7. Siano L un campo algebricamente chiuso, $\sigma \in \text{Aut}(L)$ e $K = L^\sigma$ il campo fisso di σ. Si dimostri che ogni estensione finita di K è un'estensione ciclica.

8. Data un'estensione di Galois L/K, si considerino un elemento $\alpha \in L - K$ e un campo intermedio K', massimale tra quelli per cui $\alpha \notin K'$. Si dimostri quanto segue: se E è un campo intermedio di L/K' tale che $[E : K'] < \infty$, allora E/K' è un'estensione ciclica.

9. Sia K un campo e sia $\overline{K}$ una sua chiusura algebrica. Si dimostri quanto segue:

   (i) Se E_i, $i \in I$, è una famiglia di campi intermedi di $\overline{K}/K$ dove ciascuna estensione E_i/K è abeliana, allora anche $K(\bigcup_{i \in I} E_i)$ è un'estensione abeliana di K.

   (ii) Esiste un'estensione abeliana massimale K_{ab}/K. Essa è caratterizzata dalle seguenti proprietà: (a) K_{ab}/K è un'estensione abeliana. (b) Per ogni estensione abeliana L/K il campo L è isomorfo su K a un campo intermedio di K_{ab}/K.

   (iii) Due estensioni abeliane massimali sono isomorfe su K.

10. Sia L/K un'estensione galoisiana finita. Sianno inoltre L_1, L_2 campi intermedi di L/K che corrispondono rispettivamente ai sottogruppi $H_1, H_2 \subset \text{Gal}(L/K)$. Si dimostri che, dato un $\sigma \in \text{Gal}(L/K)$, l'uguaglianza $\sigma(L_1) = L_2$ è equivalente a $\sigma H_1 \sigma^{-1} = H_2$.

11. Si dimostri che, se $p_1, \ldots, p_n$ sono numeri primi distinti, allora $L = \mathbb{Q}(\sqrt{p_1}, \ldots, \sqrt{p_n})$ è un'estensione abeliana di $\mathbb{Q}$ con gruppo di Galois $(\mathbb{Z}/2\mathbb{Z})^n$. (Suggerimento: si osservi che, dati un $a \in \mathbb{Q}$ tale che $\sqrt{a} \in L$ e un $\sigma \in \text{Gal}(L/\mathbb{Q})$, vale sempre $\sigma(\sqrt{a}) = \pm\sqrt{a}$. In un contesto più generale questo è il punto di partenza della cosiddetta *teoria di Kummer*. Se $M \subset \mathbb{Q}^*$ è il sottogruppo moltiplicativo generato dai $p_1, \ldots, p_n$, allora si può interpretare M/M^2 come sottogruppo del gruppo degli omomorfismi di gruppi $\text{Gal}(L/\mathbb{Q}) \longrightarrow \mathbb{Z}/2\mathbb{Z}$.)

4.2 Gruppi di Galois profiniti*

Abbiamo formulato nella sezione precedente la teoria di Galois essenzialmente per estensioni galoisiane finite. Vogliamo ora abbandonare questa restrizione e presentare alcune osservazioni che si rivelano particolarmente interessanti nel caso di estensioni galoisiane infinite. Sia dunque L/K un'estensione di Galois qualsiasi. Possiamo considerare il sistema $\mathfrak{L} = (L_i)_{i \in I}$ di tutti i campi intermedi di L/K che sono *finiti* e galoisiani su K. Per ogni i indichiamo con $f_i \colon \text{Gal}(L/K) \longrightarrow \text{Gal}(L_i/K)$ l'omomorfismo di restrizione come in 4.1/2. Ogni

$\sigma \in \mathrm{Gal}(L/K)$ determina allora una famiglia di automorfismi di Galois $(\sigma_i)_{i \in I}$ ponendo $\sigma_i = \sigma|_{L_i} = f_i(\sigma)$. Si ha inoltre $\sigma_j|_{L_i} = \sigma_i$ quando $L_i \subset L_j$. Viceversa, se $(\sigma_i)_{i \in I} \in \prod_{i \in I} \mathrm{Gal}(L_i/K)$ è una famiglia che soddisfa le precedenti relazioni di compatibilità, essa definisce un elemento $\sigma \in \mathrm{Gal}(L/K)$, univocamente determinato. Ciò dipende da due fatti: L è unione di tutti i campi $L_i \in \mathfrak{L}$ perché, se $a \in L$, allora la chiusura normale di $K(a)$ in L è un'estensione galoisiana finita che contiene a (vedi 3.5/7); in particolare ogni $\sigma \in \mathrm{Gal}(L/K)$ è univocamente determinato dalle sue restrizioni ai campi L_i. Inoltre, per ogni coppia di estensioni galoisiane finite $L_i, L_j \in \mathfrak{L}$ esiste sempre un $L_k \in \mathfrak{L}$ tale che $L_i \cup L_j \subset L_k$, precisamente il composto $L_i \cdot L_j = K(L_i, L_j)$. Se dunque (σ_i) è un sistema di automorfismi di Galois con $\sigma_j|_{L_i} = \sigma_i$ per $L_i \subset L_j$, allora i σ_i forniscono un'applicazione ben definita $\sigma \colon L \longrightarrow L$. Questa è un K-automorfismo poiché, dati $a, b \in L$, per esempio $a \in L_i$ e $b \in L_j$, esiste sempre un indice k tale che $a, b \in L_k$ e σ_k sia un K-automorfismo.

Sia ora $H \subset \mathrm{Gal}(L/K)$ un sottogruppo. In modo analogo a quanto appena descritto, possiamo costruire la restrizione $H_i = f_i(H) \subset \mathrm{Gal}(L_i/K)$ di H per ogni $i \in I$. Un elemento $a \in L$ è invariante per (l'azione di) H se e solo se è invariante per un (o, equivalentemente, per ogni) H_i dove l'indice è tale che $a \in L_i$. Tuttavia, contrariamente a quanto accadeva prima, H non è in generale univocamente determinato dalle restrizioni H_i (si veda per esempio il caso del gruppo di Galois assoluto di un campo finito che calcoleremo alla fine di questa sezione). Il fatto che non si possa determinare univocamente H è la vera ragione per cui è possibile estendere il teorema fondamentale della teoria di Galois 4.1/6 a estensioni di Galois infinite solo modificandone la forma. Si deve costruire una certa chiusura dei sottogruppi di $\mathrm{Gal}(L/K)$ e questa può essere descritta al meglio con strumenti di tipo topologico.

Ricordiamo che una *topologia* su un insieme X consiste di un sistema di sottoinsiemi $\mathfrak{T} = (U_i)_{i \in I}$ di X, detti insiemi *aperti*, che soddisfano le seguenti condizioni:

(i) $\emptyset, X$ sono aperti.

(ii) L'unione di una famiglia qualsiasi di sottoinsiemi aperti di X è un insieme aperto.

(iii) L'intersezione di un numero finito di sottoinsiemi aperti di X è un insieme aperto.

La coppia $(X, \mathfrak{T})$ (spesso indicata semplicemente con X) viene detta uno *spazio topologico*. Dato un punto $x \in X$, gli insiemi aperti $U \subset X$ che contengono x vengono anche detti *intorni aperti* di x. I complementari dei sottoinsiemi aperti di X vengono detti sottoinsiemi *chiusi* di X. Inoltre, dato un qualsiasi sottoinsieme $S \subset X$, si può considerare la sua *chiusura* $\overline{S}$. Questa è l'intersezione di tutti i sottoinsiemi chiusi di X che contengono S o, in altri termini, il più piccolo sottoinsieme chiuso di X che contiene S. Essa consiste di tutti i punti $x \in X$ tali che $U \cap S \neq \emptyset$ per ogni intorno aperto U di x. Un'applicazione tra due spazi topologici $(X', \mathfrak{T}') \longrightarrow (X, \mathfrak{T})$ è detta *continua* se l'antiimmagine di un sottoinsieme $\mathfrak{T}$-aperto di X è sempre un $\mathfrak{T}'$-aperto di X' o, equivalentemente, se l'antiimmagine di un sottoinsieme $\mathfrak{T}$-chiuso di X è sempre un $\mathfrak{T}'$-chiuso di X'.

Per definire una topologia su un insieme X, si può partire da un qualsiasi sistema $\mathfrak{B}$ di sottoinsiemi di X e considerare la topologia da esso generata. Per costruirla, prima si allarga $\mathfrak{B}$ a un sistema $\mathfrak{B}'$, aggiungendo il sottoinsieme speciale $X \subset X$ e tutte le intersezioni finite di sottoinsiemi di X che appartengono a $\mathfrak{B}$. Poi si definisce aperto un sottoinsieme $U \subset X$ se esso è unione di insiemi che stanno in $\mathfrak{B}'$; in altri termini, se per ogni $x \in U$ esiste un $V \in \mathfrak{B}'$ tale che $x \in V \subset U$. Si vede facilmente che si ottiene così una topologia $\mathfrak{T}$ su X. La $\mathfrak{T}$ viene detta *topologia generata* da $\mathfrak{B}$ su X. La topologia $\mathfrak{T}$ è la *meno fine* tra le topologie su X per cui gli elementi di $\mathfrak{B}$ siano aperti in X; ogni altra topologia $\mathfrak{T}'$ avente quest'ultima proprietà è *più fine* di $\mathfrak{T}$ nel senso che ogni sottoinsieme $\mathfrak{T}$-aperto di X è anche $\mathfrak{T}'$-aperto. Si dimostra poi facilmente che è superfluo allargare $\mathfrak{B}$ a $\mathfrak{B}'$ nel caso in cui X sia unione di tutti gli elementi di $\mathfrak{B}$ e l'intersezione di due elementi $U, V \in \mathfrak{B}$ sia sempre unione di sottoinsiemi di X che stanno in $\mathfrak{B}$.

Come applicazione della costruzione appena descritta possiamo definire il *prodotto* di una famiglia di spazi topologici $(X_i)_{i \in I}$. Si consideri sul prodotto usuale $\prod_{i \in I} X_i$ la topologia generata da tutti i sottoinsiemi del tipo $\prod_{i \in I} U_i$ con U_i aperto in X_i e $U_i = X_i$ per quasi tutti gli indici $i \in I$. Questa è la topologia meno fine per cui tutte le proiezioni sui fattori X_i risultano continue. Abbiamo poi bisogno della nozione di *restrizione* della topologia di uno spazio topologico X a un sottoinsieme $V \subset X$. Con questo termine si intende la topologia su V i cui insiemi aperti sono proprio le intersezioni degli insiemi aperti di X con V. Viene anche detta *topologia indotta* da X su V.

Torniamo ora all'estensione di Galois L/K considerata all'inizio e al sistema $\mathfrak{L} = (L_i)_{i \in I}$ formato da tutte le estensioni galoisiane finite di K contenute in L con i rispettivi omomorfismi di restrizione $f_i \colon \mathrm{Gal}(L/K) \longrightarrow \mathrm{Gal}(L_i/K)$. Per ogni $i \in I$ dotiamo $\mathrm{Gal}(L_i/K)$ della topologia discreta: questa è la topologia per cui tutti i sottoinsiemi di $\mathrm{Gal}(L_i/K)$ sono aperti. Consideriamo poi su $\mathrm{Gal}(L/K)$ la meno fine tra le topologie per cui tutte le restrizioni $f_i \colon \mathrm{Gal}(L/K) \longrightarrow \mathrm{Gal}(L_i/K)$ sono continue. Questa è la topologia generata dalle fibre delle applicazioni f_i poiché ciascun $\mathrm{Gal}(L_i/K)$ ha la topologia discreta.[1]

Osservazione 1. (i) *Un sottoinsieme $U \subset \mathrm{Gal}(L/K)$ è aperto se e solo se per ogni elemento $\sigma \in U$ esiste un indice $i \in I$ tale che $f_i^{-1}(f_i(\sigma)) \subset U$.*

(ii) *Un sottoinsieme $A \subset \mathrm{Gal}(L/K)$ è chiuso se e solo se per ogni elemento $\sigma \in \mathrm{Gal}(L/K) - A$ esiste un $i \in I$ tale che $f_i^{-1}(f_i(\sigma)) \cap A = \emptyset$.*

(iii) *La chiusura $\overline{S}$ di un sottoinsieme $S \subset \mathrm{Gal}(L/K)$ consiste di tutti gli elementi $\sigma \in \mathrm{Gal}(L/K)$ tali che $f_i^{-1}(f_i(\sigma)) \cap S \neq \emptyset$ per ogni $i \in I$.*

Dimostrazione. Verifichiamo solo (i) essendo le altre due affermazioni conseguenze formali della prima. Sia $\mathfrak{B}$ il sistema formato dalle fibre delle restrizioni f_i, $i \in I$. Per la descrizione data della topologia generata da un sistema di sottoinsiemi di un insieme X, dobbiamo solo mostrare che non è necessario allargare il $\mathfrak{B}$ appena definito a un sistema $\mathfrak{B}'$ aggiungendo intersezioni finite di

---

[1] Con fibre di un'applicazione $f \colon X \longrightarrow Y$ si intendono le antiimmagini $f^{-1}(y)$ di punti $y \in Y$.

elementi di $\mathfrak{B}$; verifichiamo quindi che dati due automorfismi $\sigma_i \in \mathrm{Gal}(L_i/K)$, $\sigma_j \in \mathrm{Gal}(L_j/K)$ l'intersezione $f_i^{-1}(\sigma_i) \cap f_j^{-1}(\sigma_j)$ è unione di opportune fibre delle restrizioni $f_k \colon \mathrm{Gal}(L/K) \longrightarrow \mathrm{Gal}(L_k/K)$. Per controllare ciò scegliamo un indice $k \in I$ tale che $L_i \cup L_j \subset L_k$. Poiché f_i è l'applicazione composta di f_k con la restrizione $\mathrm{Gal}(L_k/K) \longrightarrow \mathrm{Gal}(L_i/K)$, si vede che $f_i^{-1}(\sigma_i)$ è unione di fibre di $f_k \colon \mathrm{Gal}(L/K) \longrightarrow \mathrm{Gal}(L_k/K)$. L'analogo vale per $f_j^{-1}(\sigma_j)$ e segue che anche $f_i^{-1}(\sigma_i) \cap f_j^{-1}(\sigma_j)$ è unione di fibre di f_k. $\square$

Grazie all'osservazione 1 si vede facilmente che $\mathrm{Gal}(L/K)$ è un *gruppo topologico*. Con questo si intende un gruppo dotato di una topologia in modo che l'operazione di gruppo $G \times G \longrightarrow G$ come pure l'applicazione $G \longrightarrow G$ che manda un elemento nel suo inverso siano continue. Naturalmente si intende che $G \times G$ sia dotato della topologia prodotto. Per illustrare meglio la topologia di $\mathrm{Gal}(L/K)$ dimostriamo il seguente risultato:

Osservazione 2. *Il gruppo topologico* $\mathrm{Gal}(L/K)$ *è compatto e totalmente sconnesso.*

Prima di addentrarci nella dimostrazione, ricordiamo che uno spazio topologico X si dice *quasi compatto* se ogni ricoprimento aperto di X contiene un sottoricoprimento finito. Inoltre X si dice *compatto* se X è quasi compatto e *di Hausdorff*. Quest'ultima condizione significa che, dati comunque $x, y \in X$, esistono sottoinsiemi aperti disgiunti $U, V \subset X$ con $x \in U$, $y \in V$. Infine, X si dice *totalmente sconnesso* se per ogni sottoinsieme $A \subset X$ che contiene più di un elemento esistono due sottoinsiemi aperti $U, V \subset X$ tali che $A \subset U \cup V$, $U \cap A \neq \emptyset \neq V \cap A$ e $U \cap A \cap V = \emptyset$. Se, per esempio, X ha la topologia discreta, allora X è di Hausdorff e totalmente sconnesso. Se inoltre X è finito, allora X è pure compatto.

Dimostrazione dell'osservazione 2. Le $f_i \colon \mathrm{Gal}(L/K) \longrightarrow \mathrm{Gal}(L_i/K)$ inducono un omomorfismo iniettivo

$$\mathrm{Gal}(L/K) \hookrightarrow \prod_{i \in I} \mathrm{Gal}(L_i/K),$$

che nel seguito leggeremo come un'inclusione. In quanto prodotto di spazi topologici finiti e discreti, dunque compatti, $\prod \mathrm{Gal}(L_i/K)$ è, per il teorema di Tychonoff, compatto (ma nella nostra situazione speciale lo si può dimostrare anche in modo elementare). Poiché $\prod \mathrm{Gal}(L_i/K)$ induce su $\mathrm{Gal}(L/K)$ la topologia data, per verificare la compattezza di $\mathrm{Gal}(L/K)$ dobbiamo solo mostrare che questo gruppo è chiuso in $\prod \mathrm{Gal}(L_i/K)$. A tal fine si consideri un punto $(\sigma_i) \in \prod \mathrm{Gal}(L_i/K)$ che non appartiene a $\mathrm{Gal}(L/K)$; esistono quindi due indici $j, j' \in I$ tali che $L_j \subset L_{j'}$ e $\sigma_{j'}|_{L_j} \neq \sigma_j$. Ora l'insieme di tutti i $(\sigma_i') \in \prod \mathrm{Gal}(L_i/K)$ per i quali $\sigma_j' = \sigma_j$ e $\sigma_{j'}' = \sigma_{j'}$ è un intorno aperto del punto (σ_i) che non interseca $\mathrm{Gal}(L/K)$. Dunque $\mathrm{Gal}(L/K)$ è chiuso in $\prod \mathrm{Gal}(L_i/K)$.

Per vedere che $\mathrm{Gal}(L/K)$ è totalmente sconnesso, è sufficiente mostrare che $\prod \mathrm{Gal}(L_i/K)$ è totalmente sconnesso in quanto prodotto di gruppi discreti. Siano (σ_i) e (σ_i') due elementi distinti di $\prod \mathrm{Gal}(L_i/K)$. Esiste allora un indice $j \in I$

tale che $\sigma_j \neq \sigma_j'$. Definiamo i sottoinsiemi aperti $V = \prod V_i$ e $V' = \prod V_i'$ di $\prod \mathrm{Gal}(L_i/K)$ nel modo seguente:

$$V_i = \begin{cases} \mathrm{Gal}(L_i/K) & \text{se } i \neq j \\ \{\sigma_j\} & \text{se } i = j \end{cases}, \qquad V_i' = \begin{cases} \mathrm{Gal}(L_i/K) & \text{se } i \neq j \\ \mathrm{Gal}(L_j/K) - \{\sigma_j\} & \text{se } i = j \end{cases}.$$

Allora $(\sigma_i) \in V$, $(\sigma_i') \in V'$ e inoltre $\prod \mathrm{Gal}(L_i/K) = V \cup V'$ e $V \cap V' = \emptyset$. Da questo segue subito che $\prod \mathrm{Gal}(L_i/K)$ soddisfa la proprietà richiesta nella definizione di spazio topologico totalmente sconnesso. $\qquad\square$

Vogliamo ora generalizzare il teorema fondamentale della teoria di Galois 4.1/6 a estensioni galoisiane qualsiasi.

Proposizione 3. *Sia L/K un'estensione di Galois qualsiasi. Allora i campi intermedi di L/K corrispondono biiettivamente ai sottogruppi chiusi di $\mathrm{Gal}(L/K)$. Più precisamente, l'asserto del teorema 4.1/6 rimane valido se ci si restringe ai sottogruppi $H \subset \mathrm{Gal}(L/K)$ che sono* chiusi.

La parte sostanziale del lavoro necessario alla dimostrazione è già stato fatta nella sezione 4.1 (vedi 4.1/7). Rimane solo da verificare che il gruppo di Galois $\mathrm{Gal}(L/E)$ di un campo intermedio E di L/K rappresenta un sottogruppo chiuso di $\mathrm{Gal}(L/K)$ e che la composizione $\Psi \circ \Phi$ in 4.1/6 è l'applicazione identica sull'insieme dei sottogruppi chiusi di $\mathrm{Gal}(L/K)$. Entrambi questi fatti si deducono dal risultato seguente:

Lemma 4. *Sia $H \subset \mathrm{Gal}(L/K)$ un sottogruppo e sia L^H il campo fisso di H. Allora $\mathrm{Gal}(L/L^H)$, come sottogruppo di $\mathrm{Gal}(L/K)$, è proprio la chiusura di H.*

Dimostrazione. Consideriamo nuovamente il sistema $(L_i)_{i \in I}$ di tutti i campi intermedi di L/K aventi la proprietà che L_i/K è finito e galoisiano; siano inoltre $f_i \colon \mathrm{Gal}(L/K) \longrightarrow \mathrm{Gal}(L_i/K)$ le restrizioni e poniamo $H_i = f_i(H)$. Poiché un elemento $a \in L_i$ è invariante per H se e solo se è invariante per H_i, risulta che $L^H \cap L_i = L_i^{H_i}$ e dunque $L^H = \bigcup_{i \in I} L_i^{H_i}$. Se $H' \subset \mathrm{Gal}(L/K)$ è un altro sottogruppo di $\mathrm{Gal}(L/K)$ e si pone $H_i' = f_i(H')$, segue da 4.1/4 o 4.1/6 che $L^H = L^{H'}$ è equivalente alle uguaglianze $H_i = H_i'$, $i \in I$. Ora, $H' := \bigcap_{i \in I} f_i^{-1}(H_i)$ è chiaramente il più grande sottogruppo di $\mathrm{Gal}(L/K)$ tale che $f_i(H') = H_i$ per ogni $i \in I$, dunque tale che $L^{H'} = L^H$. Di conseguenza $H' = \mathrm{Gal}(L/L^H)$.

D'altra parte, grazie all'osservazione 1 (iii), la chiusura $\overline{H}$ di H è

$$\begin{aligned} \overline{H} &= \{\sigma \in \mathrm{Gal}(L/K)\,;\, f_i^{-1}(f_i(\sigma)) \cap H \neq \emptyset \text{ per ogni } i \in I\} \\ &= \{\sigma \in \mathrm{Gal}(L/K)\,;\, f_i(\sigma) \in H_i \text{ per ogni } i \in I\} \\ &= \bigcap_{i \in I} f_i^{-1}(H_i) \\ &= H', \end{aligned}$$

ossia $\mathrm{Gal}(L/L^H)$ è la chiusura del sottogruppo $H \subset \mathrm{Gal}(L/K)$. $\qquad\square$

Nella situazione della proposizione 3 si possono caratterizzare i sottogruppi aperti di Gal(L/K) nel modo seguente:

Corollario 5. *Sia L/K un'estensione di Galois e sia H un sottogruppo di Gal(L/K). Sono allora equivalenti:*
  (i) *H è aperto in Gal(L/K).*
  (ii) *H è chiuso in Gal(L/K) e il campo fisso L^H è finito su K.*

Dimostrazione. Cominciamo supponendo che H sia aperto in Gal(L/K). Allora H è pure chiuso in Gal(L/K) in quanto da H aperto segue che anche le classi laterali sinistre (risp. destre) di H sono aperte e dunque anche il complementare di H in Gal(L/K) è aperto. Per l'osservazione 1 esiste inoltre un'estensione di Galois finita L'/K in L tale che H contiene il nucleo dell'omomorfismo di restrizione Gal(L/K) $\longrightarrow$ Gal(L'/K), ossia Gal(L/L'). Segue allora dalla proposizione 3 che L^H è contenuto in $L^{\mathrm{Gal}(L/L')} = L'$ e quindi L^H è finito su K in quanto lo stesso vale per l'estensione L'/K.

Se invece H è chiuso e L^H/K è finito, possiamo considerare la chiusura normale $L' \subset L$ di L^H/K. Questa è pure finita su K (vedi 3.5/7). Per l'osservazione 1 allora Gal(L/L') è aperto in Gal(L/K) e per la proposizione 3 risulta che Gal(L/L') $\subset$ Gal(L/L^H) $= H$. In particolare H è un sottogruppo aperto di Gal(L/K). $\qquad\square$

Nello studio concreto di estensioni di Galois infinite L/K risulta spesso utile leggere il gruppo di Galois Gal(L/K) come limite proiettivo dei gruppi di Galois finiti Gal(L_i/K), dove $(L_i)_{i \in I}$ indica come sempre il sistema di tutti i campi intermedi di L/K che sono finiti e galoisiani su K. Daremo quindi nel seguito una breve introduzione al formalismo dei limiti proiettivi.

Partiamo da un insieme di indici I parzialmente ordinato rispetto ad un ordinamento $\leq$ (vedi sezione 3.4). Supponiamo che per ogni coppia di indici $i, j \in I$ con $i \leq j$ esista un omomorfismo di gruppi $f_{ij} \colon G_j \longrightarrow G_i$ tale che:
  (i) $f_{ii} = \mathrm{id}_{G_i}$ per ogni $i \in I$.
  (ii) $f_{ik} = f_{ij} \circ f_{jk}$ se $i \leq j \leq k$.

Un tale sistema $(G_i, f_{ij})_{i,j \in I}$ si dice *sistema proiettivo* di gruppi. In modo analogo si definiscono sistemi proiettivi di insiemi o di insiemi con strutture particolari. Per esempio nel caso di sistemi proiettivi di gruppi topologici si richiede che tutti gli omomorfismi f_{ij} siano continui. Un gruppo G assieme a omomorfismi $f_i \colon G \longrightarrow G_i$ tali che $f_i = f_{ij} \circ f_j$ per $i \leq j$ viene detto *limite proiettivo* del sistema (G_i, f_{ij}) se soddisfa la seguente proprietà universale:

Se $h_i \colon H \longrightarrow G_i$, $i \in I$ sono omomorfismi di gruppi con $h_i = f_{ij} \circ h_j$ per $i \leq j$, allora esiste un unico omomorfismo di gruppi $h \colon H \longrightarrow G$ tale che $h_i = f_i \circ h$ per ogni $i \in I$.

Tale condizione viene illustrata dal seguente diagramma commutativo:

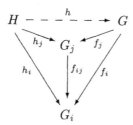

Nel caso in cui un limite proiettivo G esista, esso è unico a meno di isomorfismi canonici. Questo accade per ogni oggetto definito tramite una proprietà universale. Il motivo per cui ciò è vero è il seguente: supponiamo di essere nella situazione precedente e che oltre a (G, f_i) anche (H, h_i) sia limite proiettivo di (G_i, f_{ij}); esistono allora sia un omomorfismo $h\colon H \longrightarrow G$ sia un $g\colon G \longrightarrow H$ con le compatibilità illustrate dal diagramma precedente. Applicando la condizione di unicità nella definizione, si vede che le applicazioni $g \circ h, \mathrm{id}_H \colon H \longrightarrow H$ coincidono come pure le applicazioni $h \circ g, \mathrm{id}_G \colon G \longrightarrow G$ e dunque h e g sono l'una inversa dell'altra. Il limite proiettivo del sistema (G_i, f_{ij}) viene indicato con $G = \varprojlim_{i \in I} G_i$, mentre gli omomorfismi f_i non compaiono esplicitamente quando sia chiaro come questi sono definiti.

Se (G_i, f_{ij}) è un sistema proiettivo di gruppi *topologici* e se (G, f_i) è un limite proiettivo di gruppi classici, allora si mette su G la topologia meno fine per cui tutti gli omomorfismi f_i risultano continui. Questa è la topologia generata da tutte le antiimmagini $f_i^{-1}(U)$ di insiemi aperti $U \subset G_i$; si parla anche di *limite proiettivo* delle topologie dei G_i. Con questa topologia G risulta un limite proiettivo di (G_i, f_{ij}) nel senso dei gruppi topologici.

Accenniamo qui al fatto che il limite proiettivo ammette come nozione duale quella di *limite induttivo* (o *diretto*) $\varinjlim$. La definizione di sistema induttivo (risp. di limite induttivo) si ottiene dalla definizione di sistema proiettivo (risp. limite proiettivo) semplicemente invertendo le frecce. Si richiede inoltre che l'insieme degli indici I sia *filtrante* nel senso che per $i, j \in I$ esista sempre un indice $k \in I$ tale che $i, j \leq k$. Si dimostra facilmente che limiti proiettivi e iniettivi di gruppi (risp. di insiemi, di anelli) esistono sempre. Ci interesseremo solo del caso proiettivo.

Osservazione 6. *Sia (G_i, f_{ij}) un sistema proiettivo di gruppi.*
(i) *Il sottogruppo*

$$G = \{(x_i)_{i \in I} \,;\, f_{ij}(x_j) = x_i \text{ per } i \leq j\} \subset \prod_{i \in I} G_i,$$

assieme agli omomorfismi di gruppi $f_i\colon G \longrightarrow G_i$, indotti dalle proiezioni sui singoli fattori, forma un limite proiettivo di (G_i, f_{ij}).

In particolare, ogni sistema $(x_i)_{i \in I} \in \prod_{i \in I} G_i$ con $f_{ij}(x_j) = x_i$ per $i \leq j$ determina un unico elemento $x \in \varprojlim_{i \in I} G_i$.

(ii) *Se* (G_i, f_{ij}) *è un sistema proiettivo di gruppi topologici e se* G *è come in* (i), *allora la restrizione della topologia prodotto di* $\prod_{i \in I} G_i$ *a* G *è proprio la topologia limite proiettivo delle topologie dei* G_i.

Nel caso concreto di un'estensione di Galois L/K, con $\mathfrak{L} = (L_i)_{i \in I}$ il sistema dei campi intermedi che sono finiti e galoisiani su K, si definisce su I un ordinamento parziale ponendo $i \leq j$ se $L_i \subset L_j$. Poniamo inoltre $G_i = \mathrm{Gal}(L_i/K)$ per $i \in I$ e siano $f_{ij} \colon \mathrm{Gal}(L_j/K) \longrightarrow \mathrm{Gal}(L_i/K)$ le restrizioni. Allora (G_i, f_{ij}) è un sistema proiettivo di gruppi nonché di gruppi topologici (discreti) e risulta:

Proposizione 7. $\mathrm{Gal}(L/K)$ *con le restrizioni* $f_i \colon \mathrm{Gal}(L/K) \longrightarrow \mathrm{Gal}(L_i/K)$ *è limite proiettivo del sistema* $(\mathrm{Gal}(L_i/K), f_{ij})$ *ossia*

$$\mathrm{Gal}(L/K) = \varprojlim_{i \in I} \mathrm{Gal}(L_i/K).$$

Questo vale nel contesto sia dei gruppi classici che dei gruppi topologici.

Dimostrazione. È sufficiente controllare la proprietà universale del limite proiettivo di gruppi classici; infatti la topologia di $\mathrm{Gal}(L/K)$ coincide per definizione con il limite proiettivo delle topologie dei gruppi $\mathrm{Gal}(L_i/K)$. Siano dunque $h_i \colon H \longrightarrow \mathrm{Gal}(L_i/K)$ omomorfismi di gruppi compatibili con le restrizioni f_{ij}. Dimostriamo in primo luogo che, se esiste un omomorfismo di gruppi $h \colon H \longrightarrow \mathrm{Gal}(L/K)$ tale che $h_i = f_i \circ h$ per ogni $i \in I$, esso è unico. Scelto un elemento $x \in H$ scriveremo per semplicità $\sigma = h(x)$, $\sigma_i = h_i(x)$. La relazione $h_i = f_i \circ h$ implica allora $\sigma_i = \sigma|_{L_i}$. Poiché L è unione dei campi L_i, l'elemento $\sigma = h(x)$ è univocamente determinato dai $\sigma_i = h_i(x)$. Questo fatto suggerisce d'altra parte come costruire un omomorfismo $h \colon H \longrightarrow \mathrm{Gal}(L/K)$ del tipo cercato. Siano infatti $\sigma_i = h_i(x)$ le immagini di un dato elemento $x \in H$; le relazioni $h_i = f_{ij} \circ h_j$ per $i \leq j$, ossia per $L_i \subset L_j$, mostrano che $\sigma_i = \sigma_j|_{L_i}$. Poiché $L = \bigcup_{i \in I} L_i$ e dati $i, j \in I$ esiste sempre un $k \in I$ tale che $i, j \leq k$, ossia tale che $L_i \cup L_j \subset L_k$, si vede che i σ_i individuano un ben definito automorfismo $\sigma \in \mathrm{Gal}(L/K)$. Si ottiene così un omomorfismo di gruppi $h \colon H \longrightarrow \mathrm{Gal}(L/K)$ del tipo cercato mandando ciascun $x \in H$ nel rispettivo $\sigma \in \mathrm{Gal}(L/K)$. Dunque $\mathrm{Gal}(L/K)$ soddisfa le proprietà di limite proiettivo del sistema $(\mathrm{Gal}(L_i/K))_{i \in I}$. $\qquad \square$

Nella situazione della proposizione 7 si dice che $\mathrm{Gal}(L/K)$ è un *gruppo profinito*, ossia limite proiettivo di gruppi finiti (discreti). Si osservi inoltre che per determinare il limite proiettivo di un sistema proiettivo $(G_i, f_{ij})_{i,j \in I}$ basta costruire questo limite rispetto a un cosiddetto *sottosistema cofinale*. Un sottosistema $(G_i, f_{ij})_{i,j \in I'}$ di $(G_i, f_{ij})_{i,j \in I}$ è detto cofinale se per $i \in I$ esiste sempre un $i' \in I'$ tale che $i \leq i'$. Se dunque $(L_i)_{i \in I'}$ è un sottosistema del sistema $(L_i)_{i \in I}$ formato da tutti i campi intermedi di L/K per cui l'estensione L_i/K è finita e galoisiana e se per ogni $i \in I$ esiste un $i' \in I'$ tale che $L_i \subset L_{i'}$, allora $\mathrm{Gal}(L/K)$ è il limite proiettivo dei gruppi di Galois $\mathrm{Gal}(L_i/K)$, $i \in I'$.

Per concludere vogliamo calcolare un gruppo di Galois infinito. Sia p un numero primo e sia $\overline{\mathbb{F}}$ una chiusura algebrica del campo finito con p elementi $\mathbb{F}_p$. Ogni estensione finita di $\mathbb{F}_p$ è allora del tipo $\mathbb{F}_q$ per una potenza $q = p^n$ (vedi 3.8/2). Possiamo pensare che tutti i campi $\mathbb{F}_q$ siano immersi in $\overline{\mathbb{F}}$ (vedi 3.4/9 e 3.8/3). Fissata una potenza $q = p^n$, calcoliamo il gruppo di Galois $\mathrm{Gal}(\overline{\mathbb{F}}/\mathbb{F}_q)$, detto *gruppo di Galois assoluto* di $\mathbb{F}_q$. A tal fine consideriamo il sistema di tutte le estensioni di Galois finite di $\mathbb{F}_q$ e dunque, in base a 3.8/3 e 3.8/4, il sistema $(\mathbb{F}_{q^i})_{i \in \mathbb{N}-\{0\}}$. Per la proposizione 7 si ha:

$$\mathrm{Gal}(\overline{\mathbb{F}}/\mathbb{F}_q) = \varprojlim_{i \in I} \mathrm{Gal}(\mathbb{F}_{q^i}/\mathbb{F}_q).$$

Studiamo ora più in dettaglio il sistema proiettivo dei gruppi di Galois che intervengono a destra in questo isomorfismo. Indichiamo con $\sigma \colon \overline{\mathbb{F}} \longrightarrow \overline{\mathbb{F}}$, $a \longmapsto (a^p)^n = a^q$, la potenza n-esima dell'omomorfismo di Frobenius di $\overline{\mathbb{F}}$; in analogia con quanto detto nella sezione 3.8 chiamiamo σ l'*omomorfismo di Frobenius relativo* su $\mathbb{F}_q$. Risulta che $\mathbb{F}_q \subset \overline{\mathbb{F}}$ è il campo di spezzamento su $\mathbb{F}_p$ del polinomio $X^q - X$ (vedi 3.8/2) e dunque il campo fisso del sottogruppo ciclico di $\mathrm{Gal}(\overline{\mathbb{F}}/\mathbb{F}_p)$ generato da σ. Indicheremo con σ_i la restrizione di σ a un'estensione finita $\mathbb{F}_{q^i}$ di $\mathbb{F}_q$. Si vede allora grazie a 3.8/3 e 3.8/6 che:

Osservazione 8. (i) $\mathrm{Gal}(\mathbb{F}_{q^i}/\mathbb{F}_q)$ *è ciclico di ordine i e generato dalla restrizione σ_i dell'omomorfismo di Frobenius relativo su $\mathbb{F}_q$.*

(ii) $\mathbb{F}_{q^i} \subset \mathbb{F}_{q^j}$ *se e solo se i divide j. In tal caso, l'omomorfismo di restrizione $\mathrm{Gal}(\mathbb{F}_{q^j}/\mathbb{F}_q) \longrightarrow \mathrm{Gal}(\mathbb{F}_{q^i}/\mathbb{F}_q)$ manda il generatore σ_j nel generatore σ_i.*

Dunque, per determinare $\varprojlim \mathrm{Gal}(\mathbb{F}_{q^i}/\mathbb{F}_q)$, dobbiamo costruire il limite proiettivo del sistema $(\mathbb{Z}/i\mathbb{Z})_{i \in \mathbb{N}-\{0\}}$. Si deve prendere qui come ordinamento su $\mathbb{N}-\{0\}$ la relazione di divisibilità e, quando $i \mid j$, come omomorfismo $f_{ij} \colon \mathbb{Z}/j\mathbb{Z} \longrightarrow \mathbb{Z}/i\mathbb{Z}$ quello che manda la classe resto $\overline{1} \in \mathbb{Z}/j\mathbb{Z}$ nella classe resto $\overline{1} \in \mathbb{Z}/i\mathbb{Z}$. Risulta:

Proposizione 9. *Esiste un unico isomorfismo di gruppi topologici*

$$\mathrm{Gal}(\overline{\mathbb{F}}/\mathbb{F}_q) \simeq \varprojlim_{i \in \mathbb{N}-\{0\}} \mathbb{Z}/i\mathbb{Z}$$

che fa corrispondere l'omomorfismo di Frobenius relativo $\sigma \in \mathrm{Gal}(\overline{\mathbb{F}}/\mathbb{F}_q)$ al sistema delle classi resto $\overline{1} \in \mathbb{Z}/i\mathbb{Z}$, $i \in \mathbb{N}-\{0\}$.

Scriviamo $\widehat{\mathbb{Z}} = \varprojlim_{i \in \mathbb{N}-\{0\}} \mathbb{Z}/i\mathbb{Z}$ (e possiamo pensarlo anche come limite proiettivo di *anelli* o di *anelli topologici*[2]) e controlliamo che questo è a meno di isomorfismi il gruppo di Galois assoluto di un campo *finito*. Inoltre $\mathbb{Z}$ è in modo canonico un sottogruppo di $\widehat{\mathbb{Z}}$ in quanto le proiezioni $\mathbb{Z} \longrightarrow \mathbb{Z}/i\mathbb{Z}$ danno origine a un omomorfismo iniettivo $\mathbb{Z} \longrightarrow \widehat{\mathbb{Z}}$. Precisamente $\mathbb{Z}$ corrisponde al gruppo ciclico libero $\langle \sigma \rangle$ generato dall'omomorfismo di Frobenius relativo $\sigma \in \mathrm{Gal}(\overline{\mathbb{F}}/\mathbb{F}_q)$.

---

[2] Un anello topologico R è un gruppo topologico rispetto all'addizione e si richiede inoltre che la moltiplicazione di anello sia continua.

Poiché tutte le proiezioni $\mathbb{Z} \longrightarrow \mathbb{Z}/i\mathbb{Z}$ sono suriettive, $\mathbb{Z}$ è denso in $\widehat{\mathbb{Z}}$ e σ genera un sottogruppo denso in $\mathrm{Gal}(\overline{\mathbb{F}}/\mathbb{F}_q)$, ossia un sottogruppo la cui chiusura è tutto $\mathrm{Gal}(\overline{\mathbb{F}}/\mathbb{F}_q)$. Si deduce questo anche dal lemma 4, interpretando $\mathbb{F}_q$ come campo fisso $\overline{\mathbb{F}}^{\langle\sigma\rangle}$. Vedremo più avanti che $\mathbb{Z}$ è un sottogruppo proprio di $\widehat{\mathbb{Z}}$ e che $\mathbb{Z}$ è decisamente "più piccolo" di $\widehat{\mathbb{Z}}$. Da questo segue in particolare che l'omomorfismo di Frobenius relativo σ genera un sottogruppo di $\mathrm{Gal}(\overline{\mathbb{F}}/\mathbb{F}_q)$ che non è chiuso.

Come già suggerisce la notazione, da un certo punto di vista si deve interpretare $\widehat{\mathbb{Z}}$ come un completamento dell'anello $\mathbb{Z}$, anche se esistono altri possibili completamenti di $\mathbb{Z}$. Nel costruire il limite proiettivo degli $\mathbb{Z}/i\mathbb{Z}$ ci si può restringere a far variare gli indici i solo in un certo sottoinsieme di $\mathbb{N} - \{0\}$. Per esempio, dato un numero primo ℓ, il limite proiettivo di anelli topologici

$$\mathbb{Z}_\ell = \varprojlim_{\nu \in \mathbb{N}} \mathbb{Z}/\ell^\nu\mathbb{Z}$$

viene detto anello degli *interi ℓ-adici*. Questi anelli sono utili nel nostro caso in quanto la loro struttura è più semplice da descrivere di quella di $\widehat{\mathbb{Z}}$ e tuttavia si può interpretare $\widehat{\mathbb{Z}}$ in termini degli $\mathbb{Z}_\ell$:

Proposizione 10. *Esiste un isomorfismo canonico di anelli topologici*

$$\widehat{\mathbb{Z}} = \varprojlim_{i \in \mathbb{N}-\{0\}} \mathbb{Z}/i\mathbb{Z} \simeq \prod_{\ell \text{ primo}} \mathbb{Z}_\ell.$$

Dimostrazione. Dimostriamo che $P := \prod_{\ell \text{ primo}} \mathbb{Z}_\ell$, insieme agli omomorfismi canonici $f_i \colon P \longrightarrow \mathbb{Z}/i\mathbb{Z}$ che definiremo, soddisfa le proprietà di limite proiettivo del sistema $(\mathbb{Z}/i\mathbb{Z})_{i\in\mathbb{N}-\{0\}}$. Sia $i \in \mathbb{N}-\{0\}$ e sia $i = \prod_\ell \ell^{\nu_\ell(i)}$ la sua fattorizzazione in numeri primi, dove ovviamente quasi tutti gli esponenti $\nu_\ell(i)$ sono nulli. Dal teorema cinese del resto nella versione 2.4/14 si deduce che l'omomorfismo canonico

$$(*) \qquad \mathbb{Z}/i\mathbb{Z} \longrightarrow \prod_{\ell \text{ primo}} \mathbb{Z}/\ell^{\nu_\ell(i)}\mathbb{Z}$$

è un isomorfismo, cosicché otteniamo un omomorfismo canonico

$$f_i \colon P \longrightarrow \prod_{\ell \text{ primo}} \mathbb{Z}/\ell^{\nu_\ell(i)}\mathbb{Z} \xrightarrow{\sim} \mathbb{Z}/i\mathbb{Z}.$$

Facendo variare i in $\mathbb{N} - \{0\}$, risulta che gli omomorfismi $f_i \colon P \longrightarrow \mathbb{Z}/i\mathbb{Z}$ sono compatibili, quando $i \mid j$, con le proiezioni $f_{ij} \colon \mathbb{Z}/j\mathbb{Z} \longrightarrow \mathbb{Z}/i\mathbb{Z}$. Inoltre, per come sono definiti gli f_i, si vede che la topologia di P è proprio la meno fine tra le topologie per cui tutti gli f_i sono continui. Pertanto basta dimostrare che (P, f_i) è un limite proiettivo di $(\mathbb{Z}/i\mathbb{Z}, f_{ij})$ nel senso degli anelli.

Consideriamo quindi un anello R e omomorfismi di anelli $h_i \colon R \longrightarrow \mathbb{Z}/i\mathbb{Z}$, $i \in \mathbb{N} - \{0\}$ compatibili con gli f_{ij}. Utilizzando isomorfismi del tipo $(*)$, si ottiene per ogni numero primo ℓ un omomorfismo $h_{i,\ell} \colon R \longrightarrow \mathbb{Z}/\ell^{\nu_\ell(i)}\mathbb{Z}$, dove gli

$h_{i,\ell}$ sono compatibili con gli omomorfismi di restrizione del sistema proiettivo $(\mathbb{Z}/\ell^\nu\mathbb{Z})_{\nu\in\mathbb{N}}$. Al variare di i gli $h_{i,\ell}$ definiscono quindi un omomorfismo di anelli $h_\ell\colon R \longrightarrow \varprojlim_{\nu\in\mathbb{N}} \mathbb{Z}/\ell^\nu\mathbb{Z}$ e dunque al variare pure di ℓ si ottiene globalmente un omomorfismo di anelli $h\colon R \longrightarrow P$ che soddisfa la condizione $h_i = f_i \circ h$. E però gli $h_{i,\ell}$ sono univocamente determinati dagli h_i e dunque anche h è univocamente determinato dagli h_i.   □

Possiamo quindi riassumere:

Teorema 11. *Sia* $\mathbb{F}$ *un campo finito e sia* $\overline{\mathbb{F}}$ *una sua chiusura algebrica. Esiste allora un isomorfismo canonico di gruppi topologici*

$$\mathrm{Gal}(\overline{\mathbb{F}}/\mathbb{F}) \simeq \prod_{\ell \text{ primo}} \mathbb{Z}_\ell$$

rispetto al quale l'omomorfismo di Frobenius relativo $\sigma \in \mathrm{Gal}(\overline{\mathbb{F}}/\mathbb{F})$ *corrisponde all'elemento* $(1,1,\dots) \in \prod_{\ell \text{ primo}} \mathbb{Z}_\ell$. *Qui* 1 *indica l'identità in ciascun anello* $\mathbb{Z}_\ell$.

Segue in particolare da questo che il sottogruppo ciclico libero $\mathbb{Z} \subset \mathrm{Gal}(\overline{\mathbb{F}}/\mathbb{F})$ generato dall'omomorfismo di Frobenius relativo σ è notevolmente "più piccolo" del gruppo di Galois. Addirittura $\mathbb{Z}$ è decisamente "più piccolo" dell'anello degli interi ℓ-adici $\mathbb{Z}_\ell$. Infatti si può facilmente vedere (e questo giustifica il nome di interi ℓ-adici) che gli elementi di $\mathbb{Z}_\ell$ corrispondono biiettivamente alle serie infinite scritte formalmente come $\sum_{\nu=0}^{\infty} c_\nu \ell^\nu$ a coefficienti c_ν interi e con $0 \le c_\nu \le \ell - 1$. Gli elementi di $\mathbb{Z}$ corrispondono allora alle somme finite.

Esercizi

1. *Si precisi l'idea di base che permette di generalizzare in modo relativamente facile il teorema fondamentale della teoria di Galois 4.1/6 a estensioni galoisiane infinite.*

2. *Si rifletta sul perché sia necessario guardare ai gruppi di Galois infiniti non come gruppi astratti ma piuttosto come gruppi topologici.*

3. Sia X un insieme e sia $(X_i)_{i\in I}$ un sistema di sottoinsiemi di X. Se $i,j \in I$ sono indici tali che $X_j \subset X_i$, indichiamo con f_{ij} l'inclusione $X_j \longrightarrow X_i$.
   (i) Si scriva $i \le j$ se $X_j \subset X_i$ e si dimostri che (X_i, f_{ij}) è un sistema proiettivo di insiemi e $\varprojlim_{i\in I} X_i = \bigcap_{i\in I} X_i$.
   (ii) Si scriva $i \le j$ se $X_i \subset X_j$ e si assuma che l'insieme degli indici I sia filtrante rispetto a $\le$. (Tuttavia questa ipotesi non è importante in questo contesto) Si mostri che (X_i, f_{ji}) è un sistema induttivo di insiemi e che $\varinjlim_{i\in I} X_i = \bigcup_{i\in I} X_i$.

4. Si dimostri che ogni sistema induttivo di gruppi ammette un limite (induttivo).

5. Sia K un campo e sia $\overline{K}$ una chiusura algebrica di K. Si dimostri che il gruppo di Galois assoluto $\mathrm{Gal}(\overline{K}/K)$ non dipende, a meno di isomorfismi, dalla scelta di $\overline{K}$.

6. Sia L/K un'estensione e sia $(L_i)_{i\in I}$ un sistema di campi intermedi tale che ciascun L_i sia galoisiano su K e per $i,j \in I$ esista un $k \in I$ per cui $L_i \cup L_j \subset L_k$. Sia inoltre L' il più piccolo sottocampo di L che contiene tutti i campi L_i. Si dimostri che L'/K è galoisiano e che $\mathrm{Gal}(L'/K) = \varprojlim \mathrm{Gal}(L_i/K)$ come gruppi topologici.

7. Sia L/K un'estensione di Galois e sia E un campo intermedio tale che l'estensione E/K sia galoisiana. Si dimostri quanto segue:

   (i) La restrizione $\varphi\colon \mathrm{Gal}(L/K) \longrightarrow \mathrm{Gal}(E/K)$ è continua.

   (ii) $\mathrm{Gal}(E/K)$ ha la topologia quoziente rispetto a φ, ossia un sottoinsieme $V \subset \mathrm{Gal}(E/K)$ è aperto se e solo se $\varphi^{-1}(V)$ è aperto in $\mathrm{Gal}(L/K)$.

8. Può esistere un'estensione di Galois L/K con $\mathrm{Gal}(L/K) \simeq \mathbb{Z}$?

9. Si consideri la situazione del teorema 11.

   (i) Dato un numero primo l, si determini il campo fisso di $\mathbb{Z}_\ell$ considerato come sottogruppo di $\mathrm{Gal}(\overline{\mathbb{F}}/\mathbb{F})$.

   (ii) Si trovino tutti i campi intermedi di $\overline{\mathbb{F}}/\mathbb{F}$.

10. Dato un numero primo ℓ, si consideri l'anello $\mathbb{Z}_\ell = \varprojlim_\nu \mathbb{Z}/\ell^\nu\mathbb{Z}$ dei numeri interi ℓ-adici. Dato un elemento non nullo $a \in \mathbb{Z}_\ell$, si indichi con $v(a)$ il massimo tra tutti i numeri $\nu \in \mathbb{N}$ tali che la classe resto di a in $\mathbb{Z}/\ell^\nu\mathbb{Z}$ sia nulla e si ponga $v(a) = \infty$ se $a = 0$. Si definisca poi il cosiddetto *valore assoluto ℓ-adico* di a come $|a|_\ell = \ell^{-v(a)}$. Dati $a, b \in \mathbb{Z}_\ell$, si dimostri quanto segue:

    (i) $|a|_\ell = 0 \iff a = 0$,

    (ii) $|a \cdot b|_\ell = |a|_\ell \cdot |b|_\ell$,

    (iii) $|a + b|_\ell \le \max\{|a|_\ell, |b|_\ell\}$.

11. Si dimostri che il valore assoluto ℓ-adico $|\cdot|_\ell$ definisce la topologia di $\mathbb{Z}_\ell$ (nel senso che $U \subset \mathbb{Z}_\ell$ è aperto se e solo se per ogni punto di U esiste un ε-intorno ℓ-adico che è contenuto in U). Si mostri che $(1 - \ell)^{-1} = \sum_{i=0}^{\infty} \ell^i$, dove la convergenza è da intendersi per il valore assoluto ℓ-adico. Si può mostrare in modo simile che ogni $a \in \mathbb{Z}_\ell$ con $|a|_\ell = 1$ è un'unità di $\mathbb{Z}_\ell$.

4.3 Il gruppo di Galois di un'equazione

Sia K un campo e sia $f \in K[X]$ un polinomio non costante. Sia inoltre L un campo di spezzamento di f su K. Se f è separabile, allora L/K è un'estensione galoisiana finita e $\mathrm{Gal}(L/K)$ viene detto gruppo di Galois di f su K o anche gruppo di Galois dell'equazione $f(x) = 0$.

Proposizione 1. *Sia $f \in K[X]$ un polinomio separabile di grado $n > 0$ con L un suo campo di spezzamento su K. Se $\alpha_1, \dots, \alpha_n \in L$ sono le radici di f, allora*

$$\varphi\colon \mathrm{Gal}(L/K) \longrightarrow S(\{\alpha_1, \dots, \alpha_n\}) \simeq \mathfrak{S}_n,$$

$$\sigma \longmapsto \sigma|_{\{\alpha_1, \dots, \alpha_n\}},$$

definisce un omomorfismo iniettivo del gruppo di Galois di L/K nel gruppo delle permutazioni di $\alpha_1, \dots, \alpha_n$ e quindi nel gruppo $\mathfrak{S}_n$ delle permutazioni di n elementi, cosicché si può considerare $\mathrm{Gal}(L/K)$ come un sottogruppo di $\mathfrak{S}_n$. In particolare, $[L : K] = \mathrm{ord}\,\mathrm{Gal}(L/K)$ divide $\mathrm{ord}\,\mathfrak{S}_n = n!$.

Il polinomio f è irriducibile se e solo se $\mathrm{Gal}(L/K)$ agisce transitivamente sull'insieme delle radici $\{\alpha_1, \dots, \alpha_n\}$, ossia se e solo se, date comunque due radici distinte α_i, α_j, esiste sempre un automorfismo $\sigma \in \mathrm{Gal}(L/K)$ tale che $\sigma(\alpha_i) = \alpha_j$. In particolare questo è il caso se $[L : K] = n!$, ossia se $\mathrm{Gal}(L/K) \simeq \mathfrak{S}_n$.

Dimostrazione. Sia $\sigma \in \mathrm{Gal}(L/K)$. Lasciando fissi i coefficienti di f, σ manda l'insieme delle radici di f in sé. Inoltre, essendo iniettivo, σ induce un'applicazione iniettiva, dunque biiettiva, di $\{\alpha_1, \ldots, \alpha_n\}$ in sé, ossia una permutazione. Questo significa che l'applicazione φ è ben definita. Essa inoltre è iniettiva in quanto da $L = K(\alpha_1, \ldots, \alpha_n)$ segue che un K-omomorfismo in $\mathrm{Gal}(L/K)$ è univocamente determinato dai valori che esso assume sugli elementi $\alpha_1, \ldots, \alpha_n$.

Supponiamo ora che f sia irriducibile. Grazie a 3.4/8 per ogni coppia di radici α_i, α_j di f esiste un K-omomorfismo $\sigma \colon K(\alpha_i) \longrightarrow K(\alpha_j)$ tale che $\sigma(\alpha_i) = \alpha_j$. Per 3.4/9 questo omomorfismo si prolunga a un K-omomorfismo $\sigma' \colon L \longrightarrow \overline{L}$, dove $\overline{L}$ è una chiusura algebrica di L. Poiché l'estensione L/K è normale, σ' si restringe a un K-automorfismo di L, dunque a un elemento $\sigma'' \in \mathrm{Gal}(L/K)$, e per costruzione risulta $\sigma''(\alpha_i) = \alpha_j$.

Se d'altra parte f è riducibile e $f = gh$ è una fattorizzazione non banale in $K[X]$, allora ogni $\sigma \in \mathrm{Gal}(L/K)$ manda le radici di g (risp. di h) in se stesse. Poiché f è per ipotesi separabile, nessuna radice di g è radice di h e dunque σ non opera transitivamente sull'insieme delle radici di f. $\qquad\square$

Per il teorema dell'elemento primitivo 3.6/12 ogni estensione galoisiana finita L/K è semplice e dunque L è campo di spezzamento di un polinomio in $K[X]$ di grado $n = [L : K]$. In particolare:

Corollario 2. *Se L/K è un'estensione galoisiana finita di grado n, allora si può interpretare $\mathrm{Gal}(L/K)$ come sottogruppo del gruppo simmetrico $\mathfrak{S}_n$.*

Si vede poi che, nella situazione della proposizione 1, il gruppo di Galois $\mathrm{Gal}(L/K)$ è in generale un sottogruppo proprio di $\mathfrak{S}_n$. Infatti, se $f \in K[X]$ è il polinomio minimo di un elemento primitivo di L/K e n è il suo grado, quando $n > 2$ si ha $\mathrm{ord}(\mathrm{Gal}(L/K)) = n < n! = \mathrm{ord}\,\mathfrak{S}_n$. Pertanto di regola non è vero che ogni permutazione delle radici di f sia indotta da un automorfismo di Galois.

Calcoliamo ora il gruppo di Galois di un polinomio $f \in K[X]$ in alcuni casi speciali.

(1) Si consideri un polinomio $f = X^2 + aX + b \in K[X]$ privo di radici in K. Allora f è irriducibile in $K[X]$ e, se $\mathrm{char}\,K \neq 2$ oppure $a \neq 0$, esso è pure separabile. Se aggiungiamo a K una radice α di f, allora il campo $L = K(\alpha)$ è già un campo di spezzamento di f su K, ossia L/K è un'estensione di Galois di grado 2. Il gruppo di Galois $\mathrm{Gal}(L/K)$ ha ordine 2 ed è necessariamente ciclico.

(2) Sia $f = X^3 + aX + b \in K[X]$ con $\mathrm{char}\,K \neq 2, 3$. Ogni altro polinomio monico di terzo grado $X^3 + c_1 X^2 + \ldots \in K[X]$ può essere scritto nella forma precedente tramite la sostituzione $X \longmapsto X - c$ con $c = \frac{1}{3} c_1$; il campo di spezzamento e il gruppo di Galois del polinomio non cambiano. Assumiamo che f non abbia radici in K. Allora f è irriducibile in $K[X]$ e, per l'ipotesi su $\mathrm{char}\,K$, anche separabile. Sia L un campo di spezzamento di f su K e sia $\alpha \in L$ una radice di f. L'estensione $K(\alpha)/K$ ha grado 3 e $[L : K]$ assume il valore 3 oppure 6 a seconda che $K(\alpha)$ sia un campo di spezzamento di f oppure no. L'ordine di $\mathrm{Gal}(L/K)$ è rispettivamente 3 oppure 6 e, grazie alla proposizione 1, possiamo pensare questo

gruppo come un sottogruppo di $\mathfrak{S}_3$. Nel primo caso $\mathrm{Gal}(L/K)$ è ciclico di ordine 3; ogni elemento $\sigma \in \mathrm{Gal}(L/K)$ diverso dall'identità è un generatore in quanto da $\mathrm{ord}\,\sigma > 1$ e $(\mathrm{ord}\,\sigma)|3$ segue $\mathrm{ord}\,\sigma = 3$. Nel secondo caso si ha $\mathrm{Gal}(L/K) = \mathfrak{S}_3$ in quanto $\mathrm{ord}\,\mathrm{Gal}(L/K) = 6 = \mathrm{ord}\,\mathfrak{S}_3$.

Diamo ora un metodo per stabilire quale dei due casi si stia considerando. Se $\alpha_1, \alpha_2, \alpha_3 \in L$ sono le radici di f, si ponga

$$\delta = (\alpha_1 - \alpha_2)(\alpha_2 - \alpha_3)(\alpha_1 - \alpha_3).$$

$\Delta = \delta^2$ è detto il *discriminante* del polinomio f (vedi anche la sezione 4.4). Poiché Δ è invariante per gli automorfismi in $\mathrm{Gal}(L/K)$, risulta che $\Delta \in K$; con un facile calcolo troviamo nel nostro caso speciale

$$\Delta = -4a^3 - 27b^2.$$

Se si applica un automorfismo $\sigma \in \mathrm{Gal}(L/K)$ a δ, cambiano al più i segni dei fattori di δ. Risulta dunque $\sigma(\delta) = \pm\delta$ a seconda che σ corrisponda a una permutazione pari o a una dispari in $\mathfrak{S}_3$. (Una permutazione $\pi \in \mathfrak{S}_n$ si dice pari (risp. dispari) se il segno di π, definito come

$$\mathrm{sgn}(\pi) = \prod_{i<j} \frac{\pi(i) - \pi(j)}{i - j},$$

assume il valore 1 (risp. -1); la funzione sgn è moltiplicativa, ossia $\mathrm{sgn}(\pi \circ \pi') = \mathrm{sgn}(\pi) \cdot \mathrm{sgn}(\pi')$ per ogni scelta di π, $\pi' \in \mathfrak{S}_n$; vedi anche 5.3.)

Le permutazioni pari formano un sottogruppo di $\mathfrak{S}_n$, il cosiddetto gruppo alterno $\mathfrak{A}_n$. Se $n > 1$, allora $\mathfrak{A}_n$ è un sottogruppo normale di indice 2 in $\mathfrak{S}_n$ perché esso è nucleo dell'omomorfismo suriettivo di gruppi

$$\mathfrak{S}_n \longrightarrow \{1, -1\}, \qquad \pi \longmapsto \mathrm{sgn}(\pi).$$

Si vede inoltre che tutti gli elementi $\pi \in \mathfrak{S}_n$ aventi ordine dispari devono appartenere a $\mathfrak{A}_n$. In particolare, $\mathfrak{A}_3$ è l'unico sottogruppo di $\mathfrak{S}_3$ di ordine 3. Valgono quindi le seguenti equivalenze:

$$\mathrm{ord}\,\mathrm{Gal}(L/K) = 3$$
$$\Longleftrightarrow \quad \mathrm{Gal}(L/K) \subset \mathfrak{S}_3 \text{ consiste solo di permutazioni pari}$$
$$\Longleftrightarrow \quad \delta \in K$$
$$\Longleftrightarrow \quad \Delta \text{ ha una radice quadrata in } K.$$

Si può dunque stabilire se $\mathrm{Gal}(L/K)$ abbia ordine 3 o 6, controllando se il discriminante ammetta o meno una radice quadrata in K.

Si consideri, per esempio, il polinomio $f = X^3 - X + 1 \in \mathbb{Q}[X]$ (irriducibile in quanto f non ha alcun fattore lineare in $\mathbb{Z}[X]$): se L è il campo di spezzamento di f su $\mathbb{Q}$, allora risulta $\mathrm{Gal}(L/\mathbb{Q}) = \mathfrak{S}_3$ perché $\sqrt{\Delta} = \sqrt{-23} \notin \mathbb{Q}$.

(3) Vogliamo ora considerare particolari polinomi di quarto grado e precisamente polinomi monici irriducibili $f \in \mathbb{Q}[X]$ con termini lineare e cubico banali. Si può sempre scrivere un tale polinomio nella forma $f = (X^2 - a)^2 - b$; assumiamo per il momento che $b > a^2$. Esempi concreti sono i polinomi $X^4 - 2$ e $X^4 - 4X^2 - 6$. Le radici di f in $\mathbb{C}$ sono

$$\alpha = \sqrt{a + \sqrt{b}}, \qquad -\alpha, \qquad \beta = \sqrt{a - \sqrt{b}}, \qquad -\beta,$$

dove, per le nostre ipotesi, β non è reale in quanto radice quadrata di un numero reale negativo. Il campo di spezzamento di f in $\mathbb{C}$ è $L = \mathbb{Q}(\alpha, \beta)$ e vogliamo ora calcolare il grado $[L : \mathbb{Q}]$. Si ha $[\mathbb{Q}(\alpha) : \mathbb{Q}] = 4$ perché α è radice di f e dunque ha grado 4 su $\mathbb{Q}$. Inoltre β ha grado ≤ 2 su $\mathbb{Q}(\alpha)$ perché radice quadrata dell'elemento $a - \sqrt{b} \in \mathbb{Q}(\alpha)$. Poiché $\mathbb{Q}(\alpha)$ è contenuto in $\mathbb{R}$ mentre β non lo è, β ha necessariamente grado 2 su $\mathbb{Q}(\alpha)$ e si ha $[L : \mathbb{Q}] = [\mathbb{Q}(\alpha, \beta) : \mathbb{Q}] = 8$.

Dobbiamo determinare il gruppo di Galois $\mathrm{Gal}(L/\mathbb{Q})$. Come spiegato nella proposizione 1 possiamo considerare $\mathrm{Gal}(L/\mathbb{Q})$ come sottogruppo del gruppo $S(\{\alpha, -\alpha, \beta, -\beta\})$ formato dalle permutazioni delle radici di f. Sappiamo già che l'estensione $L/\mathbb{Q}$ ha grado 8 e dunque che l'ordine di $\mathrm{Gal}(L/\mathbb{Q})$ è 8. Inoltre ogni $\sigma \in \mathrm{Gal}(L/\mathbb{Q})$, in quanto omomorfismo di campi, soddisfa le relazioni $\sigma(-\alpha) = -\sigma(\alpha)$, $\sigma(-\beta) = -\sigma(\beta)$. E però esistono proprio 8 permutazioni in $S(\{\alpha, -\alpha, \beta, -\beta\})$ che soddisfano queste condizioni. Infatti, se si vuole definire una tale permutazione, si hanno in totale 4 possibilità per $\sigma(\alpha)$ mentre $\sigma(-\alpha)$ deve essere definita tramite la relazione $\sigma(-\alpha) = -\sigma(\alpha)$. Per fissare $\sigma(\beta)$ rimangono ora solo 2 possibilità e di nuovo $\sigma(-\beta)$ è fissata dalla relazione $\sigma(-\beta) = -\sigma(\beta)$. Pertanto esistono esattamente 8 permutazioni in $S(\{\alpha, -\alpha, \beta, -\beta\})$ che soddisfano le relazioni $\sigma(-\alpha) = -\sigma(\alpha)$, $\sigma(-\beta) = -\sigma(\beta)$; ne segue che queste sono proprio gli elementi di $\mathrm{Gal}(L/\mathbb{Q})$. Per descrivere esplicitamente il gruppo $\mathrm{Gal}(L/\mathbb{Q})$, si considerino gli elementi $\sigma, \tau \in \mathrm{Gal}(L/\mathbb{Q})$ dati da

$$\sigma: \quad \alpha \longmapsto \beta, \qquad \beta \longmapsto -\alpha,$$
$$\tau: \quad \alpha \longmapsto -\alpha, \qquad \beta \longmapsto \beta.$$

Il sottogruppo $\langle \sigma \rangle \subset \mathrm{Gal}(L/\mathbb{Q})$ generato da σ è ciclico di ordine 4 e dunque normale in $\mathrm{Gal}(L/\mathbb{Q})$, in quanto di indice 2. Inoltre τ ha ordine 2. Poiché $\tau \notin \langle \sigma \rangle$ si ottiene:

$$\mathrm{Gal}(L/\mathbb{Q}) = \langle \sigma, \tau \rangle = \langle \sigma \rangle \cup \tau \langle \sigma \rangle = \langle \sigma \rangle \cup \langle \sigma \rangle \tau,$$

o, con scrittura ancora più esplicita,

$$\mathrm{Gal}(L/\mathbb{Q}) = \{1, \sigma, \sigma^2, \sigma^3, \tau, \sigma\tau, \sigma^2\tau, \sigma^3\tau\}.$$

Per descrivere la struttura di gruppo di $\mathrm{Gal}(L/\mathbb{Q})$ basta vedere che gli elementi σ e τ soddisfano la relazione $\tau\sigma = \sigma^3\tau$. A questo punto si possono descrivere facilmente tutti i sottogruppi di $\mathrm{Gal}(L/\mathbb{Q})$ e abbiamo lo schema seguente:

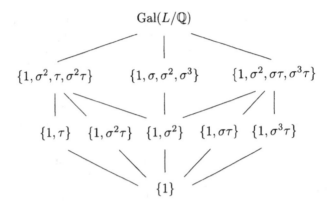

Per il teorema fondamentale della teoria di Galois 4.1/6 i sottogruppi di $\mathrm{Gal}(L/\mathbb{Q})$ corrispondono biiettivamente ai campi intermedi di $L/\mathbb{Q}$. Questi ultimi possono essere determinati considerando opportuni elementi di L di grado 2 o 4 che sono invarianti rispetto ai gruppi sopra elencati.

Calcoliamo ora il gruppo di Galois del polinomio $f = X^4 - 4X^2 + 16 \in \mathbb{Q}[X]$. Anche in questo caso f è del tipo $(X^2 - a)^2 - b$ con $a = 2$ e $b = -12$, ma la disuguaglianza $b > a^2$ non è più soddisfatta. Le radici di f in $\mathbb{C}$ sono

$$\alpha = 2e^{2\pi i/12}, \qquad -\alpha, \qquad \beta = 2e^{-2\pi i/12}, \qquad -\beta,$$

ossia

$$2\zeta, \qquad 2\zeta^7, \qquad 2\zeta^{11}, \qquad 2\zeta^5,$$

con $\zeta = e^{2\pi i/12}$ radice quadrata di $\frac{1}{2} + \frac{1}{2}i\sqrt{3}$ e rispettivamente $e^{-2\pi i/12}$ radice quadrata di $\frac{1}{2} - \frac{1}{2}i\sqrt{3}$. Se aggiungiamo a K una radice di f, per esempio α, allora $L = \mathbb{Q}(\alpha) = \mathbb{Q}(\zeta)$ è un campo di spezzamento di f su $\mathbb{Q}$. Pertanto il gruppo di Galois di $L/\mathbb{Q}$ ha ordine 4. Si possono descrivere i singoli automorfismi tramite

$$\sigma_1: \quad \zeta \longmapsto \zeta,$$
$$\sigma_2: \quad \zeta \longmapsto \zeta^5,$$
$$\sigma_3: \quad \zeta \longmapsto \zeta^7,$$
$$\sigma_4: \quad \zeta \longmapsto \zeta^{11},$$

soggetti alle relazioni $\sigma_1 = \mathrm{id}$, $\sigma_2^2 = \sigma_3^2 = \sigma_4^2 = \mathrm{id}$ e $\sigma_2 \circ \sigma_3 = \sigma_4$ e risulta che $\mathrm{Gal}(L/\mathbb{Q})$ è commutativo. Ne segue che $\mathrm{Gal}(L/\mathbb{Q}) \simeq \mathbb{Z}/2\mathbb{Z} \times \mathbb{Z}/2\mathbb{Z}$. Oltre ai sottogruppi banali vi sono in $\mathrm{Gal}(L/\mathbb{Q})$ solo i sottogruppi $\langle \sigma_2 \rangle$, $\langle \sigma_3 \rangle$, $\langle \sigma_4 \rangle$, e questi corrispondono, nel senso del teorema fondamentale della teoria di Galois 4.1/6, ai campi intermedi $\mathbb{Q}(\zeta^3)$, $\mathbb{Q}(\zeta^2)$, $\mathbb{Q}(\sqrt{3})$ di $L/\mathbb{Q}$; si osservi che vale $\sqrt{3} = \zeta + \zeta^{11}$. Dunque, a meno dei campi intermedi banali $\mathbb{Q}$ e L, questi sono gli unici campi intermedi di $L/\mathbb{Q}$. Estensioni del tipo $L/\mathbb{Q}$ verranno studiate ancor più approfonditamente nella sezione 4.5. L si ottiene da $\mathbb{Q}$ aggiungendo una cosiddetta radice 12-esima *primitiva* dell'unità ζ e viene detto *campo ciclotomico*.

(4) Come ultimo esempio vogliamo studiare la cosiddetta *equazione generale* di n-esimo grado. Consideriamo dunque un campo k e il campo L delle funzioni razionali su k in un numero finito di variabili $T_1, \ldots, T_n$, ossia

$$L = k(T_1, \ldots, T_n) = Q(k[T_1, \ldots, T_n]).$$

Ogni permutazione $\pi \in \mathfrak{S}_n$ definisce un automorfismo di L se si fa agire π sulle variabili $T_1, \ldots, T_n$ come segue:

$$k(T_1, \ldots, T_n) \longrightarrow k(T_1, \ldots, T_n),$$
$$\frac{g(T_1, \ldots, T_n)}{h(T_1, \ldots, T_n)} \longmapsto \frac{g(T_{\pi(1)}, \ldots, T_{\pi(n)})}{h(T_{\pi(1)}, \ldots, T_{\pi(n)})}.$$

Il corrispondente campo fisso $K = L^{\mathfrak{S}_n}$ viene detto campo *delle funzioni razionali simmetriche* a coefficienti in k. Per 4.1/4 risulta che L/K è un'estensione galoisiana di grado $n!$ con gruppo di Galois $\mathfrak{S}_n$.

Per poter dare "l'equazione" dell'estensione L/K, scegliamo una variabile X e consideriamo il polinomio

$$f(X) = \prod_{i=1}^{n} (X - T_i)$$
$$= \sum_{j=0}^{n} (-1)^j \cdot s_j(T_1, \ldots, T_n) \cdot X^{n-j} \in k[T_1, \ldots, T_n][X].$$

Il polinomio s_j, che è ottenuto moltiplicando i fattori $X - T_i$ e sommando i coefficienti di $(-1)^j X^{n-j}$, viene detto *polinomio simmetrico elementare j-esimo* (o anche *funzione simmetrica elementare j-esima*) in $T_1, \ldots, T_n$ e si ha:

$$s_0 = 1,$$
$$s_1 = T_1 + \ldots + T_n,$$
$$s_2 = T_1 T_2 + T_1 T_3 + \ldots + T_{n-1} T_n,$$
$$\ldots$$
$$s_n = T_1 \ldots T_n.$$

I coefficienti di f come polinomio in X stanno in K in quanto essi sono invarianti per l'azione di $\mathfrak{S}_n$. Ne segue che $k(s_1, \ldots, s_n) \subset K$ e L è un campo di spezzamento di f sia su $k(s_1, \ldots, s_n)$ che su K. Applicando la proposizione 1, da $\operatorname{grad} f = n$ e $[L : K] = n!$ si deduce che f è *irriducibile* in $K[X]$.

Proposizione 3. *Ogni funzione razionale simmetrica in $k(T_1, \ldots, T_n)$ può essere scritta in modo unico come funzione razionale nei polinomi simmetrici elementari $s_1, \ldots, s_n$. In altri termini, si ha:*
  (i) $k(s_1, \ldots, s_n) = K$.
  (ii) $s_1, \ldots, s_n$ *sono algebricamente indipendenti su k.*

Dimostrazione. Per dimostrare (i) si osservi che

$$[L : K] = \text{ord}\,\mathfrak{S}_n = n!$$

e che $k(s_1, \ldots, s_n) \subset K$. Basta dunque mostrare che

$$[L : k(s_1, \ldots, s_n)] \le n!$$

e questo segue dalla proposizione 1 in quanto L è campo di spezzamento del polinomio $f = \prod(X - T_i)$ su $k(s_1, \ldots, s_n)$.

Per vedere che i polinomi simmetrici elementari $s_1, \ldots, s_n$ sono algebricamente indipendenti su k, consideriamo il campo $k(S_1, \ldots, S_n)$ delle funzioni razionali nelle n variabili $S_1, \ldots, S_n$ e un campo di spezzamento $\tilde{L}$ del polinomio

$$\tilde{f}(X) = \sum_{j=0}^{n} (-1)^j \cdot S_j \cdot X^{n-j} \in k(S_1, \ldots, S_n)[X],$$

dove poniamo $S_0 = 1$. Siano $t_1, \ldots, t_n$ le radici di $\tilde{f}$ in $\tilde{L}$, con ciascuna radice ripetuta un numero di volte pari alla sua molteplicità. Allora si ha

$$\tilde{L} = k(S_1, \ldots, S_n)(t_1, \ldots, t_n) = k(t_1, \ldots, t_n)$$

poiché gli elementi $S_1, \ldots, S_n$ rappresentano le funzioni simmetriche elementari in $t_1, \ldots, t_n$ e dunque appartengono a $k(t_1, \ldots, t_n)$. L'omomorfismo

$$k[T_1, \ldots, T_n] \longrightarrow k[t_1, \ldots, t_n], \qquad \sum a_\nu T^\nu \longmapsto \sum a_\nu t^\nu,$$

manda funzioni simmetriche elementari in $T_1, \ldots, T_n$ in funzioni simmetriche elementari in $t_1, \ldots, t_n$ e si restringe dunque ad un omomorfismo

$$k[s_1, \ldots, s_n] \longrightarrow k[S_1, \ldots, S_n], \qquad \sum a_\nu s^\nu \longmapsto \sum a_\nu S^\nu.$$

Essendo $S_1, \ldots, S_n$ variabili, questa applicazione è necessariamente iniettiva e dunque un isomorfismo. Questo mostra che si possono considerare le $s_1, \ldots, s_n$ come variabili e dunque esse sono algebricamente indipendenti su k. $\qquad\square$

L'idea appena usata di considerare polinomi generali, ossia polinomi con variabili quali coefficienti, ci porta direttamente all'equazione generale di n-esimo grado. Date variabili $S_1, \ldots, S_n$, il polinomio

$$p(X) = X^n + S_1 X^{n-1} + \ldots + S_n \in k(S_1, \ldots, S_n)[X]$$

viene detto *polinomio generale* di n-esimo grado su k. Analogamente la corrispondente equazione $p(x) = 0$ viene tradizionalmente indicata come *equazione generale* di n-esimo grado. Vogliamo determinare ora il gruppo di Galois di $p(X)$ mostrando che, a meno di isomorfismi, possiamo identificare $p(X)$ col polinomio $f(X)$ appena trattato.

Proposizione 4. *Il polinomio generale di n-esimo grado $p(X)$ è separabile e irriducibile. Il suo gruppo di Galois è $\mathfrak{S}_n$.*

Dimostrazione. Consideriamo il campo delle funzioni razionali $L = k(T_1, \ldots, T_n)$ in n variabili $T_1, \ldots, T_n$ su k e il campo fisso

$$K = L^{\mathfrak{S}_n} = k(s_1, \ldots, s_n)$$

formato da tutte le funzioni razionali simmetriche (vedi proposizione 3). Poiché i polinomi simmetrici elementari $s_1, \ldots, s_n$ sono algebricamente indipendenti su k, possiamo interpretarli come variabili e dunque definire un k-isomorfismo

$$k(S_1, \ldots, S_n) \xrightarrow{\sim} k(s_1, \ldots, s_n) = K$$

tramite $S_j \longmapsto (-1)^j s_j$. Se identifichiamo i due campi, $p(X)$ si trasforma nel polinomio

$$f(X) = \sum_{j=0}^{n} (-1)^j \cdot s_j \cdot X^{n-j} = \prod_{j=0}^{n} (X - T_j) \in K[X]$$

che abbiamo studiato prima. Allora, al pari di f, anche p è separabile e irriducibile e ammette $\mathfrak{S}_n$ come gruppo di Galois. Inoltre L è campo di spezzamento di p su $k(S_1, \ldots, S_n)$. $\qquad\square$

In modo analogo a quanto fatto per le funzioni razionali simmetriche si possono studiare anche i polinomi simmetrici. È sufficiente restringere gli automorfismi di $k(T_1, \ldots, T_n)$ dati da permutazioni sulle variabili ad automorfismi del sottoanello $k[T_1, \ldots, T_n]$. Come nel caso delle funzioni razionali un polinomio $f \in k[T_1, \ldots, T_n]$ si dice *simmetrico* se f è lasciato fisso da tutti i $\pi \in \mathfrak{S}_n$. Esempi di polinomi simmetrici sono i polinomi simmetrici elementari $s_0, \ldots, s_n$. Come generalizzazione della proposizione 3 consideriamo ora il *teorema fondamentale sui polinomi simmetrici*, al momento solo per coefficienti in un campo k. Per una versione più generale rimandiamo a 4.4/1.

Proposizione 5. *Dato un polinomio simmetrico $f \in k[T_1, \ldots, T_n]$, esiste ed è unico un polinomio $g \in k[S_1, \ldots, S_n]$ in n variabili $S_1, \ldots, S_n$ tale che $f = g(s_1, \ldots, s_n)$.*

Dimostrazione. L'unicità segue subito dal fatto che i polinomi $s_1, \ldots, s_n$ sono algebricamente indipendenti su k, come dimostrato nella proposizione 3.

Per dimostrare l'esistenza di g, consideriamo su $\mathbb{N}^n$ il cosiddetto *ordinamento lessicografico* e precisamente date due n-uple $\nu = (\nu_1, \ldots, \nu_n)$ e $\nu' = (\nu'_1, \ldots, \nu'_n)$ in $\mathbb{N}^n$ scriviamo $\nu < \nu'$ se esiste un $i_0 \in \{1, \ldots, n\}$ tale che $\nu_{i_0} < \nu'_{i_0}$ e $\nu_i = \nu'_i$ per $i < i_0$. Se allora $f = \sum_{\nu \in \mathbb{N}^n} c_\nu T^\nu \in k[T_1, \ldots, T_n]$ è un polinomio non banale, l'insieme $\{\nu \in \mathbb{N}^n \,;\, c_\nu \neq 0\}$ ammette un massimo rispetto all'ordinamento lessicografico. Questo viene detto *grado lessicografico* di f e lo indicheremo con $\mathrm{lexgrad}(f)$. Sia ora $f = \sum_{\nu \in \mathbb{N}^n} c_\nu T^\nu$ un polinomio simmetrico tale che $\mathrm{lexgrad}(f) = \mu = (\mu_1, \ldots, \mu_n)$. Per la simmetria, risulta allora $\mu_1 \geq \mu_2 \geq \ldots \geq \mu_n$ e

$$f_1 = c_\mu s_1^{\mu_1 - \mu_2} s_2^{\mu_2 - \mu_3} \ldots s_n^{\mu_n} \in k[s_1, \ldots, s_n]$$

è chiaramente un polinomio simmetrico di grado complessivo

$$(\mu_1 - \mu_2) + 2(\mu_2 - \mu_3) + 3(\mu_3 - \mu_4) + \ldots + n\mu_n = \sum_{i=1}^{n} \mu_i = |\mu|,$$

che, come f, ammette $c_\mu T^\mu$ come termine di grado lessicografico massimo. Di conseguenza

$$\mathrm{lexgrad}(f - f_1) < \mathrm{lexgrad}(f), \qquad \mathrm{grad}(f - f_1) \leq \mathrm{grad}(f).$$

Se f non coincide già con f_1 si può ripetere la costruzione appena fatta con il polinomio $f - f_1$ al posto di f. Si ottiene in questo modo una successione di elementi $f_1, f_2, \ldots \in k[s_1, \ldots, s_n]$ tali che il grado lessicografico della successione

$$f, \ f - f_1, \ f - f_1 - f_2, \ \ldots$$

decresce a ogni passo. Poiché il grado complessivo di questi polinomi è limitato superiormente da $\mathrm{grad}(f)$, dopo un numero finito di passi questa successione deve terminare col polinomio nullo. Otteniamo così una rappresentazione di f come polinomio nelle funzioni simmetriche elementari $s_1, \ldots, s_n$. □

La dimostrazione della proposizione 5 fornisce in particolare un metodo che permette di calcolare facilmente, dato un polinomio simmetrico f, il polinomio g tale che $f = g(s_1, \ldots, s_n)$. Questo funziona anche nel caso più generale in cui il dominio dei coefficienti sia un anello R invece del campo k. Per vedere degli esempi concreti, rimandiamo alla sezione 6.2 in cui scriveremo alcuni polinomi coinvolti nella risoluzione di equazioni algebriche di terzo e quarto grado come polinomi nei polinomi simmetrici elementari.

Le argomentazioni fornite per dimostrare l'asserto di unicità della proposizione 5 rimangono valide anche sostituendo il campo dei coefficienti k con un dominio d'integrità R, per esempio con $R = \mathbb{Z}$. Questo sarà sufficiente (insieme all'asserto di esistenza) per definire il *discriminante* di polinomi monici come funzione simmetrica delle radici (vedi sezione 4.4 e in particolare 4.4/3).

Esercizi

1. *Si dia motivazione del fatto che, dato un gruppo finito G, esiste un'estensione di Galois L/K tale che $\mathrm{Gal}(L/K) \simeq G$.*

2. Sia $L \subset \mathbb{C}$ un sottocampo con $L/\mathbb{Q}$ estensione galoisiana ciclica di grado 4. Si dimostri che $L/\mathbb{Q}$ ammette un unico campo intermedio proprio E e che $E \subset \mathbb{R}$.

3. Sia K un campo di caratteristica $\neq 2$ e sia $f \in K[X]$ un polinomio separabile irriducibile con radici $\alpha_1, \ldots, \alpha_n$ in un campo di spezzamento L di f su K. Il gruppo di Galois di f sia ciclico di ordine pari. Si dimostri quanto segue:
   (i) Il discriminante $\Delta = \prod_{i<j} (\alpha_i - \alpha_j)^2$ ammette una radice quadrata in K.
   (ii) Esiste un unico campo intermedio E di L/K tale che $[E : K] = 2$, precisamente $E = K(\sqrt{\Delta})$.

4. Siano $\alpha, \beta \in \mathbb{C}$, $\alpha \neq \beta$, $\alpha \neq -\beta$, radici di $(X^3 - 2)(X^2 + 3) \in \mathbb{Q}[X]$; sia inoltre $L = \mathbb{Q}(\alpha, \beta)$. Si dimostri che $L/\mathbb{Q}$ è un'estensione di Galois e si determinino il gruppo di Galois e tutti i campi intermedi di L/K.

5. Si consideri $L = \mathbb{Q}\left(\dfrac{1+i}{\sqrt{2}}\right)$ come sottocampo di $\mathbb{C}$ e si dimostri che $L/\mathbb{Q}$ è un'estensione galoisiana. Se ne determini il gruppo di Galois e si trovino tutti i campi intermedi di $L/\mathbb{Q}$.

6. Trovare i gruppi di Galois dei seguenti polinomi di $\mathbb{Q}[X]$:

   (i) $X^3 + 6X^2 + 11X + 7$,

   (ii) $X^3 + 3X^2 - 1$.

   (iii) $X^4 + 2X^2 - 2$.

7. Determinare il campo di spezzamento e il gruppo di Galois del polinomio $X^4 - 5$ su $\mathbb{Q}$ (risp. su $\mathbb{Q}(i)$) come pure tutti i campi intermedi dell'estensione ottenuta.

8. Trovare i gruppi di Galois dei seguenti polinomi:

   (i) $X^4 - X^2 - 3 \in \mathbb{F}_5[X]$,

   (ii) $X^4 + 7X^2 - 3 \in \mathbb{F}_{13}[X]$.

4.4 Polinomi simmetrici, discriminante e risultante*

In questa sezione vogliamo generalizzare il teorema fondamentale sui polinomi simmetrici 4.3/5 ad anelli di coefficienti più generali e per farlo utilizzeremo un metodo alternativo. Come applicazione studieremo poi il discriminante di un polinomio e lo caratterizzeremo in termini del risultante. Il discriminante di un polinomio monico $f \in K[X]$ a coefficienti in un campo K si annulla se e solo se f ha radici multiple in una chiusura algebrica $\overline{K}$ di K (vedi osservazione 3). Analogamente, se il risultante di due polinomi monici $f, g \in K[X]$ si annulla, allora f e g hanno una radice comune in $\overline{K}$ (vedi corollario 8).

Utilizzeremo nel seguito metodi dell'Algebra Lineare e, in particolare, la nozione di modulo su un anello che generalizza la nozione di campo vettoriale su un campo (vedi sezione 2.9). È tuttavia sufficiente sapere che, data un'estensione di anelli $R \subset R'$ o più in generale un omomorfismo di anelli $\varphi \colon R \longrightarrow R'$, un sottogruppo $M \subset R'$ è detto un R-modulo se per $r \in R$ e $x \in M$ risulta sempre $\varphi(r)x \in M$; nel seguito scriveremo brevemente rx al posto di $\varphi(r)x$. In particolare, R' stesso può essere pensato come un R-modulo. Un sistema $(x_i)_{i \in I}$ di elementi di M si dice *sistema libero di generatori* (o *base*) di M se ogni $x \in M$ ammette una rappresentazione $x = \sum_{i \in I} r_i x_i$ con coefficienti $r_i \in R$ univocamente determinati e quasi tutti nulli. La nozione di sistema libero di generatori di un modulo generalizza quella di base di uno spazio vettoriale, ma, a differenza di quest'ultima, un sistema libero di generatori esiste solo in casi speciali.

Sia nel seguito $R[T_1, \ldots, T_n]$ l'anello dei polinomi in n variabili T_i su un anello R. Come visto nella sezione 4.3, possiamo interpretare il gruppo simmetrico $\mathfrak{S}_n$ come un gruppo di automorfismi di $R[T_1, \ldots, T_n]$, associando a $\pi \in \mathfrak{S}_n$ il corrispondente R-automorfismo

$$R[T_1, \ldots, T_n] \longrightarrow R[T_1, \ldots, T_n],$$
$$f(T_1, \ldots, T_n) \longmapsto f(T_{\pi(1)}, \ldots, T_{\pi(n)}).$$

Un polinomio $f \in R[T_1, \ldots, T_n]$ si dice *simmetrico* se è lasciato fisso da tutti i $\pi \in \mathfrak{S}_n$. Conosciamo già esempi di polinomi simmetrici e precisamente i polinomi simmetrici elementari

$$s_0 = 1,$$
$$s_1 = T_1 + \ldots + T_n,$$
$$s_2 = T_1 T_2 + T_1 T_3 + \ldots + T_{n-1} T_n,$$
$$\ldots$$
$$s_n = T_1 \ldots T_n,$$

definiti tramite

(1) $$\prod_{i=1}^{n} (X - T_i) = \sum_{j=0}^{n} (-1)^j s_j X^{n-j},$$

dove X è una variabile. I polinomi simmetrici in $R[T_1, \ldots, T_n]$ formano un sottoanello che contiene sia R che tutti gli s_j.

Proposizione 1 (Teorema fondamentale sui polinomi simmetrici). (i) *Ogni polinomio simmetrico in $R[T] = R[T_1, \ldots, T_n]$ è un polinomio nei polinomi simmetrici elementari $s_1, \ldots, s_n$, ossia $R[s_1, \ldots, s_n]$ coincide col sottoanello dei polinomi simmetrici di $R[T]$.*

(ii) *Gli elementi $s_1, \ldots, s_n \in R[T]$ sono algebricamente indipendenti su R (nel senso di 2.5/6).*

(iii) *Sia $N \subset \mathbb{N}^n$ l'insieme di tutte le n-uple $\nu = (\nu_1, \ldots, \nu_n)$ con $0 \leq \nu_i < i$ per $1 \leq i \leq n$. Allora il sistema $(T^\nu)_{\nu \in N}$ è una base di $R[T]$ come modulo su $R[s_1, \ldots, s_n]$.*

Dimostrazione. Procediamo per induzione su n. Il caso $n = 1$ è banale in quanto $s_1 = T_1$ e ogni polinomio in $R[T_1]$ è simmetrico. Sia dunque $n > 1$ e siano $s'_0, \ldots, s'_{n-1}$ i polinomi simmetrici elementari in $R[T_1, \ldots, T_{n-1}]$. Si ha allora

$$\sum_{j=0}^{n} (-1)^j s_j X^{n-j} = (X - T_n) \cdot \sum_{j=0}^{n-1} (-1)^j s'_j X^{n-1-j},$$

ossia sussistono le relazioni

(2) $$s_j = s'_j + s'_{j-1} T_n, \qquad 1 \leq j \leq n - 1,$$

come pure $s'_0 = s_0 = 1$ e $s'_{n-1} T_n = s_n$. Ne segue per induzione che $s'_1, \ldots, s'_{n-1}$ possono essere rappresentati come combinazione lineare di $s_1, \ldots, s_{n-1}$ a coefficienti in $R[T_n]$. Dunque risulta

(3) $$R[s'_1, \ldots, s'_{n-1}, T_n] = R[s_1, \ldots, s_{n-1}, T_n].$$

Affermiamo inoltre che

(4) $s'_1, \ldots, s'_{n-1}, T_n$, risp. $s_1, \ldots, s_{n-1}, T_n$, sono algebricamente indipendenti su R.

Sostituendo R con $R[T_n]$, grazie all'ipotesi induttiva, possiamo concludere che gli elementi $s'_1, \ldots, s'_{n-1}$ sono algebricamente indipendenti su $R[T_n]$ e che quindi gli $s'_1, \ldots, s'_{n-1}, T_n$ sono algebricamente indipendenti su R. Rimane dunque da dimostrare solo l'analogo asserto per $s_1, \ldots, s_{n-1}, T_n$. Sia, per assurdo, f un polinomio non banale in $n-1$ variabili a coefficienti in $R[T_n]$ con $f(s_1, \ldots, s_{n-1})$ nullo in $R[T_1, \ldots, T_n]$. Poiché T_n non è un divisore dello zero in $R[T_1, \ldots, T_n]$, possiamo assumere che almeno un coefficiente di f non sia divisibile per T_n. Consideriamo ora l'omomorfismo $\tau: R[T_1, \ldots, T_n] \longrightarrow R[T_1, \ldots, T_{n-1}]$ che sostituisce T_n con 0. Dalla relazione (2) risulta che $\tau(s_j) = s'_j$ per $j = 1, \ldots, n-1$. Poiché non tutti i coefficienti di f sono divisibili per T_n, dunque non tutti sono mandati in 0 da τ, si ottiene da $f(s_1, \ldots, s_{n-1}) = 0$ una relazione non banale del tipo $g(s'_1, \ldots, s'_{n-1}) = 0$ in $R[T_1, \ldots, T_{n-1}]$. Questa contraddice l'ipotesi induttiva per cui $s'_1, \ldots, s'_{n-1}$ sono algebricamente indipendenti su R. Con questo abbiamo dimostrato l'affermazione (4).

Cominciamo ora a verificare quanto affermato in ciascun punto della proposizione. Per dimostrare (i) si consideri un polinomio simmetrico f nell'anello $R[T_1, \ldots, T_n]$. Poiché ciascuna componente omogenea di f è simmetrica, possiamo assumere che f sia omogeneo di grado un intero $m > 0$. Essendo f invariante per tutte le permutazioni delle $T_1, \ldots, T_{n-1}$, esso appartiene a $R[s'_1, \ldots, s'_{n-1}, T_n]$ per ipotesi induttiva e dunque a $R[s_1, \ldots, s_{n-1}, T_n]$ per la (3). Scriviamo ora f nella forma

(5) $$f = \sum f_i T_n^i$$

con coefficienti $f_i \in R[s_1, \ldots, s_{n-1}]$. Allora ogni coefficiente f_i è un polinomio simmetrico nelle $T_1, \ldots, T_n$ e, come vedremo, omogeneo di grado $m - i$. Per verificare questo fatto, scriviamo f_i come somma di termini del tipo $c s_1^{\nu_1} \ldots s_{n-1}^{\nu_{n-1}}$. Un tale termine, letto come polinomio nelle $T_1, \ldots, T_n$, è omogeneo di grado $\sum_{j=1}^{n-1} j\nu_j$, il cosiddetto *peso* di questo termine. Moltiplicando tale termine per T_n^i, si ottiene un polinomio omogeneo di grado $i + \sum_{j=1}^{n-1} j\nu_j$. Indichiamo con f'_i la somma di tutti i termini $c s_1^{\nu_1} \ldots s_{n-1}^{\nu_{n-1}}$ in f_i di peso $m - i$; si ha $f = \sum f'_i T_n^i$. Ma, poiché $s_1, \ldots, s_{n-1}, T_n$ sono per (4) algebricamente indipendenti su R, la rappresentazione (5) è unica, ossia risulta $f_i = f'_i$ e f_i è omogeneo di grado $m - i$ come polinomio in $T_1, \ldots, T_n$.

In particolare $f_0 \in R[s_1, \ldots, s_{n-1}]$ è simmetrico e omogeneo di grado m in $T_1, \ldots, T_n$. Se in (5) risulta già $f = f_0$, abbiamo finito. Altrimenti, consideriamo la differenza $f - f_0$. Questa è ancora simmetrica e omogenea di grado m in $T_1, \ldots, T_n$

e per costruzione T_n divide $f - f_0$. Per la simmetria allora anche $s_n = T_1 \ldots T_n$ divide $f - f_0$ e possiamo scrivere

$$(6) \qquad\qquad f = f_0 + g s_n$$

con g simmetrico e omogeneo di grado $< m$ in $T_1, \ldots, T_n$. Per induzione su m si ottiene infine che $f \in R[s_1, \ldots, s_n]$, come desiderato.

Dimostriamo ora (ii). Poiché T_n è radice del polinomio in (1), si ha che

$$(-1)^{n+1} s_n = \sum_{j=0}^{n-1} (-1)^j s_j T_n^{n-j} = T_n^n - s_1 T_n^{n-1} + \ldots + (-1)^{n-1} s_{n-1} T_n.$$

Applichiamo a questa situazione con $A = R[s_1, \ldots, s_{n-1}]$, $X = T_n$ e $h = s_n$ il seguente risultato che dimostreremo più avanti:

Lemma 2. *Sia $A[X]$ l'anello dei polinomi in una variabile X su un anello A. Sia inoltre $h = c_0 X^n + c_1 X^{n-1} + \ldots + c_n$ un polinomio in $A[X]$ con coefficiente direttore c_0 un'unità di A. Allora ogni $f \in A[X]$ ammette una rappresentazione $f = \sum_{i=0}^{n-1} f_i X^i$ a coefficienti $f_i \in A[h]$ univocamente determinati e ogni f_i ammette una rappresentazione $f_i = \sum_{j \geq 0} a_{ij} h^j$ con coefficienti $a_{ij} \in A$ univocamente determinati.*

Pertanto h è algebricamente indipendente su A e $X^0, X^1, \ldots, X^{n-1}$ formano un sistema libero di generatori di $A[X]$ come modulo su $A[h]$.

Segue in particolare che s_n è algebricamente indipendente su $R[s_1, \ldots, s_{n-1}]$ e dunque, per l'indipendenza algebrica di $s_1, \ldots, s_{n-1}$ (vedi (4)) che $s_1, \ldots, s_n$ sono algebricamente indipendenti su R. L'asserto (ii) è ora evidente. Altrettanto facilmente possiamo dedurre (iii) dal lemma precedente. Per ipotesi induttiva,

$$\mathfrak{F}' = \{T_1^{\nu_1} \ldots T_{n-1}^{\nu_{n-1}} \,;\, 0 \leq \nu_i < i \ \text{per} \ 1 \leq i \leq n-1\}$$

è un sistema libero di generatori di $R[T_1, \ldots, T_n]$ su $R[s_1, \ldots, s_{n-1}, T_n]$; qui abbiamo considerato $R[T_n]$ come anello dei coefficienti e poi applicato (3). Per il lemma $\mathfrak{F}'' = \{T_n^0, \ldots, T_n^{n-1}\}$ è una base di $R[s_1, \ldots, s_{n-1}, T_n]$ su $R[s_1, \ldots, s_n]$. Un calcolo standard mostra che $\mathfrak{F} = \{a'a'' \,;\, a' \in \mathfrak{F}', a'' \in \mathfrak{F}''\}$ è un sistema libero di generatori di $R[T_1, \ldots, T_n]$ su $R[s_1, \ldots, s_n]$. $\qquad\square$

Rimane ancora da vedere la *dimostrazione del lemma 2*. Dobbiamo verificare che ogni $f \in A[X]$ ammette una rappresentazione

$$f = \sum_{i=0}^{n-1} \left(\sum_{j \geq 0} a_{ij} h^j \right) X^i = \sum_{j \geq 0} \left(\sum_{i=0}^{n-1} a_{ij} X^i \right) h^j$$

con coefficienti $a_{ij} \in A$ univocamente determinati o anche una rappresentazione

$$(7) \qquad\qquad f = \sum_{j \geq 0} r_j h^j$$

con polinomi $r_j \in A[X]$ unici tali che $\operatorname{grad} r_j < n$. Utilizziamo a tal fine la divisione con resto per h. Questa è possibile in $A[X]$ in quanto il coefficiente direttore di h è un'unità di A (vedi 2.1/4). Se scriviamo

$$f = f_1 h + r_0, \qquad f_1 = f_2 h + r_1, \qquad f_2 = f_3 h + r_2, \qquad \ldots$$

per opportuni polinomi $r_0, r_1, \ldots \in A[X]$ di grado strettamente minore di n, si vede, ragionando sul grado, che dopo un numero finito di passi si ha sempre $r_j = 0$ e dunque esiste una rappresentazione come in (7). Per dimostrarne l'unicità, consideriamo una rappresentazione $0 = \sum_{j \geq 0} r_j h^j$. Per l'unicità della divisione con resto dalla decomposizione

$$0 = r_0 + h \cdot \sum_{j > 0} r_j h^{j-1}$$

si ottiene che $r_0 = 0$ e $\sum_{j>0} r_j h^{j-1} = 0$. Si conclude per induzione che $r_j = 0$ per ogni j. $\qquad\square$

Possiamo dedurre dalla dimostrazione della proposizione 1 un altro metodo pratico per scrivere i polinomi simmetrici in termini di polinomi simmetrici elementari. Questo è tuttavia un po' più complicato della costruzione fornita nella dimostrazione di 4.3/5. Sostituendo nell'equazione $f = f_0(s_1, \ldots, s_{n-1}) + g s_n$ (vedi (6)) il valore 0 al posto di T_n e applicando (2), si ottiene

$$f(T_1, \ldots, T_{n-1}, 0) = f_0(s_1', \ldots, s_{n-1}').$$

Questo significa che si può ridurre la costruzione fatta nella dimostrazione precedente per scrivere f in termini dei polinomi simmetrici elementari $s_1, \ldots, s_n$ ai seguenti sottoproblemi:

(a) Si considera il polinomio simmetrico $f(T_1, \ldots, T_{n-1}, 0)$ in $n-1$ variabili e lo si scrive come polinomio $f_0(s_1', \ldots, s_{n-1}')$ nei polinomi simmetrici elementari $s_1', \ldots, s_{n-1}'$ in $T_1, \ldots, T_{n-1}$ a coefficienti in R.

(b) Si scrivono al posto di $s_1', \ldots, s_{n-1}'$ in f_0 i rispettivi polinomi simmetrici elementari $s_1, \ldots, s_{n-1}$ in $T_1, \ldots, T_n$, si divide la differenza $f - f_0(s_1, \ldots, s_{n-1})$ per s_n e si scrive $s_n^{-1} \cdot (f - f_0(s_1, \ldots, s_{n-1}))$ come polinomio nei polinomi simmetrici elementari $s_1, \ldots, s_n$.

Con (a) si riduce il numero delle variabili e con (b) il grado dei polinomi da considerare. Dopo un numero finito di passi del tipo descritto sopra si giunge alla rappresentazione voluta di f.

Quale applicazione della proposizione 1 possiamo dedurre l'asserto 4.3/3, ossia che ogni funzione razionale simmetrica in n variabili $T_1, \ldots, T_n$ a coefficienti in un campo k è una funzione razionale a coefficienti in k nei polinomi simmetrici elementari $s_1, \ldots, s_n$. Consideriamo quindi una funzione razionale simmetrica $q \in k(T_1, \ldots, T_n)$, per esempio $q = f/g$ con $f, g \in k[T_1, \ldots, T_n]$ polinomi. Scrivendo in altra forma la frazione f/g, possiamo sostituire g con $\prod_{\pi \in \mathfrak{S}_n} \pi(g)$ e supporre che g sia simmetrico. E però allora anche $f = q \cdot g$ è simmetrico. Dunque q è un quoziente di polinomi simmetrici e, per la proposizione 1 (i), q è una funzione razionale in $s_1, \ldots, s_n$. Il sistema libero di generatori della proposizione 1 (iii) fornisce poi una base di $k(T_1, \ldots, T_n)$ su $k(s_1, \ldots, s_n)$.

Come ulteriore applicazione del teorema fondamentale sui polinomi simmetrici consideriamo il *discriminante* di un polinomio monico. Analizziamo dapprima il caso $R = \mathbb{Z}$. Nella situazione del teorema fondamentale

$$\prod_{i<j}(T_i - T_j)^2$$

è un polinomio simmetrico in $T_1, \ldots, T_n$ e dunque un polinomio Δ nei polinomi simmetrici elementari $s_1, \ldots, s_n$. Ora $\Delta = \Delta(s_1, \ldots, s_n)$ viene detto il discriminante del polinomio

$$\prod_{i=1}^{n}(X - T_i) = \sum_{j=0}^{n}(-1)^j s_j X^{n-j},$$

dove consideriamo X come variabile e $\mathbb{Z}[T_1, \ldots, T_n]$ come anello dei coefficienti. Per definire il discriminante per un anello di coefficienti R qualsiasi e per un polinomio monico $f = X^n + c_1 X^{n-1} + \ldots + c_n \in R[X]$, poniamo

$$\Delta_f = \Delta(-c_1, c_2, \ldots, (-1)^n c_n).$$

Dunque Δ_f è l'immagine di Δ tramite l'omomorfismo di anelli

$$\varphi\colon \mathbb{Z}[s_1, \ldots, s_n] \longrightarrow R, \qquad s_j \longmapsto (-1)^j c_j,$$

che prolunga l'omomorfismo canonico $\mathbb{Z} \longrightarrow R$. Si osservi che i polinomi simmetrici elementari $s_1, \ldots, s_n$ sono algebricamente indipendenti su $\mathbb{Z}$ e dunque possiamo interpretare $\mathbb{Z}[s_1, \ldots, s_n]$ come un anello di polinomi in n "variabili" $s_1, \ldots, s_n$. L'esistenza e l'unicità di φ seguono da 2.5/5. La definizione di discriminante Δ_f è applicabile anche al caso $n = 0$, ossia al polinomio monico $f = 1$ e si ottiene $\Delta_f = 1$ (in quanto il prodotto vuoto assume per definizione il valore 1). Rimane ora da controllare che il discriminante Δ_f sia un elemento dell'anello dei coefficienti R e che esso abbia dipendenza polinomiale dai coefficienti del polinomio f.

Osservazione 3. *Sia R un anello e sia $f = X^n + c_1 X^{n-1} + \ldots + c_n \in R[X]$ un polinomio monico con discriminante Δ_f. Se $f = \prod_{i=1}^{n}(X - \alpha_i)$ è una fattorizzazione su un anello R' che estende R, allora*

$$\Delta_f = \prod_{i<j}(\alpha_i - \alpha_j)^2.$$

Dimostrazione. Si consideri l'omomorfismo di anelli

$$\varphi\colon \mathbb{Z}[T_1, \ldots, T_n] \longrightarrow R', \qquad T_i \longmapsto \alpha_i,$$

che prolunga l'omomorfismo canonico $\mathbb{Z} \longrightarrow R$. Questo trasforma il polinomio $F = \prod_{i=1}^{n}(X - T_i)$ nel polinomio $F^\varphi = f$, dunque si ha $\varphi(s_j) = (-1)^j c_j$ e quindi $\varphi(\Delta_F) = \Delta_f$. Segue che

$$\Delta_f = \varphi\left(\prod_{i<j}(T_i - T_j)^2\right) = \prod_{i<j}(\alpha_i - \alpha_j)^2,$$

ossia quanto volevamo dimostrare.   □

In particolare, dato un campo K, il discriminante Δ_f di un polinomio monico $f \in K[X]$ è nullo se e solo se f ha radici multiple in una chiusura algebrica di K. Questo è poi equivalente al fatto che f e la sua derivata f' abbiano radici comuni (vedi 2.6/2). Vogliamo ora dimostrare che il discriminante Δ_f coincide a meno del segno con il risultante $R(f, f')$. Questa relazione si rivela particolarmente utile nel calcolare esplicitamente il discriminante.

Definiamo quindi il risultante $R(f, g)$ di due polinomi f, g. Siano

$$f = a_0 X^m + a_1 X^{m-1} + \ldots + a_m, \qquad g = b_0 X^n + b_1 X^{n-1} + \ldots + b_n$$

due polinomi in una variabile X a coefficienti in un anello R. Poiché non assumiamo che a_0, b_0 siano diversi da 0, diciamo m (risp. n) il *grado formale* di f (risp. di g) e la coppia (m, n) il grado formale di (f, g). Si definisce allora il *risultante* $R(f, g)$ di grado formale (m, n) come il determinante della seguente matrice a $m + n$ righe e colonne

$$(*) \qquad \begin{array}{c} \\ \uparrow \\ n \\ \downarrow \\ \uparrow \\ m \\ \downarrow \end{array} \begin{pmatrix} a_0 & a_1 & \cdot & \cdot & \cdot & a_m & & & & \\ & a_0 & a_1 & \cdot & \cdot & \cdot & a_m & & & \\ & & \cdots\cdots\cdots\cdots\cdots\cdots\cdots & & & & & & \\ & & & a_0 & a_1 & \cdot & \cdot & \cdot & a_m & \\ & & & & a_0 & a_1 & \cdot & \cdot & \cdot & a_m \\ b_0 & b_1 & \cdot & \cdot & \cdot & b_n & & & & \\ & b_0 & b_1 & \cdot & \cdot & \cdot & b_n & & & \\ & & \cdots\cdots\cdots\cdots\cdots\cdots\cdots & & & & & & \\ & & & b_0 & b_1 & \cdot & \cdot & \cdot & b_n & \\ & & & & b_0 & b_1 & \cdot & \cdot & \cdot & b_n \end{pmatrix}$$

in cui si sottintende 0 nei posti non occupati da elementi o da punti. Nel caso banale $m = n = 0$ si pone il determinante della matrice vuota uguale a 1. Se non nominato esplicitamente il grado formale per $f \neq 0 \neq g$ sarà il grado usuale di f, risp. di g. Le solite regole per i calcoli col determinante [3] forniscono subito il seguente risultato:

Osservazione 4. (i) $R(f, g) = (-1)^{m \cdot n} R(g, f)$.

(ii) $R(af, bg) = a^n b^m R(f, g)$ *per ogni scelta delle costanti* $a, b \in R$.

(iii) *Se* $\varphi \colon R \longrightarrow R'$ *è un omomorfismo di anelli e se* f^φ, g^φ *sono polinomi trasportati in* $R'[X]$ *da* φ, *allora* $R(f^\varphi, g^\varphi) = \varphi(R(f, g))$.

Sia S la trasposta di $(*)$. Vogliamo interpretare S come matrice di certe applicazioni R-lineari, facili da descrivere, e rispettivamente caratterizzare $R(f, g)$

---

[3] Le regole formali di calcolo col determinante rimangono valide anche se i coefficienti stanno in un anello R anziché in un campo. Infatti si considerano i coefficienti, per esempio $c_1, \ldots, c_r$, dapprima come variabili e si verifica che le regole in questione valgono nel campo $\mathbb{Q}(c_1, \ldots, c_r)$ come pure nel sottoanello $\mathbb{Z}[c_1, \ldots, c_r]$. Poi si possono trasferire tali regole in un qualsiasi anello tramite un opportuno omomorfismo di anelli.

come determinante di tali applicazioni. Dato un $i \in \mathbb{N}$, indicheremo con $R[X]_i$ l'R-modulo formato da tutti i polinomi in $R[X]$ di grado $< i$.

Lemma 5. *Siano $f, g \in R[X]$ polinomi come sopra.*

(i) *Fissati per ciascun $R[X]_i$ gli $X^{i-1}, \ldots, X^0$ come base su R, la trasposta S della matrice $(*)$ descrive l'applicazione R-lineare*

$$\Phi \colon R[X]_n \times R[X]_m \longrightarrow R[X]_{m+n}, \qquad (u, v) \longmapsto uf + vg.$$

(ii) *Se il polinomio f è monico di grado m, oltre a $\mathfrak{F} = (X^{m+n-1}, \ldots, X^0)$, anche $\mathfrak{F}' = (fX^{n-1}, \ldots, fX^0, X^{m-1}, \ldots, X^0)$ è un sistema libero di generatori di $R[X]_{m+n}$ come modulo su R. La matrice di passaggio tra le due basi ha determinante 1.*

(iii) *Se f è monico di grado m, allora $R(f, g)$ è uguale al determinante dell' R-endomorfismo $\Phi' \colon R[X]_{m+n} \longrightarrow R[X]_{m+n}$ il quale moltiplica per g ciascuno degli $X^{m-1}, \ldots, X^0$ e lascia fissi gli $fX^{n-1}, \ldots, fX^0$.*

Dimostrazione. L'asserto (i) è evidente in quanto i vettori formati dai coefficienti delle immagini tramite Φ di

$$(X^{n-1}, 0), \ldots, (X^0, 0), (0, X^{m-1}), \ldots, (0, X^0)$$

coincidono con le righe della matrice $(*)$ e dunque con le colonne della matrice S.

Veniamo ora a (ii). Se si scrive la base $\mathfrak{F}'$ in termini della base $\mathfrak{F}$, allora la corrispondente matrice dei coefficienti è una matrice triangolare con tutti 1 sulla diagonale; si ricordi che abbiamo supposto f monico. La matrice di passaggio ha dunque determinante 1 ed è invertibile.

Per verificare (iii) dimostriamo che l'applicazione Φ' è descritta proprio dalla matrice S se fissiamo come basi $\mathfrak{F}'$ nel dominio e $\mathfrak{F}$ nel codominio. Per calcolare poi il determinante di Φ' dobbiamo fissare una stessa base nel dominio e nel codominio, e dunque passare nel dominio da $\mathfrak{F}'$ a $\mathfrak{F}$. Per (ii) risulta che la matrice di passaggio ha determinante 1 e quindi si ha $\det \Phi' = \det S = R(f, g)$. $\square$

Deduciamo ora alcune conseguenze dal lemma precedente.

Proposizione 6. *Se $m + n \geq 1$, esistono allora polinomi $p, q \in R[X]$, con $\operatorname{grad} p < n$, $\operatorname{grad} q < m$, tali che $R(f, g) = pf + qg$.*

Dimostrazione. Usiamo l'applicazione Φ del lemma 5 e mostriamo che il polinomio costante $R(f, g) \in R[X]$ appartiene all'immagine di Φ. Per verificarlo utilizziamo la "regola di Cramer"

$$S \cdot S^* = (\det S) \cdot I,$$

dove S^* indica la matrice aggiunta di S e I indica la matrice identica a $m + n$ righe e colonne (vedi per esempio [3], Satz 4.4/3 e la generalizzazione data nella dimostrazione di 3.3/1). In termini di applicazioni R-lineari questa dice quanto segue: esiste un'applicazione R-lineare $\Phi^* \colon R[X]_{m+n} \longrightarrow R[X]_m \times R[X]_n$ che composta con $\Phi \colon R[X]_m \times R[X]_n \longrightarrow R[X]_{m+n}$ produce l'applicazione $(\det S) \cdot$ id. In particolare, il polinomio costante $\Phi \circ \Phi^*(1) = \det S = \mathrm{R}(f, g)$ appartiene all'immagine di Φ e quindi si ha un'uguaglianza del tipo cercato.   □

Nella situazione della proposizione segue in particolare che il risultante $\mathrm{R}(f, g)$ si annulla quando f e g hanno radici comuni. Tuttavia il risultante può annullarsi anche in altri casi, per esempio quando i coefficienti direttori a_0, b_0 di f e g sono entrambi nulli. Diamo ora un'interpretazione del risultante che permetterà di dedurre altre importanti proprietà.

Proposizione 7. *Sia $f \in R[X]$ un polinomio monico di grado m. Se si considera l'anello quoziente $A = R[X]/(f)$ come R-modulo rispetto all'applicazione canonica $R \longrightarrow R[X]/(f)$ e se si indica con x la classe laterale che contiene X, allora le potenze $x^{m-1}, \ldots, x^0$ formano un sistema libero di generatori di A su R. Sia inoltre $g \in R[X]$ un polinomio di grado $\leq n$ e $g(x)$ la classe laterale in A che contiene g. Per il risultante di grado formale (m, n) si ha allora*

$$\mathrm{R}(f, g) = \mathrm{N}_{A/R}(g(x)),$$

dove $\mathrm{N}_{A/R}(g(x))$ è la norma di $g(x)$, ossia il determinante dell'applicazione R-lineare $A \longrightarrow A$, $a \longmapsto g(x) \cdot a$.

In particolare $\mathrm{R}(f, g)$ è, in questa situazione, indipendente dalla scelta del grado formale n di g.

Dimostrazione. Poiché f è monico, dato un qualsiasi polinomio in $R[X]$, è possibile dividerlo (con resto) per f (vedi 2.1/4). Tale divisione è unica e dunque la proiezione $R[X] \longrightarrow A$ induce un isomorfismo $R[X]_m \overset{\sim}{\longrightarrow} A$ di R-moduli. Gli elementi $x^{m-1}, \ldots, x^0$, essendo immagini di $X^{m-1}, \ldots, X^0$, formano quindi una base di A su R. Con questo è chiarita la prima affermazione. Per ottenere la seconda usiamo l'applicazione Φ' del lemma 5 (iii). Il nucleo della proiezione $R[X]_{m+n} \longrightarrow A$ è l'R-modulo $fR[X]_n$. Poiché Φ' manda tale nucleo in se stesso, Φ' induce un'applicazione R-lineare $\overline{\Phi}' \colon A \longrightarrow A$; questa è chiaramente la moltiplicazione per $g(x)$, come si vede dalla definizione di Φ'. Poiché Φ' si restringe all'applicazione identica su $fR[X]_n$, si ha $\det \Phi' = \det \overline{\Phi}'$ e quindi segue dal lemma 5 (iii) che $\mathrm{R}(f, g) = \mathrm{N}_{A/R}(g(x))$.   □

Corollario 8. *Siano f, g polinomi non banali a coefficienti in un campo K. Siano inoltre $\mathrm{grad}\, f = m$ e $\mathrm{grad}\, g \leq n$. Sono allora equivalenti:*
   (i) *Il risultante $\mathrm{R}(f, g)$ di grado formale (m, n) non è nullo.*
   (ii) *Se $\overline{K}$ è una chiusura algebrica di K, allora f e g non hanno radici comuni in $\overline{K}$.*

Dimostrazione. Per l'osservazione 4 possiamo assumere che f sia monico. Consideriamo dapprima il caso $\mathrm{R}(f, g) \neq 0$. Per la proposizione 7 il determinante della moltiplicazione per $g(x)$ in $K[X]/(f)$ non è nullo, quindi la moltiplicazione per $g(x)$ è invertibile e pertanto $g(x)$ è un'unità in $K[X]/(f)$. Dunque f e g generano l'ideale unità di $K[X]$ e questi polinomi non possono avere alcuna radice in comune. Supponiamo ora che f e g siano privi di radici comuni in $\overline{K}$. Allora f, g sono privi di divisori comuni in $\overline{K}[X]$ e dunque anche in $K[X]$. Esiste quindi un'uguaglianza del tipo $uf + vg = 1$ con polinomi $u, v \in K[X]$ e si vede che $g(x)$ è un'unità. La moltiplicazione per $g(x)$ su $K[X]/(f)$ è dunque invertibile, il rispettivo determinante è non nullo e dalla proposizione 7 segue che $R(f, g) \neq 0$.   □

Corollario 9. *Siano*

$$f = \alpha \prod_{i=1}^{m}(X - \alpha_i), \qquad g = \beta \prod_{j=1}^{n}(X - \beta_j),$$

fattorizzazioni di due polinomi $f, g \in R[X]$ *con* $\alpha, \beta \in R$ *costanti e* $\alpha_1, \ldots, \alpha_m$, $\beta_1, \ldots, \beta_n$ *radici in un'estensione* R' *di* R. *Il risultante di grado formale* (m, n) *vale allora*

$$R(f, g) = \alpha^n \prod_{i=1}^{m} g(\alpha_i) = \alpha^n \beta^m \prod_{\substack{1 \leq i \leq m \\ 1 \leq j \leq n}} (\alpha_i - \beta_j).$$

Dimostrazione. Grazie all'osservazione 4 possiamo assumere $R = R'$ e $\alpha = 1 = \beta$, cosicché f e g sono polinomi monici che si spezzano completamente in fattori lineari in $R[X]$. Applicando direttamente la definizione di risultante o usando la proposizione 7, si deduce facilmente che $R(X - \alpha_i, g) = g(\alpha_i)$. Dalla moltiplicatività della norma, che discende dalla moltiplicatività del determinante, segue che, dati comunque polinomi $g_1, g_2 \in R[X]$, vale la seguente relazione

$$R(f, g_1 g_2) = R(f, g_1) \cdot R(f, g_2).$$

Utilizzando poi l'osservazione 4 (i), si vede che, dati polinomi f_1, f_2 di $R[X]$ con $\mathrm{grad}\, f_i \leq m_i$, sussiste la relazione

$$R(f_1 f_2, g) = R(f_1, g) \cdot R(f_2, g),$$

dove il risultante a sinistra è da intendersi nel grado formale $(m_1 + m_2, n)$ mentre quelli a destra sono di grado formale rispettivamente (m_1, n) e (m_2, n). Applicando ripetutamente questa formula alla fattorizzazione di f, si ottiene quanto voluto.   □

Diamo ora una caratterizzazione del discriminante tramite il risultante.

Corollario 10. *Sia* $f \in R[X]$ *un polinomio monico di grado* $m > 0$ *e sia* f' *la sua derivata. Tra il discriminante* Δ_f *e il risultante* $R(f, f')$ *di grado formale* $(m, m - 1)$ *esiste allora la seguente relazione:*

$$\Delta_f = (-1)^{m(m-1)/2} R(f, f').$$

Se $A = R[X]/(f)$ *e se indichiamo con* $x \in A$ *la classe laterale che contiene* $X \in R[X]$, *abbiamo*

$$\Delta_f = (-1)^{m(m-1)/2} N_{A/R}(f'(x)).$$

Dimostrazione. La seconda formula segue dalla prima grazie alla proposizione 7. Per ottenere la prima formula, in base alla definizione di discriminante e all'osservazione 4 (iii), è possibile sostituire R con una sua estensione e dunque assumere che f si spezzi completamente in fattori lineari su R. Infatti, come per la costruzione di Kronecker 3.4/1, possiamo sostituire l'anello R con $R' = R[X]/(f)$. Allora f ha almeno una radice in R' e precisamente la classe laterale $\bar{x}$ che contiene X. Dividendo poi f per il fattore lineare $X - \bar{x}$, si ottiene un polinomio monico di grado $m - 1$ per il quale si ripete la costruzione. Si ottiene così dopo un numero finito di passi un'estensione di R su cui f si spezza completamente in fattori lineari.

Supponiamo pertanto che sia $f = \prod_{i=1}^{m}(X - \alpha_i)$. Segue allora dal corollario 9 che

$$R(f, f') = \prod_{i=1}^{m} f'(\alpha_i).$$

Dalla regola di derivazione del prodotto si ottiene

$$f' = \sum_{i=1}^{m}(X - \alpha_1)\ldots(X - \alpha_{i-1})(X - \alpha_{i+1})\ldots(X - \alpha_m)$$

e dunque

$$f'(\alpha_i) = (\alpha_i - \alpha_1)\ldots(\alpha_i - \alpha_{i-1})(\alpha_i - \alpha_{i+1})\ldots(\alpha_i - \alpha_m).$$

Questo significa però che

$$R(f, f') = \prod_{i \neq j}(\alpha_i - \alpha_j) = (-1)^{m(m-1)/2} \prod_{i < j}(\alpha_i - \alpha_j)^2 = (-1)^{m(m-1)/2} \Delta_f,$$

come affermato. $\square$

Il corollario 10 fornisce in particolare una formula esplicita per calcolare il discriminante. Come esempio, calcoliamo il discriminante del polinomio $f = X^3 + aX + b \in R[X]$ che abbiamo già utilizzato nella sezione 4.3 per studiare il gruppo di Galois di f (nel caso di un campo $K = R$). Dal corollario 10 segue che

$$\Delta_f = -R(f, f') = -\det \begin{pmatrix} 1 & 0 & a & b & 0 \\ 0 & 1 & 0 & a & b \\ 3 & 0 & a & 0 & 0 \\ 0 & 3 & 0 & a & 0 \\ 0 & 0 & 3 & 0 & a \end{pmatrix}.$$

Per limitare i calcoli, sottraiamo dalla terza riga 3 volte la prima e dalla quarta riga 3 volte la seconda. Si ottiene così

$$\Delta_f = -\det \begin{pmatrix} -2a & -3b & 0 \\ 0 & -2a & -3b \\ 3 & 0 & a \end{pmatrix} = -4a^3 - 27b^2.$$

Allo stesso modo si vede che il discriminante del polinomio $f = X^m + aX + b$, per $m \geq 2$, assume il valore

$$\Delta_f = (-1)^{m(m-1)/2}((1 - m)^{m-1}a^m + m^m b^{m-1}).$$

Anche il caso $f = X^4 + aX^2 + bX + c$ è ancora relativamente semplice; si ottiene

$$\Delta_f = 144ab^2c - 128a^2c^2 - 4a^3b^2 + 16a^4c - 27b^4 + 256c^3.$$

Sempre attraverso operazioni elementari sulle righe si riduce il calcolo del determinante della matrice a 7 righe al determinante di una matrice a 4 righe.

Ricordiamo infine che il discriminante compare di solito in contesti più generali. Sia $R \subset A$ un'estensione di anelli in modo tale che come R-modulo A ammetta una base finita $e_1, \ldots, e_n$. Come nella teoria degli spazi vettoriali, si può definire la *traccia* di una qualsiasi applicazione R-lineare $\varphi \colon A \longrightarrow A$. Se per esempio φ è descritta rispetto a una R-base di A dalla matrice $(a_{ij}) \in R^{n \times n}$, allora si ha $\operatorname{tr} \varphi = \sum_{i=1}^n a_{ii} \in R$. In particolare, se $a \in A$, si può considerare l'applicazione R-lineare data dalla "moltiplicazione per a"

$$\varphi_a \colon A \longrightarrow A, \qquad x \longmapsto ax.$$

Si indica la sua traccia con $\operatorname{Tr}_{A/R}(a)$ e la si chiama la *traccia di* a relativa all'estensione A/R (vedi anche la sezione 4.7).

Se ora $x_1, \ldots, x_n$ sono elementi di A, si considera la matrice quadrata $n \times n$ $(\operatorname{Tr}_{A/R}(x_ix_j))_{i,j=1,\ldots,n}$ e si definisce il *discriminante* di $x_1, \ldots, x_n$ rispetto all'estensione di anelli $R \subset A$ tramite

$$D_{A/R}(x_1, \ldots, x_n) = \det(\operatorname{Tr}_{A/R}(x_ix_j))_{i,j=1,\ldots,n}.$$

Esiste allora la seguente relazione tra il discriminante di un polinomio e il discriminante di un sistema di elementi:

Proposizione 11. *Sia $f \in R[X]$ un polinomio monico di grado $n > 0$. Come fatto nella proposizione 7, consideriamo $A = R[X]/(f)$ come R-modulo con base $x^0, \ldots, x^{n-1}$; sia $x \in A$ la classe laterale che contiene $X \in R[X]$. Allora*

$$\Delta_f = D_{A/R}(x^0, \ldots, x^{n-1}).$$

Dimostrazione. Cominciamo col vedere che basta dimostrare l'uguaglianza precedente solo per certi anelli R e certi polinomi f. Sia $\tau \colon R \longrightarrow R'$ un omomorfismo di anelli e sia $f^\tau \in R'[X]$ il polinomio trasportato di f. Allora τ induce un omomorfismo di anelli

$$\tau' \colon A = R[X]/(f) \longrightarrow R'[X]/(f^\tau) = A'$$

e possiamo considerare $x^0, \ldots, x^{n-1}$ come R-base di A e così pure le loro immagini $\tau'(x^0), \ldots, \tau'(x^{n-1})$ come base di A' su R'. Dato un $a \in A$, vogliamo ora confrontare l'applicazione R-lineare $\varphi_a \colon A \longrightarrow A$, con la corrispondente applicazione R'-lineare $\varphi_{\tau'(a)} \colon A' \longrightarrow A'$. Poiché τ' è un omomorfismo di anelli, la matrice $M_{\tau'(a)}$ che descrive $\varphi_{\tau'(a)}$ (rispetto alla base $x^0, \ldots, x^{n-1}$) si ottiene dalla matrice M_a relativa a φ_a semplicemente "trasportando" M_a tramite τ da $R^{n\times n}$ a $R'^{n\times n}$. Ne segue che $\mathrm{Tr}_{A'/R'}(\tau'(a)) = \tau(\mathrm{Tr}_{A/R}(a))$ e, in particolare, che

$$D_{A'/R'}(x^0, \ldots, x^{n-1}) = \tau(D_{A/R}(x^0, \ldots, x^{n-1})).$$

Inoltre, per la definizione di discriminante di un polinomio, risulta

$$\Delta_{f^\tau} = \tau(\Delta_f).$$

Se dunque la proposizione è vera per R e f, allora essa è vera anche per R' e f^τ.

Si consideri ora il seguente diagramma di estensioni

$$\begin{array}{ccc} \mathbb{Z}[T_1, \ldots, T_n] & \subset & \mathbb{Q}(T_1, \ldots, T_n) \\ \cup & & \cup \\ \mathbb{Z}[s_1, \ldots, s_n] & \subset & \mathbb{Q}(s_1, \ldots, s_n), \end{array}$$

con $s_1, \ldots, s_n$ i polinomi simmetrici elementari in $T_1, \ldots, T_n$. Supponiamo che sia $f = X^n + c_1 X^{n-1} + \ldots + c_n \in R[X]$. Si può allora definire un omomorfismo di anelli $\mathbb{Z}[s_1, \ldots, s_n] \longrightarrow R$ tramite $s_j \longmapsto (-1)^j c_j$ e dalle osservazioni precedenti segue che basta dimostrare la proposizione per $R = \mathbb{Z}[s_1, \ldots, s_n]$ e $f = \sum_{j=0}^{n}(-1)^j s_j X^{n-j}$. Poiché $\mathbb{Z}[s_1, \ldots, s_n]$ è un sottoanello di $\mathbb{Q}(s_1, \ldots, s_n)$, possiamo assumere che sia $R = \mathbb{Q}(s_1, \ldots, s_n)$; sappiamo poi da 4.3 che f è irriducibile in $\mathbb{Q}(s_1, \ldots, s_n)[X]$. Riassumendo, basta considerare il caso in cui $R = K$ è un campo e f è un polinomio monico irriducibile in $K[X]$. In particolare, $L = A = K[X]/(f)$ è allora un'estensione algebrica finita del campo K. Supponiamo dunque di essere in questa situazione.

Per definizione abbiamo

$$D_{L/K}(x^0, \ldots, x^{n-1}) = \det(\mathrm{Tr}_{L/K}(x^{i+j}))_{i,j=0,\ldots,n-1}.$$

Per calcolare $\mathrm{Tr}_{L/K}(x^{i+j})$, spezziamo f in fattori lineari su una chiusura algebrica di L, sia $f = \prod_{k=1}^{n}(X - \alpha_k)$, e anticipiamo un risultato della sezione 4.7. Per 4.7/4 si ha

$$\mathrm{Tr}_{L/K}(x^{i+j}) = \sum_{k=1}^{n} \alpha_k^{i+j}.$$

Se $V = (\alpha_{i+1}^j)_{i,j=0,\ldots,n-1}$ è la matrice di Vandermonde relativa a $\alpha_1, \ldots, \alpha_n$, si ha

$$(\mathrm{Tr}_{L/K}(x^{i+j}))_{i,j=0,\ldots,n-1} = V^t \cdot V$$

e da $\det V = \prod_{i<j}(\alpha_j - \alpha_i)$ segue che

$$D_{L/K}(x^0, \ldots, x^{n-1}) = (\det V)^2 = \prod_{i<j}(\alpha_i - \alpha_j)^2 = \Delta_f.$$

$\square$

Esercizi

1. *Che ruolo gioca il teorema fondamentale sui polinomi simmetrici nella definizione del discriminante Δ_f di un polinomio $f = X^n + a_1 X^{n-1} + \ldots + a_n$? Perché si dovrebbero considerare polinomi simmetrici a coefficienti in un anello anche se si è interessati solo al discriminante di polinomi su campi?*

2. Si consideri l'anello dei polinomi $R[T_1, T_2, T_3]$ su un anello R e si scriva il polinomio simmetrico $T_1^3 + T_2^3 + T_3^3$ come polinomio nei polinomi simmetrici elementari.

3. Sia R un anello e, dato un polinomio $f \in R[X]$, sia Δ_f il suo discriminante. Si verifichi che valgono le formule seguenti:

   (i) $f = X^2 + aX + b$,
   $\Delta_f = a^2 - 4b$.

   (ii) $f = X^m + aX + b$ per $m \geq 2$,
   $\Delta_f = (-1)^{m(m-1)/2}((1-m)^{m-1} a^m + m^m b^{m-1})$.

   (iii) $f = X^3 + aX^2 + bX + c$,
   $\Delta_f = a^2 b^2 + 18abc - 4a^3 c - 4b^3 - 27c^2$.

   (iv) $f = X^4 + aX^2 + bX + c$,
   $\Delta_f = 144ab^2 c - 128a^2 c^2 - 4a^3 b^2 + 16a^4 c - 27b^4 + 256c^3$.

4. Sia R un anello. Si trovi il risultante $\mathrm{R}(f, g)$ dei polinomi $f, g \in R[X]$ di grado formale (m, n) nei casi seguenti:

   (i) $g = g_0 \in R$ (polinomio costante), $m = 0$.

   (ii) $g = g_0 \in R$ (polinomio costante), $m = 1$.

   (iii) $f = a_0 X + a_1$, $g = b_0 X + b_1$, $m = n = 1$.

5. Si dimostri la formula seguente:

$$\mathrm{R}(a_0 X^2 + a_1 X + a_2, b_0 X^2 + b_1 X + b_2)$$
$$= (a_0 b_2 - a_2 b_0)^2 + (a_1 b_2 - a_2 b_1)(a_1 b_0 - a_0 b_1).$$

6. Sia R un anello e siano $f, g \in R[X]$ polinomi monici. Si dimostri che

$$\Delta_{fg} = \Delta_f \cdot \Delta_g \cdot \mathrm{R}(f, g)^2.$$

7. Sia R un anello e sia $f \in R[X]$ un polinomio monico. Si dimostri che per $c \in R$ i polinomi f e $g = f(X + c)$ hanno lo stesso discriminante.

4.5 Radici dell'unità

Supponiamo fissati per tutta questa sezione un campo K e una sua chiusura algebrica $\overline{K}$. Dato un $n \in \mathbb{N} - \{0\}$, le radici del polinomio $X^n - 1$, dette *radici n-esime dell'unità* (in $\overline{K}$), formano un sottogruppo $U_n \subset \overline{K}^*$. Nel caso in cui char $K = 0$, o più in generale se char K non divide n, il polinomio $X^n - 1$ e la sua derivata $D(X^n - 1) = nX^{n-1}$ non hanno radici comuni. Di conseguenza $X^n - 1$ è in questo caso separabile, ossia ord $U_n = n$. Nel caso di caratteristica positiva $p = \mathrm{char}\, K > 0$ si considera invece una fattorizzazione $n = p^r n'$ in cui $p \nmid n'$. Il polinomio $X^{n'} - 1$ è separabile per quanto detto sopra e le sue radici coincidono con quelle di $X^n - 1$

perché $X^n - 1 = (X^{n'} - 1)^{p^r}$. Dunque $U_n = U_{n'}$ e in particolare $\operatorname{ord} U_n = n'$. Ci si può quindi restringere a considerare il gruppo U_n solo nel caso in cui $\operatorname{char} K \nmid n$. Lo scopo principale sarà lo studio delle estensioni del campo K per aggiunzione di radici dell'unità. Grazie a 3.6/14 possiamo intanto affermare quanto segue:

Proposizione 1. *Sia* $n \in \mathbb{N} - \{0\}$ *tale che* $\operatorname{char} K \nmid n$. *Allora il gruppo* U_n *delle radici* n-*esime dell'unità in* $\overline{K}$ *è ciclico di ordine* n.

Una radice dell'unità $\zeta \in U_n$ si dice *radice primitiva* n-*esima dell'unità* se ζ genera il gruppo U_n. Per esempio $1, i, -1, -i$ sono le radici quarte dell'unità in $\mathbb{C}$ con i e $-i$ le radici primitive quarte dell'unità. Tutte le radici dell'unità in $\mathbb{C}$ hanno modulo 1 e dunque stanno sulla circonferenza $\{z \in \mathbb{C}\,;\, |z| = 1\}$. Utilizzando la funzione esponenziale complessa, si possono descrivere le radici n-esime dell'unità in $\mathbb{C}$ in modo semplice. Esse sono esattamente le potenze delle radici primitive n-esime dell'unità $\zeta_n = e^{2\pi i/n}$ e abbiamo illustrato nella figura il caso $n = 6$:

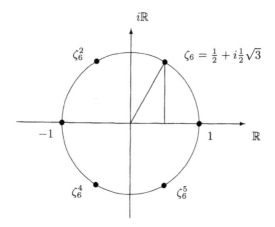

In considerazione del caso complesso si dice che le radici n-esime dell'unità "dividono la circonferenza unitaria" e dunque un campo ottenuto da $\mathbb{Q}$ aggiungendo una radice dell'unità si dice anche *campo ciclotomico*.[4]

Osservazione 2. *Siano* $m, n \in \mathbb{N} - \{0\}$ *coprimi. Allora l'applicazione*

$$h : U_m \times U_n \longrightarrow U_{mn}, \qquad (\zeta, \eta) \longmapsto \zeta\eta,$$

è un isomorfismo di gruppi. Se $\zeta_m \in U_m$ *e* $\zeta_n \in U_n$ *sono radici primitive rispettivamente* m-*esima e* n-*esima dell'unità, allora* $\zeta_m \zeta_n$ *è una radice primitiva* mn-*esima dell'unità.*

Dimostrazione. Possiamo assumere che $\operatorname{char} K$ non divida mn. Poiché U_m e U_n sono sottogruppi di U_{mn}, risulta che h è un ben definito omomorfismo di gruppi commutativi. Inoltre, per la proposizione 1, U_m e U_n sono ciclici rispettivamente

---

[4] N.d.T.: Dal greco kyklos=cerchio e témnein=dividere.

di ordine m e n. Se ora $\zeta_m \in U_m$ e $\zeta_n \in U_n$ sono radici primitive, rispettivamente m-esima e n-esima, dell'unità segue da 3.6/13 che l'elemento $(\zeta_m, \zeta_n) \in U_m \times U_n$ ha ordine mn in quanto prodotto degli elementi $(\zeta_m, 1)$ e $(1, \zeta_n)$ e pertanto genera il gruppo $U_m \times U_n$. Sempre per 3.6/13 l'elemento $\zeta_m \zeta_n \in U_{mn}$ ha ordine mn, dunque è una radice primitiva mn-esima dell'unità e quindi genera U_{mn}. Ne segue che h è un isomorfismo. □

Vogliamo ora studiare meglio le radici primitive n-esime dell'unità. Per contarle abbiamo bisogno della cosiddetta funzione φ di Eulero.

Definizione 3. *Dato un $n \in \mathbb{N} - \{0\}$, si indica con $\varphi(n)$ l'ordine del gruppo moltiplicativo $(\mathbb{Z}/n\mathbb{Z})^*$, ossia del gruppo delle unità nell'anello delle classi resto $\mathbb{Z}/n\mathbb{Z}$. La $\varphi \colon \mathbb{N} - \{0\} \longrightarrow \mathbb{N}$ viene detta funzione φ di Eulero.*

Osservazione 4. (i) *Sia $n \in \mathbb{N} - \{0\}$. Allora*

$$(\mathbb{Z}/n\mathbb{Z})^* = \{\bar{a} \in \mathbb{Z}/n\mathbb{Z}\,;\ a \in \mathbb{Z} \text{ e } \mathrm{MCD}(a, n) = 1\}$$

e di conseguenza

$$\varphi(n) = \#\{a \in \mathbb{N}\,;\ 0 \le a < n \text{ e } \mathrm{MCD}(a, n) = 1\}.$$

(ii) *Siano $m, n \in \mathbb{N} - \{0\}$ coprimi; allora $\varphi(mn) = \varphi(m)\varphi(n)$. Questa proprietà viene anche indicata come la moltiplicatività della funzione φ.*

(iii) *Sia $n = p_1^{\nu_1} \ldots p_r^{\nu_r}$ una fattorizzazione dove i numeri primi p_ρ sono a due a due distinti e gli esponenti ν_ρ positivi; allora*

$$\varphi(n) = \prod_{\rho=1}^{r} p_\rho^{\nu_\rho - 1}(p_\rho - 1).$$

Dimostrazione. Sia $a \in \mathbb{Z}$. Allora $\mathrm{MCD}(a, n) = 1$ se e solo se $a\mathbb{Z} + n\mathbb{Z} = \mathbb{Z}$, ossia se e solo se esistono $c, d \in \mathbb{Z}$ tali che $ac + nd = 1$ (vedi 2.4/13). Questa condizione è equivalente al fatto che la classe resto di a in $\mathbb{Z}/n\mathbb{Z}$ sia un'unità. Da questa riflessione segue allora l'asserto (i).

Per dimostrare (ii) utilizziamo il teorema cinese del resto nella forma 2.4/14. Si ottiene un omomorfismo di anelli

$$\mathbb{Z}/mn\mathbb{Z} \xrightarrow{\sim} \mathbb{Z}/m\mathbb{Z} \times \mathbb{Z}/n\mathbb{Z}$$

e quindi un isomorfismo tra i rispettivi gruppi delle unità

$$(\mathbb{Z}/mn\mathbb{Z})^* \xrightarrow{\sim} (\mathbb{Z}/m\mathbb{Z})^* \times (\mathbb{Z}/n\mathbb{Z})^*,$$

da cui si deduce la moltiplicatività della funzione φ.

Per ottenere (iii) possiamo applicare la moltiplicatività in (ii). Basta dunque determinare $\varphi(p^\nu)$ con p numero primo e ν esponente positivo. Poiché i prodotti

$0 \cdot p, 1 \cdot p, \ldots, (p^{\nu-1} - 1) \cdot p$ rappresentano esattamente tutti i numeri naturali d con $0 \le d < p^\nu$ che non sono primi con p^ν, segue da (i) che

$$\varphi(p^\nu) = p^\nu - p^{\nu-1} = p^{\nu-1}(p-1),$$

come voluto.   □

Proposizione 5. *Sia $n \in \mathbb{N}$. Un elemento $\bar{a}$ genera il gruppo ciclico additivo $\mathbb{Z}/n\mathbb{Z}$ se e solo se $\bar{a}$ è un'unità dell'anello $\mathbb{Z}/n\mathbb{Z}$. Se in particolare $n \ne 0$, allora $\mathbb{Z}/n\mathbb{Z}$ contiene esattamente $\varphi(n)$ generatori di $\mathbb{Z}/n\mathbb{Z}$ come gruppo ciclico.*

Dimostrazione. Un elemento $\bar{a}$ genera $\mathbb{Z}/n\mathbb{Z}$ se e solo se la classe resto $\bar{1}$ di $1 \in \mathbb{Z}$ appartiene al gruppo ciclico generato da $\bar{a}$. Questo è il caso se e solo se esiste un $r \in \mathbb{Z}$ tale che $\bar{1} = r \cdot \bar{a} = \bar{r} \cdot \bar{a}$, ossia se e solo se $\bar{a}$ è un'unità.   □

Corollario 6. *Sia K un campo e sia $n \in \mathbb{N} - \{0\}$ tale che $\operatorname{char} K \nmid n$. Allora il gruppo U_n delle radici n-esime dell'unità contiene esattamente $\varphi(n)$ radici primitive n-esime dell'unità. Se $\zeta \in U_n$ è una radice primitiva n-esima dell'unità, allora ζ^r, con $r \in \mathbb{Z}$, è una radice primitiva n-esima dell'unità se e solo se la classe resto di r modulo n è un'unità in $\mathbb{Z}/n\mathbb{Z}$, ossia se e solo se $\operatorname{MCD}(r, n) = 1$.*

Dimostrazione. Grazie alla proposizione 1 il gruppo U_n è isomorfo a $\mathbb{Z}/n\mathbb{Z}$; segue allora dalla proposizione 5 che vi sono esattamente $\varphi(n)$ radici primitive n-esime dell'unità in U_n. Se ora $\zeta \in U_n$ è una radice primitiva n-esima dell'unità, l'omomorfismo $\mathbb{Z}/n\mathbb{Z} \longrightarrow U_n$ che manda la classe resto $\bar{1} \in \mathbb{Z}/n\mathbb{Z}$ in ζ è un isomorfismo. Allora ζ^r, per $r \in \mathbb{Z}$, è una radice primitiva n-esima dell'unità se e solo se la sua antiimmagine in $\mathbb{Z}/n\mathbb{Z}$, ossia la classe resto $\bar{r}$, genera il gruppo $\mathbb{Z}/n\mathbb{Z}$ e questo avviene se e solo se $\bar{r}$ è un'unità (vedi proposizione 5).   □

Se $\zeta \in \overline{K}$ è una radice primitiva n-esima dell'unità allora il campo $K(\zeta)$ contiene tutte le radici n-esime dell'unità e dunque è *normale* su K in quanto campo di spezzamento del polinomio $X^n - 1 \in K[X]$. Nel caso $K = \mathbb{Q}$, il campo $\mathbb{Q}(\zeta)$ viene detto *campo ciclotomico n-esimo*.

Proposizione 7. *Sia $\zeta \in \overline{\mathbb{Q}}$ una radice primitiva n-esima dell'unità. Allora il campo ciclotomico n-esimo $\mathbb{Q}(\zeta)$ è un'estensione galoisiana finita di $\mathbb{Q}$ di grado $[\mathbb{Q}(\zeta) : \mathbb{Q}] = \varphi(n)$.*

Dimostrazione. Sia $f \in \mathbb{Q}[X]$ il polinomio minimo di ζ su $\mathbb{Q}$. Ogni automorfismo di Galois $\sigma \in \operatorname{Gal}(\mathbb{Q}(\zeta)/\mathbb{Q})$ si restringe ad un automorfismo del gruppo delle radici n-esime dell'unità $U_n \subset \mathbb{Q}(\zeta)^*$; in particolare $\sigma(\zeta)$ è di nuovo una radice primitiva n-esima dell'unità. Poiché grazie a 3.4/8 per ogni zero η di f esiste un automorfismo $\sigma \in \operatorname{Gal}(\mathbb{Q}(\zeta)/\mathbb{Q})$ tale che $\sigma(\zeta) = \eta$, risulta che ogni zero di f è una radice primitiva n-esima dell'unità e si ha

$$[\mathbb{Q}(\zeta) : \mathbb{Q}] = \operatorname{grad} f \le \varphi(n).$$

Rimane solo da dimostrare che ogni radice primitiva n-esima è uno zero di f e questo implicherà il risultato cercato: grad $f = \varphi(n)$. Per verificarlo si osservi che f, in quanto polinomio minimo di ζ, è un divisore di $X^n - 1$. Dunque esiste un polinomio h tale che

$$X^n - 1 = f \cdot h.$$

Poiché f è monico per definizione, anche h è monico e segue da 2.7/6 che f, h appartengono a $\mathbb{Z}[X]$.

Sia ora p un numero primo tale che $p \nmid n$. Per il corollario 6 ζ^p è una radice primitiva n-esima dell'unità e affermiamo che ζ^p è uno zero di f. Supponiamo, per assurdo, $f(\zeta^p) \neq 0$ e quindi $h(\zeta^p) = 0$. In altri termini ζ è uno zero di $h(X^p)$. Da questo otteniamo di nuovo che $f | h(X^p)$, ad esempio $h(X^p) = f \cdot g$, con g polinomio monico in $\mathbb{Z}[X]$ per 2.7/6 come sopra. Applichiamo ora l'omomorfismo di "riduzione dei coefficienti modulo p"

$$\mathbb{Z}[X] \longrightarrow \mathbb{Z}/p\mathbb{Z}[X] = \mathbb{F}_p[X], \qquad \sum c_i X^i \longmapsto \sum \bar{c}_i X^i,$$

che prolunga la proiezione canonica $\mathbb{Z} \longrightarrow \mathbb{Z}/p\mathbb{Z}$. Da $\bar{h}^p = \bar{h}(X^p) = \bar{f} \cdot \bar{g}$ segue che $\bar{h}$ e $\bar{f}$ non sono coprimi in $\mathbb{F}_p[X]$. Dunque il polinomio $X^n - 1 = \bar{f} \cdot \bar{h} \in \mathbb{F}_p[X]$ ha zeri multipli in una chiusura algebrica di $\mathbb{F}_p$. Questo però contraddice il fatto che $p \nmid n$, cosicché l'ipotesi $f(\zeta^p) \neq 0$ è assurda e di conseguenza ζ^p è uno zero di f.

Sia ora ζ' una qualsiasi radice primitiva n-esima dell'unità. Rimane da dimostrare che ζ' è uno zero di f. Se per esempio $\zeta' = \zeta^m$, grazie al corollario 6 risulta $\mathrm{MCD}(m, n) = 1$ e pertanto si può ottenere ζ' da ζ attraverso potenze successive con esponenti numeri primi che non dividono n. Ripetendo le argomentazioni usate sopra si vede allora che $f(\zeta') = 0$. $\square$

Corollario 8. *Siano $\zeta_m, \zeta_n \in \overline{\mathbb{Q}}$ radici primitive rispettivamente m-esima e n-esima dell'unità con $\mathrm{MCD}(m, n) = 1$. Allora:*

$$\mathbb{Q}(\zeta_m) \cap \mathbb{Q}(\zeta_n) = \mathbb{Q}$$

e

$$\mathrm{Gal}(\mathbb{Q}(\zeta_m, \zeta_n)/\mathbb{Q}) \simeq \mathrm{Gal}(\mathbb{Q}(\zeta_m)/\mathbb{Q}) \times \mathrm{Gal}(\mathbb{Q}(\zeta_n)/\mathbb{Q}).$$

Dimostrazione. Segue dall'osservazione 2 che $\zeta_{mn} = \zeta_m \zeta_n$ è una radice primitiva mn-esima dell'unità. Dunque il composto di $\mathbb{Q}(\zeta_m)$ e $\mathbb{Q}(\zeta_n)$ è

$$\mathbb{Q}(\zeta_m) \cdot \mathbb{Q}(\zeta_n) = \mathbb{Q}(\zeta_{mn}).$$

Si ha allora il seguente diagramma di estensioni di campi:

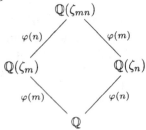

dove i gradi di $\mathbb{Q}(\zeta_{mn})$, $\mathbb{Q}(\zeta_m)$ e $\mathbb{Q}(\zeta_n)$ su $\mathbb{Q}$ sono dati da $\varphi(mn)$, $\varphi(m)$ e $\varphi(n)$ come dimostrato nella proposizione 7. Inoltre

$$[\mathbb{Q}(\zeta_{mn}) : \mathbb{Q}(\zeta_m)] = \varphi(n), \qquad [\mathbb{Q}(\zeta_{mn}) : \mathbb{Q}(\zeta_n)] = \varphi(m),$$

in quanto $\varphi(mn) = \varphi(m) \cdot \varphi(n)$. Poniamo $L = \mathbb{Q}(\zeta_m) \cap \mathbb{Q}(\zeta_n)$. Applicando $\mathbb{Q}(\zeta_{mn}) = \mathbb{Q}(\zeta_m, \zeta_n)$, è evidente che ζ_m ha grado $\varphi(m)$ su $\mathbb{Q}(\zeta_n)$ e pertanto ha grado $\geq \varphi(m)$ su L. Dalla maggiorazione

$$\varphi(m) = [\mathbb{Q}(\zeta_m) : \mathbb{Q}] = [\mathbb{Q}(\zeta_m) : L] \cdot [L : \mathbb{Q}] \geq \varphi(m) \cdot [L : \mathbb{Q}]$$

si vede che necessariamente vale $[L : \mathbb{Q}] = 1$ e quindi $L = \mathbb{Q}$. Segue in particolare da 4.1/12 che $\mathrm{Gal}(\mathbb{Q}(\zeta_{mn})/\mathbb{Q})$ è il prodotto cartesiano dei gruppi di Galois $\mathrm{Gal}(\mathbb{Q}(\zeta_m)/\mathbb{Q})$ e $\mathrm{Gal}(\mathbb{Q}(\zeta_n)/\mathbb{Q})$.   □

Il risultato precedente sui gruppi di Galois può essere dedotto dal punto (ii) della proposizione seguente tramite il teorema cinese del resto 2.4/14.

Proposizione 9. *Sia K un campo e sia $\zeta \in \overline{K}$ una radice primitiva n-esima dell'unità con $\mathrm{char}\,K \nmid n$. Allora:*

(i) *$K(\zeta)/K$ è un'estensione abeliana finita di grado $\leq \varphi(n)$.*

(ii) *Per ogni $\sigma \in \mathrm{Gal}(K(\zeta)/K)$ esiste un numero naturale $r(\sigma)$ tale che $\sigma(\zeta) = \zeta^{r(\sigma)}$. La classe resto $\overline{r(\sigma)} \in \mathbb{Z}/n\mathbb{Z}$ è un'unità univocamente determinata da σ e indipendente dalla scelta di ζ. L'applicazione*

$$\psi \colon \mathrm{Gal}(K(\zeta)/K) \longrightarrow (\mathbb{Z}/n\mathbb{Z})^*, \qquad \sigma \longmapsto \overline{r(\sigma)},$$

è un omomorfismo iniettivo di gruppi e anzi un isomorfismo se $K = \mathbb{Q}$.

Dimostrazione. $K(\zeta)$ in quanto campo di spezzamento del polinomio separabile $X^n - 1 \in K[X]$ è finito e galoisiano su K. Le altre affermazioni in (i) si ottengono da (ii) perché per definizione $\varphi(n)$ è l'ordine di $(\mathbb{Z}/n\mathbb{Z})^*$.

Per dimostrare (ii) osserviamo innanzitutto che $r(\sigma)$ è univocamente determinato modulo n poiché ζ genera il gruppo ciclico $U_n \simeq \mathbb{Z}/n\mathbb{Z}$. Dalla formula

$$\sigma(\zeta^s) = \sigma(\zeta)^s = (\zeta^{r(\sigma)})^s = (\zeta^s)^{r(\sigma)}$$

si deduce poi che la classe resto $\overline{r(\sigma)}$ non dipende dalla scelta di ζ. Poiché gli automorfismi di Galois di $K(\zeta)/K$ permutano le radici primitive n-esime dell'unità, per il corollario 6 risulta che ciascun $\overline{r(\sigma)}$ è un'unità di $\mathbb{Z}/n\mathbb{Z}$. Dunque l'applicazione ψ è ben definita e si verifica facilmente che è pure un omomorfismo di gruppi. Inoltre σ, in quanto elemento di $\mathrm{Gal}(K(\zeta)/K)$, è univocamente determinato dall'immagine $\sigma(\zeta)$. Questo significa che ψ è iniettivo. In particolare si ha

$$\mathrm{ord}\,\mathrm{Gal}(K(\zeta)/K) \leq \mathrm{ord}(\mathbb{Z}/n\mathbb{Z})^* = \varphi(n).$$

Inoltre ψ è un isomorfismo qualora $K = \mathbb{Q}$; infatti in questo caso si ottiene $\varphi(n) = [K(\zeta) : K] = \mathrm{ord}\,\mathrm{Gal}(K(\zeta)/K)$ grazie alla proposizione 7.   □

Corollario 10. *Sia* $\zeta \in \overline{\mathbb{Q}}$ *una radice primitiva n-esima dell'unità. Allora il campo ciclotomico n-esimo* $\mathbb{Q}(\zeta)$ *è un'estensione abeliana di* $\mathbb{Q}$ *con gruppo di Galois* $(\mathbb{Z}/n\mathbb{Z})^*$.

Vogliamo ora fattorizzare il polinomio $X^n - 1$, le cui radici sono proprio le radici n-esime dell'unità, nei cosiddetti polinomi ciclotomici.

Definizione 11. *Sia* K *un campo. Se* $n \in \mathbb{N} - \{0\}$ *è tale che* $(\text{char } K) \nmid n$ *e se* $\zeta_1, \ldots, \zeta_{\varphi(n)}$ *sono le radici primitive n-esime dell'unità in* $\overline{K}$*, allora il polinomio*

$$\Phi_n = \prod_{i=1}^{\varphi(n)} (X - \zeta_i)$$

è detto polinomio ciclotomico n-esimo *su* K.

Proposizione 12. (i) Φ_n *è un polinomio monico e separabile in* $K[X]$ *di grado* $\varphi(n)$.

   (ii) *Se* $K = \mathbb{Q}$*, allora* $\Phi_n \in \mathbb{Z}[X]$ *e* Φ_n *è irriducibile in* $\mathbb{Z}[X]$ *e in* $\mathbb{Q}[X]$.

   (iii) $X^n - 1 = \prod_{d|n, d>0} \Phi_d$.

   (iv) *Se* $\Phi_n \in \mathbb{Z}[X]$ *è il polinomio ciclotomico n-esimo su* $\mathbb{Q}$*, allora il polinomio ciclotomico n-esimo su un campo* K *con* $(\text{char } K) \nmid n$ *si ottiene da* Φ_n*, applicando l'omomorfismo canonico* $\mathbb{Z} \longrightarrow K$ *ai coefficienti di* Φ_n.

Dimostrazione. Poiché le radici di Φ_n sono a due a due distinte, per avere (i) basta mostrare che i coefficienti di Φ_n stanno in K. Grazie alla proposizione 9, $L = K(\zeta_1) = K(\zeta_1, \ldots, \zeta_{\varphi(n)})$ è un'estensione galoisiana finita di K e risulta che $\Phi_n \in L[X]$ per definizione. Poiché ogni automorfismo di Galois $\sigma \in \text{Gal}(L/K)$ induce una permutazione dell'insieme delle radici primitive n-esime dell'unità, Φ_n è invariante per $\text{Gal}(L/K)$ e segue da 4.1/5 (ii) che $\Phi_n \in K[X]$.

   Sia ora $K = \mathbb{Q}$. Ogni radice primitiva n-esima dell'unità ζ ha grado $\varphi(n)$ su $\mathbb{Q}$ e $\Phi_n \in \mathbb{Q}[X]$ è un polinomio monico di grado $\varphi(n)$ tale che $\Phi_n(\zeta) = 0$. Dunque Φ_n è il polinomio minimo di ζ su $\mathbb{Q}$ e di conseguenza è irriducibile. Dal fatto che $\Phi_n \mid (X^n - 1)$ e dalla normalità di Φ_n segue, grazie a 2.7/6, che $\Phi_n \in \mathbb{Z}[X]$. Naturalmente Φ_n è pure irriducibile in $\mathbb{Z}[X]$ (vedi 2.7/7) per cui l'asserto (ii) risulta ora evidente.

   Si ottiene poi la formula (iii) tramite raccoglimento dei fattori nella decomposizione

$$X^n - 1 = \prod_{\zeta \in U_n} (X - \zeta).$$

Se indichiamo con P_d, $d \in \mathbb{N} - \{0\}$, l'insieme delle radici primitive d-esime dell'unità in $\overline{K}$, risulta che U_n è l'unione disgiunta di tutti i P_d tali che $d|n$, $d > 0$. Si ottiene dunque

$$X^n - 1 = \prod_{d|n, d>0} \prod_{\zeta \in P_d} (X - \zeta) = \prod_{d|n, d>0} \Phi_d.$$

Per dimostrare (iv), denotiamo il polinomio ciclotomico n-esimo con Φ_n o con $\tilde{\Phi}_n$, a seconda che stiamo lavorando su $\mathbb{Q}$ o su un altro campo K. Dobbiamo verificare che l'omomorfismo canonico $\tau\colon \mathbb{Z}[X] \longrightarrow K[X]$ manda il polinomio Φ_n su $\tilde{\Phi}_n$, ossia che $\tau(\Phi_n) = \tilde{\Phi}_n$. Dimostriamo quest'ultima relazione per induzione su n. Per $n = 1$ abbiamo l'uguaglianza

$$\tau(\Phi_1) = X - 1 = \tilde{\Phi}_1.$$

Sia dunque $n > 1$. In $\mathbb{Z}[X]$ vale

$$X^n - 1 = \Phi_n \cdot \prod_{d\mid n,\,0<d<n} \Phi_d,$$

mentre in $K[X]$ è

$$X^n - 1 = \tilde{\Phi}_n \cdot \prod_{d\mid n,\,0<d<n} \tilde{\Phi}_d.$$

Applicando l'ipotesi induttiva e usando il fatto che non vi sono divisori di zero in $K[X]$, si ottiene, come voluto, $\tau(\Phi_n) = \tilde{\Phi}_n$. □

A partire da $\Phi_1 = X - 1$ e con l'aiuto della formula della proposizione 12 (iii) si possono calcolare i polinomi ciclotomici per induzione. Nel caso $K = \mathbb{Q}$ questa formula fornisce anche la fattorizzazione di $X^n - 1$ in polinomi irriducibili di $\mathbb{Z}[X]$, o di $\mathbb{Q}[X]$, in quanto i fattori Φ_d sono irriducibili per l'asserto (ii). Per esempio, dato un numero primo p si ha

$$X^p - 1 = \Phi_1 \cdot \Phi_p,$$

cosicché risulta

$$\Phi_p = X^{p-1} + X^{p-2} + \ldots + 1.$$

Se inoltre p e q sono numeri primi distinti, si ha

$$X^{pq} - 1 = \Phi_1 \cdot \Phi_p \cdot \Phi_q \cdot \Phi_{pq}$$

e dunque

$$\Phi_{pq} = \frac{X^{pq} - 1}{(X - 1) \cdot (X^{p-1} + \ldots + 1) \cdot (X^{q-1} + \ldots + 1)}.$$

Si ottiene per esempio

$$\Phi_6 = \frac{X^6 - 1}{(X - 1) \cdot (X + 1) \cdot (X^2 + X + 1)} = X^2 - X + 1.$$

Elenchiamo nel seguito i primi 12 polinomi ciclotomici:

$$\Phi_1 = X - 1$$
$$\Phi_2 = X + 1$$
$$\Phi_3 = X^2 + X + 1$$
$$\Phi_4 = X^2 + 1$$
$$\Phi_5 = X^4 + X^3 + X^2 + X + 1$$
$$\Phi_6 = X^2 - X + 1$$
$$\Phi_7 = X^6 + X^5 + X^4 + X^3 + X^2 + X + 1$$
$$\Phi_8 = X^4 + 1$$
$$\Phi_9 = X^6 + X^3 + 1$$
$$\Phi_{10} = X^4 - X^3 + X^2 - X + 1$$
$$\Phi_{11} = X^{10} + X^9 + X^8 + X^7 + X^6 + X^5 + X^4 + X^3 + X^2 + X + 1$$
$$\Phi_{12} = X^4 - X^2 + 1.$$

Guardando questi esempi si potrebbe pensare che gli unici numeri interi non nulli che si presentano come coefficienti di polinomi ciclotomici sono 1 e -1. Questa congettura è però falsa e per esempio

$$\begin{aligned}
\Phi_{105} = {} & X^{48} + X^{47} + X^{46} - X^{43} - X^{42} - 2X^{41} - X^{40} - X^{39} \\
& + X^{36} + X^{35} + X^{34} + X^{33} + X^{32} + X^{31} - X^{28} - X^{26} - X^{24} - X^{22} - X^{20} \\
& + X^{17} + X^{16} + X^{15} + X^{14} + X^{13} + X^{12} - X^9 - X^8 - 2X^7 - X^6 - X^5 \\
& + X^2 + X + 1
\end{aligned}$$

è il primo polinomio ciclotomico che non presenta solo coefficienti di modulo ≤ 1. I successivi tre sono Φ_{165}, Φ_{195} e Φ_{210}, e anche qui, come per Φ_{105}, i coefficienti hanno tutti modulo ≤ 2. Tuttavia, grazie ad un risultato di I. Schur, è noto che i coefficienti dei polinomi ciclotomici non sono limitati. Infatti se $n = p_1 \cdot \ldots \cdot p_m$, con $p_1 < \ldots < p_m$ numeri primi tali che $p_m < p_1 + p_2$, risulta che il coefficiente di X^{p_m} in Φ_n è $1 - m$ e inoltre si può mostrare che per m dispari esistono sempre numeri primi $p_1, \ldots, p_m$ con tale proprietà.

Per concludere vogliamo guardare al caso speciale dei campi finiti. Consideriamo quindi una potenza q di un numero primo ed il campo $\mathbb{F}_q$ con q elementi. Ricordiamo che il gruppo di Galois di un'estensione finita $\mathbb{F}/\mathbb{F}_q$ è sempre ciclico di ordine $[\mathbb{F} : \mathbb{F}_q]$ (vedi 3.8/6) e generato dall'omomorfismo di Frobenius relativo $\mathbb{F} \longrightarrow \mathbb{F}$, $a \longmapsto a^q$.

Proposizione 13. *Sia q potenza di un numero primo e sia $\mathbb{F}_q$ il campo con q elementi. Sia inoltre $\zeta \in \overline{\mathbb{F}}_q$ una radice primitiva n-esima dell'unità con $\mathrm{MCD}(n, q) = 1$.*

(i) L'applicazione iniettiva $\psi \colon \mathrm{Gal}(\mathbb{F}_q(\zeta)/\mathbb{F}_q) \hookrightarrow (\mathbb{Z}/n\mathbb{Z})^*$ definita nella proposizione 9 (ii) manda l'omomorfismo di Frobenius relativo di $\mathbb{F}_q(\zeta)/\mathbb{F}_q$ nella

classe resto $\bar{q} \in (\mathbb{Z}/n\mathbb{Z})^*$ *di* q. *In particolare*, ψ *definisce un isomorfismo tra* $\mathrm{Gal}(\mathbb{F}_q(\zeta)/\mathbb{F}_q)$ *e il sottogruppo* $\langle \bar{q} \rangle \subset (\mathbb{Z}/n\mathbb{Z})^*$.

(ii) *Il grado* $[\mathbb{F}_q(\zeta) : \mathbb{F}_q]$ *coincide con l'ordine di* $\bar{q}$ *in* $(\mathbb{Z}/n\mathbb{Z})^*$.

(iii) *Il polinomio ciclotomico* n-*esimo* Φ_n *è irriducibile in* $\mathbb{F}_q[X]$ *se e solo se* $\bar{q}$ *genera il gruppo* $(\mathbb{Z}/n\mathbb{Z})^*$.

Dimostrazione. L'omomorfismo di Frobenius relativo su $\mathbb{F}_q$ manda ogni elemento di $\mathbb{F}_q(\zeta)$, in particolare anche ζ, nella sua potenza q-esima; pertanto (i) segue dalla definizione di ψ nella proposizione 9. L'asserto (ii) è conseguenza di (i) perché

$$[\mathbb{F}_q(\zeta) : \mathbb{F}_q] = \mathrm{ord}\,\mathrm{Gal}(\mathbb{F}_q(\zeta)/\mathbb{F}_q) = \mathrm{ord}\langle \bar{q} \rangle = \mathrm{ord}\,\bar{q}.$$

Infine, per dimostrare l'asserto (iii), si osservi che Φ_n è irriducibile se e solo se $[\mathbb{F}_q(\zeta) : \mathbb{F}_q] = \mathrm{grad}\,\Phi_n = \varphi(n)$. Per (ii) questo è equivalente alla condizione che $\bar{q}$ generi il gruppo $(\mathbb{Z}/n\mathbb{Z})^*$. □

Dunque il polinomio ciclotomico n-esimo Φ_n è irriducibile su un campo finito $\mathbb{F}_q$ solo se il gruppo $(\mathbb{Z}/n\mathbb{Z})^*$ è ciclico. Per esempio $(\mathbb{Z}/n\mathbb{Z})^*$ è ciclico quando $n = p$ numero primo (vedi 3.6/14) o, più in generale, se $n = p^r$ è potenza di un numero primo $p \neq 2$ (vedi l'esercizio 7).

Esercizi

1. *Si consideri una radice primitiva* n-*esima dell'unità* ζ *come pure il polinomio ciclotomico* n-*esimo* $\Phi_n \in K[X]$ *su un campo* K *con* $(\mathrm{char}\,K) \nmid n$. *Si dimostri che* Φ_n *si spezza in* $K[X]$ *in* $\varphi(n)/s$ *fattori irriducibili distinti di grado* $s = [K(\zeta) : K]$.

2. *Sia* $\zeta_m \in \overline{\mathbb{Q}}$ *una radice primitiva* m-*esima dell'unità. Per quali* n *il polinomio ciclotomico* n-*esimo* Φ_n *è irriducibile su* $\mathbb{Q}(\zeta_m)$?

3. Si dimostri che $\varphi(n) = n \cdot \prod_{p|n,\ p\ \text{primo}} (1 - p^{-1})$.

4. Si trovi il gruppo di Galois del polinomio $X^5 - 1 \in \mathbb{F}_7[X]$.

5. Sia ζ una radice primitiva 12-esima dell'unità su $\mathbb{Q}$. Si trovino tutti i campi intermedi di $\mathbb{Q}(\zeta)/\mathbb{Q}$.

6. Sia p un numero primo tale che $p - 1 = \prod_{\nu=1}^{n} p_\nu$ si fattorizzi in numeri primi p_ν a due a due distinti. Sia $\zeta_p \in \overline{\mathbb{Q}}$ una radice primitiva p-esima dell'unità. Si dimostri che $\mathbb{Q}(\zeta_p)/\mathbb{Q}$ è un'estensione ciclica e che esistono esattamente 2^n campi intermedi distinti di $\mathbb{Q}(\zeta_p)/\mathbb{Q}$.

7. Sia p un numero primo dispari. Si dimostri che, se $r > 0$, il gruppo $(\mathbb{Z}/p^r\mathbb{Z})^*$ è ciclico e se ne deduca che il campo ciclotomico p^r-esimo $\mathbb{Q}(\zeta_{p^r})$ rappresenta un'estensione ciclica di $\mathbb{Q}$. (Suggerimento: si consideri l'omomorfismo canonico $(\mathbb{Z}/p^r\mathbb{Z})^* \longrightarrow (\mathbb{Z}/p\mathbb{Z})^*$ e sia W il suo nucleo. Si dimostri per induzione che $1 + p$ è un elemento di ordine p^{r-1} in W e di conseguenza che W è ciclico.)

8. Si verifichi che i polinomi ciclotomici Φ_n soddisfano le seguenti formule:

    (i) $\Phi_{p^r}(X) = \Phi_p(X^{p^{r-1}})$, con p numero primo e $r > 0$.

(ii) $\Phi_n(X) = \Phi_{p_1 \cdots p_s}(X^{p_1^{r_1-1} \cdots p_s^{r_s-1}})$, dove $n = p_1^{r_1} \ldots p_s^{r_s}$ è una fattorizzazione con numeri primi p_ν a due a due distinti ed esponenti $r_\nu > 0$.

(iii) $\Phi_{2n}(X) = \Phi_n(-X)$ per $n \geq 3$ dispari.

(iv) $\Phi_{pn}(X) = \dfrac{\Phi_n(X^p)}{\Phi_n(X)}$ per p primo tale che $p \nmid n$.

9. Si trovino tutte le radici dell'unità contenute nel campo $\mathbb{Q}(\sqrt{2})$. Lo stesso per i campi $\mathbb{Q}(i)$, $\mathbb{Q}(i\sqrt{2})$ e $\mathbb{Q}(i\sqrt{3})$.

4.6 Indipendenza lineare di caratteri

In questa sezione e nella successiva illustreremo alcuni metodi dell'Algebra Lineare che applicheremo in 4.8 allo studio delle estensioni cicliche. Questo approccio "lineare" alla teoria di Galois fu sviluppato soprattutto da E. Artin: si veda per esempio [1], [2] in cui metodi "lineari" permisero una costruzione alternativa della teoria di Galois. Ci interesseremo dapprima dello studio dei caratteri; questi saranno omomorfismi $K^* \longrightarrow L^*$ tra i gruppi moltiplicativi di due campi K e L. Scopo di questa sezione sarà dimostrare che caratteri distinti sono linearmente indipendenti.

Definizione 1. *Se G è un gruppo e K è un campo, allora un omomorfismo $\chi: G \longrightarrow K^*$ è detto un carattere di G (a valori) in K.*

Dati un gruppo G e un campo K, esiste sempre il carattere *banale* $G \longrightarrow K^*$ che manda ogni $g \in G$ nell'identità $1 \in K^*$. Inoltre, se utilizziamo la struttura di gruppo di K^* per moltiplicare i caratteri di G in K, si vede che essi formano un gruppo. Si definisce così il prodotto di due caratteri $\chi_1, \chi_2: G \longrightarrow K^*$ nel modo seguente:

$$\chi_1 \cdot \chi_2: G \longrightarrow K^*, \qquad g \longmapsto \chi_1(g) \cdot \chi_2(g).$$

I caratteri di G in K possono essere visti come particolari elementi del K-spazio vettoriale $\mathrm{Appl}(G, K)$ formato da tutte le applicazione di G in K; ha senso quindi parlare di indipendenza lineare di caratteri.

Proposizione 2 (E. Artin). *Caratteri distinti $\chi_1, \ldots, \chi_n$ di un gruppo G in un campo K sono sempre linearmente indipendenti in $\mathrm{Appl}(G, K)$.*

Dimostrazione. Ragioniamo per assurdo e supponiamo che la proposizione sia falsa. Esiste allora un minimo $n \in \mathbb{N}$ per cui sia possibile trovare un sistema di caratteri linearmente dipendenti $\chi_1, \ldots, \chi_n$. Naturalmente si ha $n \geq 2$, in quanto ogni carattere assume valori in K^* e dunque è diverso dall'applicazione nulla. Supponiamo dunque che sia

$$a_1\chi_1 + \ldots + a_n\chi_n = 0$$

in $\mathrm{Appl}(G, K)$ con coefficienti $a_i \in K$ non tutti nulli. Per la minimalità di n, risulta allora $a_i \neq 0$ per ogni i e si ha

$$a_1\chi_1(gh) + \ldots + a_n\chi_n(gh) = 0$$

per ogni scelta di $g, h \in G$. Sia ora $g \in G$ tale che $\chi_1(g) \neq \chi_2(g)$; un tale g esiste perché $\chi_1 \neq \chi_2$. Facendo variare h in G, si vede che

$$a_1\chi_1(g) \cdot \chi_1 + \ldots + a_n\chi_n(g) \cdot \chi_n = 0$$

è una nuova relazione non banale in $\mathrm{Appl}(G, K)$. Sottraendo da questa la precedente moltiplicata per $\chi_1(g)$, si ottiene

$$a_2(\chi_1(g) - \chi_2(g))\chi_2 + \ldots + a_n(\chi_1(g) - \chi_n(g))\chi_n = 0$$

dove $a_2(\chi_1(g) - \chi_2(g)) \neq 0$. Questa relazione contraddice la minimalità di n e quindi era assurdo supporre che esistessero caratteri linearmente dipendenti. □

La precedente proposizione può essere applicata a situazioni differenti. Per esempio, se L/K è un'estensione algebrica di campi, $\mathrm{Aut}_K(L)$ rappresenta un sistema linearmente indipendente nello spazio vettoriale (su L) delle applicazioni $L \longrightarrow L$: basta restringere i K-omomorfismi $L \longrightarrow L$ a omomorfismi di gruppi $L^* \longrightarrow L^*$.

Corollario 3. *Sia L/K un'estensione finita e separabile di campi con $x_1, \ldots, x_n$ una base di L su K. Se $\sigma_1, \ldots, \sigma_n$ sono K-omomorfismi di L in una chiusura algebrica $\overline{K}$ di K, allora i vettori*

$$\xi_1 = (\sigma_1(x_1), \ldots, \sigma_1(x_n)),$$
$$\ldots$$
$$\ldots$$
$$\ldots$$
$$\xi_n = (\sigma_n(x_1), \ldots, \sigma_n(x_n))$$

sono linearmente indipendenti su $\overline{K}$.

Dimostrazione. Dalla dipendenza lineare degli ξ_i seguirebbe la dipendenza lineare dei σ_i. Ma i σ_i sono linearmente indipendenti per la proposizione 2. □

Come ulteriore esempio si possono considerare i caratteri del tipo

$$\mathbb{Z} \longrightarrow K^*, \qquad \nu \longmapsto a^\nu,$$

con $a \in K^*$ fissato. Se $a_1, \ldots, a_n \in K^*$ sono elementi distinti e $c_1, \ldots, c_n \in K$ sono elementi qualsiasi tali che

$$c_1 a_1^\nu + \ldots + c_n a_n^\nu = 0$$

per ogni $\nu \in \mathbb{Z}$, segue allora dalla proposizione 2 che $c_1 = \ldots = c_n = 0$.

Esercizi

1. *Sia G un gruppo ciclico e sia $\mathbb{F}$ un campo finito. Si descrivano tutti i caratteri di G in $\mathbb{F}$ e in particolare si dica quanti sono.*

2. Siano L/K e M/K estensioni di campi e siano $\sigma_1, \ldots, \sigma_r$ K-omomorfismi distinti di L in M. In analogia al corollario 3 si dimostri che esistono $x_1, \ldots, x_r \in L$ tali che i vettori $\xi_i = (\sigma_i(x_1), \ldots, \sigma_i(x_r)) \in M^r$, $i = 1, \ldots, r$, sono linearmente indipendenti su M. (Suggerimento: si consideri l'applicazione $L \longrightarrow M^r$, $x \longmapsto (\sigma_1(x), \ldots, \sigma_r(x))$, e si dimostri che M^r è generato come M-spazio vettoriale dall'immagine di questa applicazione.)

3. Siano L/K e M/K estensioni di campi e siano $\sigma_1, \ldots, \sigma_r$ K-omomorfismi distinti di L in M. Sia inoltre $f \in M[X_1, \ldots, X_r]$ tale che $f(\sigma_1(x), \ldots, \sigma_r(x)) = 0$ per ogni $x \in L$. Si dimostri, applicando l'esercizio 2, che se K è infinito allora $f = 0$. (Suggerimento: si scelgano $x_1, \ldots, x_r \in L$ come nell'esercizio 2 e si dimostri che $g(Y_1, \ldots, Y_r) = f(\sum_{i=1}^r \sigma_1(x_i)Y_i, \ldots, \sum_{i=1}^r \sigma_r(x_i)Y_i)$ è il polinomio nullo.)

4.7 Norma e traccia

In Algebra Lineare vengono definiti il determinante e la traccia di endomorfismi di spazi vettoriali di dimensione finita. Richiamiamo qui brevemente queste nozioni. Sia K un campo e sia V un K-spazio vettoriale di dimensione n con $\varphi \colon V \longrightarrow V$ un endomorfismo. Il *polinomio caratteristico* di φ è definito come

$$\chi_\varphi(X) = \det(X \cdot \mathrm{id} - \varphi) = \sum_{i=0}^n c_i X^{n-i}$$

dove $(-1)^n c_n = \det \varphi$ è il *determinante* di φ e $-c_1 = \mathrm{tr}\, \varphi$ è la *traccia*. Se $A = (a_{ij}) \in K^{n \times n}$ è la matrice di φ rispetto a una base fissata di V, allora

$$\det \varphi = \det A = \sum_{\pi \in \mathfrak{S}_n} \mathrm{sgn}(\pi) a_{1,\pi(1)} \cdots a_{n,\pi(n)},$$

$$\mathrm{tr}\, \varphi = \mathrm{tr}\, A = \sum_{i=1}^n a_{ii}.$$

Dati due endomorfismi $\varphi, \psi \colon V \longrightarrow V$ e delle costanti $a, b \in K$, valgono le relazioni:

$$\mathrm{tr}(a\varphi + b\psi) = a\, \mathrm{tr}\, \varphi + b\, \mathrm{tr}\, \psi,$$

$$\det(\varphi \circ \psi) = \det \varphi \cdot \det \psi.$$

Definizione 1. *Sia L/K un'estensione finita di campi. Sia $a \in L$ un elemento e si consideri*

$$\varphi_a \colon L \longrightarrow L, \qquad x \longmapsto ax,$$

come un K-endomorfismo di L quale spazio vettoriale su K. Allora

$$\mathrm{Tr}_{L/K}(a) := \mathrm{tr}\, \varphi_a, \qquad \mathrm{N}_{L/K}(a) := \det \varphi_a$$

si dicono rispettivamente traccia *e* norma *di a rispetto all'estensione L/K.*

Considerando L come un K-spazio vettoriale, si può quindi interpretare $\mathrm{Tr}_{L/K}\colon L \longrightarrow K$ come un'applicazione lineare tra K-spazi vettoriali e anzi come una forma lineare. $\mathrm{N}_{L/K}\colon L^* \longrightarrow K^*$ invece è un omomorfismo di gruppi e dunque un carattere di L^* in K. Per esempio si ha:

$$\mathrm{N}_{\mathbb{C}/\mathbb{R}}(z) = |z|^2.$$

Infatti, se $z = x + iy$ è la decomposizione di z nella parte reale e in quella immaginaria, la moltiplicazione per z in $\mathbb{C}$ è rappresentata dalla matrice

$$\begin{pmatrix} x & -y \\ y & x \end{pmatrix}$$

rispetto alla $\mathbb{R}$-base $1, i$. Illustriamo ora alcuni metodi per calcolare la traccia e la norma.

Lemma 2. *Sia L/K un'estensione finita di grado $n = [L : K]$ e sia $a \in L$.*
(i) *Se $a \in K$, allora*

$$\mathrm{Tr}_{L/K}(a) = na, \qquad \mathrm{N}_{L/K}(a) = a^n.$$

(ii) *Se $L = K(a)$ e $X^n + c_1 X^{n-1} + \ldots + c_n$ è il polinomio minimo di a su K,*
allora

$$\mathrm{Tr}_{L/K}(a) = -c_1, \qquad \mathrm{N}_{L/K}(a) = (-1)^n c_n.$$

Dimostrazione. Se $a \in K$, l'applicazione $\varphi_a \colon L \longrightarrow L$ è descritta da aI con I la matrice identica in $K^{n \times n}$. Entrambe le formule in (i) sono dunque evidenti. Se $L = K(a)$, il polinomio minimo di a è il polinomio minimo di φ_a e, per ragioni di grado, coincide con il polinomio caratteristico di φ_a. Le formule in (ii) si ottengono dunque dalla descrizione di $\mathrm{tr}\,\varphi_a$ e $\det \varphi_a$ tramite i coefficienti del polinomio caratteristico di φ_a. $\qquad \Box$

È possibile combinare i due casi particolari trattati nel lemma 2 ottenendo delle formule generali per la norma e la traccia.

Lemma 3. *Sia L/K un'estensione finita di campi e sia $a \in L$. Poniamo $s = [L : K(a)]$. Allora:*

$$\mathrm{Tr}_{L/K}(a) = s \cdot \mathrm{Tr}_{K(a)/K}(a), \qquad \mathrm{N}_{L/K}(a) = (\mathrm{N}_{K(a)/K}(a))^s.$$

Dimostrazione. Fissiamo una K-base $x_1, \ldots, x_r$ di $K(a)$ e una $K(a)$-base $y_1, \ldots, y_s$ di L. I prodotti $x_i y_j$ formano una K-base di L. Sia ora $A \in K^{r \times r}$ la matrice che descrive la moltiplicazione per a in $K(a)$ rispetto alla base $x_1, \ldots, x_r$. Allora la moltiplicazione per a in L è descritta, rispetto alla base $x_i y_j$, dalla matrice

$$C = \begin{pmatrix} A & & 0 \\ & \ddots & \\ 0 & & A \end{pmatrix}$$

che consiste di s blocchi uguali ad A e ha zeri altrove. Ne segue che:

$$\mathrm{Tr}_{L/K}(a) = \mathrm{tr}\, C = s \cdot \mathrm{tr}\, A = s \cdot \mathrm{Tr}_{K(a)/K}(a),$$
$$\mathrm{N}_{L/K}(a) = \det C = (\det A)^s = (\mathrm{N}_{K(a)/K}(a))^s.$$

$\square$

Proposizione 4. *Sia L/K un'estensione finita di campi con $[L : K] = qr$, dove $r = [L : K]_s$ è il grado di separabilità di L/K. (Si dice che q è il grado di inseparabilità di L/K.) Se $a \in L$ e $\sigma_1, \ldots, \sigma_r$ sono tutti i K-omomorfismi di L in una chiusura algebrica $\overline{K}$ di K, allora:*

$$\mathrm{Tr}_{L/K}(a) = q \sum_{i=1}^{r} \sigma_i(a),$$

$$\mathrm{N}_{L/K}(a) = \left(\prod_{i=1}^{r} \sigma_i(a)\right)^q.$$

Nel caso $p = \mathrm{char}\, K > 0$, se l'estensione L/K non è separabile, allora q è una potenza non banale di p e $\mathrm{Tr}_{L/K}(a) = 0$ per ogni $a \in L$.

Dimostreremo questa proposizione insieme alle seguenti formule di transitività per la traccia e la norma.

Proposizione 5. *Sia $K \subset L \subset M$ una catena di estensioni finite di campi. Allora:*

$$\mathrm{Tr}_{M/K} = \mathrm{Tr}_{L/K} \circ \mathrm{Tr}_{M/L}, \qquad \mathrm{N}_{M/K} = \mathrm{N}_{L/K} \circ \mathrm{N}_{M/L}.$$

Dimostrazione delle proposizioni 4 e 5. Nella situazione della proposizione 4, dato un elemento $a \in L$, poniamo

$$\mathrm{Tr}'_{L/K}(a) = q \sum_{i=1}^{r} \sigma_i(a),$$

$$\mathrm{N}'_{L/K}(a) = \left(\prod_{i=1}^{r} \sigma_i(a)\right)^q.$$

Dobbiamo dimostrare che $\mathrm{Tr}_{L/K} = \mathrm{Tr}'_{L/K}$ e $\mathrm{N}_{L/K} = \mathrm{N}'_{L/K}$. Consideriamo dapprima i casi speciali del lemma 2 e deduciamo il caso generale grazie alle formule di transitività.

Sia allora $a \in K$. Poiché $[L : K] = qr$ e $\sigma_i(a) = a$ per ogni i, dal lemma 2 si deduce che

$$\mathrm{Tr}_{L/K}(a) = [L : K] \cdot a = q(ra) = \mathrm{Tr}'_{L/K}(a),$$
$$\mathrm{N}_{L/K}(a) = a^{[L:K]} = (a^r)^q = \mathrm{N}'_{L/K}(a).$$

Consideriamo ora il secondo caso speciale nel lemma 2 e supponiamo che $L = K(a)$. Sia

$$X^n + c_1 X^{n-1} + \ldots + c_n \in K[X]$$

il polinomio minimo di a su K con $n = qr$. Per quanto visto in 3.4/8 e 3.6/2 questo polinomio ha la seguente fattorizzazione in $K[X]$:

$$\prod_{i=1}^{r} (X - \sigma_i(a))^q.$$

Discende allora dal lemma 2 che

$$\mathrm{Tr}_{L/K}(a) = -c_1 = q \sum_{i=1}^{r} \sigma_i(a) = \mathrm{Tr}'_{L/K}(a),$$

$$\mathrm{N}_{L/K}(a) = (-1)^n c_n = \left(\prod_{i=1}^{r} \sigma_i(a) \right)^q = \mathrm{N}'_{L/K}(a).$$

Pertanto Tr e Tr$'$, risp. N e N$'$, coincidono nei casi speciali del lemma 2.

Sia ora $a \in L$ un elemento qualsiasi e consideriamo la catena $K \subset K(a) \subset L$. Dai lemmi 2 e 3 e dai casi speciali appena trattati si deduce che

$$\begin{aligned}
\mathrm{Tr}_{L/K}(a) &= [L : K(a)] \cdot \mathrm{Tr}_{K(a)/K}(a) = \mathrm{Tr}_{K(a)/K}([L : K(a)] \cdot a) \\
&= \mathrm{Tr}_{K(a)/K}(\mathrm{Tr}_{L/K(a)}(a)) \\
&= \mathrm{Tr}'_{K(a)/K}(\mathrm{Tr}'_{L/K(a)}(a)), \\
\mathrm{N}_{L/K}(a) &= (\mathrm{N}_{K(a)/K}(a))^{[L:K(a)]} = \mathrm{N}_{K(a)/K}(a^{[L:K(a)]}) \\
&= \mathrm{N}_{K(a)/K}(\mathrm{N}_{L/K(a)}(a)) \\
&= \mathrm{N}'_{K(a)/K}(\mathrm{N}'_{L/K(a)}(a)).
\end{aligned}$$

Per dimostrare la proposizione 4 basta allora verificare le formule di transitività della proposizione 5 per Tr$'$ e N$'$. Per la proposizione 4 le stesse formule saranno poi valide anche per Tr e N.

Sia dunque $K \subset L \subset M$ una catena di estensioni finite di campi come nella proposizione 5. Immergendo M nella chiusura algebrica $\overline{K}$ di K, possiamo assumere che la catena sia contenuta in $\overline{K}$. Se

$$[L : K] = q_1 [L : K]_s, \qquad [M : L] = q_2 [M : L]_s,$$

allora, per le formule dei gradi in 3.2/2 e in 3.6/7, risulta

$$[M : K] = q_1 q_2 [M : K]_s.$$

Supponiamo inoltre

$$\mathrm{Hom}_K(L, \overline{K}) = \{\sigma_1, \ldots, \sigma_r\}, \qquad \mathrm{Hom}_L(M, \overline{K}) = \{\tau_1, \ldots, \tau_s\},$$

con i σ_i, risp. i τ_j, a due a due distinti. Come nella dimostrazione di 3.6/7, una volta scelti dei prolungamenti $\sigma'_i \colon \overline{K} \longrightarrow \overline{K}$ dei σ_i, otteniamo

$$\mathrm{Hom}_K(M,\overline{K}) = \{\sigma_i' \circ \tau_j \;;\; i = 1,\ldots,r,\; j = 1,\ldots,s\},$$

con i $\sigma_i' \circ \tau_j$ a due a due distinti. Dato un $a \in L$, possiamo ora ricavare le formule di transitività

$$\mathrm{Tr}_{M/K}'(a) = q_1 q_2 \sum_{i,j} \sigma_i' \circ \tau_j(a)$$

$$= q_1 \sum_i \sigma_i'(q_2 \sum_j \tau_j(a))$$

$$= \mathrm{Tr}_{L/K}'(\mathrm{Tr}_{M/L}'(a))$$

e analogamente per $\mathrm{N}_{M/K}'(a)$. In realtà è ammesso scrivere l'ultima riga solo se $\mathrm{Tr}_{M/L}'(a)$ è un elemento di L. E però $a \in L$ e in questo caso abbiamo già dimostrato che $\mathrm{Tr}_{M/L}'(a) = \mathrm{Tr}_{M/L}(a)$. La dimostrazione della proposizione 4 è così conclusa; la formula generale della proposizione 5 si ottiene infine applicando la proposizione 4.
□

Concludiamo la sezione deducendo alcuni risultati dalla proposizione 4. Un'immediata conseguenza è il seguente corollario.

Corollario 6. *Sia L/K un'estensione galoisiana finita. Allora $\mathrm{Tr}_{L/K}$ e $\mathrm{N}_{L/K}$ sono compatibili con gli automorfismi di Galois di L/K, ossia valgono:*

$$\mathrm{Tr}_{L/K}(a) = \mathrm{Tr}_{L/K}(\sigma(a)),$$
$$\mathrm{N}_{L/K}(a) = \mathrm{N}_{L/K}(\sigma(a))$$

per ogni scelta di $a \in L$ e $\sigma \in \mathrm{Gal}(L/K)$.

Se L/K è un'estensione finita, possiamo pensare L come un K-spazio vettoriale e considerare la forma bilineare simmetrica

$$\mathrm{Tr}\colon L \times L \longrightarrow K, \qquad (x,y) \longmapsto \mathrm{Tr}_{L/K}(xy).$$

Se L/K non è separabile, segue dalla proposizione 4 che Tr è identicamente nulla.

Proposizione 7. *Un'estensione finita di campi L/K è separabile se e solo se l'applicazione K-lineare $\mathrm{Tr}_{L/K}\colon L \longrightarrow K$ è non banale (e quindi suriettiva). Se L/K è separabile, la forma bilineare simmetrica*

$$\mathrm{Tr}\colon L \times L \longrightarrow K, \qquad (x,y) \longmapsto \mathrm{Tr}_{L/K}(xy),$$

è non degenere. In altri termini Tr induce un isomorfismo

$$L \longrightarrow \hat{L}, \qquad x \longmapsto \mathrm{Tr}(x,\cdot),$$

di L nul suo spazio duale $\hat{L}$.

Dimostrazione. Supponiamo che L/K sia separabile e siano $\sigma_1, \dots, \sigma_r$ le applicazioni K-lineari di L in una chiusura algebrica di K. Per la proposizione 4 risulta

$$\mathrm{Tr}_{L/K} = \sigma_1 + \dots + \sigma_r$$

e la proposizione 4.6/2 sull'indipendenza lineare dei caratteri assicura che $\mathrm{Tr}_{L/K}$ non è identicamente nulla. Sia ora x un elemento nel nucleo di $L \longrightarrow \hat{L}$; x soddisfa $\mathrm{Tr}(x, \cdot) = 0$. Da $\mathrm{Tr}_{L/K}(xL) = 0$ segue che $x = 0$, altrimenti $xL = L$ implicherebbe $\mathrm{Tr}_{L/K} = 0$. Dunque l'applicazione $L \longrightarrow \hat{L}$ è iniettiva e anzi suriettiva perché $\dim L = \dim \hat{L} < \infty$. $\qquad\square$

Corollario 8. *Sia L/K un'estensione separabile e finita di campi con $x_1, \dots, x_n$ una base di L su K. Esiste allora un'unica base $y_1, \dots, y_n$ di L su K tale che $\mathrm{Tr}_{L/K}(x_i y_j) = \delta_{ij}$ per $i, j = 1, \dots, n$.*

Dimostrazione. Si utilizza l'esistenza e l'unicità della base duale di $x_1, \dots, x_n$. $\qquad\square$

Esercizi

1. Sia L/K un'estensione di campi di grado $n < \infty$. Si descrivano le proprietà dell'insieme $\{a \in L \,;\, \mathrm{Tr}_{L/K}(a) = 0\}$.

2. Sia $\mathbb{F}'/\mathbb{F}$ un'estensione di campi finiti. Si descrivano il nucleo e l'immagine dell'applicazione norma $\mathrm{N} \colon \mathbb{F}'^* \longrightarrow \mathbb{F}^*$.

3. Sia K un campo e sia $L = K(a)$ un'estensione algebrica semplice con $f \in K[X]$ il polinomio minimo di a. Si dimostri che se $x \in K$ allora $f(x) = \mathrm{N}_{L/K}(x - a)$.

4. Siano m, n numeri interi positivi primi tra loro. Se L/K è un'estensione di campi di grado m, allora ogni elemento $a \in K$ che ammette una radice n-esima in L ha già una radice n-esima in K.

5. Sia L/K un'estensione galoisiana finita e sia $x_1, \dots, x_n$ una K-base di L. Dato un sottogruppo $H \subset \mathrm{Gal}(L/K)$, sia L^H il suo campo fisso. Si dimostri che $L^H = K(\mathrm{Tr}_{L/L^H}(x_1), \dots, \mathrm{Tr}_{L/L^H}(x_n))$.

6. Sia L/K un'estensione finita di campi di caratteristica $p > 0$. Si dimostri che $\mathrm{Tr}_{L/K}(a^p) = (\mathrm{Tr}_{L/K}(a))^p$ per ogni $a \in L$.

4.8 Estensioni cicliche

Al fine di risolvere per radicali le equazioni algebriche è necessario studiare le estensioni di un dato campo K che si ottengono per aggiunzione di una radice n-esima di un elemento $c \in K$. Obiettivo di questa sezione sarà quindi la caratterizzazione di tali estensioni tramite gli strumenti della teoria di Galois. Scegliamo come punto di partenza il famoso teorema 90 di D. Hilbert [8]. Ricordiamo che un'estensione L/K è detta *ciclica* se è galoisiana e il suo gruppo di Galois $\mathrm{Gal}(L/K)$ è ciclico.

Teorema 1 (Hilbert 90). *Sia L/K un'estensione ciclica finita e si fissi un generatore $\sigma \in \mathrm{Gal}(L/K)$. Dato un $b \in L$ sono allora equivalenti:*

(i) $\mathrm{N}_{L/K}(b) = 1$.

(ii) *Esiste un $a \in L^*$ tale che $b = a \cdot \sigma(a)^{-1}$.*

Dimostrazione. Se $b = a \cdot \sigma(a)^{-1}$ per un $a \in L^*$, segue da 4.7/6 che

$$\mathrm{N}_{L/K}(b) = \frac{\mathrm{N}_{L/K}(a)}{\mathrm{N}_{L/K}(\sigma(a))} = 1.$$

Viceversa, sia $b \in L$ tale che $\mathrm{N}_{L/K}(b) = 1$ e sia $n = [L : K]$. Dall'indipendenza lineare dei caratteri vista in 4.6/2 discende che l'applicazione $L^* \longrightarrow L$ definita tramite

$$\sigma^0 + b\sigma^1 + b \cdot \sigma(b) \cdot \sigma^2 + \ldots + b \cdot \sigma(b) \cdot \ldots \cdot \sigma^{n-2}(b) \cdot \sigma^{n-1}$$

non è l'applicazione nulla. Esiste quindi un $c \in L^*$ tale che

$$a := c + b\sigma(c) + b \cdot \sigma(b) \cdot \sigma^2(c) + \ldots + b \cdot \sigma(b) \cdot \ldots \cdot \sigma^{n-2}(b) \cdot \sigma^{n-1}(c) \neq 0.$$

Se si applica σ e si moltiplica poi per b, risulta

$$b \cdot \sigma(a) = b\sigma(c) + b \cdot \sigma(b) \cdot \sigma^2(c) + \ldots + b \cdot \sigma(b) \cdot \ldots \cdot \sigma^{n-1}(b) \cdot \sigma^n(c) = a$$

perché $\sigma^n = \mathrm{id}$ e $b \cdot \sigma(b) \cdot \ldots \cdot \sigma^{n-1}(b) = \mathrm{N}_{L/K}(b) = 1$ (vedi 4.7/4). □

Questo teorema si inserisce nel contesto più generale della coomologia di Galois che richiamiamo qui brevemente; per maggiori dettagli si consulti per esempio Serre [13], cap. VII, X. Consideriamo un gruppo G, un gruppo abeliano A e un'azione di G su A ossia un omomorfismo di gruppi $G \longrightarrow \mathrm{Aut}(A)$. Una volta fissata un'estensione galoisiana finita (non necessariamente ciclica) L/K, ci interesseremo del caso $G = \mathrm{Gal}(L/K)$, $A = L^*$ e $G \longrightarrow \mathrm{Aut}(L^*)$ l'omomorfismo canonico. Se $\sigma \in G$ e $a \in A$, indichiamo con $\sigma(a)$ l'immagine di a tramite l'automorfismo di A associato a σ e definiamo i seguenti sottogruppi del gruppo abeliano $\mathrm{Appl}(G, A)$ delle applicazioni $f \colon G \longrightarrow A$:

$$Z^1(G, A) = \{f \,;\, f(\sigma \circ \sigma') = \sigma(f(\sigma')) \cdot f(\sigma) \text{ per ogni scelta di } \sigma, \sigma' \in G\},$$

$$B^1(G, A) = \{f \,;\, \text{esiste un } a \in A \text{ tale che } f(\sigma) = a \cdot \sigma(a)^{-1} \text{ per ogni } \sigma \in G\}.$$

Il gruppo $B^1(G, A)$, i cui elementi sono detti 1-*cobordi*, è un sottogruppo del gruppo degli 1-*cocicli* $Z^1(G, A)$ e il gruppo quoziente

$$H^1(G, A) := Z^1(G, A)/B^1(G, A).$$

è detto il *primo gruppo di coomologia* di G a coefficienti in A. La versione coomologica del teorema 90 di Hilbert è allora:

Teorema 2. *Se L/K è un'estensione galoisiana finita con gruppo di Galois G, allora $H^1(G, L^*) = \{1\}$, ossia ogni 1-cociclo è un 1-cobordo.*

Dimostrazione. Sia $f \colon G \longrightarrow L^*$ un 1-cociclo. Dato un $c \in L^*$ costruiamo la cosiddetta serie di Poincaré

$$b = \sum_{\sigma' \in G} f(\sigma') \cdot \sigma'(c).$$

Grazie all'indipendenza lineare dei caratteri vista in 4.6/2 l'elemento c può essere scelto in modo tale che risulti $b \neq 0$. Allora, qualunque sia $\sigma \in G$,

$$\sigma(b) = \sum_{\sigma' \in G} \sigma(f(\sigma')) \cdot (\sigma \circ \sigma')(c)$$

$$= \sum_{\sigma' \in G} f(\sigma)^{-1} \cdot f(\sigma \circ \sigma') \cdot (\sigma \circ \sigma')(c) = f(\sigma)^{-1} \cdot b,$$

ossia f è un 1-cobordo. □

Per dedurre il teorema 90 di Hilbert nella forma originaria dal teorema 2, si consideri un'estensione ciclica L/K di grado n e si scelga un generatore σ del gruppo di Galois $\mathrm{Gal}(L/K)$. È possibile mostrare che, se $b \in L^*$ soddisfa $\mathrm{N}_{L/K}(b) = 1$, l'applicazione $f \colon G \longrightarrow L^*$ definita tramite

$$\sigma^0 \longmapsto 1,$$
$$\sigma^1 \longmapsto b,$$
$$\cdots$$
$$\sigma^{n-1} \longmapsto b \cdot \sigma(b) \cdot \ldots \cdot \sigma^{n-2}(b)$$

è un 1-cociclo e dunque, per il teorema 2, un 1-cobordo.

Usiamo ora il teorema 90 di Hilbert per caratterizzare le estensioni cicliche.

Proposizione 3. *Sia L/K un'estensione di campi e sia $n > 0$ un numero naturale tale che $\mathrm{char}\, K \nmid n$. Supponiamo inoltre che K contenga una radice primitiva n-esima dell'unità.*

(i) Se L/K è un'estensione ciclica di grado n, allora $L = K(a)$ con $a \in L$ un elemento avente polinomio minimo su K del tipo $X^n - c$, con $c \in K$.

(ii) Viceversa, se $L = K(a)$ con $a \in L$ radice di un polinomio del tipo $X^n - c \in K[X]$, allora l'estensione L/K è ciclica. Inoltre $d = [L : K]$ divide n, $a^d \in K$ e $X^d - a^d \in K[X]$ è il polinomio minimo di a su K.

Dimostrazione. Sia $\zeta \in K$ una radice primitiva n-esima dell'unità. Se L/K è un'estensione ciclica di grado n, segue da 4.7/2 che $\mathrm{N}_{L/K}(\zeta^{-1}) = \zeta^{-n} = 1$. Grazie al teorema 90 di Hilbert esiste inoltre un elemento $a \in L^*$ tale che $\sigma(a) = \zeta a$ con σ un generatore di $\mathrm{Gal}(L/K)$. Si ha allora

$$\sigma^i(a) = \zeta^i a, \qquad i = 0, \ldots, n-1.$$

In particolare i $\sigma^0(a), \ldots, \sigma^{n-1}(a)$ sono a due a due distinti cosicché $[K(a) : K] \geq n$; di conseguenza si ha $L = K(a)$ perché $K(a) \subset L$ e $[L : K] = n$.[5] Inoltre

---

[5] Abbiamo costruito qui un particolare generatore dell'estensione L/K. Il fatto che L/K sia un'estensione semplice segue anche dal teorema dell'elemento primitivo 3.6/12.

$$\sigma(a^n) = \sigma(a)^n = \zeta^n a^n = a^n,$$

ossia $a^n \in K$. Da questo si deduce che a è una radice di

$$X^n - a^n \in K[X].$$

Questo polinomio è necessariamente il polinomio minimo di a su K perché n è il grado di a su K. L'asserto (i) risulta quindi evidente.

Dimostriamo ora (ii). Supponiamo che sia $L = K(a)$ con a radice di un polinomio del tipo $X^n - c \in K[X]$. Il caso $a = 0$ è banale, per cui possiamo assumere $a \neq 0$. Allora $\zeta^0 a, \ldots, \zeta^{n-1} a$ sono n radici distinte di $X^n - c$ cosicché $L = K(a)$ è un campo di spezzamento di questo polinomio su K. Poiché char $K \nmid n$, il polinomio $X^n - c$ è separabile e l'estensione L/K è quindi galoisiana. Sia $\sigma \in \mathrm{Gal}(L/K)$; essendo a una radice di $X^n - c$, anche $\sigma(a)$ lo è. Dunque per ogni σ esiste una radice n-esima dell'unità $w_\sigma \in U_n$ tale che $\sigma(a) = w_\sigma a$ e risulta che

$$\mathrm{Gal}(L/K) \longrightarrow U_n, \qquad \sigma \longmapsto w_\sigma,$$

è un omomorfismo iniettivo di gruppi. Dal teorema di Lagrange 1.2/3 segue che $d := [L : K] = \mathrm{ord}(\mathrm{Gal}(L/K))$ divide $n = \mathrm{ord}\, U_n$. Per 4.5/1 il gruppo U_n è ciclico e quindi ogni suo sottogruppo ha questa proprietà; in particolare $\mathrm{Gal}(L/K)$ è ciclico. Se ora σ è un generatore del gruppo ciclico $\mathrm{Gal}(L/K)$, w_σ è una radice primitiva d-esima dell'unità e risulta

$$\sigma(a^d) = \sigma(a)^d = w_\sigma^d a^d = a^d,$$

ossia $a^d \in K$. Allora a è una radice di $X^d - a^d \in K[X]$ e per ragioni di grado questo polinomio è proprio il polinomio minimo di $a \in L$ su K. $\qquad \square$

Ci occupiamo ora di una forma additiva del teorema 90 di Hilbert. Anche questa ammette una generalizzazione in termini di coomologia di Galois (vedi esercizio 5).

Teorema 4 (Hilbert 90, forma additiva). *Sia L/K un'estensione ciclica finita con $\sigma \in \mathrm{Gal}(L/K)$ un generatore. Dato un $b \in L$, sono allora equivalenti:*
    (i) *$\mathrm{Tr}_{L/K}(b) = 0$.*
    (ii) *Esiste un $a \in L$ tale che $b = a - \sigma(a)$.*

Dimostrazione. Ripetiamo la dimostrazione del teorema 1. Se $b = a - \sigma(a)$ per un $a \in L$, applicando 4.7/6 si vede che

$$\mathrm{Tr}_{L/K}(b) = \mathrm{Tr}_{L/K}(a) - \mathrm{Tr}_{L/K}(\sigma(a)) = 0.$$

Viceversa, sia $b \in L$ tale che $\mathrm{Tr}_{L/K}(b) = 0$ e sia $n = [L : K]$. Poiché la funzione traccia $\mathrm{Tr}_{L/K}$ non è identicamente nulla, esiste un elemento $c \in L$ tale che $\mathrm{Tr}_{L/K}(c) \neq 0$ (vedi 4.7/7). Sia $a \in L$ definito tramite

$$a \cdot (\mathrm{Tr}_{L/K}(c)) = b \cdot \sigma(c) + (b + \sigma(b)) \cdot \sigma^2(c) + \cdots$$
$$+ (b + \sigma(b) + \ldots + \sigma^{n-2}(b)) \cdot \sigma^{n-1}(c).$$

Applicando σ si ottiene allora

$$\sigma(a) \cdot (\mathrm{Tr}_{L/K}(c)) = \sigma(b)\sigma^2(c) + (\sigma(b) + \sigma^2(b)) \cdot \sigma^3(c) + \ldots$$
$$+ (\sigma(b) + \sigma^2(b) + \ldots + \sigma^{n-1}(b)) \cdot \sigma^n(c)$$

e, usando

$$\mathrm{Tr}_{L/K}(b) = b + \sigma(b) + \ldots + \sigma^{n-1}(b) = 0,$$
$$\mathrm{Tr}_{L/K}(c) = c + \sigma(c) + \ldots + \sigma^{n-1}(c)$$

(lo si confronti con 4.7/4), si vede che

$$(a - \sigma(a)) \cdot \mathrm{Tr}_{L/K}(c) = b\sigma(c) + b\sigma^2(c) + \ldots + b\sigma^{n-1}(c)$$
$$- (\sigma(b) + \sigma^2(b) + \ldots + \sigma^{n-1}(b)) \cdot \sigma^n(c)$$
$$= b \cdot (\sigma(c) + \sigma^2(c) + \ldots + \sigma^{n-1}(c) + c)$$
$$= b \cdot \mathrm{Tr}_{L/K}(c),$$

da cui $b = a - \sigma(a)$. $\square$

Utilizziamo ora la forma additiva del teorema 90 di Hilbert per studiare le estensioni cicliche di grado p nel caso $p = \mathrm{char}\,K > 0$. Questo caso non è contemplato dalla proposizione 3.

Teorema 5 (Artin-Schreier). *Sia L/K un'estensione di campi di caratteristica $p > 0$.*

(i) Se L/K è un'estensione ciclica di grado p, risulta $L = K(a)$ per un qualche elemento $a \in L$ avente polinomio minimo su K del tipo $X^p - X - c$ con $c \in K$.

(ii) Viceversa, se $L = K(a)$ per un elemento $a \in L$ radice di un polinomio del tipo $X^p - X - c \in K[X]$, allora L/K è un'estensione ciclica. Il polinomio $X^p - X - c$ o si spezza totalmente in fattori lineari su K oppure è irriducibile. In quest'ultimo caso L/K è un'estensione ciclica di grado p.

Dimostrazione. Supponiamo dapprima che L/K sia ciclica di grado p. Grazie a 4.7/2 risulta $\mathrm{Tr}_{L/K}(c) = 0$ per ogni $c \in K$. Per il teorema 90 di Hilbert in forma additiva esiste allora un $a \in L$ tale che $\sigma(a) - a = 1$; come sempre, $\sigma \in \mathrm{Gal}(L/K)$ è un generatore. Ne segue che

$$\sigma^i(a) = a + i, \qquad i = 0, \ldots, p-1.$$

Poiché $\sigma^0(a), \ldots, \sigma^{p-1}(a)$ sono a due a due distinti, il grado di a su K è almeno p cosicché risulta $[K(a) : K] \geq p$ e quindi $L = K(a)$. Si ha inoltre

$$\sigma(a^p - a) = \sigma(a)^p - \sigma(a) = (a+1)^p - (a+1) = a^p - a$$

e dunque $c := a^p - a \in K$. Ne segue che a è una radice del polinomio $X^p - X - c$ e questo polinomio è per ragioni di grado il polinomio minimo di a su K.

Viceversa, supponiamo $L = K(a)$, con a radice di un polinomio del tipo $f = X^p - X - c \in K[X]$. Dal fatto che a è radice di questo polinomio segue che anche $a + 1$ lo è e quindi

$$a, a + 1, \ldots, a + p - 1 \in L$$

sono p radici distinte di f. Dunque, se f ha una radice in K, tutte le radici di f sono in K e f si spezza in fattori lineari in $K[X]$. Lo stesso ragionamento mostra che L è un campo di spezzamento su K del polinomio separabile f. Dunque l'estensione L/K è galoisiana. Nel caso banale $L = K$ essa è pure ciclica. Supponiamo ora che f non abbia radici in K. Dimostriamo che f è irriducibile su K. Se questo non fosse vero, allora esisterebbe una fattorizzazione $f = gh$ con g, h polinomi monici non costanti. Su L si ha però la fattorizzazione

$$f = \prod_{i=0}^{p-1} (X - a - i),$$

e g consisterebbe di alcuni di questi fattori, in numero di $d = \operatorname{grad} g$. Il coefficiente di X^{d-1} in g avrebbe la forma $-da + j$ per un certo elemento j del campo primo $\mathbb{F}_p \subset K$. Poiché $-da + j \in K$ e $p \nmid d$ si otterrebbe $a \in K$, ossia f avrebbe una radice in K, il che contraddice le ipotesi. Pertanto f è irriducibile se non ha radici in K. Sia allora $\sigma \in \operatorname{Gal}(L/K)$ tale che $\sigma(a) = a + 1$ (vedi 3.4/8); allora σ ha ordine $\geq p$ e da $\operatorname{ord} \operatorname{Gal}(L/K) = \operatorname{grad} f = p$ segue che L/K è un'estensione ciclica di grado p. $\square$

Esercizi

1. *Nella situazione del teorema 1, dato un $b \in L^*$, si considerino gli elementi $a \in L^*$ tali che $b = a \cdot \sigma(a)^{-1}$. Soddisfano una qualche proprietà di unicità? Si consideri lo stesso problema nella situazione del teorema 4.*

2. *Si rifletta sul significato del teorema 90 di Hilbert per l'estensione $\mathbb{C}/\mathbb{R}$.*

3. Sia L un campo di spezzamento su un campo K di un polinomio del tipo $X^n - a$ e sia char $K \nmid n$. È vero che l'estensione L/K è sempre ciclica? Si discuta in particolare il caso $K = \mathbb{Q}$.

4. Data un'estensione galoisiana finita L/K con gruppo di Galois $G = \operatorname{Gal}(L/K)$, si dimostri che $H^1(G, \operatorname{GL}(n, L)) = \{1\}$. (Si consideri soltanto il caso in cui K è infinito e si utilizzi l'esercizio 3 della sezione 4.6. Per quanto riguarda la definizione di $H^1(G, \operatorname{GL}(n, L))$, bisogna dapprima considerarlo soltanto come "insieme di coomologia". Infatti il gruppo $\operatorname{GL}(n, L)$ non è abeliano se $n > 1$; quindi non è evidente a priori se il gruppo degli 1-cobordi sia un sottogruppo normale del gruppo degli 1-cocicli e dunque se l'insieme quoziente sia un gruppo.)

5. Data un'estensione galoisiana finita L/K con gruppo di Galois $G = \operatorname{Gal}(L/K)$, si dimostri che $H^1(G, L) = 0$, dove si deve interpretare L come gruppo additivo con l'azione canonica di G. (Suggerimento: si può applicare l'esercizio 4.)

6. Si dimostri tramite il teorema 90 di Hilbert che, dati due numeri $a, b \in \mathbb{Q}$, vale $a^2 + b^2 = 1$ se e solo se esistono $m, n \in \mathbb{Z}$ tali che

$$a = \frac{m^2 - n^2}{m^2 + n^2}, \qquad b = \frac{2mn}{m^2 + n^2}.$$

4.9 Teoria di Kummer moltiplicativa*

Sappiamo che un'estensione galoisiana L/K è detta *abeliana* se il suo gruppo di Galois $G = \mathrm{Gal}(L/K)$ è abeliano. È detta poi *abeliana di esponente d*, con d un numero naturale positivo, se G è di esponente d, ossia se per ogni $\sigma \in G$ risulta $\sigma^d = 1$ e d è il minimo con questa proprietà. Studieremo nel seguito estensioni abeliane di esponenti che dividono un dato numero $n \in \mathbb{N} - \{0\}$. Queste estensioni generalizzano le estensioni cicliche e vengono dette *estensioni di Kummer*, in onore di E. Kummer che si occupò di esse nel contesto della Teoria dei Numeri.

Assumiamo per il momento che char $K \nmid n$ e che K contenga il gruppo delle radici n-esime dell'unità U_n. Dato un $c \in K$, indicheremo con $K(c^{1/n})$ l'estensione ottenuta aggiungendo a K una radice n-esima di c. Anche se in una chiusura algebrica di K la radice $c^{1/n}$ è determinata a meno di una radice n-esima dell'unità, tuttavia il campo $K(c^{1/n})$ è ben definito come campo di spezzamento del polinomio $X^n - c$ perché K contiene tutte le radici n-esime dell'unità. Grazie a 4.8/3 l'estensione $K(c^{1/n})/K$ è inoltre ciclica di grado un divisore di n. Più in generale, dato un sottoinsieme $C \subset K$, indichiamo con $K(C^{1/n})$ l'estensione di K ottenuta aggiungendo tutte le radici n-esime $c^{1/n}$ al variare di $c \in C$. Si può interpretare $K(C^{1/n})$ come il composto di tutte le estensioni $K(c^{1/n})$ con $c \in C$. In particolare, le restrizioni $\mathrm{Gal}(K(C^{1/n})/K) \longrightarrow \mathrm{Gal}(K(c^{1/n})/K)$, la cui esistenza è garantita da 4.1/2, determinano un monomorfismo

$$\mathrm{Gal}(K(C^{1/n})/K) \longrightarrow \prod_{c \in C} \mathrm{Gal}(K(c^{1/n})/K)$$

e si riconosce che $K(C^{1/n})/K$ è un'estensione abeliana (non necessariamente finita) di esponente un divisore di n. Dimostreremo direttamente questo risultato nella proposizione 1 (i), senza dedurlo dalla caratterizzazione delle estensioni cicliche vista in 4.8/3.

Sia nel seguito G_C il gruppo di Galois dell'estensione $K(C^{1/n})/K$. Se $c^{1/n}$ è una radice n-esima di un elemento $c \in C$ e se $\sigma \in G_C$, anche $\sigma(c^{1/n})$ è una radice n-esima di c. Esiste dunque una radice n-esima dell'unità $w_\sigma \in U_n$ tale che $\sigma(c^{1/n}) = w_\sigma c^{1/n}$ e si controlla facilmente che $w_\sigma = \sigma(c^{1/n}) \cdot c^{-1/n}$ non dipende dalla scelta della radice n-esima $c^{1/n}$ di c. Otteniamo quindi un accoppiamento ben definito

$$\langle \cdot, \cdot \rangle \colon G_C \times C \longrightarrow U_n, \qquad (\sigma, c) \longmapsto \frac{\sigma(c^{1/n})}{c^{1/n}}.$$

Assumiamo nel seguito che C sia un sottogruppo di K^*. Allora $\langle \cdot, \cdot \rangle$ è bimoltiplicativo in quanto valgono le relazioni

$$\langle \sigma \circ \tau, c \rangle = \frac{\sigma \circ \tau(c^{1/n})}{c^{1/n}} = \frac{\sigma \circ \tau(c^{1/n})}{\tau(c^{1/n})} \cdot \frac{\tau(c^{1/n})}{c^{1/n}} = \langle \sigma, c \rangle \cdot \langle \tau, c \rangle,$$

$$\langle \sigma, c \cdot c' \rangle = \frac{\sigma(c^{1/n} c'^{1/n})}{c^{1/n} c'^{1/n}} = \frac{\sigma(c^{1/n})}{c^{1/n}} \cdot \frac{\sigma(c'^{1/n})}{c'^{1/n}} = \langle \sigma, c \rangle \cdot \langle \sigma, c' \rangle,$$

per ogni scelta di $\sigma, \tau \in G_C$ e di $c, c' \in C$. Inoltre, se $\sigma \in G_C$ e $c \in K^*$, risulta $\langle \sigma, c^n \rangle = 1$. Assumiamo ora che C sia un sottogruppo di K^* che contiene il gruppo

K^{*n} formato da tutte le potenze n-esime di elementi di K^*; allora $\langle\cdot,\cdot\rangle$ si fattorizza attraverso un'applicazione bimoltiplicativa che indicheremo ancora con $\langle\cdot,\cdot\rangle$:

$$G_C \times C/K^{*n} \longrightarrow U_n, \qquad (\sigma,\bar{c}) \longmapsto \frac{\sigma(c^{1/n})}{c^{1/n}}.$$

Proposizione 1. *Consideriamo come sopra un campo K e un numero naturale $n > 0$ tale che $\operatorname{char} K \nmid n$ e $U_n \subset K^*$. Sia inoltre $C \subset K^*$ un sottogruppo tale che $K^{*n} \subset C$. Allora:*

(i) $K(C^{1/n})/K$ è un'estensione abeliana di esponente un divisore di n. Indichiamo con G_C il suo gruppo di Galois.

(ii) L'applicazione bimoltiplicativa

$$\langle\cdot,\cdot\rangle\colon G_C \times C/K^{*n} \longrightarrow U_n, \qquad (\sigma,\bar{c}) \longmapsto \frac{\sigma(c^{1/n})}{c^{1/n}},$$

è non degenere e dunque induce monomorfismi

$$\varphi_1\colon \qquad G_C \longrightarrow \operatorname{Hom}(C/K^{*n},U_n), \qquad \sigma \longmapsto \langle\sigma,\cdot\rangle,$$

$$\varphi_2\colon \quad C/K^{*n} \longrightarrow \operatorname{Hom}(G_C,U_n), \qquad \bar{c} \longmapsto \langle\cdot,\bar{c}\rangle,$$

dove $\operatorname{Hom}(C/K^{*n},U_n)$ indica il gruppo di tutti gli omomorfismi $C/K^{*n} \longrightarrow U_n$ e $\operatorname{Hom}(G_C,U_n)$ è il gruppo degli omomorfismi $G_C \longrightarrow U_n$. Più precisamente, φ_1 è un isomorfismo e φ_2 induce un isomorfismo $C/K^{*n} \overset{\sim}{\longrightarrow} \operatorname{Hom}_{\mathrm{cont}}(G_C,U_n)$ sul gruppo di tutti gli omomorfismi continui $G_C \longrightarrow U_n$.[6]

(iii) L'estensione $K(C^{1/n})/K$ è finita se e solo se l'indice $(C : K^{*n})$ è finito. Se questo è il caso, allora anche l'applicazione φ_2 in (ii) è un isomorfismo e si ha $[K(C^{1/n}) : K] = (C : K^{*n})$.

Dimostrazione. L'asserto (i) è conseguenza dell'iniettività di φ_1 in (ii). Per dimostrare quest'ultima, consideriamo un $\sigma \in G_C$ tale che sia $\sigma(c^{1/n}) = c^{1/n}$ per ogni $c \in C$. Ne segue banalmente che $\sigma(a) = a$ per ogni $a \in K(C^{1/n})$ e dunque $\sigma = \mathrm{id}$, ossia φ_1 è iniettivo. Supponiamo ora che $c \in C$ e $\sigma(c^{1/n}) = c^{1/n}$ per ogni $\sigma \in G_C$. Risulta che $c^{1/n} \in K$ e dunque $c \in K^{*n}$. Quindi anche φ_2 è iniettiva.

Dimostriamo ora l'asserto (iii), sapendo che gli omomorfismi φ_1, φ_2 in (ii) sono iniettivi. Il fatto che $[K(C^{1/n}) : K]$ sia finito, o equivalentemente che G_C sia un gruppo finito, implica anche la finitezza di $\operatorname{Hom}(G_C,U_n)$; dunque per l'iniettività di φ_2 l'estensione C/K^{*n} risulta finita. Viceversa, la finitezza di C/K^{*n} implica quella di $\operatorname{Hom}(C/K^{*n},U_n)$ e dunque quella di G_C, in quanto φ_1 è iniettivo. Dunque $[K(C^{1/n}) : K]$ è finito. Come vedremo subito nel lemma 2 nell'ipotesi di finitezza esistono isomorfismi (non canonici)

$$C/K^{*n} \overset{\sim}{\longrightarrow} \operatorname{Hom}(C/K^{*n},U_n), \qquad G_C \overset{\sim}{\longrightarrow} \operatorname{Hom}(G_C,U_n).$$

---

[6] G_C viene considerato un gruppo topologico come nella sezione 4.2; U_n viene dotato della topologia discreta. Un omomorfismo $f\colon G_C \longrightarrow U_n$ è continuo se e solo se $H = \ker f$ è un sottogruppo aperto di G_C, ossia se e solo se esiste un'estensione galoisiana finita K'/K di $K(C^{1/n})$ tale che $H = \operatorname{Gal}(K(C^{1/n})/K')$ o, in alternativa, tale che $H \supset \operatorname{Gal}(K(C^{1/n})/K')$ (vedi 4.2/3 e 4.2/5).

Pertanto le maggiorazioni

$$[K(C^{1/n}):K] = \operatorname{ord} G_C \le \operatorname{ord} \operatorname{Hom}(C/K^{*n}, U_n) = \operatorname{ord} C/K^{*n}$$
$$\le \operatorname{ord} \operatorname{Hom}(G_C, U_n) = \operatorname{ord} G_C = [K(C^{1/n}):K]$$

implicano l'uguaglianza cercata $[K(C^{1/n}):K] = (C:K^{*n})$. In particolare φ_1 e φ_2 sono isomorfismi; di conseguenza nel caso in cui $[K(C^{1/n}):K] < \infty$ e $(C:K^{*n}) < \infty$ la proposizione 1 è totalmente dimostrata.

Nel caso di dimensione infinita consideriamo il sistema $(C_i)_{i \in I}$ formato da tutti i sottogruppi di C tali che $C_i \supset K^{*n}$ e $(C_i : K^{*n}) < \infty$. Interpretando tutti questi campi come sottocampi di una chiusura algebrica di K, risulta allora $C = \bigcup_{i \in I} C_i$ e $K(C^{1/n}) = \bigcup_{i \in I} K(C_i^{1/n})$. Per ogni $i \in I$ si ha un diagramma commutativo

$$
\begin{array}{ccc}
G_C & \xrightarrow{\ \varphi_1\ } & \operatorname{Hom}(C/K^{*n}, U_n) \\
\downarrow & & \downarrow \\
G_{C_i} & \xrightarrow{\ \varphi_{1,i}\ } & \operatorname{Hom}(C_i/K^{*n}, U_n),
\end{array}
$$

dove l'applicazione verticale a sinistra rappresenta la restrizione degli automorfismi di Galois di $K(C^{1/n})/K$ a quelli di $K(C_i^{1/n})/K$ (vedi 4.1/2) e l'applicazione a destra è ottenuta restringendo gli omomorfismi $C/K^{*n} \longrightarrow U_n$ a C_i/K^{*n}. Come abbiamo visto, tutte le applicazioni $\varphi_{1,i}$ sono biiettive. Dunque, dato un omomorfismo $f: C/K^{*n} \longrightarrow U_n$, esistono unici elementi $\sigma_i \in G_{C_i}$ tali che $\varphi_{1,i}(\sigma_i) = f|_{C_i/K^{*n}}$; si verifica facilmente che i σ_i si incollano in un automorfismo di Galois $\sigma \in G_C$ tale che $\varphi_1(\sigma) = f$. Di conseguenza φ_1 è suriettiva e dunque biiettiva.

Per ottenere l'analogo risultato per φ_2, sia $i \in I$ un indice e consideriamo il diagramma commutativo

$$
\begin{array}{ccc}
C_i/K^{*n} & \xrightarrow{\ \varphi_{2,i}\ } & \operatorname{Hom}(G_{C_i}, U_n) \\
\downarrow & & \downarrow \\
C/K^{*n} & \xrightarrow{\ \varphi_2\ } & \operatorname{Hom}(G_C, U_n),
\end{array}
$$

dove l'applicazione verticale a sinistra è l'inclusione canonica e quella a destra è indotta dalla restrizione $G_C \longrightarrow G_{C_i}$ vista prima. Poiché ciascun omomorfismo continuo $f: G_C \longrightarrow U_n$ è indotto da un omomorfismo del tipo $f_i: G_{C_i} \longrightarrow U_n$ e poiché $\varphi_{2,i}$ è biiettiva, si ottiene quanto affermato in (ii) relativamente a φ_2. $\quad\square$

Rimane ancora da dimostrare l'esistenza degli isomorfismi di dualità che abbiamo usato nella dimostrazione precedente. Ricordiamo che, grazie a 4.5/1, il gruppo U_n è ciclico di ordine n e dunque isomorfo a $\mathbb{Z}/n\mathbb{Z}$.

Lemma 2. *Sia $n \in \mathbb{N} - \{0\}$ un numero fissato e sia H un gruppo finito di esponente che divide n. Esiste allora un isomorfismo di gruppi (non canonico) $H \xrightarrow{\sim} \operatorname{Hom}(H, \mathbb{Z}/n\mathbb{Z})$.*

Dimostrazione. Poiché $\mathrm{Hom}(\cdot, \mathbb{Z}/n\mathbb{Z})$ è compatibile con le somme dirette finite, possiamo applicare il teorema di struttura dei gruppi abeliani finitamente generati 2.9/9 e supporre H ciclico di ordine d che divide n. Dobbiamo costruire un isomorfismo

$$\mathbb{Z}/d\mathbb{Z} \xrightarrow{\sim} \mathrm{Hom}(\mathbb{Z}/d\mathbb{Z}, \mathbb{Z}/n\mathbb{Z}).$$

Ci riduciamo al caso $d = n$. Abbiamo visto nell'esercizio 2 della sezione 1.3 che per ogni divisore d di n esiste un unico sottogruppo $H_d \subset \mathbb{Z}/n\mathbb{Z}$ di ordine d e che questo è ciclico. Inoltre, se $d' \mid d$, si ha l'inclusione $H_{d'} \subset H_d$ e ogni omomorfismo $\mathbb{Z}/d\mathbb{Z} \longrightarrow \mathbb{Z}/n\mathbb{Z}$ si fattorizza attraverso H_d. Dunque l'applicazione canonica $\mathrm{Hom}(\mathbb{Z}/d\mathbb{Z}, H_d) \longrightarrow \mathrm{Hom}(\mathbb{Z}/d\mathbb{Z}, \mathbb{Z}/n\mathbb{Z})$ è un isomorfismo. Poiché $H_d \simeq \mathbb{Z}/d\mathbb{Z}$, basta dare un isomorfismo $\mathbb{Z}/d\mathbb{Z} \longrightarrow \mathrm{Hom}(\mathbb{Z}/d\mathbb{Z}, \mathbb{Z}/d\mathbb{Z})$. Ma

$$\mathbb{Z} \longrightarrow \mathrm{Hom}(\mathbb{Z}/d\mathbb{Z}, \mathbb{Z}/d\mathbb{Z}), \qquad 1 \longmapsto \mathrm{id},$$

è chiaramente un epimorfismo di nucleo $d\mathbb{Z}$ e quindi esso induce un isomorfismo del tipo cercato. $\qquad\square$

Teorema 3. *Sia K un campo e sia $n > 0$ un numero naturale tale che $\mathrm{char}\, K \nmid n$ e $U_n \subset K^*$. Allora le applicazioni*

$$\left\{ \begin{array}{c} \text{sottogruppi } C \subset K^* \\ \text{con } K^{*n} \subset C \end{array} \right\} \underset{\Psi}{\overset{\Phi}{\rightleftarrows}} \left\{ \begin{array}{c} \text{estensioni abeliane } L/K \\ \text{di esponente che divide } n \end{array} \right\}$$

$$C \longmapsto K(C^{1/n}),$$
$$L^n \cap K^* \longmapsfrom L,$$

preservano le inclusioni, sono biiettive e l'una inversa dell'altra.[7] In questa situazione il gruppo di Galois G_C di un'estensione $K(C^{1/n})/K$ è descritto tramite l'isomorfismo

$$\varphi_1 \colon G_C \longrightarrow \mathrm{Hom}(C/K^{*n}, U_n), \qquad \sigma \longmapsto \langle \sigma, \cdot \rangle,$$

della proposizione 1 (ii). Nel caso in cui l'estensione C/K^{*n} sia finita, allora $\mathrm{Hom}(C/K^{*n}, U_n)$ e dunque G_C sono (non canonicamente) isomorfi a C/K^{*n}.

Dimostrazione. Per quanto visto nella proposizione 1 e nel lemma 2 rimane solo da dimostrare che le applicazioni Φ, Ψ sono biiettive e l'una inversa dell'altra. Iniziamo col vedere che $\Psi \circ \Phi = \mathrm{id}$. Consideriamo dunque un sottogruppo $C \subset K^*$ tale che $C \supset K^{*n}$. Assumiamo per il momento che sia $(C : K^{*n}) < \infty$ e poniamo $C' = (K(C^{1/n}))^n \cap K^*$. Risulta allora $C \subset C'$ e inoltre $K(C^{1/n}) = K(C'^{1/n})$. Da questo segue per la proposizione 1 (iii) che $C = C'$.

Se l'indice $(C : K^{*n})$ non è necessariamente finito, possiamo applicare le argomentazioni precedenti a tutti i sottogruppi $C_i \subset C$ che sono di indice finito su K^{*n}. Poiché C è unione di tutti questi sottogruppi e $K(C^{1/n}) = \bigcup_i K(C_i^{1/n})$, si ottiene anche in questo caso $C = (K(C^{1/n}))^n \cap K^*$ e dunque $\Psi \circ \Phi = \mathrm{id}$.

---

[7] Per poter parlare dell'*insieme* di tutte le estensioni abeliane di K pensiamo tali estensioni sempre come sottocampi di una fissata chiusura algebrica $\overline{K}$ di K.

Per verificare che $\Phi \circ \Psi = $ id consideriamo un'estensione abeliana L/K di esponente un divisore di n. Da $C = L^n \cap K^*$ segue $K(C^{1/n}) \subset L$ e basta quindi dimostrare che i due campi coincidono. Pensando a L come unione di estensioni di Galois finite, necessariamente abeliane, si vede che è sufficiente considerare il caso in cui L/K è finita. Per 4.1/2 esiste un epimorfismo

$$q \colon \operatorname{Gal}(L/K) \longrightarrow G_C, \qquad \sigma \longmapsto \sigma|_{K(C^{1/n})}.$$

Basta dimostrare che l'omomorfismo associato

$$q^* \colon \operatorname{Hom}(G_C, U_n) \longrightarrow \operatorname{Hom}(\operatorname{Gal}(L/K), U_n), \qquad f \longmapsto f \circ q,$$

è un isomorfismo. Per il lemma 2 i gruppi di Galois di $K(C^{1/n})/K$ e di L/K avranno allora lo stesso ordine; ne seguirà $[L : K] = [K(C^{1/n}) : K]$ e quindi $L = K(C^{1/n})$.

Dalla suriettività di q si deduce che q^* è iniettivo. Per vedere che q^* è pure suriettivo consideriamo un omomorfismo $g \colon \operatorname{Gal}(L/K) \longrightarrow U_n$. Dati comunque $\sigma, \sigma' \in \operatorname{Gal}(L/K)$, si ha

$$g(\sigma \circ \sigma') = g(\sigma) \cdot g(\sigma') = \sigma \circ g(\sigma') \cdot g(\sigma).$$

Pertanto g è un 1-cociclo (vedi sezione 4.8); segue allora da 4.8/2 che g è un 1-cobordo, ossia esiste un elemento $a \in L^*$ tale che $g(\sigma) = a \cdot \sigma(a)^{-1}$ per ogni $\sigma \in \operatorname{Gal}(L/K)$. Si ha poi necessariamente $a^n \in C = L^n \cap K^*$ e dunque $a \in K(C^{1/n})$. Infatti da $g(\sigma)^n = 1$ si ottiene che $\sigma(a^n) = \sigma(a)^n = a^n$. Sia ora f l'omomorfismo definito da

$$f \colon G_C \longrightarrow U_n, \qquad \sigma \longmapsto a \cdot \sigma(a)^{-1}.$$

È evidente che $g = f \circ q = q^*(f)$ e dunque abbiamo dimostrato la suriettività di q^*. $\square$

Se, nelle ipotesi del teorema 3, L/K è un'estensione abeliana di esponente che divide n, è facile ottenere una K-base di L nel modo seguente: si pone $C = L^n \cap K^*$ e si considera un sistema $(c_i)_{i \in I}$ di elementi di C che sia un sistema di rappresentanti per C/K^{*n}. Allora $(c_i^{1/n})_{i \in I}$ è una K-base di L comunque siano scelte le radici n-esime. Questa famiglia è chiaramente un sistema di generatori di L su K. Nel caso $[L : K] < \infty$ essa consiste di $(C : K^{*n}) = [L : K]$ elementi e quindi questi sono linearmente indipendenti. Nel caso generale si vede che $(c_i^{1/n})_{i \in I}$ è un sistema libero leggendo L come unione di tutte le estensioni abeliane finite di K contenute in L. Dunque $(c_i^{1/n})_{i \in I}$ è proprio una K-base di L.

Esercizi

Sia K un campo e sia $\overline{K}$ una chiusura algebrica di K. Sia $n > 0$ un numero naturale tale che char $K \nmid n$ ed esista una radice primitiva n-esima dell'unità in K.

1. *Si deduca dalla teoria di Kummer la caratterizzazione delle estensioni cicliche di K descritta in 4.8/3.*

2. *Si considerino tutte le estensioni abeliane L/K di esponente un divisore di n con L contenuto in $\overline{K}$. Si dimostri che esiste tra queste una massima estensione L_n/K. Come può essere caratterizzato il gruppo di Galois $\mathrm{Gal}(L_n/K)$?*

3. Si pongano $K = \mathbb{Q}$ e $n = 2$ nell'esercizio 2. Si dimostri che $L_2 = \mathbb{Q}(i, \sqrt{2}, \sqrt{3}, \sqrt{5}, \dots)$ e si trovi il gruppo di Galois dell'estensione $L_2/\mathbb{Q}$.

4. Dati $c, c' \in K^*$, siano $L, L' \subset \overline{K}$ i campi di spezzamento su K rispettivamente dei polinomi $X^n - c$ e $X^n - c'$. Si dimostri che $L = L'$ se e solo se esiste un numero $r \in \mathbb{N}$, primo con n, tale che $c^r \cdot c' \in K^{*n}$.

5. Si dimostri che per ogni estensione galoisiana finita L/K esiste un isomorfismo canonico di gruppi

$$(L^n \cap K^*)/K^{*n} \xrightarrow{\sim} \mathrm{Hom}(\mathrm{Gal}(L/K), U_n).$$

4.10 Teoria di Kummer generale e vettori di Witt*

Abbiamo illustrato nella precedente sezione la teoria di Kummer per un campo K e per un esponente n quando char $K \nmid n$. Analogamente, nel caso $p = \mathrm{char}\, K > 0$, si può considerare la teoria di Kummer per l'esponente p, nota anche come *teoria di Artin-Schreier*, e più in generale la teoria di Kummer per un esponente p^r, $r \geq 1$, che risale a E. Witt. Alla base di tutte queste teorie c'è una struttura comune, per così dire una teoria di Kummer generale, di cui vogliamo spiegare ora i tratti fondamentali. Sia K_s una chiusura separabile di K: possiamo pensarla come il sottocampo di una chiusura algebrica di K formato da tutti gli elementi separabili su K. Per il momento non facciamo ipotesi sulla caratteristica del campo K. L'estensione K_s/K è galoisiana e il suo gruppo di Galois $G = \mathrm{Gal}(K_s/K)$ viene anche detto *gruppo di Galois assoluto* di K. Lo interpretiamo come gruppo topologico nel senso della sezione 4.2.

Per costruire una teoria di Kummer su K abbiamo bisogno di un G-modulo continuo A. Con questo si intende un gruppo abeliano A (dotato della topologia discreta) insieme ad una G-azione continua

$$G \times A \longrightarrow A, \qquad (\sigma, a) \longmapsto \sigma(a),$$

che rispetta la struttura di gruppo di A. Per quanto riguarda la definizione di azione di un gruppo rimandiamo a 5.1/1 e 5.1/2. Una tale azione può essere vista come un omomorfismo $G \longrightarrow \mathrm{Aut}\, A$ e allora $\sigma(a)$ indicherà l'immagine di a rispetto all'automorfismo $A \longrightarrow A$ individuato da σ tramite $G \longrightarrow \mathrm{Aut}\, A$. La condizione di continuità significa inoltre che per ogni elemento $a \in A$ il sottogruppo

$$G(A/a) = \{\sigma \in G \, ; \, \sigma(a) = a\}$$

è aperto in G. Per 4.2/5 questo è equivalente al fatto che $G(A/a)$ sia chiuso in G e che il campo fisso $K_s^{G(A/a)}$ sia finito su K.

Per il teorema fondamentale della teoria di Galois 4.2/3 i campi intermedi di K_s/K corrispondono biiettivamente ai sottogruppi chiusi di G tramite l'applicazione $L \longmapsto \mathrm{Gal}(K_s/L)$. Possiamo quindi associare ad un campo intermedio L di K_s/K (ossia a un sottogruppo chiuso $\mathrm{Gal}(K_s/L) \subset G$) il gruppo dei punti invarianti

$$A_L = \{a \in A \, ; \, \sigma(a) = a \text{ per ogni } \sigma \in \mathrm{Gal}(K_s/L)\}.$$

Se L/K è galoisiana o, equivalentemente, se $\mathrm{Gal}(K_s/L)$ è un sottogruppo normale di G, si vede facilmente che la G-azione su A si restringe a una G-azione su A_L. Otteniamo quindi un'azione di $G/\mathrm{Gal}(K_s/L)$ su A_L e grazie a 4.1/7 possiamo identificare questo quoziente con $\mathrm{Gal}(L/K)$. Pertanto, data un'estensione galoisiana L/K, si ha un'azione del suo gruppo di Galois $\mathrm{Gal}(L/K)$ su A_L e, in particolare, è possibile definire il gruppo di coomologia $H^1(\mathrm{Gal}(L/K), A_L)$ come fatto nella sezione 4.8. Alla base di ogni teoria di Kummer c'è una versione coomologica del teorema 90 di Hilbert, per esempio nella forma seguente:

$H^1(\mathrm{Gal}(L/K), A_L) = 0$ *per ogni estensione ciclica L/K il cui grado divide n.*

Naturalmente questa affermazione non è automaticamente soddisfatta, ma funziona per così dire da assioma su cui fondare la teoria di Kummer.

Si può procedere anche in modo diverso da quanto fatto sopra, partendo da un sottoinsieme $\Delta \subset A$ e considerando il gruppo

$$G(A/\Delta) = \{\sigma \in G \, ; \, \sigma(a) = a \text{ per ogni } a \in \Delta\}.$$

Questo gruppo è chiuso in G perché risulta $G(A/\Delta) = \bigcap_{a \in \Delta} G(A/a)$, dove ciascun gruppo $G(A/a)$ è aperto (e quindi chiuso) in G grazie alla continuità dell'azione di G su A. Di conseguenza si può interpretare $G(A/\Delta)$ come gruppo di Galois assoluto di un ben determinato campo intermedio $K(\Delta)$ di K_s/K e precisamente di

$$K(\Delta) = K_s^{G(A/\Delta)} = \{\alpha \in K_s \, ; \, \sigma(\alpha) = \alpha \text{ per ogni } \sigma \in G(A/\Delta)\}.$$

La teoria di Kummer per un dato esponente n si basa inoltre sulla scelta di un G-omomorfismo suriettivo $\wp: A \longrightarrow A$ il cui nucleo, indicato nel seguito con μ_n, sia un sottogruppo ciclico di ordine n con $\mu_n \subset A_K$. Ricordiamo che si richiede a un G-omomorfismo di essere compatibile con la G-azione, ossia deve essere $\sigma(\wp(a)) = \wp(\sigma(a))$ per ogni scelta di $\sigma \in G$ e $a \in A$.

Per esempio, nella sezione 4.9 avevamo considerato il gruppo moltiplicativo $A = K_s^*$ con la naturale azione del gruppo di Galois G e come G-omomorfismo l'applicazione $\wp: A \longrightarrow A$, $a \longmapsto a^n$, dove avevamo supposto $\mathrm{char}\, K \nmid n$. Questa condizione fa sì che $\mu_n = \ker \wp$ sia ciclico di ordine n in quanto gruppo delle radici n-esime dell'unità U_n. Nelle notazioni precedenti abbiamo poi $A_L = L^*$ per ogni campo intermedio L di K_s/K e $K(\wp^{-1}(C)) = K(C^{1/n})$ per $C \subset K^*$; nella sezione 4.9 avevamo inoltre supposto $U_n \subset K^*$ e dunque $\mu_n \subset A_K$. Si otteneva così in 4.9/3 una caratterizzazione delle estensioni abeliane nello stile del teorema fondamentale della teoria di Galois e precisamente tramite i sottogruppi $C \subset A_K$ che contengono $\wp(A_K)$. La dimostrazione faceva uso del teorema 90 di Hilbert nella versione 4.8/2.

Vogliamo ora mostrare che i risultati 4.9/1 e 4.9/3 possono essere trasferiti senza difficoltà al contesto della teoria di Kummer generale. Consideriamo dunque un sottoinsieme $C \subset A_K$, un sottogruppo $G(A/\wp^{-1}(C)) \subset G$ e il relativo campo intermedio $K(\wp^{-1}(C))$ di K_s/K; scriveremo l'operazione del gruppo A con notazione additiva. Dati $\sigma \in G$ e $a \in \wp^{-1}(C)$, abbiamo

$$\wp \circ \sigma(a) = \sigma \circ \wp(a) = \wp(a) , \qquad \sigma(a) - a \in \ker \wp = \mu_n.$$

Ogni $\sigma \in G$ si restringe quindi a una biiezione $\wp^{-1}(C) \longrightarrow \wp^{-1}(C)$ e il sottogruppo $G(A/\wp^{-1}(C))$ di G è normale in quanto nucleo di questa restrizione. Grazie a 4.2/3 e 4.1/7 l'estensione $K(\wp^{-1}(C))/K$ è allora galoisiana e anzi abeliana, come vedremo più avanti. Sia G_C il suo gruppo di Galois che possiamo identificare col quoziente $G/G(A/\wp^{-1}(C))$ (vedi 4.1/7).

Per ogni scelta di $c \in C$ e $a \in \wp^{-1}(c)$ la differenza $\sigma(a) - a \in \mu_n$ dipende in generale da c, ma non dalla scelta di una particolare antiimmagine $a \in \wp^{-1}(c)$; infatti, se $a' \in \wp^{-1}(c)$, per esempio $a' = a + i$ con $i \in \ker \wp = \mu_n$, risulta

$$\sigma(a') - a' = (\sigma(a) + \sigma(i)) - (a + i) = \sigma(a) - a.$$

Dunque l'applicazione

$$\langle \cdot, \cdot \rangle \colon G_C \times C \longrightarrow \mu_n, \qquad (\sigma, c) \longmapsto \sigma(a) - a, \qquad a \in \wp^{-1}(c),$$

è ben definita e se, analogamente a quanto fatto nella sezione 4.9, ci restringiamo ai sottogruppi $C \subset A_K$ tali che $\wp(A_K) \subset C$, otteniamo un accoppiamento

$$\langle \cdot, \cdot \rangle \colon G_C \times C/\wp(A_K) \longrightarrow \mu_n, \qquad (\sigma, \bar{c}) \longmapsto \sigma(a) - a, \qquad a \in \wp^{-1}(c),$$

che è un omomorfismo in entrambe le variabili.

Teorema 1. *Sia G il gruppo di Galois assoluto di un campo K. Si consideri inoltre un G-modulo continuo A con un G-omomorfismo suriettivo $\wp \colon A \longrightarrow A$ il cui nucleo μ_n sia un sottogruppo ciclico finito di A_K di ordine n. Supponiamo che le estensioni cicliche L/K di grado un divisore di n soddisfino $H^1(\mathrm{Gal}(L/K), A_L) = 0$. Allora:*
(i) *Le applicazioni*

$$\left\{ \begin{array}{c} \text{sottogruppi } C \subset A_K \\ \text{tali che } \wp(A_K) \subset C \end{array} \right\} \begin{array}{c} \overset{\Phi}{\longrightarrow} \\ \underset{\Psi}{\longleftarrow} \end{array} \left\{ \begin{array}{c} \text{estensioni abeliane } L/K \\ \text{di esponente che divide } n \end{array} \right\}$$

$$C \longmapsto K(\wp^{-1}(C)),$$
$$\wp(A_L) \cap A_K \longleftarrow\!\shortmid L,$$

preservano le inclusioni, sono biiettive e l'una inversa dell'altra; qui le estensioni abeliane di K sono sempre pensate come sottocampi di K_s.
(ii) *Dato un sottogruppo $C \subset A_K$ tale che $\wp(A_K) \subset C$, l'applicazione*

$$\langle \cdot, \cdot \rangle \colon G_C \times C/\wp(A_K) \longrightarrow \mu_n, \qquad (\sigma, \bar{c}) \longmapsto \sigma(a) - a, \qquad a \in \wp^{-1}(c),$$

oltre a essere un omomorfismo in ciascuna componente è non degenere e induce quindi monomorfismi

$$\varphi_1: \qquad G_C \longrightarrow \mathrm{Hom}(C/\wp(A_K), \mu_n), \qquad \sigma \longmapsto \langle \sigma, \cdot \rangle,$$

$$\varphi_2: \quad C/\wp(A_K) \longrightarrow \mathrm{Hom}(G_C, \mu_n), \qquad\qquad \overline{c} \longmapsto \langle \cdot, \overline{c} \rangle.$$

Più precisamente φ_1 è un isomorfismo mentre φ_2 induce un isomorfismo tra $C/\wp(A_K)$ e il gruppo $\mathrm{Hom}_{\mathrm{cont}}(G_C, \mu_n)$ che consiste degli omomorfismi continui $G_C \longrightarrow \mu_n$.

(iii) *L'estensione $K(\wp^{-1}(C))/K$ è finita se e solo se l'indice $(C : \wp(A_K))$ è finito. Se questo è il caso, allora anche l'applicazione φ_2 in (ii) è un isomorfismo e si ha $[K(\wp^{-1}(C)) : K] = (C : \wp(A_K))$.*

Dimostrazione. Come fatto nella dimostrazione di 4.9/1 e 4.9/3 cominciamo dall'iniettività di φ_1 e φ_2. Sia dunque $\sigma \in G_C$ un elemento che soddisfa $\langle \sigma, \overline{c} \rangle = 0$ per ogni $c \in C$. Si ha quindi $\sigma(a) = a$ per ogni $a \in \wp^{-1}(C)$ e, scegliendo un rappresentante $\sigma' \in G$ di σ, risulta $\sigma'(a) = a$ per ogni $a \in \wp^{-1}(C)$. Questo significa però che $\sigma' \in G(A/\wp^{-1}(C))$. Dunque σ è banale e φ_1 iniettiva. Sia ora $c \in C$ tale che $\langle \sigma, \overline{c} \rangle = 0$ per ogni $\sigma \in G_C$, ossia valga $\sigma(a) - a = 0$ per ogni scelta di $\sigma \in G_C$ e $a \in \wp^{-1}(c)$. Ogni tale a è allora invariante sia per G_C che per G e si deduce che $a \in A_K$, da cui $c = \wp(a) \in \wp(A_K)$. Di conseguenza φ_2 è iniettiva. Dall'iniettività di φ_1 segue in particolare che, dato un sottogruppo $C \subset A_K$ tale che $C \supset \wp(A_K)$, l'estensione $K(\wp^{-1}(C))/K$ è abeliana di esponente un divisore di n. L'applicazione Φ in (i) è dunque ben definita.

Dimostriamo ora (iii). Poiché, grazie all'iniettività di φ_1 e φ_2, entrambi gli esponenti di G_C e $C/\wp(A_K)$ dividono n, si può ripetere parola per parola la dimostrazione di 4.9/1 (iii). Per ottenere poi (ii) da (iii) si considera il sistema $(C_i)_{i \in I}$ di tutti i sottogruppi di C per cui $(C : \wp(A_K))$ è finito. Si hanno le seguenti uguaglianze

$$C = \sum_{i \in I} C_i, \qquad G(A/\wp^{-1}(C)) = \bigcap_{i \in I} G(A/\wp^{-1}(C_i))$$

e di conseguenza

$$G(K_s/K(\wp^{-1}(C))) = \bigcap_{i \in I} G(K_s/K(\wp^{-1}(C_i))),$$

cosicché possiamo leggere $K(\wp^{-1}(C))$ come composto dei campi $K(\wp^{-1}(C_i))$. Poiché il sistema $(C_i)_{i \in I}$ è filtrante e dunque dati $i, j \in I$ esiste sempre un indice $k \in I$ tale che $C_i, C_j \subset C_k$, otteniamo pure $K(\wp^{-1}(C)) = \bigcup_{i \in I} K(\wp^{-1}(C_i))$. Usando questa proprietà, le altre argomentazioni nella dimostrazione di 4.9/1 (ii) si estendono senza difficoltà e si ottiene che φ_1 è (risp. φ_2 induce) un isomorfismo, come affermato in (ii).

Anche per dimostrare (i) seguiamo quanto fatto nella sezione 4.9 e precisamente nella dimostrazione di 4.9/3. Cominciamo da $\Psi \circ \Phi = \mathrm{id}$ e consideriamo un sottogruppo $C \subset A_K$ tale che $C \supset \wp(A_K)$. Sia $L = K(\wp^{-1}(C))$. Dobbiamo dimostrare che $C' = \wp(A_L) \cap A_K$ coincide con C. Per definizione $A_L \subset A$ è il campo fisso di $G(A/\wp^{-1}(C))$, dunque $\wp^{-1}(C) \subset A_L$ e da questo segue che $C \subset \wp(A_L) \cap A_K = C'$. Inoltre $G(A/A_L) = G(A/\wp^{-1}(C))$, quindi si ha

$$L = K(\wp^{-1}(C)) \subset K(\wp^{-1}(C')) \subset K(A_L) = L,$$

e di conseguenza $L = K(\wp^{-1}(C)) = K(\wp^{-1}(C'))$. Se ora $\wp(A_K)$ ha indice finito in C, si deduce subito da (iii) che $C = C'$, altrimenti consideriamo nuovamente il sistema filtrante $(C_i)_{i \in I}$ formato da tutti i sottogruppi di C che sono di indice finito su $\wp(A_K)$. Allora, come già visto, anche il sistema formato da tutti i campi $L_i = K(\wp^{-1}(C_i))$ è filtrante e si ottiene $L = \bigcup_{i \in I} L_i$. Affermiamo che vale:

$$(*) \qquad\qquad A_L = \bigcup_{i \in I} A_{L_i}.$$

Ovviamente si ha $A_L \supset \bigcup_{i \in I} A_{L_i}$. Per verificare l'inclusione opposta, consideriamo un elemento $a \in A_L$ e il corrispondente sottogruppo $G(A/a) \subset G$ che lascia fisso a. Questo è aperto in G perché l'azione di G su A è continua. Grazie a 4.2/5, il gruppo $G(A/a)$ corrisponde ad un campo intermedio E di K_s/K, finito su K. Anzi, $E \subset L$ perché $G(A/a) \supset G(A/A_L)$, con $G(A/A_L)$ che coincide con $G(A/\wp^{-1}(C))$. Il sistema $(L_i)_{i \in I}$ è filtrante, quindi esiste un indice $j \in I$ per cui $E \subset L_j$. In particolare si deduce che

$$a \in A_E \subset A_{L_j} \subset \bigcup_{i \in I} A_{L_i}$$

e dunque l'uguaglianza $(*)$ è verificata.

Però abbiamo $\wp(A_{L_i}) \cap A_K = C_i$ per ogni i in quanto gli indici $(C_i : \wp(A_K))$ sono finiti. Da $(*)$ discende quindi $\wp(A_L) \cap A_K = C$ e dunque $\Psi \circ \Phi = \mathrm{id}$.

Per verificare che si ha pure $\Phi \circ \Psi = \mathrm{id}$, consideriamo un'estensione abeliana L/K di esponente che divide n. Se $C = \wp(A_L) \cap A_K$, allora $\wp^{-1}(C) \subset A_L$. Pertanto $\wp^{-1}(C)$ è lasciato fisso da $\mathrm{Gal}(K_s/L)$ e quindi $K(\wp^{-1}(C)) \subset L$. Dobbiamo mostrare che questa inclusione è in realtà un'uguaglianza. Per farlo scriviamo L come composto di estensioni finite L'/K, necessariamente abeliane. Ciascuna di queste estensioni L'/K può essere a sua volta scritta come composto di un numero finito di estensioni cicliche. Per farlo basta trovare sottogruppi H_j del gruppo di Galois $H = \mathrm{Gal}(L'/K)$ tali che ciascun H/H_j sia ciclico e $\bigcap_j H_j = \{1\}$; questo non presenta difficoltà grazie al teorema di struttura dei gruppi abeliani finitamente generati 2.9/9. Dunque L è il composto di una famiglia $(L_i)_{i \in I}$ di estensioni *cicliche* finite e chiaramente è sufficiente mostrare che $L_i \subset K(\wp^{-1}(C_i))$ con $C_i = \wp(A_{L_i}) \cap A_K$. In altri termini possiamo assumere che L/K sia un'estensione ciclica finita di esponente un divisore di n.

Sia dunque L/K una tale estensione. Posto $C = \wp(A_L) \cap A_K$, consideriamo l'epimorfismo

$$q \colon \mathrm{Gal}(L/K) \longrightarrow G_C, \qquad \sigma \longmapsto \sigma|_{K(\wp^{-1}(C))},$$

e il corrispondente omomorfismo

$$q^*\colon \operatorname{Hom}(G_C, \mu_n) \longrightarrow \operatorname{Hom}(\operatorname{Gal}(L/K), \mu_n), \qquad f \longmapsto f \circ q.$$

Basta mostrare che q^* è un isomorfismo in quanto seguirà poi da 4.9/2 che $\operatorname{ord} \operatorname{Gal}(L/K) = \operatorname{ord} G_C$ e, per ragioni di grado, che $L = K(\wp^{-1}(C))$.

Intanto q^* è iniettivo perché q è suriettivo. Per vedere che q^* è anche suriettivo consideriamo un omomorfismo $g\colon \operatorname{Gal}(L/K) \longrightarrow \mu_n$. Da

$$g(\sigma \circ \sigma') = g(\sigma) \cdot g(\sigma') = \sigma \circ g(\sigma') \cdot g(\sigma), \qquad \sigma, \sigma' \in \operatorname{Gal}(L/K),$$

segue che g è un 1-cociclo rispetto all'azione di $\operatorname{Gal}(L/K)$ su A_L e, per la nostra ipotesi su $H^1(\operatorname{Gal}(L/K), A_L)$, è anche un 1-cobordo. Dunque esiste un elemento $a \in A_L$ tale che $g(\sigma) = a - \sigma(a)$ per $\sigma \in \operatorname{Gal}(L/K)$. Da $\ker \wp = \mu_n$ segue poi che $\sigma \circ \wp(a) = \wp \circ \sigma(a) = \wp(a)$ per $\sigma \in \operatorname{Gal}(L/K)$ e dunque $\wp(a) \in \wp(A_L) \cap A_K = C$. È allora evidente che $g = f \circ q = q^*(f)$ con

$$f\colon G_C \longrightarrow \mu_n, \qquad \sigma \longmapsto a - \sigma(a);$$

pertanto q^* è suriettiva. $\qquad\qquad\qquad\qquad\qquad\qquad\qquad\qquad\qquad\qquad$ □

La teoria di Kummer relativa a un esponente n con $\operatorname{char} K \nmid n$ che abbiamo studiato nella sezione 4.9 rappresenta una situazione in cui è possibile applicare il teorema precedente. Supponiamo ora che $p = \operatorname{char} K$ sia positivo. Vogliamo occuparci nel seguito della teoria di Kummer relativa a esponenti della forma $n = p^r$. Il caso $n = p$ (teoria di Artin-Schreier) è piuttosto semplice. Consideriamo il gruppo additivo $A = K_s$ come G-modulo rispetto all'azione canonica di G e con

$$\wp\colon A \longrightarrow A, \qquad a \longmapsto a^p - a,$$

come G-omomorfismo. Allora $\mu_p = \ker \wp$ è il campo primo in $A_K = K$, dunque un sottogruppo ciclico di ordine p in A_K, come richiesto. Per poter applicare il teorema 1 basta avere a disposizione il teorema 90 di Hilbert. Lo faremo nella proposizione 11, in un contesto più generale.

La teoria di Kummer per esponenti $n = p^r$, $r \geq 1$, richiede uno sforzo maggiore e necessita della teoria dei *vettori di Witt*, introdotti da E. Witt. I vettori di Witt (relativi a un numero primo p fissato) a coefficienti in un anello R formano un anello $W(R)$, il cosiddetto *anello dei vettori di Witt* su R. Tale anello viene dapprima definito come *insieme* ponendo $W(R) = R^{\mathbb{N}}$; la somma e il prodotto di due elementi $x, y \in W(R)$ vengono poi definiti nel modo seguente:

$$x + y = (S_n(x, y))_{n \in \mathbb{N}}, \qquad x \cdot y = (P_n(x, y))_{n \in \mathbb{N}},$$

dove, fissato un $n \in \mathbb{N}$, $S_n(x, y), P_n(x, y)$ sono polinomi in $x_0, \dots, x_n$ e $y_0, \dots, y_n$ a coefficienti[8] in $\mathbb{Z}$, dunque polinomi nelle prime $n+1$ componenti di x e y. Vedremo che se $p = p \cdot 1$ è invertibile in R, allora l'anello $W(R)$ è isomorfo all'anello $R^{\mathbb{N}}$ in cui l'addizione e la moltiplicazione sono definite componente per componente.

---

[8] La moltiplicazione di elementi di $\mathbb{Z}$ per elementi di R viene definita come al solito, per esempio tramite l'omomorfismo canonico $\mathbb{Z} \longrightarrow R$.

Per definire i polinomi $S_n, P_n \in \mathbb{Z}[X_0, \ldots, X_n, Y_0, \ldots, Y_n]$ al variare di $n \in \mathbb{N}$, consideriamo i cosiddetti *polinomi di Witt*

$$W_n = \sum_{i=0}^{n} p^i X_i^{p^{n-i}} = X_0^{p^n} + p X_1^{p^{n-1}} + \ldots + p^n X_n \in \mathbb{Z}[X_0, \ldots, X_n].$$

Valgono le formule ricorsive

(∗) $$W_n = W_{n-1}(X_0^p, \ldots, X_{n-1}^p) + p^n X_n, \qquad n > 0,$$

e si verifica per induzione che ciascun X_n può essere scritto come polinomio in $W_0, \ldots, W_n$ a coefficienti in $\mathbb{Z}[\frac{1}{p}]$, per esempio

$$X_0 = W_0, \qquad X_1 = p^{-1} W_1 - p^{-1} W_0^p, \qquad \cdots$$

Lemma 2. *L'endomorfismo*

$$\omega_n \colon \mathbb{Z}[\tfrac{1}{p}][X_0, \ldots, X_n] \longrightarrow \mathbb{Z}[\tfrac{1}{p}][X_0, \ldots, X_n],$$
$$f(X_0, \ldots, X_n) \longmapsto f(W_0, \ldots, W_n),$$

ottenuto sostituendo $W_0, \ldots, W_n$ alle variabili, è biiettivo. In particolare, le applicazioni ω_n, $n \in \mathbb{N}$, forniscono un automorfismo

$$\omega \colon \mathbb{Z}[\tfrac{1}{p}][X_0, X_1, \ldots] \longrightarrow \mathbb{Z}[\tfrac{1}{p}][X_0, X_1, \ldots],$$
$$f(X_0, X_1, \ldots) \longmapsto f(W_0, W_1, \ldots).$$

Dimostrazione. L'endomorfismo ω_n è suriettivo in quanto si può scrivere ciascuna delle variabili $X_0, \ldots, X_n$ come polinomio in $W_0, \ldots, W_n$. Inoltre ω_n è iniettivo per ragioni generali: per esempio si estendono i coefficienti da $\mathbb{Z}[\frac{1}{p}]$ a $\mathbb{Q}$ e si applica 7.1/9.

Vogliamo tuttavia provare direttamente l'iniettività di ω_n lavorando per induzione su n. Il caso $n = 0$ è banale perché $W_0 = X_0$. Sia dunque $n > 0$ e sia

$$f = \sum_{i=0}^{r} f_i \cdot X_n^i, \qquad f_i \in \mathbb{Z}[\tfrac{1}{p}][X_0, \ldots, X_{n-1}],$$

un polinomio non banale in $X_0, \ldots, X_n$ a coefficienti in $\mathbb{Z}[\frac{1}{p}]$ con $f_r \neq 0$. Allora

$$\omega_n(f) = \sum_{i=0}^{r} f_i(W_0, \ldots, W_{n-1}) \cdot W_n^i,$$

dove tutti gli $f_i(W_0, \ldots, W_{n-1})$ sono polinomi in $X_0, \ldots, X_{n-1}$ e per ipotesi induttiva $f_r(W_0, \ldots, W_{n-1})$ non è nullo. Pensiamo ora $\omega_n(f)$ come polinomio nella variabile X_n a coefficienti in $\mathbb{Z}[\frac{1}{p}][X_0, \ldots, X_{n-1}]$. Poiché $p^n X_n$ è l'unico monomio in W_n che contiene la variabile X_n, il termine di grado maggiore in $\omega_n(f)$ è $p^{nr} f_r(W_0, \ldots, W_{n-1}) \cdot X_n^r$ e quindi $\omega_n(f) \neq 0$, ossia ω_n è iniettivo.   □

Leggeremo spesso nel seguito i polinomi W_n come elementi dell'anello dei polinomi $\mathbb{Z}[X_0, X_1, \dots]$; in questo modo, dati punti $x \in R^{\mathbb{N}}$ con componenti in un anello arbitrario R, avrà senso considerare i valori $W_n(x)$.

Lemma 3. *Sia p invertibile in R. Allora l'applicazione*

$$w \colon W(R) = R^{\mathbb{N}} \longrightarrow R^{\mathbb{N}}, \qquad x \longmapsto (W_n(x))_{n \in \mathbb{N}},$$

è biiettiva.

Dimostrazione. Nella situazione del lemma 2, grazie alla proprietà universale degli anelli di polinomi in 2.5/5 e 2.5/1, si vede che le applicazioni inverse ω_n^{-1} e ω^{-1}, rispettivamente di ω_n e ω, sono pure omomorfismi di valutazione. Esistono dunque polinomi $\widetilde{W}_n \in \mathbb{Z}[\frac{1}{p}][X_0, \dots, X_n]$, $n \in \mathbb{N}$, tali che

$$W_n(\widetilde{W}_0, \dots, \widetilde{W}_n) = X_n, \qquad \widetilde{W}_n(W_0, \dots, W_n) = X_n.$$

Poiché p è invertibile in R, l'omomorfismo canonico $\mathbb{Z} \longrightarrow R$ si prolunga (in modo unico) a un omomorfismo $\mathbb{Z}[\frac{1}{p}] \longrightarrow R$ e le relazioni precedenti rimangono inalterate se si prende R come anello dei coefficienti al posto di $\mathbb{Z}[\frac{1}{p}]$. Ne segue che l'applicazione w ammette un'inversa e dunque è biiettiva.

In alternativa si può anche guardare a

$$R^{\mathbb{N}} \longrightarrow \operatorname{Hom}(\mathbb{Z}[\tfrac{1}{p}][X_0, X_1, \dots], R), \qquad x \longmapsto (f \longmapsto f(x)),$$

come a un'identificazione e interpretare $w \colon R^{\mathbb{N}} \longrightarrow R^{\mathbb{N}}$ come l'applicazione

$$\operatorname{Hom}(\mathbb{Z}[\tfrac{1}{p}][X_0, X_1, \dots], R) \longrightarrow \operatorname{Hom}(\mathbb{Z}[\tfrac{1}{p}][X_0, X_1, \dots], R),$$

$$\varphi \longmapsto \varphi \circ \omega,$$

indotta dall'isomorfismo ω del lemma 2; dati due anelli C e R abbiamo qui indicato con $\operatorname{Hom}(C, R)$ l'insieme degli omomorfismi di anelli $C \longrightarrow R$. $\qquad \square$

Se dunque R è un anello in cui p è invertibile, a partire dall'anello $R^{\mathbb{N}}$ con l'addizione "$+_c$" e la moltiplicazione "$\cdot_c$" definite componente per componente possiamo definire operazioni "$+$" e "$\cdot$" in $W(R)$ tramite le formule

$$x + y = w^{-1}(w(x) +_c w(y)), \qquad x \cdot y = w^{-1}(w(x) \cdot_c w(y)).$$

È evidente che $W(R)$ è un anello rispetto a queste operazioni. In realtà le operazioni in $W(R)$ sono definite in modo che l'applicazione $w \colon W(R) \longrightarrow R^{\mathbb{N}}$ risulti proprio un isomorfismo di anelli.

È facile controllare che le componenti n-esime della somma $x + y$ o del prodotto $x \cdot y$ di due elementi $x, y \in W(R)$ sono esprimibili tramite polinomi nelle componenti i-esime di x e y con $i \le n$. Infatti w (risp. w^{-1}) è descritto tramite espressioni polinomiali a coefficienti in $\mathbb{Z}$ (risp. in $\mathbb{Z}[\frac{1}{p}]$) e quindi basta lavorare con coefficienti in $\mathbb{Z}[\frac{1}{p}]$. Dimostreremo subito che in realtà basta considerare coefficienti in $\mathbb{Z}$ e questo ci permetterà di definire l'anello dei vettori di Witt $W(R)$

anche per anelli R in cui p non è invertibile. Iniziamo con un lemma sui vettori di Witt.

Lemma 4. *Sia R un anello in cui $p = p \cdot 1$ non è un divisore dello zero. Dati elementi $a_0, \ldots, a_n, b_0, \ldots, b_n \in R$ e un $r \in \mathbb{N} - \{0\}$ sono equivalenti:*

(i) $a_i \equiv b_i \mod (p^r)$ *per ogni* $i = 0, \ldots, n$.

(ii) $W_i(a_0, \ldots, a_i) \equiv W_i(b_0, \ldots, b_i) \mod (p^{r+i})$ *per ogni* $i = 0, \ldots, n$.

Dimostrazione. Procediamo per induzione su n. Il caso $n = 0$ è ovvio. Sia dunque $n > 0$. Per ipotesi induttiva, le condizioni (i) e (ii) sono equivalenti se scriviamo $n - 1$ al posto di n. Dunque, se $i = 0, \ldots, n - 1$ e se (i) oppure (ii) è soddisfatta, possiamo assumere che entrambe siano soddisfatte. Elevando i membri della congruenza (i) alla p-esima potenza si ottiene

$$a_i^p \equiv b_i^p \mod (p^{r+1}), \qquad i = 0, \ldots, n - 1,$$

perché $r \geq 1$ e p divide i coefficienti binomiali $\binom{p}{1}, \ldots, \binom{p}{p-1}$. In particolare, segue dall'ipotesi induttiva che

$$W_{n-1}(a_0^p, \ldots, a_{n-1}^p) \equiv W_{n-1}(b_0^p, \ldots, b_{n-1}^p) \mod (p^{r+n})$$

e, applicando la formula ricorsiva $(*)$, risulta

$$W_n(a_0, \ldots, a_n) - W_n(b_0, \ldots, b_n) \equiv p^n a_n - p^n b_n \mod (p^{r+n}).$$

La congruenza

$$W_n(a_0, \ldots, a_n) \equiv W_n(b_0, \ldots, b_n) \mod (p^{r+n})$$

è quindi equivalente a $p^n a_n \equiv p^n b_n \mod (p^{r+n})$, dunque a $a_n \equiv b_n \mod (p^r)$, poiché p non è un divisore dello zero in R. □

Lemma 5. *Sia $\Phi \in \mathbb{Z}[\zeta, \xi]$ un polinomio nelle due variabili ζ e ξ. Esistono allora e sono unici polinomi $\varphi_n \in \mathbb{Z}[X_0, \ldots, X_n, Y_0, \ldots, Y_n]$, $n \in \mathbb{N}$, tali che*

$$W_n(\varphi_0, \ldots, \varphi_n) = \Phi(W_n(X_0, \ldots, X_n), W_n(Y_0, \ldots, Y_n)).$$

per ogni n.

Dimostrazione. Poniamo $\mathfrak{X} = (X_0, X_1, \ldots)$, $\mathfrak{Y} = (Y_0, Y_1, \ldots)$ e consideriamo il diagramma commutativo

$$
\begin{array}{ccc}
\mathbb{Z}[\frac{1}{p}][\mathfrak{X}] & \xrightarrow{\omega} & \mathbb{Z}[\frac{1}{p}][\mathfrak{X}] \\
\tau \downarrow & & \downarrow \tau' \\
\mathbb{Z}[\frac{1}{p}][\mathfrak{X}, \mathfrak{Y}] & \xrightarrow{\omega \otimes \omega} & \mathbb{Z}[\frac{1}{p}][\mathfrak{X}, \mathfrak{Y}]
\end{array}
$$

definito tramite

$$\begin{aligned}
\omega : & \quad X_n \longmapsto W_n, \\
\omega \otimes \omega : & \quad X_n \longmapsto W_n(X_0, \ldots, X_n), \quad Y_n \longmapsto W_n(Y_0, \ldots, Y_n), \\
\tau : & \quad X_n \longmapsto \Phi(X_n, Y_n), \\
\tau' : & \quad = (\omega \otimes \omega) \circ \tau \circ \omega^{-1}.
\end{aligned}$$

Si osservi che, per il lemma 2, ω è un isomorfismo e quindi tale è $\omega \otimes \omega$. In particolare τ' è ben definita e univocamente determinata dalla commutatività del diagramma, ossia dall'uguaglianza $\tau' \circ \omega = (\omega \otimes \omega) \circ \tau$. Posto allora $\varphi_n = \tau'(X_n)$, risulta che i φ_n sono polinomi di $\mathbb{Z}[\frac{1}{p}][X_0, \ldots, X_n, Y_0, \ldots, Y_n]$, univocamente determinati, tali che

$$W_n(\varphi_0, \ldots, \varphi_n) = \Phi(W_n(X_0, \ldots, X_n), W_n(Y_0, \ldots, Y_n)), \qquad n \in \mathbb{N}.$$

Per dimostrare il lemma rimane dunque da verificare che tutti i polinomi φ_n hanno coefficienti in $\mathbb{Z}$.

Per farlo applichiamo il principio di induzione su n. Se $n = 0$, da $W_0 = X_0$ segue banalmente $\varphi_0 = \Phi$ e dunque φ_0 ha coefficienti in $\mathbb{Z}$. Sia ora $n > 0$. Per ipotesi induttiva possiamo assumere che i polinomi $\varphi_0, \ldots, \varphi_{n-1}$ abbiano coefficienti in $\mathbb{Z}$. Si consideri allora l'elemento

$$W_n(\varphi_0, \ldots, \varphi_n) = \tau' \circ \omega(X_n) = (\omega \otimes \omega) \circ \tau(X_n),$$

che, per definizione di ω e τ, rappresenta un polinomio in $\mathfrak{X}$ e $\mathfrak{Y}$ a coefficienti in $\mathbb{Z}$. Applicando l'ipotesi induttiva, anche i coefficienti di $W_{n-1}(\varphi_0^p, \ldots, \varphi_{n-1}^p)$ sono interi. La formula ricorsiva $(*)$ fornisce allora

$$W_n(\varphi_0, \ldots, \varphi_n) = W_{n-1}(\varphi_0^p, \ldots, \varphi_{n-1}^p) + p^n \varphi_n,$$

e quindi basta mostrare che

$$W_n(\varphi_0, \ldots, \varphi_n) \equiv W_{n-1}(\varphi_0^p, \ldots, \varphi_{n-1}^p) \quad \mathrm{mod}\ (p^n)$$

per concludere che i coefficienti di φ_n stanno in $\mathbb{Z}$.

Sia $\mathfrak{X}^p$ (risp. $\mathfrak{Y}^p$) il sistema di tutte le potenze p-esime delle componenti di $\mathfrak{X}$ (risp. di $\mathfrak{Y}$). Si dimostra facilmente applicando l'omomorfismo di riduzione $\mathbb{Z}[\mathfrak{X}, \mathfrak{Y}] \longrightarrow \mathbb{F}_p[\mathfrak{X}, \mathfrak{Y}]$ e 3.1/3 che, dato un polinomio $\varphi \in \mathbb{Z}[\mathfrak{X}, \mathfrak{Y}]$, vale $\varphi^p \equiv \varphi(\mathfrak{X}^p, \mathfrak{Y}^p) \ \mathrm{mod}\ (p)$. In particolare si ottiene

$$\varphi_i^p \equiv \varphi_i(\mathfrak{X}^p, \mathfrak{Y}^p) \quad \mathrm{mod}\ (p), \qquad i = 0, \ldots, n-1,$$

da cui segue, grazie al lemma 4,

$$W_{n-1}(\varphi_0^p, \ldots, \varphi_{n-1}^p) \equiv W_{n-1}(\varphi_0(\mathfrak{X}^p, \mathfrak{Y}^p), \ldots, \varphi_{n-1}(\mathfrak{X}^p, \mathfrak{Y}^p)) \quad \mathrm{mod}\ (p^n).$$

Dalla commutatività del diagramma precedente e dalla formula ricorsiva $(*)$

discendono allora le seguenti congruenze modulo (p^n):

$$
\begin{aligned}
W_n(\varphi_0, \ldots, \varphi_n) &= \Phi(W_n(\mathfrak{X}), W_n(\mathfrak{Y})) \\
&\equiv \Phi(W_{n-1}(\mathfrak{X}^p), W_{n-1}(\mathfrak{Y}^p)) \\
&= W_{n-1}(\varphi_0(\mathfrak{X}^p, \mathfrak{Y}^p), \ldots, \varphi_{n-1}(\mathfrak{X}^p, \mathfrak{Y}^p)) \\
&\equiv W_{n-1}(\varphi_0^p, \ldots, \varphi_{n-1}^p).
\end{aligned}
$$

Per quanto precedentemente detto si conclude allora che φ_n ha coefficienti in $\mathbb{Z}$.
□

Se applichiamo il lemma 5 ai polinomi

$$
\Phi(\zeta, \xi) = \zeta + \xi \quad \text{e} \quad \Phi(\zeta, \xi) = \zeta \cdot \xi
$$

otteniamo come φ_n rispettivamente i polinomi

$$
S_n, P_n \in \mathbb{Z}[X_0, \ldots, X_n, Y_0, \ldots, Y_n], \qquad n \in \mathbb{N}
$$

e, per esempio,

$$
\begin{aligned}
S_0 &= X_0 + Y_0, & S_1 &= X_1 + Y_1 + \tfrac{1}{p}(X_0^p + Y_0^p - (X_0 + Y_0)^p), \\
P_0 &= X_0 \cdot Y_0, & P_1 &= X_1 Y_0^p + X_0^p Y_1 + p X_1 Y_1.
\end{aligned}
$$

Dato un anello qualsiasi R, i polinomi S_n, P_n possono ora essere utilizzati per definire l'addizione e la moltiplicazione sull'anello dei vettori di Witt $W(R)$. Precisamente si pone $W(R) = R^{\mathbb{N}}$ come insieme mentre le operazioni in $W(R)$ sono definite tramite

$$
x + y = (S_n(x, y))_{n \in \mathbb{N}}, \qquad x \cdot y = (P_n(x, y))_{n \in \mathbb{N}}, \qquad x, y \in W(R).
$$

Grazie al lemma 5

$$
w \colon W(R) \longrightarrow R^{\mathbb{N}}, \qquad x \longmapsto (W_n(x))_{n \in \mathbb{N}},
$$

soddisfa le seguenti relazioni di compatibilità

$$
w(x + y) = w(x) +_c w(y), \qquad w(x \cdot y) = w(x) \cdot_c w(y), \qquad x, y \in W(R),
$$

ossia w è un omomorfismo di anelli se dimostriamo che $W(R)$ è un anello rispetto alle operazioni "+" e "·". Se p è invertibile in R, sappiamo dal lemma 3 che w è biiettiva. In questo caso

$$
x + y = w^{-1}(w(x) +_c w(y)), \qquad x \cdot y = w^{-1}(w(x) \cdot_c w(y)), \qquad x, y \in W(R),
$$

e, come già preannunciato, $W(R)$ è un anello rispetto alle operazioni "+","·" e $w \colon W(R) \longrightarrow R^{\mathbb{N}}$ è un isomorfismo di anelli.

Proposizione 6. *Sia R un anello qualsiasi. Allora $W(R)$ è un anello rispetto alle operazioni "+" e "." definite tramite i polinomi S_n, P_n ed esso soddisfa le seguenti proprietà:*

(i) *$(0,0,\ldots) \in W(R)$ è l'elemento nullo e $(1,0,0,\ldots) \in W(R)$ è l'identità.*

(ii) *$w \colon W(R) \longrightarrow R^{\mathbb{N}}$, $x \longmapsto (W_n(x))_{i \in \mathbb{N}}$, è un omomorfismo di anelli e anzi un isomorfismo se p è invertibile in R.*

(iii) *Per ogni omomorfismo di anelli $f \colon R \longrightarrow R'$ l'applicazione indotta*

$$W(f) \colon W(R) \longrightarrow W(R'), \qquad (a_n)_{n \in \mathbb{N}} \longmapsto (f(a_n))_{n \in \mathbb{N}},$$

è un omomorfismo di anelli.

Dimostrazione. Supponiamo dapprima che p sia invertibile in R. Allora, come abbiamo visto, $W(R)$ è un anello e $w \colon W(R) \longrightarrow R^{\mathbb{N}}$ è un isomorfismo di anelli. Poiché

$$w(0,0,\ldots) = (0,0,\ldots), \qquad w(1,0,0,\ldots) = (1,1,1,\ldots)$$

è evidente che $(0,0,\ldots)$ è l'elemento nullo e $(1,0,0,\ldots)$ è l'identità di $W(R)$.

Consideriamo il caso particolare $R = \mathbb{Z}[\frac{1}{p}][\mathfrak{X}, \mathfrak{Y}, \mathfrak{Z}]$ con

$$\mathfrak{X} = (X_0, X_1, \ldots), \qquad \mathfrak{Y} = (Y_0, Y_1, \ldots), \qquad \mathfrak{Z} = (Z_0, Z_1, \ldots)$$

sistemi di variabili. $\mathfrak{X}, \mathfrak{Y}, \mathfrak{Z}$ possono essere interpretati come elementi di $W(R)$ e le condizioni di associatività

$$(\mathfrak{X} + \mathfrak{Y}) + \mathfrak{Z} = \mathfrak{X} + (\mathfrak{Y} + \mathfrak{Z}), \qquad (\mathfrak{X} \cdot \mathfrak{Y}) \cdot \mathfrak{Z} = \mathfrak{X} \cdot (\mathfrak{Y} \cdot \mathfrak{Z})$$

rappresentano precise identità polinomiali in S_n e P_n, a coefficienti soltanto in $\mathbb{Z}$. Queste identità vivono perciò nell'anello dei polinomi $\mathbb{Z}[\mathfrak{X}, \mathfrak{Y}, \mathfrak{Z}]$. Si può procedere in modo analogo per gli altri assiomi di anello; per vedere che $W(R)$ ammette opposti definiti tramite polinomi a coefficienti in $\mathbb{Z}$, si applica il lemma 5 a $\Phi(\zeta, \xi) = -\zeta$. Di conseguenza le operazioni in $W(R)$ considerate sopra soddisfano, per così dire in modo generale, gli assiomi di anello in quanto per descrivere questi ultimi sono necessari solo coefficienti in $\mathbb{Z}$; quindi, se si sostituiscono le variabili con elementi di un anello qualsiasi R, le operazioni "+" e "." mantengono le proprietà di una struttura di anello e di conseguenza $W(R)$ è un anello anche nel caso in cui R sia un anello arbitrario.

Rimane da dimostrare (iii). Sia ora R un anello qualunque. Usando la proprietà universale degli anelli di polinomi dimostrata in 2.5/1, possiamo identificare $W(R)$ con l'insieme $\mathrm{Hom}(\mathbb{Z}[\mathfrak{X}], R)$ formato da tutti gli omomorfismi $\mathbb{Z}[\mathfrak{X}] \longrightarrow R$ e rispettivamente $W(R) \times W(R)$ con $\mathrm{Hom}(\mathbb{Z}[\mathfrak{X}, \mathfrak{Y}], R)$. L'addizione (risp. la moltiplicazione) di $W(R)$ si interpreta allora come l'applicazione

$$\mathrm{Hom}(\mathbb{Z}[\mathfrak{X}, \mathfrak{Y}], R) \longrightarrow \mathrm{Hom}(\mathbb{Z}[\mathfrak{X}], R), \qquad \varphi \longmapsto \varphi \circ g,$$

indotta da

$$g \colon \mathbb{Z}[\mathfrak{X}] \longrightarrow \mathbb{Z}[\mathfrak{X}, \mathfrak{Y}], \qquad X_n \longmapsto S_n(\text{ risp. } X_n) \longmapsto P_n.$$

Dato poi un omomorfismo di anelli $f \colon R \longrightarrow R'$, si ottiene canonicamente, sia per l'addizione che per la moltiplicazione, un diagramma commutativo

$$
\begin{array}{ccc}
\mathrm{Hom}(\mathbb{Z}[\mathfrak{X}, \mathfrak{Y}], R) & \longrightarrow & \mathrm{Hom}(\mathbb{Z}[\mathfrak{X}], R) \\
\downarrow & & \downarrow \\
\mathrm{Hom}(\mathbb{Z}[\mathfrak{X}, \mathfrak{Y}], R') & \longrightarrow & \mathrm{Hom}(\mathbb{Z}[\mathfrak{X}], R'),
\end{array}
$$

dove le frecce verticali sono definite tramite la composizione con f: quella di destra può essere vista come l'applicazione

$$
W(f) \colon W(R) \longrightarrow W(R'), \qquad (a_n)_{n \in \mathbb{N}} \longmapsto (f(a_n))_{n \in \mathbb{N}},
$$

mentre quella di sinistra come $W(f) \times W(f)$. La commutatività del diagramma dice che $W(f)$ è un omomorfismo di anelli. □

L'anello $W(R)$ è detto *anello dei vettori di Witt* di R e i suoi elementi sono detti *vettori di Witt* a componenti in R. Dato un $a \in W(R)$, $w(a)$ è detto il vettore delle *componenti fantasma* di a, in quanto queste componenti (almeno nel caso in cui p sia invertibile in R) determinano la struttura di anello di $W(R)$ ma non sono direttamente visibili in $W(R)$.

Introduciamo ora alcune semplici regole di calcolo in $W(R)$ e consideriamo nuovamente l'omomorfismo $w \colon W(R) \longrightarrow R^{\mathbb{N}}$. È evidente che, dati elementi $\alpha, \beta \in R$, risulta

$$
w((\alpha \cdot \beta, 0, 0, \ldots)) = w((\alpha, 0, 0, \ldots)) \cdot w((\beta, 0, 0, \ldots)),
$$

in quanto si ha $W_n(\gamma, 0, 0, \ldots) = \gamma^{p^n}$ per ogni $\gamma \in R$. Ne segue la regola

$$
(\alpha, 0, 0, \ldots) \cdot (\beta, 0, 0, \ldots) = (\alpha \cdot \beta, 0, 0, \ldots)
$$

per la moltiplicazione in $W(R)$, dapprima nel caso in cui p sia invertibile in R e poi, ragionando come nella dimostrazione della proposizione 6, anche per un anello R qualsiasi. In modo simile si dimostra anche la regola di decomposizione

$$
(a_0, a_1, \ldots) = (a_0, \ldots, a_n, 0, 0, \ldots) + (0, \ldots, 0, a_{n+1}, a_{n+2}, \ldots)
$$

per l'addizione in $W(R)$. Riveste poi particolare interesse la moltiplicazione per p in $W(R)$, specialmente quando $p \cdot 1 = 0$ in R. Per esempio, se $R = \mathbb{F}_p$ e $a \in W(\mathbb{F}_p)$, si ha $w(p \cdot a) = p \cdot w(a) = 0$, anche se, come vedremo più avanti, la moltiplicazione per p non è banale in $W(\mathbb{F}_p)$. In particolare, l'omomorfismo $w \colon W(\mathbb{F}_p) \longrightarrow \mathbb{F}_p^{\mathbb{N}}$ non può essere iniettivo. In altri termini, gli elementi di $W(\mathbb{F}_p)$ non sono univocamente determinati dalle loro componenti fantasma.

Per lavorare con la p-moltiplicazione in $W(R)$, introduciamo due operatori: il *Frobenius*

$$
F \colon W(R) \longrightarrow W(R), \qquad (a_0, a_1, \ldots) \longmapsto (a_0^p, a_1^p, \ldots),
$$

e il *Verschiebung*

$$
V \colon W(R) \longrightarrow W(R), \qquad (a_0, a_1, \ldots) \longmapsto (0, a_0, a_1, \ldots).
$$

Questi due operatori commutano tra loro, ossia $V \circ F = F \circ V$. Se R è un anello in cui $p \cdot 1 = 0$, il Frobenius $F \colon W(R) \longrightarrow W(R)$ è un omomorfismo di anelli. Infatti $R \longrightarrow R$, $a \longmapsto a^p$, è un omomorfismo di anelli e induce quindi un omomorfismo di anelli $W(R) \longrightarrow W(R)$ che coincide proprio con F. Il Verschiebung V non ha tale proprietà, ma è sempre additivo. Per verificarlo possiamo assumere, come fatto nella dimostrazione della proposizione 6, che p sia invertibile in R. Allora $w \colon W(R) \longrightarrow R^{\mathbb{N}}$ è un isomorfismo e risulta $W_{n+1}(V(a)) = p W_n(a)$; pertanto

$$w(V(a)) = (0, p W_0(a), p W_1(a), \dots)$$

e questo ci dice che V viene trasformato da w nell'applicazione

$$R^{\mathbb{N}} \longrightarrow R^{\mathbb{N}}, \qquad (x_0, x_1, \dots) \longmapsto (0, p x_0, p x_1, \dots).$$

Chiaramente quest'ultima è additiva componente per componente.

Descriviamo ora la moltiplicazione per p in $W(R)$ che indicheremo nel seguito semplicemente con p.

Lemma 7. *Sia $a \in W(R)$ e indichiamo con $(p \cdot a)$ il multiplo p-esimo di a in $W(R)$ e con $(p \cdot a)_n$ la sua componente n-esima. Analogamente sia $(V \circ F(a))_n$ la componente n-esima di $V \circ F(a)$. Allora*

$$(V \circ F(a))_n \equiv (p \cdot a)_n \quad \mathrm{mod}\ (p), \qquad n \in \mathbb{N}.$$

Se in particolare $p \cdot 1 = 0$ in R, si ha:

$$V \circ F = F \circ V = p.$$

Dimostrazione. Con il solito tipo di argomentazione possiamo assumere che p sia invertibile in R. Per il lemma 4 le congruenze nel lemma sono equivalenti a

$$W_n(V \circ F(a)) \equiv W_n(p \cdot a) \quad \mathrm{mod}\ p^{n+1}, \qquad n \in \mathbb{N}.$$

Dalle formule ricorsive $(*)$ discende

$$W_n(V \circ F(a)) = W_n(F \circ V(a)) \equiv W_{n+1}(V(a)) \quad \mathrm{mod}\ p^{n+1}$$

e inoltre vale

$$W_{n+1}(V(a)) = p \cdot W_n(a) = W_n(p \cdot a).$$

Abbiamo già usato la prima uguaglianza per mostrare che V è additivo. La seconda segue dal fatto che $w \colon W(R) \longrightarrow R^{\mathbb{N}}$ è un omomorfismo. Unendo i due risultati, otteniamo le congruenze cercate. $\square$

Per formulare la teoria di Kummer in caratteristica p per un esponente p^r avremo bisogno dei *vettori di Witt di lunghezza finita* $r \geq 1$. Finora siamo partiti dall'insieme $R^{\mathbb{N}}$ e abbiamo considerato i cosiddetti vettori di Witt di lunghezza infinita. Ci si può però restringere ai vettori $(a_0, \dots, a_{r-1}) \in R^r$ di lunghezza r.

Poiché i polinomi S_n, P_n coinvolgono solo variabili X_i, Y_i con indici $i \leq n$, tali polinomi inducono operazioni in R^r e, come nel caso dei vettori di Witt di lunghezza infinita, si vede che queste operazioni definiscono una struttura di anello in R^r. L'anello che ne risulta viene indicato con $W_r(R)$ e viene detto anello *dei vettori di Witt di lunghezza r su R*. Valgono risultati analoghi a quelli della proposizione 6 e risulta che $W_1(R)$ è canonicamente isomorfo a R. Se V indica come prima il Verschiebung di $W(R)$, allora la proiezione

$$W(R) \longrightarrow W_r(R), \qquad (a_0, a_1, \ldots) \longmapsto (a_0, \ldots, a_{r-1})$$

è un omomorfismo suriettivo di anelli con nucleo

$$V^r W(R) = \{(a_0, a_1, \ldots) \in W(R) \, ; \, a_0 = \ldots = a_{r-1} = 0\}$$

e dunque esso induce un isomorfismo $W(R)/V^r W(R) \overset{\sim}{\longrightarrow} W_r(R)$. In particolare $V^r W(R)$ è un ideale di $W(R)$. Inoltre l'applicazione $V^r \colon W(R) \longrightarrow W(R)$, $k \in \mathbb{N}$, è un omomorfismo iniettivo di gruppi additivi che manda $V^k W(R)$ in $V^{r+k} W(R)$. Dunque V^r induce un operatore, detto Verschiebung r-esimo, $V_k^r \colon W_k(R) \longrightarrow W_{r+k}(R)$ che è ancora un omomorfismo iniettivo di gruppi additivi. Chiaramente si ha

$$\operatorname{im} V_k^r = \{(a_0, \ldots, a_{r+k-1}) \in W_{r+k}(R) \, ; \, a_0 = \ldots = a_{r-1} = 0\}$$

e questa immagine coincide col nucleo della proiezione

$$W_{r+k}(R) \longrightarrow W_r(R), \qquad (a_0, \ldots, a_{r+k-1}) \longmapsto (a_0, \ldots, a_{r-1}).$$

Ne segue che V_k^r induce un isomorfismo $W_{r+k}(R)/V_k^r W_k(R) \overset{\sim}{\longrightarrow} W_r(R)$ o, in altri termini, che esiste una successione esatta di gruppi abeliani

$$0 \longrightarrow W_k(R) \overset{V_k^r}{\longrightarrow} W_{r+k}(R) \longrightarrow W_r(R) \longrightarrow 0.$$

In alternativa possiamo considerare come Verschiebung su $W_r(R)$ anche l'applicazione

$$W_r(R) \overset{V_r^1}{\longrightarrow} W_{r+1}(R) \longrightarrow W_r(R), \qquad (a_0, \ldots, a_{r-1}) \longmapsto (0, a_0, \ldots, a_{r-2}).$$

Questo operatore, che sarà indicato nel seguito pure con V, è additivo e per $0 \leq k \leq r$ risulta che il nucleo di V^k è proprio

$$V^{r-k} W_r(R) = \{(a_0, \ldots, a_{r-1}) \in W_r(R) \, ; \, a_o = \ldots = a_{r-k-1} = 0\}.$$

Torniamo ora alla teoria di Kummer per un esponente p^r, $r \geq 1$, e consideriamo un campo K di caratteristica $p > 0$, una sua chiusura separabile K_s e il gruppo di Galois assoluto G. Ogni automorfismo di Galois $\sigma \colon K_s \longrightarrow K_s$ induce allora un automorfismo di anelli

$$W_r(K_s) \longrightarrow W_r(K_s), \qquad (a_0, \ldots, a_{r-1}) \longmapsto (\sigma(a_0), \ldots, \sigma(a_{r-1})).$$

Dunque esiste un omomorfismo $G \longrightarrow \mathrm{Aut}(W_r(K_s))$ che rappresenta un'azione di G su $W_r(K_s)$. Questa azione è continua perché l'azione di G su ciascuna componente di $W_r(K_s)$ è continua. Denotiamo con A il gruppo additivo di $W_r(K_s)$; abbiamo appena definito un'azione continua di G su A e, nelle notazioni della teoria di Kummer generale, se L è campo intermedio di K_s/K, si ha $A_L = W_r(L)$.

L'applicazione

$$\wp\colon A \longrightarrow A, \qquad a \longmapsto F(a) - a,$$

è inoltre un endomorfismo di A compatibile con l'azione di G.

Teorema 8. *Se* $\mathrm{char}\, K = p > 0$, *allora il* G-*modulo* $A = W_r(K_s)$ *assieme al* G-*omomorfismo*

$$\wp\colon A \longrightarrow A, \qquad a \longmapsto F(a) - a,$$

soddisfa le ipotesi del teorema 1 della teoria di Kummer su K *per l'esponente* p^r.

Dimostriamo questo risultato per passi successivi.

Lemma 9. $\wp$ *è suriettivo.*

Dimostrazione. Nel caso $r = 1$ si ha $A = W_1(K_s) = K_s$ e dobbiamo considerare l'applicazione

$$\wp\colon K_s \longrightarrow K_s, \qquad \alpha \longmapsto \alpha^p - \alpha.$$

Questa è suriettiva in quanto i polinomi del tipo $X^p - X - c$ con $c \in K_s$ sono sempre separabili. Inoltre si vede che $\wp$ è compatibile sia con il Verschiebung che con la proiezione $W_r(K_s) \longrightarrow W_1(K_s)$. Per $r > 1$ si ha dunque un diagramma commutativo

$$
\begin{array}{ccccccccc}
0 & \longrightarrow & W_{r-1}(K_s) & \xrightarrow{V_{r-1}^1} & W_r(K_s) & \longrightarrow & W_1(K_s) & \longrightarrow & 0 \\
 & & \downarrow{\scriptstyle\wp} & & \downarrow{\scriptstyle\wp} & & \downarrow{\scriptstyle\wp} & & \\
0 & \longrightarrow & W_{r-1}(K_s) & \xrightarrow{V_{r-1}^1} & W_r(K_s) & \longrightarrow & W_1(K_s) & \longrightarrow & 0,
\end{array}
$$

e si deduce facilmente dalla suriettività di $\wp$ su $W_1(K_s)$ e su $W_{r-1}(K_s)$ che è pure suriettivo su $W_r(K_s)$. $\qquad\square$

Per la teoria di Kummer è necessario inoltre determinare il nucleo di $\wp$. Consideriamo nel seguito $\mathbb{F}_p$ come campo primo del nostro campo K.

Lemma 10. *Si ha* $\ker \wp = W_r(\mathbb{F}_p)$ *e questo gruppo è ciclico di ordine* p^r. *Esso è generato dall'identità* $e \in W_r(\mathbb{F}_p)$.

Dimostrazione. Le soluzioni in K_s dell'equazione $x^p = x$ sono proprio gli elementi del campo primo $\mathbb{F}_p \subset K_s$. Dunque $\ker \wp = W_r(\mathbb{F}_p)$. Quest'ultimo è un gruppo di ordine p^r e affermiamo che l'identità $e = (1, 0, \ldots, 0) \in W_r(\mathbb{F}_p)$ ha proprio questo ordine. Di fatto l'ordine di e divide p^r e dunque è una potenza di p. Usando la formula $V \circ F = p$ del lemma 7, si vede che la moltiplicazione per p sposta la componente 1 in e di un posto verso destra per cui e ha precisamente ordine p^r.

$$\square$$

Per poter applicare il teorema 1 e dunque ottenere una caratterizzazione delle estensioni abeliane di esponente che divide p^r, rimane ancora da mostrare la validità del teorema 90 di Hilbert.

Proposizione 11. *Sia L/K un'estensione di Galois finita di campi di caratteristica $p > 0$ con gruppo di Galois G. Sia $r \in \mathbb{N} - \{0\}$ e si consideri sull'anello dei vettori di Witt di lunghezza data r, $W_r(L)$, l'azione di G componente per componente. Allora*

$$H^1(G, W_r(L)) = 0,$$

ossia ogni 1-cociclo è un 1-cobordo.

Dimostrazione. Procediamo in modo simile a quanto fatto in 4.8/2 con la differenza che dobbiamo usare anche la traccia

$$\mathrm{Tr}_{L/K} \colon W_r(L) \longrightarrow W_r(K), \qquad a \longmapsto \sum_{\sigma \in G} \sigma(a).$$

Poiché ogni $\sigma \in G$ definisce un $W_r(K)$-automorfismo di $W_r(L)$, si vede facilmente che la traccia è $W_r(K)$-lineare. Inoltre $\mathrm{Tr}_{L/K}$ è compatibile con la proiezione $W_r(L) \longrightarrow W_1(L) = L$ mentre su $W_1(L)$ la traccia coincide con la traccia usuale $\mathrm{Tr}_{L/K} \colon L \longrightarrow K$ (vedi 4.7/4). Dimostriamo per induzione su r che $\mathrm{Tr}_{L/K} \colon W_r(L) \longrightarrow W_r(K)$ è suriettiva.

Nel caso $r = 1$ stiamo lavorando con la traccia usuale rispetto a estensioni finite di campi e il risultato segue da 4.7/7. Nel caso generale la traccia su $W_r(L)$ è chiaramente compatibile con l'operatore Verschiebung e dunque, se $r > 1$, abbiamo un diagramma commutativo

$$
\begin{array}{ccccccccc}
0 & \longrightarrow & W_{r-1}(L) & \xrightarrow{\ V_{r-1}^1\ } & W_r(L) & \longrightarrow & W_1(L) & \longrightarrow & 0 \\
 & & \ \downarrow{\scriptstyle \mathrm{Tr}_{L/K}} & & \ \downarrow{\scriptstyle \mathrm{Tr}_{L/K}} & & \ \downarrow{\scriptstyle \mathrm{Tr}_{L/K}} & & \\
0 & \longrightarrow & W_{r-1}(K) & \xrightarrow{\ V_{r-1}^1\ } & W_r(K) & \longrightarrow & W_1(K) & \longrightarrow & 0.
\end{array}
$$

La traccia su $W_1(L)$ è suriettiva. Dunque la suriettività della traccia su $W_{r-1}(L)$ implica la suriettività della traccia su $W_r(L)$. In particolare esiste un elemento $a \in W_r(L)$ tale che $\mathrm{Tr}_{L/K}(a) = 1$.

Sia ora $f \colon G \longrightarrow W_r(L)$ un 1-cociclo. Consideriamo la serie di Poincaré

$$b = \sum_{\sigma' \in G} f(\sigma') \cdot \sigma'(a)$$

e per un qualsiasi elemento $\sigma \in G$ otteniamo che

$$\sigma(b) = \sum_{\sigma' \in G} \sigma(f(\sigma')) \cdot (\sigma \circ \sigma')(a)$$

$$= \sum_{\sigma' \in G} (f(\sigma \circ \sigma') - f(\sigma)) \cdot (\sigma \circ \sigma')(a)$$

$$= \sum_{\sigma' \in G} f(\sigma \circ \sigma') \cdot (\sigma \circ \sigma')(a) - \sum_{\sigma' \in G} f(\sigma) \cdot (\sigma \circ \sigma')(a)$$

$$= b - f(\sigma) \cdot \mathrm{Tr}_{L/K}(a) = b - f(\sigma);$$

pertanto f è un 1-cobordo. $\square$

Con questo abbiamo terminato la dimostrazione del teorema 8.

Esercizi

1. *Si caratterizzino nel contesto della teoria di Kummer generale per un esponente n fissato tutte le estensioni cicliche di grado un divisore di n.*

2. *Sia K un campo di caratteristica $p > 0$. Si dimostrino le seguenti proprietà dell'anello dei vettori di Witt $W(K)$:*

   (i) *L'applicazione*

   $$K^* \longrightarrow W(K)^*, \qquad \alpha \longmapsto (\alpha, 0, 0, \ldots),$$

   è un monomorfismo di gruppi moltiplicativi. Vale l'analogo asserto anche per il gruppo additivo K?

   (ii) *L'applicazione canonica $W(K) \longrightarrow \varprojlim W(K)/p^n W(K)$ è un isomorfismo di anelli. In particolare $W(\mathbb{F}_p)$ coincide con l'anello $\mathbb{Z}_p$ degli interi p-adici; (vedi sezione 4.2).*

   (iii) *$W(K)$ è un dominio principale con ideale massimale $p \cdot W(K) = V^1 W(K)$. Tutti gli altri ideali non banali di $W(K)$ sono potenze dell'ideale massimale, dunque sono del tipo $p^n \cdot W(K) = V^n W(K)$.*

3. Siano p un numero primo e $q = p^r$ una potenza di p. Si dimostri quanto segue:

   (i) Ogni $a \in W(\mathbb{F}_q)$ ammette una rappresentazione

   $$a = \sum_{i \in \mathbb{N}} c_i p^i$$

   con coefficienti $c_i \in \mathbb{F}_q$ univocamente determinati; qui si devono interpretare i c_i come vettori di Witt $(c_i, 0, 0, \ldots) \in W(\mathbb{F}_q)$.

   (ii) $W(\mathbb{F}_q) = \mathbb{Z}_p[\zeta]$, dove ζ è una radice primitiva $(q-1)$-esima dell'unità. Si determini inoltre il grado del campo delle frazioni $Q(W(\mathbb{F}_q))$ su $Q(\mathbb{Z}_p)$.

4. Sia G il gruppo di Galois assoluto di un campo K. Dato un G-modulo A, nelle notazioni della teoria generale di Kummer, si considerino le applicazioni

   $$\Phi \colon \Delta \longmapsto G(A/\Delta), \qquad \Psi \colon H \longmapsto A^H,$$

   dove $\Delta \subset A$ e $H \subset G$ sono sottogruppi. Si dimostri che valgono:

   $$\Phi \circ \Psi \circ \Phi(\Delta) = \Phi(\Delta), \qquad \Psi \circ \Phi \circ \Psi(H) = \Psi(H).$$

4.11 Discesa galoisiana*

Sia K'/K un'estensione di campi. Se V è un K-spazio vettoriale e $(v_i)_{i \in I}$ è una sua base, a partire da V e tramite estensione degli scalari si può costruire un K'-spazio vettoriale $V' = V \otimes_K K'$: per esempio si sceglie $(v_i)_{i \in I}$ come base e si fanno variare i coefficienti in K'. Si dice che V è una K-*forma* di V'. Analogamente, si può ottenere, a partire da un'applicazione K-lineare $\varphi \colon V \longrightarrow W$, un'applicazione K'-lineare $\varphi' \colon V' \longrightarrow W'$ tramite estensione degli scalari. La teoria della discesa (per l'estensione K'/K) si occupa del problema inverso, ossia di descrivere i K-spazi vettoriali e i loro omomorfismi tramite i corrispondenti oggetti su K', sui quali vengono poste ulteriori strutture dette *dati di discesa*. Se V', W' sono due K'-spazi vettoriali, è facile trovare delle K-forme V, W per ciascuno di essi. Però, affinché un K'-morfismo $\varphi' \colon V' \longrightarrow W'$ sia definito su K tra due K-forme V, W fissate, ossia affinché φ' sia ottenuto da un K-omomorfismo $\varphi \colon V \longrightarrow W$ per estensione degli scalari, è necessario che φ' rispetti i dati di discesa su V' e W'.

In questa sezione presenteremo la teoria della discesa soltanto per estensioni K'/K con K campo fisso di un gruppo finito di automorfismi di K'; considereremo così solo estensioni galoisiane finite (vedi 4.1/4) e i dati di discesa potranno essere descritti tramite azioni di gruppi. Ricordiamo però che in Geometria Algebrica la teoria della discesa funziona in condizioni ben più generali; si consulti a riguardo il lavoro di Grothendieck [5].

Prima di affrontare la teoria della discesa vogliamo dare una solida base al processo di estensione degli scalari per spazi vettoriali, introducendo il concetto di prodotto tensoriale. Discuteremo qui solo il caso speciale di cui avremo bisogno, mentre tratteremo nella sezione 7.2 i prodotti tensoriali in contesti più generali.

Definizione 1. *Sia K'/K un'estensione di campi e sia V un K-spazio vettoriale. Un* prodotto tensoriale *di K' per V su K è un K'-spazio vettoriale V' assieme a un'applicazione K-lineare $\tau \colon V \longrightarrow V'$ che soddifa la seguente proprietà universale:*

Se $\varphi \colon V \longrightarrow W'$ è un'applicazione K-lineare con W' un K'-spazio vettoriale, esiste un unico K'-morfismo $\varphi' \colon V' \longrightarrow W'$ tale che $\varphi = \varphi' \circ \tau$, cioè esiste un unico "prolungamento" K'-lineare φ' di φ.

Grazie alla proprietà universale richiesta nella definizione i prodotti tensoriali sono univocamente determinati a meno di isomorfismi canonici. Nella situazione della definizione si scrive $K' \otimes_K V$ o $V \otimes_K K'$ al posto di V', a seconda che si voglia leggere V' come spazio vettoriale sinistro o destro rispetto al prodotto scalare per elementi di K'. Inoltre, dato un $(a, v) \in K' \times V$, il prodotto $a \cdot \tau(v)$ viene anche indicato con $a \otimes v$. Un elemento del tipo $a \otimes v$ viene detto *tensore*; come vedremo in seguito, gli elementi di $K' \otimes_K V$ sono somme finite di tali tensori. Analogamente se si interpreta V' come spazio vettoriale a destra.

Proposizione 2. *Sia K'/K un'estensione di campi e sia V un K-spazio vettoriale. Il prodotto tensoriale $V' = K' \otimes_K V$ esiste sempre.*

Dimostrazione. Scegliamo una K-base $(v_i)_{i \in I}$ di V e consideriamo il K'-spazio vettoriale $V' = K'^{(I)}$ con la sua base canonica $(e_i)_{i \in I}$. Se si manda il vettore di base $v_i \in V$, $i \in I$, nel vettore di base $e_i \in K'^{(I)}$, si ottiene un'applicazione K-lineare iniettiva $\tau \colon V \longrightarrow V'$. Sia ora $\varphi \colon V \longrightarrow W'$ un'applicazione K-lineare, dove W' è un arbitrario K'-spazio vettoriale. Se allora $\varphi' \colon V' \longrightarrow W'$ è un'applicazione K'-lineare tale che $\varphi = \varphi' \circ \tau$, si ha necessariamente che $\varphi'(e_i) = \varphi'(\tau(v_i)) = \varphi(v_i)$. Dunque φ' è univocamente determinata da φ sulla K'-base (e_i) di V' e quindi anche su tutto V'. Viceversa, tramite $e_i \longmapsto \varphi(v_i)$ e prolungando poi per K'-linearità, resta definita un'applicazione K'-lineare $\varphi' \colon V' \longrightarrow W'$ che soddisfa $\varphi = \varphi' \circ \tau$. Di conseguenza V' assieme a τ è un prodotto tensoriale di K' per V su K. $\square$

La dimostrazione dice che $V' = K' \otimes_K V$ è ottenuto da V "estendendo i coefficienti di V". Infatti l'applicazione K-lineare $\tau \colon V \longrightarrow V' = K' \otimes_K V$, essendo iniettiva, permette di identificare V con un K-sottospazio vettoriale di $K' \otimes_K V$. Nella dimostrazione precedente abbiamo definito, a partire dalla K-base $(v_i)_{i \in I}$ di V, il prodotto tensoriale $K' \otimes_K V$ come un K'-spazio vettoriale avente la stessa base. Segue subito dalla proprietà universale del prodotto tensoriale che il risultato è indipendente dalla scelta della base $(v_i)_{i \in I}$ di V. Inoltre si può vedere direttamente che ogni K-omomorfismo $\varphi \colon V \longrightarrow W$ tra due K-spazi vettoriali V e W si prolunga a un K'-omomorfismo $K' \otimes \varphi \colon K' \otimes_K V \longrightarrow K' \otimes_K W$. Questo però discende formalmente anche dalla proprietà universale del prodotto tensoriale perché

$$V \longrightarrow K' \otimes_K W, \qquad v \longmapsto 1 \otimes \varphi(v),$$

è un'applicazione K-lineare e dunque corrisponde a un'applicazione K'-lineare $K' \otimes \varphi \colon K' \otimes_K V \longrightarrow K' \otimes_K W$.[9]

Possiamo ora precisare le locuzioni "K-forma" e "definito su K" usate all'inizio. Consideriamo dunque un'estensione di campi qualsiasi K'/K. Un K-sottospazio vettoriale V di un K'-spazio vettoriale V' si dice una K-*forma* di V' se l'applicazione K'-lineare $K' \otimes_K V \longrightarrow V'$ associata a $V \hookrightarrow V'$ è un isomorfismo. Una volta fissata una K-forma V di V', possiamo interpretare il precedente isomorfismo come un'identificazione. Si dice allora che un K'-sottospazio vettoriale $U' \subset V'$ è *definito su* K se U' è l'estensione a K' di un K-sottospazio vettoriale $U \subset V$ o, in altri termini, se esiste un K-sottospazio vettoriale $U \hookrightarrow V$ tale che l'applicazione K'-lineare indotta $K' \otimes_K U \longrightarrow K' \otimes_K V = V'$ (che è sempre iniettiva!) identifica $K' \otimes_K U$ con U'. In particolare U sarà allora una K-forma di U'. Infine un K'-omomorfismo $\varphi' \colon V' \longrightarrow W'$ tra due K'-spazi vettoriali aventi rispettivamente K-forme V e W si dice *definito su* K se φ' è il prolungamento di un K-omomorfismo $\varphi \colon V \longrightarrow W$, ossia se esiste un K-omomorfismo $\varphi \colon V \longrightarrow W$ tale che φ' coincide con $K' \otimes \varphi$ rispetto alle identificazioni $V' = K' \otimes_K V$ e $W' = K' \otimes_K W$.

Concentriamoci ora sul caso di un'estensione galoisiana finita K'/K e supponiamo dapprima che K sia il campo fisso di un sottogruppo $G \subset \mathrm{Aut}(K')$ (ve-

---

[9] Lavorando con prodotti tensoriali si usa di solito la notazione $\mathrm{id}_{K'} \otimes \varphi$ al posto di $K' \otimes \varphi$. Si tratta del prodotto tensoriale di due applicazioni K-lineari, precisamente l'identità su K' e l'applicazione φ (vedi sezione 7.2).

di 4.1/4). Se V è una K-forma di un K'-spazio vettoriale V' e identifichia-mo V' con $K' \otimes_K V$, allora, per ogni $\sigma \in G$, esiste un'applicazione K-lineare $f_\sigma \colon K' \otimes_K V \longrightarrow K' \otimes_K V$ descritta da $a \otimes v \longmapsto \sigma(a) \otimes v$. Infatti, fissata una K-base $(v_i)_{i \in I}$ di V, questa può essere considerata anche come K'-base di V' e si può definire f_σ tramite

$$f_\sigma \colon V' \longrightarrow V', \qquad \sum a_i v_i \longmapsto \sum \sigma(a_i) v_i.$$

Diremo che f_σ è un'*applicazione σ-lineare* in quanto valgono le relazioni

$$f_\sigma(v' + w') = f_\sigma(v') + f_\sigma(w'), \qquad f_\sigma(a'v') = \sigma(a') f_\sigma(v'),$$

al variare di $v', w' \in V'$ e $a' \in K'$. Risulta inoltre $f_\sigma \circ f_\tau = f_{\sigma\tau}$ per ogni scelta di $\sigma, \tau \in G$ e, se $\varepsilon \in G$ indica l'elemento neutro, si ha $f_\varepsilon = \mathrm{id}_{V'}$. Questo significa che le applicazioni f_σ definiscono un'azione di G su V':

$$G \times V' \longrightarrow V', \qquad (\sigma, v) \longmapsto f_\sigma(v)$$

(vedi 5.1/1). Si dice anche che $f = (f_\sigma)_{\sigma \in G}$ è la *G-azione canonica* relativa alla K-forma V di V'.

Proposizione 3. *Sia K'/K un'estensione di campi con K campo fisso di un gruppo di automorfismi di K' che indichiamo con G. Sia poi V' un K'-spazio vettoriale con K-forma V e relativa G-azione f.*

   (i) *Un elemento $v \in V'$ appartiene a V se e solo se $f_\sigma(v) = v$ per ogni $\sigma \in G$.*

   (ii) *Un K'-sottospazio vettoriale $U' \subset V'$ è definito su K se e solo se $f_\sigma(U') \subset U'$ per ogni $\sigma \in G$.*

   (iii) *Un K'-omomorfismo $\varphi' \colon V' \longrightarrow W'$ tra K'-spazi vettoriali, aventi rispet-tivamente K-forme V, W e relative G-azioni f, g, è definito su K se e solo se φ' è compatibile con tutti i $\sigma \in G$, ossia se e solo se per ogni scelta di $\sigma \in G$ e $v \in V'$ vale $\varphi'(f_\sigma(v)) = g_\sigma(\varphi'(v))$.*

Dimostrazione. È facile dimostrare (i). Fissata una K-base $(v_i)_{i \in I}$ di V, sia $v = \sum_i a_i v_i$ con $a_i \in K'$. Da $f_\sigma(v) = \sum_i \sigma(a_i) v_i$ segue che v è invariante rispetto a tutti gli f_σ se e solo se i coefficienti a_i sono invarianti rispetto a tutti i $\sigma \in G$, ossia se e solo se tutti gli a_i appartengono a K e dunque v è un elemento di V. Altrettanto facilmente si ottiene (iii). La condizione data è chiaramente necessaria. D'altra parte questa condizione assieme alla (i) implica che $\varphi'(V) \subset W$.

Dimostriamo ora (ii). La condizione $f_\sigma(U') \subset U'$ per $\sigma \in G$ è ovviamente ne-cessaria. Per vedere che è anche sufficiente, consideriamo una K-base $(v_i)_{i \in I}$ di V e le classi laterali $\overline{v}_i \in W' = V'/U'$ rappresentate dai v_i. Esiste allora un sottosiste-ma $(\overline{v}_i)_{i \in I'}$ del sistema di tutti i $\overline{v}_i$ che forma una K'-base di W'. Possiamo dunque considerare $W = \sum_{i \in I'} K \overline{v}_i$ come una K-forma di W' e così abbiamo su W' la G-azione canonica g relativa a W. Ora, la proiezione $\varphi' \colon V' \longrightarrow W'$ è definita su K. Per verificarlo si osservi che ogni $v \in V'$ ammette una rappresentazione

$$v = u + \sum_{i \in I'} a_i v_i$$

con $u \in U'$ e coefficienti $a_i \in K'$. Dato un $\sigma \in G$, da $f_\sigma(U') \subset U' = \ker \varphi'$ e $f_\sigma(v_i) = v_i$ segue subito che $\varphi'(f_\sigma(v)) = g_\sigma(\varphi'(v))$. Per (iii) l'omomorfismo φ' è allora definito su K. Si riconosce poi senza difficoltà che anche $U' = \ker \varphi'$ è definito su K. $\qquad\square$

Vediamo ora come caratterizzare le K-forme di uno spazio vettoriale tramite le azioni di gruppi.

Proposizione 4. *Sia K'/K un'estensione di campi con K il campo fisso di un gruppo G di automorfismi di K'. Sia inoltre V' un K'-spazio vettoriale. Per ogni $\sigma \in G$ sia data un'applicazione σ-lineare $f_\sigma\colon V' \longrightarrow V'$ in modo tale che risulti $f_\sigma \circ f_\tau = f_{\sigma\tau}$ per ogni scelta di $\sigma, \tau \in G$ e sia $f_\varepsilon = \mathrm{id}_{V'}$, dove $\varepsilon \in G$ indica l'elemento neutro. (Gli elementi f_σ definiscono dunque un'azione f di G su V'.) Sia $V \subset V'$ l'insieme dei punti fissi per l'azione di G. Allora:*

(i) V è un K-sottospazio di V' e, se $\lambda'\colon K' \otimes_K V \longrightarrow V'$ è l'applicazione K'-lineare indotta da $\lambda\colon V \hookrightarrow V'$, λ' è iniettiva.

(ii) Se G è finito, l'applicazione λ' è suriettiva e dunque biiettiva; V è pertanto una K-forma di V'.

Dimostrazione. V è una K-forma di $K' \otimes_K V$ e possiamo considerare la relativa azione h di G su $K' \otimes_K V$ con $h_\sigma\colon K' \otimes_K V \longrightarrow K' \otimes_K V$ descritta tramite $a \otimes v \longmapsto \sigma(a) \otimes v$. Allora λ' è compatibile con le azioni h e f in quanto

$$\lambda'(h_\sigma(a \otimes v)) = \lambda'(\sigma(a) \otimes v) = \sigma(a)v = f_\sigma(av) = f_\sigma(\lambda'(a \otimes v)).$$

Di conseguenza si ha l'inclusione $h_\sigma(\ker \lambda') \subset \ker \lambda'$ e pertanto $\ker \lambda'$ è definito su K per la proposizione 3 (ii). Esiste quindi un K-sottospazio vettoriale $U \subset V$ che dopo l'estensione degli scalari a K' coincide col sottospazio $\ker \lambda'$ di $K' \otimes_K V$. Se $u \in U$, risulta $u = \lambda(u) = \lambda'(u) = 0$, dunque $u = 0$ e segue che λ' è iniettiva. Con questo abbiamo verificato (i).

Per dimostrare (ii) supponiamo G finito. Basta allora mostrare che ogni forma lineare $\varphi'\colon V' \longrightarrow K'$ che si annulla su V si annulla su tutto V'. Sia dunque φ' una forma lineare tale che $\varphi'(V) = 0$ e sia $v \in V'$ un vettore. Gli elementi $v_a = \sum_{\sigma \in G} f_\sigma(av)$, al variare di $a \in K'$, sono tutti invarianti per l'azione di G su V' e dunque appartengono a V. Da $\varphi'(V) = 0$ segue inoltre $\sum_{\sigma \in G} \sigma(a)\varphi'(f_\sigma(v)) = 0$ per ogni $a \in K'$. Considerando queste somme come combinazioni lineari dei caratteri $\sigma \in G$, discende dalla proposizione sull'indipendenza lineare dei caratteri 4.6/2 che i coefficienti $\varphi'(f_\sigma(v)) \in K'$ sono tutti nulli. In particolare per $\sigma = \varepsilon$ (l'identità di G) si ottiene che $\varphi'(v) = 0$. Dunque ogni forma lineare su V' banale su V è banale anche su V'. $\qquad\square$

Riassumendo i risultati delle proposizioni 3 e 4 possiamo dire che, data un'estensione galoisiana finita K'/K con gruppo di Galois G, la teoria dei K-spazi vettoriali è equivalente alla teoria dei K'-spazi vettoriali muniti di G-azioni del tipo descritto. Inoltre i K-omomorfismi di K-spazi vettoriali corrispondono ai K'-omomorfismi tra i rispettivi K'-spazi vettoriali che sono compatibili con le rispettive G-azioni. Dunque le G-azioni giocano il ruolo dei dati di discesa nominati all'inizio.

Osserviamo poi che nella dimostrazione della proposizione 4 (ii) abbiamo applicato l'indipendenza lineare dei caratteri 4.6/2 in modo simile a quanto fatto nel dimostrare la versione coomologica del teorema 90 di Hilbert (vedi 4.8/2). In effetti, data un'estensione galoisiana finita K'/K, la 4.8/2 fornisce proprio l'asserto della proposizione 4 nel caso $\dim_{K'} V' = 1$ e $V' = K'$. Fissato un $v \in K'^*$ si verifica facilmente che l'applicazione

$$G \longrightarrow K'^*, \qquad \sigma \longmapsto \frac{f_\sigma(v)}{v},$$

è un 1-cociclo e dunque in base a 4.8/2 un 1-cobordo. Esiste quindi un elemento $a \in K'^*$ tale che $f_\sigma(v) \cdot v^{-1} = a \cdot \sigma(a)^{-1}$ e risulta

$$f_\sigma(av) = \sigma(a) \cdot f_\sigma(v) = av,$$

ossia $av \in V'$ è un elemento lasciato fisso da tutti i f_σ. A questo punto si vede facilmente che $V = K \cdot av$ è l'insieme dei punti fissi per l'azione di G su V' e pertanto questo insieme rappresenta una K-forma di V'.

Esercizi

1. *Sia K'/K un'estensione di campi e sia A una K-algebra, ossia un anello con un omomorfismo $K \longrightarrow A$. Si dimostri che $A \otimes_K K'$ è in modo naturale una K'-algebra.*

2. *Si fornisca una dimostrazione alternativa della proposizione 4. Si verifichi direttamente (i), ragionando per induzione. Per dimostrare (ii), si scelga una K-base $\alpha_1, \ldots, \alpha_n$ di K' e si verifichi che ogni $v \in V'$ ammette una rappresentazione del tipo*

$$v = \sum_{i=1}^{n} c_i \left(\sum_{\sigma \in G} f_\sigma(\alpha_i v) \right)$$

a coefficienti $c_i \in K'$.

3. Sia K'/K un'estensione di campi con K il campo fisso di un gruppo G di automorfismi di K'. Sia inoltre V' un K'-spazio vettoriale. Dato $\sigma \in G$, indichiamo con V'_σ il K'-spazio vettoriale che coincide come gruppo additivo con V' ma la cui moltiplicazione è definita tramite $a \cdot v := \sigma(a)v$, dove il prodotto a destra si deve intendere per la struttura di K'-spazio vettoriale di V'. Si considerino poi l'applicazione diagonale $\lambda \colon V' \longrightarrow \prod_{\sigma \in G} V'_\sigma$ come applicazione K-lineare e l'applicazione K'-lineare indotta $\Lambda \colon V' \otimes_K K' \longrightarrow \prod_{\sigma \in G} V'_\sigma$; si dimostri che Λ è iniettiva e, nel caso $[K' : K] < \infty$, pure biiettiva. (Suggerimento: si definisca un'azione opportuna di G su $\prod_{\sigma \in G} V'_\sigma$ in modo che V' sia l'insieme dei punti fissi.)

4. Sia K'/K un'estensione di campi e sia V un K-spazio vettoriale. Si considerino le applicazioni K-lineari

$$
\begin{aligned}
V &\longrightarrow V \otimes_K K', & v &\longmapsto v \otimes 1, \\
V \otimes_K K' &\longrightarrow V \otimes_K K' \otimes_K K', & v \otimes a &\longmapsto v \otimes a \otimes 1, \\
V \otimes_K K' &\longrightarrow V \otimes_K K' \otimes_K K', & v \otimes a &\longmapsto v \otimes 1 \otimes a,
\end{aligned}
$$

e si dimostri che il diagramma

$$V \to V \otimes_K K' \rightrightarrows V \otimes_K K' \otimes_K K'$$

è esatto, nel senso che l'applicazione a sinistra è iniettiva e la sua immagine coincide con il nucleo della differenza delle due applicazioni a destra.

5. Sia K'/K un'estensione galoisiana finita con gruppo di Galois G. Nella situazione dell'esercizio 4 si ponga $V' = V \otimes_K K'$ e si identifichi $V' \otimes_K K'$ con $\prod_{\sigma \in G} V'_\sigma$ come fatto nell'esercizio 3. Si descrivano nel modo più semplice possibile entrambe le applicazioni $V' \rightrightarrows \prod_{\sigma \in G} V'_\sigma$ dell'esercizio 4.

5. Continuazione della teoria dei gruppi

Torniamo a occuparci del problema della risoluzione di equazioni algebriche. Sia dunque $f \in K[X]$ un polinomio monico a coefficienti in un campo K e sia L un campo di spezzamento di f che supporremo separabile su K. Se vogliamo risolvere per radicali l'equazione algebrica $f(x) = 0$ significa che dobbiamo trovare una catena di campi del tipo

$$(*) \qquad\qquad K = K_0 \subsetneq K_1 \subsetneq \ldots \subsetneq K_r$$

con $L \subset K_r$ e dove ciascun K_{i+1} è ottenuto da K_i tramite aggiunzione di una radice di un qualche elemento di K_i. Soltanto in questo caso è possibile trovare le soluzioni di $f(x) = 0$ tramite operazioni razionali ed "estrazione di radici" di elementi di K (ricordiamo che tali soluzioni generano l'estensione L/K). Per semplicità assumeremo nel seguito che l'estensione K_r/K sia galoisiana. Dal teorema fondamentale della teoria di Galois 4.1/6 discende che una catena di campi del tipo $(*)$ è equivalente a una catena di sottogruppi

$$(**) \qquad\qquad \mathrm{Gal}(K_r/K) = G_0 \supsetneq G_1 \supsetneq \ldots \supsetneq G_r = \{1\}.$$

Inoltre, in 4.5 e 4.8 abbiamo caratterizzato tramite la teoria di Galois le estensioni che si ottengono per aggiunzione di radici n-esime. Se ci restringiamo a campi di caratteristica 0 e assumiamo che K contenga sufficienti radici dell'unità, segue allora da 4.8/3 e 4.1/6 che una catena di campi del tipo $(*)$ si ottiene tramite aggiunzione successiva di radici se e solo se la corrispondente catena $(**)$ soddisfa le seguenti proprietà: G_{i+1} è un sottogruppo normale di G_i (per $0 < i < r$) e i gruppi quoziente G_i/G_{i+1} sono ciclici. Vedremo più in dettaglio in 6.1 che l'equazione $f(x) = 0$ è risolubile per radicali se e solo se esiste per il gruppo di Galois $\mathrm{Gal}(L/K)$ una catena $(**)$ con le proprietà appena descritte.

Queste riflessioni mostrano che il problema della risolubilità delle equazioni algebriche può essere ricondotto, grazie alla teoria di Galois, a un problema di teoria dei gruppi. Per esempio, applicando il teorema di struttura dei gruppi abeliani finitamente generati 2.9/9, si vede che le equazioni algebriche con gruppi di Galois abeliani sono sempre risolubili. Tuttavia, per ottenere risultati generali, è necessario sviluppare ulteriormente la teoria dei gruppi finiti (non necessariamente commutativi). In particolare dobbiamo caratterizzare quei gruppi G che possiedono una catena di sottogruppi del tipo $(**)$ dove ciascun G_{i+1} è un sottogruppo normale di G_i e i gruppi quoziente G_i/G_{i+1} sono ciclici. Diremo che un tale gruppo G è *risolubile*, ma nella definizione richiederemo (il che è equivalente) che i quozienti G_i/G_{i+1} siano "abeliani" al posto di "ciclici" (vedi 5.4/3 e 5.4/7).

Introdurremo in modo del tutto elementare il concetto di *azione di un gruppo* in 5.1. Prototipo di una tale azione è l'interpretazione del gruppo di Galois di un'equazione algebrica $f(x) = 0$ come gruppo di permutazioni delle soluzioni (vedi 4.3/1). Come applicazione dimostreremo in 5.2 i famosi teoremi di Sylow sui gruppi finiti; questi contengono asserzioni circa l'esistenza di sottogruppi il cui ordine è potenza di un numero primo. I teoremi di Sylow possono essere utilizzati in particolare per controllare se un dato gruppo sia o meno risolubile. In 5.3 presenteremo alcuni fondamentali risultati sui gruppi di permutazioni e infine in 5.4 ci occuperemo dei gruppi risolubili. Mostreremo in particolare che il gruppo simmetrico $\mathfrak{S}_n$ non è risolubile se $n \geq 5$ e dedurremo da questo in 6.1 che l'equazione generale di n-esimo grado non è risolubile per radicali quando $n \geq 5$.

5.1 Azioni di un gruppo

Nel capitolo sulla teoria di Galois abbiamo già avuto modo di lavorare con azioni di un gruppo. Tuttavia il concetto di azione non è stato introdotto esplicitamente poiché le azioni di un gruppo di Galois su un campo o sulle radici di un polinomio erano concretamente descrivibili. Vogliamo ora allontanarci da questo contesto particolare e dedurre alcune proprietà generali delle azioni di un gruppo.

Definizione 1. *Sia G un gruppo (in notazione moltiplicativa) e sia X un insieme. Un'azione di G su X è un'applicazione*

$$G \times X \longrightarrow X, \qquad (g, x) \longmapsto g \cdot x,$$

che soddisfa le seguenti condizioni:
   (i) *$1 \cdot x = x$ per ogni $x \in X$ (dove $1 \in G$ indica l'identità).*
   (ii) *$(gh) \cdot x = g \cdot (h \cdot x)$ per ogni scelta di $g, h \in G$, $x \in X$.*

Diamo ora alcuni esempi di azione di un gruppo.

(1) Sia G un gruppo e sia X un insieme. Esiste sempre l'azione banale di G su X definita tramite l'applicazione

$$G \times X \longrightarrow X, \qquad (g, x) \longmapsto x.$$

(2) Sia X un insieme e sia $S(X)$ il gruppo delle applicazioni biiettive di X in sé. Se $G \subset S(X)$ è un sottogruppo, allora G agisce su X tramite l'applicazione

$$G \times X \longrightarrow X, \qquad (\sigma, x) \longmapsto \sigma(x).$$

In particolare, data un'estensione L/K, si può considerare l'azione del gruppo di Galois $\mathrm{Gal}(L/K) = \mathrm{Aut}_K(L)$ su L. Questa azione è già stata ampiamente studiata nel capitolo 4.

(3) Se G è un gruppo, la moltiplicazione di gruppo

$$G \times G \longrightarrow G, \qquad (g, h) \longmapsto gh,$$

è un'azione di G su se stesso. Si dice che G agisce per moltiplicazione a sinistra su se stesso, dove, come già detto in passato, con *moltiplicazione a sinistra* per $g \in G$ si intende l'applicazione

$$\tau_g \colon G \longrightarrow G, \qquad h \longmapsto gh.$$

Analogamente si può definire un'azione di G su se stesso utilizzando le moltiplicazioni a destra, ossia tramite

$$G \times G \longrightarrow G, \qquad (g, h) \longmapsto hg^{-1}.$$

Ricordiamo che se $g \in G$ l'applicazione

$$\tau_g' \colon G \longrightarrow G, \qquad h \longmapsto hg,$$

viene detta *moltiplicazione a destra* per g su G.

(4) Dato un gruppo G, si può sempre considerare l'azione

$$G \times G \longrightarrow G, \qquad (g, h) \longmapsto ghg^{-1}$$

detta *coniugio*. L'applicazione

$$\mathrm{int}_g = \tau_g \circ \tau_{g^{-1}}' \colon G \longrightarrow G, \qquad h \longmapsto ghg^{-1},$$

è un automorfismo di gruppi di G, il cosiddetto *coniugio mediante* g. Automorfismi del tipo int_g sono detti *automorfismi interni* di G e l'applicazione canonica $G \longrightarrow \mathrm{Aut}(G)$, $g \longmapsto \mathrm{int}_g$, è un omomorfismo di gruppi. Due elementi $h, h' \in G$ si dicono *coniugati* se esiste un $g \in G$ tale che $h' = \mathrm{int}_g(h)$. Analogamente, due sottogruppi $H, H' \subset G$ si dicono *coniugati* se esiste un $g \in G$ tale che $H' = \mathrm{int}_g(H)$. L'essere coniugati è una relazione di equivalenza tra gli elementi (risp. tra i sottogruppi) di G. Se G è commutativo, il coniugio è l'azione banale.

In modo simile a quanto visto in (3) si può definire, data un'azione

$$G \times X \longrightarrow X,$$

la moltiplicazione (a sinistra) per un elemento $g \in G$ e precisamente come l'applicazione

$$\tau_g \colon X \longrightarrow X, \qquad x \longmapsto g \cdot x.$$

La famiglia delle moltiplicazioni $(\tau_g)_{g \in G}$ descrive completamente l'azione di G su X. Si può facilmente vedere che $G \longrightarrow S(X)$, $g \longmapsto \tau_g$, è un omomorfismo di gruppi. Viceversa, ogni omomorfismo di gruppi $\varphi \colon G \longrightarrow S(X)$ fornisce, in modo simile all'esempio (2), un'azione di G su X precisamente

$$G \times X \longrightarrow X, \qquad (g, x) \longmapsto \varphi(g)(x).$$

Queste corrispondenze sono l'una inversa dell'altra cosicché si ha:

Osservazione 2. *Sia G un gruppo e sia X un insieme. Le azioni $G \times X \longrightarrow X$ corrispondono biiettivamente, nel modo descritto sopra, agli omomorfismi di gruppi $G \longrightarrow S(X)$.*

Dato un gruppo G, all'azione $G \times G \longrightarrow G$ definita tramite la moltiplicazione a sinistra corrisponde un omomorfismo iniettivo di gruppi $G \longrightarrow S(G)$; infatti $\tau_g = \tau_{g'}$ è equivalente a $g = g'$. In particolare si può interpretare G come sottogruppo di $S(G)$.

Definizione 3. *Sia $G \times X \longrightarrow X$ un'azione di un gruppo G su un insieme X. Dato un punto $x \in X$ introduciamo le seguenti notazioni:*
  (i) $Gx := \{gx \, ; \, g \in G\}$ *si dice* orbita *di x relativa all'azione di G.*
  (ii) $G_x := \{g \in G \, ; \, gx = x\}$ *si dice* stabilizzatore *o* sottogruppo di isotropia *di x; G_x è un sottogruppo di G.*

È facile verificare che G_x è un sottogruppo di G. Infatti G_x contiene l'identità di G e se $g, h \in G$ sono tali che $gx = x = hx$ risulta

$$(gh^{-1})x = (gh^{-1})(hx) = g(h^{-1}(hx)) = g((h^{-1}h)x) = gx = x.$$

Mostriamo poi che date due G-orbite $Gx, Gy \subset X$, da $Gx \cap Gy \neq \emptyset$ segue sempre che $Gx = Gy$. Infatti, se $z \in Gx \cap Gy$, per esempio $z = gx = hy$ con $g, h \in G$, si ha $x = g^{-1}z = g^{-1}hy$ e dunque $Gx \subset Gy$. In modo analogo si deduce che $Gx \supset Gy$ e pertanto $Gx = Gy$. Di conseguenza si ha:

Osservazione 4. *Se $G \times X \longrightarrow X$ è un'azione di un gruppo G su un insieme X, allora X è unione disgiunta delle G-orbite.*

Un elemento x di un'orbita B relativa a un'azione $G \times X \longrightarrow X$ viene anche detto *rappresentante* di questa orbita. In modo analogo con *sistema di rappresentanti* di una famiglia $(B_i)_{i \in I}$ di orbite a due a due disgiunte si intende una famiglia $(x_i)_{i \in I}$ di elementi di X tali che $x_i \in B_i$. L'azione $G \times X \longrightarrow X$ si dice *transitiva* se esiste solo una G-orbita.

Caratterizziamo ora un po' meglio le orbite per l'azione di un gruppo. Indicheremo come al solito con $\operatorname{ord} M$ l'ordine di un insieme M e con $(G : H)$ l'indice di un sottogruppo H in un gruppo G.

Osservazione 5. *Sia $G \times X \longrightarrow X$ un'azione di un gruppo G su un insieme X. Per ogni $x \in X$, l'applicazione $G \longrightarrow X$, $g \longmapsto gx$, induce una biiezione $G/G_x \overset{\sim}{\longrightarrow} Gx$ tra l'insieme delle classi laterali sinistre dello stabilizzatore G_x in*

G e l'orbita di x rispetto a G. In particolare

$$\operatorname{ord} Gx = \operatorname{ord} G/G_x = (G : G_x).$$

Dimostrazione. Si consideri l'applicazione suriettiva

$$\varphi \colon G \longrightarrow Gx, \qquad g \longmapsto gx.$$

Se $g, h \in G$, risulta

$$\varphi(g) = \varphi(h) \Longleftrightarrow gx = hx \Longleftrightarrow h^{-1}gx = x \Longleftrightarrow h^{-1}g \in G_x$$
$$\Longleftrightarrow gG_x = hG_x.$$

Pertanto, in modo analogo a quanto visto col teorema di omomorfismo 1.2/7, φ induce una biiezione $G/G_x \overset{\sim}{\longrightarrow} Gx$. $\qquad\square$

Segue direttamente dalle osservazioni 4 e 5:

Proposizione 6 (Equazione delle orbite). *Sia $G \times X \longrightarrow X$ un'azione di un gruppo G su un insieme finito X e sia $x_1, \ldots, x_n$ un sistema di rappresentanti delle orbite in X. Allora*

$$\operatorname{ord} X = \sum_{i=1}^{n} \operatorname{ord} Gx_i = \sum_{i=1}^{n} (G : G_{x_i}).$$

Applicheremo l'equazione delle orbite in particolare al caso $G = X$ e all'azione di coniugio $G \times G \longrightarrow G$. Sia nel seguito G un gruppo e sia $S \subset G$ un sottoinsieme. Si definisce il *centralizzante* di S in G come

$$Z_S = \{x \in G \,;\, xs = sx \text{ per ogni } s \in S\};$$

il *centro* di G è poi definito come il centralizzante di G, dunque come

$$Z = Z_G = \{x \in G \,;\, xs = sx \text{ per ogni } s \in G\},$$

e il *normalizzante* di S in G come

$$N_S = \{x \in G \,;\, xS = Sx\}.$$

Osservazione 7. (i) *Z è un sottogruppo normale in G.*
(ii) *Z_S e N_S sono sottogruppi di G.*
(iii) *Se S è un sottogruppo di G, allora N_S è il più grande tra tutti i sottogruppi $H \subset G$ con la proprietà che S è sottogruppo normale di H.*

È facile dimostrare queste affermazioni. Ci occuperemo solo del caso Z_S in (ii). Se S consiste di un solo elemento s, allora $Z_S = N_S$ è lo stabilizzatore di s rispetto all'azione di coniugio su G. Per sottoinsiemi S più generali risulta $Z_S = \bigcap_{s \in S} Z_{\{s\}}$ e quindi tale centralizzante è un sottogruppo di G. Inoltre si ha sempre $Z_S \subset N_S$.

Proposizione 8 (Equazione delle classi). *Sia G un gruppo finito di centro Z e sia $x_1, \ldots, x_n$ un sistema di rappresentanti delle orbite per il coniugio di G su se stesso che sono contenute in $G-Z$. Allora*

$$\operatorname{ord} G = \operatorname{ord} Z + \sum_{i=1}^{n} (G : Z_{\{x_i\}}).$$

Dimostrazione. Se $x \in Z$, la sua orbita per l'azione di coniugio su G consiste del solo elemento x. Se invece $x \in G-Z$ l'orbita di x può essere identificata con $G/Z_{\{x\}}$ (vedi osservazione 5). L'asserto discende dunque dall'equazione delle orbite.   □

Concludiamo la sezione con due risultati relativi al centro Z di un gruppo G. Poiché Z è il nucleo dell'omomorfismo

$$G \longrightarrow \operatorname{Aut}(G), \qquad g \longmapsto \operatorname{int}_g,$$

segue dal teorema di omomorfismo 1.2/7 che:

Osservazione 9. *Il gruppo degli automorfismi interni di G è isomorfo a G/Z.*

Osservazione 10. *Se G/Z è ciclico, allora G è abeliano.*

Dimostrazione. Sia $a \in G$ e supponiamo che la classe laterale $\overline{a}$ che lo contiene generi G/Z. Se $g, h \in G$ rappresentano le classi laterali $\overline{g} = \overline{a}^m$, $\overline{h} = \overline{a}^n$, esistono elementi $b, c \in Z$ tali che $g = a^m b$, $h = a^n c$. Ne segue che

$$gh = a^m b a^n c = a^{m+n} bc, \qquad hg = a^n c a^m b = a^{m+n} cb = a^{m+n} bc,$$

ossia $gh = hg$.   □

Esercizi

1. *Sia G un gruppo finito e sia $H \subset G$ un sottogruppo. Si consideri l'azione di H su G tramite le moltiplicazioni a sinistra (risp. moltiplicazioni a destra) e si interpreti la corrispondente equazione delle orbite in termini di teoria dei gruppi.*

2. *Sia L/K un'estensione galoisiana finita con gruppo di Galois G. Si consideri l'azione naturale di G su L. Dato un $a \in L$, si interpretino lo stabilizzatore G_a e l'orbita Ga in termini di teoria di Galois. Si trovi poi l'ordine di G_a e lo stesso per Ga.*

3. Sia G un gruppo e sia X l'insieme di tutti i sottogruppi di G. Si dimostri quanto segue:
   (i) $G \times X \longrightarrow X$, $(g, H) \longmapsto gHg^{-1}$, definisce un'azione di G su X.
   (ii) L'orbita di un elemento $H \in X$ consiste del solo H se e solo se H è un sottogruppo normale di G.
   (iii) Se l'ordine di G è potenza di un numero primo p, il numero dei sottogruppi di G differisce dal numero dei sottogruppi normali di G per un multiplo di p.

4. Sia G un gruppo finito e sia H un sottogruppo con N_H il suo normalizzante. Posto $M := \bigcup_{g \in G} g H g^{-1}$, si dimostri quanto segue:

   (i) $\operatorname{ord} M \leq (G : N_H) \cdot \operatorname{ord} H$.

   (ii) Se $H \neq G$, allora $M \neq G$.

5. Sia G un gruppo e sia H un sottogruppo con N_H e Z_H rispettivamente il normalizzante e il centralizzante di H in G. Si dimostri che Z_H è un sottogruppo normale di N_H e che il gruppo N_H/Z_H è isomorfo a un sottogruppo del gruppo degli automorfismi $\operatorname{Aut}(H)$.

5.2 Sottogruppi di Sylow

Tramite il teorema 2.9/9 abbiamo dato una precisa descrizione della struttura dei gruppi finitamente generati e in particolare di quelli abeliani finiti. Studieremo ora i gruppi finiti senza ipotesi di commutatività e avremo come obiettivo la dimostrazione dei teoremi di Sylow che affermano l'esistenza di sottogruppi con certe proprietà. Introduciamo ora le nozioni fondamentali di p-gruppi e di p-sottogruppi di Sylow di gruppi finiti.

Definizione 1. *Sia G un gruppo finito e sia p un numero primo.*

   (i) *G si dice un p-gruppo se l'ordine di G è una potenza di p.*

   (ii) *Un sottogruppo $H \subset G$ si dice un p-sottogruppo di Sylow se H è un p-gruppo e p non divide l'indice $(G : H)$, ossia se esistono $k, m \in \mathbb{N}$ tali che $\operatorname{ord} H = p^k$, $\operatorname{ord} G = p^k m$ e $p \nmid m$ (vedi 1.2/3).*

Per il teorema di Lagrange 1.2/3 l'ordine di un elemento di un p-gruppo è sempre una potenza di p. Allo stesso modo si vede che un p-sottogruppo di Sylow non può mai essere contenuto propriamente in un p-sottogruppo di G (ossia in un sottogruppo che è un p-gruppo) e dunque è sempre un p-gruppo massimale in G. Il viceversa sarà conseguenza dei teoremi di Sylow (vedi corollario 11). Il sottogruppo banale $\{1\} \subset G$ è un esempio di p-gruppo e se $p \nmid \operatorname{ord} G$ è un p-sottogruppo di Sylow di G. Si deduce poi, per esempio dal teorema 2.9/9, che un gruppo *abeliano* finito G contiene un unico p-sottogruppo di Sylow $S_p \subset G$ per ogni numero primo p tale che $p \mid \operatorname{ord} G$ e che G è somma diretta di tutti questi sottogruppi di Sylow. Anche se non useremo nel seguito questo risultato, vogliamo tuttavia dimostrarlo in modo elementare per illustrare meglio il caso dei gruppi abeliani finiti. Esso sarà però una semplice conseguenza dei teoremi di Sylow (si veda a riguardo l'esercizio 1).

Osservazione 2. *Sia G un gruppo abeliano finito e sia p un numero primo. Allora*

$$S_p = \{ a \in G \,;\; a^{p^t} = 1 \text{ per un } t \in \mathbb{N} \}$$

è l'unico p-sottogruppo di Sylow di G.

Dimostrazione. Iniziamo mostrando che S_p è un sottogruppo di G. Siano allora $a, b \in S_p$, per esempio tali che $a^{p^{t'}} = 1$, $b^{p^{t''}} = 1$. Se poniamo $t = \max(t', t'')$, dalla commutatività di G segue che

$$(ab^{-1})^{p^t} = a^{p^t} \cdot b^{-p^t} = 1$$

e quindi $ab^{-1} \in S_p$, ossia S_p è un sottogruppo di G. Per costruzione S_p consiste di tutti gli elementi di G il cui ordine è una potenza di p e dunque contiene ogni p-sottogruppo di G. Se mostriamo che S_p è un p-sottogruppo di Sylow di G, allora è anche l'unico.

Per dimostrare che S_p è un p-sottogruppo di Sylow procediamo per induzione su $n = \operatorname{ord} G$. Se $n = 1$, non c'è nulla da dimostrare; sia dunque $n > 0$. Si scelga un elemento $x \neq 1$ in G. Eventualmente sostituendo x con un'opportuna sua potenza, possiamo supporre che $q = \operatorname{ord} x$ sia primo. Si consideri poi la proiezione $\pi \colon G \longrightarrow G' = G/\langle x \rangle$ con $\langle x \rangle \subset G$ il sottogruppo ciclico generato da x; dal teorema di Lagrange 1.2/3 discende che $\operatorname{ord} G' = \frac{1}{q} \operatorname{ord} G$.

Sia $S'_p \subset G'$ il sottogruppo formato da tutti gli elementi di G' il cui ordine è una potenza di p. Per ipotesi induttiva S'_p è un p-sottogruppo di Sylow di G'. Inoltre $\pi(S_p) \subset S'_p$ e vogliamo dimostrare che si ha proprio $\pi(S_p) = S'_p$. A tal fine consideriamo un elemento $\overline{a} \in S'_p$ e sia $a \in G$ una sua antiimmagine rispetto a π. Se p^t è l'ordine di $\overline{a}$, allora $a^{p^t} \in \langle x \rangle$ e dunque $a^{p^t q} = 1$. Se $p = q$, ovviamente $a \in S_p$. D'altra parte, se $p \neq q$, essendo p e q coprimi, esiste un'uguaglianza $rp^t + sq = 1$ con r, s numeri interi. Si ha allora $a^{sq} \in S_p$ e risulta

$$\pi(a^{sq}) = \overline{a}^{sq} = \overline{a}^{rp^t} \overline{a}^{sq} = \overline{a}^{rp^t + sq} = \overline{a}.$$

È pertanto evidente che π induce in entrambi i casi un'applicazione suriettiva $\pi_p \colon S_p \longrightarrow S'_p$ tale che $\ker \pi_p = \langle x \rangle \cap S_p$.

Supponiamo ora che sia $n = \operatorname{ord} G = p^k m$ con $p \nmid m$. Se $p = q$, come abbiamo calcolato prima, $\operatorname{ord} G' = \frac{1}{p} \operatorname{ord} G = p^{k-1} m$ e dall'ipotesi induttiva segue che $\operatorname{ord} S'_p = p^{k-1}$. Inoltre, poiché in questo caso $\langle x \rangle \subset S_p$ e dunque $\ker \pi_p = \langle x \rangle$, si vede che π_p induce un isomorfismo $S_p / \langle x \rangle \overset{\sim}{\longrightarrow} S'_p$. Da 1.2/3 segue che $\operatorname{ord} S_p = p \cdot \operatorname{ord} S'_p = p^k$ e pertanto S_p è un p-sottogruppo di Sylow di G. Sia ora $p \neq q$. Allora $\operatorname{ord} G' = p^k \cdot \frac{m}{q}$ e $\operatorname{ord} S'_p = p^k$. Poiché $\langle x \rangle$ non contiene alcun elemento avente per ordine una potenza non banale di p, si ha $\ker \pi_p = \langle x \rangle \cap S_p = \{1\}$ e dunque π_p è un isomorfismo. Si deduce quindi che $\operatorname{ord} S_p = \operatorname{ord} S'_p = p^k$ e anche in questo caso S_p è un p-sottogruppo di Sylow di G. $\square$

Nel caso non commutativo la teoria dei p-gruppi e dei p-sottogruppi di Sylow è più complicata. Affrontiamo per primi i p-gruppi.

Proposizione 3. *Sia p un numero primo e sia G un p-gruppo di ordine p^k, $k \geq 1$. Allora p divide l'ordine del centro Z di G e, in particolare, $Z \neq \{1\}$.*

Dimostrazione. Si consideri l'equazione delle classi 5.1/8 per l'azione di coniugio di G su se stesso:

$$\operatorname{ord} G = \operatorname{ord} Z + \sum_{i=1}^{n} (G : Z_{\{x_i\}}).$$

Qui $x_1, \ldots, x_n$ è un sistema di rappresentanti delle G-orbite in $G - Z$. Segue da 1.2/3 che l'indice $(G : Z_{\{x_i\}})$ è una potenza di p, in quanto ord G è una potenza di p. Anzi $(G : Z_{\{x_i\}})$ è una potenza non banale di p perché da $x_i \notin Z$ discende che $Z_{\{x_i\}}$ è un sottogruppo proprio di G. Di conseguenza $p \,|\, \text{ord}\, Z$. $\square$

Corollario 4. *Sia p un numero primo e sia G un p-gruppo di ordine p^k. Esiste allora una catena ascendente di sottogruppi*

$$G = G_k \supset G_{k-1} \supset \ldots \supset G_0 = \{1\}$$

tale che ord $G_\ell = p^\ell$ *e $G_{\ell-1}$ sia un sottogruppo normale di G_ℓ per $\ell = 1, \ldots, k$.[1]*
    In particolare, per ogni divisore p^ℓ di p^k esiste un p-sottogruppo $H \subset G$ con ord $H = p^\ell$ *e, se $k \geq 1$, il gruppo G ha un elemento di ordine p.*

Dimostrazione. Procediamo per induzione su k. Il caso $k = 0$ è banale; supponiamo dunque $k > 0$. Per la proposizione 3 il centro $Z \subset G$ è non banale e quindi è possibile scegliere un elemento $a \neq 1$ in Z. Possiamo supporre ord $a = p$: infatti se p^r è l'ordine di a, l'elemento $a^{p^{r-1}}$ ha ordine p. Poiché a appartiene al centro di G, il sottogruppo $\langle a \rangle \subset G$ generato da a è normale in G. Grazie a 1.2/3 l'ordine di $\overline{G} = G/\langle a \rangle$ è p^{k-1} e possiamo applicare l'ipotesi induttiva a questo gruppo. Esiste dunque una catena di sottogruppi

$$\overline{G} = \overline{G}_k \supset \overline{G}_{k-1} \supset \ldots \supset \overline{G}_1 = \{1\}, \qquad \text{ord}\, \overline{G}_\ell = p^{\ell-1},$$

con $\overline{G}_{\ell-1}$ sottogruppo normale di $\overline{G}_\ell$ per $\ell = 2, \ldots, k$. Consideriamo ora la proiezione $\pi \colon G \longrightarrow G/\langle a \rangle$ e poniamo $G_\ell = \pi^{-1}(\overline{G}_\ell)$ per $\ell = 1, \ldots, k$. È allora evidente che

$$G = G_k \supset G_{k-1} \supset \ldots \supset G_1 \supset \{1\}$$

è una catena di sottogruppi di G con le proprietà richieste. $\square$

Proposizione 5. *Sia p un numero primo e sia G un gruppo di ordine p^2. Allora G è abeliano. Più precisamente risulta*

$$G \simeq \mathbb{Z}/p^2\mathbb{Z} \quad \text{oppure} \quad G \simeq \mathbb{Z}/p\mathbb{Z} \times \mathbb{Z}/p\mathbb{Z}.$$

Dimostrazione. Mostriamo dapprima che G è abeliano. Dalla proposizione 3 sappiamo che $p \,|\, \text{ord}\, Z$ e dunque l'ordine del centro Z è p oppure p^2. Nel caso ord $Z = p^2$ si ha $G = Z$, ossia G è abeliano. Supponiamo, per assurdo, ord $Z = p$; in questo caso G non può essere abeliano. E però G/Z è ciclico di ordine p e da 5.1/10 segue che G è abeliano. Dunque il caso ord $Z = p$ non può presentarsi e G è abeliano.
    Si scelga ora un elemento $a \in G$ con ord $a = p$: la sua esistenza è garantita dal corollario 4. Sia $b \in G$ un elemento nel complementare del sottogruppo ciclico $\langle a \rangle \subset G$ generato da a. Allora b ha ordine p oppure p^2 e, se siamo in quest'ultimo

---

[1] I quozienti $G_\ell/G_{\ell-1}$ sono di ordine p, dunque ciclici e in particolare abeliani. Ogni p-gruppo finito G è quindi *risolubile* nel senso della definizione 5.4/3.

caso, G è generato da b, ossia $G = \langle b \rangle \simeq \mathbb{Z}/p^2\mathbb{Z}$. Supponiamo dunque $\operatorname{ord} b = p$. Affermiamo che l'applicazione

$$\varphi\colon \langle a \rangle \times \langle b \rangle \longrightarrow G, \qquad (a^i, b^j) \longmapsto a^i b^j,$$

è un isomorfismo di gruppi. Intanto φ è un omomorfismo di gruppi perché G è abeliano. Inoltre $\langle a \rangle \cap \langle b \rangle$ è un sottogruppo proprio di $\langle b \rangle$ perché $b \notin \langle a \rangle$; quindi $\langle a \rangle \cap \langle b \rangle = \{1\}$, ossia φ è iniettivo. Di più, φ è biiettivo perché

$$\operatorname{ord}(\langle a \rangle \times \langle b \rangle) = p^2 = \operatorname{ord} G;$$

inoltre $\langle a \rangle \simeq \mathbb{Z}/p\mathbb{Z} \simeq \langle b \rangle$ implica $G \simeq \mathbb{Z}/p\mathbb{Z} \times \mathbb{Z}/p\mathbb{Z}$. Potevamo applicare anche il teorema di struttura dei gruppi abeliani finitamente generati 2.9/9. $\qquad \square$

Dimostriamo ora i teoremi di Sylow, che riassumiamo nel teorema seguente:

Teorema 6. *Sia G un gruppo finito e sia p un numero primo.*

(i) G possiede un p-sottogruppo di Sylow. Più precisamente, dato un p-sotto-gruppo $H \subset G$, esiste sempre un p-gruppo di Sylow $S \subset G$ tale che $H \subset S$.

(ii) Se $S \subset G$ è un p-sottogruppo di Sylow, tale è ogni sottogruppo di G coniugato di S. Viceversa, due p-sottogruppi di Sylow in G sono sempre coniugati.

(iii) Se s indica il numero dei p-sottogruppi di Sylow in G, allora

$$s \mid \operatorname{ord} G, \qquad s \equiv 1 \mod (p).$$

Dimostriamo il teorema per passi successivi e cominciamo con un lemma fondamentale che deriviamo come in [9], Kap. I, Satz 7.2, seguendo la dimostrazione di H. Wielandt.

Lemma 7. *Sia G un gruppo finito di ordine $n = p^k m$, dove non assumiamo che p e m siano coprimi. Se s è il numero dei p-sottogruppi $H \subset G$ tali che $\operatorname{ord} H = p^k$, allora*

$$s \equiv \binom{n-1}{p^k - 1} = \frac{1}{m}\binom{n}{p^k} \mod (p).$$

Dimostrazione. Indichiamo con X l'insieme formato da tutti i sottoinsiemi di G che contengono p^k elementi. Risulta che

$$\operatorname{ord} X = \binom{n}{p^k}$$

e G agisce su X tramite "moltiplicazione a sinistra" come

$$G \times X \longrightarrow X, \qquad (g, U) \longmapsto gU = \{gu \,;\, u \in U\}.$$

Scostandoci dalle notazioni usate fin qui, indicheremo nel seguito con $G(U)$ la G-orbita di un elemento $U \in X$; G_U è come al solito lo stabilizzatore di U. Se si considera U come sottoinsieme di G, la moltiplicazione (a sinistra) in G induce un'azione di G_U su U. Dunque U consiste di certe classi laterali destre di G_U in G. Queste classi sono a due a due disgiunte e ciascuna ha esattamente ord G_U elementi. Pertanto ord G_U divide necessariamente ord $U = p^k$ e quindi è del tipo $p^{k'}$ con $k' \leq k$. In particolare U è una classe laterale sinistra di G_U se e solo se ord $G_U = p^k$.

Sia ora $(U_i)_{i \in I}$ una famiglia di elementi di X e supponiamo che sia pure un sistema di rappresentanti di tutte le G-orbite in X. Dall'equazione delle orbite 5.1/6 discende che

$$\binom{n}{p^k} = \operatorname{ord} X = \sum_{i \in I} \operatorname{ord} G(U_i) = \sum_{i \in I} (G : G_{U_i}).$$

Analizziamo meglio queste uguaglianze, lavorando modulo (pm). Come abbiamo visto, G_{U_i} è un p-gruppo di ordine p^{k_i} con $k_i \leq k$. Dal teorema di Lagrange 1.2/3 segue inoltre che $(G : G_{U_i}) = p^{k-k_i} m$. Se poniamo $I' = \{i \in I \,;\, k_i = k\}$, risulta

$$(\operatorname{ord} I') \cdot m = \sum_{i \in I'} (G : G_{U_i}) \equiv \binom{n}{p^k} \quad \mod (pm)$$

e per dimostrare il lemma basta far vedere che ord I' coincide con s, ossia col numero di tutti i p-sottogruppi $H \subset G$ di ordine p^k.

Per verificare questo fatto ricordiamo che un indice $i \in I$ appartiene a I' se e solo se ord $G(U_i) = (G : G_{U_i}) = m$, dunque se e solo se l'orbita $G(U_i)$ consiste esattamente di m elementi. Sia $H \subset G$ un p-sottogruppo di ordine p^k e consideriamo la G-orbita $G(H) \subset X$; questa consiste delle classi laterali sinistre di H in G e queste sono esattamente m grazie al teorema di Lagrange 1.2/3. Se ora $H, H' \subset G$ sono due sottogruppi distinti di ordine p^k, essi danno origine a G-orbite diverse, in quanto, se fosse $gH = H'$ per un $g \in G$, avremmo $H = H'$ perché $1 \in H'$ implicherebbe $g \in H$. Viceversa, si può facilmente vedere che ogni G-orbita $G(U_i)$, $i \in I'$, è del tipo $G(H)$ per un p-sottogruppo $H \subset G$ di ordine p^k. Infatti, se $i \in I'$, si ha ord $G_{U_i} = p^k$ e, come visto prima, U_i è una classe laterale destra di G_{U_i} in G, della forma $U_i = G_{U_i} \cdot u_i$ con $u_i \in U_i$. Di conseguenza

$$G(U_i) = G(u_i^{-1} \cdot U_i) = G(u_i^{-1} \cdot G_{U_i} \cdot u_i),$$

dove ora $H = u_i^{-1} \cdot G_{U_i} \cdot u_i$ è un p-sottogruppo di G di ordine p^k. Dunque gli elementi $i \in I'$ corrispondono biiettivamente ai p-sottogruppi $H \subset G$ di ordine p^k e abbiamo concluso la dimostrazione. $\qquad\square$

In un gruppo ciclico di ordine n esiste un unico sottogruppo di ordine d per ogni d che divide n (vedi 1.3, Es. 2 e la sua soluzione in appendice). Se n è come nelle ipotesi del lemma 7, si ha dunque una relazione non banale

$$\binom{n-1}{p^k-1} = \frac{1}{m}\binom{n}{p^k} \equiv 1 \quad \mod (p)$$

e otteniamo la seguente parziale generalizzazione del corollario 4:

Proposizione 8. *Sia G un gruppo finito e supponiamo che $\operatorname{ord} G$ sia un multiplo di p^k, con p numero primo. Sia inoltre s il numero dei p-sottogruppi $H \subset G$ di ordine p^k. Allora $s \equiv 1 \mod (p)$ e di conseguenza $s \neq 0$.*

Scelto k massimo tra gli esponenti tali che $p^k \mid \operatorname{ord} G$, si vede in particolare che G contiene almeno un p-sottogruppo di Sylow e precisamente che il numero di questi sottogruppi è congruente a 1 modulo p.

Lemma 9. *Sia G un gruppo finito e siano $H \subset G$ un p-sottogruppo e $S \subset G$ un p-sottogruppo di Sylow. Esiste allora un elemento $g \in G$ tale che $H \subset gSg^{-1}$.*

Dimostrazione. Facciamo agire H sull'insieme G/S delle classi laterali sinistre di S in G tramite

$$H \times G/S \longrightarrow G/S, \qquad (h, gS) \longmapsto (hg)S,$$

e usiamo il teorema di Lagrange 1.2/3 insieme a 5.1/5 e all'equazione delle orbite 5.1/6. Poiché H è un p-gruppo, l'ordine di ogni H-orbita in G/S divide $\operatorname{ord} H$ ed è quindi una potenza di p. D'altra parte però p non può essere un divisore di $\operatorname{ord} G/S$, dunque deve esserci almeno una H-orbita di ordine $p^0 = 1$. Questa H-orbita consiste di una sola classe laterale gS e risulta $hgS = gS$ per ogni $h \in H$; $1 \in S$ implica subito $hg \in gS$, ossia $h \in gSg^{-1}$ e quindi $H \subset gSg^{-1}$. □

Dal fatto che, fissato un $g \in G$, l'applicazione $G \longrightarrow G$, $x \longmapsto gxg^{-1}$ è un automorfismo, segue subito che, nelle notazioni del lemma 9, anche gSg^{-1} è un sottogruppo di Sylow. Se ora $H \subset G$ è un altro p-sottogruppo di Sylow, l'inclusione $H \subset gSg^{-1}$ implica $H = gSg^{-1}$ in quanto $\operatorname{ord} H = \operatorname{ord} S = \operatorname{ord} gSg^{-1}$; pertanto la proposizione 8 e il lemma 9 insieme implicano il teorema 6 salvo l'asserto $s \mid \operatorname{ord} G$ in (iii). Questa parte mancante si deduce però tramite il teorema di Lagrange 1.2/3 dal seguente risultato:

Lemma 10. *Sia G un gruppo finito e sia S un p-sottogruppo di Sylow in G. Se N_S indica il normalizzante di S in G, l'indice $(G : N_S)$ è proprio il numero dei p-sottogruppi di Sylow in G.*

Dimostrazione. Sia X l'insieme dei p-sottogruppi di Sylow in G. Poiché tutti i p-sottogruppi di Sylow sono coniugati tra loro, l'azione di coniugio

$$G \times X \longrightarrow X, \qquad (g, S') \longmapsto gS'g^{-1},$$

è transitiva. In particolare, da 5.1/5 segue che

$$\operatorname{ord} X = (G : G_S)$$

e lo stabilizzatore rispetto all'azione di coniugio G_S coincide con il normalizzante N_S. □

Con questo sono dimostrati i teoremi di Sylow nella forma del teorema 6. Vogliamo ora dedurre alcune conseguenze di questi teoremi.

Corollario 11. *Sia G un gruppo finito e sia p un numero primo. Allora:*

(i) *Se $p \,|\, \mathrm{ord}\, G$, il gruppo G ha un elemento di ordine p.*

(ii) *G è un p-gruppo se e solo se per ogni $a \in G$ esiste un $t \in \mathbb{N}$ tale che $a^{p^t} = 1$.*

(iii) *Un sottogruppo $H \subset G$ è un p-sottogruppo di Sylow se e solo se è un p-gruppo massimale in G.*

Dimostrazione. L'affermazione (i) è una conseguenza della proposizione 8 o anche del teorema 6 (i) insieme al corollario 4.

Per verificare (ii) assumiamo che l'ordine di ogni elemento $a \in G$ sia una potenza di p. Se $\mathrm{ord}\, G$ non fosse una potenza di p, potremmo scegliere un numero primo q diverso da p che divide $\mathrm{ord}\, G$. Ma allora G conterrebbe un elemento di ordine q, in contraddizione con la nostra ipotesi. Dunque $\mathrm{ord}\, G$ è una potenza di p e quindi G è un p-gruppo. Viceversa, se G è un p-gruppo, ogni $a \in G$ ha per ordine una potenza di p perché l'ordine di un qualsiasi elemento di G divide $\mathrm{ord}\, G$ per il teorema di Lagrange 1.2/3.

Tramite 1.2/3 si vede che ogni p-sottogruppo di Sylow di G è un p-sottogruppo massimale. L'implicazione opposta segue dal teorema 6 (i) e dunque anche (iii) è dimostrata. $\qquad\square$

Proposizione 12. *Siano p, q numeri primi con $p < q$ e $p \nmid (q - 1)$. Allora ogni gruppo G di ordine pq è ciclico.*

Dimostrazione. Sia s il numero dei p-sottogruppi di Sylow contenuti in G. Allora $s \,|\, \mathrm{ord}\, G$, ossia $s \,|\, pq$, e per il teorema 6 (iii) si ha che $s \equiv 1 \bmod(p)$. Quest'ultimo fatto implica che $p \nmid s$ e pertanto $s \,|\, q$. Poiché da $p \nmid (q - 1)$ segue che non può essere $q = s \equiv 1 \bmod(p)$, necessariamente $s = 1$. Dunque esiste un unico p-sottogruppo di Sylow S_p in G. Questo coincide con i suoi coniugati e dunque è un sottogruppo normale di G. Analogamente, se s' è il numero dei q-sottogruppi di Sylow in G, si vede che $s' \,|\, p$. Il caso $s' = p$ è da escludersi, in quanto $p = s' \equiv 1 \bmod(q)$ non sarebbe compatibile con $p < q$. Pertanto $s' = 1$ ed esiste esattamente un q-sottogruppo di Sylow S_q in G. Quest'ultimo è pure un sottogruppo normale in G. Poiché S_p e S_q contengono solo il gruppo banale $\{1\}$ come sottogruppo proprio, risulta $S_p \cap S_q = \{1\}$.

Affermiamo che l'applicazione

$$\varphi \colon S_p \times S_q \longrightarrow G, \qquad (a, b) \longmapsto ab,$$

è un isomorfismo di gruppi. Allora G (per esempio grazie al teorema cinese del resto nella versione 2.4/14) è ciclico perché prodotto di due gruppi ciclici aventi ordini coprimi. Cominciamo dimostrando che φ è un omomorfismo di gruppi. Dati $a \in S_p$, $b \in S_q$, abbiamo

$$aba^{-1}b^{-1} = (aba^{-1})b^{-1} \in S_q,$$

come pure

$$aba^{-1}b^{-1} = a(ba^{-1}b^{-1}) \in S_p.$$

Dunque

$$aba^{-1}b^{-1} \in S_p \cap S_q = \{1\}$$

e da questo segue $ab = ba$. Quindi gli elementi di S_p commutano con quelli di S_q. Dati elementi $a, a' \in S_p$ e $b, b' \in S_q$, risulta allora

$$\varphi((a,b) \cdot (a',b')) = \varphi(aa', bb') = aa'bb'$$
$$= aba'b' = \varphi(a,b) \cdot \varphi(a',b'),$$

ossia φ è un omomorfismo di gruppi. Da $S_p \cap S_q = \{1\}$ segue inoltre che φ è iniettivo e anzi biiettivo in quanto l'ordine di $S_p \times S_q$ coincide con quello di G. □

Esercizi

1. *Quali informazioni forniscono i teoremi di Sylow relativamente ai gruppi abeliani finiti?*

2. *Sia $\varphi \colon G \longrightarrow G'$ un omomorfismo di gruppi finiti. Si cerchi di trovare relazioni tra i sottogruppi di Sylow di G e quelli di G'.*

3. Sia G un gruppo finito e sia $H \subset G$ un p-sottogruppo con p numero primo. Si dimostri che, se H è un sottogruppo normale di G, allora H è contenuto in ogni p-sottogruppo di Sylow di G.

4. Sia $\mathrm{GL}(n, K)$ il gruppo delle matrici invertibili $n \times n$ su un campo finito K di caratteristica $p > 0$. Si dimostri che le matrici triangolari superiori con tutti 1 sulla diagonale principale formano un p-sottogruppo di Sylow di $\mathrm{GL}(n, K)$.

5. Si dimostri che ogni gruppo di ordine 30 (risp. 56) possiede un sottogruppo di Sylow normale non banale.

6. Si dimostri che ogni gruppo di ordine 45 è abeliano.

7. Si dimostri che ogni gruppo G di ordine 36 possiede un sottogruppo normale non banale. (Suggerimento: si consideri l'azione di G sull'insieme dei 3-sottogruppi di Sylow di G.)

8. Si dimostri che ogni gruppo G con $\operatorname{ord} G < 60$ è ciclico oppure possiede un sottogruppo normale non banale.

5.3 Gruppi di permutazioni

In questa sezione ci occuperemo nel dettaglio del gruppo $\mathfrak{S}_n$ delle applicazioni biiettive di $\{1, \ldots, n\}$ in sé. Come già sappiamo, $\mathfrak{S}_n$ viene detto *gruppo simmetrico* o *gruppo delle permutazioni* di $\{1, \ldots, n\}$; inoltre $\operatorname{ord} \mathfrak{S}_n = n!$ e $\mathfrak{S}_n$ agisce in modo naturale su $\{1, \ldots, n\}$. Gli elementi $\pi \in \mathfrak{S}_n$ sono spesso scritti nella forma

$$\begin{pmatrix} 1 & \cdots & n \\ \pi(1) & \cdots & \pi(n) \end{pmatrix},$$

specialmente quando sono note le immagini $\pi(1), \ldots, \pi(n)$. Una permutazione $\pi \in \mathfrak{S}_n$ si dice *ciclo* se esistono numeri $x_1, \ldots, x_r \in \{1, \ldots, n\}$, $r \geq 2$, tutti distinti tra loro, tali che

$$\pi(x_i) = x_{i+1} \quad \text{se} \quad 1 \leq i < r,$$
$$\pi(x_r) = x_1,$$
$$\pi(x) = x \quad \text{se} \quad x \in \{1, \ldots, n\} - \{x_1, \ldots, x_r\}.$$

In questa situazione, si dice più precisamente che π è un *r-ciclo* e si scrive $(x_1, \ldots, x_r)$ al posto di π. Due cicli $(x_1, \ldots, x_r)$ e $(y_1, \ldots, y_s)$ si dicono *disgiunti* se

$$\{x_1, \ldots, x_r\} \cap \{y_1, \ldots, y_s\} = \emptyset.$$

I 2-cicli sono anche detti *trasposizioni*.

Proposizione 1. *Sia* $n \geq 2$.
  (i) *Se* $\pi_1, \pi_2 \in \mathfrak{S}_n$ *sono cicli disgiunti, allora* $\pi_1 \circ \pi_2 = \pi_2 \circ \pi_1$.
  (ii) *Ogni* $\pi \in \mathfrak{S}_n$ *è prodotto di cicli a due a due disgiunti. Questi sono univocamente determinati da* π *(a meno dell'ordine).*
  (iii) *Ogni* $\pi \in \mathfrak{S}_n$ *è prodotto di trasposizioni.*

Dimostrazione. L'asserto (i) è banale. Per quanto riguarda (ii) sia $H = \langle \pi \rangle$ il sottogruppo ciclico di $\mathfrak{S}_n$ generato da π. L'azione naturale di H su $\{1, \ldots, n\}$ produce una partizione in orbite disgiunte. Siano $B_1, \ldots, B_\ell$ le orbite che consistono di almeno due elementi, ossia tali che $r_\lambda = \operatorname{ord} B_\lambda \geq 2$. Scelto un $x_\lambda \in B_\lambda$ per ciascuna di queste orbite, risulta

$$B_\lambda = \{x_\lambda, \pi(x_\lambda), \ldots, \pi^{r_\lambda - 1}(x_\lambda)\}$$

e

$$\pi = \prod_{\lambda=1}^{\ell} (x_\lambda, \pi(x_\lambda), \ldots, \pi^{r_\lambda - 1}(x_\lambda));$$

questa è una decomposizione di π in cicli a due a due disgiunti e, grazie a (i), non è importante l'ordine in cui si esegue il prodotto. Viceversa, è facile riconoscere che ogni rappresentazione di π come prodotto di cicli a due a due disgiunti corrisponde, nel modo descritto sopra, alla decomposizione di $\{1, \ldots, n\}$ nelle sue H-orbite. Da questo segue l'asserto di unicità.

Infine (iii) si ottiene da (ii) grazie alla decomposizione

$$(x_1, \ldots, x_r) = (x_1, x_2) \circ (x_2, x_3) \circ \ldots \circ (x_{r-1}, x_r).$$

$\square$

Sia $\pi \in \mathfrak{S}_n$ una permutazione; il suo *segno* è

$$\operatorname{sgn} \pi = \prod_{i < j} \frac{\pi(i) - \pi(j)}{i - j}.$$

Il segno può assumere solo i valori 1 e -1. Si dice che π è una permutazione *pari* o *dispari* a seconda che sgn π sia positivo o negativo. Per determinare il segno si contano, moltiplicativamente modulo 2, quanti sono i sottoinsiemi $\{i, j\} \subset \{1, \ldots, n\}$ formati da due elementi i e j la cui relazione d'ordine viene cambiata dall'applicazione π. Il prodotto precedente può essere definito più in generale su un qualsiasi insieme I formato da coppie di numeri naturali (i, j) con $1 \leq i, j \leq n$, a condizione che $(i, j) \longmapsto \{i, j\}$ definisca una biiezione tra I e l'insieme formato dai sottoinsiemi con 2 elementi di $\{1, \ldots, n\}$.

Osservazione 2. *L'applicazione* sgn: $\mathfrak{S}_n \longrightarrow \{1, -1\}$ *è un omomorfismo di gruppi.*

Dimostrazione. Siano $\pi, \pi' \in \mathfrak{S}_n$. Allora

$$\operatorname{sgn} \pi \circ \pi' = \prod_{i<j} \frac{\pi \circ \pi'(i) - \pi \circ \pi'(j)}{i - j}$$

$$= \prod_{i<j} \frac{\pi \circ \pi'(i) - \pi \circ \pi'(j)}{\pi'(i) - \pi'(j)} \cdot \frac{\pi'(i) - \pi'(j)}{i - j}$$

$$= \operatorname{sgn} \pi \cdot \operatorname{sgn} \pi' \,.$$

$\square$

Il segno di una trasposizione in $\mathfrak{S}_n$ è sempre -1. Se dunque, grazie alla proposizione 1 (iii), scriviamo una permutazione $\pi \in \mathfrak{S}_n$ come prodotto di trasposizioni, $\pi = \tau_1 \circ \ldots \tau_\ell$, risulta sgn $\pi = (-1)^\ell$ e la classe resto di ℓ modulo 2 è univocamente determinata da π. In particolare π è una permutazione pari o dispari a seconda che π sia il prodotto di un numero pari o dispari di trasposizioni. Segue poi dall'osservazione 2 che, se $n > 1$, l'insieme delle permutazioni pari

$$\mathfrak{A}_n = \ker \operatorname{sgn} = \{\pi \in \mathfrak{S}_n \;;\; \operatorname{sgn} \pi = 1\}$$

è un sottogruppo normale di $\mathfrak{S}_n$ di indice 2. $\mathfrak{A}_n$ viene detto *gruppo alterno*.

Proposizione 3. *Se $n \geq 3$, il gruppo alterno $\mathfrak{A}_n$ consiste di tutte le permutazioni $\pi \in \mathfrak{S}_n$ che possono essere scritte come prodotto di 3-cicli.*

Dimostrazione. Siano $x_1, x_2, x_3, x_4 \in \{1, \ldots, n\}$. Se x_1, x_2, x_3 sono a due a due distinti, allora abbiamo la formula

$$(x_1, x_2) \circ (x_2, x_3) = (x_1, x_2, x_3).$$

Se inoltre anche x_1, x_2, x_3, x_4 sono tutti distinti tra loro, risulta

$$(x_1, x_2) \circ (x_3, x_4) = (x_1, x_3, x_2) \circ (x_1, x_3, x_4).$$

La prima uguaglianza implica che ogni 3-ciclo appartiene a $\mathfrak{A}_n$ e dunque lo stesso vale per il prodotto di 3-cicli. Le due uguaglianze insieme mostrano che il prodotto di un numero pari di trasposizioni, ossia ogni elemento di $\mathfrak{A}_n$, è un prodotto di 3-cicli.   □

Vogliamo occuparci ora di alcuni esempi concreti di gruppi simmetrici e di loro sottogruppi.

(1) Il gruppo $\mathfrak{S}_2$ ha ordine 2 e dunque $\mathfrak{S}_2 \simeq \mathbb{Z}/2\mathbb{Z}$.

(2) Il gruppo $\mathfrak{S}_3$ ha ordine 6. Lo si può interpretare come *gruppo diedrale* D_3, ossia come gruppo delle riflessioni e rotazioni di un triangolo equilatero (3 rotazioni, 3 riflessioni). $\mathfrak{S}_3$ contiene solo elementi di ordine 1, 2 e 3, ma nessun elemento di ordine 6. Di conseguenza $\mathfrak{S}_3$ è diverso dal gruppo ciclico $\mathbb{Z}/6\mathbb{Z}$. Poiché ogni gruppo abeliano di ordine 6, essendo isomorfo al prodotto $\mathbb{Z}/2\mathbb{Z} \times \mathbb{Z}/3\mathbb{Z}$, è ciclico per il teorema cinese del resto 2.4/14, si riconosce che $\mathfrak{S}_3$ è un gruppo di ordine 6 ma non abeliano (naturalmente lo si può verificare anche in modo diretto).

(3) Dato un $n \geq 3$, si definisce *gruppo diedrale* D_n il gruppo dei movimenti (rigidi) di un poligono regolare con n lati. Se si numerano i vertici in modo progressivo con $1, \ldots, n$, allora D_n, come sottogruppo di $\mathfrak{S}_n$, è generato dalle permutazioni

$$\sigma = (1, \ldots, n), \qquad \tau = \begin{pmatrix} 1 & 2 & 3 & \ldots & n \\ 1 & n & n-1 & \ldots & 2 \end{pmatrix}.$$

Qui σ indica una rotazione di angolo $2\pi/n$ del poligono regolare con n lati e τ una riflessione rispetto all'asse di simmetria passante per il vertice 1. Risulta ord $D_n = 2n$ e il sottogruppo ciclico di D_n generato da σ è normale e di indice 2. In modo simile si definiscono i gruppi di movimenti (rigidi) per tetraedri, cubi, ottaedri, dodecaedri e icosaedri.

(4) In vista di future applicazioni vogliamo introdurre il cosiddetto *gruppo di Klein* $\mathfrak{V}_4 \subset \mathfrak{S}_4$:

$$\mathfrak{V}_4 = \{\mathrm{id}, \ (1,2) \circ (3,4), \ (1,3) \circ (2,4), \ (1,4) \circ (2,3)\}$$

Si hanno le inclusioni

$$\mathfrak{V}_4 \subset \mathfrak{A}_4 \subset \mathfrak{S}_4$$

e si dimostra facilmente che $\mathfrak{V}_4$ è un sottogruppo normale di $\mathfrak{S}_4$ (vedi esercizio 6). Inoltre $\mathfrak{V}_4$ è isomorfo a $\mathbb{Z}/2\mathbb{Z} \times \mathbb{Z}/2\mathbb{Z}$.

Esercizi

1. *Le trasposizioni in $\mathfrak{S}_n$ sono anche dette scambi. Si provi direttamente che, se $n \geq 2$, allora ogni $\pi \in \mathfrak{S}_n$ può essere scritto come prodotto di trasposizioni.*

2. *Dato un numero primo p, si costruisca esplicitamente un p-sottogruppo di Sylow di $\mathfrak{S}_p$.*

3. *Sia $\pi \in \mathfrak{S}_n$ un r-ciclo. Si dimostri che sgn $\pi = (-1)^{r-1}$.*

4. *Data una permutazione $\pi \in \mathfrak{S}_n$, si indichi con $\langle \pi \rangle \subset \mathfrak{S}_n$ il rispettivo sottogruppo ciclico. Sia inoltre m il numero di $\langle \pi \rangle$-orbite rispetto all'azione naturale di $\langle \pi \rangle$ su $\{1, \ldots n\}$. Si dimostri che sgn $\pi = (-1)^{n-m}$.*

5. Si scrivano le seguenti permutazioni come prodotto di cicli e si calcoli il loro segno:

$$\begin{pmatrix} 1 & 2 & 3 & 4 \\ 3 & 4 & 1 & 2 \end{pmatrix} \in \mathfrak{S}_4, \qquad \begin{pmatrix} 1 & 2 & 3 & 4 & 5 & 6 & 7 & 8 \\ 3 & 1 & 4 & 5 & 2 & 6 & 8 & 7 \end{pmatrix} \in \mathfrak{S}_8.$$

6. Si consideri un r-ciclo $\pi = (x_1, \ldots, x_r) \in \mathfrak{S}_n$ e si dimostri che per qualsiasi $\sigma \in \mathfrak{S}_n$ vale

$$\sigma \circ \pi \circ \sigma^{-1} = (\sigma(x_1), \ldots, \sigma(x_r)).$$

Come applicazione si verifichi che il gruppo di Klein è un sottogruppo normale di $\mathfrak{S}_4$.

7. Si dimostri che, se $n \geq 2$, i cicli $(1, 2)$ e $(1, 2, \ldots, n)$ generano il gruppo $\mathfrak{S}_n$.

8. Sia $n \geq 3$. Si dimostri che $\mathfrak{A}_n$ è generato dai cicli $(1, 2, 3)$, $(1, 2, 4), \ldots, (1, 2, n)$. Se ne deduca che un sottogruppo normale $N \subset \mathfrak{A}_n$ contenente un 3-ciclo coincide con $\mathfrak{A}_n$.

5.4 Gruppi risolubili

Per caratterizzare i gruppi risolubili utilizzeremo la nozione di commutatore. Dati due elementi a, b di un gruppo G, l'elemento $[a, b] = aba^{-1}b^{-1}$ viene detto *commutatore* di a e b. In modo simile possiamo definire il commutatore $[H, H']$ di due sottogruppi $H, H' \subset G$ come il sottogruppo di G *generato* dai commutatori $[a, b]$ al variare di $a \in H$ e $b \in H'$. In particolare, se $H = H' = G$, si ottiene il cosiddetto *derivato* (o *sottogruppo commutatore*) $[G, G]$ di G. Il gruppo G è abeliano se e solo se $[G, G] = \{1\}$.

Osservazione 1. (i) $[G, G]$ *consiste di tutti i prodotti (finiti) di commutatori in G.*

(ii) $[G, G]$ *è un sottogruppo normale di G e precisamente il più piccolo tra tutti i sottogruppi normali $N \subset G$ per cui G/N è abeliano.*

Dimostrazione. Dati elementi $a, b \in G$, si ha che

$$[a, b]^{-1} = (aba^{-1}b^{-1})^{-1} = bab^{-1}a^{-1} = [b, a].$$

Dunque i prodotti finiti di commutatori formano un sottogruppo di G e precisamente il derivato $[G, G]$. Inoltre, dati $a, b, g \in G$, risulta:

$$g[a, b]g^{-1} = gaba^{-1}b^{-1}g^{-1} = (gag^{-1})(gbg^{-1})(gag^{-1})^{-1}(gbg^{-1})^{-1}$$
$$= [gag^{-1}, gbg^{-1}].$$

Questo mostra che $[G, G]$ è un sottogruppo normale di G. Se $x \in G$ e indichiamo con $\bar{x}$ la classe laterale in $G/[G, G]$ che lo contiene, da

$$\bar{a} \cdot \bar{b} \cdot \bar{a}^{-1} \cdot \bar{b}^{-1} = \overline{aba^{-1}b^{-1}} = 1$$

segue che $G/[G, G]$ è abeliano. Se $N \subset G$ è un sottogruppo normale con G/N abeliano, allora N contiene necessariamente tutti i commutatori $[a, b]$ degli elementi $a, b \in G$. Dunque $[G, G] \subset N$, ossia $[G, G]$ è il più piccolo tra tutti i sottogruppi normali $N \subset G$ aventi la proprietà che G/N è abeliano. □

Calcoliamo ora alcuni commutatori che ci serviranno più avanti.

Osservazione 2. *Abbiamo*:

$$[\mathfrak{S}_n, \mathfrak{S}_n] = \mathfrak{A}_n \text{ per } n \geq 2,$$

$$[\mathfrak{A}_n, \mathfrak{A}_n] = \begin{cases} \{1\} & \text{se } n = 2, 3, \\ \mathfrak{V}_4 & \text{se } n = 4, \\ \mathfrak{A}_n & \text{se } n \geq 5. \end{cases}$$

Dimostrazione. Cominciamo calcolando $[\mathfrak{S}_n, \mathfrak{S}_n]$. Il gruppo $\mathfrak{S}_n/\mathfrak{A}_n \simeq \mathbb{Z}/2\mathbb{Z}$ è abeliano. Segue allora dall'osservazione 1 che $[\mathfrak{S}_n, \mathfrak{S}_n] \subset \mathfrak{A}_n$ e, in particolare, che $[\mathfrak{S}_2, \mathfrak{S}_2] = \mathfrak{A}_2$ perché $\mathfrak{A}_2 = \{1\}$. Sia ora $n \geq 3$. Per dimostrare l'inclusione $[\mathfrak{S}_n, \mathfrak{S}_n] \supset \mathfrak{A}_n$ usiamo il fatto che ogni elemento di $\mathfrak{A}_n$ è prodotto di 3-cicli (vedi 5.3/3). Ma ogni 3-ciclo $(x_1, x_2, x_3) \in \mathfrak{S}_n$ è un commutatore grazie all'uguaglianza

$$(x_1, x_2, x_3) = (x_1, x_3)(x_2, x_3)(x_1, x_3)^{-1}(x_2, x_3)^{-1}$$

(dove abbiamo omesso il simbolo "∘" di composizione). Dunque $[\mathfrak{S}_n, \mathfrak{S}_n] \supset \mathfrak{A}_n$ e pertanto $[\mathfrak{S}_n, \mathfrak{S}_n] = \mathfrak{A}_n$.

Osserviamo poi che i gruppi $\mathfrak{A}_2$ e $\mathfrak{A}_3$ hanno ordine rispettivamente 1 e 3 e sono dunque abeliani. Di conseguenza $[\mathfrak{A}_n, \mathfrak{A}_n]$ è banale per $n = 2, 3$. Sia ora $n \geq 5$ e sia (x_1, x_2, x_3) un 3-ciclo in $\mathfrak{S}_n$. Scelti poi $x_4, x_5 \in \{1, \ldots, n\}$ in modo tale che $x_1, \ldots, x_5$ siano a due a due distinti, risulta

$$(x_1, x_2, x_3) = (x_1, x_2, x_4)(x_1, x_3, x_5)(x_1, x_2, x_4)^{-1}(x_1, x_3, x_5)^{-1}.$$

Poiché $\mathfrak{A}_n$ consiste di tutti i prodotti finiti di 3-cicli (vedi 5.3/3), ogni elemento di $\mathfrak{A}_n$ è prodotto di commutatori di $\mathfrak{A}_n$; si ha che $\mathfrak{A}_n \subset [\mathfrak{A}_n, \mathfrak{A}_n]$ e quindi risulta $[\mathfrak{A}_n, \mathfrak{A}_n] = \mathfrak{A}_n$.

Rimane da verificare che $[\mathfrak{A}_4, \mathfrak{A}_4] = \mathfrak{V}_4$. Ora, $[\mathfrak{A}_4, \mathfrak{A}_4]$ è il più piccolo sottogruppo normale di $\mathfrak{A}_4$ a quoziente abeliano (vedi osservazione 1 (ii)). Poiché $\mathfrak{A}_4/\mathfrak{V}_4$ ha ordine 3, esso è abeliano e pertanto $[\mathfrak{A}_4, \mathfrak{A}_4] \subset \mathfrak{V}_4$. D'altra parte, se $x_1, \ldots, x_4 \in \{1, \ldots, 4\}$ sono elementi a due a due distinti, vale l'uguaglianza

$$(x_1, x_2)(x_3, x_4) = (x_1, x_2, x_3)(x_1, x_2, x_4)(x_1, x_2, x_3)^{-1}(x_1, x_2, x_4)^{-1},$$

dalla quale si evince che $\mathfrak{V}_4 = \{\mathrm{id}, (1, 2)(3, 4), (1, 3)(2, 4), (1, 4)(2, 3)\}$ è contenuto in $[\mathfrak{A}_4, \mathfrak{A}_4]$. □

Utilizziamo ora la nozione di derivato per caratterizzare i gruppi risolubili. Dati un gruppo G e un $i \in \mathbb{N}$, si definisce il *derivato i-esimo* $D^i G$ per induzione nel modo seguente:

$$D^0 G = G \quad \text{e} \quad D^{i+1} G = [D^i G, D^i G].$$

Si ottiene così una catena

$$G = D^0 G \supset D^1 G \supset \ldots \supset D^i G \supset \ldots$$

di sottogruppi di G, dove $D^{i+1} G$ è sempre un sottogruppo normale di $D^i G$. Inoltre $D^i G / D^{i+1} G$ è abeliano. Catene con queste proprietà vengono utilizzate per definire i gruppi risolubili.

Definizione 3. *Sia G un gruppo. Una catena di sottogruppi*

$$G = G_0 \supset G_1 \supset \ldots \supset G_n = \{1\}$$

si dice una serie normale *di G se G_{i+1} è un sottogruppo normale di G_i per ogni $i = 0, \ldots, n-1$. I gruppi quoziente G_i/G_{i+1} vengono detti* quozienti *della serie normale.*

Il gruppo G si dice risolubile *se G ammette una serie normale a quozienti abeliani.*

Proposizione 4. *Un gruppo G è risolubile se e solo se esiste un numero naturale n tale che $D^n G = \{1\}$.*

Dimostrazione. Supponiamo dapprima G risolubile e sia

$$G = G_0 \supset G_1 \supset \ldots \supset G_n = \{1\}$$

una serie normale a quozienti abeliani. Dimostriamo per induzione che per ogni $i = 0, \ldots, n$ risulta $D^i G \subset G_i$. Se $i = 0$, questa relazione è banalmente vera. Supponiamo allora che sia $D^i G \subset G_i$ per un $i < n$. Dal fatto che G_i/G_{i+1} è abeliano segue che $[G_i, G_i] \subset G_{i+1}$ (vedi osservazione 1 (ii)). Dunque

$$D^{i+1} G = [D^i G, D^i G] \subset [G_i, G_i] \subset G_{i+1}$$

fornisce l'inclusione cercata. In particolare abbiamo:

$$D^n G \subset G_n = \{1\}.$$

Viceversa, sia $D^n G = \{1\}$; allora

$$G = D^0 G \supset D^1 G \supset \ldots \supset D^n G = \{1\}$$

è una serie normale a quozienti abeliani. □

Analizziamo ora alcuni esempi. Ovviamente i gruppi commutativi sono sempre risolubili.

Osservazione 5. *Il gruppo simmetrico $\mathfrak{S}_n$ è risolubile se $n \leq 4$ ma non lo è se $n \geq 5$.*

Dimostrazione. Se $n \leq 4$, si hanno le seguenti serie normali a quozienti abeliani per $\mathfrak{S}_n$:

$$\mathfrak{S}_2 \supset \{1\},$$
$$\mathfrak{S}_3 \supset \mathfrak{A}_3 \supset \{1\},$$
$$\mathfrak{S}_4 \supset \mathfrak{A}_4 \supset \mathfrak{V}_4 \supset \{1\}.$$

È facile verificare che i quozienti di queste serie sono abeliani. Infatti i gruppi $\mathfrak{S}_2$, $\mathfrak{S}_3/\mathfrak{A}_3$, $\mathfrak{S}_4/\mathfrak{A}_4$ sono ciclici di ordine 2 e i gruppi $\mathfrak{A}_3$, $\mathfrak{A}_4/\mathfrak{V}_4$ sono ciclici di ordine 3. Inoltre anche il gruppo di Klein $\mathfrak{V}_4$ è commutativo. Pertanto $\mathfrak{S}_n$ è risolubile per $n \leq 4$. Se $n \geq 5$, risulta che $[\mathfrak{S}_n, \mathfrak{S}_n] = \mathfrak{A}_n$ e $[\mathfrak{A}_n, \mathfrak{A}_n] = \mathfrak{A}_n$ (vedi osservazione 2) e quindi $\mathfrak{S}_n$ non può essere risolubile in questo caso.   □

Osservazione 6. *Sia p un numero primo. Ogni p-gruppo finito, ossia ogni gruppo di ordine p^n per un $n \in \mathbb{N}$, è risolubile.*

Lo abbiamo già dimostrato in 5.2/4. Diamo ora una particolare caratterizzazione della risolubilità per i gruppi finiti che diventerà utile in relazione alla risolubilità delle equazioni algebriche.

Proposizione 7. *Sia G un gruppo risolubile finito. Allora ogni serie normale di G che è strettamente discendente e a quozienti abeliani può essere raffinata a una serie normale a quozienti ciclici di ordine un numero primo.*

Dimostrazione. Sia $G_0 \supset \ldots \supset G_n$ una serie normale di G strettamente discendente e a quozienti abeliani. Se uno dei quozienti, per esempio G_i/G_{i+1}, non è ciclico di ordine un numero primo, si scelga un elemento non nullo $\overline{a} \in G_i/G_{i+1}$. Eventualmente elevando $\overline{a}$ a un'opportuna potenza possiamo assumere che ord $\overline{a}$ sia primo. Il gruppo ciclico $\langle \overline{a} \rangle$ generato da $\overline{a}$ è contenuto propriamente in G_i/G_{i+1} e la sua antiimmagine in G_i tramite la proiezione $G_i \longrightarrow G_i/G_{i+1}$ fornisce un gruppo H tale che

$$G_i \supsetneq H \supsetneq G_{i+1}.$$

Poiché $\langle \overline{a} \rangle$ è un sottogruppo normale del gruppo (abeliano) G_i/G_{i+1}, anche l'antiimmagine H è un sottogruppo normale di G_i. Inoltre G_{i+1} è un sottogruppo normale di H. Possiamo dunque raffinare la serie normale $G_0 \supset \ldots \supset G_n$ a una nuova serie normale, inserendo H tra G_i e G_{i+1}. Quest'ultima serie ha quozienti abeliani in quanto esiste sia un'applicazione iniettiva $H/G_{i+1} \hookrightarrow G_i/G_{i+1}$ che un epimorfismo $G_i/G_{i+1} \longrightarrow G_i/H$, dove G_i/G_{i+1} è abeliano. Si può ripetere questo processo e, essendo G finito, dopo un numero finito di passi si arriverà a una serie normale a quozienti ciclici ciascuno di ordine un numero primo.   □

Proposizione 8. *Sia G un gruppo e sia $H \subset G$ un sottogruppo. Se G è risolubile, anche H lo è. Se H è un sottogruppo normale di G, allora G è risolubile se e solo se H e G/H sono risolubili.*

Dimostrazione. Iniziamo supponendo che G sia risolubile. Da $D^i H \subset D^i G$ segue che anche H è risolubile. Se poi H è un sottogruppo normale di G, si può considerare l'omomorfismo canonico $\pi : G \longrightarrow G/H$. Si verifica facilmente che $D^i(\pi(G)) = \pi(D^i(G))$ e dunque anche $G/H = \pi(G)$ è risolubile.

Assumiamo ora che H e G/H siano entrambi risolubili con $D^n H = \{1\}$ e $D^n(G/H) = \{1\}$. Allora

$$\pi(D^n G) = D^n(G/H) = \{1\},$$

ossia $D^n G \subset H$, e inoltre $D^{2n} G \subset D^n H = \{1\}$. Pertanto G è risolubile.   □

Corollario 9. *Siano $G_1, \ldots, G_n$ gruppi. Il gruppo prodotto $\prod_{i=1}^n G_i$ è risolubile se e solo se tutti i gruppi G_i sono risolubili.*

Dimostrazione. Si procede per induzione. Se $n = 2$ applichiamo la proposizione 8 alla proiezione $G_1 \times G_2 \longrightarrow G_2$ il cui nucleo è G_1.   □

Esercizi

1. *Abbiamo visto nell'osservazione 1 che il derivato $[G, G]$ di un gruppo G è il più piccolo tra tutti i sottogruppi normali $N \subset G$ per cui il gruppo quoziente G/N è abeliano. Si dimostri un'analogo risultato nel caso più generale di commutatori del tipo $[G, H]$ dove H è un sottogruppo normale di G oppure soltanto un sottogruppo.*

2. Siano p, q numeri primi distinti. Si dimostri che ogni gruppo di ordine pq è risolubile.

3. Sia G un gruppo finito. Si dimostrino i seguenti risultati:
   (i) Se H, H' sono sottogruppi normali e risolubili di G, allora tale è $H \cdot H'$.
   (ii) Esiste un massimo sottogruppo normale risolubile in G. Questo è invariante per tutti gli automorfismi di G.

4. Si dimostri che ogni gruppo di ordine < 60 è risolubile.

5. Si dimostri che il gruppo alterno $\mathfrak{A}_5$ non ammette sottogruppi normali non banali.

6. Sia T il sottogruppo del gruppo $\mathrm{GL}(n, K)$ (delle matrici invertibili $n \times n$ su un campo K) formato dalle matrici triangolari superiori. Si dimostri che T è risolubile.

7. Dato un gruppo G, si considerino i sottogruppi $C^i(G)$ definiti per induzione come: $C^1(G) = G$ e $C^{i+1}(G) = [G, C^i(G)]$. Si dice che G è *nilpotente* se esiste un $n \in \mathbb{N}$ tale che $C^n(G) = \{1\}$. Si dimostri che ogni gruppo nilpotente è risolubile.

8. Nelle notazioni dell'esercizio 6, si consideri sia il gruppo delle matrici triangolari superiori $T \subset \mathrm{GL}(n, K)$ che il sottogruppo $T_1 \subset T$ formato da tutte le matrici triangolari con 1 sulla diagonale. Si dimostri che T_1 è nilpotente (vedi esercizio 7), ma che T non lo è. Pertanto T è un esempio di gruppo risolubile non nilpotente.

6. Applicazioni della teoria di Galois

Dopo i risultati di teoria dei gruppi e di teoria dei campi fin qui illustrati mostreremo in questo capitolo come la teoria di Galois possa essere utilizzata per la risoluzione di alcuni famosi problemi classici. Cominceremo in 6.1 col problema della risolubilità per radicali delle equazioni algebriche, dunque con lo stesso problema che spinse E. Galois a sviluppare la "teoria di Galois" e dimostreremo che, se f è un polinomio monico a coefficienti in un campo K, l'equazione algebrica $f(x) = 0$ è risolubile per radicali se e solo se il suo gruppo di Galois è risolubile nel senso della teoria dei gruppi.

È facile descrivere l'idea che sta alla base della dimostrazione. Per quanto riguarda i campi, ci si riduce al caso in cui K contiene sufficienti radici dell'unità e si considerano le estensioni di K ottenute per aggiunzione di *radicali*, ossia di radici di polinomi del tipo $X^n - c \in K[X]$ se char $K \nmid n$ oppure del tipo $X^p - X - c \in K[X]$ se $p = \text{char } K > 0$. Queste sono essenzialmente le estensioni cicliche di K (vedi 4.8/3 e 4.8/5). Analogamente, per quanto riguarda i gruppi di Galois, si utilizza il fatto che i gruppi ciclici sono per così dire i "mattoni" con cui vengono costruiti i gruppi finiti risolubili (vedi 5.4/7). Se $p = \text{char } K > 0$, si interpretano anche le radici dei polinomi del tipo $X^p - X - c \in K[X]$ come "radicali" per far sì che la caratterizzazione delle equazioni algebriche risolubili (separabili) tramite i gruppi di Galois risolubili rimanga valida anche su campi di caratteristica positiva. Si osservi a riguardo che, se $p = \text{char } K > 0$, i polinomi del tipo $X^p - c$ non sono separabili e dunque le loro radici non possono essere studiate con i metodi della teoria di Galois. Presenteremo in 6.1/10 una condizione necessaria per la risolubilità delle equazioni algebriche irriducibili di grado un numero primo; questa risale a E. Galois e risulterà utile soprattutto per costruire equazioni algebriche non risolubili. Al fine di illustrare concretamente il problema della risolubilità, ci occuperemo nella sezione 6.2 delle formule risolutive per le equazioni algebriche di terzo e quarto grado.

Come seconda applicazione della teoria di Galois daremo in 6.3 una dimostrazione del teorema fondamentale dell'Algebra. Dal punto di vista algebrico questo teorema presenta qualche difficoltà, come già evidenziarono le prime dimostrazioni. Ciò è legato al fatto che il campo $\mathbb{C}$ dei numeri complessi è ottenuto sì dal campo reale $\mathbb{R}$ con metodi algebrici e precisamente tramite aggiunzione della radice quadrata di -1, ma la costruzione di $\mathbb{R}$ richiede metodi dell'Analisi. Dunque, dato un polinomio $f \in \mathbb{C}[X]$, abbiamo ben poche speranze di costruire algebricamente le sue radici in $\mathbb{C}$. Invece di far questo, procederemo in modo indiretto. Supporremo che $\mathbb{C}$ non sia algebricamente chiuso e quindi sarà possibile costruire grazie a Kronecker un'estensione non banale $L/\mathbb{C}$, che potremo assumere galoisiana. Tramite la teoria di Galois e usando il fatto che i polinomi reali di grado dispari hanno sempre una radice reale, mostreremo che non è restrittivo assumere che il grado di $L/\mathbb{C}$ sia 2. Ma una tale estensione non può esistere; lo si vede subito sapendo che ogni numero reale positivo ha una radice quadrata in $\mathbb{R}$ e di conseguenza ogni numero complesso ha una radice quadrata in $\mathbb{C}$. È evidente tuttavia che queste argomentazioni si basano su "fatti" relativi ai numeri reali di natura analitica.

Come ulteriore applicazione ci occuperemo in 6.4 delle costruzioni con riga e compasso nel piano complesso. Una precisa analisi delle costruzioni possibili con tali strumenti mostrerà che, a partire dai punti $0, 1 \in \mathbb{C}$, si possono costruire solo i punti $z \in \mathbb{C}$ per i quali esiste un'estensione galoisiana $L/\mathbb{Q}$ con $z \in L$ e $[L : \mathbb{Q}]$ una potenza di 2. In particolare z è algebrico su $\mathbb{Q}$ di grado una potenza di 2. Viene così esclusa la possibilità di costruire la radice cubica $\sqrt[3]{2}$ e pertanto l'antico problema della duplicazione del cubo non è risolvibile con riga e compasso. Ci occuperemo poi dello studio di C. F. Gauss sulla costruibilità dei poligoni regolari con n lati.

6.1 Risolubilità di equazioni algebriche

Anche se la formula risolutiva delle equazioni algebriche di secondo grado può sembrare semplice, già le corrispondenti formule per le equazioni di terzo e quarto grado, che dedurremo nella sezione 6.2, mostrano inequivocabilmente quanto sia complicato risolvere equazioni algebriche. Vedremo poi che esistono ragioni teoriche per cui a partire dal quinto grado non possono più esserci formule risolutive generali di quel tipo. Per analizzare meglio questo problema cominciamo precisando la nozione di risolubilità per le equazioni algebriche.

Definizione 1. *Un'estensione finita di campi L/K si dice risolubile per radicali se esistono un'estensione E di L e una catena di campi*

$$K = E_0 \subset E_1 \subset \ldots \subset E_m = E$$

dove ciascun E_{i+1} è ottenuto da E_i tramite aggiunzione di un elemento del tipo seguente:

(1) *una radice dell'unità, oppure*
(2) *una radice di un polinomio $X^n - a \in E_i[X]$ con $\operatorname{char} K \nmid n$, oppure*
(3) *una radice di un polinomio $X^p - X - a \in E_i[X]$ con $p = \operatorname{char} K > 0$.*

L/K sarà allora necessariamente separabile.

Scopo principale di questa sezione è caratterizzare la risolubilità per radicali tramite la risolubilità dei gruppi di Galois (vedi 5.4/3).

Definizione 2. *Un'estensione finita L/K si dice* risolubile *se esiste un sovracampo $E \supset L$ tale che E/K sia un'estensione galoisiana finita con gruppo di Galois $\mathrm{Gal}(E/K)$ risolubile (nel senso di 5.4/3).*

Si osservi che con questa definizione un'estensione galoisiana L/K è risolubile se e solo se il gruppo di Galois $\mathrm{Gal}(L/K)$ è risolubile. Infatti, se possiamo ampliare L/K a un'estensione galoisiana finita E/K con gruppo di Galois risolubile, segue da 4.1/2 che $\mathrm{Gal}(L/K)$ è un quoziente di $\mathrm{Gal}(E/K)$ e dunque a sua volta risolubile (vedi 5.4/8).

Si possono trasferire in modo ovvio entrambe le nozioni di risolubilità alle equazioni algebriche. Se f è un polinomio (separabile) non costante a coefficienti in un campo K, fissiamo un campo di spezzamento L di f su K. Diremo che $f(x) = 0$ è *risolubile* (risp. *risolubile per radicali*) *su* K se l'estensione L/K ha le corrispondenti proprietà.

Ci occupiamo ora di alcune proprietà, più o meno elementari, delle nozioni di risolubilità appena introdotte.

Lemma 3. *Sia L/K un'estensione finita di campi e sia F/K un'estensione di campi qualsiasi. Si immerga L tramite un K-omomorfismo in una chiusura algebrica $\overline{F}$ di F (vedi. 3.4/9) e si costruisca il composto FL in $\overline{F}$. Se L/K è risolubile (risp. galoisiana con gruppo di Galois risolubile, risp. risolubile per radicali, risp. L è unione di una catena di campi del tipo descritto nella definizione 1), allora l'analogo è vero anche per l'estensione FL/F.*

Lemma 4. *Se $K \subset L \subset M$ è una catena di estensioni finite di campi, allora M/K è risolubile (risp. risolubile per radicali) se e solo se M/L e L/K sono risolubili (risp. risolubili per radicali).*

Dimostrazione del lemma 3. Supponiamo dapprima che L/K sia risolubile. Eventualmente estendendo L, possiamo assumere che L/K sia galoisiana con gruppo di Galois $\mathrm{Gal}(L/K)$ risolubile. Allora anche $FL = F(L)$ è un'estensione galoisiana finita di F. Poiché ogni $\sigma \in \mathrm{Gal}(FL/F)$ lascia fisso il campo K, risulta che $\sigma(L)$ è algebrico su K. Per 3.5/4 si ottiene dunque un omomorfismo di restrizione

$$\mathrm{Gal}(FL/F) \longrightarrow \mathrm{Gal}(L/K).$$

Questo è iniettivo perché $FL = F(L)$; da 5.4/8 segue quindi che $\mathrm{Gal}(FL/F)$ è risolubile e pertanto anche FL/F lo è. D'altra parte se L/K è risolubile per radicali (risp. ammette una catena di campi del tipo descritto nella definizione 1 con $L = E$) banalmente l'analogo vale anche per l'estensione FL/F. $\square$

Dimostrazione del lemma 4. Partiamo sempre dalla proprietà "risolubile" e supponiamo M/K risolubile. Eventualmente estendendo M possiamo assumere che l'estensione M/K sia galoisiana con gruppo di Galois risolubile. Allora, per definizione, anche L/K è risolubile. Inoltre, poiché $\mathrm{Gal}(M/L)$ può essere interpretato in modo naturale come sottogruppo di $\mathrm{Gal}(M/K)$, segue da 5.4/8 che anche M/L è risolubile.

Supponiamo ora che M/L e L/K siano risolubili. Mostriamo come primo passo che è possibile assumere che entrambe le estensioni siano galoisiane con gruppo di Galois risolubile. Per vederlo si scelga un'estensione finita L' di L in modo che L'/K sia galoisiana con gruppo di Galois risolubile. Grazie al lemma 3 possiamo sostituire L con L' e M col composto $L'M$ (in una chiusura algebrica di M). Prendiamo poi una estensione finita M' di $L'M$ cosicché M'/L' sia galoisiano con gruppo di Galois risolubile. Sostituendo $L'M$ con M', possiamo assumere nel seguito che entrambe le estensioni M/L e L/K siano galoisiane con gruppo di Galois risolubile.

Poiché M è separabile, ma non necessariamente galoisiana su K, passiamo ad una chiusura normale M' di M/K (vedi 3.5/7). Allora M'/K è un'estensione galoisiana finita. Per costruire M' consideriamo tutti i K-omomorfismi $\sigma \colon M \longrightarrow \overline{M}$, con $\overline{M}$ una chiusura algebrica di M, e definiamo M' come il composto di tutti i $\sigma(M)$. Poiché L/K è galoisiana, risulta $\sigma(L) = L$ per ogni σ e dunque ogni estensione $\sigma(M)/L$ è galoisiana e isomorfa a M/L. Affermiamo che il gruppo di Galois $\mathrm{Gal}(M'/K)$ è risolubile e che quindi anche l'estensione M/K lo è. Per verificarlo si consideri la restrizione

$$\mathrm{Gal}(M'/K) \longrightarrow \mathrm{Gal}(L/K)$$

che è suriettiva e ha nucleo $\mathrm{Gal}(M'/L)$ (vedi 4.1/2 (ii)). Poiché $\mathrm{Gal}(L/K)$ è risolubile, grazie a 5.4/8 basta dimostrare che $\mathrm{Gal}(M'/L)$ è risolubile. Applicando 4.1/12 (ii), quest'ultimo gruppo può essere visto come un sottogruppo del prodotto

$$\prod_{\sigma \in \mathrm{Hom}_K(M,\overline{M})} \mathrm{Gal}(\sigma(M)/L).$$

Tutti i gruppi $\mathrm{Gal}(\sigma(M)/L) = \mathrm{Gal}(\sigma(M)/\sigma(L))$ sono canonicamente isomorfi a $\mathrm{Gal}(M/L)$ e dunque risolubili. Quindi anche il prodotto cartesiano di questi gruppi è risolubile (vedi 5.4/9) e segue da 5.4/8 che $\mathrm{Gal}(M'/L)$ è risolubile. Con questo abbiamo dimostrato il caso "risolubile" del lemma 4.

Rimane ancora da trattare il caso "risolubile per radicali". Se M/K è risolubile per radicali, ovviamente lo stesso è vero anche per le estensioni M/L e L/K. Viceversa, se M/L e L/K sono risolubili per radicali, scegliamo un'estensione L'/L tale che l'estensione L'/K ammetta una catena di campi del tipo descritto nella definizione 1 con $E = L'$. Si costruisce poi il composto $L'M$ in una chiusura algebrica di M e grazie al lemma 3 si vede che l'estensione $L'M/L'$ è risolubile per radicali. Allora $L'M/K$ è risolubile per radicali e quindi anche M/K lo è. $\square$

Teorema 5. *Un'estensione finita di campi L/K è risolubile se e solo se è risolubile per radicali.*

Dimostrazione. Supponiamo dapprima L/K risolubile. Eventualmente estendendo L possiamo assumere che L/K sia galoisiana con gruppo di Galois risolubile. Sia poi m il prodotto di tutti i numeri primi $q \neq \mathrm{char}\, K$ che dividono il grado $[L:K]$ e sia F un'estensione di K ottenuta per aggiunzione di una radice primitiva m-esima dell'unità. L'estensione F/K è, per definizione, risolubile per radicali. Costruendo il composto di F e L in una chiusura algebrica di K, possiamo considerare la catena

$$K \subset F \subset FL$$

e basta dimostrare che FL/F è risolubile per radicali (vedi lemma 4). Inoltre, sappiamo dal lemma 3 che FL/F è risolubile e anzi è un'estensione galoisiana con gruppo di Galois risolubile in quanto, per ipotesi, L/K ha le analoghe proprietà. Scegliamo dunque una serie normale

$$\mathrm{Gal}(FL/F) = G_0 \supset G_1 \supset \ldots \supset G_n = \{1\}$$

con quozienti ciclici e di ordine un numero primo (vedi 5.4/7). Per il teorema fondamentale della teoria di Galois 4.1/6 a questa serie normale corrisponde una catena di campi

$$F = F_0 \subset F_1 \subset \ldots \subset F_n = FL$$

dove ciascun F_{i+1}/F_i è un'estensione ciclica di grado un numero primo che indichiamo con p_i. Si osservi ora che $[FL : F]$ divide $[L : K]$ (per esempio per 4.1/12 (i)) e dunque, se $p_i \neq \mathrm{char}\, K$, il numero primo p_i divide m. Di conseguenza F e quindi F_i contengono una radice primitiva p_i-esima dell'unità. Per 4.8/3 allora F_{i+1} si ottiene da F_i tramite aggiunzione di una radice di un polinomio del tipo $X^{p_i} - a \in F_i[X]$. D'altra parte, nel caso $p_i = \mathrm{char}\, K$, segue da 4.8/5 che F_{i+1} è ottenuto da F_i per aggiunzione di una radice di un polinomio del tipo $X^{p_i} - X - a \in F_i[X]$. In totale si ha che FL/F è risolubile per radicali e quindi lo stesso vale per L/K.

Supponiamo ora che L/K sia risolubile per radicali. Esiste allora una catena di campi $K = K_0 \subset K_1 \subset \ldots \subset K_n$ con $L \subset K_n$, tale che ciascuna estensione K_{i+1}/K_i sia del tipo (1), (2) o (3) nella definizione 1. Eventualmente estendendo L possiamo assumere che $L = K_n$. Per mostrare poi che L/K è risolubile, è sufficiente mostrare che ciascuna estensione K_{i+1}/K_i è risolubile (vedi il lemma 4). In altri termini possiamo supporre che l'estensione L/K sia del tipo (1), (2) o (3) della definizione 1. Ma le estensioni del tipo (1) sono abeliane per 4.5/9, quelle del tipo (3) sono cicliche per 4.8/5 e pertanto in entrambi i casi queste estensioni sono risolubili. Sia dunque L/K un'estensione del tipo (2), cioè L sia ottenuta da K per aggiunzione di una radice di un polinomio $X^n - c \in K[X]$ con $\mathrm{char}\, K \nmid n$. Se F/K è un'estensione generata da una radice primitiva n-esima dell'unità, allora costruiamo il composto di F e L in una chiusura algebrica di L e consideriamo la catena $K \subset F \subset FL$. Per 4.5/9 l'estensione F/K è abeliana e dunque risolubile mentre per 4.8/3 l'estensione FL/F è ciclica e quindi risolubile. Segue dunque dal lemma 4 che FL/K è risolubile e pertanto anche L/K è risolubile. $\qquad \square$

Corollario 6. *Sia L/K un'estensione separabile di grado ≤ 4. Allora L/K è risolubile e in particolare risolubile per radicali.*

Dimostrazione. Per il teorema dell'elemento primitivo 3.6/12 l'estensione L/K è semplice, del tipo $L = K(a)$. Sia $f \in K[X]$ il polinomio minimo di a su K e sia L' un campo di spezzamento di f su K. Si ha allora $\mathrm{grad}\, f = [L : K] \leq 4$ e segue da 4.3/1 che il gruppo di Galois $\mathrm{Gal}(L'/K)$ può essere pensato come sottogruppo di $\mathfrak{S}_4$. Poiché $\mathfrak{S}_4$ è risolubile, anche i suoi sottogruppi sono risolubili (vedi 5.4/5 e 5.4/8); di conseguenza L'/K e L/K sono risolubili.   □

Corollario 7. *Esistono estensioni finite separabili che non sono risolubili per radicali. Per esempio, l'equazione generale di n-esimo grado non è risolubile per radicali se* $n \geq 5$.

Come *dimostrazione* basta sapere che il gruppo di Galois dell'equazione generale di n-esimo grado è il gruppo simmetrico $\mathfrak{S}_n$ se $n \geq 2$ (vedi sezione 4.3, esempio (4)). Poiché è noto da 5.4/5 che, se $n \geq 5$, il gruppo $\mathfrak{S}_n$ non è risolubile, si deduce dal teorema 5 che in questo caso la corrispondente estensione L/K non è risolubile per radicali.   □

Ritorniamo ora sull'esempio (4) della sezione 4.3. Eravamo partiti là da un campo k e avevamo considerato il campo $L = k(T_1, \ldots, T_n)$ delle funzioni razionali nelle variabili $T_1, \ldots, T_n$. Avevamo poi fatto agire il gruppo $\mathfrak{S}_n$ su L tramite permutazioni delle T_i e L risultava essere un'estensione galoisiana del campo fisso K con gruppo di Galois $\mathrm{Gal}(L/K) = \mathfrak{S}_n$. Si vedeva poi che tale campo fisso era $K = k(s_1, \ldots, s_n)$ con $s_1, \ldots, s_n$ i polinomi simmetrici elementari in $T_1, \ldots, T_n$. Inoltre avevamo visto che L è un campo di spezzamento del polinomio $f = X^n - s_1 X^{n-1} + \ldots + (-1)^n s_n \in K[X]$. Poiché gli elementi $s_1, \ldots, s_n \in K$ sono linearmente indipendenti su k grazie al teorema fondamentale sui polinomi simmetrici 4.3/5 e 4.4/1, i coefficienti $-s_1, \ldots, (-1)^n s_n$ possono essere visti come variabili su k. Nel caso $n \geq 5$ si può dunque affermare che, date variabili $c_1, \ldots, c_n$ su k, l'*equazione generale di n-esimo grado* $x^n + c_1 x^{n-1} + \ldots + c_n = 0$ sul campo delle funzioni razionali $K = k(c_1, \ldots, c_n)$ non è risolubile per radicali.

Più concretamente ci si può domandare se esistono equazioni sul campo $\mathbb{Q}$ che non sono risolubili per radicali. Studieremo nel seguito alcuni aspetti di questo problema, tuttavia solo quando il grado è un numero primo. Cominciamo col presentare due risultati ausiliari sulle permutazioni che applicheremo più avanti ai gruppi di Galois.

Lemma 8. *Sia p un numero primo e sia* $G \subset \mathfrak{S}_p$ *un sottogruppo che agisce transitivamente su* $\{1, \ldots, p\}$. *Allora G contiene un sottogruppo H di ordine p. Se G è risolubile, H è unico ed è inoltre un sottogruppo normale di G.*

Dimostrazione. Poiché G agisce transitivamente su $\{1, \ldots, p\}$, esiste solo una G-orbita per questa azione. Essa consiste di p elementi e si vede, per esempio con 5.1/5, che p divide $\mathrm{ord}\, G$. Poiché p^2 non divide $p!$, esso non divide l'ordine di $\mathfrak{S}_p$ e quindi p^2 non può essere un divisore di $\mathrm{ord}\, G$. Dunque G contiene un sottogruppo H di ordine p, precisamente un p-sottogruppo di Sylow (vedi 5.2/6).

Supponiamo ora che G sia risolubile. Per 5.4/7 esiste allora una serie normale $G = G_0 \supsetneq \ldots \supsetneq G_n = \{1\}$ a quozienti ciclici di ordine un numero primo. Si vede per induzione che ciascun G_i, $i < n$, agisce transitivamente su $\{1, \ldots, p\}$. Se infatti $B_1, \ldots, B_r$ sono le G_i-orbite in $\{1, \ldots, p\}$, si ha $p = \sum_{\rho=1}^{r} \mathrm{ord}\, B_\rho$. Poiché per ipotesi induttiva G_{i-1} agisce transitivamente su $\{1,\ldots,p\}$ e poiché G_i è un sottogruppo normale di G_{i-1}, quest'ultimo gruppo agisce transitivamente anche sull'insieme delle orbite $\{B_1,\ldots,B_r\}$ e si deduce che tutte le orbite B_ρ hanno lo stesso ordine. Pertanto $p = r \cdot \operatorname{ord} B_1$ e da questo segue che $r = 1$ oppure $\operatorname{ord} B_1 = 1$. Dato un $i < n$, si ha $G_i \neq \{1\}$ e dunque $\operatorname{ord} B_\rho > 1$, da cui si deduce $r = 1$. Quindi esiste una sola G_i-orbita, ossia G_i agisce transitivamente su $\{1,\ldots,p\}$. Di conseguenza, se $i < n$, il gruppo G_i contiene sempre un sottogruppo di ordine p, come mostrato all'inizio. In particolare G_{n-1} stesso ha allora ordine p in quanto l'ordine di $G_{n-1} \simeq G_{n-1}/G_n$ è un numero primo.

Applicando ripetutamente il teorema di Lagrange 1.2/3, si dimostra che $\operatorname{ord} G = \prod_{i=0}^{n-1} \operatorname{ord} G_i/G_{i+1}$. Dal fatto poi che p divide $\operatorname{ord} G$, ma p^2 non lo divide, si deduce che $p \neq \operatorname{ord} G_i/G_{i+1}$ per $i = 0,\ldots,n-2$. A partire da $H \subset G_0 = G$ si dimostra per induzione che $H \subset G_i$ per $i = 0,\ldots,n-1$. Infatti se $H \subset G_i$ per un $i \leq n-2$, allora l'applicazione canonica

$$H \hookrightarrow G_i \longrightarrow G_i/G_{i+1}$$

è banale perché $p \nmid \operatorname{ord} G_i/G_{i+1}$ e dunque $H \subset G_{i+1}$. In particolare, si ottiene $H \subset G_{n-1}$ e quindi $H = G_{n-1}$. Questo mostra l'unicità di H. Inoltre H è pure invariante per coniugio con elementi di G e quindi è un sottogruppo normale di G. $\qquad\square$

Lemma 9. *Nella situazione del lemma 8 sia G un gruppo risolubile. Se $\sigma \in G$ è un elemento che, come applicazione biiettiva di $\{1,\ldots,p\}$ in sé, ammette due punti fissi distinti, allora $\sigma = \operatorname{id}$.*

Dimostrazione. Per il lemma 8 esiste in G un sottogruppo normale H di ordine p. Necessariamente H è ciclico di ordine p e generato da un $\pi \in G \subset \mathfrak{S}_p$. Scrivendo π come prodotto di cicli disgiunti (vedi 5.3/1 (ii)) e usando che $\operatorname{ord} \pi = p$, si vede che π è un p-ciclo, del tipo $\pi = (0,\ldots,p-1)$, dove per motivi tecnici pensiamo $\mathfrak{S}_p$ come il gruppo delle permutazioni degli elementi $0,\ldots,p-1$. Sia ora $\sigma \in G$ una permutazione avente due punti fissi distinti. Eventualmente cambiando gli indici, possiamo supporre che uno di questi punti fissi sia l'elemento 0. Siano dunque $0, i$ con $0 < i < p$ i due punti fissi di σ. Poiché H è un sottogruppo normale di G, l'elemento

$$\sigma \circ \pi \circ \sigma^{-1} = (\sigma(0),\ldots,\sigma(p-1))$$

appartiene ancora a H e dunque può essere rappresentato come una potenza π^r con $0 \leq r < p$, del tipo

$$(\sigma(0),\ldots,\sigma(p-1)) = (0,\overline{r\cdot 1},\ldots,\overline{r\cdot(p-1)}),$$

dove $\overline{r\cdot j}$ indica il resto in $\{0,\ldots,p-1\}$ della divisione di $r \cdot j$ per p. Da $\sigma(0) = 0$ e $\sigma(i) = i$ segue $\overline{r\cdot i} = i$ Ma allora $r = 1$ in quanto la classe resto di i in $\mathbb{Z}/p\mathbb{Z}$ è per $0 < i < p$ un'unità. In conclusione risulta $\sigma = \operatorname{id}$. $\qquad\square$

Vogliamo ora interpretare il lemma 9 in termini di teoria di Galois.

Proposizione 10. *Sia K un campo e sia $f \in K[X]$ un polinomio irriducibile e separabile di grado un numero primo p. Supponiamo che il rispettivo gruppo di Galois sia risolubile. Se L è un campo di spezzamento di f su K e se $\alpha, \beta \in L$ sono due radici distinte di f, allora $L = K(\alpha, \beta)$.*

Dimostrazione. L'estensione L/K è galoisiana e il gruppo di Galois $G = \mathrm{Gal}(L/K)$ è pure il gruppo di Galois del polinomio f. Ogni elemento $\sigma \in G$ induce una permutazione delle radici $\alpha_1, \ldots, \alpha_p$ di f e perciò possiamo interpretare G come sottogruppo del gruppo simmetrico $\mathfrak{S}_p$ (vedi 4.3/1). Poiché f è irriducibile, per ogni coppia di radici α, β di f esiste un $\sigma \in G$ tale che $\sigma(\alpha) = \beta$ e l'azione di G su $\{\alpha_1, \ldots, \alpha_p\}$ è transitiva. Inoltre, G essendo risolubile, soddisfa le ipotesi del lemma 9. Pertanto, se $\sigma \in G$ è un automorfismo di L che è banale su $K(\alpha, \beta)$, allora σ come permutazione di $\alpha_1, \ldots, \alpha_p$ ha due punti fissi, precisamente α e β, e dunque è l'identità. Si ottiene così $\mathrm{Gal}(L/K(\alpha, \beta)) = \{1\}$ e dal teorema fondamentale della teoria di Galois 4.1/6 segue che $L = K(\alpha, \beta)$. $\qquad \square$

Grazie alla proposizione 10 è possibile costruire ora tutta una serie di estensioni di $\mathbb{Q}$ che non sono risolubili. Infatti se $f \in \mathbb{Q}[X]$ è un polinomio irriducibile di grado un primo $p \geq 5$ e se f ha in $\mathbb{C}$ almeno due radici reali e una non reale, allora l'equazione $f(x) = 0$ non può essere risolubile, altrimenti, grazie alla proposizione 10, il campo di spezzamento di f in $\mathbb{C}$ sarebbe reale, in contraddizione col fatto che f ha una radice non reale. Come esempio, dato un numero primo $p \geq 5$, si consideri il polinomio $f = X^p - 4X + 2 \in \mathbb{Q}[X]$. Questo è irriducibile per il criterio di Eisenstein 2.8/1. Inoltre, studiando la curva, si vede che f ha esattamente 3 radici reali. Di conseguenza il suo gruppo di Galois non è risolubile. Nel caso speciale $p = 5$ è possibile verificarlo anche in un altro modo, ossia verificando che il gruppo di Galois G di $f = X^5 - 4X + 2$ è isomorfo a $\mathfrak{S}_5$. Infatti, se pensiamo il gruppo G come sottogruppo di $\mathfrak{S}_5$ (vedi 4.3/1), segue, per esempio dal lemma 8, che G contiene un elemento di ordine 5, ossia un 5-ciclo. Inoltre la coniugazione complessa scambia le due radici non reali di f, mentre lascia fisse le 3 radici reali. Dunque G contiene anche una trasposizione. Ma allora $G = \mathfrak{S}_5$ (vedi l'esercizio 7 della sezione 5.3). Con queste argomentazioni si può più in generale mostrare che per ogni numero primo p esiste un polinomio irriducibile $f \in \mathbb{Q}[X]$ il cui gruppo di Galois è isomorfo a $\mathfrak{S}_p$ (vedi esercizio 5).

Esercizi

1. *Sia K un campo e sia $f \in K[X]$ un polinomio separabile non costante. Sia K_0 il più piccolo sottocampo di K che contiene tutti i coefficienti di f. Che relazione c'è tra la risolubilità dell'equazione $f(x) = 0$ su K e quella su K_0?*

2. *Sia K un campo e sia $f \in K[X]$ un polinomio separabile non costante. Con una terminologia un po' antiquata si dice che l'equazione algebrica $f(x) = 0$ è metaciclica se può essere ricondotta a una catena di equazioni cicliche. Questo significa quanto segue: se L è un campo di spezzamento di f su K, allora esiste una catena di campi $K = K_0 \subset K_1 \subset \ldots \subset K_n$ con $L \subset K_n$ e dove ciascuna K_{i+1}/K_i è estensione galoisiana di un'equazione ciclica, dunque con gruppo di Galois ciclico. Si dimostri*

che l'equazione $f(x) = 0$ è metaciclica se e solo se è risolubile (o anche risolubile per radicali).

3. Si determini il gruppo di Galois del polinomio

$$X^7 - 8X^5 - 4X^4 + 2X^3 - 4X^2 + 2 \in \mathbb{Q}[X]$$

   e si dica se è risolubile oppure no.

4. Si determini se l'equazione

$$X^7 + 4X^5 - \tfrac{10}{11}X^3 - 4X + \tfrac{2}{11} = 0$$

   a coefficienti in $\mathbb{Q}$ è risolubile per radicali oppure no.

5. Si dimostri che per ogni numero primo $p \geq 5$ esiste un polinomio irriducibile $f_p \in \mathbb{Q}[X]$ con grad $f_p = p$ il cui gruppo di Galois (su $\mathbb{Q}$) è isomorfo a $\mathfrak{S}_p$. (Suggerimento: si parta da un polinomio separabile $h_p \in \mathbb{Q}[X]$ di grado p avente esattamente due radici non reali e si approssimi h_p con un opportuno polinomio irriducibile f_p. Si utilizzi il fatto che le radici di h_p variano in modo continuo quando si fanno variare in modo continuo i coefficienti di h_p.)

6. Fissato un numero primo p, si consideri il gruppo $S(\mathbb{F}_p)$ delle applicazioni biiettive del campo $\mathbb{F}_p = \mathbb{Z}/p\mathbb{Z}$ in sé. Un elemento $\sigma \in S(\mathbb{F}_p)$ si dice *lineare* se esistono $a, b \in \mathbb{F}_p$ tali che $\sigma(x) = ax + b$ per ogni $x \in \mathbb{F}_p$, dove necessariamente si ha $a \neq 0$. Un sottogruppo $G \subset S(\mathbb{F}_p)$ si dice *lineare* se tutti gli elementi $\sigma \in G$ sono lineari. Infine un sottogruppo $G \subset \mathfrak{S}_p$ si dice *lineare* se esiste una biiezione $\{1, \ldots, p\} \longrightarrow \mathbb{F}_p$ rispetto alla quale G corrisponde a un sottogruppo lineare di $\mathfrak{S}_p$. Si dimostri quanto segue:

   (i) Se $\sigma \in S(\mathbb{F}_p)$ è lineare e σ ammette almeno due punti fissi distinti, allora $\sigma = \mathrm{id}$.

   (ii) Ogni sottogruppo $G \subset \mathfrak{S}_p$ che sia risolubile e agisca transitivamente su $\{1, \ldots, p\}$ è lineare.

   (iii) Ogni sottogruppo lineare $G \subset \mathfrak{S}_p$ è risolubile.

   (iv) Il gruppo di Galois di un polinomio irriducibile di grado p è lineare se è risolubile.

6.2 Equazioni algebriche di terzo e quarto grado*

Sia K un campo e sia L un campo di spezzamento su K di un polinomio monico separabile $f \in K[X]$ fissato. Come abbiamo visto, l'equazione algebrica $f(x) = 0$ è risolubile per radicali se e solo se il rispettivo gruppo di Galois $\mathrm{Gal}(L/K)$ è risolubile nel senso dei gruppi. Quest'ultima condizione equivale all'esistenza di una serie normale

$$\mathrm{Gal}(L/K) = G_0 \supset G_1 \supset \ldots \supset G_r = \{1\}$$

con quozienti ciclici (finiti) (vedi 5.4/7). Se invece partiamo da una tale serie normale, a questa corrisponde, per il teorema fondamentale della teoria di

Galois 4.1/6, una catena di campi

$$K = E_0 \subset E_1 \subset \ldots \subset E_r = L,$$

dove per $i = 1, \ldots r$ l'estensione E_i/E_{i-1} è ciclica con gruppo di Galois G_{i-1}/G_i. La caratterizzazione delle estensioni cicliche data in 4.8/3 (i) fornisce in questo caso la chiave per risolvere l'equazione $f(x) = 0$: supponendo che E_{i-1} contenga una radice dell'unità di ordine $n_i = [E_i : E_{i-1}]$ e che char K non divida il grado n_i, allora E_i si ottiene da E_{i-1} tramite aggiunzione di una radice n_i-esima di un elemento $c_i \in E_i$, dove tuttavia c_i si trova in modo non costruttivo grazie al teorema 90 di Hilbert.

Dato concretamente un f, per arrivare a formule risolutive per l'equazione $f(x) = 0$, dobbiamo procedere come descritto sopra e contemporaneamente cercare di descrivere esplicitamente le estensioni di campi che si incontrano. Ci interesseremo solo di polinomi f di secondo, terzo e quarto grado e considereremo i corrispondenti gruppi di Galois $\mathrm{Gal}(L/K)$ come sottogruppi rispettivamente di $\mathfrak{S}_2$, $\mathfrak{S}_3$ o $\mathfrak{S}_4$. Questi gruppi simmetrici ammettono le seguenti serie normali a quozienti ciclici:

$$\mathfrak{S}_2 \supset \mathfrak{A}_2 = \{1\},$$
$$\mathfrak{S}_3 \supset \mathfrak{A}_3 \supset \{1\},$$
$$\mathfrak{S}_4 \supset \mathfrak{A}_4 \supset \mathfrak{V}_4 \supset 3 \supset \{1\}.$$

Ricordiamo che $\mathfrak{A}_n$ indica il gruppo alterno, $\mathfrak{V}_4$ il gruppo di Klein e 3 un sottogruppo ciclico di ordine 2 in $\mathfrak{V}_4$ (vedi sezione 5.3).

Siano ora $x_1, \ldots, x_n \in L$ le radici del polinomio f. Possiamo interpretare il gruppo di Galois $\mathrm{Gal}(L/K)$ come sottogruppo di $\mathfrak{S}_n$. Se assumiamo per un momento $\mathrm{Gal}(L/K) = \mathfrak{S}_n$ e consideriamo $\mathfrak{A}_n$ come sottogruppo di $\mathrm{Gal}(L/K)$, allora il corrispondente campo intermedio E_1 di L/K può essere descritto in modo relativamente semplice. Sia $\Delta = \delta^2$ con

$$\delta = \prod_{i<j}(x_i - x_j)$$

il *discriminante* del polinomio f (vedi sezione 4.4). Risulta $\Delta \neq 0$ in quanto abbiamo supposto f separabile. Inoltre Δ è invariante per ogni permutazione $\pi \in \mathfrak{S}_n$ e dunque appartiene a K. Nella sezione 4.4 e in particolare in 4.4/10 abbiamo mostrato che è possibile calcolare Δ a partire dai coefficienti di f. Se char $K \neq 2$, la radice quadrata δ di Δ è invariante per una permutazione $\pi \in \mathfrak{S}_n$ se e solo se π appartiene a $\mathfrak{A}_n$. Questo implica $K(\sqrt{\Delta}) \subset L^{\mathfrak{A}_n} = E_1$ e anzi $K(\sqrt{\Delta}) = E_1$ perché $\sqrt{\Delta} \notin K$. Dunque il salto $\mathfrak{S}_n \supset \mathfrak{A}_n$ nel caso char $K \neq 2$ si realizza a livello di campi con l'aggiunzione di una radice quadrata del discriminante Δ.

Dopo queste considerazioni generali guardiamo ora alle formule risolutive delle equazioni algebriche $f(x) = 0$ di grado ≤ 4, dove non assumiamo che f sia necessariamente irriducibile o separabile. Le ipotesi che faremo sulla caratteristica di K garantiranno invece che il campo di spezzamento L di f sia sempre separabile e quindi galoisiano su K. Cominciamo con un polinomio $f \in K[X]$ di *secondo grado*, per esempio

$$f = X^2 + aX + b,$$

e sia char $K \neq 2$. Potremmo trovare facilmente le soluzioni con il completamento dei quadrati ma, come già accennato, vogliamo usare il discriminante. Sia dunque L il campo di spezzamento di f su K e siano x_1, x_2 le radici di f in L. Il discriminante di f è $\Delta = a^2 - 4b$ e $\delta = x_1 - x_2$ è una radice quadrata di Δ; inoltre $x_1 + x_2 = -a$ e quindi

$$x_1 = \tfrac{1}{2}(-a + \delta), \qquad x_2 = \tfrac{1}{2}(-a - \delta),$$

ossia

$$x_{1/2} = -\frac{a}{2} \pm \sqrt{\frac{a^2}{4} - b}.$$

Questa è la ben nota formula risolutiva per le equazioni di secondo grado.

Consideriamo ora un generico polinomio $f \in K[X]$ *di terzo grado*,

$$f = X^3 + aX^2 + bX + c,$$

e assumiamo char $K \neq 2, 3$. Grazie al completamento dei cubi possiamo sostituire X con $X - \frac{1}{3}a$ e assumere che f abbia la forma più semplice

$$f = X^3 + pX + q.$$

Sia L un campo di spezzamento di f e siano x_1, x_2, x_3 le radici di f in L. Il discriminante di f è allora $\Delta = -4p^3 - 27q^2$ (vedi il calcolo alla fine di 4.4/10). Per risolvere l'equazione $f(x) = 0$ è utile guardare prima al caso $\mathrm{Gal}(L/K) = \mathfrak{S}_n$ che chiameremo *caso generico*. Come vedremo però, i nostri calcoli sono validi per gruppi di Galois $\mathrm{Gal}(L/K)$ qualsiasi.

Guardando alla serie normale $\mathfrak{S}_3 \supset \mathfrak{A}_3 \supset \{1\}$, aggiungiamo dapprima a K una radice quadrata del discriminante Δ,

$$\delta = (x_1 - x_2)(x_1 - x_3)(x_2 - x_3) = \sqrt{\Delta}.$$

Nel caso generico, che al momento stiamo considerando, l'estensione $L/K(\delta)$ è ciclica di grado 3. Motivati dalle ipotesi della proposizione 4.8/3 (i) aggiungiamo inoltre a $K(\delta)$ e a K una radice primitiva terza dell'unità ζ e per semplicità supporremo d'ora in poi $\zeta \in K$. Allora $L/K(\delta)$ si ottiene per aggiunzione di una radice terza di un elemento di $K(\delta)$. Seguendo a ritroso la costruzione in 4.8/3, si vede che è possibile scegliere questa radice come un cosiddetto *risolvente di Lagrange*

$$(\zeta, x) = x + \zeta\sigma(x) + \zeta^2\sigma^2(x)$$

per un opportuno elemento $x \in L$. (Qui σ è un generatore del gruppo ciclico $\mathrm{Gal}(L/K(\delta))$.)

Poiché non è possibile scegliere x in modo canonico, consideriamo i risolventi

$$(1, x) = x_1 + x_2 + x_3 = 0,$$
$$(\zeta, x) = x_1 + \zeta x_2 + \zeta^2 x_3,$$
$$(\zeta^2, x) = x_1 + \zeta^2 x_2 + \zeta x_3,$$

dove possiamo pensare $x = x_1$, $\sigma(x) = x_2$ e $\sigma^2(x) = x_3$. Utilizzando

$$\zeta = -\tfrac{1}{2} + \tfrac{1}{2}\sqrt{-3}, \qquad \zeta^2 = -\tfrac{1}{2} - \tfrac{1}{2}\sqrt{-3}$$

si possono allora descrivere gli x_1, x_2, x_3 come:

(1)
$$\begin{aligned}
x_1 &= \tfrac{1}{3}((\zeta, x) + (\zeta^2, x)), \\
x_2 &= \tfrac{1}{3}(\zeta^2(\zeta, x) + \zeta(\zeta^2, x)), \\
x_3 &= \tfrac{1}{3}(\zeta(\zeta, x) + \zeta^2(\zeta^2, x)).
\end{aligned}$$

Nel caso generico, i cubi dei risolventi (ζ, x), (ζ^2, x) sono, per costruzione, invarianti per l'azione di $\mathrm{Gal}(L/K(\delta))$ e di conseguenza sono contenuti in $K(\delta)$. Vogliamo verificarlo direttamente. Da

$$\begin{aligned}
\delta &= (x_1 - x_2)(x_1 - x_3)(x_2 - x_3) \\
&= x_1^2 x_2 + x_2^2 x_3 + x_3^2 x_1 - x_1^2 x_3 - x_2^2 x_1 - x_3^2 x_2
\end{aligned}$$

si ottiene (indipendentemente dal caso generico)

$$\begin{aligned}
(\zeta, x)^3 &= x_1^3 + x_2^3 + x_3^3 + 3\zeta(x_1^2 x_2 + x_2^2 x_3 + x_3^2 x_1) \\
&\quad + 3\zeta^2(x_1^2 x_3 + x_2^2 x_1 + x_3^2 x_2) + 6 x_1 x_2 x_3 \\
&= \sum_i x_i^3 - \tfrac{3}{2}\sum_{i \neq j} x_i^2 x_j + 6 x_1 x_2 x_3 + \tfrac{3}{2}\sqrt{-3} \cdot \delta.
\end{aligned}$$

Qui la scelta particolare di una radice quadrata $\sqrt{-3}$ non ha importanza. Se sostituiamo $\sqrt{-3}$ con $-\sqrt{-3}$, ζ e ζ^2 vengono scambiati e così pure (ζ, x) e (ζ^2, x). In particolare, si può calcolare $(\zeta^2, x)^3$ sostituendo nella formula precedente $\sqrt{-3}$ con $-\sqrt{-3}$.

Interpretiamo ora $(\zeta, x)^3$ come funzione simmetrica in x_1, x_2, x_3 e la esprimiamo tramite i polinomi simmetrici elementari

$$\begin{aligned}
\sigma_1 &= s_1(x_1, x_2, x_3) = x_1 + x_2 + x_3 = 0, \\
\sigma_2 &= s_2(x_1, x_2, x_3) = x_1 x_2 + x_1 x_3 + x_2 x_3 = p, \\
\sigma_3 &= s_3(x_1, x_2, x_3) = x_1 x_2 x_3 = -q,
\end{aligned}$$

al fine di ottenere una rappresentazione in termini dei coefficienti p, q dell'equazione che stiamo considerando. Per farlo applichiamo il procedimento descritto nella dimostrazione di 4.3/5. Otteniamo

$$\begin{array}{rccc}
(\zeta, x)^3 = & \sum_i x_i^3 & -\tfrac{3}{2}\sum_{i \neq j} x_i^2 x_j & +6 x_1 x_2 x_3 & +\tfrac{3}{2}\sqrt{-3} \cdot \delta \\
\sigma_1^3 = & \sum_i x_i^3 & +3\sum_{i \neq j} x_i^2 x_j & +6 x_1 x_2 x_3 & \\
\hline
& & -\tfrac{9}{2}\sum_{i \neq j} x_i^2 x_j & & +\tfrac{3}{2}\sqrt{-3} \cdot \delta \\
-\tfrac{9}{2}\sigma_1\sigma_2 = & & -\tfrac{9}{2}\sum_{i \neq j} x_i^2 x_j & -\tfrac{27}{2} x_1 x_2 x_3 & \\
\hline
& & & \tfrac{27}{2} x_1 x_2 x_3 & +\tfrac{3}{2}\sqrt{-3} \cdot \delta \\
\tfrac{27}{2}\sigma_3 = & & & \tfrac{27}{2} x_1 x_2 x_3 & \\
\hline
& & & & \tfrac{3}{2}\sqrt{-3} \cdot \delta
\end{array}$$

e di conseguenza $(\zeta, x)^3 = \sigma_1^3 - \frac{9}{2}\sigma_1\sigma_2 + \frac{27}{2}\sigma_3 + \frac{3}{2}\sqrt{-3}\cdot\delta$; essendo $\sigma_1 = 0$ e $\sigma_3 = -q$, possiamo scrivere

(2)
$$(\zeta, x)^3 = -\frac{27}{2}q + \frac{3}{2}\sqrt{-3}\cdot\delta = -\frac{27}{2}q + 27\sqrt{(\frac{p}{3})^3 + (\frac{q}{2})^2}$$

e

(3)
$$(\zeta^2, x)^3 = -\frac{27}{2}q - \frac{3}{2}\sqrt{-3}\cdot\delta = -\frac{27}{2}q - 27\sqrt{(\frac{p}{3})^3 + (\frac{q}{2})^2}.$$

I risolventi (ζ, x) e (ζ^2, x) sono univocamente determinati da queste equazioni a meno di una radice terza dell'unità. Le uguaglianze in (1) per x_1, x_2, x_3 mostrano inoltre che (ζ, x) può essere sostituito da $\zeta(\zeta, x)$ se al contempo si sostituisce (ζ^2, x) con $\zeta^2(\zeta^2, x)$. Questo lascia supporre che nel risolvere (2) e (3) le radici cubiche non possano essere scelte in modo indipendente tra loro se si vuole arrivare alle soluzioni dell'equazione $x^3 + px + q = 0$ tramite (1). A conferma di ciò c'è la relazione:

$$(\zeta, x)(\zeta^2, x) = (x_1 + \zeta x_2 + \zeta^2 x_3)(x_1 + \zeta^2 x_2 + \zeta x_3)$$
$$= x_1^2 + x_2^2 + x_3^2 + (\zeta + \zeta^2)(x_1 x_2 + x_1 x_3 + x_2 x_3)$$
$$= \sigma_1^2 - 3\sigma_2 = -3\sigma_2 = -3p.$$

Di conseguenza possiamo affermare quanto segue:

Proposizione 1 (Formule di Cardano). *Sia K un campo con char $K \neq 2, 3$. Dati $p, q \in K$, le soluzioni dell'equazione algebrica $x^3 + px + q = 0$ sono:*

$$x_1 = u + v, \qquad x_2 = \zeta^2 u + \zeta v, \qquad x_3 = \zeta u + \zeta^2 v$$

con $\zeta \in \overline{K}$ una qualsiasi radice primitiva terza dell'unità e

$$u = \sqrt[3]{-\frac{q}{2} + \sqrt{(\frac{p}{3})^3 + (\frac{q}{2})^2}}, \qquad v = \sqrt[3]{-\frac{q}{2} - \sqrt{(\frac{p}{3})^3 + (\frac{q}{2})^2}},$$

dove le radici cubiche devono essere scelte in modo da soddisfare l'ulteriore condizione $uv = -\frac{1}{3}p$.

Dimostrazione. Se nelle espressioni precedenti si sostituiscono u, v con $\zeta u, \zeta^2 v$, o con $\zeta^2 u, \zeta v$, si ottiene solo una permutazione degli x_1, x_2, x_3. Possiamo dunque assumere senza perdita di generalità che siano $u = 3(\zeta, x)$ e $v = 3(\zeta^2, x)$. Segue allora dalla formula (1) che le quantità x_1, x_2, x_3 coincidono con le soluzioni dell'equazione $x^3 + px + q = 0$. $\qquad\square$

Vogliamo infine considerare un polinomio *di quarto grado* $f \in K[X]$, del tipo

$$f = X^4 + pX^2 + qX + r,$$

dove assumiamo nuovamente char $K \neq 2, 3$. Grazie a una sostituzione del tipo $X \longmapsto X - \frac{1}{4}a$ il caso generale $X^4 + aX^3 + bX^2 + cX + d$ può sempre essere ricondotto a questo caso particolare. Siano x_1, x_2, x_3, x_4 le radici di f in un campo di spezzamento L di f su K; esse soddisfano la relazione $x_1 + x_2 + x_3 + x_4 = 0$. In modo simile a quanto fatto per polinomi di terzo grado, ci orientiamo a considerare il *caso generico* $\text{Gal}(L/K) = \mathfrak{S}_4$. Assumiamo poi che x_1, x_2, x_3 siano algebricamente indipendenti sul campo primo di K. Questo caso generico si presenta per esempio se trasformiamo l'equazione generale di quarto grado nella forma qui considerata. Si osservi tuttavia che i calcoli che faremo nel seguito sono indipendenti da queste speciali ipotesi.

Nel caso generico possiamo considerare la serie normale già introdotta

$$\mathfrak{S}_4 \supset \mathfrak{A}_4 \supset \mathfrak{V}_4 \supset 3 \supset \{1\}$$

e la corrispondente catena di campi

$$K \subset L^{\mathfrak{A}_4} \subset L^{\mathfrak{V}_4} \subset L^3 \subset L.$$

Come al solito si ha $L^{\mathfrak{A}_4} = K(\delta)$ con δ una radice quadrata del discriminante Δ di f che, usando 4.4/10, è dato da

$$\Delta = 144pq^2r - 128p^2r^2 - 4p^3q^2 + 16p^4r - 27q^4 + 256r^3.$$

Tuttavia non avremo bisogno di questo risultato. L'estensione $L^{\mathfrak{V}_4}/L^{\mathfrak{A}_4}$ ha grado 3 ed è generata da un qualsiasi elemento di $L^{\mathfrak{V}_4}$ che non appartiene a $L^{\mathfrak{A}_4}$, per esempio da

$$z_1 = (x_1 + x_2)(x_3 + x_4) \in L.$$

Per determinare l'equazione di z_1 su K, consideriamo i coniugati di z_1 rispetto all'azione di $\mathfrak{S}_4$, ossia gli elementi

$$z_1 = (x_1 + x_2)(x_3 + x_4),$$
$$z_2 = (x_1 + x_3)(x_2 + x_4),$$
$$z_3 = (x_1 + x_4)(x_2 + x_3).$$

Si vede che z_1, z_2, z_3 sono soluzioni di un'equazione di terzo grado a coefficienti in K e precisamente di

$$z^3 - b_1 z^2 + b_2 z - b_3 = 0,$$

dove b_1, b_2, b_3 sono i polinomi simmetrici elementari in z_1, z_2, z_3, ossia[1]

$$
\begin{aligned}
b_1 = z_1 + z_2 + z_3 \quad &= 2\sum_{i<j} x_i x_j, \\
b_2 = z_1 z_2 + z_1 z_3 + z_2 z_3 &= \sum_{i<j} x_i^2 x_j^2 + 3\sum_{\substack{i \\ j<k}} x_i^2 x_j x_k + 6 x_1 x_2 x_3 x_4, \\
b_3 = z_1 z_2 z_3 \quad &= \sum_{i,j,k} x_i^3 x_j^2 x_k + 2\sum_{\substack{i \\ j<k<l}} x_i^3 x_j x_k x_l \\
&\quad + 2\sum_{i<j<k} x_i^2 x_j^2 x_k^2 + 4\sum_{\substack{i<j \\ k<l}} x_i^2 x_j^2 x_k x_l.
\end{aligned}
$$

---

[1] Nelle somme che seguono ciascun indice varia nell'insieme $\{1, 2, 3, 4\}$. All'interno di una stessa somma indici diversi possono assumere solo valori *a due a due distinti*.

I b_1, b_2, b_3 sono funzioni simmetriche in x_1, x_2, x_3, x_4 e quindi possiamo esprimerle per mezzo dei dei polinomi simmetrici elementari

$$
\begin{aligned}
\sigma_1 &= s_1(x_1, x_2, x_3, x_4) = \sum_i x_i && = 0, \\
\sigma_2 &= s_2(x_1, x_2, x_3, x_4) = \sum_{i<j} x_i x_j && = p, \\
\sigma_3 &= s_3(x_1, x_2, x_3, x_4) = \sum_{i<j<k} x_i x_j x_k && = -q, \\
\sigma_4 &= s_4(x_1, x_2, x_3, x_4) = x_1 x_2 x_3 x_4 && = r
\end{aligned}
$$

In questo modo possiamo esprimere i b_i tramite i coefficienti p, q, r della nostra equazione. Si vede subito che $b_1 = 2\sigma_2 = 2p$. Per b_2 utilizziamo l'algoritmo spiegato nella dimostrazione di 4.3/5:

$$
\begin{array}{rl}
b_2 = & \sum_{i<j} x_i^2 x_j^2 \;\; +3\sum_{\substack{i\\j<k}} x_i^2 x_j x_k \;\; +6x_1 x_2 x_3 x_4 \\
\sigma_2^2 = & \sum_{i<j} x_i^2 x_j^2 \;\; +2\sum_{\substack{i\\j<k}} x_i^2 x_j x_k \;\; +6x_1 x_2 x_3 x_4 \\
\hline
& \sum_{\substack{i\\j<k}} x_i^2 x_j x_k \\
\sigma_1 \sigma_3 = & \sum_{\substack{i\\j<k}} x_i^2 x_j x_k \;\; +4x_1 x_2 x_3 x_4 \\
\hline
& \qquad\qquad\qquad -4x_1 x_2 x_3 x_4 \\
-4\sigma_4 = & \qquad\qquad\qquad -4x_1 x_2 x_3 x_4 \\
\hline
& \qquad\qquad\qquad 0
\end{array}
$$

e otteniamo $b_2 = \sigma_2^2 + \sigma_1 \sigma_3 - 4\sigma_4 = p^2 - 4r$ perché $\sigma_1 = 0$. Infine rappresentiamo anche b_3 tramite $\sigma_1, \sigma_2, \sigma_3, \sigma_4$:

$$
\begin{array}{rl}
b_3 = & \sum_{i,j,k} x_i^3 x_j^2 x_k \;+2\sum_{\substack{i\\j<k<l}} x_i^3 x_j x_k x_l \;+2\sum_{i<j<k} x_i^2 x_j^2 x_k^2 \;+4\sum_{\substack{i<j\\k<l}} x_i^2 x_j^2 x_k x_l \\
\sigma_1 \sigma_2 \sigma_3 = & \sum_{i,j,k} x_i^3 x_j^2 x_k \;+3\sum_{\substack{i\\j<k<l}} x_i^3 x_j x_k x_l \;+3\sum_{i<j<k} x_i^2 x_j^2 x_k^2 \;+8\sum_{\substack{i<j\\k<l}} x_i^2 x_j^2 x_k x_l \\
\hline
& -\sum_{\substack{i\\j<k<l}} x_i^3 x_j x_k x_l \;-\sum_{i<j<k} x_i^2 x_j^2 x_k^2 \;-4\sum_{\substack{i<j\\k<l}} x_i^2 x_j^2 x_k x_l \\
-\sigma_1^2 \sigma_4 = & -\sum_{\substack{i\\j<k<l}} x_i^3 x_j x_k x_l \;\;\qquad\qquad\qquad -2\sum_{\substack{i<j\\k<l}} x_i^2 x_j^2 x_k x_l \\
\hline
& -\sum_{i<j<k} x_i^2 x_j^2 x_k^2 \;-2\sum_{\substack{i<j\\k<l}} x_i^2 x_j^2 x_k x_l \\
-\sigma_3^2 = & -\sum_{i<j<k} x_i^2 x_j^2 x_k^2 \;-2\sum_{\substack{i<j\\k<l}} x_i^2 x_j^2 x_k x_l \\
\hline
& \qquad\qquad\qquad\qquad 0
\end{array}
$$

e risulta $b_3 = \sigma_1 \sigma_2 \sigma_3 - \sigma_1^2 \sigma_4 - \sigma_3^2 = -q^2$ perché $\sigma_1 = 0$. Indipendentemente dalle ipotesi del caso generico vediamo che z_1, z_2, z_3 sono le soluzioni dell'equazione

$$
z^3 - 2pz^2 + (p^2 - 4r)z + q^2 = 0.
$$

Questa equazione è anche detta *cubica risolvente* dell'equazione di quarto grado e le sue soluzioni z_1, z_2, z_3 possono essere determinate tramite le formule di Cardano.

Nel caso generico di cui continuiamo ora a occuparci si riconosce che $\mathfrak{V}_4$ è il sottogruppo di $\mathfrak{S}_4$ che lascia fissi gli elementi z_1, z_2, z_3. Questo significa che $\mathrm{Gal}(L/K(z_1, z_2, z_3)) = \mathfrak{V}_4$ e $K(z_1, z_2, z_3) = L^{\mathfrak{V}_4}$. Ora, per ottenere L da $K(z_1, z_2, z_3)$ si devono aggiungere due radici quadrate, per esempio compatibilmente con la catena $\mathfrak{V}_4 \supset 3 \supset \{1\}$. L'elemento $x_1 + x_2$ è invariante per le permutazioni (1) e $(1,2)(3,4)$ in $\mathfrak{V}_4$ ma non per gli altri elementi di $\mathfrak{V}_4$. Di conseguenza $x_1 + x_2$ ha grado 2 su $K(z_1, z_2, z_3)$. In realtà, indipendentemente da questo, si hanno le uguaglianze

$$(x_1 + x_2)(x_3 + x_4) = z_1, \qquad x_1 + x_2 + x_3 + x_4 = 0,$$

e dunque

$$x_1 + x_2 = \sqrt{-z_1}, \qquad x_3 + x_4 = -\sqrt{-z_1},$$

per un'opportuna scelta di una radice quadrata di $-z_1$. Analogamente

$$x_1 + x_3 = \sqrt{-z_2}, \qquad x_2 + x_4 = -\sqrt{-z_2},$$
$$x_1 + x_4 = \sqrt{-z_3}, \qquad x_2 + x_3 = -\sqrt{-z_3},$$

e di conseguenza

$$x_1 = \tfrac{1}{2}(\ \sqrt{-z_1} + \sqrt{-z_2} + \sqrt{-z_3}),$$
$$x_2 = \tfrac{1}{2}(\ \sqrt{-z_1} - \sqrt{-z_2} - \sqrt{-z_3}),$$
$$x_3 = \tfrac{1}{2}(-\sqrt{-z_1} + \sqrt{-z_2} - \sqrt{-z_3}),$$
$$x_4 = \tfrac{1}{2}(-\sqrt{-z_1} - \sqrt{-z_2} + \sqrt{-z_3}).$$

Come nel caso dell'equazione cubica c'è il problema relativo alla scelta delle radici di $-z_1, -z_2, -z_3$. Si ha

$$(x_1 + x_2)(x_1 + x_3)(x_1 + x_4) = x_1^2(x_1 + x_2 + x_3 + x_4) + \sum_{i<j<k} x_i x_j x_k$$
$$= \sum_{i<j<k} x_i x_j x_k$$
$$= -q.$$

e dunque per descrivere le radici x_1, x_2, x_3, x_4 dobbiamo scegliere le radici quadrate $\sqrt{-z_1}, \sqrt{-z_2}, \sqrt{-z_3}$ in modo che soddisfino la condizione

$$\sqrt{-z_1} \cdot \sqrt{-z_2} \cdot \sqrt{-z_3} = -q.$$

Di conseguenza otteniamo:

Proposizione 2. *Sia K un campo con* $\mathrm{char}\, K \neq 2, 3$. *Dati $p, q, r \in K$, le soluzioni dell'equazione algebrica $x^4 + px^2 + qx + r = 0$ sono:*

$$x_1 = \tfrac{1}{2}(\ \sqrt{-z_1} + \sqrt{-z_2} + \sqrt{-z_3}),$$
$$x_2 = \tfrac{1}{2}(\ \sqrt{-z_1} - \sqrt{-z_2} - \sqrt{-z_3}),$$
$$x_3 = \tfrac{1}{2}(-\sqrt{-z_1} + \sqrt{-z_2} - \sqrt{-z_3}),$$
$$x_4 = \tfrac{1}{2}(-\sqrt{-z_1} - \sqrt{-z_2} + \sqrt{-z_3}),$$

dove z_1, z_2, z_3 indicano le soluzioni della cubica risolvente

$$z^3 - 2pz^2 + (p^2 - 4r)z + q^2 = 0$$

e si devono scegliere le radici quadrate in modo che soddisfino la condizione

$$\sqrt{-z_1} \cdot \sqrt{-z_2} \cdot \sqrt{-z_3} = -q.$$

Si osservi infine che da

$$z_1 - z_2 = -(x_1 - x_4)(x_2 - x_3),$$
$$z_1 - z_3 = -(x_1 - x_3)(x_2 - x_4),$$
$$z_2 - z_3 = -(x_1 - x_2)(x_3 - x_4)$$

segue che il discriminante di $X^4 + pX^2 + qX + r$ coincide con il discriminante della cubica risolvente $X^3 - 2pX^2 + (p^2 - 4r)X + q^2$.

Esercizi

1. *Sia K un sottocampo di $\mathbb{R}$. Siano inoltre $f, g \in K[X]$ polinomi irriducibili rispettivamente di quarto e terzo grado con $g(z) = 0$ la cubica risolvente dell'equazione algebrica $f(x) = 0$. Si calcoli il gruppo di Galois dell'equazione $f(x) = 0$ nell'ipotesi che f non abbia radici reali.*

2. Sia K un campo e sia L un campo di spezzamento di un polinomio di quarto grado $f \in K[X]$; non è restrittivo supporre che f sia privo del termine cubico. Sia poi L', con $K \subset L' \subset L$, un campo di spezzamento della cubica risolvente di f. Si interpreti il gruppo di Galois $G = \mathrm{Gal}(L/K)$ come sottogruppo di $\mathfrak{S}_4$ e si dimostri che $G \cap \mathfrak{V}_4$ è un sottogruppo normale in G e che $\mathrm{Gal}(L'/K) = G/(G \cap \mathfrak{V}_4)$.

6.3 Il teorema fondamentale dell'Algebra

Studi sulla struttura algebrica dei campi $\mathbb{R}$ e $\mathbb{C}$ hanno dato in passato spinte decisive allo sviluppo della teoria dei campi e delle loro estensioni. Vogliamo occuparci in questa sezione del *teorema fondamentale dell'Algebra* la cui dimostrazione con metodi algebrici risale a Eulero e a Lagrange. In alternativa si può dimostrare questo teorema anche con strumenti dell'Analisi Complessa.

Teorema 1. *Il campo $\mathbb{C}$ dei numeri complessi è algebricamente chiuso.*

Per la *dimostrazione* dobbiamo basarci su certe proprietà del campo $\mathbb{R}$ dei numeri reali e precisamente useremo che:

Ogni polinomio $f \in \mathbb{R}[X]$ di grado dispari ammette una radice in $\mathbb{R}$.

Ogni $a \in \mathbb{R}$, $a \geq 0$, ammette una radice quadrata in $\mathbb{R}$.

Quest'ultima proprietà ha come conseguenza che ogni polinomio di secondo grado in $\mathbb{C}[X]$ ha una radice in $\mathbb{C}$. Per vederlo basta mostrare che ogni $z \in \mathbb{C}$ ammette una radice quadrata in $\mathbb{C}$. Sia dunque $z = x + iy \in \mathbb{C}$ con $x, y \in \mathbb{R}$. Per poter scrivere z nella forma

$$z = x + iy = (a + ib)^2 = a^2 - b^2 + 2iab$$

con $a, b \in \mathbb{R}$, dobbiamo risolvere le equazioni

$$x = a^2 - b^2, \qquad y = 2ab,$$

nelle variabili a, b. Queste equazioni sono equivalenti, a meno della scelta del segno di a e b, a

$$a^2 = \frac{1}{2}x \pm \frac{1}{2}\sqrt{x^2 + y^2}, \qquad b^2 = -\frac{1}{2}x \pm \frac{1}{2}\sqrt{x^2 + y^2},$$

dove in entrambe le equazioni si sceglie lo stesso segno. Se ora usiamo il fatto che ciascun numero reale non negativo possiede una radice quadrata in $\mathbb{R}$, segue l'esistenza delle soluzioni a e b cercate.

Per dimostrare che $\mathbb{C}$ è algebricamente chiuso, si consideri una catena di campi $\mathbb{R} \subset \mathbb{C} \subset L$ con $L/\mathbb{C}$ finita. Dobbiamo mostrare che $L = \mathbb{C}$. Eventualmente estendendo L, possiamo assumere senza perdita di generalità che l'estensione $L/\mathbb{R}$ sia galoisiana. Sia $G = \mathrm{Gal}(L/\mathbb{R})$ il suo gruppo di Galois e supponiamo

$$[L : \mathbb{R}] = \mathrm{ord}\, G = 2^k m \quad \text{con} \quad 2 \nmid m$$

dove necessariamente deve essere $k \geq 1$. Segue da 5.2/6 che G contiene un 2-sottogruppo di Sylow H che ha ordine 2^k. Se L^H indica il campo fisso di H (per l'ovvia azione su L), per il teorema fondamentale della teoria di Galois 4.1/6 si ha

$$[L : L^H] = 2^k \quad \text{e} \quad [L^H : \mathbb{R}] = m.$$

Ma, poiché ogni polinomio reale di grado dispari ha una radice in $\mathbb{R}$, si ottiene, per esempio applicando il teorema dell'elemento primitivo 3.6/12, che necessariamente $m = 1$. Dunque L ha grado 2^k su $\mathbb{R}$ e quindi grado 2^{k-1} su $\mathbb{C}$. Sappiamo inoltre che $L/\mathbb{C}$ è un'estensione galoisiana. Se ora applichiamo 5.2/4, nell'ipotesi $L \neq \mathbb{C}$ (ossia $k \geq 2$) otteniamo un sottogruppo $H' \subset G' = \mathrm{Gal}(L/\mathbb{C})$ di ordine 2^{k-2}. Se $L^{H'}$ è il campo fisso di H', allora $[L : L^{H'}] = 2^{k-2}$ e dunque $[L^{H'} : \mathbb{C}] = 2$, il che non può essere perché ogni polinomio complesso di secondo grado ha una radice in $\mathbb{C}$. Di conseguenza deve essere $L = \mathbb{C}$ e quindi $\mathbb{C}$ è algebricamente chiuso. $\square$

La dimostrazione appena conclusa del teorema fondamentale dell'Algebra usa la teoria dei gruppi di Sylow. Nell'esercizio 2 sarà invece suggerita una dimostrazione diretta che non usa tale teoria. Osserviamo poi che da un punto di vista puramente algebrico il campo $\mathbb{R}$ dei numeri reali non è univocamente determinato come sottocampo di $\mathbb{C}$ in quanto esistono automorfismi di $\mathbb{C}$ che non lasciano invariato $\mathbb{R}$ (vedi per esempio l'esercizio 2 della sezione 7.1). Tuttavia il fatto che

$\mathbb{C}$, come chiusura algebrica di $\mathbb{R}$, abbia grado 2 su $\mathbb{R}$ ha ragioni profonde, come mostra il seguente risultato che risale a E. Artin.

Proposizione 2. *Sia K un campo con $\overline{K}$ una chiusura algebrica di K e sia $i \in \overline{K}$ un elemento tale che $i^2 = -1$. Da $[\overline{K} : K] < \infty$ segue che $\overline{K} = K(i)$. Se inoltre $\overline{K}/K$ è un'estensione non banale, allora* char $K = 0$.

Dimostrazione. Assumiamo che il grado $[\overline{K} : K]$ sia finito. Per il fatto che $\overline{K}$ è algebricamente chiuso, l'estensione $\overline{K}/K$ è normale e anzi è galoisiana. Infatti, se supponiamo char $K = p > 0$, da 3.7/4 segue l'esistenza di un campo intermedio L di $\overline{K}/K$ con $\overline{K}/L$ puramente inseparabile e L/K separabile. Si consideri allora l'omomorfismo di Frobenius $\sigma \colon \overline{K} \longrightarrow \overline{K}$, $x \longmapsto x^p$ (si osservi che σ è un automorfismo perché $\overline{K}$ è algebricamente chiuso). Poiché $\sigma(L) \subset L$ e il grado

$$[\overline{K} : L] = [\sigma(\overline{K}) : \sigma(L)] = [\overline{K} : \sigma(L)]$$

è finito, si ottiene $\sigma(L) = L$. Questo significa però che L non ammette alcuna estensione puramente inseparabile propria, ossia $L = \overline{K}$ e $\overline{K}/K$ è galoisiana.

Allora anche $\overline{K}/K(i)$ è un'estensione galoisiana finita e dobbiamo mostrare che questa estensione è banale. Supponiamo che quest'ultimo fatto non sia vero. Esiste allora un sottogruppo di $\mathrm{Gal}(\overline{K}/K(i))$ il cui ordine è un numero primo: lo si vede per esempio con 5.2/8 e 5.2/11. Se $L \subset \overline{K}$ è il suo campo fisso, il grado $[\overline{K} : L]$ è a sua volta primo, sia $[\overline{K} : L] = \ell$, e l'estensione $\overline{K}/L$ è ciclica di grado ℓ. Supponiamo dapprima $p = $ char $K > 0$ e consideriamo il caso $\ell = p$. Allora $\overline{K} = L(a)$ per un elemento $a \in \overline{K}$ il cui polinomio minimo su L è del tipo $X^p - X - c$ (vedi 4.8/5 (i)). Per giungere a una contraddizione, consideriamo l'applicazione $\tau \colon \overline{K} \longrightarrow \overline{K}$, $x \longmapsto x^p - x$. Questa è suriettiva poiché $\overline{K}$ è algebricamente chiuso. Da $\mathrm{Tr}_{\overline{K}/L}(x^p) = (\mathrm{Tr}_{\overline{K}/L}(x))^p$ (si usi per esempio 4.7/4) segue che

$$\mathrm{Tr}_{\overline{K}/L} \circ \tau = \tau|_L \circ \mathrm{Tr}_{\overline{K}/L}.$$

Poiché oltre a τ anche $\mathrm{Tr}_{\overline{K}/L}$ è suriettiva (vedi 4.7/7), si deduce che $\tau|_L$ deve essere suriettiva. Dunque $X^p - X - c$ ammette una radice in L, in contraddizione col fatto che questo polinomio è il polinomio minimo di a su L.

Sia ora $\ell = [\overline{K} : L]$ un numero primo diverso dalla caratteristica di K. Scelta una radice primitiva ℓ-esima dell'unità ζ_ℓ in $\overline{K}$, per 4.5/9 questa ha grado $< \ell$ su L. Grazie alla formula dei gradi 3.2/2 segue però che $\zeta_\ell \in L$ e possiamo applicare 4.8/3 (i). Dunque $\overline{K} = L(a)$ per un elemento $a \in \overline{K}$ il cui polinomio minimo su L è del tipo $X^\ell - c$. Sia ora $\alpha \in \overline{K}$ una radice ℓ-esima di a, ossia $\alpha^\ell = a$. Dalla moltiplicatività della norma di $\overline{K}$ su L e da 4.7/2 (ii) segue allora:

$$N_{\overline{K}/L}(\alpha)^\ell = N_{\overline{K}/L}(\alpha^\ell) = N_{\overline{K}/L}(a) = (-1)^{\ell+1}c.$$

Se ℓ è dispari, $N_{\overline{K}/L}(\alpha) \in L$ è pertanto una radice ℓ-esima di c, il che però contraddice l'irriducibilità del polinomio $X^\ell - c \in L[X]$. Nel caso $\ell = 2$ infine $N_{\overline{K}/L}(\alpha) \in L$ è una radice quadrata di $-c$. Essendo $i \in L$, esiste allora una radice quadrata di c in L e questo contraddice nuovamente l'irriducibilità del polinomio $X^2 - c \in L[X]$.

In totale abbiamo ottenuto una contraddizione e quindi abbiamo dimostrato che $\overline{K} = K(i)$.

Sia $K \subsetneq K(i) = \overline{K}$; in particolare -1 non è un quadrato in K. Per dimostrare che char $K = 0$ verifichiamo che la somma di due quadrati in K è di nuovo un quadrato in K. Siano $a, b \in K$. Allora $a + ib$ ammette una radice quadrata $x + iy$ in $K(i)$ e si ha $x^2 - y^2 + 2ixy = a + ib$. Questo implica $a = x^2 - y^2$, $b = 2xy$ e dunque

$$a^2 + b^2 = (x^2 - y^2)^2 + 4x^2y^2 = (x^2 + y^2)^2.$$

Si vede allora per induzione che la somma di un numero finito di quadrati in K è di nuovo un quadrato in K. Poiché in un campo di caratteristica positiva l'elemento -1 è rappresentabile come somma di $1 = 1^2$ con se stesso un numero finito di volte, mentre nel nostro caso -1 non è un quadrato, risulta necessariamente char $K = 0$. $\qquad \square$

Esercizi

1. *Quali argomentazioni si usano per dimostrare le proprietà dei numeri reali che abbiamo utilizzato nella dimostrazione del teorema 1, ossia che ogni polinomio reale di grado dispari ammette una radice in $\mathbb{R}$ e che ogni $a \in \mathbb{R}$, $a \geq 0$, possiede una radice quadrata in $\mathbb{R}$?*

2. Sia $f \in \mathbb{R}[X]$ un polinomio non costante di grado $n = 2^k m$ con $2 \nmid m$. Si dimostri per induzione su k che f ammette una radice in $\mathbb{C}$ e se ne deduca il teorema fondamentale dell'Algebra. (Suggerimento: si fattorizzi il polinomio f, che supponiamo monico, in polinomi lineari su una chiusura algebrica $\overline{\mathbb{R}}$ di $\mathbb{R}$, $f = \prod_{\nu=1}^{n}(X - \alpha_\nu)$; si ponga poi $\alpha_{\mu\nu} = \alpha_\mu + \alpha_\nu + b\alpha_\mu\alpha_\nu$ per un qualsiasi $b \in \mathbb{R}$ e si applichi l'ipotesi induttiva al polinomio $g = \prod_{\mu<\nu}(X - \alpha_{\mu\nu})$. Le proprietà di $\mathbb{R}$ specificate nell'esercizio 1 possono allora essere usate.

3. Sia K un campo e sia $X^n - c \in K[X]$ un polinomio di grado $n \geq 2$ con $c \neq 0$. Generalizzando i metodi usati nella dimostrazione della proposizione 2, si mostri che $X^n - c$ è irriducibile se e solo se c non è una potenza p-esima in K per alcun divisore primo p di n e inoltre, nel caso $4 \mid n$, l'elemento c non è della forma $c = -4a^4$ con $a \in K$. (Suggerimento: si studi dapprima il caso in cui n è la potenza di un numero primo.)

6.4 Costruzioni con riga e compasso

In questa sezione applicheremo la teoria di Galois a problemi legati a costruzioni geometriche nel piano dei numeri complessi $\mathbb{C}$. Partiremo da un sottoinsieme $M \subset \mathbb{C}$ (più avanti sarà per lo più $M = \{0, 1\}$) e diremo che un punto $z \in \mathbb{C}$ è *costruibile con riga e compasso a partire da M* se è possibile ingrandire M tramite un numero finito di *costruzioni elementari* fino ad arrivare a un sottoinsieme $M' \subset \mathbb{C}$ tale che $z \in M'$. Le costruzioni elementari ammissibili sono le seguenti:

(1) Si considerino due rette non parallele g_1 e g_2 in $\mathbb{C}$, dove la prima è individuata da punti $z_1, z_2 \in M$ e la seconda da punti $z_3, z_4 \in M$, e si aggiunga a M il punto intersezione di g_1 con g_2.

(2) Si consideri una circonferenza C in $\mathbb{C}$ con centro in un punto $z_1 \in M$ e raggio dato dalla distanza $|z_3 - z_2|$ di due punti $z_2, z_3 \in M$; si consideri poi una retta g, definita dal passaggio per due punti $z_4, z_5 \in M$ e si aggiungano a M tutti i punti di intersezione di C con g.

(3) Si considerino due circonferenze distinte C_1 e C_2 in $\mathbb{C}$ con centri rispettivamente $z_1, z_2 \in M$ e raggi $|z_4 - z_3|$, $|z_6 - z_5|$, con $z_3, z_4, z_5, z_6 \in M$. Si aggiungano a M i punti di intersezione di C_1 con C_2.

Denotiamo con $\mathfrak{K}(M)$ l'insieme di tutti i punti di $\mathbb{C}$ che sono costruibili con riga e compasso a partire da M (assumeremo sempre $0, 1 \in M$). Se allora $\overline{M}$ indica l'immagine di M rispetto alla coniugazione complessa[2] $\mathbb{C} \longrightarrow \mathbb{C}$, $z \longmapsto \overline{z}$, risulta chiaramente $\mathfrak{K}(M) = \mathfrak{K}(M \cup \overline{M})$, poiché è possibile costruire con riga e compasso il punto $\overline{z}$ coniugato di un $z \in M$ tramite riflessione rispetto all'asse reale.

Proposizione 1. *Sia $M \subset \mathbb{C}$, con $0, 1 \in M$, e sia $z \in \mathbb{C}$. Sono allora equivalenti:*
  (i) *$z \in \mathfrak{K}(M)$.*
  (ii) *Esiste una catena di campi $\mathbb{Q}(M \cup \overline{M}) = L_0 \subset L_1 \subset \ldots \subset L_n \subset \mathbb{C}$ tale che $z \in L_n$ e $[L_i : L_{i-1}] = 2$ per $i = 1, \ldots, n$.*
  (iii) *z è contenuto in un'estensione galoisiana L di $\mathbb{Q}(M \cup \overline{M})$ il cui grado $[L : \mathbb{Q}(M \cup \overline{M})]$ è una potenza di 2.*

Si ottiene come diretta conseguenza:

Corollario 2. *Sia $M \subset \mathbb{C}$ con $0, 1 \in M$. Allora $\mathfrak{K}(M)$ è un'estensione algebrica di $\mathbb{Q}(M \cup \overline{M})$. Il grado di ciascun elemento $z \in \mathfrak{K}(M)$ su $\mathbb{Q}(M \cup \overline{M})$ è una potenza di 2.*

Dimostrazione della proposizione 1. Cominciamo col vedere che (i) implica (ii). Essendo $\mathfrak{K}(M) \subset \mathfrak{K}(\mathbb{Q}(M \cup \overline{M}))$, possiamo sostituire M con $\mathbb{Q}(M \cup \overline{M})$ e dunque assumere che M sia un *campo* tale che $M = \overline{M}$. Possiamo inoltre assumere che il numero complesso i stia in M; in caso contrario sostituiamo M con $M(i) = \overline{M(i)}$ e ciò corrisponde a un'estensione di grado 2. L'invarianza di M per la coniugazione complessa ha come conseguenza il fatto che se $z \in M$ anche la parte reale $\operatorname{Re} z$, la parte immaginaria $\operatorname{Im} z$ e il quadrato del modulo $|z|^2$ stanno in M. Sia ora $z \in \mathfrak{K}(M)$. È sufficiente considerare il caso in cui z sia ottenuto da M con una sola costruzione elementare e mostrare che a z resta associata una catena di campi $M \subset L' \subset L$ con $z \in L$ e $[L' : M] \le 2$, $[L : L'] \le 2$ e $L = \overline{L}$. Il caso generale si ottiene poi per induzione.

Consideriamo per prima una costruzione del tipo (1). Allora z è ottenuto come intersezione di due rette

$$g_1 = \{z_1 + t(z_2 - z_1), t \in \mathbb{R}\},$$
$$g_2 = \{z_3 + t'(z_4 - z_3), t' \in \mathbb{R}\},$$

---

[2] Useremo in questa sezione la notazione $\overline{M}$ per l'immagine di M rispetto alla coniugazione complessa anche nel caso in cui M sia un campo; la chiusura algebrica di un tale campo $M \subset \mathbb{C}$, usualmente indicata con $\overline{M}$, non verrà mai usata.

con $z_1, z_2, z_3, z_4 \in M$, ossia dobbiamo risolvere l'equazione

$$z_1 + t(z_2 - z_1) = z_3 + t'(z_4 - z_3)$$

nei parametri $t, t' \in \mathbb{R}$. Isolando in questa equazione la parte reale e quella immaginaria, si ottengono due equazioni lineari nelle variabili t, t' a coefficienti in $\mathbb{R} \cap M$. Allora le componenti della soluzione (t_0, t_0') appartengono a $\mathbb{R} \cap M$ e risulta

$$z = z_1 + t_0(z_2 - z_1) = z_3 + t_0'(z_4 - z_3) \in M.$$

In questo caso non è quindi necessaria alcuna estensione (propria) di M e si pone $L = L' = M$.

Supponiamo ora che z sia ottenuto da M con una costruzione del tipo (2). Allora z è intersezione di una circonferenza

$$C = \{\zeta \in \mathbb{C}, |\zeta - z_1|^2 = |z_3 - z_2|^2\}$$

con una retta

$$g = \{z_4 + t(z_5 - z_4), t \in \mathbb{R}\},$$

dove $z_1, \ldots, z_5 \in M$. Per calcolare tutti i punti di intersezione di C con g, si deve risolvere l'equazione

$$|z_4 + t(z_5 - z_4) - z_1|^2 = |z_3 - z_2|^2$$

rispetto a t. Si tratta di un'equazione di secondo grado in t con coefficienti calcolabili tramite operazioni razionali a partire dalle parti reali e immaginarie di $z_1, \ldots, z_5$; pertanto i coefficienti stanno in $\mathbb{R} \cap M$ e quindi ogni soluzione, ossia ogni punto di intersezione di C con g, ha grado ≤ 2 su M. Poniamo ora $L' = M(z)$, $L = L'(\overline{z})$. Poiché M è invariante per coniugazione complessa, $\overline{z}$ ha lo stesso grado di z su M, in particolare questo è ≤ 2 su L'; ne risulta che la catena $M \subset L' \subset L$ ha le proprietà volute.

Rimane ancora da considerare la costruzione del tipo (3). Sia allora z punto di intersezione di due circonferenze distinte

$$C_1 = \{\zeta \in \mathbb{C} \, ; \, |\zeta - z_1|^2 = r_1^2\},$$
$$C_2 = \{\zeta \in \mathbb{C} \, ; \, |\zeta - z_2|^2 = r_2^2\},$$

con $r_1 = |z_4 - z_3|$, $r_2 = |z_6 - z_5|$, $z_1, \ldots, z_6 \in M$. Allora z soddisfa le equazioni

$$z\overline{z} - z\overline{z}_1 - \overline{z}z_1 + z_1\overline{z}_1 = r_1^2,$$
$$z\overline{z} - z\overline{z}_2 - \overline{z}z_2 + z_2\overline{z}_2 = r_2^2,$$

e, se si sottrae la seconda dalla prima, un'equazione del tipo

$$az + \overline{a}\overline{z} + b = 0 \quad \text{o anche} \quad 2\text{Re}(az) + b = 0,$$

con $a = \overline{z}_2 - \overline{z}_1 \in M$ e $b \in M \cap \mathbb{R}$. Poiché il centro di C_1 deve essere diverso dal centro di C_2, l'ultima equazione rappresenta una retta passante per z. Se intersechiamo questa retta con C_1 o con C_2, possiamo concludere come già fatto per la costruzione del tipo (2). Con questo è dimostrata l'implicazione (i) $\Longrightarrow$ (ii).

Per ottenere l'implicazione opposta basta dimostrare che $\mathfrak{K}(M)$ è un sotto-campo di $\mathbb{C}$ (nell'ipotesi $0, 1 \in M$) e che, se z appartiene a $\mathfrak{K}(M)$, lo stesso accade per ciascuna delle radici quadrate $\pm\sqrt{z}$. Per verificare tutto ciò, mostriamo le seguenti proprietà per $\mathfrak{K}(M)$ dove alcune di queste proprietà sono state inserite nella lista solo per motivi legati alla dimostrazione:

(a) $z_1, z_2 \in \mathfrak{K}(M) \Longrightarrow z_1 + z_2 \in \mathfrak{K}(M)$,

(b) $z \in \mathfrak{K}(M) \Longrightarrow -z \in \mathfrak{K}(M)$,

(c) $z \in \mathfrak{K}(M) \Longrightarrow |z| \in \mathfrak{K}(M)$,

(d) $e^{\pi i/3} = \frac{1}{2} + \frac{1}{2} \cdot i\sqrt{3} \in \mathfrak{K}(M)$,

(e) $z_1, z_2 \in \mathfrak{K}(M) \Longrightarrow |z_1||z_2| \in \mathfrak{K}(M)$,

(f) $z \in \mathfrak{K}(M), z \neq 0 \Longrightarrow |z|^{-1} \in \mathfrak{K}(M)$,

(g) $z_1, z_2 \in \mathfrak{K}(M) \Longrightarrow z_1 z_2 \in \mathfrak{K}(M)$,

(h) $z \in \mathfrak{K}(M), z \neq 0 \Longrightarrow z^{-1} \in \mathfrak{K}(M)$,

(i) $z \in \mathfrak{K}(M) \Longrightarrow \pm\sqrt{z} \in \mathfrak{K}(M)$.

Si può verificare ciascuna delle precedenti implicazioni tramite semplici costruzioni geometriche. Per (a) si utilizza l'interpretazione della somma di numeri complessi come somma di vettori, per cui il "vettore" $z_1 + z_2$ corrisponde a una diagonale del parallelogramma individuato dai "vettori" z_1, z_2. Per (b) si considera il simmetrico di z rispetto all'origine; $-z$ sta dunque sulla retta passante per 0 e z (assumiamo $z \neq 0$) e sulla circonferenza di centro 0 e raggio $|z| = |z - 0|$. Per (c) si interpreta $|z|$ come punto di intersezione dell'asse reale con la circonferenza di centro 0 e raggio $|z|$. La proprietà (d) entrerà in gioco nella dimostrazione di (e) e (f) quando mostreremo che $\mathfrak{K}(M)$ contiene oltre ai punti $0, 1$ anche un punto non reale; per dimostrare (d) si costruisce un triangolo equilatero di lato 1 con due vertici in 0 e 1. Il terzo vertice, in quanto intersezione di due circonferenze di raggio 1, una di centro 0 e l'altra di centro 1, è allora la radice primitiva sesta dell'unità $e^{\pi i/3} = \frac{1}{2} + \frac{1}{2} \cdot i\sqrt{3}$. Per (e) e (f) infine si prendono $z_1 \neq 0 \neq z_2$ e si considera la figura seguente:

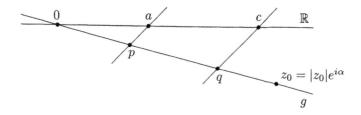

Per costruirla, si sceglie un punto $z_0 = |z_0|e^{i\alpha}$ in $M - \mathbb{R}$ con $\mathrm{Re}\, z_0 > 0$, per esempio $z_0 = e^{\pi i/3}$, e si traccia la retta g passante per 0 e z_0. Si possono allora considerare su g i punti $p = e^{i\alpha}$ e $q = |z_2|e^{i\alpha}$ e sull'asse reale il punto $a = |z_1|$. È facile verificare che tutti questi punti appartengono a $\mathfrak{K}(M)$. Sull'asse reale si considera poi il punto c intersezione di $\mathbb{R}$ con la retta per q parallela a $g_{a,p}$; qui $g_{a,p}$ indica la retta passante per a e p. Tramite le costruzioni elementari si vede subito che c appartiene a $\mathfrak{K}(M)$; per esempio si costruisce la perpendicolare per q alla retta $g_{a,p}$ e poi si considera la perpendicolare alla prima retta in q. Per il teorema di Talete risulta

$$|q| \cdot |p|^{-1} = |c| \cdot |a|^{-1}$$

e da $|q| = |z_2|$, $|p| = 1$ e $|a| = |z_1|$ segue che

$$|c| = |a| \cdot |q| = |z_1| \cdot |z_2|;$$

pertanto $|z_1| \cdot |z_2| \in \mathfrak{K}(M)$. La retta parallela a $g_{a,p}$ e passante per $1 \in \mathbb{R}$ interseca g in punto corrispondente a un numero complesso di modulo $|z_1|^{-1}$ e $|z_1|^{-1} \in \mathfrak{K}(M)$ grazie a (c). Poiché poi la moltiplicazione tra numeri complessi moltiplica i moduli e somma gli argomenti per dimostrare (g) e (h) basta solo descrivere geometricamente la somma di angoli o il passaggio all'opposto e questo è possibile senza difficoltà. Poiché anche la bisezione dell'angolo è possibile con le costruzioni elementari, per verificare (i) resta da mostrare che se $z \in \mathfrak{K}(M) - \{0\}$ allora $\sqrt{|z|}$ è costruibile. Si consideri dunque il segmento di estremi $-|z|$, 1 sull'asse reale e si costruisca una semicirconferenza avente questo segmento come diametro. La si intersechi poi con la perpendicolare per 0 all'asse reale. Si ottiene come punto di intersezione un numero complesso z_1 il cui modulo è $\sqrt{|z|}$. Per verificarlo, basta applicare il secondo teorema di Euclide al triangolo rettangolo avente il diametro come ipotenusa e il vertice opposto in z_1. Abbiamo così dimostrato che $\mathfrak{K}(M)$ è un sottocampo di $\mathbb{C}$ e che $\mathfrak{K}(M)$ è chiuso rispetto all'estrazione di radici quadrate. Dunque è dimostrata l'equivalenza delle due condizioni (i) e (ii).

Rimane ancora da vedere l'equivalenza di (ii) e (iii); supponiamo dapprima che sia data (ii). Costruiamo a partire dall'estensione L_n di $K = \mathbb{Q}(M \cup \overline{M})$ la sua chiusura normale L in $\mathbb{C}$ (vedi 3.5/7). Se $\sigma_1, \ldots, \sigma_r$ sono K-omomorfismi distinti di L_n in $\mathbb{C}$, allora L è il campo generato su K da tutti i $\sigma_i(L_n)$ con $i = 1, \ldots, r$. Poiché L_n si ottiene da K tramite aggiunzioni successive di radici quadrate, lo stesso vale per $\sigma_i(L_n)$ e quindi anche per L. Dunque L/K è un'estensione galoisiana di grado una potenza di 2. Essendo poi $z \in L_n \subset L$, la condizione (iii) risulta soddisfatta.

Viceversa, se è data (iii), allora il gruppo di Galois $\mathrm{Gal}(L/K)$ è un 2-gruppo e pertanto è risolubile grazie a 5.4/6. Di conseguenza $\mathrm{Gal}(L/K)$ ammette una serie normale a quozienti ciclici di ordine 2 (vedi 5.4/7). Ma per il teorema fondamentale della teoria di Galois 4.1/6 a una tale catena corrisponde una catena di campi, come richiesto nella condizione (ii).   □

La proposizione appena dimostrata si rivela utile nel dimostrare che certi oggetti e punti del piano dei numeri complessi non sono costruibili con riga e compasso a partire da un insieme dato $M \subset \mathbb{C}$. Un famoso esempio è il problema dalla *quadratura del cerchio*, ossia il problema di trasformare tramite costruzioni con riga e compasso un cerchio, di cui è dato il centro e il raggio, in un quadrato di uguale area. Si pensi per esempio al cerchio di raggio 1 e centro in 0. La sua area è espressa dal numero π. Un quadrato con la stessa area ha dunque lato $\sqrt{\pi}$. Il problema della quadratura del cerchio consiste dunque nel decidere se $\sqrt{\pi}$

appartenga o meno a $\mathfrak{K}(\{0,1\})$. Grazie al corollario 2, $\mathfrak{K}(\{0,1\})$ è un'estensione algebrica di $\mathbb{Q}$, ma si sa, come dimostrato da F. Lindemann già nel 1882 in [12], che i numeri π e $\sqrt{\pi}$ sono trascendenti su $\mathbb{Q}$. Dunque $\sqrt{\pi}$ non è costruibile con riga e compasso a partire da $\{0,1\}$ e quindi la quadratura del cerchio è un problema non risolvibile. Nel passato, tramite costruzioni con riga e compasso, si sono spesso trovate buone approssimazioni di π e di $\sqrt{\pi}$ che per le scarse conoscenze dell'epoca sono state scambiate per soluzioni del problema della quadratura del cerchio.

Un altro classico problema impossibile è il problema della *duplicazione del cubo*: si può duplicare il volume di un cubo tramite costruzioni con riga e compasso? Si parte da un cubo di lato 1. Raddoppiare il volume significa trovare un cubo di lato $\sqrt[3]{2}$. Per il corollario 2 però $\sqrt[3]{2}$ non appartiene a $\mathfrak{K}(\{0,1\})$ perché il grado di $\sqrt[3]{2}$ su $\mathbb{Q}$ non è una potenza di 2. In modo simile si affronta il problema della trisezione dell'angolo (vedi esercizio 2).

Torniamo ora sul problema della *costruzione del poligono regolare con n lati*. Importanti contributi in questo campo risalgono a C. F. Gauss. Il problema consiste nel decidere se, dato un numero naturale $n \geq 3$, la radice primitiva n-esima dell'unità $e^{2\pi i/n}$ appartenga o meno a $\mathfrak{K}(\{0,1\})$. Nella dimostrazione della proposizione 1 abbiamo già visto che $e^{\pi i/3} \in \mathfrak{K}(\{0,1\})$. L'esagono regolare è quindi costruibile con riga e compasso. Più in generale si ha:

Proposizione 3. *Sia $n \geq 3$ un numero naturale. Il poligono regolare con n lati è costruibile con riga e compasso se e solo se $\varphi(n)$ è una potenza di 2; qui φ indica la funzione φ di Eulero (vedi 4.5/3).*

Dimostrazione. Sia ζ_n una radice primitiva n-esima dell'unità su $\mathbb{Q}$. Allora $\mathbb{Q}(\zeta_n)/\mathbb{Q}$ è per 4.5/7 e 4.5/10 un'estensione abeliana di grado $\varphi(n)$. Se assumiamo che il poligono regolare con n lati sia costruibile (ossia $\zeta_n \in \mathfrak{K}(\{0,1\})$), segue allora dal corollario 2 che il grado di ζ_n su $\mathbb{Q}$ è una potenza di 2 e quindi tale deve essere $\varphi(n)$. Viceversa, se sappiamo che $\varphi(n) = [\mathbb{Q}(\zeta_n) : \mathbb{Q}]$ è una potenza di 2, si ottiene $\zeta_n \in \mathfrak{K}(\{0,1\})$, usando l'implicazione da (iii) a (i) nella proposizione 1. $\square$

Tramite 4.5/4 è facile calcolare i seguenti valori della funzione φ:

n	3	4	5	6	7	8	9	10	11	12	13	14	15	16	17	...
$\varphi(n)$	2	2	4	2	*6*	4	*6*	4	*10*	4	*12*	*6*	8	8	16	...

Il carattere corsivo per numeri nella riga di $\varphi(n)$ sta a indicare che il poligono regolare con n lati non è costruibile. Il poligono regolare con 7 lati è il primo non costruibile della lista; la dimostrazione della sua non costruibilità risale a Gauss. Sempre Gauss fu il primo a trovare un procedimento per la costruzione (veramente laboriosa) del poligono regolare con 17 lati. (Si osservi che $\varphi(17) = 16$.)

Vogliamo infine studiare il legame tra la costruibilità del poligono regolare con n lati e la fattorizzazione di n in numeri primi di Fermat.

Definizione 4. *Dato un $\ell \in \mathbb{N}$, il numero $F_\ell = 2^{2^\ell} + 1$ è detto ℓ-esimo numero di Fermat. Un numero primo di Fermat è un numero primo che è pure un numero* *di Fermat, ossia un numero primo della forma $2^{2^\ell} + 1$.*

$F_0 = 3$, $F_1 = 5$, $F_2 = 17$, $F_3 = 257$, $F_4 = 65537$ sono numeri primi, dunque numeri primi di Fermat. Al momento questi sono gli unici numeri primi di Fermat noti.

Proposizione 5. *Sia $n \geq 2$. Sono allora equivalenti:*
  (i) *$\varphi(n)$ è una potenza di 2.*
  (ii) *Esistono numeri primi di Fermat distinti $p_1, \ldots, p_r$ e un numero naturale $m \in \mathbb{N}$ tali che $n = 2^m p_1 \ldots p_r$.*

Dimostrazione. Dato un numero primo p, allora $\varphi(p^m) = (p-1)p^{m-1}$ è una potenza di 2 se e solo se $p = 2$ oppure se vale $p^{m-1} = 1$, ossia $m = 1$, e $p - 1$ è una potenza di 2. La proposizione segue allora dal lemma seguente tramite la moltiplicatività della funzione φ.

Lemma 6. *Un numero primo $p \geq 3$ è un numero di Fermat se e solo se $p - 1$ è una potenza di 2.*

Dimostrazione. Per definizione, se p è un numero di Fermat, allora $p - 1$ è una potenza di 2. Sia viceversa $p - 1$ una potenza di 2, del tipo $p = (2^{2^\ell})^r + 1$ con r dispari. Se $r > 1$, grazie alla formula

$$1 + a^r = 1 - (-a)^r = (1 - (-a))((-a)^{r-1} + (-a)^{r-2} + \ldots + 1)$$

possiamo fattorizzare p nella forma

$$(2^{2^\ell})^r + 1 = (2^{2^\ell} + 1)((2^{2^\ell})^{r-1} - \ldots + 1).$$

Ma, poiché p è un numero primo, si ottiene che $r = 1$.   □

Riassumendo, si ottiene che il poligono regolare con n lati è costruibile con riga e compasso se e solo se n è del tipo $n = 2^m p_1 \ldots p_r$ con $p_1, \ldots, p_r$ numeri primi di Fermat a due a due distinti e m un numero naturale.

Esercizi

  1. *Sia $M \subset \mathbb{C}$ un sottoinsieme con $0, 1 \in M$. Si rifletta sulla seguente domanda: è vero che un elemento $z \in \mathbb{C}$ appartiene a $\mathfrak{K}(M)$ se il suo grado su $\mathbb{Q}(M \cup \overline{M})$ è una potenza di 2? In particolare, si consideri per $M = \{0, 1\}$ il caso in cui z ha grado 4 su $\mathbb{Q}$.*

  2. *Si rifletta se il problema della trisezione dell'angolo sia risolvibile con riga e compasso.*

  3. Sia $M = \{0, 1\}$ e si consideri l'estensione $\mathfrak{K}(M)/\mathbb{Q}$. Si dimostri quanto segue:

      (i) $\mathfrak{K}(M)/\mathbb{Q}$ è un'estensione galoisiana infinita.

(ii) $\mathfrak{K}(M)$ è rappresentabile come unione di una catena ascendente di estensioni galoisiane di $\mathbb{Q}$ ciascuna delle quali di grado una potenza di 2.

(iii) Si descriva il gruppo $\mathrm{Gal}(\mathfrak{K}(M)/\mathbb{Q})$ utilizzando la nozione di limite proiettivo (vedi sezione 4.2).

4. Si descriva la costruzione con riga e compasso del pentagono regolare.

7. Estensioni trascendenti

Si riconobbe ben presto che certi "numeri", come per esempio $\sqrt{2}$, erano *irrazionali*, ossia non razionali; si parlò di *irrazionalità* e si cercò di classificarle. La teoria di Galois fornì per prima la possibilità di accostarsi ai numeri irrazionali che sono algebrici, ossia a quelli che soddisfano un'equazione non banale a coefficienti in $\mathbb{Q}$. Poco tempo dopo si dimostrò che gli algebrici sono solo una "piccola parte" di tutti i numeri irrazionali mentre la "maggior parte" di essi non soddisfa alcuna equazione non banale a coefficienti in $\mathbb{Q}$ e consiste di numeri che vennero detti *trascendenti*.

Dato un numero trascendente su $\mathbb{Q}$, ad esempio π, è facile descrivere l'estensione semplice $\mathbb{Q}(\pi)/\mathbb{Q}$: il monomorfismo $\mathbb{Q}[X] \hookrightarrow \mathbb{Q}(\pi)$, $X \longmapsto \pi$, induce un isomorfismo $\mathbb{Q}(X) \xrightarrow{\sim} \mathbb{Q}(\pi)$, dove $\mathbb{Q}(X)$ è il campo delle funzioni razionali nella variabile X a coefficienti in $\mathbb{Q}$, ossia il campo delle frazioni di $\mathbb{Q}[X]$. Ma come descrivere dal punto di vista algebrico la struttura dell'estensione $L/\mathbb{Q}$ se $L \subset \mathbb{C}$ è un sottocampo complicato o addirittura se $L = \mathbb{C}$? E. Steinitz fornì una risposta sbalorditivamente facile a questa domanda nel suo fondamentale lavoro [14] mostrando che, data una qualunque estensione di campi L/K, esiste un sistema $\mathfrak{x} = (x_i)_{i \in I}$ di elementi di L avente le proprietà di un sistema di *variabili* su K per cui L risulta un'estensione algebrica del "campo delle funzioni" $K(\mathfrak{x})$. Tale sistema $\mathfrak{x}$ viene detto *base di trascendenza* di L/K (si osservi che il campo intermedio $K(\mathfrak{x})$ dipende in generale dalla scelta di $\mathfrak{x}$). Steinitz mostrò che le basi di trascendenza si comportano come basi di spazi vettoriali e che in particolare due basi di trascendenza di una stessa estensione L/K hanno uguale cardinalità. Ci occuperemo di questa teoria nella sezione 7.1.

Lo studio delle estensioni di campi L/K senza ipotesi di algebricità non è interessante solo per il caso $\mathbb{C}/\mathbb{Q}$ ma anche in relazione alla Geometria Algebrica. Se K è un campo e $\overline{K}$ è una sua chiusura algebrica, gli elementi dell'anello dei polinomi $K[X_1, \dots, X_n]$ possono essere interpretati come funzioni polinomiali su $\overline{K}^n$ (vedi 3.9). Analogamente, gli elementi del campo delle "funzioni" $K(X_1, \dots, X_n)$ danno origine a "funzioni" razionali fratte su $\overline{K}^n$. Infatti, dato un $h \in K(X_1, \dots, X_n)$, ad esempio $h = f/g$ con $f, g \in K[X_1, \dots, X_n]$, $g \neq 0$, e dati punti $z \in \overline{K}^n$ con $g(z) \neq 0$, risulta che $h(z) = f(z)/g(z)$ è un ben definito elemento di $\overline{K}$. Più in generale, possiamo interpretare in questo modo un'estensione $L = K(x_1, \dots, x_n)$ finitamente generata su K come un campo di funzioni razionali fratte. Infatti, dato un sistema di generatori $x_1, \ldots, x_n$, si consideri il sottoanello $A = K[x_1, \ldots, x_n] \subset L$ e si utilizzi una rappresentazione $A \simeq K[X_1, \ldots, X_n]/\mathfrak{p}$ di A come anello quoziente di un anello di polinomi rispetto a un ideale primo $\mathfrak{p}$. Come abbiamo visto in 3.9 si possono allora considerare gli elementi di A come funzioni polinomiali sull'insieme degli zeri $V(\mathfrak{p}) \subset \overline{K}^n$ dell'ideale $\mathfrak{p}$ e gli elementi di $L = Q(A)$ come funzioni razionali fratte su $V(\mathfrak{p})$. In 7.3 estenderemo le nozioni di *separabile* e *puramente inseparabile* o, come diremo, *primaria* alle estensioni di campi qualunque e mostreremo come queste proprietà corrispondano a proprietà geometriche dei rispettivi insiemi algebrici $V(\mathfrak{p})$ (si veda a riguardo soprattutto la parte finale della sezione 7.3 e il relativo esercizio 4).

Per lavorare in 7.3 con estensioni *separabili* e *primarie* avremo bisogno di conoscere bene i prodotti tensoriali. Anche se abbiamo già parlato di prodotti tensoriali in 4.11 diventa qui necessario svilupparne le basi in forma più generale: lo faremo in 7.2. Infine nella sezione 7.4 caratterizzeremo le estensioni separabili tramite metodi del calcolo differenziale.

7.1 Basi di trascendenza

Data un'estensione di anelli $R \subset R'$, in 2.5/6 abbiamo introdotto i concetti di indipendenza algebrica o trascendenza per sistemi finiti di elementi di R'. Ricordiamo questa definizione, restringendoci al contesto dei campi.

Definizione 1. *Sia L/K un'estensione di campi. Un sistema $(x_1, \ldots, x_n)$ di elementi di L è detto* algebricamente indipendente *o* trascendente *su K se da un'equazione del tipo $f(x_1, \ldots, x_n) = 0$, dove f è un polinomio in $K[X_1, \ldots, X_n]$, segue sempre $f = 0$, ossia se l'omomorfismo di valutazione*

$$K[X_1, \ldots, X_n] \longrightarrow L, \qquad \sum c_{\nu_1 \ldots \nu_n} X_1^{\nu_1} \ldots X_n^{\nu_n} \longmapsto \sum c_{\nu_1 \ldots \nu_n} x_1^{\nu_1} \ldots x_n^{\nu_n},$$

è iniettivo.

Un sistema $\mathfrak{X} = (x_i)_{i \in I}$ di elementi di L (in numero arbitrario) si dice algebricamente indipendente *o* trascendente *su K se ogni sottosistema finito di $\mathfrak{X}$ è algebricamente indipendente su K nel senso appena definito.*

Se dunque $\mathfrak{X} = (x_i)_{i \in I}$ è un sistema di elementi di L algebricamente indipendente su K, si possono leggere gli x_i come *variabili* sul campo K. In particolare il campo $K(\mathfrak{X})$ generato da $\mathfrak{X}$ è il campo delle funzioni razionali nelle variabili x_i, $i \in I$, e quindi è il campo delle frazioni dell'anello dei polinomi $K[\mathfrak{X}]$. Un'estensione L/K è detta *trascendente pura* se L contiene un sistema $\mathfrak{X}$ algebricamente indipendente su K tale che risulti $L = K(\mathfrak{X})$.

Definizione 2. *Sia L/K un'estensione di campi e sia $\mathfrak{X}$ un sistema di elementi di L algebricamente indipendente su K. Se L è algebrico su $K(\mathfrak{X})$, allora $\mathfrak{X}$ è detta una* base di trascendenza *di L/K.*

Proposizione 3. *Sia L/K un'estensione di campi. Un sistema $\mathfrak{X}$ di elementi di L è una base di trascendenza di L/K se e solo se $\mathfrak{X}$ è massimale tra i sistemi trascendenti su K contenuti in L. In particolare, ogni estensione di campi L/K ammette una base di trascendenza.*

Dimostrazione. Supponiamo che $\mathfrak{X}$ sia un sistema in L massimale tra quelli trascendenti su K. Segue allora dalla massimalità di $\mathfrak{X}$ che ogni elemento di L è algebrico su $K(\mathfrak{X})$ e dunque $\mathfrak{X}$ è una base di trascendenza di L/K. Infatti se $x \in L$, il sistema ottenuto aggiungendo x a $\mathfrak{X}$, non è più algebricamente indipendente su K. Esistono dunque un sottosistema finito $(x_1, \ldots, x_n)$ di $\mathfrak{X}$ e un polinomio non banale $f \in K[X_1, \ldots, X_{n+1}]$ tale che $f(x_1, \ldots, x_n, x) = 0$. Poiché gli elementi $x_1, \ldots, x_n$ sono algebricamente indipendenti su K, la variabile X_{n+1} compare in f con esponente almeno 1. Questo significa però che x è algebrico su $K(x_1, \ldots, x_n)$ e dunque su $K(\mathfrak{X})$. Ne segue che L è algebrico su $K(\mathfrak{X})$ e quindi $\mathfrak{X}$ è una base di trascendenza di L/K. Poiché, per il lemma di Zorn 3.4/5, il campo L contiene sempre un sistema algebricamente indipendente su K massimale, si vede pure che L/K ammette una base di trascendenza.

Viceversa, sia $\mathfrak{X}$ algebricamente indipendente su K e supponiamo che $L/K(\mathfrak{X})$ sia algebrico. Allora $\mathfrak{X}$ è necessariamente un sistema algebricamente indipendente massimale in L. $\square$

Vediamo ora che è possibile completare un sistema di elementi algebricamente indipendenti di L in una base di trascendenza di L/K aggiungendo opportuni elementi presi da un sistema di generatori. Utilizzeremo questo tipo di "scambio" per mostrare più avanti che due qualsiasi basi di trascendenza di L/K hanno la stessa cardinalità.

Lemma 4. *Sia L/K un'estensione di campi e sia $\mathfrak{Y}$ un sistema di elementi di L. Se L è algebrico su $K(\mathfrak{Y})$ e se $\mathfrak{X}' \subset L$ è un sistema algebricamente indipendente su K, allora $\mathfrak{X}'$ può essere completato in una base di trascendenza $\mathfrak{X}$ di L/K aggiungendo elementi di $\mathfrak{Y}$.*

In particolare, si può scegliere una base di trascendenza di L/K in $\mathfrak{Y}$.

Dimostrazione. Applichiamo il lemma di Zorn 3.4/5 e scegliamo un sottosistema massimale $\mathfrak{X}'' \subset \mathfrak{Y}$ con la proprietà che il sistema $\mathfrak{X} = \mathfrak{X}' \cup \mathfrak{X}''$ sia algebricamente indipendente su K. In modo analogo a quanto visto nella dimostrazione della proposizione 3 risulta che ogni $y \in \mathfrak{Y}$ è algebrico su $K(\mathfrak{X})$. Di conseguenza $K(\mathfrak{X}, \mathfrak{Y})$ è algebrico su $K(\mathfrak{X})$; quindi l'estensione $L/K(\mathfrak{X})$ è algebrica e $\mathfrak{X}$ è una base di trascendenza di L/K. $\square$

Teorema 5. *Due basi di trascendenza di un'estensione di campi L/K hanno la stessa cardinalità.*

Prima di dimostrare il teorema vogliamo chiarire brevemente come si confrontano le cardinalità degli insiemi. Dimostreremo in particolare due risultati di cui avremo bisogno nel trattare basi di trascendenza infinite. Non ci addentreremo nella definizione formale di cardinalità di un insieme tramite i numeri ordinali (che in realtà non siamo tenuti qui a conoscere), ma ci basiamo sulla teoria degli insiemi. Per praticità abbiamo trattato finora il numero degli elementi ord M di un insieme M in modo un po' intuitivo. Così ord $M = \infty$ sta soltanto a significare che M consiste di un numero infinito (ossia non finito) di elementi. In realtà però esistono diversi gradi di infinito. Due insiemi M e N si dicono *equipotenti* o *aventi la stessa cardinalità*, e si scrive card $M =$ card N, se esiste una biiezione $M \longrightarrow N$. Useremo anche la notazione card $M \leq$ card N se esiste un'applicazione iniettiva $M \hookrightarrow N$ o, in modo equivalente, un'applicazione suriettiva $N \longrightarrow M$. Il fatto però che una catena card $M \leq$ card $N \leq$ card M implichi card $M =$ card N non è per nulla ovvio nel caso di cardinalità infinita. Questo risultato è garantito dal teorema di Schröder-Bernstein che dimostreremo subito. Come al solito, card $M = n$ (risp. card $M \leq n$), dove n è un numero naturale, sta a significare che M consiste esattamente di (risp. di al più) n elementi.

Lemma 6. *Supponiamo dati due insiemi M e N. Se esistono applicazioni iniettive $\sigma \colon M \hookrightarrow N$ e $\tau \colon N \hookrightarrow M$, allora esiste una biiezione $\rho \colon M \longrightarrow N$.*

Dimostrazione. Sia $M' \subset M$ l'insieme formato da tutti gli $x \in M$ che soddisfano

$$x \in (\tau \circ \sigma)^n(M) \quad \Longrightarrow \quad x \in (\tau \circ \sigma)^n \circ \tau(N)$$

per ogni $n \in \mathbb{N}$. Un elemento $x \in M$ appartiene allora a M' se e solo se una sequenza di antiimmagini della forma x, $\tau^{-1}(x)$, $\sigma^{-1}\tau^{-1}(x)$, $\tau^{-1}\sigma^{-1}\tau^{-1}(x)$, $\ldots$ è infinita oppure essa termina con un elemento di N. Sia allora ρ l'applicazione così definita:

$$\rho(x) = \begin{cases} \tau^{-1}(x) & \text{se } x \in M', \\ \sigma(x) & \text{se } x \notin M'. \end{cases}$$

ρ è iniettiva in quanto le restrizioni $\rho|_{M'}$ e $\rho|_{M-M'}$ sono iniettive e dall'uguaglianza $\rho(x) = \rho(y)$, con $x \in M'$, $y \in M-M'$, segue $\sigma(y) = \tau^{-1}(x)$, da cui $\tau \circ \sigma(y) = x \in M'$ e dunque $y \in M'$, in contraddizione con la scelta di y. Inoltre, ρ è suriettiva. Infatti, dato un $z \in N$, si consideri $x = \tau(z)$. Se $x \in M'$, allora $\rho(x) = \tau^{-1}(x) = z$. Se invece $x \notin M'$ allora z possiede un'antiimmagine $y = \sigma^{-1}(z) = \sigma^{-1}(\tau^{-1}(x))$ altrimenti x dovrebbe appartenere a M'. Poiché $x \notin M'$ risulta $y \notin M'$ e di conseguenza $\rho(y) = \sigma(y) = z$. $\qquad\square$

Lemma 7. *Ogni insieme infinito M è unione di insiemi numerabili (infiniti) disgiunti.*

Dimostrazione. Si consideri l'insieme X formato da tutte le coppie (A, Z), dove A è un sottoinsieme infinito di M e Z è una decomposizione di A in sottoinsiemi numerabili infiniti disgiunti, ossia un sistema di sottoinsiemi numerabili infiniti di A che sono disgiunti e ricoprono A. Poiché M è infinito, risulta $X \neq \emptyset$. Date due coppie $(A, Z), (A', Z')$ in X, scriveremo $(A, Z) \leq (A', Z')$ se A è contenuto in A' e Z è un sottosistema di Z'. Abbiamo così definito su X un ordinamento parziale ed è evidente che ogni sottoinsieme totalmente ordinato di X possiede un maggiorante.

Per il lemma di Zorn 3.4/5 esiste dunque in X un elemento massimale $(\overline{A}, \overline{Z})$. Ma ora la differenza $M - \overline{A}$ è finita per la massimalità di $(\overline{A}, \overline{Z})$. Aggiungendo a un qualsiasi elemento della decomposizione $\overline{Z}$ gli elementi di $M - \overline{A}$, otteniamo una decomposizione di M in sottoinsiemi numerabili infiniti disgiunti, come voluto. $\square$

Possiamo ora affrontare la *dimostrazione del teorema* 5. Siano $\mathfrak{X}$ e $\mathfrak{Y}$ due basi di trascendenza di L/K e consideriamo entrambe come sottoinsiemi di L. Supponiamo dapprima che $\mathfrak{X}$ sia finito, $\mathfrak{X} = \{x_1, \ldots, x_n\}$, e mostriamo per induzione su $n = \operatorname{card}\mathfrak{X}$ che risulta $\operatorname{card}\mathfrak{Y} \leq \operatorname{card}\mathfrak{X}$. Per ragioni di simmetria seguirà poi $\operatorname{card}\mathfrak{Y} = \operatorname{card}\mathfrak{X}$. Il caso $n = 0$ è banale perché in tal caso L/K è algebrica. Sia dunque $n > 0$. In questo caso L/K non è più algebrica e di conseguenza $\mathfrak{Y}$ non è vuoto. Esiste quindi un elemento $y \in \mathfrak{Y}$ e, grazie al lemma 4, possiamo completare il sistema $\{y\}$ a una base di trascendenza $\mathfrak{Z}$ di L/K aggiungendo elementi di $\mathfrak{X}$. Di conseguenza si ha necessariamente $\operatorname{card}\mathfrak{Z} \leq n$ poiché $\mathfrak{X}$, in quanto sistema algebricamente indipendente massimale su K, non può essere contenuto insieme a y in $\mathfrak{Z}$. Ma ora $\mathfrak{Y}$ e $\mathfrak{Z}$ contengono entrambe l'elemento y. Di conseguenza $\mathfrak{Y} - \{y\}$ e $\mathfrak{Z} - \{y\}$ sono due basi di trascendenza di L su $K(y)$. Da $\operatorname{card}(\mathfrak{Z} - \{y\}) < \operatorname{card}\mathfrak{Z} \leq n$ segue, per ipotesi induttiva, $\operatorname{card}(\mathfrak{Y} - \{y\}) \leq \operatorname{card}(\mathfrak{Z} - \{y\})$ e dunque $\operatorname{card}\mathfrak{Y} \leq \operatorname{card}\mathfrak{Z} \leq n = \operatorname{card}\mathfrak{X}$.

Da quanto appena visto si deduce che due basi di trascendenza $\mathfrak{X}$ e $\mathfrak{Y}$ di L/K sono entrambe finite e di uguale cardinalità oppure sono entrambe infinite. Per concludere la dimostrazione, consideriamo ora il caso in cui $\mathfrak{X}$ e $\mathfrak{Y}$ sono infinite. Ogni $x \in \mathfrak{X}$ è algebrico su $K(\mathfrak{Y})$. Dato un $x \in \mathfrak{X}$, esiste dunque un sottoinsieme finito $\mathfrak{Y}_x \subset \mathfrak{Y}$ tale che x è algebrico su $K(\mathfrak{Y}_x)$. Poiché L non può essere algebrico su $K(\mathfrak{Y}')$ se $\mathfrak{Y}' \subsetneq \mathfrak{Y}$ è un sottosistema proprio, risulta $\bigcup_{x \in \mathfrak{X}} \mathfrak{Y}_x = \mathfrak{Y}$. Si utilizzi ora l'inclusione $\mathfrak{Y}_x \hookrightarrow \mathfrak{Y}$ per definire un'applicazione suriettiva $\coprod_{x \in \mathfrak{X}} \mathfrak{Y}_x \longrightarrow \mathfrak{Y}$ avente come dominio l'unione disgiunta di tutti gli $\mathfrak{Y}_x$ in $\mathfrak{Y}$. Risulta allora $\operatorname{card}\mathfrak{Y} \leq \operatorname{card}(\coprod_{x \in \mathfrak{X}} \mathfrak{Y}_x)$ e quindi $\operatorname{card}\mathfrak{Y} \leq \operatorname{card}\mathfrak{X}$, una volta verificata l'uguaglianza $\operatorname{card}(\coprod_{x \in \mathfrak{X}} \mathfrak{Y}_x) = \operatorname{card}\mathfrak{X}$. Se $\mathfrak{X}$ è numerabile infinito, allora questa uguaglianza può essere dimostrata semplicemente "contando". Il caso generale può essere poi ricondotto facilmente a quello numerabile perché segue dal lemma 7 che l'insieme infinito $\mathfrak{X}$ è unione disgiunta di sottoinsiemi numerabili infiniti. Si ottiene quindi $\operatorname{card}\mathfrak{Y} \leq \operatorname{card}\mathfrak{X}$ e per ragioni di simmetria $\operatorname{card}\mathfrak{X} \leq \operatorname{card}\mathfrak{Y}$. Grazie al lemma 6 risulta allora $\operatorname{card}\mathfrak{X} = \operatorname{card}\mathfrak{Y}$. $\square$

Il risultato appena dimostrato permette di definire il cosiddetto *grado di trascendenza* $\operatorname{trgrad}_K L$ di un'estensione di campi L/K come la cardinalità di una base di trascendenza di L/K. Le estensioni algebriche hanno sempre grado di trascendenza 0 mentre, dato un anello dei polinomi $K[X_1, \ldots, X_n]$, il campo delle frazioni $K(X_1, \ldots, X_n)$ è un'estensione trascendente pura di K con grado di trascendenza n. Più in generale, dato un sistema qualsiasi di variabili $\mathfrak{X}$, il campo delle frazioni $K(\mathfrak{X})$ dell'anello dei polinomi $K[\mathfrak{X}]$ è un'estensione trascendente pura di K avente grado di trascendenza $\operatorname{card}\mathfrak{X}$. Poiché poi K-isomorfismi mandano basi di trascendenza in basi di trascendenza si conclude che:

Corollario 8. *Date estensioni trascendenti pure L/K e L'/K, esiste un K-isomorfismo $L \xrightarrow{\sim} L'$ se e solo se L e L' hanno uguale grado di trascendenza su K.*

In particolare non possono esistere K-isomorfismi tra gli anelli di polinomi $K[X_1,\ldots,X_m]$ e $K[Y_1,\ldots,Y_n]$ se m e n sono diversi, altrimenti i loro campi delle frazioni sarebbero isomorfi come estensioni di K pur avendo diversi gradi di trascendenza, il che non è possibile. Analizziamo un po' meglio tale questione.

Corollario 9. *Sia* $\varphi\colon K[X_1,\ldots,X_m] \longrightarrow K[Y_1,\ldots,Y_n]$ *un K-omomorfismo tra anelli di polinomi e supponiamo che ogni* $Y \in \{Y_1,\ldots,Y_n\}$ *soddisfi un'equazione del tipo*

$$Y^r + c_1 Y^{r-1} + \ldots + c_r = 0, \qquad c_1,\ldots,c_r \in \operatorname{im}\varphi,$$

(ossia φ sia intero nella terminologia della sezione 3.3; vedi 3.3/4). Allora $m \geq n$. Inoltre, φ è iniettivo se e solo se $m = n$.

Dimostrazione. Sia R l'immagine di φ. Questa è un sottoanello di $K[Y_1,\ldots,Y_n]$, quindi un dominio d'integrità e possiamo interpretare $K(Y_1,\ldots,Y_n)$ come un'estensione di $Q(R)$. Poiché $K(Y_1,\ldots,Y_n) = Q(R)(Y_1,\ldots,Y_n)$ e per ipotesi gli $Y_1,\ldots,Y_n$ sono algebrici su $Q(R)$, l'estensione $K(Y_1,\ldots,Y_n)/Q(R)$ è algebrica. Dunque $Q(R)$ e $K(Y_1,\ldots,Y_n)$ hanno lo stesso grado di trascendenza su K, precisamente n. D'altra parte le variabili $X_1,\ldots,X_m$ danno origine a elementi $x_1,\ldots,x_m \in Q(R)$ che generano l'estensione $Q(R)/K$ e dunque, per il lemma 4, deve essere $m \geq n$.

L'omomorfismo φ è iniettivo se e solo se gli elementi $x_1,\ldots,x_m \in Q(R)$ sono algebricamente indipendenti su K ossia se e solo se $\operatorname{trgrad}_K Q(R) = m$. Ma poiché abbiamo già mostrato che $\operatorname{trgrad}_K Q(R) = n$, l'iniettività di φ è equivalente a $m = n$, come affermato. $\square$

Osserviamo che il grado di trascendenza si comporta additivamente rispetto a catene di campi $K \subset L \subset M$:

$$\operatorname{trgrad}_K M = \operatorname{trgrad}_K L + \operatorname{trgrad}_L M.$$

È facile verificarlo considerando basi di trascendenza $\mathfrak{X}$ di L/K e $\mathfrak{Y}$ di M/L e mostrando poi che $\mathfrak{X} \cup \mathfrak{Y}$ è una base di trascendenza di M/K. La somma delle cardinalità di $\mathfrak{X}$ e $\mathfrak{Y}$ è, per definizione, la cardinalità dell'unione (disgiunta) $\mathfrak{X} \cup \mathfrak{Y}$.

Per concludere, mostriamo che se L/K è un'estensione trascendente pura allora la chiusura algebrica di K in L coincide sempre con K, ossia K è algebricamente chiuso in L.

Osservazione 10. *Sia L/K un'estensione trascendente pura. Allora ogni elemento $x \in L - K$ è trascendente su K.*

Dimostrazione. Si consideri un elemento $x \in L$ algebrico su K e sia $\mathfrak{X}$ una base di trascendenza di L/K tale che $L = K(\mathfrak{X})$. Esiste allora un sottosistema finito $(x_1,\ldots,x_r)$ di $\mathfrak{X}$ per cui $x \in K(x_1,\ldots,x_r)$. Quindi, per verificare che x appartiene a K, possiamo assumere che $\mathfrak{X}$ sia finito, del tipo $\mathfrak{X} = (x_1,\ldots,x_r)$. Sia ora

$$f = X^n + c_1 X^{n-1} + \ldots + c_n \in K[X]$$

il polinomio minimo di $x \in L = K(\mathfrak{X})$ su K. Possiamo supporre $x \neq 0$ e dunque $c_n \neq 0$. Interpretando $K[\mathfrak{X}]$ come anello dei polinomi nelle variabili $x_1, \ldots, x_r$, si vede, grazie a 2.7/3, che questo anello è un dominio fattoriale. Possiamo quindi scrivere x come frazione ridotta $x = g/h$ con $g, h \in K[\mathfrak{X}]$ due elementi coprimi e $h \neq 0$. L'equazione $f(x) = 0$ fornisce allora

$$g^n + c_1 g^{n-1} h + \ldots + c_n h^n = 0.$$

Pertanto ogni elemento primo $q \in K[\mathfrak{X}]$ che divide h divide anche g e quindi h è un'unità in $K[\mathfrak{X}]$, ossia $h \in K^*$. In modo simile si dimostra che $g \in K^*$ e in totale risulta $x \in K$.   □

Esercizi

1. *Si confronti la nozione di base di trascendenza di un'estensione di campi L/K con la nozione di base di uno spazio vettoriale.*

2. *Si dimostri che esistono automorfismi di $\mathbb{C}$ che non lasciano fisso $\mathbb{R}$ e che $\mathbb{C}$ contiene sottocampi propri isomorfi a $\mathbb{C}$ stesso.*

3. Si dimostri che il grado di trascendenza di $\mathbb{R}/\mathbb{Q}$ è uguale alla cardinalità di $\mathbb{R}$.

4. Si dimostri che ogni campo di caratteristica 0 è unione di sottocampi che sono isomorfi a sottocampi di $\mathbb{C}$.

5. Sia L/K un'estensione di campi e sia $\mathfrak{X} \subset L$ un sistema algebricamente indipendente su K. Si dimostri che per ogni campo intermedio K' di L/K algebrico su K il sistema $\mathfrak{X}$ è algebricamente indipendente su K'.

6. Sia L/K un'estensione finitamente generata. Si dimostri che per ogni campo intermedio L' di L/K anche l'estensione L'/K è finitamente generata.

7.2 Prodotti tensoriali*

Nella sezione 4.11 abbiamo già incontrato i prodotti tensoriali in una versione semplificata. Vogliamo ora studiarli più nel dettaglio in preparazione alla sezione 7.3 dove li useremo per caratterizzare le estensioni separabili e primarie. Cominciamo introducendo la nozione di prodotto tensoriale di moduli. Per la definizione di modulo su un anello rimandiamo alla sezione 2.9.

Siano nel seguito M, N moduli su un anello R. Se E è un altro R-modulo, un'applicazione $\Phi \colon M \times N \longrightarrow E$ si dice R-*bilineare* se per ogni scelta di $x \in M$ e $y \in N$ ciascuna delle seguenti applicazioni

$$\Phi(x, \cdot) \colon N \longrightarrow E, \qquad z \longmapsto \Phi(x, z),$$
$$\Phi(\cdot, y) \colon M \longrightarrow E, \qquad z \longmapsto \Phi(z, y),$$

è R-*lineare*, ossia è un omomorfismo di R-moduli. Un prodotto tensoriale di M e N sull'anello R è un R-modulo T tale che le applicazioni R-bilineari di $M \times N$ in un qualsiasi R-modulo E sono univocamente determinate dalle applicazioni R-lineari $T \longrightarrow E$ e viceversa.

Definizione 1. *Un prodotto tensoriale di due R-moduli M e N su un anello R è un R-modulo T insieme a un'applicazione R-bilineare* $\tau\colon M \times N \longrightarrow T$ *che soddisfa la seguente proprietà universale:*

Per ogni applicazione R-bilineare $\Phi\colon M \times N \longrightarrow E$, *con E un R-modulo, esiste un'unica applicazione R-lineare* $\varphi\colon T \longrightarrow E$ *per cui* $\Phi = \varphi \circ \tau$, *ossia tale che il diagramma*

risulti commutativo.

Grazie alla proprietà universale nella definizione precedente i prodotti tensoriali sono unici a meno di isomorfismi canonici e, come vedremo, esistono sempre. Nella situazione della definizione 1 si scrive di solito $M \otimes_R N$ al posto di T. Inoltre, dati $x \in M$ e $y \in N$, si è soliti indicare con $x \otimes y$ l'immagine di (x, y) tramite l'applicazione bilineare $\tau\colon M \times N \longrightarrow T$; elementi del tipo $x \otimes y$ sono detti *tensori* di $M \otimes_R N$. Con queste notazioni l'applicazione R-bilineare τ è descritta tramite

$$M \times N \longrightarrow M \otimes_R N, \qquad (x, y) \longmapsto x \otimes y.$$

In particolare i tensori sono R-bilineari in entrambi i fattori ossia si ha

$$(ax + a'x') \otimes (by + b'y') = ab(x \otimes y) + ab'(x \otimes y') + a'b(x' \otimes y) + a'b'(x' \otimes y')$$

per ogni scelta degli elementi $a, a', b, b' \in R$, $x, x' \in M$ e $y, y' \in N$. In molti casi l'applicazione R-bilineare $\tau\colon M \times N \longrightarrow M \otimes_R N$ non è data esplicitamente. Allora si indica $M \otimes_R N$ come prodotto tensoriale di M e N su R e si parte dalla "conoscenza" dei tensori $x \otimes y$ in $M \otimes_R N$ per ricostruire l'applicazione τ.

Proposizione 2. *Il prodotto tensoriale* $T = M \otimes_R N$ *esiste sempre, comunque si scelgano gli R-moduli M e N.*

Dimostrazione. L'idea che sta alla base della costruzione è decisamente semplice. Consideriamo l'R-modulo generato dalle coppie $(x, y) \in M \times N$, ossia $R^{(M \times N)}$, e passiamo al quoziente rispetto al più piccolo sottomodulo Q per cui le classi laterali che contengono elementi del tipo (x, y) mantengono le proprietà di tensori.[1] Questo significa che stiamo considerando il sottomodulo $Q \subset R^{(M \times N)}$ generato dagli elementi

$$(x + x', y) - (x, y) - (x', y),$$
$$(x, y + y') - (x, y) - (x, y'),$$
$$(ax, y) - a(x, y),$$
$$(x, ay) - a(x, y),$$

---

[1] (x, y) corrisponde qui all'elemento $(r_{m,n})_{m \in M, n \in N}$ in $R^{(M \times N)}$ definito usando il simbolo di Kronecker come $r_{m,n} = \delta_{m,x}\delta_{n,y}$.

al variare di $a \in R$, $x, x' \in M$, $y, y' \in N$ e poniamo $T = R^{(M \times N)}/Q$. L'applicazione canonica $\tau \colon M \times N \longrightarrow T$ che associa a una coppia (x, y) la classe laterale di T che contiene (x, y) è allora R-bilineare. Mostriamo che τ soddisfa la proprietà universale della definizione 1. Sia dunque $\Phi \colon M \times N \longrightarrow E$ un'applicazione R-bilineare con E un R-modulo. Si ottiene in modo canonico un'applicazione R-lineare $\hat{\varphi} \colon R^{(M \times N)} \longrightarrow E$ ponendo $\hat{\varphi}(x, y) = \Phi(x, y)$ per gli elementi di base del tipo $(x, y) \in R^{(M \times N)}$ e prolungando poi per R-linearità. Dalla R-bilinearità di Φ segue che $\ker \hat{\varphi}$ contiene tutti i generatori di Q elencati sopra e che dunque $\hat{\varphi}$ induce un'applicazione R-lineare $\varphi \colon R^{(M \times N)}/Q \longrightarrow E$ tale che $\Phi = \varphi \circ \tau$. L'applicazione φ è univocamente determinata dalla relazione $\Phi = \varphi \circ \tau$ in quanto le classi laterali $\overline{(x, y)}$ che contengono gli elementi di base $(x, y) \in R^{(M \times N)}$ generano $R^{(M \times N)}/Q$ come R-modulo e da $\Phi = \varphi \circ \tau$ segue necessariamente

$$\varphi\big(\overline{(x, y)}\big) = \varphi\big(\tau(x, y)\big) = \Phi(x, y).$$

Questo significa che φ è univocamente fissata su un sistema di generatori di $T = R^{(M \times N)}/Q$ e dunque è unica. $\qquad\square$

La costruzione esplicita fatta nella dimostrazione della proposizione 2 ha però scarso interesse nel lavorare con i prodotti tensoriali. Nella maggior parte dei casi è più semplice dedurre le proprietà cercate dalla proprietà universale data nella definizione 1. Dalla costruzione di $M \otimes_R N$ si vede che ogni elemento $z \in M \otimes_R N$ può essere scritto come somma finita di tensori, del tipo $z = \sum_{i=1}^{n} x_i \otimes y_i$. Questo però si deduce subito anche dalla proprietà universale di $M \otimes_R N$ poiché i tensori in $M \otimes_R N$ generano un sottomodulo che soddisfa la proprietà universale di prodotto tensoriale di M e N su R. Per quanto riguarda le notazioni, osserviamo poi che bisogna sempre indicare il prodotto tensoriale $M \otimes_R N$ in cui si sta considerando il tensore $x \otimes y$, a meno che questo non sia chiaro dal contesto. Infatti, se $M' \subset M$ è un sottomodulo, il prodotto tensoriale $M' \otimes_R N$ non è necessariamente un sottomodulo di $M \otimes_R N$. In generale esistono tensori $x \otimes y$ in $M' \otimes_R N$ che sono nulli come tensori in $M \otimes_R N$: si consideri il caso del tensore $2 \otimes 1$ in $(2\mathbb{Z}) \otimes_{\mathbb{Z}} (\mathbb{Z}/2\mathbb{Z})$ e in $\mathbb{Z} \otimes_{\mathbb{Z}} (\mathbb{Z}/2\mathbb{Z})$. Torneremo su questo esempio più avanti.

In molti casi può risultare comodo descrivere un'applicazione R-lineare di un prodotto tensoriale $M \otimes_R N$ in un R-modulo E tramite le immagini in E dei tensori $x \otimes y \in M \otimes_R N$. Sappiamo infatti che $M \otimes_R N$ è generato come R-modulo da questi tensori. Tuttavia bisogna prestare attenzione al fatto che le immagini dei tensori di $M \otimes_R N$ non possono essere scelte in modo arbitrario, ma devono soddisfare le regole di R-bilinearità. Data una famiglia $(z_{x,y})_{x \in M, y \in N}$ di elementi di E, esiste un'applicazione R-lineare $M \otimes_R N \longrightarrow E$ con $x \otimes y \longmapsto z_{x,y}$ se e solo se $(x, y) \longmapsto z_{x,y}$ definisce un'applicazione R-bilineare $M \times N \longrightarrow E$.

Osservazione 3. *Dati R-moduli M, N, P, esistono R-isomorfismi canonici*

$$
\begin{aligned}
R \otimes_R M &\xrightarrow{\sim} M, & a \otimes x &\longmapsto ax, \\
M \otimes_R N &\xrightarrow{\sim} N \otimes_R M, & x \otimes y &\longmapsto y \otimes x, \\
(M \otimes_R N) \otimes_R P &\xrightarrow{\sim} M \otimes_R (N \otimes_R P), & (x \otimes y) \otimes z &\longmapsto x \otimes (y \otimes z),
\end{aligned}
$$

univocamente determinati dalle condizioni poste sulle applicazioni.

Dimostrazione. Si procede allo stesso modo per tutti e tre i casi. Si dimostra che l'applicazione descritta sui tensori individua un'applicazione R-lineare sul prodotto tensoriale e si costruisce poi in modo ovvio un'applicazione inversa. Lo faremo solo per il primo isomorfismo. Poiché l'applicazione $R \times M \longrightarrow M$, $(a, x) \longmapsto ax$, è R-bilineare, essa dà origine a una ben definita applicazione R-lineare $\varphi \colon R \otimes_R M \longrightarrow M$, $a \otimes x \longmapsto ax$. Per costruirne un'inversa, consideriamo l'applicazione R-lineare $\psi \colon M \longrightarrow R \otimes_R M$, $x \longmapsto 1 \otimes x$. Allora $\varphi \circ \psi(x) = x$ per ogni $x \in M$ e rispettivamente $\psi \circ \varphi(a \otimes x) = \psi(ax) = 1 \otimes ax = a \otimes x$ per ogni tensore $a \otimes x$ in $R \otimes_R M$. Ne segue $\varphi \circ \psi = \mathrm{id}$ e $\psi \circ \varphi = \mathrm{id}$, ossia φ è un isomorfismo e $\varphi^{-1} = \psi$. $\qquad\square$

In modo simile si dimostra il seguente risultato:

Osservazione 4. *Sia $(M_i)_{i \in I}$ una famiglia di R-moduli e sia N un R-modulo. Esiste allora un isomorfismo canonico*

$$\left(\bigoplus_{i \in I} M_i \right) \otimes_R N \overset{\sim}{\longrightarrow} \bigoplus_{i \in I} (M_i \otimes_R N), \qquad (x_i)_{i \in I} \otimes y \longmapsto (x_i \otimes y)_{i \in I},$$

univocamente determinato dalla condizione posta sull'applicazione. Pertanto i prodotti tensoriali commutano con le somme dirette.

Dati due R-omomorfismi $\varphi \colon M \longrightarrow M'$ e $\psi \colon N \longrightarrow N'$, definiamo il prodotto tensoriale $\varphi \otimes \psi \colon M \otimes_R N \longrightarrow M' \otimes_R N'$ tramite $x \otimes y \longmapsto \varphi(x) \otimes \psi(y)$. Questo è possibile perché $(x, y) \longmapsto \varphi(x) \otimes \psi(y)$ definisce un'applicazione R-bilineare $M \times N \longrightarrow M' \otimes_R N'$. In particolare si può costruire il prodotto tensoriale di φ con l'applicazione identica su N $\varphi \otimes \mathrm{id} \colon M \otimes_R N \longrightarrow M' \otimes_R N$; si dice allora che l'applicazione $\varphi \colon M \longrightarrow M'$ è stata tensorizzata con N. Per studiare il comportamento delle applicazioni R-lineari rispetto al prodotto tensoriale con un R-modulo N, usiamo la nozione di *successione esatta*. Con questo si intende una successione di applicazioni R-lineari

$$M_1 \xrightarrow{\ \varphi_1\ } M_2 \xrightarrow{\ \varphi_2\ } \ \ldots\ \xrightarrow{\ \varphi_{r-1}\ } M_r$$

tali che $\operatorname{im} \varphi_i = \ker \varphi_{i+1}$ per ogni $i = 1, \ldots, r - 2$.

Proposizione 5. *Sia*

$$M' \xrightarrow{\ \varphi\ } M \xrightarrow{\ \psi\ } M'' \longrightarrow 0$$

una successione esatta di R-moduli. Per ogni R-modulo N anche

$$M' \otimes_R N \xrightarrow{\ \varphi \otimes \mathrm{id}\ } M \otimes_R N \xrightarrow{\ \psi \otimes \mathrm{id}\ } M'' \otimes_R N \longrightarrow 0$$

è una successione esatta.

Dimostrazione. Si ha $(\psi \otimes \mathrm{id}) \circ (\varphi \otimes \mathrm{id}) = (\psi \circ \varphi) \otimes \mathrm{id} = 0$ perché $\psi \circ \varphi = 0$, ossia risulta $\mathrm{im}(\varphi \otimes \mathrm{id}) \subset \ker(\psi \otimes \mathrm{id})$. Dunque $\psi \otimes \mathrm{id}$ induce un'applicazione R-lineare

$$\overline{\psi} \colon (M \otimes_R N)/\mathrm{im}(\varphi \otimes \mathrm{id}) \longrightarrow M'' \otimes_R N$$

e basta mostrare che $\overline{\psi}$ è un isomorfismo. Per costruire un'applicazione inversa a $\overline{\psi}$, usiamo la suriettività di ψ e scegliamo per ciascun $x'' \in M''$ un elemento $\iota(x'') \in M$ tale che $\psi(\iota(x'')) = x''$. L'applicazione $\iota \colon M'' \longrightarrow M$ che ne risulta è soltanto un'applicazione tra *insiemi*. Si consideri ora l'applicazione

$$\sigma \colon M'' \times N \longrightarrow (M \otimes_R N)/\mathrm{im}(\varphi \otimes \mathrm{id}), \qquad (x'', y) \longmapsto \overline{\iota(x'') \otimes y},$$

dove $\overline{\iota(x'') \otimes y}$ sta a indicare la classe laterale in $(M \otimes_R N)/\mathrm{im}(\varphi \otimes \mathrm{id})$ che contiene $\iota(x'') \otimes y$. Affermiamo che σ è un'applicazione R-bilineare. Dobbiamo verificare solo la linearità nel primo argomento e questa si ottiene una volta mostrato che l'elemento $\overline{\iota(x'') \otimes y}$ non dipende dalla scelta dell'antiimmagine $\iota(x'') \in M$ di $x'' \in M''$. Per verificare tale indipendenza, consideriamo due antiimmagini $x_1, x_2 \in M$ di x''. Poiché la successione $M' \to M \to M'' \to 0$ è esatta, risulta $x_1 - x_2 \in \mathrm{im}\,\varphi$, per esempio $x_1 - x_2 = \varphi(x')$ per un $x' \in M'$. Segue allora

$$\overline{x_1 \otimes y} - \overline{x_2 \otimes y} = \overline{\varphi(x') \otimes y} = \overline{(\varphi \otimes \mathrm{id})(x' \otimes y)} = 0,$$

come affermato. Con questo risulta che l'applicazione σ è R-bilineare e si vede che essa induce un'applicazione R-lineare $M'' \otimes_R N \longrightarrow (M \otimes_R N)/\mathrm{im}(\varphi \otimes \mathrm{id})$ inversa di $\overline{\psi}$. $\qquad\square$

Come conseguenza della proposizione 5 abbiamo ora la possibilità di descrivere concretamente il prodotto tensoriale $(M/M') \otimes_R N$ dove M, N sono R-moduli e $M' \subset M$ è un sottomodulo. Dalla successione esatta canonica

$$M' \xrightarrow{\ \varphi\ } M \xrightarrow{\ \psi\ } M/M' \longrightarrow 0$$

si ottiene la successione esatta

$$M' \otimes_R N \xrightarrow{\ \varphi \otimes \mathrm{id}\ } M \otimes_R N \xrightarrow{\ \psi \otimes \mathrm{id}\ } (M/M') \otimes_R N \longrightarrow 0$$

e dunque si ha un isomorfismo

$$(M/M') \otimes_R N \xrightarrow{\ \sim\ } (M \otimes_R N)/\mathrm{im}(\varphi \otimes \mathrm{id}), \qquad \overline{x} \otimes y \longmapsto \overline{x \otimes y}.$$

Si osservi però che dall'iniettività di φ non segue in generale l'iniettività dell'applicazione $\varphi \otimes \mathrm{id}$, ossia in generale $M' \otimes_R N$ non è un sottomodulo di $M \otimes_R N$ tramite $\varphi \otimes \mathrm{id}$. E così, per esempio, l'applicazione $2\mathbb{Z} \otimes_{\mathbb{Z}} (\mathbb{Z}/2\mathbb{Z}) \longrightarrow \mathbb{Z} \otimes_{\mathbb{Z}} (\mathbb{Z}/2\mathbb{Z})$ indotta dall'inclusione $2\mathbb{Z} \hookrightarrow \mathbb{Z}$ è l'applicazione nulla in quanto tutti i tensori della forma $2a \otimes \overline{b}$ in $\mathbb{Z} \otimes_{\mathbb{Z}} (\mathbb{Z}/2\mathbb{Z})$ possono essere scritti anche nella forma $a \otimes 2\overline{b}$ e dunque sono nulli. D'altra parte $2\mathbb{Z} \otimes_{\mathbb{Z}} (\mathbb{Z}/2\mathbb{Z}) \simeq \mathbb{Z} \otimes_{\mathbb{Z}} (\mathbb{Z}/2\mathbb{Z}) \simeq \mathbb{Z}/2\mathbb{Z}$ non è nullo.

Un R-modulo N è detto *piatto* se per ogni omomorfismo iniettivo di R-moduli $M' \hookrightarrow M$ anche l'applicazione tensorizzata $M' \otimes_R N \longrightarrow M \otimes_R N$ è iniettiva.

Questo equivale a dire che sequenze esatte $0 \to M' \to M \to M'' \to 0$ rimangono esatte tensorizzando con N. Per esempio, dalle osservazioni 3 e 4 si ottiene:

Osservazione 6. *Gli R-moduli liberi sono piatti; in particolare questo è vero per gli spazi vettoriali su un campo.*

Vogliamo ora chiarire il processo di estensione degli scalari per gli R-moduli. Sia $f: R \longrightarrow R'$ un omomorfismo di anelli. Considerando R' come un R-modulo rispetto a f, possiamo costruire il prodotto tensoriale $M \otimes_R R'$ per ogni R-modulo M. Questo è per definizione un R-modulo e anzi la struttura di R-modulo di $M \otimes_R R'$ può essere prolungata a una struttura di R'-modulo. Precisamente si definisce il prodotto di $a \in R'$ e $(x \otimes b) \in M \otimes_R R'$ come $x \otimes (ab)$. Si osservi poi che l'applicazione

$$M \times R' \longrightarrow M \otimes_R R', \qquad (x,b) \longmapsto x \otimes (ab),$$

è R-bilineare e dunque induce un'applicazione R-lineare

$$M \otimes_R R' \longrightarrow M \otimes_R R', \qquad x \otimes b \longmapsto x \otimes (ab).$$

Quest'ultima è proprio la moltiplicazione per a. Applicando le regole di calcolo con i tensori, si vede subito che il prodotto così definito soddisfa le proprietà richieste alla struttura di R'-modulo. Si dice che l'R'-modulo $M \otimes_R R'$ è ottenuto da M tramite *estensione degli scalari*. È inoltre facile convincersi che la definizione di estensione degli scalari appena data coincide con quella della sezione 4.11 in cui avevamo considerato solo spazi vettoriali su campi (si veda a riguardo l'esercizio 1).

Osservazione 7. *Siano $R \longrightarrow R' \longrightarrow R''$ omomorfismi di anelli e sia M un R-modulo. Esiste allora un isomorfismo canonico di R''-moduli*

$$(M \otimes_R R') \otimes_{R'} R'' \overset{\sim}{\longrightarrow} M \otimes_R R'', \qquad (x \otimes a') \otimes a'' \longmapsto x \otimes (a'a''),$$

univocamente determinato dalla condizione posta sull'applicazione.

Dimostrazione. Tensorizzando con M l'applicazione $R' \longrightarrow R''$, pensata come R-omomorfismo, si ottiene un'applicazione R'-lineare $\sigma: M \otimes_R R' \longrightarrow M \otimes_R R''$ e l'applicazione R'-bilineare

$$(M \otimes_R R') \times R'' \longrightarrow M \otimes_R R'', \qquad (x,a'') \longmapsto a'' \cdot \sigma(x),$$

è ben definita e induce l'applicazione $(M \otimes_R R') \otimes_{R'} R'' \longrightarrow M \otimes_R R''$ che stiamo considerando. Si verifica facilmente che quest'ultima applicazione è R''-lineare. Per costruire l'applicazione inversa, si consideri l'applicazione R-bilineare

$$M \times R'' \longrightarrow (M \otimes_R R') \otimes_{R'} R'', \qquad (x,a'') \longmapsto (x \otimes 1) \otimes a'',$$

e l'applicazione indotta $M \otimes_R R'' \longrightarrow (M \otimes_R R') \otimes_{R'} R''$.   □

Applicheremo il processo di estensione degli scalari specialmente a omomorfismi di anelli del tipo $R \longrightarrow R_S$ dove $S \subset R$ è un sistema moltiplicativo. Qui R_S indica la localizzazione di R rispetto a S, ossia $R_S = S^{-1}R$ nelle notazioni della sezione 2.7. Dato un R-modulo M si può sempre considerare l'R_S-modulo $M \otimes_R R_S$. Inoltre è possibile costruire a partire da M un R_S-modulo tramite localizzazione. Infatti si consideri l'insieme di tutte le frazioni $\frac{x}{s}$ con $x \in M$, $s \in S$ e si identifichi $\frac{x}{s}$ con un'altra frazione $\frac{x'}{s'}$ qualora esista un $s'' \in S$ tale che $s''(s'x - sx') = 0$. L'insieme che ne risulta è allora un R_S-modulo rispetto alle usuali regole di calcolo con le frazioni e viene indicato con M_S.

Proposizione 8. *Sia $S \subset R$ un sistema moltiplicativo.*

(i) L'applicazione canonica $R \longrightarrow R_S$ è piatta, ossia R_S è un R-modulo piatto rispetto a questa applicazione.

(ii) Per ogni R-modulo M esiste un isomorfismo canonico di R-moduli (e di R_S-moduli)

$$M \otimes_R R_S \xrightarrow{\sim} M_S, \qquad x \otimes \frac{a}{s} \longmapsto \frac{ax}{s},$$

univocamente determinato dalla condizione posta sull'applicazione.

Dimostrazione. Cominciamo col dimostrare l'asserto (ii). L'applicazione

$$M \times R_S \longrightarrow M_S, \qquad (x, \frac{a}{s}) \longmapsto \frac{ax}{s},$$

è ben definita e R-bilineare; pertanto essa dà origine a un'applicazione R-lineare $\varphi \colon M \otimes_R R_S \longrightarrow M_S$ come in (ii) che è pure R_S-lineare. D'altra parte si verifica facilmente che

$$\psi \colon M_S \longrightarrow M \otimes_R R_S, \qquad \frac{x}{s} \longmapsto x \otimes \frac{1}{s},$$

è un R-omomorfismo ben definito e inverso a φ, ossia φ è un isomorfismo.

A questo punto è facile giustificare (i). Sia $\sigma \colon M' \longrightarrow M$ un omomorfismo iniettivo di R-moduli. Applicando (ii), è sufficiente mostrare che l'applicazione naturale $\sigma_S \colon M'_S \longrightarrow M_S$, $\frac{x}{s} \longmapsto \frac{\sigma(x)}{s}$, indotta da σ, è iniettiva. Sia dunque $\frac{x}{s}$ un elemento di M'_S avente immagine nulla in M_S. Per definizione di M_S esiste allora un $s'' \in S$ tale che $\sigma(s''x) = s''\sigma(x) = 0$. Dall'iniettività di σ segue allora $s''x = 0$ e quindi $\frac{x}{s} = 0$, ossia σ_S è iniettivo. $\square$

Siano ora $f \colon R \longrightarrow R'$ e $g \colon R \longrightarrow R''$ omomorfismi di anelli. Vogliamo studiare il prodotto tensoriale $R' \otimes_R R''$ e pertanto preferiamo considerare R' e R'' come R-*algebre* (vedi sezione 3.3) per evitare di dover esplicitare gli omomorfismi f e g. Il prodotto tensoriale $R' \otimes_R R''$ è un R'-modulo sinistro e un R''-modulo destro e vogliamo mostrare che $R' \otimes_R R''$ è anche una R-algebra. A tal fine definiamo una moltiplicazione di anello in $R' \otimes_R R''$ tramite

$$(a \otimes b) \cdot (c \otimes d) = (ac) \otimes (bd).$$

Per mostrare che questa è ben definita, dato un $z = \sum_{i=1}^{r} c_i \otimes d_i \in R' \otimes_R R''$

qualsiasi, consideriamo l'applicazione

$$R' \times R'' \longrightarrow R' \otimes_R R'', \qquad (a,b) \longmapsto a \cdot z \cdot b = \sum_{i=1}^{r} (ac_i) \otimes (bd_i).$$

Questa è ben definita e R-bilineare poiché $R' \otimes_R R''$ è sia un R'-modulo che un R''-modulo. Dunque la "moltiplicazione per z" è l'applicazione R-lineare

$$R' \otimes_R R'' \longrightarrow R' \otimes_R R'', \qquad a \otimes b \longmapsto a \cdot z \cdot b.$$

Al variare di z si ottiene poi un'applicazione

$$(R' \otimes_R R'') \times (R' \otimes_R R'') \longrightarrow R' \otimes_R R'',$$

definita tramite

$$(a \otimes b, c \otimes d) \longmapsto (ac) \otimes (bd)$$

e usando la bilinearità dei tensori si vede che essa soddisfa le condizioni della moltiplicazione in un anello. Infine si definisce tramite $a \longmapsto (a \cdot 1) \otimes 1 = 1 \otimes (a \cdot 1)$ un omomorfismo di anelli $R \longrightarrow R' \otimes_R R''$ che rende $R' \otimes_R R''$ una R-algebra.

Il prodotto tensoriale $R' \otimes_R R''$ di due R-algebre R' e R'' è munito di due omomorfismi canonici di R-algebra

$$\sigma' \colon R' \longrightarrow R' \otimes_R R'', \qquad a' \longmapsto a' \otimes 1,$$
$$\sigma'' \colon R'' \longrightarrow R' \otimes_R R'', \qquad a'' \longmapsto 1 \otimes a'',$$

che, come mostra il lemma seguente, caratterizzano in modo unico il prodotto tensoriale $R' \otimes_R R''$ come R-algebra.

Lemma 9. *Le precedenti applicazioni $\sigma' \colon R' \longrightarrow R' \otimes_R R''$, $\sigma'' \colon R'' \longrightarrow R' \otimes_R R''$ soddisfano la seguente proprietà universale: per ogni coppia di omomorfismi di R-algebre $\varphi' \colon R' \longrightarrow A$ e $\varphi'' \colon R'' \longrightarrow A$, dove A è una R-algebra, esiste un unico omomorfismo di R-algebre $\varphi \colon R' \otimes_R R'' \longrightarrow A$ che rende commutativo il seguente diagramma*

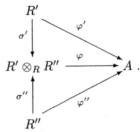

Inoltre φ è descritto tramite $a' \otimes a'' \longmapsto \varphi'(a') \cdot \varphi''(a'')$.

Se φ', φ'' soddisfano la stessa proprietà universale di σ', σ'', allora φ è un isomorfismo. Il prodotto tensoriale $R' \otimes_R R''$ è dunque univocamente determinato come R-algebra dalla proprietà universale descritta sopra.

Dimostrazione. Per mostrare l'unicità di φ, si consideri un $a' \otimes a'' \in R' \otimes_R R''$. Allora

$$\varphi(a' \otimes a'') = \varphi((a' \otimes 1) \cdot (1 \otimes a'')) = \varphi(a' \otimes 1) \cdot \varphi(1 \otimes a'') = \varphi'(a') \cdot \varphi''(a''),$$

ossia φ è univocamente determinato su ogni tensore in $R' \otimes_R R''$ e dunque su tutto $R' \otimes_R R''$. Viceversa, si può considerare anche l'applicazione R-bilineare

$$R' \times R'' \longrightarrow A, \qquad (a', a'') \longmapsto \varphi'(a') \cdot \varphi''(a'').$$

Essa induce quindi un'applicazione R-lineare $\varphi \colon R' \otimes_R R'' \longrightarrow A$. È immediato verificare che φ è un omomorfismo di R-algebre avente le proprietà richieste. $\square$

Proposizione 10. *Sia R' una R-algebra e sia $\mathfrak{X}$ un sistema di variabili. Sia inoltre $\mathfrak{a} \subset R[\mathfrak{X}]$ un ideale. Esistono allora isomorfismi canonici*

$$R[\mathfrak{X}] \otimes_R R' \xrightarrow{\sim} R'[\mathfrak{X}], \qquad f \otimes a' \longmapsto a'f,$$
$$(R[\mathfrak{X}]/\mathfrak{a}) \otimes_R R' \xrightarrow{\sim} R'[\mathfrak{X}]/\mathfrak{a}R'[\mathfrak{X}], \qquad \overline{f} \otimes a' \longmapsto \overline{a'f},$$

univocamente determinati dalle condizioni poste sulle applicazioni.

Dimostrazione. Gli omomorfismi canonici di R-algebre $\varphi' \colon R[\mathfrak{X}] \longrightarrow R'[\mathfrak{X}]$ e $\varphi'' \colon R' \longrightarrow R'[\mathfrak{X}]$ danno origine, grazie al lemma 9, a un omomorfismo di R-algebre

$$\varphi \colon R[\mathfrak{X}] \otimes_R R' \longrightarrow R'[\mathfrak{X}], \qquad f \otimes a' \longmapsto a'f.$$

D'altra parte $R' \longrightarrow R[\mathfrak{X}] \otimes_R R'$, $a' \longmapsto 1 \otimes a'$, può essere prolungato a un omomorfismo di anelli $\psi \colon R'[\mathfrak{X}] \longrightarrow R[\mathfrak{X}] \otimes_R R'$ tramite $\mathfrak{X} \longmapsto \mathfrak{X} \otimes 1$ (vedi 2.5/5). Si verifica che ψ è l'inversa di φ e dunque φ è un isomorfismo. Il secondo isomorfismo nella proposizione si ottiene dal primo applicando la proposizione 5. $\square$

Per concludere vogliamo applicare i risultati ottenuti allo studio dei prodotti tensoriali di campi. Più precisamente calcoleremo in diverse situazioni il prodotto tensoriale $L \otimes_K K'$ con L/K e K'/K estensioni di campi. Si osservi che $L \otimes_K K'$ è una K-algebra non nulla che contiene L e K' come sottoalgebre. Le applicazioni canoniche

$$L \simeq L \otimes_K K \longrightarrow L \otimes_K K', \qquad K' \simeq K \otimes_K K' \longrightarrow L \otimes_K K'$$

sono infatti iniettive poiché L/K e K'/K sono piatte.

Osservazione 11. *Sia K'/K un'estensione di campi. Se $f \in K[X]$ è un polinomio in una variabile X, allora*

$$(K[X]/fK[X]) \otimes_K K' \simeq K'[X]/fK'[X].$$

Se inoltre $f = p_1^{\nu_1} \ldots p_r^{\nu_r}$ è una fattorizzazione in $K'[X]$ con $p_i \in K'[X]$ polinomi *irriducibili a due a due non associati, risulta*

$$(K[X]/fK[X]) \otimes_K K' \simeq \prod_{i=1}^{r} K'[X]/p_i^{\nu_i}K'[X].$$

Dimostrazione. Si usino la proposizione 10 e il teorema cinese del resto 2.4/14. □

Se L/K è un'estensione algebrica semplice, per esempio $L = K(a)$, e $f \in K[X]$ è il polinomio minimo di a, nella situazione dell'osservazione 11, si ottiene che

$$K(a) \otimes_K K' \simeq K'[X]/fK'[X] \simeq \prod_{i=1}^{r} K'[X]/p_i^{\nu_i}K'[X]$$

è a sua volta un campo se e solo se f è irriducibile su K'. In generale però $K(a) \otimes_K K'$ avrà sia divisori dello zero che elementi nilpotenti non banali, ossia elementi $z \neq 0$ per cui esiste un $n \in \mathbb{N}$ tale che $z^n = 0$. L'anello $K(a) \otimes_K K'$ possiede un elemento nilpotente non nullo se e solo se almeno uno degli esponenti ν_i è maggiore di 1 e in tal caso f non può essere un polinomio separabile.

Osservazione 12. *Sia L/K un'estensione trascendente pura con base di trascendenza $\mathfrak{X}$ e dunque $L = K(\mathfrak{X})$. Per ogni estensione di campi K'/K esistono allora omomorfismi canonici*

$$L \otimes_K K' \xrightarrow{\sim} K'[\mathfrak{X}]_S \hookrightarrow K'(\mathfrak{X})$$

dove $K'[\mathfrak{X}]_S$ indica la localizzazione dell'anello dei polinomi $K'[\mathfrak{X}]$ rispetto al sistema moltiplicativo $S = K[\mathfrak{X}] - \{0\}$. In particolare $L \otimes_K K'$ è un dominio di integrità.

Dimostrazione. Consideriamo L come localizzazione $K[\mathfrak{X}]_S$ dell'anello dei polinomi $K[\mathfrak{X}]$ rispetto al sistema $S = K[\mathfrak{X}] - \{0\}$. Grazie alla proposizione 10 risulta

$$K[\mathfrak{X}] \otimes_K K' \simeq K'[\mathfrak{X}],$$

mentre dall'osservazione 7 e dalla proposizione 8 si deduce che

$$\begin{aligned} L \otimes_K K' &\simeq K[\mathfrak{X}]_S \otimes_K K' \\ &\simeq K[\mathfrak{X}]_S \otimes_{K[\mathfrak{X}]} (K[\mathfrak{X}] \otimes_K K') \\ &\simeq K[\mathfrak{X}]_S \otimes_{K[\mathfrak{X}]} K'[\mathfrak{X}] \\ &\simeq K'[\mathfrak{X}]_S. \end{aligned}$$

Dunque $L \otimes_K K'$, in quanto sottoanello del campo delle frazioni di $K'[\mathfrak{X}]$, è un dominio d'integrità. □

Vogliamo presentare ancora una proprietà dei prodotti tensoriali che in molti casi permette di porsi in certe ipotesi di "finitezza". Si tratta della compatibilità del prodotto tensoriale con i limiti diretti (vedi l'esercizio 8). Per semplicità formuleremo questa proprietà solo in un caso speciale.

Lemma 13. *Siano A e A' algebre su un campo K. Date sottoalgebre $A_0 \subset A$ e $A'_0 \subset A'$, $A_0 \otimes_K A'_0$ è in modo naturale una sottoalgebra di $A \otimes_K A'$. Se inoltre $(A_i)_{i \in I}$, $(A'_j)_{j \in J}$ sono sistemi filtranti di sottoalgebre, rispettivamente di A e di A', con $A = \bigcup_{i \in I} A_i$ e $A' = \bigcup_{j \in J} A'_j$, allora $(A_i \otimes_K A'_j)_{i \in I, j \in J}$ è un sistema filtrante di sottoalgebre di $A \otimes_K A'$ tale che*

$$A \otimes_K A' = \bigcup_{i \in I, j \in J} (A_i \otimes_K A'_j).$$

(Il sistema $(A_i)_{i \in I}$ è detto filtrante *se per ogni coppia di indici $i, i' \in I$ esiste sempre un $k \in I$ tale che $A_i \cup A_{i'} \subset A_k$; analogamente per gli altri sistemi. Si veda anche 4.2.)*

Dimostrazione. Essendo le K-algebre piatte su K, le inclusioni $A_0 \hookrightarrow A$ e $A'_0 \hookrightarrow A'$ inducono applicazioni iniettive

$$A_0 \otimes_K A'_0 \hookrightarrow A_0 \otimes_K A' \hookrightarrow A \otimes_K A'.$$

In particolare, dati $i \in I$, $j \in J$, i prodotti tensoriali $A_i \otimes_K A'_j$ sono sottoalgebre di $A \otimes_K A'$. Sia ora $z \in A \otimes_K A'$. Allora z è rappresentabile come somma finita $z = \sum_{\rho=1}^r x_\rho \otimes y_\rho$ con $x_\rho \in \bigcup_{i \in I} A_i$ e $y_\rho \in \bigcup_{j \in J} A'_j$. Poiché $(A_i)_{i \in I}$ e $(A'_j)_{j \in J}$ sono filtranti, esistono $i \in I$, $j \in J$ tali che $x_1, \dots, x_r \in A_i$ e $y_1, \dots y_r \in A'_j$. Pertanto $z \in A_i \otimes_K A'_j$. $\qquad\qquad\square$

Come esempio si consideri il caso di due estensioni di campi L/K e L'/K e sia $(L_i)_{i \in I}$ (risp. $(L'_j)_{j \in J}$)) il sistema filtrante formato da tutti i sottocampi $L_i \subset L$ (risp. $L'_j \subset L'$) finitamente generati su K. Per il lemma 13 si ha allora $L \otimes_K L' = \bigcup_{i \in I, j \in J} (L_i \otimes_K L'_j)$. Se si desidera ora mostrare una certa proprietà, per esempio che $L \otimes_K L'$ è un dominio d'integrità, si vede che $L \otimes_K L'$ è un dominio d'integrità se e solo se tale è ogni $L_i \otimes_K L'_j$. In questo modo è possibile ricondurre lo studio di estensioni di campi qualsiasi al caso di estensioni finitamente generate. Utilizzeremo più volte questa possibilità nella prossima sezione.

Esercizi

Sia R un anello.

1. *Se R' è una R-algebra e M è un R-modulo, si consideri il prodotto tensoriale $M \otimes_R R'$. Si mostri che $M \otimes_R R'$ insieme all'R-omomorfismo $\tau \colon M \longrightarrow M \otimes_R R'$, $x \longmapsto x \otimes 1$, è univocamente caratterizzato come R'-modulo dalla seguente proprietà universale: per ogni applicazione R-lineare $\Phi \colon M \longrightarrow E$, dove E è un R'-modulo, esiste esattamente un'applicazione R'-lineare $\varphi \colon M \otimes_R R' \longrightarrow E$ tale che $\Phi = \varphi \circ \tau$.*

2. *Si dimostri direttamente l'esistenza del prodotto tensoriale $R' \otimes_R R''$ di due R-algebre costruendo una R-algebra T che soddisfa la proprietà universale del lemma 9.*

3. *Sia R' una R-algebra. Si dimostri che se M è un R-modulo piatto allora $M \otimes_R R'$ è un R'-modulo piatto.*

4. Sia M un R-modulo. Si dimostri quanto segue:

   (i) Se M è piatto e $a \in R$ non è un divisore dello zero in R, allora da $ax = 0$, con $x \in M$, segue sempre $x = 0$.

   (ii) Se R è un dominio principale, allora M è un R-modulo piatto se e solo se M è *privo di torsione*, ossia se e solo se da $ax = 0$ con $a \in R$, $x \in M$ segue sempre $a = 0$ oppure $x = 0$.

5. Si considerino due R-algebre R', R'' e due ideali $\mathfrak{a}' \subset R'$, $\mathfrak{a}'' \subset R''$ e si dimostri che risulta $(R'/\mathfrak{a}') \otimes_R (R''/\mathfrak{a}'') \simeq (R' \otimes_R R'')/(\mathfrak{a}', \mathfrak{a}'')$. Abbiamo qui indicato con $(\mathfrak{a}', \mathfrak{a}'')$ l'ideale generato dalle immagini $\sigma'(\mathfrak{a}')$ e $\sigma''(\mathfrak{a}'')$ rispetto agli omomorfismi canonici di R-algebre $\sigma' : R' \longrightarrow R' \otimes_R R''$, $\sigma'' : R'' \longrightarrow R' \otimes_R R''$.

6. Data un'estensione normale L/K di campi di caratteristica $p > 0$, si considerino la chiusura separabile K_s e la chiusura puramente inseparabile K_i di K in L (vedi 3.7/4 e 3.7/5). Si dimostri che l'applicazione canonica $K_s \otimes_K K_i \longrightarrow L$, $a \otimes b \longmapsto ab$ è un isomorfismo.

7. Siano L/K e K'/K estensioni finitamente generate con L/K trascendente pura e avente grado di trascendenza > 0. Si dimostri che $L \otimes_K K'$ è un campo se e solo se l'estensione K'/K è algebrica.

8. Siano $(M_i)_{i \in I}$, $(N_i)_{i \in I}$ due sistemi induttivi di R-moduli (vedi sezione 4.2). Si dimostri che $(M_i \otimes_R N_i)_{i \in I}$ è in modo naturale un sistema induttivo di R-moduli e che esiste un isomorfismo canonico

$$(\varinjlim M_i) \otimes_R (\varinjlim N_i) \overset{\sim}{\longrightarrow} \varinjlim (M_i \otimes_R N_i).$$

7.3 Estensioni separabili, primarie e regolari*

Studieremo in questa sezione certi tipi di estensioni di campi, non necessariamente algebriche, caratterizzabili in termini di prodotti tensoriali. Cominciamo con le estensioni separabili e ricordiamo che il *nilradicale* $\operatorname{rad} R$ di un anello R consiste degli elementi $z \in R$ per cui esiste un $n \in \mathbb{N}$ tale che $z^n = 0$. L'anello R è detto *ridotto* se $\operatorname{rad} R = 0$.

Osservazione 1. *Sia L/K un'estensione* algebrica *di campi. Sono allora equivalenti:*

   (i) *L'estensione L/K è* separabile *nel senso della definizione 3.6/3.*

   (ii) *Per ogni estensione di campi K'/K il prodotto tensoriale $L \otimes_K K'$ è* ridotto.

Dimostrazione. Supponiamo dapprima che L/K sia separabile. Utilizzando 7.2/13 possiamo assumere che l'estensione L/K sia finitamente generata e dunque di grado finito. Per il teorema dell'elemento primitivo 3.6/12 esiste allora un $a \in L$ tale che $L = K(a)$ e da 7.2/11, grazie alla separabilità di a su K, segue che $L \otimes_K K'$ è ridotto per ogni estensione K'/K. Questo mostra che (i) implica (ii). Viceversa, supponiamo data (ii) e scegliamo come K' una chiusura algebrica di K. Sia inoltre $a \in L$. Poiché K'/K è piatta, l'inclusione $K(a) \hookrightarrow L$ fornisce un'inclusione $K(a) \otimes_K K' \hookrightarrow L \otimes_K K'$, cosicché $K(a) \otimes_K K'$ è ridotto. Ma allora il polinomio minimo di a su K ha per 7.2/11 solamente radici semplici e dunque a è separabile su K. Poiché possiamo ripetere questa argomentazione per ogni $a \in L$, si vede che L/K è separabile.   □

La condizione (ii) nell'osservazione 1 ha senso anche per estensioni L/K non algebriche; possiamo quindi introdurre il concetto di separabilità per estensioni di campi qualsiasi.

Definizione 2. *Un'estensione di campi L/K si dice* separabile *se per ogni estensione di campi K'/K il prodotto tensoriale $L \otimes_K K'$ è ridotto.*

Osservazione 3. *Ogni estensione trascendente pura L/K è separabile.*

Dimostrazione. Si applichi 7.2/12.   □

Vogliamo ora raccogliere alcune facili proprietà delle estensioni separabili.

Proposizione 4. *Sia M/K un'estensione di campi.*
   (i) *Se M/K è separabile, allora per ogni campo intermedio L di M/K anche l'estensione L/K è separabile.*
   (ii) *M/K è separabile se e solo se L/K è separabile per ogni campo intermedio $L \subset M$ finitamente generato su K.*
   (iii) *Se, dato un campo intermedio L di M/K, le estensioni M/L e L/K sono separabili, allora anche M/K lo è.*

Dimostrazione. Sia M/K separabile e sia L un campo intermedio. Se K'/K è una qualsiasi estensione di campi, essendo K' piatto su K, l'inclusione $L \hookrightarrow M$ induce un'inclusione $L \otimes_K K' \hookrightarrow M \otimes_K K'$ e dal fatto che $M \otimes_K K'$ è ridotto segue che anche $L \otimes_K K'$ lo è. La separabilità di M/K implica dunque quella di L/K. Segue poi da 7.2/13 che M/K è separabile se e solo se L/K è separabile per tutti i campi intermedi L finitamente generati su K. Con questo risultano ora evidenti gli asserti (i) e (ii).

Per verificare (iii) assumiamo che M/L e L/K siano separabili. Sia poi K'/K un'estensione qualsiasi. Allora $R = L \otimes_K K'$ è non nullo e ridotto. Abbiamo a questo punto bisogno di sapere che l'ideale nullo di R è intersezione di ideali primi. Lo dimostriamo. Sia $s \neq 0$ un elemento di R e consideriamo il sistema moltiplicativo $S = \{s^0, s^1, \ldots\}$ generato da s. Poiché R è ridotto, si ha $0 \notin S$. Procedendo come nella dimostrazione di 3.4/6, si costruisce tramite il lemma di Zorn 3.4/5 un ideale $\mathfrak{p} \subset R$ massimale rispetto alla proprietà $\mathfrak{p} \cap S = \emptyset$ e si verifica inoltre che $\mathfrak{p}$ è un ideale primo. Allora per ogni $s \neq 0$ esiste un ideale primo $\mathfrak{p} \subset R$ tale che $s \notin \mathfrak{p}$, ossia l'ideale nullo in R è intersezione di ideali primi, diciamo $0 = \bigcap_{j \in J} \mathfrak{p}_j$.

Per $j \in J$ sia Q_j il campo delle frazioni di $R/\mathfrak{p}_j$. Allora gli omomorfismi canonici $R \longrightarrow R/\mathfrak{p}_j \hookrightarrow Q_j$ inducono un'applicazione iniettiva $R \hookrightarrow \prod_{j \in J} Q_j$ e, per la piattezza di M/L, un'applicazione iniettiva $M \otimes_L R \hookrightarrow M \otimes_L \prod_{j \in J} Q_j$.

Usiamo ora l'iniettività dell'applicazione

$$(*) \qquad M \otimes_L \prod_{j \in J} Q_j \longrightarrow \prod_{j \in J} (M \otimes_L Q_j), \qquad x \otimes (q_j)_{j \in J} \longmapsto (x \otimes q_j)_{j \in J},$$

che dimostreremo più avanti. La separabilità di M/L implica che i prodotti tensoriali $M \otimes_L Q_j$ sono tutti ridotti. Di conseguenza anche $M \otimes_L R$ è ridotto e, utilizzando l'isomorfismo

$$M \otimes_L R = M \otimes_L (L \otimes_K K') \overset{\sim}{\longrightarrow} M \otimes_K K'$$

in 7.2/7, si riconosce che anche $M \otimes_K K'$ è ridotto. Abbiamo così dimostrato che M/K è separabile.

Rimane ancora da dimostrare l'iniettività dell'applicazione $(*)$. Usiamo il fatto che M ammette una base $(y_i)_{i \in I}$ come spazio vettoriale su L. Poiché i prodotti tensoriali commutano con le somme dirette (vedi 7.2/4), ogni elemento $z \in M \otimes_L \prod_{j \in J} Q_j$ può essere scritto nella forma $z = \sum_{i \in I} y_i \otimes (q_{ij})_{j \in J}$ con gli elementi $q_{ij} \in Q_j$ univocamente determinati e dove quasi tutti i termini sono nulli. Quest'ultimo fatto significa che solo per un numero finito di indici $i \in I$ esistono indici $j \in J$ tali che $q_{ij} \neq 0$. Analogamente possiamo scrivere gli elementi di $\prod_{j \in J}(M \otimes_L Q_j)$ in modo unico nella forma $(\sum_{i \in I} y_i \otimes q_{ij})_{j \in J}$. Le somme in una tale famiglia hanno solo un numero finito di termini non nulli, ossia per *ciascun* $j \in J$ esiste al più un numero finito di indici $i \in I$ per cui $q_{ij} \neq 0$. Poiché l'applicazione $(*)$ associa a un elemento della forma $\sum_{i \in I} y_i \otimes (q_{ij})_{j \in J}$ un elemento $(\sum_{i \in I} y_i \otimes q_{ij})_{j \in J}$, si vede che $(*)$ è sempre iniettiva, ma in generale non suriettiva. $\qquad\square$

Definizione 5. *Un'estensione di campi L/K viene detta* separabilmente generata *se esiste una base di trascendenza $\mathfrak{X}$ di L/K tale che L sia separabile su $K(\mathfrak{X})$. In questo caso si dice che $\mathfrak{X}$ è una base (di trascendenza) separante di L/K.*

Poiché un'estensione di campi L/K ammette sempre una base di trascendenza (vedi 7.1/3), ogni estensione di campi è separabilmente generata se char $K = 0$. Segue subito dalla proposizione 4 (iii) e dall'osservazione 3:

Corollario 6. *Ogni estensione separabilmente generata L/K, in particolare ogni estensione di campi di caratteristica 0, è separabile.*

Il nostro prossimo obiettivo sarà dimostrare l'implicazione opposta per estensioni di campi finitamente generate. Ricordiamo che a partire da un campo K di caratteristica $p > 0$ si può costruire il campo $K^{p^{-i}}$ formato da tutte le radici p^i-esime di elementi di K. Si hanno allora le inclusioni canoniche

$$K = K^{p^{-0}} \subset K^{p^{-1}} \subset K^{p^{-2}} \subset \dots$$

e risulta che $K^{p^{-\infty}} = \bigcup_{i=0}^{\infty} K^{p^{-i}}$ è la chiusura perfetta di K e dunque un campo perfetto e puramente inseparabile su K (vedi l'esercizio 7 della sezione 3.7).

Proposizione 7. *Sia K un campo di caratteristica $p > 0$ e sia L un'estensione. Sono allora equivalenti:*

    (i) *L/K è separabile.*

    (ii) *$L \otimes_K K^{p^{-\infty}}$ è ridotto.*

    (iii) *$L \otimes_K K'$ è ridotto per ogni estensione finita K'/K con $K' \subset K^{p^{-1}}$.*

    (iv) *Se $a_1, \ldots, a_r \in L$ sono linearmente indipendenti su K, allora anche gli elementi $a_1^p, \ldots, a_r^p$ lo sono.*

    (v) *Ogni sottocampo $L' \subset L$ finitamente generato su K è separabilmente generato su K.*

    Se L/K è finitamente generato e separabile, $L = K(x_1, \ldots, x_n)$, allora si può estrarre dal sistema degli x_i una base separante di L/K.

Dimostrazione. L'implicazione (i) $\Longrightarrow$ (ii) è banale. L'implicazione (ii) $\Longrightarrow$ (iii) segue dalla piattezza di L/K, poiché nelle ipotesi di (iii) ogni K' è un sottocampo di $K^{p^{-\infty}}$ e dunque $L \otimes_K K'$ è un sottoanello di $L \otimes_K K^{p^{-\infty}}$.

Per dimostrare (iii) $\Longrightarrow$ (iv), si considerino elementi $a_1, \ldots, a_r \in L$ linearmente indipendenti su K ed elementi $c_1, \ldots, c_r \in K$ tali che $\sum_{i=1}^r c_i a_i^p = 0$. Possiamo allora costruire la radice p-esima $c_i^{p^{-1}} \in K^{p^{-1}}$ di ciascun c_i e definiamo $K' = K(c_1^{p^{-1}}, \ldots, c_r^{p^{-1}}) \subset K^{p^{-1}}$. Questo campo è finito su K. Sia ora $z = \sum_{i=1}^r a_i \otimes c_i^{p^{-1}} \in L \otimes_K K'$. Poiché

$$z^p = \sum_{i=1}^r a_i^p \otimes c_i = \sum_{i=1}^r (c_i a_i^p) \otimes 1 = \left(\sum_{i=1}^r c_i a_i^p \right) \otimes 1 = 0$$

e $L \otimes_K K'$ è ridotto, si ottiene $z = 0$. E però gli elementi $a_1 \otimes 1, \ldots, a_r \otimes 1$ di $L \otimes_K K'$ sono linearmente indipendenti su K'; infatti $(\bigoplus_{i=1}^r K a_i) \otimes_K K'$ è per la piattezza di K'/K un sottospazio vettoriale di $L \otimes_K K'$ e si ha

$$\left(\bigoplus_{i=1}^r K a_i \right) \otimes_K K' \xrightarrow{\sim} \bigoplus_{i=1}^r (K a_i \otimes_K K')$$

per 7.2/4. Segue dunque da $z = 0$ che tutti i coefficienti $c_i^{p^{-1}}$ sono nulli, quindi anche tutti i c_i sono nulli e di conseguenza gli $a_1^p, \ldots, a_r^p$ sono linearmente indipendenti su K.

Supponiamo ora soddisfatta la condizione (iv). Per dedurre (v) possiamo assumere che L/K sia un'estensione finitamente generata, $L = K(x_1, \ldots, x_n)$. Mostriamo per induzione su n che L/K è separabilmente generata. La base di induzione $n = 0$ è banale. Sia dunque nel seguito $n > 0$ e sia $x_1, \ldots, x_t$ con $t \le n$ un sottosistema di $x_1, \ldots, x_n$, massimale tra quelli algebricamente indipendenti su K; dunque $x_1, \ldots, x_t$ fornisce una base di trascendenza di L/K. Nel caso $n = t$ non c'è nulla da dimostrare. Sia dunque $t < n$ e sia $f \in K[X_1, \ldots, X_{t+1}]$ un polinomio non banale tale che $f(x_1, \ldots, x_{t+1}) = 0$, di grado minimo tra quelli aventi questa proprietà. Sia d il grado di f. Se f è un polinomio in $X_1^p, \ldots, X_{t+1}^p$, allora f è del tipo $f = \sum_{\nu \in I} c_\nu (X^p)^\nu$ a coefficienti $c_\nu \in K$ con $I \subset \mathbb{N}^{t+1}$ un insieme finito e assumiamo che $c_\nu \ne 0$ per ogni $\nu \in I$. Le potenze p-esime $(x_1^{\nu_1})^p \ldots (x_{t+1}^{\nu_{t+1}})^p$,

$\nu \in I$, sono dunque linearmente dipendenti su K e per (iv) lo stesso anche per i monomi $x_1^{\nu_1} \ldots x_{t+1}^{\nu_{t+1}}$. Otteniamo quindi una relazione $g(x_1, \ldots, x_{t+1}) = 0$ con $g \in K[X_1, \ldots, X_{t+1}]$ un polinomio non banale di grado $< d$. Per come abbiamo scelto d, questo è però impossibile e quindi risulta necessariamente $f \notin K[X_1^p, \ldots, X_{t+1}^p]$. Dunque esiste una variabile X_i per cui f non è un polinomio in X_i^p. Ne segue che $h = f(x_1, \ldots, x_{i-1}, X_i, x_{i+1}, \ldots, x_{t+1})$ è un polinomio non banale in X_i a coefficienti in $K[x_1, \ldots, x_{i-1}, x_{i+1}, \ldots, x_{t+1}]$ che si annulla in x_i e la cui derivata prima non è identicamente nulla. Di conseguenza L è algebrico su $K(x_1, \ldots, x_{i-1}, x_{i+1}, \ldots, x_{t+1})$. Inoltre da $\operatorname{trgrad}_K(L) = t$ segue che $x_1, \ldots, x_{i-1}, x_{i+1}, \ldots, x_{t+1}$ formano una base di trascendenza di L/K e in particolare sono algebricamente indipendenti su K. Per la minimalità del grado di f, risulta che h è irriducibile e primitivo come polinomio a coefficienti in $K[x_1, \ldots, x_{i-1}, x_{i+1}, \ldots, x_{t+1}]$. Poiché per 2.7/3 l'anello dei polinomi in X_i a coefficienti in questo anello è un dominio fattoriale, h è primo e dunque anche primo in $K(x_1, \ldots, x_{i-1}, x_{i+1}, \ldots, x_{t+1})[X_i]$ (vedi 2.7/7). Inoltre, poiché la derivata di h non è nulla, h è separabile per 3.6/1. Ne segue che x_i è algebrico e separabile su $K(x_1, \ldots, x_{i-1}, x_{i+1}, \ldots, x_{t+1})$ e in particolare quindi algebrico separabile su $K(x_1, \ldots, x_{i-1}, x_{i+1}, \ldots, x_n)$. Quest'ultimo campo è per ipotesi induttiva separabilmente generato su K cosicché in totale anche $L = K(x_1, \ldots, x_n)$ risulta separabilmente generato su K e con ciò la dimostrazione di (iv) $\implies$ (v) è conclusa. Quanto appena descritto mostra in particolare che, dato $L = K(x_1, \ldots, x_n)$, è possibile estrarre una base separante di L/K dal sistema degli x_i.

L'implicazione (v) $\implies$ (i) infine si ottiene dalla proposizione 4 (ii) e dal corollario 6. $\square$

Se nella situazione della proposizione 7 il campo K è perfetto allora K non ammette alcuna estensione puramente inseparabile propria, ossia vale $K = K^{p^{-\infty}}$. Questo insieme al corollario 6 implica:

Corollario 8. *Se K è perfetto, ogni estensione di campi L/K è separabile.*

Considereremo nel seguito due classi di estensioni di campi, le estensioni *primarie* e quelle *regolari*, dove le estensioni primarie sono una generalizzazione delle estensioni algebriche puramente inseparabili (si veda per esempio la caratterizzazione data nella proposizione 13). Diremo che un anello R è *irriducibile* se il suo nilradicale $\operatorname{rad} R$ è un ideale primo.

Definizione 9. *Un'estensione di campi L/K si dice* primaria *(risp.* regolare*) se per ogni estensione di campi K'/K il prodotto tensoriale $L \otimes_K K'$ è irriducibile (risp. un dominio d'integrità).*[2] *L'estensione L/K è dunque regolare se e solo se è separabile e primaria.*[3]

---

[2] In letteratura un'estensione di campi L/K è detta di solito primaria se K è separabilmente chiuso in L. Questa condizione è equivalente a quella data qui; si veda la proposizione 13.

[3] Si utilizzi il fatto che un anello è un dominio d'integrità se e solo se il suo ideale nullo è primo.

È facile dedurre da 7.2/11 che in caratteristica $p > 0$ le estensioni L/K semplici e puramente inseparabili sono esempi di estensioni primarie. Infatti se $L = K(a)$ e $f = X^{p^r} - c \in K[X]$ è il polinomio minimo di a su K, si ha $L \otimes_K K' \simeq K'[X]/(f)$. Su una chiusura algebrica $\overline{K}'$ di K' il polinomio f ammette una decomposizione $f = (X - a)^{p^r}$, dove abbiamo identificato a con la corrispondente radice di f in $\overline{K}'$. Di conseguenza $\mathrm{rad}(\overline{K}'[X]/(f)) = (X - a)/(f)$, cosicché $\mathrm{rad}(L \otimes_K \overline{K}')$ è primo. Poiché però l'inclusione $K' \hookrightarrow \overline{K}'$ induce per la piattezza di L/K un'applicazione iniettiva $L \otimes_K K' \hookrightarrow L \otimes_K \overline{K}'$, si vede che da $\mathrm{rad}(L \otimes_K \overline{K}')$ primo segue che anche la sua intersezione con $L \otimes_K K'$, ossia il nilradicale di $L \otimes_K K'$, è primo. Questo significa che l'estensione L/K è primaria.

Come già fatto per le estensioni separabili, vogliamo ora elencare alcune proprietà elementari delle estensioni primarie e di quelle regolari.

Osservazione 10. *Ogni estensione trascendente pura L/K è regolare e quindi in particolare primaria.*

Dimostrazione. Si utilizzi 7.2/12. □

Proposizione 11. *Sia M/K un'estensione di campi.*

(i) Se M/K è primaria (risp. regolare), allora per ogni campo intermedio L di M/K anche l'estensione L/K è primaria (risp. regolare).

(ii) M/K è primaria (risp. regolare) se e solo se per ogni campo intermedio L di M/K che è finitamente generato su K l'estensione L/K è primaria (risp. regolare).

(iii) Se, dato un campo intermedio L di M/K, le estensioni M/L e L/K sono primarie (risp. regolari), allora anche M/K è primaria (risp. regolare).

Dimostrazione. Basta considerare il caso delle estensioni primarie; gli asserti per le estensioni regolari seguono poi dalla proposizione 4. Se L è un campo intermedio di M/K e se K'/K è una estensione di campi, allora l'inclusione $L \hookrightarrow M$ induce un'applicazione iniettiva $L \otimes_K K' \hookrightarrow M \otimes_K K'$ perché K'/K è piatta. Per ogni estensione di anelli $R \subset R'$ e ogni ideale primo $\mathfrak{p}' \subset R'$ l'intersezione $R \cap \mathfrak{p}'$ è un ideale primo in R e inoltre si ha $\mathrm{rad}\,R = R \cap \mathrm{rad}\,R'$; è quindi immediato verificare che M/K primaria implica che anche L/K lo è. Viceversa, se per ogni campo intermedio L di M/K che è finitamente generato su K l'estensione L/K è primaria, si ha, applicando 7.2/13, che anche M/K è primaria. Gli asserti (i) e (ii) sono dunque dimostrati.

Per quanto riguarda (iii), consideriamo le estensioni primarie M/L e L/K e un'estensione di campi K'/K. Allora $R = (L \otimes_K K')/\mathrm{rad}(L \otimes_K K')$ è un dominio d'integrità e indichiamo con Q il suo campo delle frazioni. Abbiamo dunque gli omomorfismi seguenti:

$$M \otimes_K K' \xrightarrow{\sim} M \otimes_L (L \otimes_K K') \xrightarrow{\varphi} M \otimes_L R \xrightarrow{\psi} M \otimes_L Q.$$

La prima applicazione è l'isomorfismo in 7.2/7, le altre derivano dalle applicazioni canoniche $L \otimes_K K' \longrightarrow R \hookrightarrow Q$ tensorizzando con M su L. Si deduce allora da 7.2/5 e dalla piattezza di M/L che ψ è iniettiva e che è possibile identificare $\ker \varphi$

col prodotto tensoriale $M \otimes_L \text{rad}(L \otimes_K K')$; dunque esso contiene solo elementi nilpotenti. Per vedere che $\text{rad}(M \otimes_K K')$ è un ideale primo, si considerino elementi $a, b \in M \otimes_L (L \otimes_K K')$ il cui prodotto ab sia nilpotente. Allora l'elemento $(\psi \circ \varphi)(ab) = (\psi \circ \varphi)(a) \cdot (\psi \circ \varphi)(b)$ è nilpotente in $M \otimes_L Q$. Poiché M/L è primaria, uno dei due fattori, per esempio $(\psi \circ \varphi)(a)$, deve essere nilpotente. Dal momento che $\ker \psi \circ \varphi = \ker \varphi$ consiste di elementi nilpotenti a stesso è nilpotente. Pertanto $\text{rad}(M \otimes_K K')$ è un ideale primo. $\qquad \square$

Mostriamo ora che un'estensione di campi L/K è primaria (risp. regolare) se il prodotto tensoriale $L \otimes_K K'$ è irriducibile (risp. dominio d'integrità) per ogni estensione *algebrica* K'/K. Per farlo avremo bisogno del seguente risultato:

Lemma 12. *Un prodotto tensoriale $A \otimes_K A'$ di due algebre A e A' su un campo algebricamente chiuso K è un dominio d'integrità se e solo se A e A' sono domini d'integrità.*

Dimostrazione. Supponiamo dapprima che $A \otimes_K A'$ sia un dominio d'integrità. Allora $A \neq 0 \neq A'$ e gli omomorfismi di struttura $K \longrightarrow A$, $K \longrightarrow A'$ sono iniettivi. Per la piattezza di A e A' su K anche le applicazioni tensorizzate

$$A \simeq A \otimes_K K \longrightarrow A \otimes_K A', \qquad A' \simeq K \otimes_K A' \longrightarrow A \otimes_K A'$$

sono iniettive e di conseguenza A e A' sono domini d'integrità.

Per ottenere l'implicazione opposta, attingiamo ai metodi geometrici della sezione 3.9, in particolare usiamo il teorema degli zeri di Hilbert 3.9/4. Siano dunque A e A' domini d'integrità. Per 7.2/13 possiamo assumere che A e A' siano K-algebre finitamente generate, dunque della forma

$$A \simeq K[X]/\mathfrak{p}, \qquad A' \simeq K[Y]/\mathfrak{q},$$

con $X = (X_1, \ldots, X_r)$, $Y = (Y_1, \ldots, Y_s)$ sistemi di variabili e $\mathfrak{p}, \mathfrak{q}$ ideali primi. Per 7.2/10 esiste inoltre un isomorfismo canonico

$$(K[X]/\mathfrak{p}) \otimes_K (K[Y]/\mathfrak{q}) \overset{\sim}{\longrightarrow} K[X,Y]/(\mathfrak{p}, \mathfrak{q}), \qquad \overline{f} \otimes \overline{g} \longmapsto \overline{fg}.$$

Siano ora $U = V(\mathfrak{p}) \subset K^r$ e $U' = V(\mathfrak{q}) \subset K^s$ i sottoinsiemi algebrici, rispettivamente di K^r e K^s, associati a $\mathfrak{p}$ e $\mathfrak{q}$. Risulta allora $U \times U' = V(\mathfrak{p}, \mathfrak{q})$, ossia $U \times U'$ è l'insieme algebrico associato all'ideale $(\mathfrak{p}, \mathfrak{q}) \subset K[X, Y]$. Poiché tutti i polinomi di $\mathfrak{p}$ si annullano su U, l'omomorfismo di valutazione $K[X] \longrightarrow K$, $f \longmapsto f(x)$, con $x \in U$, si fattorizza attraverso $A \simeq K[X]/\mathfrak{p}$ e dunque produce un omomorfismo di valutazione $A \longrightarrow K$. Possiamo quindi interpretare gli elementi di A come "funzioni" su U, come avevamo già spiegato alla fine della sezione 3.9. Per il teorema degli zeri di Hilbert 3.9/4 una funzione $f \in A$ si annulla su tutto U se e solo se $f \in \text{rad} A$, dunque se e solo se f è nilpotente. Nel nostro caso, tuttavia, $\mathfrak{p}$ è un ideale primo e quindi $A = K[X]/\mathfrak{p}$ è un dominio di integrità. Pertanto $f(U) = 0$ è equivalente a $f = 0$. In modo simile consideriamo gli elementi di A' come funzioni su U' e gli elementi di $A \otimes_K A'$ come funzioni su $U \times U'$.

Come primo passo vogliamo mostrare che $A \otimes_K A'$ è ridotto, ossia che da $g(U \times U') = 0$, con $g \in A \otimes_K A'$, segue sempre $g = 0$. Per vedere ciò, dato un $x \in U$, useremo il prodotto tensoriale dell'omomorfismo di valutazione $A \longrightarrow K$, $a \longmapsto a(x)$ con A', ossia l'applicazione

$$\sigma_x : A \otimes_K A' \longrightarrow A', \qquad \sum a_i \otimes a'_i \longmapsto \sum a_i(x) \cdot a'_i;$$

avremo poi bisogno anche dell'analoga applicazione

$$\tau_y : A \otimes_K A' \longrightarrow A, \qquad \sum a_i \otimes a'_i \longmapsto \sum a_i \cdot a'_i(y),$$

per $y \in U'$. Sia $(e'_i)_{i \in I}$ una K-base fissata di A'. Grazie a 7.2/4 ogni elemento $g \in A \otimes_K A'$ ammette una rappresentazione $g = \sum_{i \in I} g_i \otimes e'_i$ con $g_i \in A$ unici. Consideriamo un elemento nilpotente $g = \sum_{i \in I} g_i \otimes e'_i \in A \otimes_K A'$. Ora, g si annulla su $U \times U'$ e di conseguenza lo stesso vale per le funzioni $\sigma_x(g) = \sum_{i \in I} g_i(x) \cdot e'_i$ su U' al variare di $x \in U$. Poiché A' è ridotto, si ha che $g_i(x) = 0$ per ogni $x \in U$. Essendo anche A ridotto, si ottiene $g_i = 0$ per ogni $i \in I$ e quindi $g = 0$. Dunque $A \otimes_K A'$ è ridotto.

In modo simile si dimostra che $A \otimes_K A'$ è un dominio d'integrità. Siano $f, g \in A \otimes_K A'$, $f \neq 0$, tali che $f \cdot g = 0$ e $g = \sum_{i \in I} g_i \otimes e'_i$. Da

$$\sigma_x(f) \cdot \sum_{i \in I} g_i(x) \cdot e'_i = \sigma_x(f) \cdot \sigma_x(g) = \sigma_x(fg) = 0$$

e dal fatto che A' non ha divisori dello zero, si conclude che $\sigma_x(g) = 0$ (quindi $g_i(x) = 0$) per ogni $x \in U$ tale che $\sigma_x(f) \neq 0$, ossia per ogni $x \in U$ per cui esiste un $y \in U'$ tale che $f(x, y) \neq 0$. Questo significa che $f \cdot (g_i \otimes 1)$ si annulla su $U \times U'$ per ogni $i \in I$, ossia, per quanto visto prima, risulta $f \cdot (g_i \otimes 1) = 0$. Inoltre si ha

$$\tau_y(f) \cdot g_i = \tau_y(f \cdot (g_i \otimes 1)) = 0$$

per $y \in U'$. Poiché $f \neq 0$, esistono punti $(x, y) \in U \times U'$ tali che $f(x, y) \neq 0$; in particolare tali che $\tau_y(f) \neq 0$. Dal fatto che A non ha divisori dello zero segue che $g_i = 0$ per ogni $i \in I$ e dunque $g = 0$.   □

Proposizione 13. *Sia L/K un'estensione di campi Sono allora equivalenti:*
  (i) *L/K è primaria.*
  (ii) *$L \otimes_K K'$ è irriducibile per ogni estensione K'/K separabile finita.*
  (iii) *K è separabilmente chiuso in L, ossia ogni elemento $a \in L$ che è algebrico e separabile su K appartiene già a K.*

Dimostrazione. L'implicazione (i) $\Longrightarrow$ (ii) è banale. Supponiamo dato (ii) e sia $a \in L$ un elemento algebrico separabile su K. Se $f \in K[X]$ è il polinomio minimo di a, f si spezza in $L[X]$ nel prodotto di polinomi irriducibili, per esempio $f = f_1 \ldots f_r$, e per la separabilità di f non possono esserci fattori ripetuti. Se poniamo $K' = K(a)$, allora

$$L \otimes_K K' \simeq \prod_{i=1}^{r} L[X]/(f_i)$$

per 7.2/11, ossia $L \otimes_K K'$ è prodotto finito di campi. In particolare $\mathrm{rad}(L \otimes_K K')$ è l'ideale nullo. Ma per ipotesi questo ideale è primo e quindi deve essere $r = 1$. Dunque f è irriducibile in $L[X]$. Inoltre $a \in L$ è una radice di f e di conseguenza c'è in $L[X]$ una fattorizzazione del tipo $f = (X - a) \cdot g$. Dall'irriducibilità di f segue $g = 1$ e dunque $a \in K$. Pertanto K è separabilmente chiuso in L.

Supponiamo ora che sia dato (iii). Per dimostrare che $L \otimes_K K'$ è irriducibile per ogni estensione di campi K'/K, cominciamo considerando un'estensione separabile finita K'/K. Per il teorema dell'elemento primitivo 3.6/12 l'estensione K'/K è semplice; sia dunque $K' = K(a)$ con $f \in K[X]$ il polinomio minimo di a su K. Questo polinomio è irriducibile sia su K che su L. Infatti se $f = g \cdot h$ è una decomposizione con $g, h \in L[X]$ polinomi monici, allora i coefficienti di g e h sono algebricamente separabili su K in quanto elementi di un campo di spezzamento di f su K. Dunque $g, h \in K[X]$ e dall'irriducibilità di f su K segue $g = 1$ oppure $h = 1$, ossia f è irriducibile su L. Per 7.2/11 si ha poi $L \otimes_K K' \simeq L[X]/(f)$ il che mostra che $L \otimes_K K'$ è un campo.

Come passo successivo consideriamo un'estensione finita puramente inseparabile K''/K' di campi di caratteristica positiva, dove come sopra K'/K sarà finita e separabile. Abbiamo visto, nel paragrafo che segue la definizione 9, che estensioni semplici e puramente inseparabili sono primarie; dunque dalla proposizione 11 (iii) discende che anche K''/K' è primaria. Pertanto $L \otimes_K K'' \simeq (L \otimes_K K') \otimes_{K'} K''$ è irriducibile; con questo abbiamo visto che $L \otimes_K K''$ è irriducibile per ogni estensione finita K''/K. Se ora $\overline{K}$ è una chiusura algebrica di K, anche $L \otimes_K \overline{K}$ è irriducibile. Infatti grazie a 7.2/13 il nilradicale $\mathrm{rad}(L \otimes_K \overline{K})$ può essere descritto in termini dell'unione di tutti i nilradicali $\mathrm{rad}(L \otimes_K K'')$ al variare delle estensioni finite K''/K tali che $K'' \subset \overline{K}$.

Si deduce facilmente dal lemma 12 che $L \otimes_K K'$ è irriducibile per una qualsiasi estensione K'/K e dunque che L/K è primaria. Infatti, fissata una chiusura algebrica $\overline{K}'$ di K', si consideri l'applicazione iniettiva $L \otimes_K K' \hookrightarrow L \otimes_K \overline{K}'$ indotta da $K' \hookrightarrow \overline{K}'$. È sufficiente mostrare che $L \otimes_K \overline{K}'$ è irriducibile. Abbiamo appena visto però che $L \otimes_K \overline{K}$ è irriducibile se $\overline{K}$ è la chiusura algebrica di K in $\overline{K}'$. Poiché per il lemma 12 il prodotto tensoriale

$$\left((L \otimes_K \overline{K}) / \mathrm{rad}(L \otimes_K \overline{K}) \right) \otimes_{\overline{K}} \overline{K}'$$

è un dominio d'integrità, si vede con argomentazioni analoghe a quelle usate nella dimostrazione della proposizione 11 (iii) che $L \otimes_K \overline{K}'$ è irriducibile.   □

Combinando i risultati ottenuti per le estensioni separabili e primarie, si può dedurre un'analoga caratterizzazione per le estensioni regolari.

Proposizione 14. *Sia L/K un'estensione di campi. Sono allora equivalenti:*
   (i) *L/K è regolare.*
   (ii) *$L \otimes_K K'$ è un dominio d'integrità per ogni estensione finita di campi K'/K.*
   (iii) *L/K è separabile e K è algebricamente chiuso in L.*

Dimostrazione. Un anello R è un dominio d'integrità se e solo se l'ideale nullo $0 \subset R$ è primo. Quest'ultima condizione è equivalente al fatto che il nilradicale rad R sia da un lato primo e dall'altro nullo. Questo mostra l'equivalenza tra (i) e (ii) utilizzando le proposizioni 7 e 13.

Per ottenere l'equivalenza tra (i) e (iii), partiamo da un'estensione regolare L/K. Per la proposizione 11 (i) anche la chiusura algebrica di K in L è regolare su K. È sufficiente allora considerare il caso in cui L/K sia algebrica. Ma dall'osservazione 1 e dalla proposizione 13 si ottiene subito $L = K$ e quindi la (iii). Viceversa, data (iii), la (i) segue nuovamente dalla proposizione 13.   □

Per concludere vogliamo accennare a un'applicazione geometrica dei risultati ottenuti. Nella situazione della sezione 3.9 si consideri un campo K e sia $\overline{K}$ una sua chiusura algebrica. Sia inoltre $U \subset \overline{K}^n$ un sottoinsieme algebrico di $\overline{K}^n$ definito su K e lo si supponga *irriducibile*, ossia tale che l'ideale $\mathfrak{p} = I_K(U) \subset K[X_1, \ldots, X_n]$ sia primo. (Si confronti a tal proposito l'interpretazione geometrica di irriducibilità data nell'esercizio 4 della sezione 3.9.) U può essere visto anche come un sottoinsieme algebrico di $\overline{K}^n$ definito su $\overline{K}$ e si può considerare il rispettivo ideale $I_{\overline{K}}(U)$ in $\overline{K}[X_1, \ldots, X_n]$ che per il teorema degli zeri di Hilbert 3.9/4 coincide con $\operatorname{rad}(\mathfrak{p}\overline{K}[X_1, \ldots, X_n])$. Si dice che U è *geometricamente ridotto* se $I_{\overline{K}}(U) = \mathfrak{p}\overline{K}[X_1, \ldots, X_n]$, ossia se l'ideale $\mathfrak{p}\overline{K}[X_1, \ldots, X_n]$ è radicale. Inoltre si dice che U è *geometricamente irriducibile* se $I_{\overline{K}}(U) = \operatorname{rad}(\mathfrak{p}\overline{K}[X_1, \ldots, X_n])$ è primo, ossia se U è irriducibile come insieme algebrico definito su $\overline{K}$. Segue inoltre dall'esercizio 4 che U è geometricamente ridotto (risp. geometricamente irriducibile, risp. sia geometricamente ridotto che geometricamente irriducibile) se e solo se, detto Q il campo delle frazioni di $K[X_1, \ldots, X_n]/\mathfrak{p}$, l'estensione Q/K è separabile (risp. primaria, risp. regolare).

Esercizi

1. *Siano $K \subset L \subset M$ estensioni di campi con M/K separabile (risp. primaria, risp. regolare). Abbiamo visto che anche l'estensione L/K è separabile (risp. primaria, risp. regolare). È possibile affermare lo stesso per l'estensione M/L?*

2. *Un'estensione di campi L/K è primaria se e solo se K è separabilmente chiuso in L. È possibile caratterizzare in modo simile le estensioni separabili L/K nel caso $p = \operatorname{char} K > 0$, per esempio richiedendo che da $a \in L$ e $a^p \in K$ segua $a \in K$ oppure che la chiusura algebrica di K in L sia separabile su K?*

3. *Si costruisca un esempio di estensione separabile che non sia separabilmente generata.*

4. Sia $K[X]$ l'anello dei polinomi in un numero finito di variabili $X_1, \ldots, X_n$ su un campo K. Si considerino poi un ideale primo $\mathfrak{p} \subset K[X]$, il campo delle frazioni $Q = Q(K[X]/\mathfrak{p})$ e una chiusura algebrica $\overline{K}$ di K. Si dimostri quanto segue:
   (i) L'estensione Q/K è separabile se e solo se l'ideale $\mathfrak{p}\overline{K}[X]$ è un ideale radicale di $\overline{K}[X]$.
   (ii) L'estensione Q/K è primaria se e solo se l'ideale $\operatorname{rad}(\mathfrak{p}\overline{K}[X])$ è un ideale primo di $\overline{K}[X]$.
   (iii) L'estensione Q/K è regolare se e solo se l'ideale $\mathfrak{p}\overline{K}[X]$ è un ideale primo di $\overline{K}[X]$.

5. Sia K un campo e sia $\overline{K}$ una sua chiusura algebrica. Si dimostri che un'estensione L/K è regolare se e solo se $L \otimes_K \overline{K}$ è un campo.

6. Sia K un campo perfetto. Si dimostri quanto segue: se A, A' sono due K-algebre ridotte, allora anche il prodotto tensoriale $A \otimes_K A'$ è ridotto.

7. Sia K un campo di caratteristica $p > 0$. Un sistema $x = (x_1, \ldots, x_n)$ di elementi di $K^{p^{-1}}$ è detto p-libero su K se l'estensione $K(x)/K$ non può essere generata da meno di n elementi. Si dimostri quanto segue:

   (i) n elementi $x_1, \ldots, x_n \in K^{p^{-1}}$ sono p-liberi su K se e solo se l'applicazione canonica $K[X_1, \ldots, X_n]/(X_1^p - x_1^p, \ldots, X_n^p - x_n^p) \longrightarrow K(x)$ è un isomorfismo.

   (ii) Un'estensione di campi L/K è separabile se e solo se è soddisfatta la seguente condizione: se $x_1, \ldots, x_n \in K$ sono p-liberi su K^p, allora essi sono anche p-liberi su L^p.

7.4 Calcolo differenziale*

Scopo di questa sezione è quello di caratterizzare le estensioni separabili in termini di differenziali. I metodi utilizzati non si basano sul concetto di limite che si incontra in Analisi, ma sono di natura puramente algebrica. Essi trovano naturale continuazione nello studio dei cosiddetti morfismi étale e dei morfismi lisci nella Geometria Algebrica. Nel seguito R indicherà sempre un anello.

Definizione 1. *Una R-derivazione di una R-algebra A in un A-modulo M è un'applicazione R-lineare $\delta \colon A \longrightarrow M$ che soddisfa la "regola del prodotto"*

$$\delta(fg) = f \cdot \delta(g) + g \cdot \delta(f), \qquad f, g \in A.$$

Col termine derivazione *si intende in genere una $\mathbb{Z}$-derivazione.*

Se $r \in R$, risulta sempre $\delta(r \cdot 1) = 0$. Dalla regola del prodotto si deduce facilmente la "regola del quoziente"

$$\delta\left(\frac{f}{g}\right) = \frac{g\delta(f) - f\delta(g)}{g^2}$$

per elementi $f, g \in A$, con g un'unità di A. Le R-derivazioni $\delta \colon A \longrightarrow M$ formano un A-modulo che indicheremo con $\mathrm{Der}_R(A, M)$ o con $\mathrm{Der}(A, M)$ se $R = \mathbb{Z}$. Per esempio, se $A = R[X]$ è l'anello dei polinomi in una variabile su R, la derivata formale di polinomi

$$\frac{d}{dX} \colon R[X] \longrightarrow R[X], \qquad f(X) \longmapsto f'(X),$$

definisce una R-derivazione di $R[X]$ in sé. Per la regola del prodotto una R-derivazione $\delta \colon R[X] \longrightarrow R[X]$ è univocamente determinata dall'immagine $\delta(X)$; si vede quindi che $\mathrm{Der}_R(R[X], R[X])$ è l'$R[X]$-modulo libero generato dalla derivazione $\frac{d}{dX}$.

Proposizione 2. *Sia A una R-algebra. Esistono allora un A-modulo $\Omega^1_{A/R}$ e una R-derivazione $d_{A/R}\colon A \longrightarrow \Omega^1_{A/R}$ tali che la coppia $(\Omega^1_{A/R}, d_{A/R})$ soddisfa la seguente proprietà universale:*

Per ogni R-derivazione $\delta\colon A \longrightarrow M$, con M un A-modulo, esiste un'unica applicazione A-lineare $\varphi\colon \Omega^1_{A/R} \longrightarrow M$ per cui $\delta = \varphi \circ d_{A/R}$, ossia tale che il diagramma

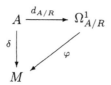

risulti commutativo. La coppia $(\Omega^1_{A/R}, d_{A/R})$ è univocamente individuata da questa proprietà a meno di isomorfismi canonici. $(\Omega^1_{A/R}, d_{A/R})$, o semplicemente $\Omega^1_{A/R}$, è detto modulo dei differenziali relativi di A su R o modulo delle forme differenziali relative (di primo grado) di A su R.

Dimostrazione. Consideriamo dapprima il caso $A = R[\mathfrak{X}]$ con $\mathfrak{X}$ un sistema (arbitrario) di variabili X_i, $i \in I$. Sia $\Omega^1_{A/R} = A^{(I)}$ l'A-modulo libero generato da I. Se indichiamo con dX_i l'elemento della base di $\Omega^1_{A/R}$ che corrisponde a $i \in I$, risulta $\Omega^1_{A/R} = \bigoplus_{i \in I} A \cdot dX_i$. Costruendo in modo formale la derivata parziale di f rispetto a X_i, ci si convince facilmente che

$$d_{A/R}\colon A \longrightarrow \Omega^1_{A/R}, \qquad f \longmapsto \sum_{i \in I} \frac{\partial f}{\partial X_i} dX_i,$$

è una R-derivazione tale che $d_{A/R}(X_i) = dX_i$ e inoltre che $(\Omega^1_{A/R}, d_{A/R})$ soddisfa la proprietà universale di un modulo dei differenziali relativi di A su R. Infatti, dati un A-modulo M e una R-derivazione $\delta\colon A \longrightarrow M$, si definisca un'applicazione A-lineare $\varphi\colon \Omega^1_{A/R} \longrightarrow M$ tramite $\varphi(dX_i) = \delta(X_i)$ al variare di $i \in I$. Allora $\varphi \circ d_{A/R}$ è una R-derivazione di A in M che coincide con δ sulle variabili X_i, $i \in I$. Dalla A-linearità e dalla regola del prodotto si ottiene

$$\delta(f) = \sum_{i \in I} \frac{\partial f}{\partial X_i} \delta(X_i) = \sum_{i \in I} \frac{\partial f}{\partial X_i} \varphi(dX_i) = \varphi \circ d_{A/R}(f)$$

per ogni $f \in A$ e dunque $\delta = \varphi \circ d_{A/R}$. Poiché da questa relazione segue necessariamente $\varphi(dX_i) = \delta(X_i)$, anche φ è univocamente determinata.

In generale possiamo assumere che A sia della forma $R[\mathfrak{X}]/\mathfrak{a}$ con $\mathfrak{X}$ un sistema di variabili e $\mathfrak{a} \subset R[\mathfrak{X}]$ un ideale. Basta allora dimostrare il risultato seguente:

Lemma 3. *Sia A una R-algebra e sia $\mathfrak{a} \subset A$ un ideale. Si ponga $B = A/\mathfrak{a}$. Se $(\Omega^1_{A/R}, d_{A/R})$ è il modulo dei differenziali relativi di A su R allora*

$$\Omega = \Omega^1_{A/R}/(\mathfrak{a}\Omega^1_{A/R} + A d_{A/R}(\mathfrak{a}))$$

insieme all'applicazione R-lineare $d: B \longrightarrow \Omega$ *indotta da* $d_{A/R}: A \longrightarrow \Omega^1_{A/R}$ *è il modulo dei differenziali relativi di B su R.*

Dimostrazione. Per prima cosa si verifica che Ω è un B-modulo. Inoltre, poiché $d_{A/R}$ ha le proprietà di una R-derivazione, lo stesso vale per d. Per mostrare che d soddisfa la proprietà universale, si consideri una R-derivazione $\overline{\delta}: B \longrightarrow M$ con M un B-Modulo. Allora la composizione $\delta = \overline{\delta} \circ \pi$, con $\pi: A \longrightarrow A/\mathfrak{a} = B$ la proiezione, è una R-derivazione di A in M, dove qui interpretiamo M come A-modulo. La proprietà universale di $d_{A/R}: A \longrightarrow \Omega^1_{A/R}$ fa sì che δ si fattorizzi in modo unico tramite un'applicazione A-lineare $\varphi: \Omega^1_{A/R} \longrightarrow M$. Poiché $\delta(\mathfrak{a}) = 0$ e M è un B-modulo, risulta necessariamente $\varphi(\mathfrak{a}\Omega^1_{A/R} + Ad_{A/R}(\mathfrak{a})) = 0$. Pertanto φ induce un'applicazione B-lineare $\overline{\varphi}: \Omega \longrightarrow M$ tale che $\overline{\delta} = \overline{\varphi} \circ d$. Il fatto che $\overline{\varphi}$ sia univocamente determinata da questa relazione segue poi dall'unicità di φ. Con questo sono dimostrati sia il lemma 3 che la proposizione 2. $\square$

Dalla proposizione precedente discende che l'applicazione $\varphi \longmapsto \varphi \circ d_{A/R}$ definisce una biiezione A-lineare

$$\mathrm{Hom}_A(\Omega^1_{A/R}, M) \longrightarrow \mathrm{Der}_R(A, M)$$

tra il modulo degli A-omomorfismi $\Omega^1_{A/R} \longrightarrow M$ e quello delle R-derivazioni di A in M. Segue subito dalla proprietà universale di $\Omega^1_{A/R}$ che $\Omega^1_{A/R}$ è generato da tutti i differenziali degli elementi di A, ossia da tutti gli elementi del tipo $d_{A/R}(f)$, $f \in A$. Più precisamente, la dimostrazione della proposizione 2 permette di concludere quanto segue:

Proposizione 4. *Sia A una R-algebra e sia* $x = (x_i)_{i\in I}$ *un sistema di elementi di A tale che* $A = R[x]$. *Allora:*

(i) $(d_{A/R}(x_i))_{i\in I}$ *è un sistema di generatori di* $\Omega^1_{A/R}$ *come A-modulo.*

(ii) *Se* $x = (x_i)_{i\in I}$ *è algebricamente indipendente su R, allora* $(d_{A/R}(x_i))_{i\in I}$ *è una base di* $\Omega^1_{A/R}$; *in particolare* $\Omega^1_{A/R}$ *è libero.*

Mostriamo ora che a un omomorfismo di R-algebre $\tau: A \longrightarrow B$ corrisponde sempre una successione esatta canonica di B-moduli

$$\Omega^1_{A/R} \otimes_A B \xrightarrow{\;\alpha\;} \Omega^1_{B/R} \xrightarrow{\;\beta\;} \Omega^1_{B/A} \longrightarrow 0.$$

Per definire l'applicazione α, si consideri la composizione di $\tau: A \longrightarrow B$ con la R-derivazione $d_{B/R}: B \longrightarrow \Omega^1_{B/R}$. Se si considera $\Omega^1_{B/R}$ come un A-modulo tramite τ, allora $d_{B/R} \circ \tau$ è una R-derivazione di A. Per definizione di $\Omega^1_{A/R}$ questa derivazione si fattorizza attraverso un'applicazione A-lineare

$$\Omega^1_{A/R} \longrightarrow \Omega^1_{B/R}, \qquad d_{A/R}(f) \longmapsto d_{B/R}(\tau(f)),$$

e quest'ultima induce un'applicazione B-lineare

$$\alpha\colon \Omega^1_{A/R} \otimes_A B \longrightarrow \Omega^1_{B/R}, \qquad d_{A/R}(f) \otimes b \longmapsto b \cdot d_{B/R}(\tau(f)).$$

Infine, per definire β, si osservi che ogni A-derivazione di B è anche una R-derivazione di B cosicché, per la proprietà universale di $\Omega^1_{B/R}$, si ottiene una ben definita applicazione B-lineare

$$\beta\colon \Omega^1_{B/R} \longrightarrow \Omega^1_{B/A}, \qquad d_{B/R}(g) \longmapsto d_{B/A}(g).$$

Proposizione 5. *Se $\tau\colon A \longrightarrow B$ è un omomorfismo di R-algebre, allora la successione*

$$\Omega^1_{A/R} \otimes_A B \xrightarrow{\ \alpha\ } \Omega^1_{B/R} \xrightarrow{\ \beta\ } \Omega^1_{B/A} \longrightarrow 0,$$

definita tramite $d_{A/R}(f) \otimes b \xoverset{\alpha}{\longmapsto} b \cdot d_{B/R}(\tau(f))$, $d_{B/R}(g) \xoverset{\beta}{\longmapsto} d_{B/A}(g)$, è esatta.

Dimostrazione. Poiché $\Omega^1_{B/A}$ è generato da tutti gli elementi del tipo $d_{B/A}(g)$ al variare $g \in B$ e poiché $\beta(d_{B/R}(g)) = d_{B/A}(g)$, l'omomorfismo β è suriettivo. Inoltre $\beta \circ \alpha = 0$ e quindi per avere $\operatorname{im}\alpha = \ker\beta$ basta vedere che $\Omega^1_{B/R}/\operatorname{im}\alpha$ insieme all'applicazione $d\colon B \longrightarrow \Omega^1_{B/R}/\operatorname{im}\alpha$ indotta da $d_{B/R}$ è il modulo dei differenziali relativi di B su A. Per verificarlo, si consideri il seguente diagramma commutativo:

$$
\begin{array}{ccc}
A & \xrightarrow{\ d_{A/R}\otimes 1\ } & \Omega^1_{A/R} \otimes_A B \\[4pt]
{\scriptstyle \tau}\big\downarrow & & \big\downarrow{\scriptstyle \alpha} \\[4pt]
d\colon B \ \xrightarrow{\ \ d_{B/R}\ \ } & \Omega^1_{B/R} & \longrightarrow\ \Omega^1_{B/R}/\operatorname{im}\alpha
\end{array}
$$

Cominciamo osservando che $d\colon B \longrightarrow \Omega^1_{B/R}/\operatorname{im}\alpha$ è una A-derivazione in quanto, per definizione, essa è una R-derivazione e si ha $d_{B/R}(\tau(f)) \in \operatorname{im}\alpha$ per ogni $f \in A$. Se ora $\delta\colon B \longrightarrow M$ è una A-derivazione di B in un B-modulo M, allora essa è in particolare una R-derivazione. Esiste quindi una unica applicazione B-lineare $\varphi\colon \Omega^1_{B/R} \longrightarrow M$ tale che $\delta = \varphi \circ d_{B/R}$. Poiché δ è una A-derivazione, risulta $\delta \circ \tau = 0$ e di conseguenza $\varphi \circ \alpha = 0$; questo significa però che φ si fattorizza attraverso un'applicazione B-lineare $\overline{\varphi}\colon \Omega^1_{B/R}/\operatorname{im}\alpha \longrightarrow M$. Per costruzione si ha poi $\delta = \overline{\varphi} \circ d$, con $\overline{\varphi}$ univocamente determinata da questa uguaglianza.   □

Calcoliamo ora la successione esatta della proposizione 5 in un caso speciale.

Proposizione 6. *Sia A una R-algebra e sia $S \subset A$ un sistema moltiplicativo. Se $\tau\colon A \longrightarrow A_S$ indica l'applicazione canonica di A nella localizzazione rispetto a S, allora l'applicazione*

$$\alpha\colon \Omega^1_{A/R} \otimes_A A_S \longrightarrow \Omega^1_{A_S/R}, \qquad d_{A/R}(f) \otimes a \longmapsto a \cdot d_{A_S/R}(\tau(f)),$$

è biiettiva. In particolare risulta $\Omega^1_{A_S/A} = 0$.

Dimostrazione. L'uguaglianza $\Omega^1_{A_S/A} = 0$ si ottiene facilmente dalla biiettività di α: basta applicare la proposizione 5 oppure porre $R = A$ e usare $\Omega^1_{A/A} = 0$. Rimane quindi solo da mostrare che α è biiettiva. Si identifichi allora $\Omega^1_{A/R} \otimes_A A_S$ con l'A_S-modulo $(\Omega^1_{A/R})_S$ (vedi 7.2/8) e si dimostri che $(\Omega^1_{A/R})_S$ insieme all'applicazione

$$d: A_S \longrightarrow (\Omega^1_{A/R})_S, \qquad \frac{f}{s} \longmapsto \frac{s\,d_{A/R}(f) - f\,d_{A/R}(s)}{s^2},$$

soddisfa la proprietà universale del modulo dei differenziali di A_S su R. Dobbiamo per primo controllare che d è ben definita. Sia $\frac{f}{s} = \frac{f'}{s'}$ con $f, f' \in A$ e $s, s' \in S$. Esiste allora un $s'' \in S$ tale che $s''(s'f - sf') = 0$ in A. Ne segue

$$(s'f - sf') \cdot d_{A/R}(s'') + s'' \cdot d_{A/R}(s'f - sf') = 0,$$

e, moltiplicando per s'', si vede che $d_{A/R}(s'f - sf')$ si annulla come elemento di $(\Omega^1_{A/R})_S$, ossia si ha $s'\delta(f) - s\delta(f') = f'\delta(s) - f\delta(s')$, dove δ è la composizione di $d_{A/R}$ con l'applicazione canonica $\Omega^1_{A/R} \longrightarrow (\Omega^1_{A/R})_S$. Il fatto che $d : A_S \longrightarrow (\Omega^1_{A/R})_S$ sia ben definita discende ora dal calcolo seguente:

$$\begin{aligned} &s'^2(s\delta(f) - f\delta(s)) - s^2(s'\delta(f') - f'\delta(s')) \\ &= ss'(s'\delta(f) - s\delta(f')) - s'^2 f\delta(s) + s^2 f'\delta(s') \\ &= ss'(f'\delta(s) - f\delta(s')) - s'^2 f\delta(s) + s^2 f'\delta(s') \\ &= s'(sf' - s'f)\delta(s) + s(sf' - s'f)\delta(s') \\ &= 0. \end{aligned}$$

Si mostra poi che d è una derivazione, ma evitiamo qui di scrivere gli ovvi passaggi. Infine, per controllare la proprietà universale, si consideri una R-derivazione $\delta: A_S \longrightarrow M$ con M un A_S-modulo. Allora $\delta \circ \tau$ è una R-derivazione di A in M, ossia esiste un'applicazione A-lineare $\varphi: \Omega^1_{A/R} \longrightarrow M$ tale che $\delta \circ \tau = \varphi \circ d_{A/R}$. Da questa, prolungando per A_S-linearità, si ottiene un'applicazione A_S-lineare $\varphi_S: (\Omega^1_{A/R})_S \longrightarrow M$ tale che $\delta = \varphi_S \circ d$, con φ_S univocamente determinata da questa uguaglianza. $\square$

Applichiamo ora la teoria dei differenziali alle *estensioni di campi*. Vogliamo calcolare il modulo dei differenziali relativi $\Omega^1_{L/K}$ di un'estensione di campi L/K in alcuni casi particolari. Questo avverrà sostanzialmente utilizzando il lemma 3 e la proposizione 6. Da un punto di vista pratico è tuttavia più facile in generale calcolare, invece di $\Omega^1_{L/K}$, il suo spazio duale su L, ossia $\mathrm{Der}_K(L, L) \simeq \mathrm{Hom}_L(\Omega^1_{L/K}, L)$. Esiste sempre un'applicazione iniettiva canonica di L-spazi vettoriali

$$\Omega^1_{L/K} \hookrightarrow \mathrm{Hom}_L\big(\mathrm{Der}_K(L, L), L\big), \qquad d_{L/K}(x) \longmapsto \big(\delta \longmapsto \delta(x)\big),$$

e questa è biiettiva se uno degli spazi vettoriali $\Omega^1_{L/K}$, $\mathrm{Der}_K(L, L)$ ha dimensione finita su L.

Proposizione 7. *Sia L/K un'estensione di campi e sia $x = (x_j)_{j \in J}$ un sistema di generatori di questa estensione. Dato un sistema di variabili $\mathfrak{X} = (X_j)_{j \in J}$, si definisca un K-omomorfismo $\pi \colon K[\mathfrak{X}] \longrightarrow L$ tramite $X_j \longmapsto x_j$ e sia $(f_i)_{i \in I}$ un sistema di generatori di $\ker \pi$. Si consideri inoltre una derivazione $\delta \colon K \longrightarrow V$, dove V è un L-spazio vettoriale, e sia $(v_j)_{j \in J}$ un sistema di elementi di V. Sono allora equivalenti:*

(i) *δ si prolunga a una derivazione $\delta' \colon L \longrightarrow V$ tale che $\delta'(x_j) = v_j$ per $j \in J$.*

(ii) *Per ogni $i \in I$ si ha:*

$$f_i^\delta(x) + \sum_{j \in J} \frac{\partial f_i}{\partial X_j}(x) \cdot v_j = 0,$$

dove, dato un $f \in K[\mathfrak{X}]$, f^δ indica il "polinomio" di $V[\mathfrak{X}] := V \otimes_K K[\mathfrak{X}]$ che si ottiene applicando δ ai coefficienti di f, ossia se $f = \sum_\nu c_\nu \mathfrak{X}^\nu$ risulta $f^\delta = \sum_\nu \delta(c_\nu) \mathfrak{X}^\nu$.

Se esiste un prolungamento come in (i), allora esso è unico.

Dimostrazione. Sia noto (i). Allora dato un un polinomio $f = \sum_\nu c_\nu \mathfrak{X}^\nu \in K[\mathfrak{X}]$ risulta

$$\delta'(f(x)) = \sum_\nu \delta(c_\nu) x^\nu + \sum_\nu c_\nu \delta'(x^\nu) = f^\delta(x) + \sum_{j \in J} \frac{\partial f}{\partial X_j}(x) \cdot v_j,$$

ossia δ', in quanto prolungamento di δ, è univocamente determinato su $K[x]$ da $\delta'(x_j) = v_j, j \in J$. Se, dati $a, b \in K[x], b \neq 0$, si applica poi la regola del quoziente

$$\delta'\left(\frac{a}{b}\right) = \frac{b\delta'(a) - a\delta'(b)}{b^2},$$

si ottiene pure l'unicità di δ' su tutto $K(x)$. In alternativa si può utilizzare qui anche la proposizione 6. Si ricavano allora le uguaglianze in (ii) in quanto $f_i(x)$ è nullo per ogni $i \in I$.

Sia dato ora (ii). Si verifica facilmente che è possibile definire una derivazione $\hat{\delta} \colon K[\mathfrak{X}] \longrightarrow V$ tramite

$$\hat{\delta}(f) = f^\delta(x) + \sum_{j \in J} \frac{\partial f}{\partial X_j}(x) \cdot v_j;$$

a tal fine si deve interpretare lo spazio vettoriale V come $K[\mathfrak{X}]$-modulo tramite l'applicazione $\pi \colon K[\mathfrak{X}] \longrightarrow L$. Dalle uguaglianze in (ii) segue inoltre $\hat{\delta}(f_i) = 0$ per ogni $i \in I$. Grazie alla regola del prodotto si ha poi $\hat{\delta}(gf_i) = 0$ per qualsiasi $g \in K[\mathfrak{X}]$, cosicché $\hat{\delta}$ si annulla su tutto l'ideale generato dagli $(f_i)_{i \in I}$ in $K[\mathfrak{X}]$, ossia sul nucleo dell'applicazione $\pi \colon K[\mathfrak{X}] \longrightarrow L, \mathfrak{X} \longmapsto x$. Ne segue che $\hat{\delta}$ induce una derivazione $\overline{\delta} \colon K[x] \longrightarrow V$ che prolunga δ. Applicando la regola del quoziente o la proposizione 6, si prolunga $\overline{\delta}$ a una derivazione $\delta' \colon K(x) \longrightarrow V$. $\square$

La proposizione 7 appena dimostrata è un importante strumento per calcolare $\Omega^1_{L/K}$ e $\mathrm{Der}_K(L, L)$ e mostra, in particolare, come determinare i prolungamenti della derivazione banale $K \longrightarrow L$. In generale, tuttavia, si decompone l'estensione L/K in campi intermedi $K \subset L' \subset L$ e si calcolano dapprima le K-derivazioni di L'. Poi si deve sapere qualcosa circa la prolungabilità delle K-derivazioni di L' a K-derivazioni di L per ottenere infine informazioni sulle K-derivazioni di L. Questo è un caso tipico in cui si applica la proposizione 7. In alternativa, data una catena $K \subset L' \subset L$ si può anche usare la successione esatta della proposizione 5. Per farlo è però preferibile che l'applicazione $\alpha \colon \Omega^1_{L'/K} \otimes_{L'} L \longrightarrow \Omega^1_{L/K}$ sia iniettiva, fatto questo che non è vero in generale. Si può dimostrare che l'iniettività dell'applicazione α è equivalente al fatto che ogni K-derivazione $L' \longrightarrow L$ sia prolungabile a una K-derivazione $L \longrightarrow L$. (vedi esercizio 3).

Vogliamo ora riformulare il risultato della proposizione 7 in termini di moduli di differenziali.

Corollario 8. *Sia L/K un'estensione trascendente pura con base di trascendenza $(x_j)_{j \in J}$. Allora $(d_{L/K}(x_j))_{j \in J}$ è una base di $\Omega^1_{L/K}$ in quanto spazio vettoriale su L.*

Dimostrazione. Si applichino le proposizioni 4 e 6. In alternativa, almeno nel caso in cui la base di trascendenza $(x_j)_{j \in J}$ sia finita, è possibile usare anche la proposizione 7. □

Corollario 9. *Sia L/K un'estensione algebrica separabile e sia V un L-spazio vettoriale. Ogni derivazione $\delta \colon K \longrightarrow V$ si prolunga in modo unico a una derivazione $\delta' \colon L \longrightarrow V$ e vale $\Omega^1_{L/K} = 0$.*

Dimostrazione. Sia $\delta \colon K \longrightarrow V$ una derivazione, con V un L-spazio vettoriale, e sia L' un campo intermedio di L/K con L'/K finita. Segue allora dal teorema dell'elemento primitivo 3.6/12 che l'estensione L'/K è semplice, del tipo $L' = K(x)$ con $x \in L$ e $f \in K[X]$ il polinomio minimo di x. Sia $v \in V$ un elemento. La condizione data nella proposizione 7 per prolungare δ a una derivazione $\delta' \colon K(x) \longrightarrow V$ tale che $\delta'(x) = v$ diventa allora

$$f^\delta(x) + f'(x) \cdot v = 0.$$

Poiché f è separabile, la derivata f' di f non può essere il polinomio nullo. Inoltre si ha $f'(x) \neq 0$ perché f' ha grado minore di quello del polinomio minimo di x, f. Dunque v è univocamente determinato dall'uguaglianza precedente e ne segue che δ si prolunga a un'unica derivazione $\delta' \colon L' \longrightarrow V$.

Si deduce facilmente che δ si prolunga a un'unica derivazione $\delta' \colon L \longrightarrow V$. Infatti per ogni campo intermedio L' di L/K finito su K, possiamo, come descritto prima, prolungare δ a una derivazione $\delta' \colon L' \longrightarrow V$. Poiché tale prolungamento è univocamente determinato da δ e inoltre ogni elemento di L è contenuto in un qualche campo intermedio del tipo L', si ottiene il prolungamento di δ a un'unica derivazione $L \longrightarrow V$.

In particolare, la derivazione banale $K \longrightarrow L$ si prolunga soltanto alla derivazione banale $L \longrightarrow L$, da cui $\mathrm{Der}_K(L, L) = 0$ e quindi $\Omega^1_{L/K} = 0$. □

Nella situazione della proposizione 7 prolungare derivazioni diventa problematico se l'estensione L/K non è separabile.

Corollario 10. *Sia K un campo di caratteristica $p > 0$ e sia L/K una estensione puramente inseparabile di grado p, per esempio $L = K(x)$ con $f = X^p - c \in K[X]$ il polinomio minimo di x. Sia inoltre V un L-spazio vettoriale e sia $\delta \colon K \longrightarrow V$ una derivazione. Allora:*

(i) *Se esiste una derivazione $\delta' \colon L \longrightarrow V$ che prolunga δ, si ha $\delta(c) = 0$.*

(ii) *Viceversa, se $\delta(c) = 0$, dato un $v \in V$, esiste un unico prolungamento $\delta' \colon L \longrightarrow V$ tale che $\delta'(x) = v$. In particolare $d_{L/K}(x)$ è una L-base di $\Omega^1_{L/K}$.*

Dimostrazione. Grazie alla proposizione 7 sappiamo che δ si prolunga a una derivazione $\delta' \colon L \longrightarrow V$ tale che $\delta'(x) = v$ se e solo se è soddisfatta l'uguaglianza

$$-\delta(c) + px^{p-1} \cdot v = 0,$$

dunque se e solo se $\delta(c) = 0$. Nel caso in cui δ sia prolungabile, il valore $\delta'(x) = v$ può essere scelto a piacere. Pertanto $\mathrm{Der}_K(L, L)$ ha dimensione 1 su L, lo stesso vale per $\Omega^1_{L/K}$ e una base di quest'ultimo è data da $d_{L/K}(x)$. $\qquad\square$

Possiamo ora caratterizzare le estensioni separabili in termini di differenziali e però dobbiamo restringerci al caso di estensioni finitamente generate.

Teorema 11. *Sia L/K un'estensione finitamente generata di campi, del tipo $L = K(y_1, \ldots, y_r)$. Allora*

$$\mathrm{trgrad}_K L \le \dim_L \Omega^1_{L/K} \le r,$$

e $\mathrm{trgrad}_K L = \dim_L \Omega^1_{L/K}$ è equivalente al fatto che L/K sia separabile.

Corollario 12. *Un'estensione finitamente generata L/K è algebrica separabile se e solo se $\Omega^1_{L/K} = 0$.*

Corollario 13. *Sia L/K un'estensione separabile e finitamente generata. Dati elementi $x_1, \ldots, x_n \in L$ sono equivalenti:*

(i) *$x_1, \ldots, x_n$ formano una base separante di L/K.*

(ii) *$d_{L/K}(x_1), \ldots, d_{L/K}(x_n)$ formano una L-base di $\Omega^1_{L/K}$.*

Il corollario 12 è un caso speciale del teorema 11, da qui l'averlo indicato come "corollario". Da un punto di vista tecnico tuttavia, il corollario 12 è un lemma preliminare che useremo per dimostrare il teorema 11.

Cominciamo quindi dalla *dimostrazione del corollario 12*. Se L/K è algebrica separabile, allora si ha sempre $\Omega^1_{L/K} = 0$ (vedi corollario 9). Viceversa, sia $\Omega^1_{L/K} = 0$ o, equivalentemente, $\mathrm{Der}_K(L, L) = 0$. Scelta una base di trascendenza $x_1, \ldots, x_n$ di L/K, risulta che L è un'estensione algebrica finita di $K(x_1, \ldots, x_n)$. Se questa estensione è pure separabile, si deduce dai corollari 8 e 9 che $\mathrm{Der}_K(L, L)$ ha dimensione n su L. Di conseguenza $n = 0$ e L/K è algebrica separabile.

Viceversa, se nel caso $p = \operatorname{char} K > 0$ l'estensione $K(x_1, \ldots, x_n) \subset L$ non è separabile, esiste un campo intermedio L' di L/K con L/L' puramente inseparabile di grado p. Grazie al corollario 10 esiste allora una L'-derivazione non banale $L \longrightarrow L$ e dunque una K-derivazione non banale $L \longrightarrow L$. Questo però contraddice $\operatorname{Der}_K(L, L) = 0$, cosicché il caso inseparabile non può presentarsi. Con questo abbiamo dimostrato il corollario 12. $\qquad\square$

Dimostrazione del teorema 11. Segue dalle proposizioni 4 e 6 che $\Omega^1_{L/K}$ è generato dagli elementi $d_{L/K}(y_1), \ldots, d_{L/K}(y_r)$; risulta quindi $\dim_L \Omega^1_{L/K} \le r$. Si scelgano allora $x_1, \ldots, x_n \in L$ in modo tale che i differenziali $d_{L/K}(x_1), \ldots, d_{L/K}(x_n)$ formino una base di $\Omega^1_{L/K}$ e poniamo $L' = K(x_1, \ldots, x_n)$. L'applicazione α nella successione esatta

$$\Omega^1_{L'/K} \otimes_{L'} L \xrightarrow{\ \alpha\ } \Omega^1_{L/K} \xrightarrow{\ \beta\ } \Omega^1_{L/L'} \longrightarrow 0$$

della proposizione 5 è allora suriettiva e quindi $\Omega^1_{L/L'} = 0$. Per quanto visto prima, l'estensione L/L' è allora algebrica separabile e pertanto

$$\operatorname{trgrad}_K L = \operatorname{trgrad}_K L' \le n = \dim_L \Omega^1_{L/K}.$$

Nel caso in cui vale l'uguaglianza, gli elementi $x_1, \ldots, x_n$ sono necessariamente algebricamente indipendenti su K cosicché l'estensione L/K è separabilmente generata e quindi separabile (vedi 7.3/6). Viceversa, se L/K è un'estensione separabilmente generata con grado di trascendenza n, allora per 7.3/7 l'estensione L/K è separabilmente generata e si ottiene dai corollari 8 e 9 che $\operatorname{Der}_K(L, L)$, e quindi $\Omega^1_{L/K}$, ha dimensione n su L. $\qquad\square$

Dimostrazione del corollario 13. Dato $L' = K(x_1, \ldots, x_n)$ si consideri la successione esatta

$$\Omega^1_{L'/K} \otimes_{L'} L \xrightarrow{\ \alpha\ } \Omega^1_{L/K} \xrightarrow{\ \beta\ } \Omega^1_{L/L'} \longrightarrow 0$$

della proposizione 5. Se $x_1, \ldots, x_n$ formano una base separante di L/K, risulta $\Omega^1_{L/L'} = 0$ per il corollario 12 o il corollario 9. L'applicazione α è dunque suriettiva e anzi è pure biiettiva in quanto per il corollario 8 si ha $\dim_L(\Omega^1_{L'/K} \otimes_{L'} L) = n$ e per il teorema 11 si ha $\dim \Omega^1_{L/K} = n$. Poiché gli elementi $d_{L'/K}(x_1), \ldots, d_{L'/K}(x_n)$ formano una base di $\Omega^1_{L'/K}$, segue dalla biiettività di α che le loro immagini in $\Omega^1_{L/K}$ formano pure una base.

Viceversa, se $d_{L/K}(x_1), \ldots, d_{L/K}(x_n)$ è una base di $\Omega^1_{L/K}$, si conclude come nella dimostrazione del teorema 11 che $x_1, \ldots, x_n$ è una base separante di L/K. $\qquad\square$

Dal corollario 13, usando la proposizione 4 in connessione con la proposizione 6, si deduce il fatto già noto che, data un'estensione separabile finitamente generata L/K, è sempre possibile estrarre una base separante da un sistema di generatori.

Esercizi

1. *Data una qualsiasi estensione di campi L/K, la condizione $\Omega^1_{L/K} = 0$ è equivalente al fatto che L/K sia algebrica separabile?*

2. Sia L/K un'estensione di campi di caratteristica 0. Si dimostri che ogni derivazione $K \longrightarrow V$, con V un L-spazio vettoriale, si prolunga a una derivazione $L \longrightarrow V$.

3. Date estensioni di campi $R \subset K \subset L$, si consideri l'applicazione

$$\alpha \colon \Omega^1_{K/R} \otimes_K L \longrightarrow \Omega^1_{L/R}, \qquad d_{K/R}(x) \otimes a \longmapsto a \cdot d_{L/R}(x),$$

e si dimostri che α è iniettiva se e solo se ogni R-derivazione $K \longrightarrow L$ si prolunga a una R-derivazione $L \longrightarrow L$.

4. Sia L/K un'estensione finitamente generata, per esempio $L = K(x_1, \ldots, x_n)$. Supponiamo che il nucleo del K-omomorfismo $K[X_1, \ldots, X_n] \longrightarrow L$ che associa x_i a X_i per $i = 1, \cdots, n$ sia generato da polinomi $f_1, \ldots, f_r$ in $K[X_1, \ldots, X_n]$ che soddisfano la condizione

$$\mathrm{rg}\left(\frac{\partial f_i}{\partial X_j}(x)\right)_{\substack{i=1\ldots r \\ j=1\ldots n}} = r.$$

Si dimostri che L/K è un'estensione separabile con grado di trascendenza $n - r$.

5. Sia L/K un'estensione di campi di caratteristica $p > 0$ con $L^p \subset K$. Sia inoltre $(x_i)_{i \in I}$ una p-base di L/K, ossia un sistema p-libero (vedi esercizio 7 della sezione 7.3) che genera l'estensione L/K, e sia $\delta \colon K \longrightarrow V$ una derivazione con V un L-spazio vettoriale. Posto $c_i = x_i^p$ si dimostri quanto segue:

   (i) Se esiste una derivazione $\delta' \colon L \longrightarrow V$ che prolunga δ, allora $\delta(c_i) = 0$ per ogni $i \in I$.

   (ii) Viceversa, se $\delta(c_i) = 0$ per ogni $i \in I$, allora, dato un sistema $(v_i)_{i \in I}$ di elementi di V, esiste un unico prolungamento $\delta' \colon L \longrightarrow V$ di δ tale che $\delta'(x_i) = v_i$ per ogni i.

   (iii) Le forme differenziali $d_{L/K}(x_i)$, $i \in I$, formano una L-base di $\Omega^1_{L/K}$.

6. Si dimostri che un'estensione L/K è separabile se e solo se ogni derivazione di K in L si prolunga a una derivazione $L \longrightarrow L$. (Suggerimento: si utilizzi l'esercizio 2 e, nel caso $p > 0$, si applichi l'esercizio 5 insieme alla caratterizzazione delle estensioni separabili vista nell'esercizio 7 della sezione 7.3.)

Appendice

Suggerimenti per la risoluzione degli esercizi

Gli esercizi scritti in *corsivo* sono stati pensati per facilitare la comprensione degli argomenti proposti e per stimolare la riflessione. Contrariamente agli altri esercizi, più classici, coinvolgono domande che ben si prestano a una discussione. Verranno forniti qui di seguito suggerimenti e chiarimenti solo per la risoluzione di questi esercizi.

1.1, Es. 1. Le condizioni (ii) e (iii) in 1.1/1 implicano naturalmente le condizioni (ii′) e (iii′) in 1.1/2. Viceversa, sia G un insieme (in cui è definita un'operazione associativa) che contiene un elemento neutro sinistro $e \in G$ e un inverso sinistro $b \in G$ per ciascun elemento $a \in G$. Mostriamo che b è anche inverso destro di a. Supponiamo dunque $ba = e$. Per ipotesi esiste un inverso sinistro c di b, ossia $cb = e$. Segue allora

$$ab = eab = cbab = cb = e,$$

ossia se b è un inverso sinistro di a, allora b è anche inverso destro di a. Con questo è dimostrata la condizione 1.1/1(iii). Rimane ancora da verificare che l'elemento neutro sinistro $e \in G$ sia anche elemento neutro destro. Sia dato un $a \in G$. Se $b \in G$ è un inverso sinistro di a, abbiamo già visto che b è anche un inverso destro di a e risulta

$$ae = aba = ea = a,$$

ossia abbiamo ottenuto la condizione 1.1/1(ii).

1.1, Es. 2. Mostreremo che per ragioni di teoriche non può esistere alcun isomorfismo tra $\mathbb{Q}$ e $\mathbb{Q}_{>0}$. Dato un $x \in \mathbb{Q}$, esiste sempre un $y \in \mathbb{Q}$ tale che $x = y + y$, precisamente $y = \frac{1}{2}x$. L'affermazione analoga, ossia che per ogni $x \in \mathbb{Q}_{>0}$ esiste un $y \in \mathbb{Q}_{>0}$ tale che $x = y \cdot y$, è però falsa. Infatti è noto che per $x = 2$ non esiste alcun y il cui quadrato sia 2 e la dimostrazione di ciò utilizza l'unicità della fattorizzazione dei numeri naturali in numeri primi. Se ora esistesse un isomorfismo $\varphi \colon \mathbb{Q} \longrightarrow \mathbb{Q}_{>0}$, la suriettività implicherebbe l'esistenza di un elemento $a \in \mathbb{Q}$ tale che $\varphi(a) = 2$. Posto $b = \frac{1}{2}a$, sarebbe $\varphi(b)^2 = \varphi(2b) = \varphi(a) = 2$, in contraddizione col fatto che 2 non ammette alcuna radice quadrata razionale.

1.2, Es. 1. Poiché H ha indice 2 in G, allora G si spezza in due disgiunte classi laterali sinistre di H. Una di queste è H, l'altra coincide con il complementare di H in G e la indicheremo con H'. La stessa argomentazione vale anche per le classi laterali destre di H cosicché H' è sia una classe laterale sinistra che una classe laterale destra. Sia ora $a \in G$. Se $a \in H$, risulta banalmente $aH = Ha$. Se però $a \notin H$, allora le due classi laterali aH e Ha, entrambe diverse da H, coincidono con H' e quindi anche in questo caso $aH = Ha$. Pertanto H è un sottogruppo normale di G.

Per dimostrare che un sottogruppo di indice 3 non è necessariamente un sotto-gruppo normale, si consideri il gruppo simmetrico $\mathfrak{S}_3$. Sia $\sigma \in \mathfrak{S}_3$ la permutazione che scambia i numeri 1 e 2 mentre lascia fisso il 3. Allora $H := \{\mathrm{id}, \sigma\} \subset \mathfrak{S}_3$ è un sottogruppo di ordine 2 e, per il teorema di Lagrange 1.2/3, è pure un sottogruppo di indice 3 perché $\mathrm{ord}\,\mathfrak{S}_3 = 6$. Sia ora $\tau \in \mathfrak{S}_3$ la permutazione che lascia fisso 1 e scambia 2 e 3. Allora $\tau \circ \sigma \circ \tau^{-1}$ scambia i numeri 1 e 3 e lascia fisso il 2 e quindi non appartiene a H. Pertanto $\tau H \neq H\tau$, ossia H non è un sottogruppo normale di $\mathfrak{S}_3$.

1.2, Es. 2. Assumiamo dapprima che N sia soltanto un sottogruppo di G. Allora la moltiplicazione a sinistra $\tau_g \colon G \longrightarrow G$, $a \longmapsto ga$ per un elemento $g \in G$ manda classi laterali sinistre di N in classi laterali sinistre di N, dunque induce una applicazione $\overline{\tau}_g \colon X \longrightarrow X$ che possiamo descrivere come $aN \longmapsto gaN$. Poiché da $gaN = ga'N$, con $a, a' \in G$, segue l'uguaglianza $aN = a'N$, allora $\overline{\tau}_g$ è iniettiva. D'altra parte la suriettività di τ_g implica anche la suriettività di $\overline{\tau}_g$ e pertanto $\overline{\tau}_g$ è addirittura biiettiva e quindi $\overline{\tau}_g \in S(X)$. La corrispondenza $g \longmapsto \overline{\tau}_g$ definisce dunque un'applicazione $\varphi \colon G \longrightarrow S(X)$ e questa è addirittura un omomorfismo di gruppi come si può vedere dalla relazione $\tau_{gg'} = \tau_g \circ \tau_{g'}$ per $g, g' \in G$. Determiniamo ora il nucleo di φ. Dato un $g \in G$, si ha $g \in \ker\varphi$ se e solo se $\overline{\tau}_g \colon X \longrightarrow X$ è l'applicazione identica, ossia se e solo se $gaN = aN$ per ogni $a \in G$. L'ultima uguaglianza è equivalente a $ga \in aN$ o anche a $g \in aNa^{-1}$ e pertanto $\ker\varphi = \bigcap_{a \in G} aNa^{-1}$. Supponiamo ora che N sia un sottogruppo normale di G; allora risulta $aNa^{-1} = N$ e di conseguenza $\ker\varphi = N$. Se poniamo $\overline{G} = \varphi(G)$, abbiamo dimostrato che per ogni sottogruppo normale $N \subset G$ esistono un gruppo $\overline{G}$ e un omomorfismo suriettivo di gruppi $p \colon G \longrightarrow \overline{G}$ tali che $\ker p = N$.

Potremmo ora indicare $\overline{G}$ come "il" gruppo quoziente di G modulo N. In particolare avrebbe senso interpretare $\overline{G}$ come il sottogruppo $\varphi(G) \subset S(G)$ costruito sopra. Ma è più conveniente scegliere qui un punto di vista più generale e indicare come "gruppo quoziente" di G modulo N una qualsiasi coppia $(\overline{G}, p)$ dove $p \colon G \longrightarrow \overline{G}$ è un omomorfismo suriettivo di gruppi con $\ker p = N$. Per un tale $p \colon G \longrightarrow \overline{G}$ è possibile dedurre il teorema di omomorfismo 1.2/6 esattamente come per l'omomorfismo suriettivo di gruppi $\pi \colon G \longrightarrow G/N$ costruito nella sezione 1.2 (la dimostrazione è la stessa). Di conseguenza si ottiene che tutti i "gruppi quoziente" $(\overline{G}, p)$ sono canonicamente isomorfi tra loro, in particolare isomorfi al "gruppo quoziente" $(G/N, \pi)$ concretamente costruito.

1.3, Es. 1. In primo luogo si osserva che l'operazione "$\circ$" è commutativa. Per dimostrare l'associatività, consideriamo elementi $a, b, c \in G_m$. Per definizione dell'operazione "$\circ$" esistono numeri $q, q' \in \mathbb{Z}$ tali che

$$a + b = qm + (a \circ b), \qquad (a \circ b) + c = q'm + ((a \circ b) \circ c),$$

e quindi

$$a + b + c = (q + q')m + ((a \circ b) \circ c).$$

Questo significa che $(a \circ b) \circ c$ è il resto della divisione di $a + b + c$ per m. In modo analogo si vede che anche $a \circ (b \circ c)$ è uguale al resto della divisione di $a + b + c$ per m. Pertanto $(a \circ b) \circ c = a \circ (b \circ c)$, ossia l'operazione "$\circ$" è associativa. Gli altri assiomi sono di facile verifica: 0 è l'elemento neutro per "$\circ$" e se $a \in G_m$, $a \neq 0$, risulta che $m - a$ è l'inverso di a. Dunque G_m è un gruppo commutativo.

Per mostrare che G_m è isomorfo a $\mathbb{Z}/m\mathbb{Z}$, consideriamo l'applicazione biiettiva $\iota \colon G_m \longrightarrow \mathbb{Z}/m\mathbb{Z}$, $a \longmapsto a + m\mathbb{Z}$. Dati $a, b \in G_m$, i numeri $a \circ b$ e $a + b$ differiscono al più per un multiplo di m, quindi $(a \circ b) + m\mathbb{Z} = (a + b) + m\mathbb{Z}$ e di conseguenza $\iota(a \circ b) = \iota(a) + \iota(b)$. Pertanto ι è un isomorfismo di gruppi.

1.3, Es. 2. Si consideri l'epimorfismo $\pi \colon \mathbb{Z} \longrightarrow \mathbb{Z}/m\mathbb{Z}$ definito da $a \longmapsto a + m\mathbb{Z}$. Se $\overline{H} \subset \mathbb{Z}/m\mathbb{Z}$ è un sottogruppo, allora $\pi^{-1}(\overline{H})$ è un sottogruppo di $\mathbb{Z}$ che contiene $m\mathbb{Z}$. Viceversa, poiché l'immagine $\pi(H)$ di un sottogruppo $H \subset \mathbb{Z}$ è sempre un sottogruppo di $\mathbb{Z}/m\mathbb{Z}$, si vede che la corrispondenza $\overline{H} \longmapsto \pi^{-1}(\overline{H})$ definisce una biiezione tra i sottogruppi $\overline{H} \subset \mathbb{Z}/m\mathbb{Z}$ e i sottogruppi $H \subset \mathbb{Z}$ che contengono $m\mathbb{Z}$.

Cominciamo determinando tutti i sottogruppi $H \subset \mathbb{Z}$ che contengono $m\mathbb{Z}$. Sia H un tale sottogruppo. Segue da 1.3/4 che H è ciclico, del tipo $H = d\mathbb{Z}$. Dall'inclusione $m\mathbb{Z} \subset d\mathbb{Z}$ segue che m ammette una fattorizzazione del tipo $m = cd$ con $c \in \mathbb{Z}$, dunque d divide m. Viceversa, per ogni divisore d di m si ha naturalmente l'inclusione $m\mathbb{Z} \subset d\mathbb{Z}$, cosicché i sottogruppi di $\mathbb{Z}$ che contengono $m\mathbb{Z}$ sono proprio i gruppi del tipo $d\mathbb{Z}$ con d un divisore di m. Poiché il generatore d di un sottogruppo $d\mathbb{Z} \subset \mathbb{Z}$ è determinato a meno del segno, questi sottogruppi corrispondono biiettivamente ai divisori positivi di m.

Per ottenere ora tutti i sottogruppi di $\mathbb{Z}/m\mathbb{Z}$ dobbiamo soltanto applicare π ai sottogruppi $d\mathbb{Z}$ appena determinati, dove d varia tra tutti i divisori positivi di m. Poiché $d\mathbb{Z}$ è ciclico con generatore d, l'immagine $\pi(d\mathbb{Z})$ è pure un gruppo ciclico con generatore $\pi(d) = d + m\mathbb{Z}$. L'ordine di questo gruppo è $\frac{m}{d}$ e l'indice di $\pi(d\mathbb{Z})$ in $\mathbb{Z}/m\mathbb{Z}$ è uguale a d (vedi 1.2/3). Dunque possiamo affermare quanto segue: per ogni divisore positivo d di m esiste un unico sottogruppo $\overline{H} \subset \mathbb{Z}/m\mathbb{Z}$ di indice d, precisamente il sottogruppo ciclico generato da $d + m\mathbb{Z}$, e i sottogruppi di questo tipo sono gli unici sottogruppi di $\mathbb{Z}/m\mathbb{Z}$. Usando il fatto che ogni gruppo ciclico di ordine m è isomorfo a $\mathbb{Z}/m\mathbb{Z}$, possiamo inoltre affermare che in un gruppo ciclico di ordine m esistono un unico sottogruppo di indice d e, applicando 1.2/3, un unico sottogruppo di ordine d per ogni divisore positivo d di m.

Osserviamo infine che questo risultato può essere ottenuto anche direttamente senza considerare i sottogruppi di $\mathbb{Z}$ se si usa la proprietà del massimo comun divisore di numeri interi. Un passo cruciale della dimostrazione consiste nel mostrare che, dato un sottogruppo $H \subset \mathbb{Z}/m\mathbb{Z}$, esso è generato dalla classe resto $\overline{d}$ di un opportuno divisore d di m. Per vederlo, si scelgano elementi $a_1, \ldots, a_r \in \mathbb{Z}$ le cui classi resto $\overline{a}_1, \ldots, \overline{a}_r \in \mathbb{Z}/m\mathbb{Z}$ generano il gruppo H. Sia d il massimo comun divisore di $a_1, \ldots, a_r, m$. Allora $d = c_1 a_1 + \ldots + c_r a_r + cm$ per opportuni coefficienti $c_1, \ldots, c_r, c \in \mathbb{Z}$ (vedi per esempio 2.4/13) e si può concludere che H è generato dalla classe resto $\overline{d}$ di d.

2.1, Es. 1. Applicando la proprietà distributiva, si ottiene $0 \cdot a + 0 \cdot a = (0+0) \cdot a = 0 \cdot a$ e dunque $0 \cdot a = 0$ per ogni $a \in R$. Inoltre si ha $a \cdot b + (-a) \cdot b = (a + (-a)) \cdot b = 0 \cdot b = 0$, ossia $(-a) \cdot b$ è l'opposto (cioè l'inverso rispetto all'addizione) di $a \cdot b$ e $(-a) \cdot b = -(a \cdot b)$.

2.1, Es. 2. Nella costruzione dell'anello dei polinomi $R[X]$ descritta in 2.1 non si usa mai la commutatività di R. Possiamo quindi costruire l'anello dei polinomi $R[X]$ anche per un anello R non necessariamente commutativo, dove la moltiplicazione in $R[X]$ avrà la proprietà $aX = Xa$ per $a \in R$. Se inoltre $R \subset R'$ è un'estensione di anelli non necessariamente commutativi, possiamo sostituire come al solito la variabile X con elementi $x \in R'$ nei polinomi di $R[X]$. Dati $f, g \in R[X]$ e $x \in R'$, risulta sempre $(f + g)(x) = f(x) + g(x)$, mentre $(f \cdot g)(x) = f(x) \cdot g(x)$ è di regola soddisfatta solo se x commuta con gli elementi di R ossia solo se risulta $ax = xa$ per ogni $a \in R$. Questo è il motivo per cui gli anelli di polinomi, così come definiti in 2.1, dovrebbero avere sempre anelli di coefficienti R *commutativi*. Invece l'anello R', i cui elementi vengono sostituiti alla variabile nei polinomi di $R[X]$, non deve necessariamente essere commutativo. Basta che gli elementi di R commutino con quelli di R'.

2.2, Es. 1. Da $\mathfrak{a} = \sum_{i=1}^{m} Ra_i$ e $\mathfrak{b} = \sum_{j=1}^{n} Rb_j$ si ottiene subito l'uguaglianza $\mathfrak{a} + \mathfrak{b} = \sum_{i=1}^{m} Ra_i + \sum_{j=1}^{n} Rb_j$, ossia $a_1, \ldots, a_m, b_1, \ldots, b_n$ generano l'ideale $\mathfrak{a} + \mathfrak{b}$. Mostriamo ora che gli elementi $a_i b_j$, $i = 1, \ldots, m$, $j = 1, \ldots, n$, formano un sistema di generatori di $\mathfrak{a} \cdot \mathfrak{b}$. Sia $\mathfrak{q}$ l'ideale generato da questi elementi. Poiché si ha sempre $a_i b_j \in \mathfrak{a} \cdot \mathfrak{b}$, si ha $\mathfrak{q} \subset \mathfrak{a} \cdot \mathfrak{b}$. Per mostrare l'inclusione opposta, si consideri un elemento $z \in \mathfrak{a} \cdot \mathfrak{b}$. Allora z è una somma finita del tipo $z = \sum_{\lambda} \alpha_\lambda \beta_\lambda$ con elementi $\alpha_\lambda \in \mathfrak{a}$, $\beta_\lambda \in \mathfrak{b}$ ed esistono elementi $c_{\lambda i}, d_{\lambda j} \in R$ tali che $\alpha_\lambda = \sum_{i=1}^{m} c_{\lambda i} a_i$ e $\beta_\lambda = \sum_{j=1}^{n} d_{\lambda j} b_j$. Da questo si ottiene però $\alpha_\lambda \beta_\lambda = \sum_{i,j} c_{\lambda i} d_{\lambda j} a_i b_j \in \mathfrak{q}$ e quindi $z \in \mathfrak{q}$. Pertanto $\mathfrak{q} = \mathfrak{a} \cdot \mathfrak{b}$ e gli elementi $a_i b_j$ generano l'ideale $\mathfrak{a} \cdot \mathfrak{b}$.

Non è altrettanto facile costruire un sistema di generatori dell'ideale $\mathfrak{a} \cap \mathfrak{b}$ a partire dagli a_i, b_j. Come esempio si consideri il caso $R = \mathbb{Z}$. L'ideale $\mathfrak{a}$ è generato dal massimo comun divisore a di tutti gli a_i e analogamente $\mathfrak{b}$ dal massimo comun divisore b di tutti gli b_j (si veda per esempio in 2.4/13). Inoltre l'ideale $\mathfrak{a} \cap \mathfrak{b}$ è generato dal minimo comune multiplo di a e b (vedi sempre 2.4/13). Questa descrizione di un generatore di $\mathfrak{a} \cap \mathfrak{b}$ è valida tuttavia solo in domini principali mentre in anelli più generali la situazione è decisamente più difficile.

2.2, Es. 2. Siano $\mathfrak{a}, \mathfrak{b}$ ideali di un anello R. Affermiamo che $\mathfrak{a} \cup \mathfrak{b}$ è un ideale di R se e solo se $\mathfrak{a} \subset \mathfrak{b}$ oppure $\mathfrak{b} \subset \mathfrak{a}$. Se è data una di queste inclusioni, per esempio $\mathfrak{a} \subset \mathfrak{b}$, è ovvio che $\mathfrak{a} \cup \mathfrak{b} = \mathfrak{b}$ è un ideale di R. Viceversa, se $\mathfrak{a} \subsetneq \mathfrak{b}$ e $\mathfrak{b} \subsetneq \mathfrak{a}$, esistono allora un elemento $a \in \mathfrak{a}$ che non appartiene a $\mathfrak{b}$ e un elemento $b \in \mathfrak{b}$ che non appartiene a $\mathfrak{a}$. Ne segue che $a + b$ non può essere contenuto né in $\mathfrak{a}$ né in $\mathfrak{b}$ cosicché l'insieme $\mathfrak{a} \cup \mathfrak{b}$ non è chiuso rispetto all'addizione e in particolare non può essere un ideale. Abbiamo dunque dimostrato quanto volevamo.

Data una famiglia di ideali $(\mathfrak{a}_i)_{i \in I}$ di R che consiste di almeno tre elementi, non è così semplice stabilire se l'unione $\mathfrak{a} = \bigcup_{i \in I} \mathfrak{a}_i$ sia o meno un ideale. Naturalmente $\mathfrak{a}$ è chiusa rispetto alla moltiplicazione per elementi di R e rispetto agli opposti. Rimane dunque da controllare se $\mathfrak{a}$ sia chiusa rispetto all'addizione, ossia se, dati

$a, b \in \mathfrak{a}$, risulti sempre $a + b \in \mathfrak{a}$. Una condizione sufficiente perché ciò sia vero è, per esempio, che per ogni coppia di indici $i, j \in I$ ed elementi $a \in \mathfrak{a}_i$, $b \in \mathfrak{a}_j$ esista sempre un indice $k \in I$ tale che $a, b \in \mathfrak{a}_k$. Per esempio l'unione di una catena ascendente di ideali $\mathfrak{a}_1 \subset \mathfrak{a}_2 \subset \ldots$ è di nuovo un ideale.

2.2, Es. 3. La cosa più facile è determinare tutti gli ideali dell'anello K^2. Affermiamo che oltre a 0, $K \times 0$, $0 \times K$, K^2 non vi sono altri ideali in K^2. Per verificarlo, si consideri un ideale $\mathfrak{a} \subset K^2$. Se $\mathfrak{a}$ contiene un elemento (a, b) con $a \neq 0 \neq b$, allora $(1, 1) = (a^{-1}, b^{-1})(a, b) \in \mathfrak{a}$, ossia $\mathfrak{a}$ contiene l'identità di K^2 e risulta $\mathfrak{a} = K^2$. Se però in $\mathfrak{a}$ non c'è alcun elemento (a, b) con $a \neq 0 \neq b$, allora $\mathfrak{a}$ consiste solo di elementi del tipo $(a, 0)$ o $(0, b)$. Da $(a, 0) + (0, b) = (a, b)$, segue che gli elementi della forma $(a, 0)$ e $(0, b)$ non possono stare entrambi in $\mathfrak{a}$ se entrambi sono diversi da 0. Dunque possiamo assumere che, per esempio, tutti gli elementi di $\mathfrak{a}$ siano del tipo $(a, 0)$. Allora $\mathfrak{a}$ è l'ideale nullo oppure esiste un elemento $(a, 0)$ in $\mathfrak{a}$ con $a \neq 0$. Nell'ultimo caso si ha $(1, 0) = (a^{-1}, 1)(a, 0) \in \mathfrak{a}$ e di conseguenza $\mathfrak{a} = K \times 0$.

In particolare è chiaro che tutti gli ideali di K^2 sono pure sottospazi vettoriali. Il fatto che sia così ha una motivazione generale. Infatti, se consideriamo la cosiddetta immersione diagonale $K \longrightarrow K^2$, $a \longmapsto (a, a)$, possiamo identificare K con la sua immagine Δ in K^2 e considerare in questo modo $K = \Delta$ come sottoanello di K^2. Dati $a \in K$ e $v \in K^2$, il prodotto av per la struttura di K-spazio vettoriale di K^2 è allora lo stesso che av calcolato rispetto alla moltiplicazione di anello in K^2. Poiché gli ideali sono chiusi rispetto alla moltiplicazione con elementi di K^2, si vede nuovamente che ogni ideale in K^2 è un K-sottospazio vettoriale di K^2 e anzi possiamo dire lo stesso di ogni sottoanello di K^2 che contiene la diagonale Δ. Per motivi di dimensione non esiste però alcun sottoanello di K^2 che è compreso propriamente tra Δ e K^2. Si osservi che Δ è un esempio di un sottospazio vettoriale di K^2 che non è un ideale. Inoltre Δ è l'unico sottospazio vettoriale proprio che è pure un sottoanello di K^2.

A parte il caso in cui K consiste soltanto di due elementi, si può mostrare che, oltre ai sottospazi vettoriali di K^2 già nominati, ve ne sono altri. In genere vi sono oltre a Δ altri sottoanelli propri di K^2, in particolare quelli contenuti in Δ.

2.3, Es. 1. L'immagine $\varphi(\mathfrak{a})$ di un ideale $\mathfrak{a} \subset R$ è un sottogruppo di R' ma in generale non è un ideale in quanto $\varphi(\mathfrak{a})$ non deve necessariamente essere chiuso rispetto alla moltiplicazione per elementi di R'. Come esempio si consideri l'omomorfismo di anelli $\mathbb{Z} \hookrightarrow \mathbb{Q}$. Se $m > 1$, $m\mathbb{Z}$ è un ideale di $\mathbb{Z}$, ma non di $\mathbb{Q}$, perché $\mathbb{Q}$, essendo un campo, ha solo gli ideali banali. Altra è la situazione se si suppone che $\varphi \colon R \longrightarrow R'$ sia *suriettivo*. In questo caso l'immagine $\varphi(\mathfrak{a})$ di un ideale $\mathfrak{a} \subset R$ è sempre un ideale di R'. Per mostrare ad esempio che $\varphi(\mathfrak{a})$ è chiuso rispetto alla moltiplicazione per elementi di R', si considerino elementi $r' \in R'$, $a' \in \varphi(\mathfrak{a})$ e le rispettive antiimmagini $r \in R$, $a \in \mathfrak{a}$. Si ha allora $ra \in \mathfrak{a}$ e quindi anche $r'a' = \varphi(ra) \in \varphi(\mathfrak{a})$. Indaghiamo ora in quali casi l'ideale $\varphi(\mathfrak{a})$ sia primo o massimale in R'. Per farlo, si costruisca la composizione di φ con la proiezione canonica $R' \longrightarrow R'/\varphi(\mathfrak{a})$, $\psi \colon R \longrightarrow R' \longrightarrow R'/\varphi(\mathfrak{a})$, naturalmente sotto l'ipotesi che φ sia suriettiva. Allora ψ, in quanto composizione di omomorfismi suriettivi di anelli, è pure un omomorfismo suriettivo di anelli. Il suo nucleo è $\mathfrak{a} + \ker \varphi$ cosicché, grazie a 2.3/5, $R'/\varphi(\mathfrak{a})$ risulta isomorfo a $R/(\mathfrak{a} + \ker \varphi)$. Applicando 2.3/8

possiamo dunque concludere che l'ideale $\varphi(\mathfrak{a})$ è primo (risp. massimale) se e solo
se l'ideale $R'/\varphi(\mathfrak{a})$ è un dominio di integrità (risp. un campo), ossia se e solo se
$\mathfrak{a} + \ker \varphi$ è primo (risp. massimale) in R. In particolare, dato un ideale primo (risp.
massimale) $\mathfrak{a}$ che contiene $\ker \varphi$, l'immagine $\varphi(\mathfrak{a})$ è a sua volta un ideale primo
(risp. massimale).

Consideriamo ora l'antiimmagine $\mathfrak{a} = \varphi^{-1}(\mathfrak{a}')$ di un ideale $\mathfrak{a}' \subset R'$, dove
φ è adesso un qualsiasi omomorfismo di anelli. Si verifica senza difficoltà che $\mathfrak{a}$
è un ideale di R. La chiusura rispetto alla moltiplicazione con elementi di R si
ottiene nel modo seguente: dati $r \in R$ e $a \in \mathfrak{a}$ si ha $\varphi(ra) = \varphi(r)\varphi(a) \in \mathfrak{a}'$ e
dunque $ra \in \varphi^{-1}(\mathfrak{a}') = \mathfrak{a}$. Per riconoscere quando $\mathfrak{a}$ sia primo o massimale in R,
si consideri nuovamente la composizione $\psi: R \longrightarrow R' \longrightarrow R'/\mathfrak{a}'$. Si ha $\ker \psi = \mathfrak{a}$
e per 2.3/4 ψ induce un omomorfismo iniettivo $\overline{\psi}: R/\mathfrak{a} \longrightarrow R'/\mathfrak{a}'$. Applicando
2.3/8, possiamo concludere quanto segue: se l'ideale $\mathfrak{a}'$ è primo in R', allora $R'/\mathfrak{a}'$
è un dominio di integrità, di conseguenza anche $R/\mathfrak{a}$ lo è e quindi $\mathfrak{a}$ è un ideale
primo di R. Questa dimostrazione non funziona però con ideali massimali al posto
di ideali primi, perché l'applicazione $\overline{\psi}$ non è necessariamente suriettiva e quindi
l'antiimmagine $\mathfrak{a} \subset R$ di un ideale massimale $\mathfrak{a}' \subset R'$ non è necessariamente un
ideale massimale. Come esempio si consideri l'inclusione $\mathbb{Z} \hookrightarrow \mathbb{Q}$: l'ideale $\mathfrak{a}' = 0$ è
massimale in $\mathbb{Q}$ mentre la sua antiimmagine $\mathfrak{a} = 0$ non è massimale in $\mathbb{Z}$.

Nel caso in cui φ è suriettiva, le argomentazioni precedenti mostrano che c'è
una corrispondenza biunivoca tra gli ideali di R' e gli ideali di R che contengono
$\ker \varphi$ che fa corrispondere gli ideali primi (risp. massimali) a ideali primi (risp.
massimali).

2.3, Es. 2. Vogliamo mostrare che $\ker \varphi_x$ è l'ideale principale $(X - x)$ generato
da $X - x$. Naturalmente si ha $X - x \in \ker \varphi_x$. Viceversa, possiamo applicare a un
qualsiasi elemento $f \in \ker \varphi_x$ la divisione con resto 2.1/4 e scrivere $f = q(X-x)+r$
dove $r \in R[X]$ è un polinomio di grado < 1, ossia costante. Poiché però si ha
$\varphi_x(r) = \varphi_x(f) = 0$, si ottiene $r = 0$ e dunque $f \in (X - x)$. In totale si ha
$\ker \varphi_x = (X - x)$.

Essendo φ_x suriettivo, esiste per il teorema di omomorfismo 2.3/5 un iso-
morfismo $R[X]/\ker \varphi_x \overset{\sim}{\longrightarrow} R$. Segue allora da 2.3/8 che $\ker \varphi_x$ è primo (risp.
massimale) se e solo se R è un dominio di integrità (risp. un campo).

2.4, Es. 1. Sia R un anello. Vogliamo mostrare che l'anello dei polinomi $R[X]$
è un dominio principale se e solo se R è un campo. Come già visto in 2.4/3, la
condizione è sufficiente. Supponiamo dunque che $R[X]$ sia un dominio principale.
In particolare $R[X]$ è un dominio di integrità e quindi anche R lo è. Vogliamo
mostrare che l'elemento X è irriducibile in $R[X]$. Per farlo, consideriamo una
fattorizzazione $X = fg$ con $f, g \in R[X]$. Segue allora dalla formula 2.1/2 che
$\mathrm{grad}\, f + \mathrm{grad}\, g = 1$ e dunque, per esempio, $\mathrm{grad}\, f = 0$ e $\mathrm{grad}\, g = 1$. Il polinomio
f è quindi costante, ossia corrisponde a un elemento di R, e da $X = fg$ segue che
$f a_1 = 1$ se a_1 è il coefficiente di grado 1 in g. Questo significa che f è un'unità di
R e di $R[X]$ e pertanto X è irriducibile.

Sia ora $\varphi: R[X] \longrightarrow R$, $h \longmapsto h(0)$ l'omomorfismo di valutazione in 0. È
suriettivo, $\ker \varphi = (X)$ e quindi, per il teorema di omomorfismo 2.3/5, induce
un isomorfismo $R[X]/(X) \simeq R$. Poiché X è irriducibile, si deduce da 2.4/6 che

l'ideale (X) è massimale in $R[X]$. Ma allora $R[X]/(X) \simeq R$ è un campo grazie a 2.3/8.

2.4, Es. 2. Sia R un dominio fattoriale. Se un ideale di R generato da due elementi x, y è sempre principale, si dimostra per induzione che ogni ideale di R *finitamente* generato è principale. Allora, usando il fatto che R è un dominio fattoriale, si vede che *ogni* ideale di R è principale e quindi che R è un dominio principale. Infatti se esistesse un ideale $\mathfrak{a} \subset R$ che non è finitamente generato, si troverebbe in $\mathfrak{a}$ una successione di elementi $a_1, a_2, \ldots$ con

$$(a_1) \subsetneq (a_1, a_2) \subsetneq (a_1, a_2, a_3) \subsetneq \ldots$$

Poiché ciascuno di questi ideali sarebbe principale (in quanto finitamente generato), sarebbe possibile scrivere questa catena di ideali nella forma

$$(x_1) \subsetneq (x_2) \subsetneq (x_3) \subsetneq \ldots$$

dove ciascun x_{i+1} è un divisore non banale di x_i. Questo significherebbe però che il numero dei fattori primi nella fattorizzazione di x_{i+1} sarebbe strettamente minore del numero dei fattori primi nella fattorizzazione di x_i. Di conseguenza una catena infinita del tipo precedente non può esistere e dunque ogni ideale di R è finitamente generato e quindi principale. Pertanto la caratterizzazione del massimo comun divisore in termini di ideali è in generale possibile solo nei domini principali.

Diversa è la situazione per il minimo comune multiplo v di due elementi $x, y \in R$. Risulta infatti $(x) \cap (y) = (v)$ anche se R è soltanto un dominio fattoriale. È facile verificarlo: poiché v è un multiplo di x e y, si ha $(x) \cap (y) \supset (v)$; viceversa, se $a \in (x) \cap (y)$, dunque se a è un multiplo comune a x e y, allora a è, per definizione di v, anche un multiplo di v e quindi $a \in (v)$ ossia $(x) \cap (y) \subset (v)$.

2.5, Es. 1. Sia R un anello (commutativo) e sia M un monoide non necessariamente commutativo. Possiamo costruire l'anello dei polinomi $R[M]$ come fatto in 2.5, dove non abbiamo mai usato la commutatività di M. Si deve tuttavia stare attenti se si scrive la legge di composizione di M in forma additiva. Infatti M non è commutativo e dunque esistono elementi $\mu, \nu \in M$ tali che $\mu + \nu \neq \nu + \mu$. In particolare il prodotto $X^\mu \cdot X^\nu = X^{\mu+\nu}$ è diverso dal prodotto $X^\nu \cdot X^\mu = X^{\nu+\mu}$ cosicché $R[M]$ non è in generale un anello commutativo. Se inoltre si ammettono in 2.5/1 non solo estensioni di R date da anelli commutativi, ma anche estensioni di anelli più generali R' i cui elementi commutano con quelli di R, l'asserto in 2.5/1 e la sua dimostrazione rimangono validi senza modifiche.

2.5, Es. 2. I risultati 2.5/2, 2.5/3 e 2.5/4 rimangono validi se si considera al posto di $R[X_1, \ldots, X_n]$ l'anello dei polinomi $R[\mathfrak{X}]$ con $\mathfrak{X} = (X_i)_{i \in I}$ un sistema arbitrario di variabili X_i. Per giustificarlo si può dire che ciascun elemento $R[\mathfrak{X}]$ è un polinomio in un numero finito di variabili X_i e che quindi è sufficiente conoscere i risultati per anelli di polinomi in un numero finito di variabili. Consideriamo per esempio l'asserto in 2.5/4. Ovviamente $R^* \subset (R[\mathfrak{X}])^*$ perché ogni unità di R è anche un'unità di $R[\mathfrak{X}]$. Viceversa, se f è un'unità di $R[\mathfrak{X}]$, esiste un $g \in R[\mathfrak{X}]$ tale che $fg = 1$. Poiché f e g sono polinomi in un numero finito di variabili, possiamo leggere $fg = 1$ anche in un sottoanello del tipo $R[X_{i_1}, \ldots, X_{i_n}] \subset R[\mathfrak{X}]$. Dunque f è un'unità in $R[X_{i_1}, \ldots, X_{i_n}]$ e allora f è un'unità di R.

Anche il risultato 2.5/5 può essere generalizzato al caso di infinite variabili: sia $\varphi \colon R \longrightarrow R'$ un omomorfismo di anelli e sia $(x_i)_{i \in I}$ un sistema di elementi di R'. Esiste allora un unico omomorfismo di anelli $\Phi \colon R[X_i \, ; \, i \in I] \longrightarrow R'$ tale che $\Phi|_R = \varphi$ e $\Phi(X_i) = x_i$ per ogni $i \in I$. Si può dedurre questo fatto da 2.5/5 considerando prolungamenti di φ del tipo $R[X_{i_1}, \ldots, X_{i_n}] \longrightarrow R'$ con $X_{i_j} \longmapsto x_{i_j}$ e invocando la loro unicità. Naturalmente si deve osservare che un omomorfismo di monoidi $\mathbb{N}^{(I)} \longrightarrow R'$ è univocamente determinato dalle immagini degli elementi $e_j = (\delta_{ij})_{i \in I}, \, j \in I$, e che queste immagini possono essere scelte in modo arbitrario. Infine si applica 2.5/1.

2.5, Es. 3. Nella dimostrazione seguente applicheremo ripetutamente la proposizione 2.5/1. Sia $\Phi' \colon R[M] \longrightarrow R[M \times M']$ l'omomorfismo di anelli individuato dall'omomorfismo di monoidi $M \longrightarrow R[M \times M']$, $\mu \longmapsto X^{(\mu, 0)}$ e dall'applicazione canonica $R \hookrightarrow R[M \times M']$. Esiste inoltre un omomorfismo di anelli $\Phi \colon R[M][M'] \longrightarrow R[M \times M']$ che prolunga Φ' e che è individuato da $M' \longrightarrow R[M \times M']$, $\nu \longmapsto X^{(0, \nu)}$. Viceversa, definiamo un omomorfismo di anelli $\Psi \colon R[M \times M'] \longrightarrow R[M][M']$ tramite l'applicazione canonica $R \hookrightarrow R[M] \hookrightarrow R[M][M']$ e l'omomorfismo di monoidi $M \times M' \longrightarrow R[M][M']$, $(\mu, \nu) \longmapsto X^\mu \cdot X^\nu$. Affermiamo che Φ e Ψ sono uno l'inverso dell'altro e quindi $\Phi \circ \Psi = \mathrm{id}$ e $\Psi \circ \Phi = \mathrm{id}$. Infatti, $\Phi \circ \Psi$ e l'applicazione identica sono entrambe omomorfismi di anelli $R[M \times M'] \longrightarrow R[M \times M']$ che prolungano l'applicazione canonica $R \hookrightarrow R[M \times M']$ e soddisfano $X^{(\mu, \nu)} \longmapsto X^{(\mu, \nu)}$. Di conseguenza corrispondono entrambe all'omomorfismo di monoidi $M \times M' \longrightarrow R[M \times M']$, $(\mu, \nu) \longmapsto X^{(\mu, \nu)}$ e l'asserto di unicità in 2.5/1 implica $\Phi \circ \Psi = \mathrm{id}$. In modo simile si ottiene $\Psi \circ \Phi = \mathrm{id}$, dapprima ristretto a $R[M]$ e poi su tutto $R[M][M']$.

2.6, Es. 1. Dimostriamo per induzione su n che il polinomio in questione $f \in K[X_1, \ldots, X_n]$ è nullo. Il caso $n = 1$ discende da 2.6/1. Sia allora $n \geq 2$ e scriviamo f nella forma $f = \sum_{i=0}^{\infty} f_i X_n^i$, con polinomi $f_i \in K[X_1, \ldots, X_{n-1}]$. Dato un $x = (x_1, \ldots, x_n) \in K^n$, si ha allora $f(x) = \sum_{i=0}^{\infty} f_i(x') x_n^i$ dove $x' = (x_1, \ldots, x_{n-1})$. Se $f(x) = 0$ per ogni $x \in K^n$, allora il polinomio in una variabile $\sum_{i=0}^{\infty} f_i(x') X_n^i \in K[X_n]$ si annulla su tutto K per ogni $x' \in K^{n-1}$. Segue allora da 2.6/1 che i coefficienti $f_i(x')$ sono nulli, cosicché si ha $f_i(x') = 0$ per ogni $i \in \mathbb{N}$ e ogni $x' \in K^{n-1}$. Per ipotesi induttiva risulta $f_i = 0$ per ogni i e dunque $f = 0$.

2.7, Es. 1. Si osservi che l'immagine $\varphi(p)$ di un elemento primo $p \in R$ è ancora un elemento primo. Se dunque $x = p_1 \ldots p_n$ è una fattorizzazione in elementi primi di un elemento $x \in R$, allora $\varphi(x) = \varphi(p_1) \ldots \varphi(p_n)$ è una fattorizzazione in primi dell'immagine $\varphi(x)$. In particolare risulta $\nu_{\varphi(p)}(\varphi(x)) = \nu_p(x)$ per ogni $x \in R$. Vogliamo mostrare che più in generale si ha $\nu_{\varphi(p)}(\Phi(f)) = \nu_p(f)$ per ogni elemento primo $p \in R$ e ogni polinomio $f \in R[X]$. Considerando accanto a Φ anche Φ^{-1}, si vede che è sufficiente dimostrare $\nu_{\varphi(p)}(\Phi(f)) \geq \nu_p(f)$ per polinomi $f \neq 0$. Supponiamo allora che sia $\nu_p(f) = r \geq 0$ e definiamo il polinomio $\tilde{f} = p^{-r} f$ in $R[X]$. Risulta $\Phi(\tilde{f}) \in R[X]$ e quindi $\nu_{\varphi(p)}(\Phi(\tilde{f})) \geq 0$. Poiché $\Phi(f) = \Phi(p^r \tilde{f}) =$

$\varphi(p)^r \Phi(\tilde{f})$ si deduce $\nu_{\varphi(p)}(\Phi(f)) \geq r = \nu_p(f)$, ossia quanto dovevamo dimostrare. Nel caso in cui $\varphi(p)$ e p siano sempre associati, per esempio se $\varphi = \Phi|_R = $ id, si ha pure $\nu_p(\Phi(f)) = \nu_p(f)$ per ogni elemento primo $p \in R$.

Un polinomio $f \in R[X]$ è primitivo se e solo se $\nu_p(f) = 0$ per ogni elemento primo $p \in R$. Poiché φ è un isomorfismo di R, esso induce una biiezione dell'insieme delle classi di equivalenza di elementi primi associati in sé. Da $\nu_{\varphi(p)}(\Phi(f)) = \nu_p(f)$ segue che $\Phi(f)$ è primitivo se e solo f è primitivo. Possiamo considerare come esempio l'applicazione $\Phi \colon R[X] \longrightarrow R[X]$, $f \longmapsto f(X + a)$. Ne segue che un polinomio $f \in R[X]$ è primitivo se e solo se $f(X + a)$ è primitivo.

2.7, Es. 2. Il lemma di Gauss dice che se $p \in R$ è un elemento primo e $f, g \in K[X]$ si ha la formula $\nu_p(fg) = \nu_p(f) + \nu_p(g)$. Di conseguenza, se $f, g \neq 0$, risulta

$$\prod_{p \in P} p^{\nu_p(fg)} = \prod_{p \in P} p^{\nu_p(f)} \cdot \prod_{p \in P} p^{\nu_p(g)},$$

che possiamo riscrivere come $a_{fg} = a_f \cdot a_g$ usando i contenuti. Viceversa, usando quest'ultima formula si deduce che $\nu_p(a_{fg}) = \nu_p(a_f) + \nu_p(a_g)$ per ogni $p \in P$. Poiché il contenuto a_h di un polinomio $h \neq 0$ è caratterizzato da $\nu_p(a_h) = \nu_p(h)$, si ottiene di nuovo $\nu_p(fg) = \nu_p(f) + \nu_p(g)$. Se $f, g \neq 0$, l'asserto del lemma di Gauss è allora equivalente alla formula $a_{fg} = a_f \cdot a_g$.

2.9, Es. 1. Se $M = T \oplus F$ è una decomposizione in un modulo di torsione T e in un modulo libero F, allora T è univocamente determinato come "il" modulo di torsione di M. Al contrario F, tranne che nel caso $T = 0$, non è univocamente determinato. Infatti se modifichiamo gli elementi di una base di F sommando elementi di torsione qualsiasi, si ottiene un sottomodulo libero $F' \subset M$ che pure soddisfa $T \oplus F' = M$.

Non c'è unicità nemmeno per le decomposizioni del tipo $M = M' \oplus M''$ con $M' \simeq A/p^r A$ e $M'' \simeq A/p^s A$, dove p è un elemento primo. Per esempio nel caso $r = s = 1$ si può considerare M come un (A/p)-spazio vettoriale. Allora $M = M' \oplus M''$ è un (A/p)-spazio vettoriale di dimensione 2 scritto come somma diretta di due sottospazi di dimensione 1. Ma una tale decomposizione non è mai unica.

2.9, Es. 2. $\mathbb{Q}$ è uno $\mathbb{Z}$-modulo privo di torsione e di rango 1 che però non è libero. Infatti se $\mathbb{Q}$ fosse uno $\mathbb{Z}$-modulo libero dovrebbe esistere un $x \in \mathbb{Q}$ tale che $\mathbb{Q} = \mathbb{Z}x$. Ma questo non può accadere perché, per esempio, se $x = \frac{a}{b}$ con $a, b \in \mathbb{Z}$ coprimi e $a, b \neq 0$, si ha $\frac{a}{2b} \notin \mathbb{Z}x$.

2.9, Es. 3. Sia K un campo e sia V un K-spazio vettoriale di dimensione finita con $\varphi \colon V \longrightarrow V$ un K-endomorfismo. Un sottospazio vettoriale $U \subset V$ si dice φ-*invariante* se $\varphi(U) \subset U$ e φ-*ciclico* se U è φ-invariante ed esiste un $u \in U$ tale che la successione $u, \varphi(u), \varphi^2(u), \dots$ forma un sistema di generatori di U su K. Inoltre U si dice φ-*irriducibile* se U è φ-invariante e non ammette una decomposizione come somma diretta di due sottospazi vettoriali φ-invarianti propri. Nella teoria delle forme canoniche si mostra come primo passo che V si decompone in somma diretta di sottospazi vettoriali φ-irriducibili e che ogni sottospazio vettoriale φ-irriducibile è φ-ciclico. Vogliamo dedurlo da 2.9/8 (vedi anche [3], 6.3–6.5).

Si consideri allora V come un $K[X]$-modulo nel modo descritto in 2.9, ossia definendo la moltiplicazione per X tramite φ. Un $K[X]$-sottomodulo $U \subset V$ è allora nient'altro che un K-sottospazio vettoriale φ-invariante mentre un $K[X]$-sottomodulo generato da un elemento è un K-sottospazio vettoriale φ-ciclico. Un sottospazio vettoriale φ-irriducibile di V è quindi un $K[X]$-sottomodulo di V che non può essere decomposto nella somma diretta di due $K[X]$-sottomoduli propri.

Poiché V è un K-spazio vettoriale finitamente generato, lo stesso vale anche per V come $K[X]$-modulo e inoltre V è un $K[X]$-modulo di torsione. Possiamo dunque applicare 2.9/8 e ottenere così, una volta scelto un sistema di rappresentanti P dei polinomi irriducibili di $K[X]$, una decomposizione

$$V \simeq \bigoplus_{p \in P} \bigoplus_{\nu_p=1}^{r_p} K[X]/(p^{n(p,\nu_p)})$$

dove i numeri $r_p, n(p,\nu_p) \in \mathbb{N}$ sono univocamente determinati e r_p è nullo per quasi tutti i $p \in P$. In termini di spazi vettoriali questa è una decomposizione di V in somma diretta di sottospazi vettoriali φ-ciclici e si deduce dall'asserto di unicità in 2.9/8 che i sottospazi che intervengono sono φ-irriducibili e che, più in generale, ogni sottospazio φ-irriducibile è φ-ciclico. Con questo abbiamo dimostrato il risultato enunciato prima.

Ora possiamo considerare particolari matrici che descrivono l'endomorfismo φ rispetto a opportune K-basi di V. Si consideri quindi una decomposizione di $V = \bigoplus_{i=1}^{s} V_i$ in sottospazi φ-irriducibili e si scelga una base di V mettendo insieme opportune basi dei V_i. La matrice di φ è allora una "matrice diagonale" nel senso che sulla "diagonale" vi sono le matrici che descrivono gli endomorfismi $\varphi_i = \varphi|_{V_i}$ e gli altri elementi sono 0. Basta quindi considerare il caso in cui V è φ-irriducibile, ad esempio $V = K[X]/(p^n)$ per un elemento primo $p \in P$. Indicata con $\overline{X} \in K[X]/(p^n)$ la classe laterale che contiene X, gli elementi $1, \overline{X}, \overline{X}^2, \ldots, \overline{X}^{m-1}$ con $m = n \cdot (\operatorname{grad} p)$ formano una K-base di V e la matrice di φ rispetto questa base ha la forma

$$\begin{pmatrix} 0 & 0 & \ldots & 0 & 0 & -c_m \\ 1 & 0 & \ldots & 0 & 0 & -c_{m-1} \\ \cdot & \cdot & \ldots & \cdot & \cdot & \cdot \\ \cdot & \cdot & \ldots & \cdot & \cdot & \cdot \\ 0 & 0 & \ldots & 1 & 0 & -c_2 \\ 0 & 0 & \ldots & 0 & 1 & -c_1 \end{pmatrix}$$

con $p^n = X^m + c_1 X^{m-1} + \ldots + c_m$ il polinomio minimo di φ. Questa è la cosiddetta *forma canonica razionale* della matrice di φ. Se inoltre p ha grado 1, ossia $p = X - c$, si può scegliere anche $1, \overline{X} - c, (\overline{X} - c)^2, \ldots, (\overline{X} - c)^{n-1}$ come K-base di V. La matrice di φ rispetto a questa base ha allora la forma

$$\begin{pmatrix} c & 0 & \ldots & 0 & 0 \\ 1 & c & \ldots & 0 & 0 \\ \cdot & \cdot & \ldots & \cdot & \cdot \\ 0 & 0 & \ldots & c & 0 \\ 0 & 0 & \ldots & 1 & c \end{pmatrix}.$$

Questa è la cosiddetta *forma canonica di Jordan* della matrice di φ.

3.1, Es. 1. Sia $\sigma\colon R \longrightarrow R'$ un omomorfismo tra anelli R, R' di caratteristica rispettivamente p e p'. Se si considerano gli omomorfismi $\varphi\colon \mathbb{Z} \longrightarrow R$, $n \longmapsto n \cdot 1$, e $\varphi'\colon \mathbb{Z} \longrightarrow R'$, $n \longmapsto n \cdot 1$, allora risulta $\ker \varphi = p\mathbb{Z}$ e $\ker \varphi' = p'\mathbb{Z}$. Poiché φ' è l'unico omomorfismo da $\mathbb{Z}$ in R' si ha $\varphi' = \sigma \circ \varphi$, dunque $\ker \varphi \subset \ker \varphi'$ e quindi $p' \,|\, p$. Inoltre, nel caso in cui σ sia iniettivo, risulta $\ker \varphi = \ker \varphi'$ e $p = p'$. Poiché gli omomorfismi di campi sono sempre iniettivi, si deduce che non possono esistere omomorfismi tra campi di caratteristica diversa.

D'altra parte, dato un numero primo p', l'omomorfismo $\mathbb{Z} \longrightarrow \mathbb{Z}/p'\mathbb{Z}$ è un esempio di omomorfismo tra domini di integrità di caratteristica rispettivamente 0 e p'. Questo però è anche l'unico caso di caratteristica "mista" che si può presentare. Infatti, se $\sigma\colon R \longrightarrow R'$ è un omomorfismo tra domini di integrità di caratteristica rispettivamente p e p', abbiamo visto che necessariamente $p' \,|\, p$. Poiché p e p' sono nulli o numeri primi (positivi) da $p \neq p'$ segue allora $p = 0$.

3.2, Es. 1. Consideriamo un'estensione di campi L/K e due elementi $a, b \in L$ che sono algebrici su K. Per dimostrare che $a + b$ è algebrico su K si potrebbe tentare di costruire in modo esplicito un polinomio non banale che si annulla in $a + b$ a partire dai polinomi minimi di a e b. Tuttavia l'esperienza mostra che tale via è poco praticabile. Una prima ragione sta nel fatto che in una espressione $f(a + b)$ con $f \in K[X]$ un polinomio di grado ≥ 2 non si possono in genere "separare" a e b, per esempio scrivendo $f(a + b)$ come somma di un polinomio in a e di un polinomio in b. Si consideri come esempio l'estensione $\mathbb{C}/\mathbb{Q}$ con i numeri algebrici $a = \sqrt{2}$, $b = \sqrt{3}$. Il polinomio minimo di a è $X^2 - 2$ e quello di b è $X^2 - 3$. Procedendo come nell'esercizio 7 della sezione 3.2, il polinomio minimo di $a + b$ risulta essere $X^4 - 10X^2 + 1$, ossia un polinomio che non ha alcuna "evidente" relazione con $X^2 - 2$ e $X^2 - 3$.

Dunque per dimostrare l'algebricità di $a + b$ non rimane altro che usare la teoria sviluppata nella sezione 3.2. Da 3.2/6 sappiamo che $K(a)/K$ e $K(a, b)/K(a)$ sono estensioni finite di campi. Grazie alla formula dei gradi 3.2/2 anche $K(a, b)/K$ è finita e dunque algebrica (vedi 3.2/7). In particolare $a + b \in K(a, b)$ è algebrico su K.

3.2, Es. 2. Abbiamo mostrato in 3.2/7 che ogni estensione finita di campi è algebrica. L'esempio della chiusura algebrica $\overline{\mathbb{Q}}$ di $\mathbb{Q}$ in $\mathbb{C}$ mostra che l'implicazione opposta è falsa. Tuttavia possiamo dire che un'estensione di campi L/K è algebrica se esiste una famiglia $(L_i)_{i \in I}$ di campi intermedi di L/K tali che $L = \bigcup_{i \in I} L_i$ e ciascuna estensione L_i/K è finita. Infatti, se questa condizione è soddisfatta e se $a \in L$, esiste un indice $i \in I$ tale che $a \in L_i$. Di conseguenza a è algebrico su K e pertanto L è algebrico su K. Viceversa, se L/K è algebrica, allora L è unione dei campi intermedi $K(a)$ al variare di a in L e l'estensione $K(a)/K$ è finita grazie a 3.2/6.

Vogliamo ora mostrare che si può caratterizzare il fatto che un'estensione di campi L/K sia algebrica tramite la seguente condizione: ogni sottocampo L' di L finitamente generato su K è finito su K. Infatti, se L/K è algebrica e L' è un sottocampo di L finitamente generato su K, segue da 3.2/9 che L'/K è finita.

Pertanto la condizione è necessaria. È anche sufficiente perché, dato un $\alpha \in L$, l'estensione $K(\alpha)/K$ è finita e quindi algebrica (vedi 3.2/7).

3.2, Es. 3. Supponiamo, per assurdo, che esista un elemento $a \in \mathbb{C}$ che non appartiene alla chiusura algebrica $\overline{\mathbb{Q}}$ di $\mathbb{Q}$ in $\mathbb{C}$, ma che è algebrico su $\overline{\mathbb{Q}}$. Allora a è algebrico su $\mathbb{Q}$ grazie a 3.2/12 e dunque deve essere contenuto in $\overline{\mathbb{Q}}$. Ma questo contraddice le ipotesi su a.

3.3, Es. 1. Dato un elemento $b \in B$, si consideri come al solito l'omomorfismo $\varphi \colon A[Y] \longrightarrow B$ che prolunga l'inclusione $A \hookrightarrow B$ e associa b a Y. Poiché b soddisfa un'equazione intera su A, $\ker \varphi$ contiene polinomi monici. Possiamo quindi scegliere un polinomio monico f di grado minimo in $\ker \varphi$. Se A è un campo K, allora f è univocamente determinato da b. Infatti $\ker \varphi$ è un ideale principale generato da f. Come generatore di un ideale principale allora f è univocamente determinato a meno di un'unità in $K[Y]$, ossia a meno di una costante in K^*. Se si assume f monico, allora f è univocamente determinato da b.

In generale, tuttavia, l'ideale $\ker \varphi$ non è principale in $A[Y]$. Di solito ci sono vari polinomi monici di grado minimo in $\ker \varphi$ e non possiamo indicare nessuno di questi come "il" polinomio minimo di b su A. Nell'esempio proposto $A = \{\sum c_i X^i \in K[X] \, ; \, c_1 = 0\} \subset K[X] = B$, i due polinomi

$$Y^2 - X^2, \qquad Y^2 + X^2 Y - (X^3 + X^2)$$

sono monici e di grado minimo in $A[Y]$ tra quelli che si annullano in $b := X$. Nessuno dei due genera però l'ideale $\ker \varphi$.

3.4, Es. 1. Assumiamo che il polinomio $f \in \mathbb{Q}[X]$ sia irriducibile, eventualmente sostituendo f con un suo fattore irriducibile. Grazie alla costruzione di Kronecker (proposizione 3.4/1), possiamo interpretare $\mathbb{Q}[X]/(f)$ come un'estensione di $\mathbb{Q}$ e la classe laterale $\overline{X}$ rappresentata dalla variabile X come una radice di f. Stiamo per così dire estendendo al minimo $\mathbb{Q}$ con la sola intenzione di ottenere una radice di f, ma senza mettere in relazione l'estensione ottenuta con i numeri reali o complessi. In Analisi invece, a partire da $\mathbb{Q}$, si costruisce con argomenti di natura topologica prima il campo $\mathbb{R}$ e da questo il campo $\mathbb{C}$ dei numeri complessi. Solo a questo punto ci si interessa degli zeri dei polinomi in questi campi speciali. Nel costruire tali zeri giocano un ruolo cruciale approssimazioni e processi di limite perché si devono usare proprietà di $\mathbb{R}$ e $\mathbb{C}$, in particolare la completezza. Se infine si trova uno zero $a \in \mathbb{C}$ di f, l'omomorfismo $\mathbb{Q} \longrightarrow \mathbb{C}$ può essere prolungato, grazie a 3.4/8, a un omomorfismo $\mathbb{Q}[X]/(f) \longrightarrow \mathbb{C}$, mandando $\overline{X}$ su a.

3.4, Es. 2. Per applicare il lemma di Zorn bisogna avere un *insieme* parzialmente ordinato. In generale però la "totalità" delle estensioni algebriche di K non è un insieme. La soluzione proposta può tuttavia essere salvata con alcuni accorgimenti. Consideriamo l'insieme delle parti P di K e consideriamo K come un sottoinsieme di P tramite l'applicazione $K \longrightarrow P$, $a \longmapsto \{a\}$. Sia poi M l'insieme delle coppie (L, κ) che consistono di un insieme L con $K \subset L \subset P$ e di una struttura di campo κ su L che prolunga la struttura di campo di K e rende L un'estensione di K. L'insieme M è parzialmente ordinato in modo naturale e scriveremo $(L, \kappa) \leq (L', \kappa')$ se $L \subset L'$ e κ' ristretto a L è κ. Con le solite argomentazioni sull'unione, si ottiene subito che ogni sottoinsieme totalmente ordinato in M ammette un maggiorante in M. Possiamo quindi dedurre con il lemma di Zorn 3.4/5 che M possiede un elemento massimale. Lo indichiamo con (L_1, κ_1): questo rappresenta un'estensione algebrica di K.

Affermiamo che se K è infinito, allora (L_1, κ_1) è una chiusura algebrica di K. Dobbiamo mostrare che (L_1, κ_1) non ammette estensioni algebriche proprie. Sia dunque E un'estensione algebrica di (L_1, κ_1) e quindi, in particolare, un'estensione algebrica di K. Usiamo ora alcuni fatti noti sulla cardinalità degli insiemi e ricordiamo che K e $K[X]$ sono (se K è infinito) equipotenti, cosicché hanno la stessa cardinalità di L_1 e E. Infatti questi ultimi sono rappresentabili come unione di insiemi di radici di polinomi di $K[X]$. Ma l'insieme delle parti P di K ha cardinalità maggiore di K e di E. Lo stesso vale per $P - L_1$ e quindi l'inclusione $L_1 \hookrightarrow P$ può essere prolungata a un'inclusione $E \hookrightarrow P$. Questa produce un elemento $(L_2, \kappa_2) \in M$ tale che $(L_1, \kappa_1) \leq (L_2, \kappa_2)$. Dalla massimalità di (L_1, κ_1) segue allora $L_1 = L_2$ e $(L_1, \kappa_1) = E$, ossia (L_1, κ_1) è una chiusura algebrica di K. Se K è un campo finito, si può modificare la dimostrazione in modo ovvio, ossia passando da K a un insieme infinito K' che lo contenga e definendo P come l'insieme delle parti di K'.

3.4, Es. 3. Due chiusure algebriche $\overline{K}_1$ e $\overline{K}_2$ di un campo K sono sì isomorfe su K, ma in generale vi sono diversi K-isomorfismi $\overline{K}_1 \xrightarrow{\sim} \overline{K}_2$, ossia isomorfismi che lasciano fisso K (si veda a riguardo 3.4/8 come pure la costruzione nella dimostrazione di 3.4/9). Se parlassimo "della" chiusura algebrica $\overline{K}$ di K, staremmo assumendo un'identificazione di tutte le possibili chiusure algebriche di K, ossia dovremmo scegliere per ogni coppia di tali chiusure $\overline{K}_i$ e $\overline{K}_j$ un isomorfismo speciale $\varphi_{ij}: \overline{K}_i \xrightarrow{\sim} \overline{K}_j$ tale che $\varphi_{ij}|_K = \mathrm{id}_K$ e soddisfacente relazioni di compatibilità $\varphi_{ik} = \varphi_{jk} \circ \varphi_{ij}$ per ogni scelta degli indici i, j, k. Poiché però non esiste in generale alcuna scelta canonica per tali K-isomorfismi, un'identificazione delle chiusure algebriche è molto problematica.

3.5, Es. 1. Sia L/K un'estensione di campi di grado 2. Se $a \in L - K$, si ha $1 < [K(a) : K] \leq 2$ da cui segue $[K(a) : K] = 2$ e quindi $L = K(a)$. Sia $f \in K[X]$ il polinomio minimo di a su K. Allora a è una radice di f e il polinomio lineare $X - a$ divide f in $L[X]$. Ne segue che f si spezza completamente in fattori lineari in $L[X]$. Se a, b sono le due radici di f, risulta $L = K(a) = K(a, b)$, ossia L è il campo di spezzamento di f su K e quindi è normale su K.

3.5, Es. 2. Si consideri un campo di spezzamento L di un polinomio non costante $f \in K[X]$ e sia $g \in K[X]$ un polinomio irriducibile che ha una radice b in L. Per vedere che L contiene tutte le radici di g, scegliamo una chiusura algebrica $\overline{L}$ di L. Siano $b_1, \ldots, b_r \in \overline{L}$ le radici distinte di g. Grazie a 3.4/8 per ogni $i = 1, \ldots, r$ esiste un K-omomorfismo $\sigma_i: K(b) \longrightarrow \overline{L}$ tale che $\sigma_i(b) = b_i$ e possiamo prolungare σ_i a un K-omomorfismo $\sigma_i': L \longrightarrow \overline{L}$ (vedi 3.4/9).

È sufficiente verificare che risulta $\sigma_i'(L) \subset L$ per ogni $i = 1, \ldots, r$ perché questo implica che tutte le radici $b_1, \ldots, b_r$ di g sono contenute in L e quindi che g si spezza in fattori lineari su L. Poiché σ_i' lascia fisso il campo K, esso manda le radici di f in radici di f. Poiché però L è generato su K da tutte le radici di f in $\overline{L}$, si ha $\sigma_i'(L) \subset L$, come voluto.

3.5, Es. 3. Sia $\overline{K}$ una chiusura algebrica di L. Allora $\overline{K}$ è anche una chiusura algebrica di K in quanto L/K è algebrica. Sia ora $a \in \overline{K}$ un elemento e sia $f \in K[X]$ il suo polinomio minimo. Poiché f non è costante e L è campo di spezzamento di tutti i polinomi non costanti in $K[X]$, f si spezza completamente in fattori lineari in $L[X]$ cosicché risulta $a \in L$. Ne segue $L = \overline{K}$, ossia L è una chiusura algebrica di K.

3.6, Es. 1. Si procede in modo simile a quanto fatto nell'esercizio 1 della sezione 3.2. L'elemento $a \in L$ è separabile su K e quindi si ha $[K(a) : K]_s = [K(a) : K]$ grazie a 3.6/6. Anche $b \in L$ è separabile su K, dunque separabile su $K(a)$, e si ottiene analogamente $[K(a,b) : K(a)]_s = [K(a,b) : K(a)]$. Applicando le formule dei gradi 3.2/2 e 3.6/7, si ottiene $[K(a,b) : K]_s = [K(a,b) : K]$. Per vedere che $a + b \in K(a,b)$ è separabile su K, si può usare l'implicazione da (iii) a (i) in 3.6/9. Se però si desidera risalire nella teoria e non usare questo risultato, si possono considerare le estensioni $K \subset K(a + b) \subset K(a,b)$. Si ottengono

$$[K(a,b) : K] = [K(a,b) : K(a+b)] \cdot [K(a+b) : K]$$
$$[K(a,b) : K]_s = [K(a,b) : K(a+b)]_s \cdot [K(a+b) : K]_s.$$

I due termini a sinistra sono uguali in questo caso. Poiché il grado di separabilità è al più uguale al grado usuale (vedi 3.6/6), c'è uguaglianza anche tra i corrispondenti termini a destra e, in particolare, $[K(a + b) : K]_s = [K(a + b) : K]$. Discende nuovamente da 3.6/6 che $a + b$ è separabile su K.

Considerazioni analoghe possono essere fatte anche per $a - b$, ab e, se $b \neq 0$, per ab^{-1}. Si vede in questo modo che gli elementi di L separabili su K formano un campo intermedio di L/K.

3.6, Es. 2. Siano $\overline{K}_1$ e $\overline{K}_2$ due chiusure algebriche di K. Per 3.4/10 esiste un K-isomorfismo $\sigma : \overline{K}_1 \overset{\sim}{\longrightarrow} \overline{K}_2$. Sia f un polinomio monico di $K[X]$. Se

$$f = \prod_{i=1}^{m}(X - a_i)^{r_i}, \qquad f = \prod_{i=1}^{n}(X - b_i)^{s_i},$$

sono le decomposizioni di f in potenze di fattori lineari a due a due distinti rispettivamente in $\overline{K}_1[X]$ e in $\overline{K}_2[X]$, allora, per l'unicità della fattorizzazione in elementi irriducibili, σ manda la prima fattorizzazione nella seconda. Di conseguenza $m = n$ e, eventualmente riordinando i b_i, risulta $\sigma(a_i) = b_i$ per $i = 1, \ldots, m$ come pure $r_i = s_i$. Dunque f ha radici multiple in $\overline{K}_1$ se e solo ha radici multiple in $\overline{K}_2$.

3.6, Es. 3. Consideriamo un'estensione separabile finita L/K e ci interesseremo qui solo del caso in cui K sia infinito. Per ricorsione, ci si può restringere al caso $L = K(a,b)$. Siano f e g i polinomi minimi su K rispettivamente di a e b, e sia L' un campo di spezzamento di f, g su L. Allora L' è anche campo di spezzamento di f, g su K, e anzi è la chiusura normale di L/K (vedi 3.5/7). Nella dimostrazione di 3.6/12 si considerano tutti i K-omomorfismi $\sigma_1, \ldots, \sigma_n$ di L in una chiusura algebrica $\overline{K}$ di K. Possiamo assumere che sia $L' \subset \overline{K}$ e risulta, grazie a 3.5/4, che le immagini dei σ_i sono contenute in L'. In altri termini, basta determinare una chiusura normale L'/K di L/K e considerare tutti i K-omomorfismi $\sigma_1, \ldots, \sigma_n$ di L in L'. Scelto allora un $c \in K$ con la proprietà che per $i \neq j$ sia sempre $\sigma_i(a + cb) \neq \sigma_j(a + cb)$, risulta $K(a, b) = K(a + cb)$.

3.7, Es. 1. Supponiamo che $a, b \in L$ siano elementi puramente inseparabili su K. In base a 3.7/2 questo significa che esistono uguaglianze $a^{p^m} = c$ e $b^{p^n} = d$ per elementi $c, d \in K$. Eventualmente elevando a potenza una delle due uguaglianze, possiamo assumere $m = n$. Applicando la formula del binomio 3.1/3 si ottiene allora $(a + b)^{p^m} = a^{p^m} + b^{p^m} = c + d$. Inoltre si ha $(ab)^{p^m} = cd$. Applicando nuovamente 3.7/2, si vede che $a + b$ e ab sono puramente inseparabili su K. In alternativa si può utilizzare 3.7/2 e procedere in modo simile a quanto fatto per l'esercizio 1 della sezione 3.2 o per l'esercizio 1 della sezione 3.6.

3.7, Es. 2. Un'estensione puramente inseparabile L/K è caratterizzata dall'uguaglianza $[L : K]_s = 1$. In alternativa possiamo scrivere anche $[L : K]_i = [L : K]$, ma solo nel caso in cui il grado $[L : K]$ sia *finito*. Se si vuole quindi usare il grado di inseparabilità al posto del grado di separabilità, bisogna restringersi, quando si considerano i gradi, sempre a estensioni puramente inseparabili finitamente generate come fatto studiando le estensioni separabili nella sezione 3.6.

3.7, Es. 3. Sia $K(a)/K$ un'estensione semplice con $f \in K[X]$ il polinomio minimo di a su K. Come in 3.6/2, si trova un $g \in K[X]$ tale che $f(X) = g(X^{p^r})$, dove abbiamo scelto r massimo. Allora g è un polinomio separabile e anzi è il polinomio minimo di a^{p^r} su K. Ne segue che $K(a)/K(a^{p^r})$ è puramente inseparabile e $K(a^{p^r})/K$ è separabile.

3.8, Es. 1. I campi di caratteristica 0 sono perfetti (vedi 3.6/4) e così pure i campi finiti o i campi che sono algebrici su campi finiti (vedi 3.8/4). Per costruire un esempio di estensione inseparabile bisogna dunque partire da un campo infinito K di caratteristica $p > 0$ che non sia algebrico sul suo campo primo $\mathbb{F}_p$. L'esempio più facile è il campo delle funzioni $K = \mathbb{F}_p(t)$. Se aggiungiamo a K una radice p-esima di t, otteniamo un'estensione puramente inseparabile di K. Utilizzando l'omomorfismo di Frobenius, possiamo scriverla come $\mathbb{F}_p(t)/\mathbb{F}_p(t^p)$.

3.8, Es. 2. Se $\mathbb{F}$ è un campo di caratteristica $p > 0$ con $q = p^n$ elementi, allora $\mathbb{F}$ è campo di spezzamento di $X^q - X$ su $\mathbb{F}_p$. Più precisamente $\mathbb{F}$ consiste delle q radici di questo polinomio. Dunque $\mathbb{F}$, come sottocampo di un campo L, è univocamente determinato dal numero dei suoi elementi.

3.9, Es. 1. All'inizio della sezione 3.9 non abbiamo usato il fatto che gli zeri dei polinomi dovessero essere considerati in un campo K *algebricamente chiuso*. Quindi il risultato in 3.9/1 rimane valido se si sostituiscono $\overline{K}$ con K e $V(\cdot)$ con $V_K(\cdot)$. Segue inoltre da 3.9/2 che gli insiemi algebrici del tipo $V_K(E)$ sono sempre definiti da un numero finito di polinomi di $K[X]$, dunque sono della forma $V_K(f_1, \ldots, f_r)$. In 3.9/3 si ottiene la relazione $V_K(I(U)) = U$ per $U \subset K^n$ un sottoinsieme del tipo $U = V_K(\mathfrak{a})$ con $\mathfrak{a} \subset K[X]$ un ideale. Al contrario, la relazione $I(V(\mathfrak{a})) = \mathfrak{a}$ per ideali radicali $\mathfrak{a} \subset K[X]$, che rappresenta il teorema degli zeri di Hilbert 3.9/4, non può essere estesa. Si consideri ad esempio per $K = \mathbb{R}$ e $n = 1$ l'ideale $\mathfrak{a} = (X^2 + 1) \subset \mathbb{R}[X]$. Si ha $V_\mathbb{R}(\mathfrak{a}) = \emptyset$ e quindi $I(V_\mathbb{R}(\mathfrak{a})) = \mathbb{R}[X] \neq \mathfrak{a}$.

Il teorema degli zeri di Hilbert quindi non rimane valido se non si considerano gli zeri in un campo algebricamente chiuso.

4.1, Es. 1. Se L/K è una estensione galoisiana finita, per il teorema fondamentale della teoria di Galois 4.1/6 i campi intermedi di L/K corrispondono biiettivamente ai sottogruppi del gruppo di Galois $\mathrm{Gal}(L/K)$. Abbiamo usato questo fatto in 4.1/8 per vedere che ogni estensione separabile finita ammette solo un numero finito di campi intermedi, un risultato questo che non rimane valido per estensioni (finite) che non sono separabili. Poiché, grazie a 4.1/6, i campi intermedi di L/K possono essere interpretati come campi fissi dei sottogruppi di $\mathrm{Gal}(L/K)$, essi possono essere calcolati esplicitamente qualora si conoscano sufficientemente bene gli automorfismi di Galois e la struttura di gruppo di $\mathrm{Gal}(L/K)$. Ciò è legato a un altro aspetto della teoria di Galois. Dare un'estensione galoisiana finita L/K è equivalente a dare un campo L e un gruppo finito G di automorfismi di L, precisamente il gruppo di Galois di L/K dove allora sarà $K = L^G$ (vedi 4.1/4 e 4.1/6). Approfondiremo questo aspetto nella sezione 4.11 relativa alla discesa galoisiana.

4.1, Es. 2. Sia L/K un'estensione finita quasi-galoisiana con gruppo di automorfismi $G = \mathrm{Aut}_K(L)$. Allora L/L^G è per 4.1/5 (i) un'estensione galoisiana con gruppo di Galois G. Inoltre $L^G = K_i$ (nel caso char $K > 0$) è la massima estensione puramente inseparabile di K in L (vedi 3.7/5 e 4.1/5 (iii)). Si può dunque generalizzare 4.1/6 dicendo che i sottogruppi di G corrispondono nel modo descritto in 4.1/6 ai campi intermedi di L/K che hanno come sottocampo la massima estensione puramente inseparabile K_i.

4.1, Es. 3. Se L/K è un'estensione galoisiana con gruppo di Galois $\mathrm{Gal}(L/K) = \mathrm{Aut}_K(L)$, segue da 4.1/5 (ii) che K è il campo fisso del gruppo degli automorfismi $\mathrm{Aut}_K(L)$. Il viceversa discende da 4.1/4.

4.2, Es. 1. Se L/K è un'estensione galoisiana di grado arbitrario, L può essere interpretato come unione della famiglia $(L_i)_{i \in I}$ di tutti i campi intermedi di L/K che sono finiti e galoisiani su K (vedi a riguardo l'inizio della sezione 4.2). Di conseguenza un elemento $a \in L$, con $a \in L_i$, è invariante per (l'azione di) un sottogruppo $H \subset \mathrm{Gal}(L/K)$ se e solo se a è invariante per l'immagine $H_i = f_i(H)$ rispetto alla restrizione $f_i \colon \mathrm{Gal}(L/K) \longrightarrow \mathrm{Gal}(L_i/K)$. In altri termini, si ha $L^H \cap L_i = L_i^{H_i}$ e quindi $L^H = \bigcup_{i \in I} L_i^{H_i}$. Viceversa, se partiamo da un campo intermedio E di L/K, possiamo considerare il sottogruppo $H = \mathrm{Gal}(L/E)$ di $\mathrm{Gal}(L/K)$. Risulta $H = \bigcap_{i \in I} f_i^{-1}(\mathrm{Gal}(L_i/L_i \cap E))$ come pure $f_i(H) = \mathrm{Gal}(L_i/L_i \cap E)$, dove l'ultima uguaglianza si dimostra usando la prolungabilità degli omomorfismi vista in 3.4/9. Con queste formule si può per così dire ridurre la teoria di Galois di L/K alle teorie di Galois delle estensioni L_i/K. Se si applica il teorema fondamentale 4.1/6 a queste estensioni, dato un campo intermedio E di L/K con gruppo di Galois $H = \mathrm{Gal}(L/E)$, si ottiene subito $L^H \cap L_i = E \cap L_i$ in quanto $f_i(H) = \mathrm{Gal}(L_i/L_i \cap E)$ e quindi $L^H = E$. Viceversa, se si parte da un sottogruppo $H \subset \mathrm{Gal}(L/K)$ e si costruisce il campo fisso L^H, si dimostra che $\mathrm{Gal}(L/L^H) = \bigcap_{i \in I} f_i^{-1}(f_i(H))$ è un gruppo che contiene H, ma in generale esso è diverso da H. In questo punto la versione generale 4.2/3 del teorema fondamentale della teoria di Galois si distingue dalla versione 4.1/6 relativa a estensioni galoisiane finite.

4.2, Es. 2. Abbiamo appena visto che la teoria di Galois di un'estensione galoisiana L/K è descritta dalla teoria di Galois delle estensioni L_i/K, $i \in I$, dove $(L_i)_{i \in I}$ è il sistema formato dai campi intermedi di L/K che sono finiti e galoisiani su K. Per questo è naturale identificare un automorfismo di Galois $\sigma \colon L \longrightarrow L$ con il sistema delle sue restrizioni $(\sigma|_{L_i})_{i \in I}$. Seguendo questa visione, si arriva a interpretare $\mathrm{Gal}(L/K)$ come limite proiettivo dei gruppi di Galois $\mathrm{Gal}(L_i/K)$, ossia a vedere $\mathrm{Gal}(L/K)$ come gruppo profinito. Ne discende che $\mathrm{Gal}(L/K)$ è dotato in modo naturale di una topologia: quella indotta dalle topologie discrete sui gruppi $\mathrm{Gal}(L_i/K)$. Come abbiamo visto in 4.2/3 e 4.2/4, questa topologia è atta a descrivere i sottogruppi di $\mathrm{Gal}(L/K)$ che possono essere interpretati come gruppi di Galois $\mathrm{Gal}(L/E)$ di un campo intermedio E di L/K: questi sono i sottogruppi chiusi di $\mathrm{Gal}(L/K)$. Data un'estensione galoisiana L/K, conoscere il suo gruppo di Galois $\mathrm{Gal}(L/K)$ solo come gruppo astratto, senza indizi sulla sua topologia, ha ben poca importanza dal punto di vista della teoria di Galois di L/K. Nello studio di gruppi di Galois infiniti $\mathrm{Gal}(L/K)$ si può scegliere se introdurre la loro topologia in modo diretto (vedi per esempio 4.2/1) oppure utilizzare il formalismo dei limiti proiettivi. Quest'ultima scelta è di solito vantaggiosa per i calcoli concreti (vedi per esempio 4.2/11).

4.3, Es. 1. Ogni gruppo G può essere visto come sottogruppo del gruppo delle applicazioni biiettive $G \longrightarrow G$, identificando un elemento $a \in G$ con la rispettiva moltiplicazione a sinistra $\tau_a \colon G \longrightarrow G$, $g \longmapsto ag$. Per risolvere l'esercizio, basta mostrare che ogni sottogruppo G del gruppo simmetrico $\mathfrak{S}_n$ può essere realizzato come gruppo di Galois. Questo è però facile: si consideri $L = k(T_1, \ldots, T_n)$ ossia il campo delle funzioni razionali in n variabili $T_1, \ldots, T_n$ su un campo k. In modo simile a quanto fatto studiando l'equazione generale di n-esimo grado, è possibile leggere G come sottogruppo del gruppo degli automorfismi di L, interpretando gli elementi di G come permutazioni delle variabili $T_1, \ldots, T_n$. Da 4.1/4 segue allora che L/L^G è un'estensione galoisiana con gruppo di Galois G. Molto più difficile, e in parte ancora irrisolta, è la questione se, fissato un gruppo finito, questo possa sempre essere realizzato come gruppo di Galois di un'estensione $L/\mathbb{Q}$.

4.4, Es. 1. Il discriminante Δ_f di un polinomio monico f a coefficienti in un anello R dovrebbe dare in un certo senso una misura della distanza delle radici di f anche se queste compaiono solo in un'estensione di R (vedi 4.4/3). Si presenta dunque il problema di calcolare Δ_f. Si potrebbe tentare di estendere R in modo tale che f si spezzi completamente in fattori lineari così da calcolare poi il prodotto dei quadrati delle differenze delle radici di f. Tuttavia questo procedimento è in generale poco attuabile: si pensi solo ai problemi che si presentano quando si vogliono fattorizzare concretamente polinomi a coefficienti in $\mathbb{Q}, \mathbb{R}$ o $\mathbb{C}$. Quanto si fa, invece, è calcolare il discriminante in un caso "universale" e dimostrare poi che tramite omomorfismi di anelli il risultato può essere trasferito a tutte le altre situazioni. Si consideri infatti il caso speciale del polinomio $f = \prod_{i=1}^{n}(X - T_i)$ nella variabile X a coefficienti nell'anello $\mathbb{Z}[T_1, \ldots, T_n]$. Si può applicare il teorema fondamentale sui polinomi simmetrici 4.4/1 per rappresentare il discriminante Δ_f

come polinomio a coefficienti interi nei polinomi simmetrici elementari $s_1, \ldots, s_n$, ossia nei coefficienti di f. L'identità che risulta può infine essere trasportata tramite omomorfismi di anelli in domini di coefficienti più generali. In questo modo si ottiene una formula per Δ_f che è valida in un qualsiasi anello.

Se nel teorema fondamentale sui polinomi simmetrici 4.4/1 si considerano polinomi a coefficienti in un campo K, si devono leggere i coefficienti del polinomio generale $f = \prod_{i=1}^{n}(X - T_i)$ in $K[T_1, \ldots, T_n]$. Quindi Δ_f diventa un polinomio in $s_1, \ldots, s_n$ e relativamente ai coefficienti si sa solo che stanno in K. Per campi K di caratteristica diversa allora non c'è alcuna speranza di mettere in relazione tra le rispettive rappresentazioni di Δ_f.

4.5, Es. 1. Sia $\Phi_n = g_1 \ldots g_r$ la fattorizzazione in polinomi irriducibili del polinomio ciclotomico $\Phi_n \in K[X]$, dove i fattori $g_1, \ldots, g_r$ sono a due a due distinti perché Φ_n è separabile. Poiché le radici di g_i sono radici primitive n-esime dell'unità, possiamo interpretare ciascun g_i come polinomio minimo su K di una radice primitiva n-esima dell'unità. Tutte queste radici dell'unità generano la stessa estensione di K, precisamente $K(\zeta)$, e quindi risulta $\operatorname{grad} g_i = [K(\zeta) : K] = s$ per ogni i. Poiché Φ_n ha grado $\varphi(n)$, si deduce $r = \varphi(n)/s$ come affermato.

4.5, Es. 2. Si scelgano $m, n \in \mathbb{N} - \{0\}$, una radice primitiva m-esima dell'unità $\zeta_m \in \overline{\mathbb{Q}}$ e una radice primitiva n-esima dell'unità $\zeta_n \in \overline{\mathbb{Q}}$. Poiché ζ_n è radice del polinomio Φ_n, si ottiene $[\mathbb{Q}(\zeta_m, \zeta_n) : \mathbb{Q}(\zeta_m)] \leq \operatorname{grad} \Phi_n = \varphi(n)$. Inoltre, Φ_n è irriducibile su $\mathbb{Q}(\zeta_m)$ se e solo se $[\mathbb{Q}(\zeta_m, \zeta_n) : \mathbb{Q}(\zeta_m)] = \varphi(n)$, ossia, utilizzando $[\mathbb{Q}(\zeta_m) : \mathbb{Q}] = \varphi(m)$, se e solo se $[\mathbb{Q}(\zeta_m, \zeta_n) : \mathbb{Q}] = \varphi(m) \cdot \varphi(n)$. Per studiare meglio questa uguaglianza, calcoliamo il grado di $\mathbb{Q}(\zeta_m, \zeta_n)/\mathbb{Q}$. Poniamo $k = \operatorname{mcm}(m, n)$. Grazie a 3.6/13 il campo $\mathbb{Q}(\zeta_m, \zeta_n)$ contiene allora una radice primitiva k-esima dell'unità ζ e pertanto $\mathbb{Q}(\zeta_m, \zeta_n) = \mathbb{Q}(\zeta)$, ossia risulta $[\mathbb{Q}(\zeta_m, \zeta_n) : \mathbb{Q}] = \varphi(k)$.

Queste riflessioni mostrano che Φ_n è irriducibile su $\mathbb{Q}(\zeta_m)$ se e solo se $\varphi(\operatorname{mcm}(m, n)) = \varphi(m) \cdot \varphi(n)$. Come fatto in 3.6/13, scegliamo fattorizzazioni $m = m_0 m'$ e $n = n_0 n'$ tali che $\operatorname{mcm}(m, n) = m_0 n_0$ e $\operatorname{MCD}(m, n) = 1$. Da 4.5/4 segue allora

$$\varphi(\operatorname{mcm}(m, n)) = \varphi(m_0) \cdot \varphi(n_0) \leq \varphi(m) \cdot \varphi(n),$$

e vale l'uguaglianza solo se $\varphi(m_0) = \varphi(m)$ e $\varphi(n_0) = \varphi(n)$. Grazie alla formula in 4.5/4 (iii) si vede poi che $\varphi(m_0) = \varphi(m)$ è equivalente a $m' \in \{1, 2\}$. Analogamente per la fattorizzazione $n = n_0 n'$. Si conclude quindi che Φ_n è irriducibile su $\mathbb{Q}(\zeta_m)$ se e solo se $\operatorname{MCD}(m, n) \in \{1, 2\}$.

4.6, Es. 1. $\mathbb{F}$ è un campo del tipo $\mathbb{F}_q$ con q una potenza di un numero primo p. Per 3.8/5 il gruppo moltiplicativo di $\mathbb{F}_q$ è ciclico di ordine $q - 1$. Dobbiamo quindi determinare tutti gli omomorfismi di gruppi $G \longrightarrow \mathbb{Z}/(q-1)\mathbb{Z}$. Sia ζ un generatore di G e supponiamo per il momento che ζ abbia ordine infinito. Per ciascun $a \in \mathbb{Z}/(q-1)\mathbb{Z}$ è possibile definire allora un unico automorfismo di gruppi $G \longrightarrow \mathbb{Z}/(q-1)\mathbb{Z}$ tramite $\zeta \longmapsto a$. In questo caso esistono dunque $q - 1$ caratteri di G in $\mathbb{F}^*$.

Sia ora G un gruppo ciclico di ordine finito $m > 0$. Se è dato un omomorfismo $G \longrightarrow \mathbb{Z}/(q-1)\mathbb{Z}$ con a l'immagine di un generatore fissato ζ, risulta $m \cdot a = 0$. Viceversa, per ogni elemento $a \in \mathbb{Z}/(q-1)\mathbb{Z}$ il cui ordine sia un divisore di m può essere definito un omomorfismo $G \longrightarrow \mathbb{Z}/(q-1)\mathbb{Z}$ tramite $\zeta \longmapsto a$. Dunque gli omomorfismi cercati corrispondono biiettivamente agli elementi di $\mathbb{Z}/(q-1)\mathbb{Z}$ il cui ordine divide m. Un calcolo elementare mostra che il loro numero è $\mathrm{MCD}(m, q-1)$.

4.7, Es. 1. Se consideriamo L come uno spazio vettoriale su K, possiamo leggere $\mathrm{Tr}_{L/K}\colon L \longrightarrow K$ come una forma lineare su L. Di conseguenza il nucleo di questa applicazione, ossia l'insieme $\{a \in L\,;\ \mathrm{Tr}_{L/K}(a) = 0\}$, è un K-sottospazio vettoriale di L. Se L/K è separabile, allora la forma lineare $\mathrm{Tr}_{L/K}$ non è banale e quindi $\ker \mathrm{Tr}_{L/K}$ è un K-sottospazio vettoriale di L di dimensione $n-1$. Se invece L/K non è separabile, $\mathrm{Tr}_{L/K}$ è l'applicazione nulla e risulta $\ker \mathrm{Tr}_{L/K} = L$.

4.7, Es. 2. Sia n il grado dell'estensione $\mathbb{F}'/\mathbb{F}$: siamo quindi in una situazione del tipo $\mathbb{F} = \mathbb{F}_q$, $\mathbb{F}' = \mathbb{F}_{q'}$ con q e q' potenze di un numero primo e $q' = q^n$. Vogliamo cominciare mostrando che la norma $\mathrm{N}\colon \mathbb{F}'^* \longrightarrow \mathbb{F}^*$ è suriettiva. Tenendo presente che il gruppo di Galois $\mathrm{Gal}(\mathbb{F}'/\mathbb{F})$ è generato dall'omomorfismo di Frobenius relativo $a \longmapsto a^q$, si calcola che la norma di un elemento $a \in \mathbb{F}'$ è

$$\mathrm{N}(a) = a \cdot a^q \cdot a^{q^2} \cdot \ldots \cdot a^{q^{n-1}} = a^{\frac{q^n-1}{q-1}}$$

e in particolare si vede che $\mathrm{N}(a)^{q-1} = a^{q^n-1} = 1$. Usiamo ora il fatto che il gruppo $\mathbb{F}'^*$ è ciclico, dunque generato da un elemento α di ordine $q^n - 1$. Allora $\mathrm{N}(\alpha) = \alpha^{\frac{q^n-1}{q-1}} \in \mathbb{F}$ ha ordine $q-1$ e quindi è un generatore del gruppo ciclico $\mathbb{F}^*$. Come omomorfismo di gruppi $\mathrm{N}\colon \mathbb{F}'^* \longrightarrow \mathbb{F}^*$ è quindi suriettivo. Si vede inoltre che il nucleo di N consiste degli elementi α^r tali che $(q-1)\,|\,r$ o, in altri termini, degli elementi che sono potenza $(q-1)$-esima di un elemento di $\mathbb{F}'^*$.

4.8, Es. 1. Sia L/K un'estensione ciclica finita con $\sigma \in \mathrm{Gal}(L/K)$ un generatore. Supponiamo che, dato un $b \in L^*$, esistano $a, a' \in L^*$ tali che $b = a\sigma(a)^{-1} = a'\sigma(a')^{-1}$. Allora $\sigma(a/a') = a/a'$ e quindi $a/a' \in K^*$. Viceversa, se $a/a' \in K^*$, risulta naturalmente $a\sigma(a)^{-1} = a'\sigma(a')^{-1}$. Dunque, se è dato un $b \in L^*$ tale che $\mathrm{N}_{L/K}(b) = 1$, allora l'elemento $a \in L^*$ che soddisfa $b = a\sigma(a)^{-1}$ e la cui esistenza è garantita da 4.8/1 è unico a meno di una costante moltiplicativa in K^*. Allo stesso modo nella situazione di 4.8/4, si dimostra che dato un $b \in L$ tale che $\mathrm{Tr}_{L/K}(b) = 0$, l'elemento $a \in L$ per cui risulta $b = a - \sigma(a)$ è unico a meno di una costante additiva in K.

4.8, Es. 2. Il gruppo di Galois $\mathrm{Gal}(\mathbb{C}/\mathbb{R})$ è ciclico di ordine 2 ed è generato dalla coniugazione complessa $\mathbb{C} \longrightarrow \mathbb{C}$, $z \longmapsto \bar{z}$. Dato uno $z \in \mathbb{C}$, si ha quindi $\mathrm{N}_{\mathbb{C}/\mathbb{R}}(z) = z\bar{z} = |z|^2$. Supponiamo $\mathrm{N}_{\mathbb{C}/\mathbb{R}}(z) = 1$, ossia z sia un punto della circonferenza unitaria di centro 0. Il teorema 90 di Hilbert afferma allora che esiste un $x \in \mathbb{C}^*$ tale che $z = x/\bar{x}$ e possiamo assumere che sia $x\bar{x} = |x|^2 = 1$. Risulta allora $z = x^2$, ossia x è una radice quadrata di z.

4.9, Es. 1. Consideriamo come primo caso un'estensione ciclica L/K di grado n e poniamo $C = L^n \cap K^*$. Da 4.9/3 segue allora $L = K(C^{1/n})$ e per 4.9/1 si ha $n = [L:K] = (C : K^{*n})$. È noto che il gruppo di Galois $G_C = \mathrm{Gal}(L/K)$ è ciclico di ordine n e quindi anche $\mathrm{Hom}(C/K^{*n}, U_n)$ e C/K^{*n} lo sono, rispettivamente per 4.9/3 e 4.9/2. Se si sceglie ora un rappresentante $c \in C$ di una classe laterale che genera il gruppo C/K^{*n}, risulta $L = K(c^{1/n})$, ossia l'estensione L/K è ottenuta per aggiunzione di una radice a del polinomio $X^n - c \in K[X]$. Questo polinomio è irriducibile per motivi di grado e di conseguenza è il polinomio minimo di a su K.

Viceversa, sia ora L/K un'estensione ottenuta per aggiunzione di una radice a di un polinomio del tipo $X^n - c$ e assumiamo $c \in K^*$. Se indichiamo con C il sottogruppo di K^* generato da c e da K^{*n}, si ha $L = K(C^{1/n})$ e per 4.9/3 l'estensione L/K è abeliana con gruppo di Galois $\mathrm{Hom}(C/K^{*n}, U_n)$, o anche C/K^{*n} in quanto quest'ultimo gruppo è finito. Il gruppo C/K^{*n} è generato dalla classe laterale che contiene c, dunque è ciclico e il suo ordine è un numero d che divide n perché $c^n \in K^{*n}$. Di conseguenza $c^d \in K^{*n}$, quindi $a^d \in K$ e in modo simile a prima si vede che $X^d - a^d$ è il polinomio minimo di a su K.

4.9, Es. 2. $C = K^*$ è il più grande sottogruppo di K^* contenuto in K^{*n} e segue da 4.9/3 che analogamente $L_n = K(K^{*1/n})$ è la massima estensione abeliana di K con esponente che divide n. Poiché ogni omomorfismo $K^* \longrightarrow U_n$ è necessariamente banale su K^{*n}, si ottiene $\mathrm{Gal}(L_n/K) = \mathrm{Hom}(K^*, U_n)$ applicando nuovamente 4.9/3.

4.10, Es. 1. Assumiamo di essere nella situazione del teorema 4.10/1 e affermiamo che l'estensione L/K è ciclica di grado che divide n se e solo se esiste un elemento $\alpha \in A$ tale che $\wp(\alpha) \in A_K$ e $L = K(\alpha)$. Si procede come per l'esercizio 1 della sezione 4.9. Cominciamo con un'estensione L/K ciclica e di grado che divide n. Grazie a 4.10/1 risulta allora $L = K(\wp^{-1}(C))$ con $C = \wp(A_L) \cap A_K$ e si ha un isomorfismo $C/\wp(A_K) \xrightarrow{\sim} \mathrm{Hom}(G_C, \mu_n)$, dove G_C è il gruppo di Galois di L/K. Per ipotesi, G_C è un gruppo ciclico di ordine che divide n e quindi anche $C/\wp(A_K)$ lo è (vedi 4.9/2). Sia $c \in C$ un rappresentante di una classe laterale che genera $C/\wp(A_K)$. Se $\alpha \in \wp^{-1}(c)$, allora $\wp^{-1}(C)$ è generato da α e A_K e di conseguenza risulta $L = K(\alpha)$, come voluto.

Viceversa, sia $L = K(\alpha)$ per un elemento $\alpha \in A$ tale che $\wp(\alpha) \in A_K$. Allora $L = K(\wp^{-1}(C))$ con C generato da $\wp(\alpha)$ e $\wp(A_K)$ e inoltre $C/\wp(A_K)$ è un gruppo ciclico generato dalla classe laterale che contiene $\wp(\alpha)$. Si conclude grazie a 4.10/1 che L/K è un'estensione abeliana di esponente che divide n e usando 4.9/2 si vede che L/K è ciclica.

4.10, Es. 2. Il campo K è perfetto e di conseguenza l'omomorfismo di Frobenius $K \longrightarrow K$ è un isomorfismo come pure il Frobenius $F\colon W(K) \longrightarrow W(K)$. In particolare, l'uguaglianza $V \circ F = p$ in 4.10/7 implica $p \cdot W(K) = V^1 W(K)$.

Per quanto riguarda (i), si ricordi la formula

$$(\alpha, 0, 0, \ldots) \cdot (\beta, 0, 0, \ldots) = (\alpha \cdot \beta, 0, 0, \ldots)$$

vista nella sezione 4.10 per la moltiplicazione in $W(K)$. Questa dice che l'applicazione $K \longrightarrow W(K)$, $\alpha \longmapsto (\alpha, 0, 0, \ldots)$ è moltiplicativa e si restringe a un monomorfismo di gruppi moltiplicativi $K^* \longrightarrow W(K)^*$. D'altra parte però, non può esistere alcuna applicazione non banale $K \longrightarrow W(K)$ che sia additiva perché la moltiplicazione per p è in K l'applicazione nulla mentre in $W(K)$ ha per immagine l'immagine del Verschiebung.

Ci occupiamo ora di (ii). Dobbiamo dimostrare che $W(K)$, con le proiezioni $W(K) \longrightarrow W(K)/V^n W(K)$, è limite proiettivo del sistema proiettivo

$$W(K)/V^0W(K) \longleftarrow W(K)/V^1W(K) \longleftarrow W(K)/V^2W(K) \longleftarrow \dots$$

Verifichiamo quindi la proprietà universale definita nella sezione 4.2. Sia dunque R un anello e sia $(h_n)_{n\in\mathbb{N}}$, $h_n\colon R \longrightarrow W(K)/V^nW(K)$, un sistema di omomorfismi di anelli compatibili con le proiezioni

$$W(K)/V^{i+1}W(K) \longrightarrow W(K)/V^iW(K), \qquad i \in \mathbb{N}.$$

Allora h_n si fattorizza in modo unico tramite $W(K)$ e precisamente grazie all'applicazione

$$h\colon R \longrightarrow W(K), \qquad x \longmapsto (h_1(x)_0, h_2(x)_1, h_3(x)_2, \dots),$$

dove $h_{n+1}(x)_n$ indica la componente di $h_{n+1}(x) \in W(K)/V^{n+1}W(K)$ di indice n. Il fatto che h sia un omomorfismo di anelli discende dalla proprietà del limite proiettivo o anche utilizzando esplicitamente la definizione della struttura di anello di $W(K)$ tramite i polinomi S_n, P_n. Con questo è dimostrata la prima affermazione in (ii). Inoltre, applicando 4.10/10, si ricava facilmente che $W(\mathbb{F}_p)$ coincide con $\mathbb{Z}_p$.

Dimostriamo ora (iii). La proiezione canonica $W(K) \longrightarrow W_1(K) = K$ è un epimorfismo di nucleo $V^1W(K) = p\cdot W(K)$ e quindi $p\cdot W(K)$ è un ideale massimale di $W(K)$. Affermiamo inoltre che questo ideale è l'unico ideale massimale di $W(K)$ perché il gruppo delle unità $W(K)^*$ coincide con $W(K) - V^1W(K)$. Sia dunque $a \in W(K) - V^1W(K)$; per verificare che a è un'unità, possiamo moltiplicare a per un'unità del tipo $(\alpha, 0, 0, \dots)$, $\alpha \in K^*$, (vedi (i)) e così assumere che a abbia la forma $1 - p \cdot c$ per un $c \in W(K)$. Applicando l'uguaglianza $p^r \cdot W(K) = V^rW(K)$, è facile convincersi che $b = \sum_{i\in\mathbb{N}} p^i \cdot c^i$ è un ben definito elemento di $W(K)$: infatti l'immagine di una somma finita $\sum_{i=0}^s p^i \cdot c^i$ rispetto alla proiezione $W(K) \longrightarrow W(K)/V^nW(K)$ non dipende da s se $s \geq n$. Inoltre, discende dalla formula della serie geometrica che ciascuna proiezione $W(K) \longrightarrow W(K)/V^nW(K)$ associa a $a \cdot b$ l'identità cosicché si ha $a \cdot b = 1$ in $W(K)$.

Abbiamo quindi visto che $W(K) - p \cdot W(K) = W(K) - V^1W(K)$ è il gruppo delle unità di $W(K)$. Per ogni $a \in W(K)$, $a \neq 0$, esiste un unico numero naturale $n \in \mathbb{N}$ tale che $a \in V^nW(K) - V^{n+1}W(K)$. Possiamo allora scrivere $a = p^n \cdot a'$ con $a' \in W(K) - V^1W(K)$, ossia con $a' \in W(K)^*$ un'unità. Da $p^n \cdot W(K) = V^n(K)$ segue che p non può essere nilpotente e quindi $W(K)$ è in particolare un dominio d'integrità. Per ogni ideale non banale $\mathfrak{a} \subset W(K)$ risulta

$$\mathfrak{a} = (p^n) \quad \text{con} \quad n = \min\{i \in \mathbb{N}\,;\, p^i \in \mathfrak{a}\},$$

ossia $W(K)$ è un dominio principale. Ricordiamo che un dominio principale avente un unico ideale massimale è detto anche *anello di valutazione discreta*. Quindi $W(K)$ è un anello di valutazione discreta.

4.11, Es. 1. Scegliamo una base $(a_i)_{i\in I}$ di A come spazio vettoriale su K. Allora $(a_i \otimes 1)_{i\in I}$ è una base dello spazio vettoriale $A \otimes_K K'$ su K' e ogni elemento di $A \otimes_K K'$ ammette una rappresentazione del tipo $\sum_{i\in I} a_i \otimes c_i$ con gli elementi $c_i \in K'$ univocamente determinati e quasi tutti nulli. Per definire la moltiplicazione per un elemento $\sum_{j\in I} a_j \otimes c'_j$ in $A \otimes_K K'$, procediamo gradualmente e definiamo dapprima la moltiplicazione (a destra) per un elemento $a_j \otimes c'_j$ nel modo seguente:

$$\varphi_{a_j, c_j'} : A \otimes_K K' \longrightarrow A \otimes_K K', \qquad \sum_{i \in I} a_i \otimes c_i \longmapsto \sum_{i \in I} a_i a_j \otimes c_i c_j'.$$

La moltiplicazione per $\sum_{j \in I} a_j \otimes c_j'$ sarà poi la somma delle applicazioni $\varphi_{a_j, c_j'}$. Si ottiene così un'applicazione

$$(A \otimes_K K') \times (A \otimes_K K') \longrightarrow A \otimes_K K'$$

che è descritta sugli elementi da $(a \otimes c, a' \otimes c') \longmapsto aa' \otimes cc'$. Si può verificare direttamente che essa soddisfa le proprietà di una moltiplicazione in anello usando le analoghe proprietà per A e K'. Inoltre $A \otimes_K K'$ è una K'-algebra tramite l'omomorfismo di anelli $K' \longrightarrow A \otimes_K K'$, $c \longmapsto 1 \otimes c$.

4.11, Es. 2. Per dimostrare 4.11/4 (i) è sufficiente verificare che, dato un K-sottospazio vettoriale $V_0 \subset V$ di dimensione finita, l'applicazione K'-lineare $\lambda_0' : K' \otimes_K V_0 \longrightarrow V'$ indotta da $\lambda : V \hookrightarrow V'$ è iniettiva. Lo verifichiamo per induzione su $r = \dim_K V_0$. Per $r = 0$ non c'è nulla da mostrare. Sia dunque $r > 0$. Esiste allora un vettore $x \in V_0$ non nullo e possiamo considerare il K-spazio vettoriale V_0/Kx come sottoinsieme dell'insieme dei punti invarianti per l'azione di f su $V'/K'x$. Per ipotesi induttiva, l'applicazione K'-lineare canonica $K' \otimes_K (V_0/Kx) \longrightarrow V'/K'x$ è iniettiva e si deduce con un semplice calcolo che anche $\lambda_0' : K' \otimes_K V_0 \longrightarrow V'$ è iniettiva.

Dimostriamo ora 4.11/4 (ii). Abbiamo $f_\sigma(\alpha_i v) = \sigma(\alpha_i) f_\sigma(v)$ e dunque

$$\sum_{\sigma \in G} f_\sigma(\alpha_i v) = \sum_{\sigma \in G} \sigma(\alpha_i) f_\sigma(v), \qquad i = 1, \dots, n.$$

Poiché da 4.6/3 segue che la matrice $(\sigma(\alpha_i))_{\sigma \in G, i=1\dots n} \in (K')^{n \times n}$ è invertibile, gli elementi $f_\sigma(v)$, $\sigma \in G$, e quindi anche v, possono essere scritti come combinazioni lineari a coefficienti in K' degli elementi $v_i = \sum_{\sigma \in G} f_\sigma(\alpha_i v)$, $i = 1, \dots, n$. I v_i sono invarianti per l'azione di G su V' e quindi appartengono a V. Da questo si deduce direttamente la suriettività dell'applicazione $\lambda' : K' \otimes_K V \longrightarrow V'$.

5.1, Es. 1. La H-orbita di un elemento $g \in G$ rispetto alla moltiplicazione a sinistra per H, ossia rispetto all'azione $H \times G \longrightarrow G$, $(h, g) \longmapsto hg$, è data dalla classe laterale destra Hg. Se $\{g_1, \dots, g_r\}$ è un sistema di rappresentanti delle classi laterali destre di H in G, l'equazione delle orbite diventa $\operatorname{ord} G = \sum_{i=1}^r \operatorname{ord}(Hg_i)$. Il numero r delle classi laterali destre di H è uguale all'indice $(G : H)$. Inoltre tutte le classi laterali destre Hg_i contengono lo stesso numero di elementi. Di conseguenza possiamo scrivere in questo caso la formula delle orbite come $\operatorname{ord} G = (G : H) \cdot \operatorname{ord} H$. Questa è però la formula che abbiamo incontrato nel teorema di Lagrange 1.2/3. Se invece delle moltiplicazioni a sinistra si considerano le moltiplicazioni a destra rispetto a H, o meglio l'azione $H \times G \longrightarrow G$, $(h, g) \longmapsto gh^{-1}$, le H-orbite hanno ora la forma gH e quindi sono le classi laterali sinistre di H. Anche in questo caso l'equazione delle orbite coincide con la formula in 1.2/3.

5.1, Es. 2. Poiché un automorfismo $\sigma \in \operatorname{Gal}(L/K)$ lascia fisso un elemento $a \in L$ se e solo se lascia fisso tutto il campo $K(a)$, si deduce che lo stabilizzatore di a è $G_a = \operatorname{Gal}(L/K(a))$. Inoltre, l'orbita Ga consiste di tutti gli elementi coniugati di

a su K (vedi 4.1) e, se $f \in K[X]$ è il polinomio minimo di a su K, questi elementi sono esattamente le radici di f. Infatti ogni $\sigma \in \mathrm{Gal}(L/K)$ manda l'insieme delle radici di f in sé. D'altra parte, essendo L/K normale, f si spezza totalmente in fattori lineari in $L[X]$ (vedi 3.5/4 e 3.5/5) e per ogni radice $a' \in L$ di f esiste un $\sigma \in \mathrm{Gal}(L/K)$ tale che $\sigma(a) = a'$ (vedi 3.4/8 e 3.4/9). In particolare, usando il fatto che L/K è separabile, si hanno $\mathrm{ord}\, Ga = \mathrm{grad}\, f = [K(a) : K]$ e $\mathrm{ord}\, G_a = [L : K(a)]$.

5.2, Es. 1. Sia G un gruppo abeliano finito e sia p un numero primo. Il teorema 5.2/6 (i) assicura l'esistenza di un p-sottogruppo di Sylow $S \subset G$. Poiché G è abeliano e per 5.2/6 (ii) tutti i p-sottogruppi di Sylow di G sono coniugati tra loro, si deduce che S è l'unico p-gruppo di Sylow in G. Applicando ora 5.2/6 (i), si vede che S ha la forma descritta in 5.2/2. Il teorema 5.2/6 afferma quindi che gli elementi di G di ordine una potenza di p formano un p-sottogruppo di Sylow di G: in 5.2/2 avevamo dedotto questo fatto in modo elementare.

5.2, Es. 2. Se $S \subset G$ è un p-sottogruppo di Sylow, allora $\varphi(S)$ contiene solo elementi di ordine una potenza di p. Da 5.2/11 segue che $\varphi(S)$ è un p-gruppo e da 5.2/6 che esiste in G' un p-sottogruppo di Sylow S' tale che $\varphi(S) \subset S'$. Se φ è iniettivo, si ha necessariamente $S' \cap G = S$ perché $S' \cap G$ è un p-sottogruppo di G che contiene S. In altri termini, se $G \subset G'$ è un sottogruppo, i p-sottogruppi di Sylow di G si ottengono come restrizione di (opportuni) p-sottogruppi di Sylow di G'. Se poi G è un sottogruppo normale di G', allora per ogni p-sottogruppo di Sylow $S' \subset G'$ anche la sua restrizione $S' \cap G$ è un p-sottogruppo di Sylow in G. Infatti $S' \cap G$ è un p-gruppo e quindi è contenuto in un p-sottogruppo di Sylow S di G. Allora S è un p-gruppo in G' ed esiste un $g \in G'$ tale che $gSg^{-1} \subset S'$ (vedi 5.2/9). Dal fatto che G è normale segue $gSg^{-1} \subset G$ e si riconosce da $\mathrm{ord}\, S = \mathrm{ord}\, gSg^{-1}$ che gSg^{-1} è un p-sottogruppo di Sylow in G. E però gSg^{-1} sta nell'intersezione $S' \cap G$ e quest'ultimo gruppo è un p-gruppo; di conseguenza $S' \cap G = gSg^{-1}$, ossia $S' \cap G$ è un p-sottogruppo di Sylow in G.

Vogliamo analizzare anche il caso in cui $\varphi \colon G \longrightarrow G'$ sia suriettiva. Consideriamo nuovamente un p-sottogruppo di Sylow $S \subset G$. Affermiamo che $H' = \varphi(S)$ è un p-sottogruppo di Sylow in G'. Per verificarlo, si consideri l'azione di G tramite moltiplicazione a sinistra sull'*insieme* delle classi laterali sinistre G'/H'. Questa azione è transitiva e quindi esiste una sola orbita. Se indichiamo con H lo stabilizzatore di una determinata classe in G'/H', risulta $S \subset H$ e grazie alla formula delle orbite si ha $\mathrm{ord}\, G/H = \mathrm{ord}\, G'/H'$. Dal fatto che $p \nmid \mathrm{ord}(G/S)$ segue allora che $p \nmid \mathrm{ord}(G/H)$ e quindi $p \nmid \mathrm{ord}(G'/H')$. Essendo H' un p-gruppo, questo è anche un p-sottogruppo di Sylow in G'. L'immagine di un p-sottogruppo di Sylow $S \subset G$ è dunque sempre un p-sottogruppo di Sylow in G' e si può facilmente vedere usando il coniugio che viceversa ogni p-sottogruppo di Sylow in G' è immagine di un p-sottogruppo di in G.

5.3, Es. 1. Una permutazione $\pi \in \mathfrak{S}_n$ è un'applicazione biiettiva dell'insieme $\{1, \dots, n\}$ in sé. Possiamo immaginare che π "permuti" i numeri $1, \dots, n$, ossia che li scriva in un ordine diverso $\pi(1), \dots, \pi(n)$. Una trasposizione scambia esattamente due elementi nella sequenza di numeri $1, \dots, n$. Ora, è plausibile pensare che a partire da $1, \dots, n$ sia possibile mettere questi numeri in una qualsiasi sequenza scambiando ripetutamente due elementi. Questo è il significato della frase: ogni $\pi \in \mathfrak{S}_n$ è prodotto di trasposizioni.

Vogliamo spiegare come trasformare la precedente idea in una rigorosa dimostrazione. Procediamo per induzione n. La base di induzione $n = 1$ è banale poiché $\mathfrak{S}_1$ contiene solo l'identità e possiamo leggerla come prodotto sull'insieme vuoto. Sia dunque $n > 1$. Se esiste un $i \in \{1, \dots, n\}$ tale che $\pi(i) = i$, allora si può restringere π a un'applicazione biiettiva π' dell'insieme $\{1, \dots, i-1, i+1, \dots, n\}$ in sé. Per ipotesi induttiva π' è prodotto di trasposizioni e lo stesso è vero per π. Se invece esiste un $i \in \{1, \dots, n\}$ tale che $\pi(i) \neq i$, allora $(i, \pi(i)) \circ \pi$ lascia fisso l'elemento i e quindi, per quanto mostrato prima, è prodotto di trasposizioni, del tipo $(i, \pi(i)) \circ \pi = \tau_1 \circ \dots \circ \tau_r$. Di conseguenza si ha $\pi = (i, \pi(i)) \circ \tau_1 \circ \dots \circ \tau_r$, ossia π è prodotto di trasposizioni.

5.3, Es. 2. Sia $\pi \in \mathfrak{S}_p$ un p-ciclo, per esempio $\pi = (1, \dots, p)$. Allora il gruppo ciclico $\langle \pi \rangle$ generato da π è un p-gruppo di Sylow in $\mathfrak{S}_p$. Infatti il suo ordine è p e inoltre $p \nmid (\mathfrak{S}_p : \langle \pi \rangle)$ perché $(\mathfrak{S}_p : \langle \pi \rangle) = (p-1)!$.

5.4, Es. 1. Supponiamo dapprima che H sia un sottogruppo normale di G. Da $g[a,b]g^{-1} = [gag^{-1}, gbg^{-1}]$ (vedi la dimostrazione di 5.4/1) si deduce che $[G, H]$ è un sottogruppo normale di G. Affermiamo che $[G, H]$ è il più piccolo tra tutti i sottogruppi normali $N \subset G$ per cui l'immagine di H in G/N sta nel centro di G/N. Di fatto l'immagine di H in $G/[G,H]$ commuta con tutte le classi laterali e dunque l'immagine di H sta nel centro $G/[G,H]$. Viceversa, se $N \subset G$ è un sottogruppo normale con questa proprietà, allora tutti i commutatori $[a,b]$ al variare di $a \in G$ e $b \in H$ appartengono a N cosicché risulta $[G,H] \subset N$. La nostra affermazione è stata dunque verificata. Se ora H è soltanto un sottogruppo, la precedente conclusione dice anche quanto segue: se $N \subset G$ è un sottogruppo normale tale che l'immagine di H in G/N è contenuta nel centro, allora $[G,H] \subset N$.

6.1, Es. 1. Se $f(x) = 0$ è risolubile su K, in generale nulla può essere detto circa la risolubilità di questa equazione su K_0. Per esempio, come visto alla fine della sezione 6.1, ci sono equazioni algebriche $f(x) = 0$ che non sono risolubili su $\mathbb{Q}$. Invece una tale equazione è risolubile su un campo di spezzamento di f o su una chiusura algebrica di $\mathbb{Q}$. Al contrario, se $f(x) = 0$ è risolubile su K_0, allora lo è anche su K. Infatti, se L è un campo di spezzamento di f su K e $L_0 \subset L$ è un campo di spezzamento di f su K_0, segue da 3.5/4 che esiste una restrizione canonica $\mathrm{Gal}(L/K) \longrightarrow \mathrm{Gal}(L_0/K_0)$ e questa è iniettiva perché le estensioni L/K e L_0/K_0 sono entrambe generate dalle radici di f. Si deduce allora da 5.4/8 che anche $\mathrm{Gal}(L/K)$ è risolubile.

6.1, Es. 2. Assumiamo dapprima che l'equazione $f(x) = 0$ sia metaciclica. Se L è il campo di spezzamento di f su K, esso ammette una catena di campi $K = K_0 \subset K_1 \subset \dots \subset K_n$ con $L \subset K_n$ dove ciascuna estensione K_{i+1}/K_i è ciclica (finita) e quindi risolubile. Segue allora da 6.1/4 che le estensioni K_n/K e L/K sono risolubili.

Viceversa, supponiamo che $f(x) = 0$ sia risolubile. Allora il gruppo di Galois $\mathrm{Gal}(L/K)$ è risolubile e per 5.4/7 sappiamo che $\mathrm{Gal}(L/K)$ ammette una serie normale a quozienti ciclici. Dal teorema fondamentale della teoria di Galois 4.1/6 segue allora che $f(x) = 0$ è metaciclica. Dunque "metaciclica" è equivalente a "risolubile"; 6.1/5 dice inoltre che "metaciclica" è anche equivalente a "risolubile per radicali".

6.2, Es. 1. Seguendo la teoria presentata nella sezione 6.2, consideriamo la catena di campi

$$K \subset K(\sqrt{\Delta}) \subset L' \subset L,$$

dove L' è un campo di spezzamento di g, L è un campo di spezzamento di f e Δ è il discriminante di f (che coincide con quello di g). Il gruppo di Galois $G = \text{Gal}(L/K)$ agisce sulle radici $x_1, \ldots, x_4 \in L$ di f e quindi può essere letto come sottogruppo di $\mathfrak{S}_4$. Sappiamo già che Δ ha una radice quadrata in K se e solo G induce soltanto permutazioni pari sugli x_i, ossia se e solo se $G \subset \mathfrak{A}_4$. Di conseguenza il grado di $K(\sqrt{\Delta})$ su K è 1 oppure 2 a seconda che sia $G \subset \mathfrak{A}_4$ oppure $G \not\subset \mathfrak{A}_4$.

La coniugazione complessa $\mathbb{C} \longrightarrow \mathbb{C}$, $z \longmapsto \bar{z}$, ristretta a L fornisce un elemento non banale di G e le radici di f si dividono in due coppie di numeri complessi coniugati, per esempio $x_2 = \bar{x}_1$ e $x_4 = \bar{x}_3$. Per quanto riguarda le radici

$$z_1 = (x_1 + x_2)(x_3 + x_4), \quad z_2 = (x_1 + x_3)(x_2 + x_4), \quad z_3 = (x_1 + x_4)(x_2 + x_3)$$

di g, si conclude che $z_1 \in \mathbb{R}$ e $z_2, z_3 \geq 0$ e quindi $L' \subset \mathbb{R}$; inoltre, per l'irriducibilità di g, nessuna delle z_i può essere nulla e il grado di L/K è divisibile per 3 e dunque il grado di $L'/K(\sqrt{\Delta})$ deve essere 3.

Affermiamo che il gruppo di Galois $H = \text{Gal}(L/K(\sqrt{\Delta}))$ coincide con $\mathfrak{A}_4$. Naturalmente si ha $H \subset \mathfrak{A}_4$. Osserviamo inoltre che, essendo $L' \subset \mathbb{R}$, la coniugazione complessa induce un elemento non banale di $\text{Gal}(L/L')$ e quindi 2 divide il grado $[L : L']$. Di conseguenza l'ordine $\text{ord}\, H = [L : K(\sqrt{\Delta})]$ è almeno 6 e quindi può essere 6 oppure 12; è dunque sufficiente escludere il caso $\text{ord}\, H = 6$. Supponiamo, per assurdo, che sia $\text{ord}\, H = 6$. Per i teoremi di Sylow (vedi 5.2/6) esiste un unico 3-sottogruppo di Sylow in H. Considerando la catena $K(\sqrt{\Delta}) \subset L' \subset L$, dove necessariamente $[L : L'] = 2$, si vede che esiste un sottogruppo normale di ordine 2 contenuto in H. Questo è un 2-sottogruppo di Sylow di H e, essendo normale, è anche l'unico contenuto in H. La dimostrazione di 5.2/12 mostra però che in questo caso H è ciclico di ordine 6 contraddicendo il fatto che in $\mathfrak{S}_4$ ci sono solo elementi di ordine 1, 2, 3 o 4. Con questo abbiamo verificato che $\text{ord}\, H = 12$ e otteniamo $\text{Gal}(L/K(\sqrt{\Delta})) = \mathfrak{A}_4$, come affermato.

Riassumendo, $\text{Gal}(L/K) = \mathfrak{A}_4$ se Δ è un quadrato in K e altrimenti $\text{Gal}(L/K) \supsetneq \mathfrak{A}_4$, ossia $\text{Gal}(L/K) = \mathfrak{S}_4$ se Δ non è un quadrato in K. Diamo ancora un esempio per illustrare questa situazione. Consideriamo l'equazione algebrica $f(x) = 0$ con

$$f = X^4 + X^2 + X + 1 \in \mathbb{Q}[X].$$

Evidentemente f non ha radici reali ed è anche irriducibile. La cubica risolvente è

$$g = X^3 - 2X^2 - 3X + 1 \in \mathbb{Q}[X]$$

che è un polinomio irriducibile. Inoltre il discriminante di f (e di g) è

$$\Delta = 144 - 128 - 4 + 16 - 27 + 256 = 257.$$

Poiché 257 non è un quadrato in $\mathbb{Q}$, si vede che il gruppo di Galois di $f(x) = 0$ è $\mathfrak{S}_4$.

6.3, Es. 1. Le proprietà dei numeri reali usate nella dimostrazione di 6.3/1 non possono essere verificate con i metodi puramente algebrici sviluppati in questo libro. Non c'è da meravigliarsi di questo perché abbiamo finora guardato ai numeri reali come "noti" e abbiamo evitato di darne una precisa definizione. E in realtà lo studio dei numeri reali e delle funzioni reali riguarda più il campo dell'Analisi che dell'Algebra. Giustificheremo quindi le proprietà richieste con gli strumenti del calcolo infinitesimale. Sia allora $f = X^n + a_1 X^{n-1} + \ldots + a_n$ un polinomio di grado dispari in $\mathbb{R}[X]$. Se, dato un $x \in \mathbb{R}$, $x \neq 0$, scriviamo

$$f(x) = x^n(1 + a_1 x^{-1} + \ldots + a_n x^{-n}),$$

possiamo concludere

$$\lim_{x \to \infty} f(x) = \infty, \qquad \lim_{x \to -\infty} f(x) = -\infty.$$

Di conseguenza $f(x)$, in quanto funzione reale continua, possiede uno zero in $\mathbb{R}$ per il teorema dei valori intermedi. In modo simile si vede che per ogni $a \in \mathbb{R}$, $a \geq 0$, esiste una radice quadrata in $\mathbb{R}$. Infatti si considera la funzione $g(x) = x^2 - a$. Essendo $g(0) \leq 0$ e $\lim_{x \to \infty} g(x) = \infty$, anche questa ammette, sempre per il teorema dei valori intermedi, uno zero in $\mathbb{R}$.

6.4, Es. 1. Si ponga $K = \mathbb{Q}(M \cup \overline{M})$. Segue da 6.4/1 tramite la formula dei gradi 3.2/2 che per ogni $z \in \mathfrak{K}(M)$ il grado $[K(z) : K]$ è una potenza di 2. Viceversa, sia $z \in \mathbb{C}$ un elemento con questa proprietà. Se l'estensione $K(z)/K$ è galoisiana, si ha $z \in \mathfrak{K}(M)$ per 6.4/1. In generale tuttavia $z \in \mathfrak{K}(M)$ solo se z è contenuto in un'estensione galoisiana di K il cui grado su K è una potenza di 2. Se L indica il campo generato da tutti gli elementi coniugati di z su K, ossia il campo di spezzamento del polinomio minimo di z su K, la precedente proprietà è equivalente alla condizione che il grado $[L : K]$ sia una potenza di 2. E però esistono casi in cui $[K(z) : K]$ è una potenza di 2, mentre $[L : K]$ non lo è. Per esempio, come vedremo, esistono equazioni algebriche irriducibili di quarto grado con gruppo di Galois $\mathfrak{S}_4$. Dunque dal fatto che $[K(z) : K]$ è una potenza di 2 non si può in generale dedurre $z \in \mathfrak{K}(M)$.

Per dare degli esempi espliciti, poniamo $M = \{0, 1\}$ e consideriamo un polinomio del tipo $f = X^4 - pX - 1 \in \mathbb{Q}[X]$ con p un numero primo. f è irriducibile e per verificarlo basta mostrare che f è irriducibile come polinomio di $\mathbb{Z}[X]$ (vedi 2.7/7). È possibile vedere direttamente quest'ultimo fatto controllando che non esiste alcuna fattorizzazione di f in un polinomio lineare e in uno cubico o in due polinomi quadratici. Siano ora $\alpha_1, \ldots, \alpha_4$ le radici di f in $\mathbb{C}$ e sia $L = \mathbb{Q}(\alpha_1, \ldots, \alpha_4)$ il campo di spezzamento di f in $\mathbb{C}$. La risoluzione esplicita dell'equazione di quarto grado vista nella sezione 6.1 mostra che

$$\beta_1 = (\alpha_1 + \alpha_2)(\alpha_3 + \alpha_4), \quad \beta_2 = (\alpha_1 + \alpha_3)(\alpha_2 + \alpha_4), \quad \beta_3 = (\alpha_1 + \alpha_4)(\alpha_2 + \alpha_3)$$

sono le radici della cubica risolvente di f, ossia del polinomio $g = X^3 + 4X + p^2$. Come già fatto per f si controlla che anche questo polinomio è irriducibile su $\mathbb{Q}$. Di conseguenza L contiene elementi di grado 3 su $\mathbb{Q}$ e quindi il grado $[L : \mathbb{Q}]$ non può essere una potenza di 2. Si ha allora $\alpha_1, \ldots, \alpha_4 \notin \mathfrak{K}(\{0, 1\})$ anche se ciascun α_i ha grado 4 su $\mathbb{Q}$. Si vede poi facilmente che il gruppo di Galois $\mathrm{Gal}(L/\mathbb{Q})$ è $\mathfrak{S}_4$ interpretando gli elementi $\sigma \in \mathrm{Gal}(L/\mathbb{Q})$ come permutazioni delle radici $\alpha_1, \ldots, \alpha_4$. Essendo $\mathrm{Gal}(L/\mathbb{Q})$ un sottogruppo di $\mathfrak{S}_4$, il suo ordine deve dividere 24. Poiché però L contiene sia elementi di grado 3 che di grado 4, l'ordine è almeno 12. Di conseguenza $\mathrm{Gal}(L/\mathbb{Q}) = \mathfrak{S}_4$ oppure $\mathrm{Gal}(L/\mathbb{Q})$ è un sottogruppo di indice 2 e quindi un sottogruppo normale di $\mathfrak{S}_4$. Nell'ultimo caso risulta $\mathrm{Gal}(L/\mathbb{Q}) = \mathfrak{A}_4$ perché ogni sottogruppo normale di indice 2 produce un gruppo quoziente abeliano e inoltre $[\mathfrak{S}_4, \mathfrak{S}_4] = \mathfrak{A}_4$ (vedi 5.4/1 e 5.4/2). E però il discriminante

$$\Delta_g = (\beta_1 - \beta_2)^2 (\beta_1 - \beta_3)^2 (\beta_2 - \beta_3)^2 = -4 \cdot 4^3 - 27p^4$$

del polinomio g non ha una radice quadrata in $\mathbb{Q}$ (per quanto riguarda la formula per Δ_g si veda l'esempio (2) in 4.3 o l'ultima parte di 4.4). Di conseguenza $\mathrm{Gal}(L/\mathbb{Q})$ non induce soltanto permutazioni pari sui $\beta_1, \beta_2, \beta_3$ e applicando la definizione dei β_i si vede che $\mathrm{Gal}(L/\mathbb{Q})$ non consiste solamente di permutazioni pari degli $\alpha_1, \alpha_2, \alpha_3, \alpha_4$. Se ne deduce che $\mathrm{Gal}(L/\mathbb{Q}) = \mathfrak{S}_4$, come affermato.

6.4, Es. 2. $\zeta_3 = e^{2\pi i/3}$ è una radice primitiva terza dell'unità in $\mathbb{C}$. Come sappiamo (si veda per esempio 6.4/3) $\zeta_3 \in \mathfrak{K}(\{0, 1\})$. Se fosse possibile trisecare l'angolo con riga e compasso, si dovrebbe poter costruire con riga e compasso la radice nona dell'unità $\zeta_9 = e^{2\pi i/9}$. Ma per 6.4/3 ciò è impossibile essendo $\varphi(9) = 6$. Pertanto non è possibile in generale trisecare un angolo con riga e compasso. Questo non deve meravigliare perché trisecare un angolo φ corrisponde a risolvere l'equazione $z^3 - e^{i\varphi} = 0$ o anche l'equazione $4x^3 - 3x - \cos\varphi = 0$ se consideriamo solo la parte reale della precedente equazione e utilizziamo $z\overline{z} = 1$. Ma in generale è impossibile risolvere con riga e compasso un'equazione di terzo grado.

7.1, Es. 1. Sia L/K un'estensione di campi e sia $\mathfrak{X} = (x_i)_{i \in I}$ una sua base di trascendenza. Il sistema $\mathfrak{X}$ è algebricamente indipendente su K, ossia $\mathfrak{X}$ può essere interpretato come un sistema di variabili e il sottoanello $K[\mathfrak{X}] \subset L$ può essere pensato come l'anello dei polinomi nelle variabili x_i. Guardando ora a L come a un K-spazio vettoriale, è evidente che il sistema $\mathfrak{X}$ è linearmente indipendente su K. Ma $\mathfrak{X}$ non può mai generare $K[\mathfrak{X}]$ e neppure L come K-spazi vettoriali. Dunque una base di trascendenza di L/K non può mai essere anche una base di L come K-spazio vettoriale.

Nonostante ciò esiste una grande analogia tra il concetto di base di uno spazio vettoriale e di base di trascendenza di un'estensione di campi. In questa analogia il concetto di "indipendenza lineare" di un sistema $\mathfrak{X}$ di elementi di un K-spazio vettoriale V corrisponde a quello di "indipendenza algebrica" di un sistema $\mathfrak{X}$ di elementi di un'estensione di campi L/K. Una base di V è un sistema linearmente indipendente $\mathfrak{X} \subset V$ che genera V come K-spazio vettoriale, mentre una base di trascendenza di L/K è un sistema algebricamente indipendente $\mathfrak{X} \subset L$ che "genera" l'estensione L/K nel senso che $L/K(\mathfrak{X})$ è algebrica. Come nel caso delle basi di spazi vettoriali, anche le basi di trascendenza si possono caratterizzare come sistemi algebricamente indipendenti massimali (vedi 7.1/3) e come "sistemi di generatori" minimali nel senso appena detto. Anche la dimostrazione di 7.1/5, ossia che due basi di trascendenza di L/K hanno la stessa cardinalità, rimane valida nel contesto degli spazi vettoriali.

Tuttavia ci sono anche limiti nelle analogie. Mentre ogni biiezione $\mathfrak{X} \longrightarrow \mathfrak{Y}$ tra due basi di uno spazio vettoriale V si prolunga in modo unico a un K-automorfismo di V, l'analogo asserto è falso per le basi di trascendenza di L/K, sia per quanto riguarda l'esistenza che l'unicità. Per esempio, data un'estensione semplice trascendente $L = K(X)$, gli elementi X e X^2 formano ciascuno una base di trascendenza di L/K ed esiste pure un K-isomorfismo $K(X) \longrightarrow K(X^2)$ che manda X su X^2. Tuttavia questo isomorfismo non si prolunga ad alcun K-automorfismo di $K(X)$ in quanto X non possiede una radice quadrata in $K(X)$. Se d'altra parte L è una chiusura algebrica di $K(X)$, l'identità di $K(X)$ si prolunga a un K-automorfismo di L. Tuttavia questo non è univocamente determinato in quanto esistono $K(X)$-automorfismi di L non banali.

7.1, Es. 2. Mostriamo come prima cosa che $\mathbb{C}$ ammette automorfismi che non lasciano fisso $\mathbb{R}$. Per farlo, scegliamo un elemento $x \in \mathbb{R}$ che sia trascendente su $\mathbb{Q}$, per esempio $x = \pi$. Da 7.1/4 segue che l'estensione $\mathbb{C}/\mathbb{Q}$ ammette una base di trascendenza $\mathfrak{X}$ tale che $x \in \mathfrak{X}$. Poiché anche l'elemento $ix \in \mathbb{C}$ è trascendente su $\mathbb{Q}$, esiste pure una base di trascendenza $\mathfrak{Y}$ di $\mathbb{C}/\mathbb{Q}$ tale che $ix \in \mathfrak{Y}$. Sappiamo grazie a 7.1/5 che $\mathfrak{X}$ e $\mathfrak{Y}$ hanno la stessa cardinalità. Esiste dunque una biiezione $\mathfrak{X} \longrightarrow \mathfrak{Y}$ e possiamo assumere $x \longmapsto ix$. Questa biiezione si prolunga a un $\mathbb{Q}$-isomorfismo $\mathbb{Q}(\mathfrak{X}) \overset{\sim}{\longrightarrow} \mathbb{Q}(\mathfrak{Y})$. Poiché $\mathbb{C}$ è un campo algebricamente chiuso che è algebrico su $\mathbb{Q}(\mathfrak{X})$ e $\mathbb{Q}(\mathfrak{Y})$, è possibile leggere $\mathbb{C}$ come chiusura algebrica sia di $\mathbb{Q}(\mathfrak{X})$ che di $\mathbb{Q}(\mathfrak{Y})$. Di conseguenza

$$\sigma \colon \mathbb{Q}(\mathfrak{X}) \hookrightarrow \mathbb{C}, \qquad \tau \colon \mathbb{Q}(\mathfrak{X}) \overset{\sim}{\longrightarrow} \mathbb{Q}(\mathfrak{Y}) \hookrightarrow \mathbb{C}$$

sono due chiusure algebriche di $\mathbb{Q}(\mathfrak{X})$. Per 3.4/10 esiste allora un automorfismo $\varphi \colon \mathbb{C} \longrightarrow \mathbb{C}$ tale che $\tau = \varphi \circ \sigma$. Poiché per costruzione si ha $\varphi(x) = ix$, si vede che φ è un automorfismo di $\mathbb{C}$ che non lascia fisso $\mathbb{R}$. Inoltre $\varphi(\mathbb{R})$ è un sottocampo di $\mathbb{C}$ isomorfo a $\mathbb{R}$ ma diverso da questo.

Per vedere che $\mathbb{C}$ contiene sottocampi propri isomorfi a $\mathbb{C}$, procediamo in modo simile. Scegliamo una base di trascendenza $\mathfrak{X}$ di $\mathbb{C}/\mathbb{Q}$ e usiamo il fatto che $\mathfrak{X}$ consiste di infiniti elementi (vedi l'esercizio 3 in 7.1). Esiste allora un'applicazione iniettiva $\mathfrak{X} \hookrightarrow \mathfrak{X}$ che non è suriettiva. (Per vederlo si utilizzi per esempio quanto mostrato in 7.1/7 ossia che $\mathfrak{X}$ è unione disgiunta di sottoinsiemi numerabili infiniti di $\mathfrak{X}$.) L'applicazione iniettiva $\mathfrak{X} \longrightarrow \mathfrak{X}$ si prolunga allora a un'applicazione iniettiva $\iota \colon \mathbb{Q}(\mathfrak{X}) \hookrightarrow \mathbb{Q}(\mathfrak{X})$, dove $\mathbb{Q}(\mathfrak{X})$ non è algebrico sull'immagine di ι. Di nuovo si possono considerare i due omomorfismi

$$\sigma \colon \mathbb{Q}(\mathfrak{X}) \hookrightarrow \mathbb{C}, \qquad \tau \colon \mathbb{Q}(\mathfrak{X}) \overset{\iota}{\hookrightarrow} \mathbb{Q}(\mathfrak{X}) \hookrightarrow \mathbb{C}.$$

Ora, $\mathbb{C}$ è una chiusura algebrica di $\mathbb{Q}(\mathfrak{X})$ rispetto all'applicazione σ ma non rispetto a τ. Utilizzando 3.4/9, otteniamo un $\mathbb{Q}(\mathfrak{X})$-omomorfismo $\varphi\colon \mathbb{C} \hookrightarrow \mathbb{C}$ tale che $\tau = \varphi \circ \sigma$. Poiché $\mathbb{C}$ non è algebrico sull'immagine di τ, l'omomorfismo φ non può essere suriettivo. Di conseguenza $\varphi(\mathbb{C})$ è un sottocampo proprio di $\mathbb{C}$ che è isomorfo a $\mathbb{C}$.

7.2, Es. 1. Sia $\Phi\colon M \longrightarrow E$ un R-omomorfismo con E un R'-modulo. Dobbiamo solo mostrare che esiste un'unica applicazione R'-lineare $\varphi\colon M \otimes_R R' \longrightarrow E$ tale che $x \otimes 1 \longmapsto \Phi(x)$ per ogni $x \in M$. Per l'esistenza di φ, consideriamo l'applicazione R-bilineare $M \times R' \longrightarrow E$, $(x, a) \longmapsto a\Phi(x)$. Per la proprietà universale del prodotto tensoriale, essa induce un'applicazione R-lineare $\varphi\colon M \otimes_R R' \longrightarrow E$ che è univocamente determinata da $\varphi(x \otimes a) = a\Phi(x)$ al variare di $a \in R'$ e $x \in M$. In base a questa proprietà, si vede subito che φ è un'applicazione R'-lineare tra R'-moduli. D'altra parte, se $\psi\colon M \otimes_R R' \longrightarrow E$ è un'applicazione R'-lineare tale che $\psi(x \otimes 1) = \Phi(x)$ per ogni $x \in M$, ψ coincide con φ su tutti i tensori della forma $x \otimes 1$. Poiché questi tensori generano $M \otimes_R R'$ come R'-modulo, risulta $\varphi = \psi$.

7.2, Es. 2. Cominciamo col caso di due anelli di polinomi $R' = R[\mathfrak{X}]$ e $R'' = R[\mathfrak{Y}]$ con $\mathfrak{X}, \mathfrak{Y}$ sistemi di variabili. L'anello dei polinomi $R[\mathfrak{X}, \mathfrak{Y}]$, con i monomorfismi canonici $\sigma'\colon R[\mathfrak{X}] \longrightarrow R[\mathfrak{X}, \mathfrak{Y}]$ e $\sigma''\colon R[\mathfrak{Y}] \longrightarrow R[\mathfrak{X}, \mathfrak{Y}]$, soddisfa la proprietà universale in 7.2/9. Infatti un omomorfismo di R-algebre $R[\mathfrak{X}, \mathfrak{Y}] \longrightarrow A$ è univocamente determinato dalle immagini di $\mathfrak{X}$ e $\mathfrak{Y}$. Nel caso generale, si possono rappresentare R' e R'' come anelli quoziente di anelli di polinomi, $R' = R[\mathfrak{X}]/\mathfrak{a}$ e $R'' = R[\mathfrak{Y}]/\mathfrak{b}$. Allora l'$R$-algebra $R[\mathfrak{X}, \mathfrak{Y}]/(\mathfrak{a}, \mathfrak{b})$ con gli omomorfismi canonici di R-algebre $\sigma'\colon R[\mathfrak{X}]/\mathfrak{a} \longrightarrow R[\mathfrak{X}, \mathfrak{Y}]/(\mathfrak{a}, \mathfrak{b})$ e $\sigma''\colon R[\mathfrak{Y}]/\mathfrak{b} \longrightarrow R[\mathfrak{X}, \mathfrak{Y}]/(\mathfrak{a}, \mathfrak{b})$ soddisfa la proprietà universale in 7.2/9. Se $\varphi'\colon R[\mathfrak{X}] \longrightarrow A$, $\varphi''\colon R[\mathfrak{Y}] \longrightarrow A$ sono due omomorfismi di R-algebre con $\mathfrak{a} \subset \ker \varphi'$ e $\mathfrak{b} \subset \ker \varphi''$, l'omomorfismo di R-algebre $\varphi\colon R[\mathfrak{X}, \mathfrak{Y}] \longrightarrow A$ che ne risulta soddisfa $(\mathfrak{a}, \mathfrak{b}) \subset \ker \varphi$.

7.3, Es. 1. La domanda ha risposta negativa in entrambi i casi. Come esempio di estensione regolare si consideri un'estensione trascendente pura $K(X)/K$ con X una variabile. Nel caso $\operatorname{char} K = 2$, l'estensione $K(X)/K(X^2)$ è puramente inseparabile e quindi non separabile. Nel caso $\operatorname{char} K \neq 2$ invece questa estensione è algebrica e separabile e di conseguenza non primaria.

7.3, Es. 2. Anche questa domanda ha risposta negativa. Costruiamo un esempio. Sia k un campo di caratteristica $p > 0$ e, scelte variabili X, Y, Z, consideriamo l'estensione trascendente pura $k(X, Y, Z)$ e i seguenti sottocampi:

$$K = k(X^p, Y^p), \qquad L = k(X^p, Y^p, Z)(t) \qquad \text{con} \qquad t = X + YZ.$$

Vogliamo mostrare che l'estensione L/K non è separabile pur essendo K algebricamente chiuso in L. Per cominciare osserviamo che l'estensione L/K si spezza nell'estensione trascendente pura $K(Z)/K$ e nell'estensione puramente inseparabile $L/K(Z)$ di grado p con $t^p - (X^p + Y^p Z^p) = 0$ l'equazione irriducibile di t su $K(Z)$. Per verificare che L/K non è separabile, si considerino gli elementi $t^p, 1^p, Z^p$. Come si vede dalla precedente equazione, essi sono linearmente dipendenti su K. Se l'estensione L/K fosse separabile, per 7.3/7 (iv) anche gli elementi $t, 1, Z$ dovrebbero essere linearmente dipendenti su K e questo implicherebbe $t \in K(Z)$, il che però è falso. Di conseguenza L/K non è separabile.

Rimane da mostrare soltanto che K è algebricamente chiuso in L. Sia allora $a \in L$ un elemento algebrico su K. Risulta $a^p \in K(Z)$. Poiché però ogni elemento in $K(Z) - K$ è trascendente su K (vedi 7.1/10), deve essere $a^p \in K$ e quindi $a \in k(X,Y)$. Se assumiamo per assurdo che a non appartenga a K, allora $a \notin K(Z)$ e da $[L:K(Z)] = p$ segue che $K(Z)(a) = L$. Il campo $K(Z)(a)$ può essere costruito anche come $K(a)(Z)$, aggiungendo prima l'elemento algebrico a a K e poi l'elemento trascendente Z a $K(a)$. In particolare l'elemento $t = X + YZ \in L = K(a)(Z)$ può essere scritto come frazione $X + YZ = f(Z)g(Z)^{-1}$ con $f(Z), g(Z)$ due polinomi in $K(a)[Z] \subset k(X,Y)[Z]$. Eventualmente semplificando le potenze di Z nella frazione possiamo assumere $g(0) \neq 0$. Segue che $X = f(0)g(0)^{-1} \in K(a)$. Ma allora anche YZ appartiene a $K(a)(Z)$ e quindi Y appartiene a $K(a)$. Di conseguenza $K(a) = k(X,Y)$, ma questo non può essere perché a ha soltanto grado p su $K = k(X^p, Y^p)$. Pertanto K è algebricamente chiuso in L.

7.3, Es. 3. Sia K un campo perfetto di caratteristica $p > 0$, per esempio $K = \mathbb{F}_p$, e sia X una variabile. Si consideri la chiusura perfetta $L = K(X)^{p^{-\infty}}$ di $K(X)$. Allora L/K ha grado di trascendenza 1 e affermiamo che questa estensione è separabile, ma non separabilmente generata. Per verificarlo, si osservi che L è unione della catena ascendente di campi $K(X)^{p^{-i}} = K(X^{p^{-i}})$, $i \in \mathbb{N}$. Poiché ciascuna estensione $K(X^{p^{-i}})/K$ è trascendente pura con base di trascendenza $X^{p^{-i}}$, segue da 7.2/13 e 7.3/3 che L/K è separabile.

Supponiamo ora che L/K sia anche separabilmente generata. Esiste allora un elemento $x \in L$ trascendente su K tale che L sia un'estensione algebrica e separabile di $K(x)$. Poiché x è contenuto in uno dei campi $K(X^{p^{-i}})$, esiste una catena $K(x) \subset K(X^{p^{-i}}) \subset L$. Se ora $L/K(x)$ è algebrica e separabile, per 3.6/11 anche $L/K(X^{p^{-i}})$ lo è. Ma ciò è una contraddizione perché $X^{p^{-i-1}}$ è puramente inseparabile di grado p su $K(X^{p^{-i}})$. Pertanto l'estensione L/K non è separabilmente generata.

7.4, Es. 1. La condizione $\Omega^1_{L/K} = 0$ caratterizza le estensioni separabili L/K solo nel caso in cui tali estensioni siano finitamente generate. Per esempio, se K è un campo non perfetto di caratteristica $p > 0$ e se $L = K^{p^{-\infty}}$ è la sua chiusura perfetta (o una chiusura algebrica), l'estensione L/K non è separabile. Poiché però ogni elemento di L ammette una radice p-esima in L, ogni derivazione è banale su L e quindi $\Omega^1_{L/K} = 0$.

Bibliografia

[1]   Artin, E.: Foundations of Galois Theory. New York University lecture notes. New York University, New York 1938

[2]   Artin, E.: Galois Theory. Notre Dame Mathematical Lectures, Number 2. University of Notre Dame Press, Notre Dame 1942

[3]   Bosch, S.: Lineare Algebra. Springer, Berlin–Heidelberg–New York 2001

[4]   Bourbaki, N.: Eléments de Mathématique, Algèbre. Hermann, Paris 1947 ...

[5]   Grothendieck, A.: Technique de descente et théorèmes d'existence en géométrie algébrique: I. Généralités. Descente par morphismes fidèlement plats. Séminaire Bourbaki 12, no. 190, 1959/60

[6]   Hasse, H.: Vorlesungen über Zahlentheorie, Grundlehren der mathematischen Wissenschaften, Bd. 59. Springer, Berlin–Göttingen–Heidelberg–New York 1964

[7]   Hermite, Ch.: Sur la fonction exponentielle. C. R. Acad. Sci. Paris 77 (1873)

[8]   Hilbert, D.: Die Theorie der algebraischen Zahlkörper. Jahresbericht der Deutschen Mathematikervereinigung, Bd. 4, 175-546 (1897)

[9]   Huppert, B.: Endliche Gruppen I, Grundlehren der mathematischen Wissenschaften, Bd. 134. Springer, Berlin–Heidelberg–New York 1967

[10] Kiernan, B. M.: The Development of Galois Theory from Lagrange to Artin. Archive for History of Exact Sciences, Vol. 8, 40-154 (1971/72)

[11] Lang, S.: Algebra. Addison Wesley, 2^a edizione 1965, 3^a edizione 1993

[12] Lindemann, F.: Über die Zahl π. Math. Ann. 20, 213-225 (1882)

[13] Serre, J.-P.: Corps locaux. Hermann, Paris 1968

[14] Steinitz, E.: Algebraische Theorie der Körper. Crelles Journal 137, 167–309 (1910)

[15] van der Waerden, B. L.: Moderne Algebra. Springer, Berlin 1930/31; ulteriori edizioni nel 1936, 1950, 1955, 1960, 1964, 1966 (dal 1955 col titolo "Algebra")

[16] Weber, H.: Lehrbuch der Algebra, Vol. 2, Vieweg, Braunschweig 1895/96

Elenco dei simboli

Indice analitico